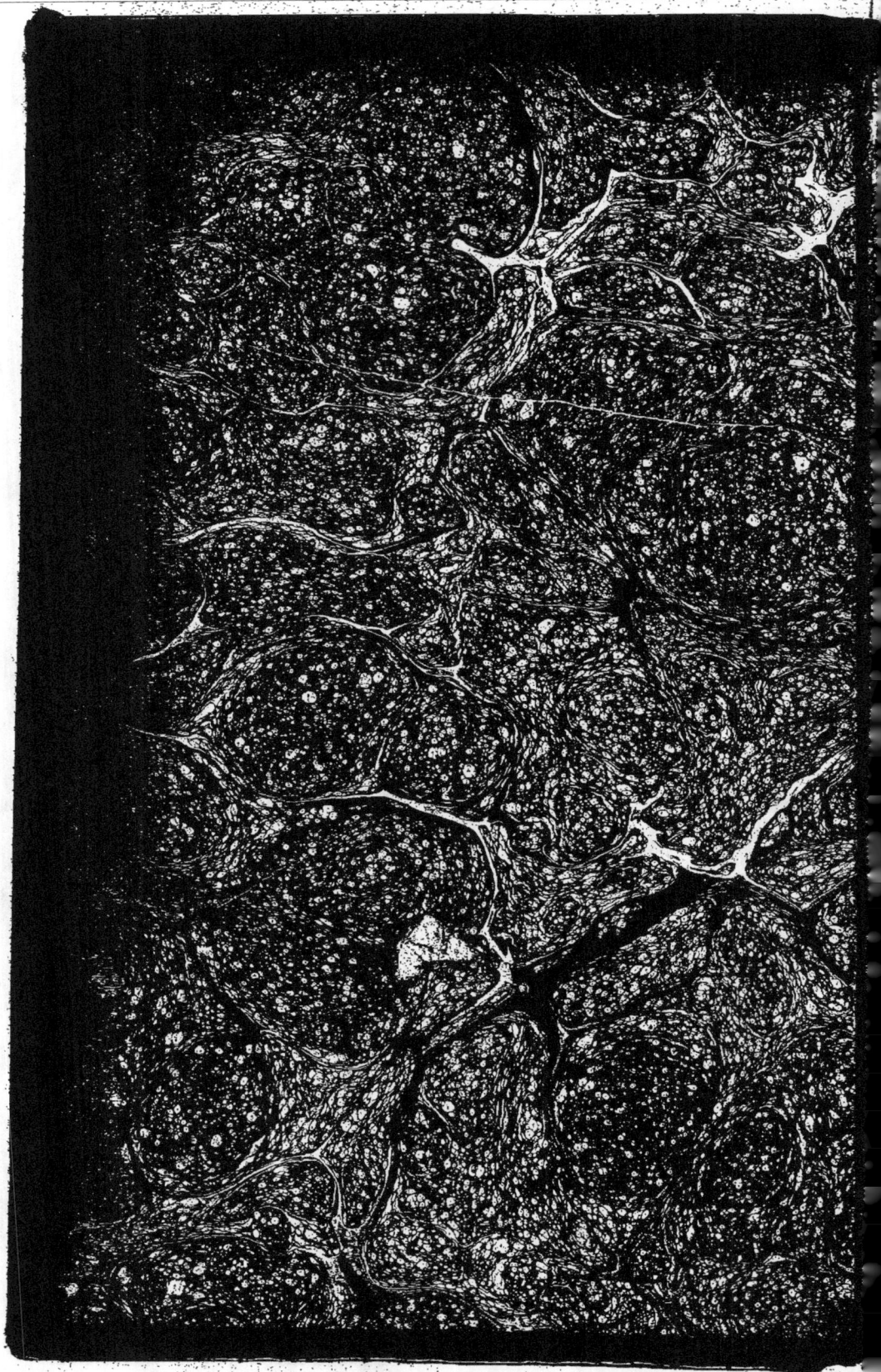

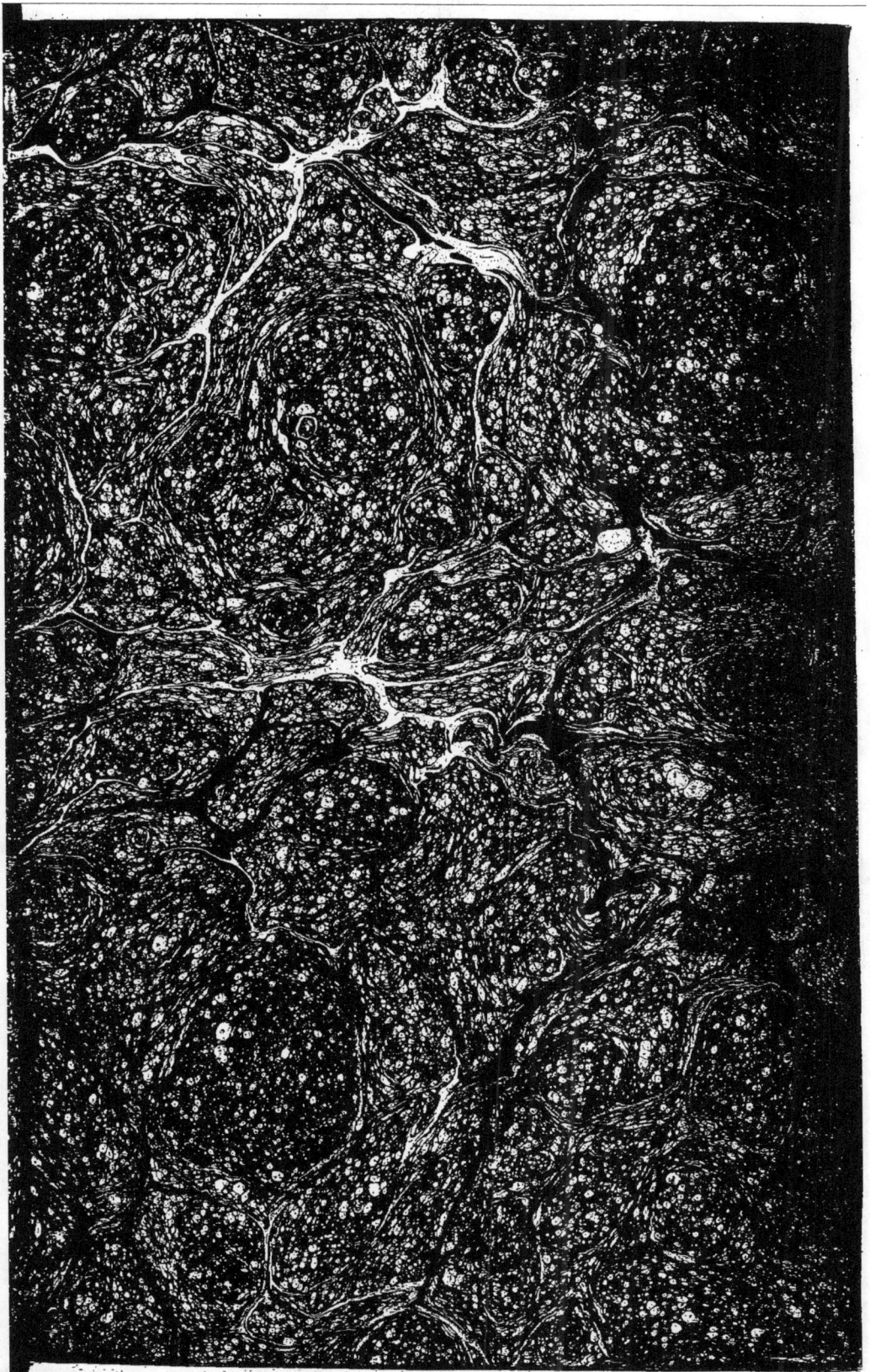

TRAITÉ
DE CHIMIE
ÉLÉMENTAIRE,
THÉORIQUE ET PRATIQUE.

TRAITÉ
DE CHIMIE
ÉLÉMENTAIRE,
THÉORIQUE ET PRATIQUE,

Par L. J. THENARD,

Membre de l'Institut impérial de France ; Professeur de
Chimie au Collége impérial de France , à l'Ecole
impériale polytechnique et à l'Ecole normale ; Membre
de la Société philomatique, et Membre–Adjoint de la
Société de la Faculté de Médecine de Paris ; Correspondant des Académies de Berlin , de Madrid, d'Erfurt, etc.

TOME SECOND.

A PARIS,

Chez CROCHARD, Libraire, rue de l'Ecole de Médecine, n° 3.

~~~~~~~~~

DE L'IMPRIMERIE DE LEBEGUE.

~~~~~~~~~

1814.

ERRATA.

Le lecteur est prié de faire les corrections suivantes :

Page 3, ligne 10, le peroxide; *lisez* les peroxides.

Page 17, avant-dernière ligne, à l'état de protoxide tous ceux de ; *lisez* à l'état de protoxide tous les peroxides de, etc.

P. 22, l. 27, et le protoxide et le deutoxide d'antimoine ; *lisez* et le deutoxide d'antimoine.

Tableau des Oxides, p. 33, 3e colonne, l. 63; *ajoutez* noir.

Tableau des Oxides, p. 33, 4e colonne, l. 43, après 4e; *ajoutez* muriate.

Tableau des Oxides, p. 33, 4e colonne, l. 49, après 4e Ammoniaque; *ajoutez* et muriate.

Tableau des Oxides, p. 33, 4e colonne, l. 54, après 4e Potasse ; *ajoutez* et nitrate.

Tableau des Oxides, p. 33, 7e colonne, l. 46, orangé ; *lisez* rouge-brun.

P. 35, l. 15, l'oxigène du potassium et du sodium ; *lisez* l'oxigène des oxides de potassium et de sodium.

P. 37, l. 16, cristal de roche; *lisez* quartz.

P. 53, note, phosphate de chaux de sel marin; *lisez* de phosphate de chaux et de sel marin.

P. 53, l. 18, le carbonate; *lisez* le carbonate de chaux.

P. 63, 3e note, le ramène; *lisez* le ramener.

P. 65, l. 7, contiennent un peu plus ; *lisez* contiennent plus.

P. 70, l. 4, 14,533 ; *lisez* 14,0533.

P. 82, l. 2, mélange de soufre d'amalgame ; *lisez* mélange de soufre, d'amalgame.

P. 84, l. 10, 231. *Protoxide* ; *lisez* 531. *Protoxide.*

P. 86, l. 1, dans les cheminées; *lisez* dans la cheminée.

P. 94, l. 26, avec de l'eau privé d'air et desséché; *lisez* avec de l'eau privée d'air et doit être desséché.

P. 97, l. 21, de 11,720; *lisez* de 11,2720.

P. 100, l. 2 de la 2e note, qu'on appelle autrefois; *lisez* qu'on appelait autrefois.

P. 107, l. 12, dans l'alonge; *lisez* dans le col.

P. 111, l. 11, de ce sel; *lisez* de ce deuto-muriate.

P. 111, l. 14, de nitrate de platine ; *lisez* de muriate de platine.

P. 112, l. 18, différens que ceux, *lisez* différens de ceux.

P. 114, l. 8, ornue; *lisez* cornue.

P. 115, l. 12, pl. 28, fig. 1 ; *lisez* pl. 27, fig. 3.

T. II.

α

P. 167, tableau, 2e colonne, $\frac{1}{80}$; *lisez* $\frac{3}{100}$.

P. 167, tableau, 3e colonne, $\frac{1}{15}$; *lisez* $\frac{1}{13}$ d'après Klaproth.

P. 171, l. 28, dissolution d'osmium ; *lisez* dissolution d'oxide d'osmium.

P. 178, l. 30, qu'en le mettant ; *lisez* qu'en la mettant.

P. 191, l. 13, le second ; *lisez* les seconds.

P. 203, l. 9, après oxide de rhodium ; *ajoutez* protoxide de platine (Ann. de Chimie, n° 260, p. 128).

P. 221, l. 4, d'antimoine diaphrétique lavé et d'alun, etc. ; *lisez* d'antimoine diaphorétique lavé (combinaison de peroxide d'antimoine et de potasse) et d'alun.

P. 249, note, machine pneumato-chimique ; *lisez* cuve pneumato-chimique.

P. 251, l. 6, à environ ; *lisez* d'environ.

P. 259, l. 6, avec l'hydrogène sulfuré ; *lisez* avec l'hydrogène phosphoré.

P. 265, l. 11, commence avoir lieu ; *lisez* commence à avoir lieu.

P. 280, l. 25, muriatique liquide ; *lisez* muriatique, liquides.

P. 287, l. 25, des acides susceptibles ; *lisez* des oxides susceptibles.

P. 346, l. 16, uni à un autre oxide ; *lisez* uni à un autre acide.

P. 348, note, de ce que l'acide ; *lisez* de ce que les acides.

P. 355, l. 15, l'emportait sur ; *lisez* l'emportaient sur.

P. 421, l. 8, de phosphate de chaux ; *lisez* de sous - phosphate de chaux.

P. 422, l. 2, ramener à l'état ; *lisez* ramener de nouveau à l'état.

P. 470, l. 2, de ce gaz ; *lisez* de ces gaz.

P. 553, l. 7, et de 2 à 3 parties ; *lisez* et de trois parties.

P. 556, l. 23, lorsqu'on ne trouve plus, etc. ; *lisez* lorsque le gaz muriatique oxigéné passe sans éprouver de décomposition.

P. 578, l. 3, bouillante ; *lisez* bouillante.

P. 580, n° 967 ; *lisez* 997.

P. 600, l. 14, poudre avec de l'eau ; on la ; *lisez* poudre ; on la , etc.

P. 614, l. 4, promptement en proto-muriate, en gaz ; *lisez* promptement en gaz.

P. 624, l. 2, combinent avec la silice , et forment ; *lisez* combine avec la silice et forme, etc.

P. 704, l. 9 de la note, buze ; *lisez* bure.

TRAITÉ
DE CHIMIE
ÉLÉMENTAIRE,
THÉORIQUE ET PRATIQUE.

Des Oxides métalliques.

468. La plupart des métaux sont susceptibles de
former chacun deux oxides ; quelques-uns en forment
trois, quatre, et peut-être même cinq : aussi le nombre
des oxides est-il considérable ; on en compte aujour-
d'hui plus de soixante. Il est évident qu'on ne peut se
livrer avec succès à l'étude de ces divers corps, c'est-à-
dire, exposer leurs propriétés physiques et tous les
phénomènes qu'ils nous présentent dans leur contact
avec les fluides impondérables, le gaz oxigène, l'air,
les corps combustibles non métalliques, les métaux et
les corps combustibles composés, que par la méthode
dont nous avons déjà fait si souvent usage, et que nous
avons suivie surtout dans l'étude des métaux, des
phosphures et sulfures métalliques ; elle seule nous

T. II.   1

permettra d'examiner avec intérêt, et de retenir un si grand nombre de faits. Nous examinerons donc d'abord tous les oxides d'une manière générale, en les divisant en six sections, semblables à celles que nous avons adoptées pour la classification des métaux (129); ensuite nous les examinerons chacun en particulier. Cet examen n'aura rien de pénible; car, d'après ce que nous dirons des oxides en général, on pourra le plus souvent en tracer l'histoire particulière. C'est même un travail que je conseille aux jeunes élèves de faire; ils en retireront le plus grand avantage.

Nous n'indiquerons point ici les divers oxides; on les trouvera rangés, par ordre de section, dans un tableau placé page 33.

469. *Propriétés physiques.* — Tous les oxides sont solides; cassans; ternes, quand ils sont en poussière; inodores, excepté celui d'osmium; insipides, excepté ceux de la 2ᵉ section, le deutoxide d'arsenic et l'oxide d'osmium; blancs ou diversement colorés (*a*); plus pesans que l'eau, mais moins pesans que le métal qui leur sert de base, à moins que ce métal ne soit très-léger et n'ait une grande affinité pour l'oxigène : tous sont sans action sur la teinture de tournesol; la plupart ramènent au bleu cette teinture rougie par les acides (*b*); quel-

(*a*) Voyez le tableau précédemment cité, page 33.

(*b*) Le tournesol paraît n'être que la combinaison d'une couleur rouge avec un alcali ou oxide métallique (513) : en conséquence, il faut concevoir qu'en versant un acide dans la dissolution de tournesol, cet acide se combine avec l'alcali, met la couleur rouge en liberté; et qu'en ajoutant ensuite à la liqueur un oxide, celui-ci se combine avec l'acide ou la couleur rouge, et la ramène au bleu. Ces effets dépendent donc d'une véritable affinité, de celle de

ques-uns verdissent la couleur de la violette, ou rougissent la couleur jaune du curcuma ; ce sont ceux de la 2ᵉ section, et l'oxide de magnésium de la 1ʳᵉ.

470. *Propriétés chimiques.* — Exposés à l'action du feu, les oxides se comportent diversement : ceux des deux premières sections n'éprouvent aucune altération ; ceux des deux dernières se réduisent ; parmi ceux des troisième et quatrième sections, il en est quelques-uns seulement qui abandonnent une partie de leur oxigène, savoir : le peroxide de manganèse, d'antimoine, d'urane, de cuivre et de cobalt. On ne connaît que deux oxides qui soient volatils ; ce sont les oxides d'arsenic et d'osmium ; ils le sont au-dessous de la chaleur rouge.

Les oxides de la première section, ceux de barium, de strontium et de calcium, n'entrent en fusion à aucune température ; les oxides de la dernière section, les oxides de mercure, le tritoxide de plomb et de cobalt, le peroxide de manganèse, se décomposent avant de pouvoir y entrer ; presque tous les autres sont susceptibles de fondre à des températures plus ou moins élevées, et l'on remarque que ceux qui contiennent des métaux très-fusibles sont, la plupart du temps, très-fusibles eux-mêmes. S'agit-il de fondre les oxides, on les met dans un creuset de Hesse ; on remplit le creuset à moitié ou aux trois quarts de l'oxide que l'on veut fondre ; on le recouvre de son couvercle, on le place sur une tourte dans un fourneau ordinaire, à réverbère ou de forge, selon la fusibilité plus ou

---

la matière colorante pour l'oxide et de celle de l'acide pour l'oxide. En général, celle-ci est plus grande que celle-là : voilà pourquoi l'un des caractères des acides est de rougir la teinture de tournesol.

moins grande de l'oxide, et l'on chauffe pendant une
demi-heure ou trois quarts d'heure ; mais, lorsqu'il
s'agit d'en tenter la décomposition ou la volatilisation ,
il faut faire l'expérience dans une cornue de grès, afin
de pouvoir recueillir les produits ; on adapte au col de
la cornue , par le moyen d'un bouchon, un tube à boule
et recourbé, propre à recueillir les gaz ; on place la
cornue dans un fourneau à réverbère, surmonté d'un
tuyau en tôle d'environ un mètre, et même alimenté
d'air par un bon soufflet, pour augmenter le feu au besoin ; on chauffe peu à peu, et l'on soutient le feu en
l'augmentant le plus possible, jusqu'à ce que les gaz
qu'on recueille sur l'eau cessent de se dégager ; on
laisse refroidir ; on retire la cornue, on la brise, et on
examine l'état dans lequel se trouve l'oxide, etc.

471. *Action de la Lumière.* — La lumière n'a d'action que sur les oxides dont la désoxigénation s'opère
facilement ; elle réduit surtout avec une grande facilité
l'oxide d'or.

472. *Action de l'électricité.* — Tous les oxides, si
on excepte ceux de la première section, sont susceptibles d'être décomposés par la pile : une pile de 100
paires est presque toujours suffisante. On prend une
certaine quantité de l'oxide que l'on veut décomposer,
on l'humecte légèrement, on le met, d'une part, en
contact avec le fil positif, et, de l'autre, avec le fil négatif, et presque à l'instant même on voit apparaître le
métal réduit à l'extrémité de ce dernier fil. Lorsque le
métal de l'oxide est susceptible de s'allier au mercure,
on favorise singulièrement l'opération en se servant de
celui-ci comme intermède ; alors, après avoir pulvérisé
et humecté l'oxide, on lui donne la forme d'une petite

capsule qu'on place sur une plaque métallique ; on verse du mercure dans cette capsule ; on met le mercure en contact avec le fil négatif, et la plaque avec le fil positif ; au bout d'un certain temps, la capsule est pleine d'un amalgame épais.

473. *Action du fluide magnétique.* — Les oxides sont beaucoup moins sensibles à l'action de l'aiguille aimantée que les métaux : aussi ne connaît-on que les protoxide et deutoxide de fer qui soient magnétiques.

474. *Action de l'oxigène et de l'air.* — Tous les oxides des cinq premières sections qui ne sont point à l'état de peroxides, absorbent le gaz oxigène à une chaleur moindre que la chaleur rouge-cerise, et passent à cet état d'oxidation, excepté ceux d'antimoine et de plomb. Un assez grand nombre absorbent même l'oxigène à la température ordinaire, lorsqu'il est humide : tels sont les protoxides de potassium et de sodium, les protoxide, deutoxide et tritoxide de manganèse, les protoxides et deutoxides de fer et de cobalt ; mais il n'en est que très-peu qui absorbent ce gaz à cette température, lorsqu'il est privé d'eau : nous ne citerons que le protoxide et deutoxide de potassium. Les oxides se comportent avec l'air de la même manière qu'avec le gaz oxigène, à moins qu'on ne les expose à l'air libre. En effet, dans ce dernier cas l'air se renouvelant sans cesse, finira par transformer en carbonates ceux de ces oxides qui seront susceptibles de s'unir à l'acide carbonique : à la vérité, il n'y aura que les deutoxides de potassium et de sodium, et le protoxide de barium, qui, à une très-haute température, éprouveront cette transformation, parce que les carbonates, ayant pour base ces oxides, sont les seuls indécomposables par la

chaleur ; mais il n'en sera point de même à la température ordinaire, ou à une température peu élevée, parce qu'à cette température l'acide carbonique peut se combiner avec un grand nombre d'oxides. L'influence de l'acide carbonique sera même telle quelquefois, qu'on obtiendra des degrés d'oxidation différens de ceux que le gaz oxigène seul est capable de produire : c'est ainsi qu'en calcinant pendant long-temps le protoxide et le deutoxide de potassium avec le contact de l'air, il se forme seulement des deuto-carbonates, quoique le protoxide passe au summum d'oxidation dans son contact avec le gaz oxigène, et que le peroxide résiste au feu le plus fort.

474. *Action de l'hydrogène.* — Le gaz hydrogène n'a d'action, à la température ordinaire, sur aucun oxide métallique ; il n'en a point non plus, même à la température la plus élevée, sur les oxides de la première section ; parmi ceux appartenant à la seconde, il n'attaque que le deutoxide de barium et les tritoxides de potassium et de sodium ; il fait passer le premier à l'état de protoxide, et les deux autres à celui de deutoxide. Quant aux oxides des autres sections, il les réduit tous : en effet, il opère la réduction de l'oxide de fer par une chaleur très-intense ; or, comme le fer est un des métaux les plus oxidables de la troisième section, il est probable que ce gaz est susceptible de réduire tous les métaux qu'elle comprend, et d'opérer, à plus forte raison, la réduction des métaux des quatrième, cinquième et sixième sections.

475. Ces diverses réductions ont lieu à des températures variables : celle des métaux de la troisième section exigent une très-haute température ; celle des mé-

taux de la quatrième en exige une beaucoup moins
élevée ; celle des métaux des cinquième et sixième
sections a lieu, la première à une chaleur voisine du
rouge-cerise, la seconde bien au-dessous. Dans toutes il
se forme de l'eau, et le métal est mis en liberté ; dans
toutes aussi il doit y avoir dégagement de calorique, et
dans les dernières seulement, dégagement de calorique
et de lumière ; enfin, toutes se font de la manière
suivante. On prend un flacon à deux tubulures, dans
lequel on introduit environ 60 grammes de grenaille
de zinc et de l'eau jusqu'aux deux tiers à peu près
de sa capacité : l'une des tubulures porte un tube
droit en verre qui plonge de quelques lignes dans l'eau,
et l'autre, un tube recourbé également en verre qui
s'adapte à l'extrémité d'un tube de porcelaine traversant
un fourneau à réverbère, et contenant dans sa partie
moyenne l'oxide qu'on veut réduire ; de l'autre extrémité de ce tube de porcelaine part un troisième tube de
verre long et étroit qui plonge jusqu'au fond d'une
éprouvette placée dans un vase rempli de glace, en passant à travers un bouchon ; enfin, on adapte à ce bouchon un quatrième tube propre à recueillir les gaz.
Tout étant ainsi disposé, on verse par le tube droit,
au moyen d'un petit entonnoir, de l'acide sulfurique
dans le flacon ; cet acide réagit sur l'eau et le zinc,
comme on l'a indiqué (89) ; et lorsque l'hydrogène
qui se dégage a chassé tout l'air contenu dans le tube
de porcelaine, on chauffe celui-ci plus ou moins fortement, suivant l'oxide qu'on veut réduire : l'eau qui se
forme se condense en grande partie dans l'éprouvette ;
on peut recueillir l'excès d'hydrogène au moyen du
quatrième tube dans des flacons pleins d'eau ou de mer-

cure ; quant au métal, il reste dans le tube, à moins qu'il ne soit volatil ou susceptible d'être entraîné, comme l'antimoine, par un courant de gaz.

476. *Action du carbone.* — Le carbone est susceptible de réduire, à une température plus ou moins élevée, tous les oxides métalliques, excepté ceux de la première section et trois de la seconde, qui sont : le barium, le strontium et le calcium ; encore fait-il passer le deutoxide de barium à l'état de protoxide. Le carbone, en s'emparant ainsi de l'oxigène de ces oxides, passe tantôt à l'état de gaz acide carbonique, et tantôt à l'état de gaz oxide de carbone ; ce qui dépend principalement de deux circonstances ; de la quantité de charbon et d'oxide qu'on mêle ensemble, et de l'affinité des deux élémens qui constituent l'oxide. Si l'oxide est facile à réduire, tel que celui de mercure, quelle que soit la quantité de charbon, on n'obtiendra jamais que du gaz acide carbonique ; s'il est difficile à réduire, quelle que soit également la quantité de charbon, on n'obtiendra que du gaz oxide de carbone ; mais si la réduction n'est pas très-difficile à opérer, on obtiendra du gaz acide carbonique quand il y aura un excès d'oxide métallique, et du gaz oxide de carbone quand il y aura excès de charbon. En effet, dans le premier cas, l'oxide étant facilement réductible, cédera son oxigène au charbon à une basse température ; il ne pourra donc se former que de l'acide carbonique, puisque l'une des conditions nécessaires pour la formation de l'oxide de carbone est une température élevée. Dans le second cas, l'oxide étant très-difficile à réduire, ne pourra céder au charbon que la quantité d'oxigène nécessaire pour faire passer ce corps à l'état de gaz oxide de carbone ; car

si on mettait à une très-haute température le mélange d'oxide et de charbon en contact avec le gaz acide carbonique, celui-ci serait décomposé par le charbon, de préférence à l'oxide métallique, et serait ramené à l'état d'oxide de carbone. Dans le troisième cas, l'oxide n'étant pas très-difficile à réduire, pourra, s'il est en excès, céder assez d'oxigène au charbon pour le faire passer à l'état d'acide carbonique; mais si au contraire le charbon est lui-même en excès, il passera seulement à l'état de gaz oxide de carbone, parce que la température à laquelle il enlève l'oxigène à l'oxide lui permettrait de décomposer l'acide carbonique (297). Toutes ces réductions se font dans une cornue : celles des oxides de la cinquième, et surtout de la sixième section, ont lieu avec dégagement de calorique et de lumière, et quelques-unes d'entre elles sont si subites, qu'il en résulte un mouvement brusque dans la masse. Quoi qu'il en soit, on introduit l'oxide et le charbon dans la cornue; on la place dans un fourneau; on adapte à son col un tube recourbé qui s'engage sous des flacons pleins d'eau, et on chauffe plus ou moins, selon que l'oxide est plus ou moins facile à réduire. Lorsque la réduction en sera difficile, on se servira d'une cornue de grès et d'un fourneau à réverbère, dont on surmontera, au besoin, le dôme d'un tuyau de poêle d'environ un mètre, et à travers lequel on pourra même exciter un courant d'air par un soufflet : lorsqu'au contraire il sera facile à réduire, on pourra se servir d'une cornue de verre et d'un fourneau sans dôme. Il n'y a guère que les oxides des cinquième et sixième sections que l'on puisse réduire facilement dans une cornue de cette sorte. Dans tous les cas, on doit chauffer jusqu'à ce qu'il ne se dégage plus de gaz; on recueille ceux-ci dans l'eau ou sur le mercure : le métal reste dans la cornue, ou bien se sublime, s'il est volatil.

477. C'est en traitant les oxides métalliques par le charbon, qu'on se procure la plupart des métaux; mais, au lieu de faire l'opération dans une cornue, on la fait dans un creuset brasqué, ainsi qu'on le dira à l'article de l'exploitation des mines.

478. *Action du phosphore.* — Le phosphore n'a aucune action sur les oxides appartenant à la première section ; il se combine, au contraire, très-bien avec ceux de la seconde, excepté toutefois le deutoxide de barium et les tritoxides de potassium et de sodium, avec lesquels il forme; savoir, avec le premier un proto-phosphate, et avec les deux autres des deuto-phos-phates. Quant aux oxides des quatre autres sections, il les décompose tous, et donne naissance à des produits de diverse nature. Lorsque l'oxide est très-facile à réduire, comme l'oxide d'or, il en résulte de l'acide phos-phorique et un phosphure métallique : lorsqu'au con-traire il n'est pas facile à réduire, on obtient d'une part un phosphate, et de l'autre un phosphure; d'où l'on voit qu'alors une portion de l'oxide cède son oxigène à une partie de phosphore, et que le métal réduit et le métal encore oxidé s'unissent, le premier, avec le phos-phore non brûlé, et le second, avec le phosphore de-venu acide phosphorique. Cependant, lorsque le métal est à l'état de deutoxide, et à plus forte raison de tri-toxide, il serait possible qu'on n'obtînt qu'un phos-phate, comme avec le tritoxide de potassium et de sodium et le deutoxide de barium : c'est ce qui aurait lieu, si l'acide phosphorique avait une grande affinité

pour le protoxide des métaux, bases de ces deutoxide
et tritoxide. On concevra facilement ces résultats, en
réfléchissant sur les causes qui les produisent : ils dépendent, 1° de la cohésion de l'oxide métallique et du
phosphore ; 2° de l'affinité réciproque de ces deux
corps ; 3° de l'affinité des élémens de l'oxide du métal
l'un pour l'autre ; 4° de celle de l'oxigène et du métal
de l'oxide pour le phosphore, affinité qui tend à former, d'une part, de l'acide phosphorique, et de l'autre
un phosphure métallique ; 5° enfin, de celle de l'acide
phosphorique pour l'oxide métallique. Entrons dans
quelques détails à cet égard. Le phosphore ne s'unit
point aux oxides de la première section, parce que
leur cohésion est très-grande, et qu'il n'a que peu d'affinité pour eux ; il n'en opère point la décomposition,
parce que les métaux qui leur servent de base ont une
très-grande affinité pour l'oxigène ; il s'unit aux oxides
de la seconde, excepté le deutoxide de barium et les tritoxides de potassium et de sodium, parce que leur cohésion est moindre que la cohésion de ceux de la première,
que leur affinité pour le phosphore est plus grande, et
qu'ils sont difficiles à réduire, etc. ; il décompose l'oxide
de fer, et forme un phosphate et un phosphure, parce
que l'oxide de fer n'est pas très-difficile à réduire, que
le phosphore a une grande affinité pour le fer, et que
l'acide phosphorique en a une très-grande lui-même
pour l'oxide de fer ; il réduit complétement l'oxide d'or,
et donne lieu à de l'acide phosphorique et à un phosphure, parce que les deux élémens de cet oxide n'ont
qu'une faible affinité réciproque, et qu'ils ont au contraire une grande tendance à se combiner avec le phosphore : il n'en résulte point de phosphate, comme dans

le cas précédent, parce que l'acide phosphorique a une
si faible affinité pour l'oxide d'or, que le phosphate
d'or est facilement réduit par le phosphore.

La décomposition de la plûpart des oxides par le
phosphore doit avoir lieu avec dégagement de calorique; celle des oxides des cinquième et sixième sections a lieu avec dégagement de calorique et de lumière; il en est de même de celle de plusieurs peroxides de la troisième section : on l'opère par l'un ou
l'autre des deux procédés qui suivent ; c'est par le premier qu'on fait les oxides phosphurés. *Premier procédé :*
On prend un tube de verre dont le diamètre est de 5
à 6 millimètres; on en ferme l'une des extrémités à la
lampe; on le couvre de lut presque jusqu'à la partie supérieure; on y introduit quelques grammes de phosphore
desséché avec du papier, et ensuite 5 à 6 fois autant
d'oxide que de phosphore; on place ce tube dans un
fourneau ordinaire qu'on remplit de charbon noir ; par-
dessus celui-ci on met quelques charbons ardens, afin
que la combustion ait lieu de haut en bas, et que
l'oxide soit très-chaud quand le phosphore se vaporise.
Bientôt l'opération est terminée ; alors on enlève le
tube, on le laisse refroidir, et l'on en retire les produits.
Deuxième procédé : On remplit de mercure une cloche
de verre courbe, on y fait passer du gaz azote, puis on
porte jusque dans sa partie courbe quelques grammes
d'oxide avec des pinces à cuiller, et quelques grammes
de phosphore avec une tige de métal (voy. l'Explication
des planches et la planche 12, fig. 6) ; on chauffe plus
ou moins avec la lampe, et bientôt la réaction a lieu.
C'est de cette manière surtout qu'on doit traiter par
le phosphore les oxides facilement réductibles, pour

pouvoir apprécier le dégagement de calorique et de lumière.

479. Jusqu'à présent on n'a point encore examiné l'action du bore sur les oxides métalliques ; mais il est probable qu'il se comporterait presque toujours avec eux comme le phosphore, parce qu'il a beaucoup d'af- finité pour l'oxigène, et qu'en se combinant avec ce principe, il donne naissance à un acide plus fixe en- core que l'acide phosphorique. Il n'y aurait d'autres différences dans le produit, qu'en ce que l'affinité réci- proque du bore pour les oxides métalliques ou les mé- taux ne serait pas assez grande pour déterminer la formation de borures et d'oxides borés.

480. *Action du soufre.* — Parmi les oxides de la première section, il n'y en a que trois au plus sur lesquels le soufre ait de l'action ; ce sont ceux d'yt- trium, de glucinium et de magnésium : il se combine probablement avec eux à l'aide de la chaleur, pourvu qu'elle ne soit pas trop forte. Le soufre agit au contraire, mais diversement, sur tous les oxides de la 2e section ; il forme un proto-sulfate avec le deutoxide de ba- rium, des deuto-sulfates avec les tritoxides de potas- sium et de sodium, et il se combine avec les autres ; son affinité pour ceux-ci est même plus grande que pour les trois oxides de la première section, avec lesquels il est susceptible d'entrer en combinaison. Quant aux oxides des quatre dernières sections, il les réduit tous, en donnant lieu à du gaz acide sulfureux et presque toujours à un sulfure (226). On voit donc que le soufre se combine avec les oxides difficiles à réduire, à moins que leur cohésion ne soit grande, et qu'il décompose ceux dont les élémens n'ont pas une

grande affinité réciproque. Tous ces résultats s'expliquent parfaitement en tenant compte de toutes les causes qui concourent à les produire, ainsi que nous l'avons fait en parlant de l'action du phosphore sur les oxides.

Peut-être ne verra-t-on pas d'abord pourquoi le deutoxide de barium et les tritoxides de potassium et de sodium sont les seuls qui, traités par le soufre, donnent naissance à des sulfates. Toutefois la cause de ce phénomène est très-simple : lorsqu'on traite un oxide par le soufre, il ne se forme de sulfate qu'autant que l'oxide est à l'état de deutoxide ou de tritoxide, et que ce sulfate n'est point décomposable par la chaleur. Or, il n'y a que les sulfates de la deuxième section et quelques-uns de la première qui résistent à l'action du feu. Mais, parmi les oxides de ces sections, on n'en connaît que trois qui soient à l'état de deutoxides et de tritoxides ou peroxides ; savoir, le peroxide de potassium et de sodium, et le deutoxide de barium ; donc eux seuls seront susceptibles de former des sulfates. D'ailleurs, on voit facilement ce qui se passe alors ; le soufre enlève une portion d'oxigène à l'oxide, et de là résulte de l'acide sulfurique et un oxide à un moindre degré d'oxidation qui se combinent ensemble.

La décomposition des oxides métalliques par le soufre doit toujours avoir lieu avec dégagement de calorique ; celle des oxides des cinquième et sixième sections et de plusieurs peroxides appartenant aux sections précédentes, a lieu avec dégagement de calorique et de lumière. *Expérience :* lorsque la réaction du soufre et de l'oxide peut avoir lieu à la chaleur rouge-cerise, on prend un tube de verre fermé à la lampe par l'une de ses extrémités, et on le lute. On y introduit d'abord le soufre, et par-dessus, l'oxide qu'on veut réduire; on adapte à l'autre extrémité un petit tube de verre propre à recueillir les gaz; on place verticalement ce tube dans un fourneau; et on l'entoure de charbon noir que l'on allume à sa surface, de manière qu'en brûlant du haut en bas, la température de l'oxide métallique soit très-haute au moment où le soufre commence à se volatiliser; la réaction ayant eu lieu, on enlève le tube, et on le laisse refroidir.

On peut encore se servir d'une petite cloche courbe de verre; on la remplit de mercure, et on y fait passer du gaz azote; on porte jusque dans la partie courbe de cette cloche un mélange d'oxide et de soufre, avec une pince à cuiller, et l'on chauffe avec la lampe à esprit de vin.

Mais si le soufre et l'oxide ne peuvent réagir l'un sur l'autre qu'à une température très-élevée, on se sert d'un tube de porcelaine. On introduit l'oxide dans sa partie moyenne, et le soufre à l'une de ses extrémités, que l'on bouche exactement. On adapte à l'autre extrémité un tube de verre propre à recueillir les gaz : on dispose cet appareil dans un fourneau, sur un plan incliné, de manière que l'extrémité du tube qui contient le soufre soit la plus élevée. On fait rougir peu à peu l'oxide, et l'on fait également fondre le soufre peu à peu. On recueille les gaz qui s'en dégagent dans un flacon plein de mercure, et le sulfure ou l'oxide sulfuré restent dans l'intérieur du tube.

Dans le cas où l'on ne se proposerait pas de recueillir les gaz , il serait possible d'opérer dans un creuset de Hesse ; on le ferait rougir, on le boucherait après y avoir jeté le mélange portion par portion, et on l'exposerait à un feu assez grand pour produire la combinaison.

48 *t. Action de l'azote.* — L'azote, qui est le corps le moins combustible connu jusqu'à présent, n'a d'action sur les oxides métalliques à aucune température.

482. *Action des métaux.* — Lorsqu'on met un métal en contact avec un oxide métallique , il peut en résulter des phénomènes très-variés : tantôt le métal s'empare de tout l'oxigène de l'oxide , et se combine presque toujours, s'il est en excès, avec le métal de l'oxide réduit ; ce qui doit être , puisqu'on a vu précédemment que la plupart des métaux avaient la propriété de former des alliages binaires : tantôt le métal s'empare seulement d'une portion de l'oxigène de l'oxide, pourvu que celui-ci soit au deuxième ou au troisième degré d'oxidation ; et de là résultent deux oxides de nature diverse qui souvent s'unissent. Cependant l'on conçoit qu'un protoxide lui-même pourrait n'être qu'en partie décomposé par un métal ; c'est ce qui aurait lieu évidemment, s'il avait beaucoup d'affinité pour l'oxide de ce métal ; mais jusqu'à présent on ne peut point en citer d'exemples. Tantôt, enfin, le métal ne réagit nullement sur l'oxide métallique. Énonçons actuellement les causes de tous ces phénomènes ; ils dépendent, 1° de l'affinité du métal pour l'oxigène ; 2° de sa tendance à se combiner avec le métal de l'oxide ; 3° de la propriété qu'il possède, une fois oxidé, de se combiner avec l'oxide lui-même ; 4° de sa cohésion et de celle de l'oxide ; 5° de sa vola-

tilité et de celle de l'oxide auquel il peut donner lieu ;
6° enfin, de la volatilité de l'oxide que l'on emploie, et
de celle du métal qui lui sert de base. C'est en raison
de ces différentes causes, et de la prédominance plus ou
moins grande de l'une ou de plusieurs d'entre elles
sur les autres, que les effets varient nécessairement ;
toutefois il paraît que de toutes ces causes, la plus
influente est l'affinité des métaux pour l'oxigène, et
qu'en général, un métal appartenant à une section
quelconque, réduit les oxides appartenant aux sections suivantes. C'est au reste ce que nous allons exposer avec quelques détails.

487. *Action du potassium et du sodium.* — Le
potassium et le sodium réduisent complétement tous
les oxides des quatre dernières sections, et font passer
le deutoxide de barium, et chacun des peroxides et
deutoxides dont ils sont la base, à l'état de protoxide. Ils
n'agissent en aucune manière sur les autres oxides appartenant à la deuxième section, et sur ceux qui appartiennent à la première. L'action du potassium et
du sodium sur tous ces oxides, excepté ceux dans
lesquels l'oxigène est très-condensé ; savoir, les deutoxides de potassium, de sodium, de barium, et les
protoxides de manganèse de zinc, de fer et quelques
autres, a toujours lieu avec dégagement de calorique
et de lumière.

488. *Action des métaux de la troisième section.* —
Ces métaux décomposent les peroxides de potassium et
de sodium, et les ramènent à l'état de deutoxide qui
se combine avec l'oxide formé. Ils ramènent à l'état
de protoxide tous ceux de la troisième section, et

T. II.

probablement même que les trois premiers pourraient
réduire l'oxide d'étain ; ils réduisent probablement la
plupart des oxides de la 4e section, surtout ceux qui
tiennent le dernier rang ; mais les expériences faites à
cet égard ne permettent de rien assurer : ils réduisent certainement les oxides de la cinquième, et à
plus forte raison ceux de la sixième. Plusieurs de ces
décompositions ont lieu avec dégagement de calorique et de lumière ; savoir, celles des peroxides
de potassium et de sodium par le zinc et l'étain, et
celles des oxides des cinquième et sixième sections,
surtout, par le zinc.

489. *Action des métaux de la quatrième section.*
— La plupart de ces métaux agissent sur les peroxides
de potassium et de sodium, comme le font ceux de la
troisième section ; ils ramènent aussi, pour la plupart,
les oxides de la troisième section à l'état de protoxides ;
on ne saurait douter qu'ils ne ramènent également à
cet état tous ceux de la quatrième ; ils réduisent tous
ceux de la cinquième et de la sixième qui sont réductibles par eux-mêmes ; peut-être même que quelques-uns d'entre eux opèrent la réduction de l'oxide
d'étain par la tendance qu'ils ont à se combiner avec
le métal de cet oxide ; et l'on doit regarder à plus
forte raison, comme très-probable, que ceux qui sont
à la tête de la série enlèvent tout l'oxigène à ceux qui
la terminent. Cependant nous devons dire que ces diverses assertions sont plutôt le résultat de la théorie
que de la pratique.

490. *Action des métaux de la cinquième section.* —
Parmi les quatre métaux qui composent cette section,

il nous paraît probable que le plomb et le nickel
sont les seuls qui soient susceptibles d'enlever une
portion d'oxigène à la plupart des deutoxides ou
tritoxides de la quatrième section, au peroxide de
manganèse et de fer, et peut-être aussi au peroxide
de potassium et de sodium. Tous d'ailleurs, excepté
peut-être l'osmium, sont capables d'opérer la réduction des oxides de la sixième section à l'aide d'une
faible chaleur. Il y a toute apparence que le plomb et
le nickel réduiraient aussi les oxides de mercure et
d'osmium.

491. *Action des métaux de la sixième section.*
— Ces métaux n'ont probablement aucune action sur
les oxides métalliques des cinq premières sections ;
car les oxides dont ils sont la base se réduisent bien au-
dessous de la chaleur rouge-cerise, et tous les autres au
contraire, excepté ceux d'osmium et de mercure,
ne se réduisent que bien au-dessus. Cependant il ne
faut point perdre de vue que les causes indiquées (482)
pourraient modifier ces résultats. Il est difficile de
prévoir, sans consulter l'expérience, si l'argent, le
palladium, le rhodium, qui sont à la tête de la série
des métaux de la sixième section, ne décomposeraient
point, à l'aide d'une très-faible chaleur, les oxides
d'or, de platine et d'iridium.

Toutes ces décompositions ou réductions s'opèrent
de la manière suivante : On prend une cornue de
verre ou de grès, on y introduit le métal et l'oxide
que l'on veut décomposer, après les avoir bien mêlés
ensemble : on y adapte un tube qui plonge dans l'eau
ou dans le mercure, afin d'intercepter la communi-

cation de l'air avec l'intérieur de la cornue, et l'on chauffe plus ou moins.

Ce n'est que pour décomposer les oxides par le potassium ou le sodium, ou bien pour décomposer les peroxides de potassium ou de sodium par les métaux, que l'on emploie un autre procédé. Dans le premier cas, on prend un petit tube de verre fermé à l'une de ses extrémités; on y met une couche d'oxide, puis des fragmens de métal, puis enfin une nouvelle couche d'oxide, de manière que le métal soit entouré d'oxide de toutes parts, et à l'abri du contact de l'air; on saisit le tube avec une pince, et on l'expose à l'action de la chaleur. Dans le deuxième cas, on opère comme quand il s'agit de traiter les peroxides de potassium et de sodium par le charbon, le phosphore et le soufre (476 et suiv.).

492. *Action des corps combustibles composés.* — Le gaz hydrogène carboné ne s'unit jamais aux oxides métalliques; il n'en décompose aucun à la température ordinaire; mais à l'aide d'une chaleur plus ou moins forte, il réduit ceux des quatre dernières sections, ramène le deutoxide de barium à l'état de protoxide, et les tritoxides de potassium et de sodium à celui de deutoxides; quelle que soit la température, il n'agit en aucune manière sur les autres. Dans toutes ces décompositions ou réductions, l'hydrogène et le carbone sont brûlés tout à la fois et donnent lieu à de l'eau et à de l'acide carbonique ou à de l'oxide de carbone (476). On traite tous les oxides métalliques par le gaz hydrogène carboné, comme par le gaz hydrogène (474).

493. On sait que l'hydrogène phosphoré, de même

que l'hydrogène carboné, ne se combine avec aucun oxide métallique ; mais jusqu'ici on n'a fait qu'un
petit nombre d'expériences pour savoir quels sont
ceux qu'il est susceptible de décomposer. Toutefois,
si l'on se rappelle que d'une part, l'hydrogène a la
propriété de réduire les oxides des quatre dernières
sections, et que d'une autre part le phosphore a une
grande affinité pour les métaux, il paraîtra très-probable que l'hydrogène phosphoré doit être dans le cas
de décomposer les oxides compris dans ces diverses
sections, en donnant lieu à de l'eau et à un phosphure.
Quant à l'action qu'il exerce sur les oxides de la 2ᵉ, il est
difficile de faire des conjectures à cet égard ; on peut assurer qu'il n'en a aucune sur les oxides de la 1ʳᵉ.

494. Tous les oxides difficiles à réduire, excepté
ceux dont la cohésion est très-forte, se combinent
avec l'hydrogène sulfuré à la température ordinaire ou
à une température peu élevée, et donnent lieu à des
composés que nous nommerons oxides hydro-sulfurés :
tous les autres sont au contraire décomposés à froid,
et à plus forte raison à chaud par ce corps, de manière
à former de l'eau et un sulfure, ou un oxide hydro-sulfure sulfuré, c'est-à-dire, un composé d'oxide, d'hydrogène sulfuré et de soufre. Il est facile de concevoir
comment l'eau et le sulfure se forment ; il ne l'est pas
moins de concevoir la formation de l'oxide hydro-sulfure sulfuré : alors l'oxide cède une portion de son
oxigène à l'hydrogène d'une portion d'hydrogène sulfuré ; et, ramené à un moindre degré d'oxidation, il se
combine avec le soufre mis en liberté, et l'hydrogène
sulfuré non décomposé. On voit donc que l'hydrogène
sulfuré joue, par rapport aux oxides, tantôt le rôle

d'un acide, et tantôt celui d'un corps combustible; celui d'un acide, lorsque le métal de l'oxide a beaucoup d'affinité pour l'oxigène; celui d'un corps combustible, lorsqu'il n'en a pas beaucoup, ou qu'il en a peu : il peut même jouer l'un et l'autre par rapport au même oxide, en faisant varier la température. En effet, portée à un certain degré, la chaleur s'oppose à la combinaison des oxides avec l'hydrogène sulfuré, et favorise constamment au contraire la décomposition réciproque de ces corps; par conséquent, si l'oxide n'était pas d'une très-difficile réduction, l'hydrogène sulfuré pourrait se combiner avec lui à la température ordinaire, tandis qu'il le réduirait à une température élevée; tels sont les oxides de la troisième section et ceux d'antimoine.

Pour plus de clarté, nommons actuellement en particulier tous les oxides sur lesquels l'hydrogène sulfuré a de l'action, ceux avec lesquels il se combine, et ceux qu'il est susceptible de décomposer.

495. *Oxides susceptibles de se combiner avec l'hydrogène sulfuré.* — 1° L'oxide de magnésium, et peut-être les oxides de glucinium et d'yttrium de la première section; 2° les oxides de la deuxième section, excepté le deutoxide de barium et les tritoxides de potassium et de sodium; 3° l'oxide de zinc, et probablement les protoxides et deutoxides de manganèse, de fer et d'étain de la troisième section, et ~~et protoxide et~~ le deutoxide d'antimoine de la quatrième. Ceux de la première section, exposés à une chaleur d'environ 100 degrés, abandonnent le gaz hydrogène sulfuré qu'ils contiennent; ceux de la seconde le retiennent beaucoup

plus fortement; ceux de la troisième et de la quatrième se transforment, par l'effet d'une chaleur rouge, en eau et en sulfures.

496. *Oxides qui sont probablement susceptibles d'être ramenés à un moindre degré d'oxidation par l'hydrogène sulfuré, et de donner lieu à un oxide hydro-sulfure sulfuré.* — Le deutoxide de barium ; les tritoxides de potassium, de sodium, de fer et d'étain ; le tritoxide et le peroxide de manganèse ; le tritoxide et le peroxide d'antimoine. Les oxides hydro-sulfures sulfurés de manganèse, de fer, d'étain et d'antimoine, soumis à l'action d'une chaleur rouge, se décomposent, de même que les oxides hydro-sulfurés de manganèse, de fer, d'étain, d'antimoine et de zinc, et se transforment en eau et en sulfures.

497. *Oxides métalliques réduits par l'hydrogène sulfuré.* — Ceux des quatrième, cinquième et sixième sections, excepté ceux d'antimoine ; ces réductions ont lieu à froid comme à chaud. On constate tous ces résultats de la manière suivante : On prend une cloche de verre courbe ; on la remplit sur le mercure de gaz hydrogène sulfuré ; ensuite on porte dans sa partie courbe de l'oxide en poudre avec des pinces à cuiller, et on chauffe légèrement cet oxide ; peu à peu le gaz est absorbé, et l'on voit le mercure monter ; l'oxide change de couleur, si le nouveau produit qui se forme doit en avoir une autre que celle qu'il a lui-même, ce qui arrive souvent : de l'eau, en plus ou moins grande quantité, apparaît et ruisselle sur les parois de la cloche, lorsque l'oxide est décomposé ou réduit.

On pourrait aussi se contenter de mettre en contact,

à froid, les oxides métalliques avec l'hydrogène sulfuré ; mais l'expérience, au lieu d'être terminée dans l'espace de quelques minutes, ne le serait peut-être que dans l'espace de plusieurs heures. Cette manière d'opérer ne doit être préférée que pour les oxides qui peuvent se combiner avec l'hydrogène sulfuré, et qui, comme ceux de la première section, n'ont pas beaucoup d'affinité pour ce gaz. Cependant il y aurait un moyen de favoriser, souvent du moins, la réaction de ces deux corps, et de la rendre très-prompte et même instantanée : ce serait de détruire la cohésion de l'oxide, en le traitant par l'eau lorsqu'il y serait soluble, comme les deutoxides de potassium ou de sodium, etc., ou bien de la détruire, s'il n'y était pas soluble, en le dissolvant dans un acide plus ou moins fort, ce qui pourrait presque toujours avoir lieu. Nous exposerons ce procédé lorsque nous étudierons les oxides hydro-sulfurés que nous associerons aux sels, et lorsque nous traiterons (1139) de l'action de l'hydrogène sulfuré sur ceux-ci.

Quoi qu'il en soit, il résulte évidemment de tout ce que nous venons de dire, que, quand on met en contact de l'hydrogène sulfuré avec un oxide métallique, d'une part, ces deux corps tendent à se combiner, et que, de l'autre, ils tendent à se décomposer et à former presque toujours de l'eau et un sulfure, et quelquefois seulement de l'eau et un oxide hydro-sulfure sulfuré ; que la chaleur modifie, dans quelques circonstances, ces affinités, et que, selon que l'une l'emporte sur l'autre, on obtiendra tel ou tel produit ; il en résulte encore que, dans le cas où un oxide est réduit par l'hydrogène sulfuré, le sulfure qui se forme contient une quantité de soufre proportionnelle à la quantité d'oxigène de cet oxide. C'est de là que M. Berzelius a conclu en partie qu'il n'y avait pas plus de sulfure que d'oxide, et que le soufre d'un sulfure au minimum était, au soufre d'un sulfure au maximum, comme l'oxigène du protoxide du métal du sulfure est à l'oxigène du peroxide du métal de ce même sulfure. Mais il paraît, comme nous l'avons déjà dit, que cette loi n'est pas générale, puisque l'on peut former plus de sulfures de mercure et de fer, qu'il n'y a d'oxides de ces deux métaux.

498. Jusqu'à présent on n'a point constaté l'action que peuvent exercer les autres corps combustibles composés sur les oxides ; mais il sera possible de la prévoir jusqu'à un certain point, en se rappelant celle qu'exercent sur eux les principes constituans de ces divers corps.

500. *Etat naturel.* — On ne trouve dans la nature qu'un petit nombre d'oxides parfaitement purs ; ces oxides sont : les oxides de silicium et d'aluminium, ou la silice et l'alumine ; le peroxide de manganèse ; le deutoxide d'étain ; les deutoxide et tritoxide de fer ; l'oxide de zinc ; le deutoxide d'arsenic ; l'oxide de chrôme ; l'oxide d'urane, de titane ; le protoxide de cuivre. On en trouve, au contraire, un grand nombre qui sont combinés, soit avec quelques acides, soit avec d'autres oxides. (Voyez l'Histoire particulière des Oxides (505.)

501. *Préparation.* — On obtient les oxides, tantôt en calcinant plus ou moins, avec le contact de l'air ou du gaz oxigène, les métaux à l'état métallique ou à l'état de protoxides ; tantôt en exposant les peroxides seuls à une assez forte chaleur pour les ramener à

l'état de protoxides ou de deutoxides; tantôt en les exposant à cette chaleur, mêlés avec une certaine quantité du métal qui leur sert de base, pour leur faire subir la même transformation; tantôt en décomposant les sels qui les contiennent par l'ammoniaque, ou les deutoxides de potassium et de sodium; tantôt en décomposant les carbonates et les nitrates par la chaleur seule; tantôt en traitant les métaux par l'acide nitrique.

Il arrive aussi, mais rarement, qu'on les prépare par d'autres procédés : c'est ce qui a lieu pour le tritoxide de plomb, pour le protoxide de manganèse et pour le protoxide d'antimoine. De tous ces procédés, c'est le quatrième et le cinquième qui sont le plus souvent employés.

Premier procédé. — On met, en général, le métal dans un creuset ou dans un têt, à une température plus ou moins élevée : s'il n'entre point en fusion, on l'agite presque continuellement avec une spatule, jusqu'à ce que l'oxidation soit terminée; s'il y entre, on enlève de temps en temps l'oxide qui le recouvre, et on calcine à mesure cet oxide, pour achever de brûler les parties qui ne le seraient pas. On n'emploie guère le gaz oxigène que pour la préparation des peroxides de barium, de potassium et de sodium : alors on fait l'opération dans une petite cloche courbe sur le mercure; on obtient le premier en chauffant le protoxide de barium dans ce gaz, et les deux autres en traitant de la même manière le potassium et le sodium; mais, comme dans ce dernier cas il se produit une excessive chaleur, il faut, pour éviter la fracture de la cloche, placer ces métaux dans une petite capsule de platine, d'argent ou de verre, de même que pour les combiner avec le soufre (234).

Deuxième procédé. — Rien de plus facile à exécuter que ce procédé, qui a pour objet de faire passer par la chaleur un métal très-oxidé à un moindre degré d'oxidation. En effet, il suffit d'exposer le métal oxidé à une température plus ou moins élevée, dans une cornue ou un creuset. C'est en calcinant ainsi le peroxide de manganèse, qu'on obtient le deutoxide de manganèse; c'est en calcinant de même le deutoxide de plomb, qu'on obtient le protoxide de plomb; et c'est en calcinant aussi de la même manière l'acide chrômique, à la vérité combiné avec l'oxide de mercure, qu'on obtient l'oxide de chrôme.

Troisième procédé. — Le troisième procédé ne différant du second qu'en ce que l'oxide doit être mêlé avec la quantité de métal nécessaire pour le ramener à un moindre degré d'oxidation, on l'exécute de la même manière, si ce n'est qu'on calcine toujours le mélange à l'abri du contact de l'air, soit dans une cornue, soit dans une petite cloche courbe sur le mercure, en partie pleine de gaz azote.

Quatrième procédé. — On prend un sel soluble dans l'eau, ordinairement un sulfate, nitrate ou muriate, qui contienne l'oxide qu'on cherche à obtenir pur; on le met dans un vase de verre, par exemple, dans un matras, et on l'y dissout, soit à froid, soit à chaud, dans dix ou douze fois son poids d'eau ou plus; on filtre la dissolution, en supposant qu'elle ne soit pas bien limpide; on la recueille dans une terrine; on y verse tantôt une solution aqueuse d'ammoniaque, tantôt une solution de deutoxide de potassium ou de sodium, pure ou combinée avec une petite quantité d'acide carbonique; on se sert d'ammoniaque lorsque l'oxide qu'il s'agit d'obtenir est soluble dans le deutoxide de potassium et de sodium ; on se sert au contraire du deutoxide de potassium ou de sodium lorsque cet oxide est soluble dans l'ammoniaque. Dans tous les cas, on ajoute de l'ammoniaque ou du deutoxide de potassium ou du deutoxide de sodium, jusqu'à ce qu'il y en ait un grand excès, ou que la liqueur soit très-caustique, afin d'avoir la certitude que l'oxide ne retienne plus d'acide. Le sel est décomposé, son oxide insoluble dans l'eau se sépare et se dépose, tandis que son acide combiné avec l'ammoniaque, etc., reste en dissolution : alors on décante avec un syphon la liqueur surnageante; on la remplace par de l'eau bien limpide ; on agite, on laisse déposer de nouveau, on décante, et on lave ainsi le dépôt à grande eau quatre à cinq fois par décantation : après cela, on filtre l'oxide, on le fait sécher peu à peu avec le contact de l'air, si celui-ci n'a point d'action sur lui, et dans une cornue, s'il est susceptible de l'altérer ; enfin, on le conserve dans un flacon bouché. De 100 parties de sel desséché, on retire souvent plus de 5o parties d'oxide : on conçoit que cette quantité doit varier pour les différens sels. Ce procédé peut s'appliquer à la préparation de presque tous les oxides de la première et des quatre dernières sections, parce qu'ils peuvent se combiner presque tous avec les acides; que tous les sels qui en résultent sont décomposables par l'ammoniaque ou par les deutoxides de potassium et de sodium ; que l'un de ces sels, soit sulfate, nitrate ou muriate, est soluble dans l'eau, et qu'au contraire

leurs oxides y sont insolubles, excepté toutefois le deutoxide d'arsenic et l'oxide d'osmium. Les oxides de la
seconde section ne peuvent être obtenus ainsi, soit
parce qu'ils sont plus ou moins solubles dans l'eau, soit
parce qu'ils ne sont pas toujours séparés de leurs combinaisons avec les acides par l'ammoniaque et par le
deutoxide de potassium et de sodium.

Cinquième procédé. — Lorsqu'il s'agit d'extraire
l'oxide d'un carbonate, on expose ce sel à l'action d'une
chaleur rouge dans un creuset ; on en dégage ainsi l'a-
cide carbonique, et on obtient l'oxide pour résidu ; on
continue la calcination jusqu'à ce que le résidu ne fasse
plus effervescence avec l'acide nitrique, muriatique ou
sulfurique : on se servirait d'une cornue, si l'oxide était
susceptible d'absorber l'oxigène de l'air. On peut se
procurer de cette manière les oxides de tous les carbonates, excepté ceux des carbonates de baryte, de
potasse et de soude, sels indécomposables par le feu,
et quelques autres oxides, tel que le protoxide de fer,
qui, à l'aide de la chaleur, peuvent décomposer l'acide
carbonique et s'emparer d'une portion de son oxigène (*a*).

Sixième procédé. —On met le nitrate dans un creuset
de terre ou de platine, et quelquefois dans un vase de
verre ; on l'expose à l'action d'une température plus ou
moins élevée, en raison de sa nature ; l'acide nitrique
se décompose, et se transforme en gaz oxigène et gaz

(*a*) Les carbonates s'obtiennent, en général, par le même procédé que celui que nous venons de décrire en quatrième lieu pour
obtenir les oxides, si ce n'est qu'on emploie alors l'ammoniaque ou
le deutoxide de potassium ou de sodium à l'état de carbonates.

acide nitreux qui se dégagent (*a*), tandis que l'oxide reste au fond du vase. On doit continuer le feu jusqu'à ce qu'il n'y ait plus aucun dégagement de gaz, ou jusqu'à ce que la matière n'augmente plus la combustion des charbons incandescens, ou bien encore jusqu'à ce qu'en mettant une portion de cette matière avec l'acide sulfurique, il ne se manifeste plus de vapeurs rouges ou de vapeurs blanches piquantes. On peut obtenir, par ce procédé, les oxides de presque tous les nitrates, et par conséquent presque tous les oxides, puisque ceux-ci se combinent presque tous avec l'acide nitrique (*b*) : cependant on ne l'emploie guère que pour la préparation de l'oxide de strontium, du protoxide de barium et du deutoxide de mercure.

Septième procédé. — C'est au moyen de ce procédé qu'on prépare les oxides que l'acide nitrique ne peut point dissoudre en raison de leur cohésion ; on l'exécute en mettant une certaine quantité de métal en fragmens ou en poudre dans une fiole, ou un matras, ou une capsule, et en versant dessus, peu à peu, de l'acide nitrique en excès : cet acide agit fortement sur le métal, lui cède une portion de son oxigène, même à la température ordinaire, et le transforme en un oxide qui se

---

(*a*) Il n'y a que le nitrate de potasse et peut-être celui de soude dont l'acide soit entièrement décomposé, et se transforme en gaz oxigène et en gaz azote.

(*b*) Excepté toutefois ceux qui, dans la calcination des nitrates, sont susceptibles de s'emparer d'une portion d'oxigène de l'acide nitrique : tels sont, par exemple, les protoxides et les deutoxides de fer.

précipite. Lorsque tout le métal est attaqué, on évapore la liqueur, et on calcine légèrement le résidu : on pourrait encore préparer de la même manière la plupart des autres oxides, pourvu qu'après avoir évaporé la liqueur, on calcinât convenablement le résidu ; mais alors ce résidu n'étant autre chose qu'un nitrate, ce procédé serait le même que le sixième.

502. *Composition.* — Les oxides métalliques qui ont le même radical sont soumis, ainsi que les autres oxides et les acides (263), à une loi de composition très-remarquable qui a été découverte par M. Berzelius, et dont nous avons déjà parlé : c'est que ceux de ces corps qui sont au-dessus du premier degré d'oxidation, contiennent la même quantité de corps combustibles, et $1\frac{1}{2}$, ou 2, ou 4, ou 6, ou 8 fois autant d'oxigène que celui qui est à ce premier degré. (Voyez Annales de Chimie, tom. 78 et suiv. ; voyez aussi, page 33, le tableau contenant les proportions des principes constituant des oxides analysés jusqu'ici (*a*).

503. *Usages.* — Le nombre des oxides que l'on emploie, tant dans les arts que dans la médecine, n'est que de 29 ; ceux que l'on emploie en médecine sont :

(*a*) Il est fort remarquable que le deutoxide contienne, dans quelques circonstances, $1\frac{1}{2}$ autant d'oxigène que le protoxide, tandis que le tritoxide, le peroxide, etc., en contiennent toujours 2, ou 4, ou 6, ou 8, ou 10 fois autant. Mais, lorsqu'il en est ainsi, M. Berzelius pense qu'il existe un oxide inconnu dont la quantité d'oxigène multiplié par 6 est égale à celle du deutoxide ; de sorte qu'alors le deutoxide deviendrait tritoxide, et que les nombres exprimant la quantité d'oxigène renfermée dans les protoxide, deutoxide et tritoxide, seraient 1, 4, 6.

l'oxide de magnésium ou la magnésie, l'oxide de calcium ou la chaux, les deutoxides de potassium et de
sodium à l'état d'hydrate, l'oxide de zinc, les deutoxide et tritoxide de fer, le deutoxide d'arsenic, les
oxides d'antimoine, les protoxide et deutoxide de mercure et de plomb, et l'oxide d'or. La plupart de ces
oxides sont également employés dans les arts : on y fait
usage en outre de ceux de silicium, d'aluminium, de
manganèse, d'étain, de chrôme et de cobalt. (Voyez
ces oxides en particulier (5o5.)

504. *Historique.* — En général, la connaissance des
oxides date de la découverte des métaux qui leur servent
de base, ou lui est postérieure : or, comme la plupart des métaux n'ont été découverts que depuis une
cinquantaine d'années, il s'en suit que le plus grand
nombre des oxides n'est connu que depuis cette époque.
Il n'est presque point de chimistes qui n'aient fait des
recherches sur les oxides ; mais ceux qui ont le plus
avancé cette partie de la chimie, après Lavoisier qui
nous a fait connaître la nature des oxides, sont M. Davy,
qui a prouvé que les alcalis et les terres, qu'on
considérait comme des corps simples, étaient de véritables oxides métalliques, et M. Berzelius, qui a démontré que la composition des oxides était soumise à
des lois constantes, lois dont il est parti pour faire des
analyses très-exactes de ces sortes de composés.

On voit, d'après ce qui précède, que, parmi tous les
faits qui composent l'histoire des oxides, il n'en est
qu'un petit nombre qu'on ne saurait retenir en raison
de leur variété : ces faits sont relatifs à la couleur des
divers oxides, aux procédés par lesquels on les obtient
et à la proportion de leurs principes constituans.

PROCÉDÉS pour obtenir LES OXIDES.	NOMS et NOMBRE des OXIDES (a).	COULEUR des OXIDES (b).	INDICATION du PROCÉDÉ (c).	QUANTITÉ d'oxigène que prennent 100 parties du métal pour passer à l'état d'oxide (d).	AUTEURS de L'ANALYSE.	COULEUR DE L'OXIDE à l'état D'HYDRAT ou en gelée.
Premier procédé.	*Première Section.*			P.		
Calcination du métal ou de l'oxide du métal avec le contact de l'air ou du gaz oxigène.	Oxide de Silicium ou Silice......	Blanc.	On trouve cet oxide pur dans la nature....	92, 307.	Berzelius.	Blanc.
	— de Zircônium ou Zircône....	Id.	4me. Muriate et ammoniaque.			Id.
	— d'Aluminium ou Alumine....	Id.	4me. Alun et ammoniaque.	87, 708.	Id.	Id.
	— d'Yttrium ou Yttrya....	Id.	5me.			Id.
	— de Glucinium ou Glucine....	Id.	5me.			Id.
Second Procédé.						
Décomposition d'un peroxide par la chaleur, de manière à le ramener à un moindre degré d'oxidation.	— de Magnésium ou Magnésie....	Id.	4me.	62, 601.	Id.	Id.
	Seconde Section.					
	Oxide de Calcium ou Chaux....	Id.	5me.	39, 86.	Id.	Id.
Troisième Procédé.	— de Strontium ou Strontiane....	Blanc-gris.	6me.			Id.
Le même que le précédent, si ce n'est qu'on met le peroxide avec une certaine quantité du métal qui lui sert de base.	Protoxide de Barium ou Baryte....	Id.	4me. Potoxide et oxigène.	11, 732.	Id.	Id.
	Deutoxide....	Gris-verdâtre.	1er. Potoxide et oxigène.			N'existe pas.
	Protoxide de Sodium....	Blanc-gris.	3me. Tritoxide et Métal.			Id.
	Deutoxide ou Soude....	Blanc.	3me. Id.		Gay-Lussac	Id.
	Tritoxide....	Jaune-verdâtre.	1er. Métal et gaz oxigène.	33, 995. / 67, 990.	et Thenard.	N'existe pas.
Quatrième Procédé.	Protoxide de Potassium....	Gris-bleuâtre....	S'obtiennent comme ceux de sodium.	19, 945. / 59, 835.	Id.	Id.
Décomposition d'un sel soluble dans l'eau, sulfate, nitrate ou muriate, par l'ammoniaque ou le deutoxide de potassium ou de sodium.	Deutoxide ou Potasse....	Blanc.				Blanc.
	Tritoxide....	Jaune-verdâtre.				N'existe pas.
Quand il sera question du quatrième procédé, et qu'on pourra employer indistinctement, pour obtenir l'oxide, ces trois sels et ces trois bases salifiables, on se contentera d'indiquer le procédé par ces mots : *quatrième procédé* ; mais lorsqu'on devra employer de préférence l'un de ces sels et l'une de ces bases salifiables, on mettra à la suite de ces mots, *quatrième procédé*, le nom du sel et de l'alcali dont on doit faire usage. S'il arrivait qu'on pût employer indistinctement ces trois sels, mais seulement l'une de ces bases, on n'écrirait que le nom de la base après l'indication du *quatrième procédé*, etc.	*Troisième Section.*					
	Protoxide de Manganèse....	Vert.	Manganèse et eau, à froid.	14, 6533.		
	Deutoxide....			28, 1097.		
	Tritoxide....	Brun-marron....		42, 16.	Berzelius.	Blanc.
	Peroxide....	Brun-noirâtre.	On trouve cet oxide pur dans la nature.	56, 215.		
	Oxide de Zinc....	Blanc.	1er. Métal et air.	24, 4.		Blanc.
	Protoxide de Fer....		4me. Sulfate et ammoniaque.	25,		Blanc sale.
	Deutoxide....	Noir.	Fer et Eau à la chaleur rouge.	37, 5.	Gay-Lussac.	Vert-bouteille.
	Tritoxide....	Rouge-violet.	1er. Métal et air. — 4me et 7me.	50,		Jaune-rougeâtre.
	Protoxide d'Étain....	Gris-noirâtre.	4me. Proto-muriate et ammoniaque.	13, 6.		Blanc.
	Deutoxide....	Blanc.	4me. Deuto-muriate et ammoniaque.	20, 4.	Berzelius.	Id.
	Tritoxide....	Id.	7me.	27, 2.		Id.
	Quatrième Section.					
	Protoxide d'Arsenic....	Noir.	Exposition de l'arsenic à l'air, à la temp. ord.	8, 473.		
	Deutoxide ou Acide arsénieux....	Blanc.	1er. Arsenic et Air.	34, 263.	Id.	Blanc.
	Acide arsénique....	Id.	(no 583).	51, 428.		
	Oxide de Molybdène....	Bleu.	Acide molybdique et zinc (534).			
	Acide molybdique....	Blanc.	(no 584 bis).	49,	Bucholz.	
	Oxide de Chrôme....	Vert.	Calcination du chrômate de mercure (533).			Vert.
	Acide chrômique....	Rouge.	(no 584).			
	Acide tungstique....	Jaune.	(no 585 bis).	25,	Id.	
	Acide colombique....	Blanc.	(no 585).			
	Protoxide d'Antimoine....	Gris-noirâtre.	Par la pile (no 536).	4, 65.		Blanc.
	Deutoxide....	Blanc-grisâtre.	4me. Deuto-muriate et ammoniaque.	18, 6.		Id.
	Tritoxide....	Blanc....	4me. — 4me. Trito-muriate et ammoniaque.	27, 9.	Berzelius.	Id.
	Tétroxide....	Jaunâtre.	7me.	37, 2.		Id.
Cinquième Procédé.	Protoxide d'Urane....	Gris-noir....	1er. Métal et Air. — 5me et 6me.			Jaune pâle.
Décomposition d'un carbonate par la chaleur.	Deutoxide....	Jaune-citron.	4me.			
Sixième Procédé.	Protoxide de Cérium....	Blanc.	4me.			Blanc.
	Deutoxide....	Brun-rouge.	1er. Protoxide et Air.			
Décomposition d'un nitrate par la chaleur.	Protoxide de Cobalt....	Gris.	4me.			Bleu violet.
	Deutoxide....	Gris-verdâtre.	Exposition à l'air de l'hydrate de protoxide			Verdâtre.
	Tritoxide....	Noir.	1er. Protoxide et Air.			Noir.
Septième Procédé.	Protoxide de Titane....	Rouge.	On trouve cet oxide pur dans la nature....			
	Deutoxide....	Blanc.	4me. Ammoniaque.			Blanc.
Oxidation d'un métal par l'acide nitrique.	Oxide de Bismuth....	Jaunâtre.	1er. Métal et Air.—4me. Nitrate ou muriate.	11, 2720.		Blanc.
	Protoxide de Cuivre....	Rouge.	4me. Proto-muriate et potasse.	12, 5.	Berzelius.	Jaune orangé.
	Deutoxide....	Brun-noir.	4me. Deuto-sulfate et potasse.	25,		Bleu.
	Oxide de Tellure....	Blanc.	1er. Métal et Air. — 4me. Potasse.	27, 83.		Blanc.
	Cinquième Section.					
	Protoxide de Nickel....	Brun.	4me. Potasse.			Vert-pomme.
	Deutoxide....	Noir.	(552).			Noir.
	Protoxide de Plomb....	Jaune.	3me ou 6me.	7, 7.		Blanc.
	Deutoxide....	Rouge-jaunâtre.	1er. Métal et Air.	11, 1.	Berzelius.	
	Tritoxide....	Puce.	Par acide nitrique et deutoxide.	15, 4.		
	Protoxide de Mercure....	Gris-noir....	4me. Potasse.	4,		Gris.
	Deutoxide....	Rouge-jaunâtre.	1er. Métal et Air. — 6me.	8,	Fourcroy et Thenard.	Jaune.
	Oxide d'Osmium....	Blanc.	Calcination du Nitrate de Potasse avec l'Osmium dans une cornue (558)...			
	Sixième Section.					
	Oxide d'Argent....	Olive foncé....	4me. Nitrate et potasse.	7, 6.	Gay-Lussac et Thenard.	Brun foncé.
	Oxide de Palladium....		4me. Muriate et potasse. — 6me.	14, 209.		Orangé.
	Oxide de Rhodium....		4me. Muriate et potasse.	8, 28.		Jaune.
	Protoxide de Platine....	Noir.	4me. Proto-mur. et potasse } vu calcin. du	8, 287.		Noir.
	Deutoxide....	Id.	4me. Deuto-mur. et potasse } deuto-nitrate.	16, 38.	Berzelius.	Jaune orangé.
	Protoxide d'Or....		4me. Proto-muriate et potasse	4, 026.		Brun.
	Deutoxide....	Brun.	4me. Deuto-muriate et baryte.	12, 077.		
	Oxide d'Iridium....		4me. Muriate et potasse.			

(a) Nous avons joint les acides métalliques aux oxides, pour rendre le tableau complet.
(b) Il existe plusieurs oxides dont on ne connaît point la couleur, parce qu'on ne les a encore obtenus qu'à l'état d'hydrate.
(c) Si cette indication ne suffisait point, on consulterait l'histoire particulière des oxides.
(d) M. Berzelius n'a pas toujours déterminé directement la proportion des principes constituans des oxides. Il a conclu quelquefois cette proportion des lois auxquelles semble être soumise la composition des sels, savoir : que dans les sels du même genre et au même état de saturation, c'est-à-dire dans ceux qui résultent de la combinaison des divers oxides avec le même acide, la quantité d'oxigène contenu dans l'oxide est en raison de la quantité d'oxigène contenu dans l'acide ; par conséquent en raison de la quantité d'acide même ; par exemple, dans les sulfates neutres, la quantité d'oxigène de l'oxide est à la quantité d'oxigène de l'acide comme 1 à 3, et à la quantité d'acide lui-même comme 1 à 5 ; par conséquent, connaissant la quantité d'acide d'un sulfate, on peut en conclure la quantité d'oxigène de son oxide. (*Voyez* la composition des sels (704). Les analyses faites par les autres chimistes sont le résultat de l'expérience.

Indiquons-les dans un tableau, pour qu'on puisse facilement les connaître au besoin; et indiquons en même temps les proportions des principes constituans des acides. (Voyez le tableau ci-joint.)

504. On peut, d'après l'histoire générale que nous venons de faire des oxides, tracer l'histoire particulière de chacun d'eux. Pour le prouver, prenons pour exemple le protoxide de fer. Cet oxide est solide; car tous les oxides le sont : réduit en poudre, il est terne; car il n'en est aucun qui, pulvérisé, soit brillant : il est sans odeur; car l'oxide d'osmium est le seul qui soit odorant : il est insipide; car les oxides de la seconde section sont les seuls qui, avec l'oxide d'osmium et le deutoxide d'arsenic, aient de la saveur : il est moins pesant que le fer; car il n'y a que les oxides dont le métal ait une faible pesanteur spécifique et une grande affinité pour l'oxigène, qui soient spécifiquement plus pesans que ceux qui leur servent de base : il n'altère ni la couleur de tournesol, ni celle de curcuma, ni celle de la violette; car la première de ces couleurs n'est altérée par aucun oxide, et les deux autres ne le sont que par les oxides de la seconde section et l'oxide de magnésium; celle de curcuma est changée en rouge, et celle de la violette en vert-jaune : il ramène au bleu celle de tournesol rougie par les acides; car tous les oxides susceptibles de se combiner avec ceux-ci sont dans ce cas. (Pour la couleur, consultez le tableau.)

Exposé au feu, il ne se réduit point; car il fait partie de la troisième section, et il n'y a que les oxides des deux dernières qui soient susceptibles de se réduire ainsi : il ne peut même abandonner aucune portion

T. II.

3

de son oxigène, puisqu'il est à l'état de protoxide et qu'il est irréductible : il n'en abandonnerait même pas quand il serait à l'état de tritoxide ; car parmi les oxides des quatre premières sections, il n'y a que le peroxide de manganèse, d'antimoine, de cobalt, d'urane et de cuivre qui, par une haute température, soient ramenés à un moindre degré d'oxidation. La lumière n'exerce aucune action sur lui ; car elle n'agit que sur les oxides de la dernière section : la pile en opère la réduction ; car elle réduit tous les métaux, excepté ceux de la première section. : il est le seul qui, avec le deutoxide de fer, soit sensible à l'aiguille aimantée. Mis en contact avec le gaz oxigène ou l'air, à une température élevée, il passe à l'état de tritoxide ou peroxide ; car nous venons de voir que le tritoxide de fer n'était point décomposé par la chaleur ; et l'expérience prouve que toutes les fois qu'un oxide n'est point décomposable par la chaleur, cet oxide peut se former en calcinant, avec le contact de l'air ou du gaz oxigène, le métal qui lui sert de base, pur ou déjà oxidé.

L'hydrogène, le carbone et le soufre réduisent le protoxide de fer à une haute température ; car à cette température ces trois corps combustibles réduisent les oxides des quatre dernières sections ; l'hydrogène donne lieu à de l'eau et à du fer ; le carbone, à du gaz oxide de carbone et à un carbure de fer, et le soufre, à du gaz acide sulfureux et à un sulfure de fer. Le phosphore ne réduit qu'en partie le protoxide de fer à l'aide de la chaleur, et forme avec lui un phosphate de fer et un phosphure de fer ; car l'oxide de fer appartient à la troisième section, et c'est ainsi, en général, que se comportent avec le phosphore les protoxides de cette section et ceux de la quatrième, c'est-à-dire, les oxides qui ne sont ni très-difficiles à réduire, ni très facilement réductibles. L'azote est sans action sur le protoxide de fer; car il n'agit, soit à froid, soit à chaud, sur aucun oxide métallique. Quant au bore, on ignore comment il se comporterait avec le protoxide de fer; car jusqu'ici, on ne l'a mis en contact avec aucun oxide.

Le potassium et le sodium, et sans doute les autres métaux des deux premières sections, sont susceptibles de réduire le protoxide de fer au rouge brun; car, en général, les métaux d'une section réduisent les métaux des sections suivantes; cependant, en raison de la volatilité du potassium, le fer, à une excessive chaleur, s'empare de tout l'oxigène du potassium et du sodium.

Le protoxide de fer est réduit par le gaz hydrogène carboné, ainsi que par le gaz hydrogène phosphoré, à l'aide de la chaleur; car ces deux gaz réduisent les oxides des quatre dernières sections : il en résulte, avec le premier, de l'eau et du gaz oxide de carbone, et, avec le second, de l'eau et du phosphure de fer.

Quant au gaz hydrogène sulfuré, il joue un double rôle avec le protoxide de fer, celui d'un acide à la température ordinaire, et celui d'un corps combustible à une température élevée; car telle est sa manière d'agir sur les protoxides et deutoxides de la troisième section et sur ceux d'antimoine : il se combine donc à froid avec lui et forme un oxide hydro-sulfuré; tandis qu'à l'aide d'une chaleur rouge, il le décompose, et forme de l'eau et un sulfure.

Le protoxide de fer n'ayant point été mis en contact avec les autres corps combustibles, on ne peut former que des conjectures relativement à son action sur eux. Le protoxide de fer n'existe point à l'état de pureté dans la nature; on le prépare par le quatrième procédé, en décomposant le proto-sulfate de fer par la potasse, la soude et l'ammoniaque. Il est sans usages.

Quoiqu'il soit évident qu'on puisse faire l'histoire de tout autre oxide de la même manière que celle du protoxide de fer, nous considérerons tous les oxides chacun en particulier, afin d'entrer dans quelques détails que ne comprennent point les généralités, et de mettre les jeunes élèves à même de reconnaître les erreurs qu'ils pourraient commettre dans l'application de ces généralités, application que nous ne saurions trop les engager de faire en suivant la marche que nous venons de tracer dans l'histoire particulière du protoxide de fer.

Des Oxides de la première section.

La première section renferme les oxides qu'on n'est point encore parvenu à réduire; ces oxides sont au nombre de six : l'oxide de silicium, l'oxide de zirconium, l'oxide d'aluminium, l'oxide d'yttrium, l'oxide de glucinium et l'oxide de magnésium. Ce sont ces oxides qu'on a connus, jusque dans ces derniers temps, sous le nom générique de terres ou de bases salifiables terreuses, et sous les noms spécifiques de silice, zircône, alumine, yttria, glucine et magnésie. Avant les travaux de M. Davy, on regardait ces bases salifiables comme des corps simples; on pourrait même encore aujourd'hui les regarder comme tels, puisqu'on n'en a point encore séparé des corps différens; mais il

y a de si grands rapports entre ces sortes de bases
et les anciennes bases salifiables alcalines, savoir, la
chaux, la baryte, la strontiane, la potasse et la soude,
qu'il est extrêmement probable qu'elles sont toutes de
même nature. Or, il est prouvé que celles-ci sont de
véritables oxides : donc on doit aussi, par analogie,
mettre celles-là au rang des oxides ; de même qu'on a
mis l'acide borique au rang des corps brûlés, long-
temps avant d'en avoir opéré la décomposition.

Oxide de Silicium ou Silice.

505. Blanc ; rude au toucher ; pesant spécifiquement, d'après Kirwan, 2,66, etc. (469) (*a*) ; infusible ;
sans action sur les fluides impondérables, ainsi que
sur le gaz oxigène, sur l'air et sur les corps combustibles simples et composés, à toute espèce de température ; très-commun dans la nature.

État. — Le cristal de roche, pierre dure, plus ou
moins transparente ou au moins translucide, assez
commune, quelquefois incolore, quelquefois colorée
en rouge, rose, jaune, violet, brun, etc., que l'on
rencontre tantôt en masses, tantôt sous forme de cristaux qui sont le plus souvent des prismes à six pans
terminés par des pyramides hexaèdres, n'est presque

(*a*) Par ce signe, etc. (469), on renvoie le lecteur à l'histoire
générale des propriétés physiques des oxides, afin qu'il voie
quelles sont les autres propriétés physiques de l'oxide de silicium :
c'est ce que nous ferons également en traitant des autres oxides,
non-seulement lorsqu'il s'agira de leurs propriétés physiques, mais
encore de leurs propriétés chimiques.

que de la silice pure. L'espèce de quartz que nous connaissons sous le nom de quartz hyalin limpide ou de cristal de roche, et qui nous vient principalement des montagnes de Madagascar, de la Savoie et de la Suisse, paraît même ne contenir rien autre chose que de l'oxide de silicium. Le silex ou les cailloux en contiennent environ les 0,99 de leur poids; les sables en contiennent souvent la même quantité. On le rencontre quelquefois dissous dans les eaux de certaines fontaines, à la faveur d'autres corps : nous citerons pour exemple l'eau de Reikum, en Islande, dans laquelle on trouve, sur 100 pouces cubes, d'après l'analyse de Klaproth, 9 grains de silice, 8 grains de muriate de soude, 3 de carbonate de soude, et 5 de sulfate de soude. Enfin, il entre dans la combinaison de toutes les pierres gemmes; souvent il sert de gangue aux métaux; il fait partie de toutes les terres cultivées; il existe dans la plupart des végétaux; il paraît constituer la majeure partie de la surface du globe.

Préparation. — Quoique l'oxide de silicium se trouve à l'état de pureté dans le cristal de roche, on l'extrait quelquefois du sable ou des cailloux, surtout lorsqu'on veut l'avoir en poudre très-fine : on prend une partie de sable ou de caillou bien pulvérisé; on la met, avec deux parties d'hydrate de potasse ou de deutoxide de potassium, dans un creuset de platine, d'argent ou de terre, que l'on remplit aux trois quarts au plus; on recouvre le creuset, on le place dans un fourneau ordinaire, et on le porte peu à peu jusqu'au rouge : à mesure qu'on élève la température, l'eau de la potasse se dégage et fait boursouffler la matière,

tandis que le deutoxide de potassium se combine avec
la silice et la fait entrer en fusion. Lorsque toute la
masse est fondue, ou au moins en pâte molle, ce qui a
lieu après environ une demi-heure de chaleur assez
forte, on retire le creuset du feu, et on coule la matière dans un vase de cuivre ou d'argent ; on la fait
ensuite chauffer dans une capsule, avec trois à quatre
fois son poids d'eau ; elle se dissout, et on filtre la
liqueur, si elle n'est pas bien transparente : alors on
verse dans cette liqueur, peu à peu, un excès d'acide
muriatique, nitrique ou sulfurique, étendu d'eau ; il
en résulte un dégagement assez considérable de gaz
acide carbonique, du muriate de potasse, et un précipité gélatineux très-abondant de silice : cela étant fait,
on étend la liqueur d'une grande quantité d'eau, et on
lave la silice par décantation ; on la recueille sur un
filtre, on la laisse égoutter, on la sèche, on la calcine
jusqu'au rouge, et on la conserve dans un flacon à l'abri
du contact de l'air.

Ce qui se passe dans cette opération est facile à saisir :
le sable, insoluble par lui-même dans l'eau, peut s'y
dissoudre une fois uni à deux ou trois fois son poids de
potasse ; mais la potasse et les matières autres que la
silice qui entrent dans la composition du sable, ont
beaucoup d'affinité pour les acides, tandis que la silice
en a très-peu au contraire, et jouit d'une grande force
de cohésion : par conséquent la silice doit se précipiter
à l'état de pureté. Cependant si, au lieu de dissoudre la
combinaison de la potasse et de la silice dans 3 ou 4 fois
son poids d'eau, on la dissolvait dans 20 ou 25, l'expérience prouve que la silice ne se précipiterait point au
moment où on verserait l'acide, sans doute parce que

ses molécules étant trop éloignées les unes des autres, ne pourraient être réunies par la cohésion. Il faudrait alors évaporer la liqueur presque jusqu'à siccité, traiter le résidu par l'eau, et filtrer. On obtiendrait ainsi la silice sous forme de poudre blanche. Avant même que l'évaporation ne fût terminée, on la verrait se précipiter sous forme de gelée transparente, ou même à l'état d'hydrate.

Les usages de l'oxide de silicium sont très-importans : à l'état de sable, on s'en sert pour filtrer les eaux : mêlé avec la chaux à ce même état, il constitue les mortiers ; combiné avec le deutoxide de potassium ou de sodium, il constitue le verre ; mêlé et calciné avec l'oxide d'aluminium, il forme les poteries, depuis la brique jusqu'à la porcelaine. On l'emploie dans l'exploitation de quelques mines, particulièrement de celle de cuivre ; on s'en sert, à l'état de cristal de roche, pour faire des lustres de grand prix.

Historique. — Connu de toute antiquité ; regardé comme corps simple jusqu'à la découverte du potassium et du sodium ; appelé successivement terre vitrifiable, parce qu'il entre dans la composition du verre ; silice, parce qu'il entre dans la composition du silex ou caillou ; placé aujourd'hui, par analogie, au rang des oxides (a) ; étudié par presque tous les chimistes.

(a) Cependant M. Stromeyer assure qu'en calcinant fortement un mélange de charbon, de fer et de silice, on obtient un alliage de fer et de silicium. (Annales de Chimie, nº 243.) M. Berzelius dit aussi avoir obtenu un alliage semblable ; mais plusieurs chimistes ont essayé sans succès de faire cet alliage.

Oxide de Zirconium ou Zircône.

507. Blanc; pesant spécifiquement environ 4,3, etc.
(469); inaltérable par les fluides impondérables; sans action sur le gaz oxigène, sur l'air et sur les corps combustibles simples et composés; n'existe que dans le zircon (*a*), pierre qui est formée, d'après les analyses de
MM. Klaproth et Vauquelin, d'environ 65 de zircône,
33 de silice, 2 d'oxide de fer, et d'où on l'extrait
par le procédé suivant : On réduit le zircon en poudre
très-fine dans un mortier d'agate ou de silex, et on le
calcine, de même que le sable (505), avec 3 ou 4 fois
son poids de potasse caustique dans un creuset de platine; après environ trois quarts d'heure d'un feu assez
fort, on retire le creuset du feu; on le laisse refroidir;
on délaie la matière dans environ 10 ou 12 fois son
poids d'eau; on la versé à mesure dans une capsule, et
on y ajoute peu à peu un assez grand excès d'acide
muriatique dont on favorise l'action par une agitation continuelle : cet acide la dissout complétement
en donnant lieu à un dégagement assez vif d'acide
carbonique et à des muriates de potasse, de zircône, de
fer et de silice; ensuite on évapore la dissolution jusqu'à ce qu'elle soit réduite en gelée épaisse : par ce
moyen, on chasse l'acide muriatique combiné avec la silice; de sorte qu'en traitant le résidu par l'eau et filtrant,

---

(*a*) On trouve des zircons dans le sable des rivières du milieu de
l'île de Ceylan, dans le sable du ruisseau d'Expailly, près du Puy
en Velay, près de Pise, etc.; ils ne sont jamais d'un gros volume
leur dureté est un peu plus grande que celle du quartz ; leur couleur varie beaucoup.

on obtient une nouvelle dissolution qui ne contient plus
que des muriates de zircône, de potasse et de fer; on
verse goutte à goutte, dans cette nouvelle dissolution,
de l'hydro-sulfure d'ammoniaque, et on forme ainsi du
muriate d'ammoniaque soluble et un oxide de fer hydro-sulfuré noir insoluble (*a*). Il faut bien se garder
d'ajouter une trop grande quantité d'hydro-sulfure
ammoniacal, car on décomposerait aussi le muriate de
zircône : on en ajoutera seulement jusqu'à ce que le
précipité cesse d'être noir ; ce qu'on reconnaîtra en
filtrant de temps en temps une portion de la liqueur,
et en l'éprouvant par quelques gouttes d'hydro-sulfure;
après cela, on filtre la liqueur tout entière, on y ajoute
de l'ammoniaque, qui s'empare seulement de l'acide
muriatique du muriate de zircône, et précipite celle-ci
sous forme de flocons blancs qu'on lave, qu'on fait
sécher, et qu'on conserve dans un flacon, etc. Ainsi
l'on voit qu'en dernier résultat, ce procédé rentre dans
le quatrième de ceux que nous avons indiqués.

La zircône est sans usage ; elle a été découverte en
1789 par M. Klaproth (Journal de Physique, t. 36),
et étudiée ensuite par M. Vauquelin (Annales de Chimie, t. 21). Son nom dérive de celui de la pierre dont
on l'extrait.

Oxide d'Aluminium ou Alumine.

508. Blanc ; doux au toucher ; happe à la langue;
pèse spécifiquement 2,00, d'après Kirwan, etc. (469);

(*a*) Voyez action des hydro-sulfures sur les sels (1152).

forme pâte avec l'eau ; infusible ; inaltérable par les fluides impondérables ; sans action sur le gaz oxigène, sur l'air et sur les corps combustibles simples et composés ; se trouve dans la nature, 1° à l'état de pureté ; 2° mêlé avec de l'oxide de silicium et quelques autres matières ; 3° combiné avec l'acide sulfurique.

L'oxide d'aluminium pur se trouve en petite quantité à Hall en Saxe ; il y est en masses mamelonnées et disséminées dans la première couche de terre ; mais, comme on l'y trouve aujourd'hui plus rarement qu'autrefois, et que, tout près de là, existe une grande pharmacie, quelques personnes ont pensé que cet oxide était un produit artificiel. Cependant on dit aussi avoir trouvé l'alumine à Magdebourg dans la Basse-Saxe, en Silésie, en Angleterre, et près de Véronne.

Si l'oxide d'aluminium pur est rare, il n'en est pas de même de son mélange avec la silice ; c'est en effet ce mélange qui fait la base de toutes les argiles, substances qui doivent à l'alumine la propriété qu'elles ont de faire pâte, qui en contiennent quelquefois les 0,40 de leur poids, et qui renferment souvent, outre cet oxide et celui de silicium, un peu d'oxide de fer et de carbonate de chaux.

Quant à la combinaison de l'alumine avec l'acide sulfurique et fluorique, la première est commune ; l'autre est très-rare.

Préparation. — L'oxide d'aluminium s'extrait d'un sel abondant, et connu dans le commerce sous le nom d'alun. Pour cela, on dissout dans 20 ou 25 fois son poids d'eau ce sel, qui est une combinaison de sulfate acide d'alumine et de sulfate d'ammoniaque ou de deutoxide de potassium. On le traite par l'ammoniaque ; le sulfate acide d'alumine est seul décomposé ; son oxide se précipite en gelée, et il se forme du sulfate d'ammoniaque qui reste en dissolution dans la liqueur avec l'autre sel de l'alun.

On procède à cette expérience en se conformant à tout ce qui a été dit en parlant du quatrième procédé.

Usages. — L'alumine pure étant naturellement très-rare, n'est employée que dans les laboratoires pour faire les sels alumineux ; mais à l'état d'argile, ou mêlée avec la silice, telle que nous l'offre si souvent la nature, on s'en sert pour faire toutes les poteries, pour glaiser les bassins ou s'opposer à l'infiltration des eaux à travers leurs parois, pour fouler les draps ; on l'emploie aussi pour faire de l'alun artificiel, lorque le prix de ce sel, comparé à celui de l'acide sulfurique et la potasse, le permet.

Historique. — L'oxide d'aluminium a été distingué comme corps particulier par Margraf en 1754 ; étudié ensuite par beaucoup de chimistes différens ; regardé comme corps simple jusqu'à la découverte du potassium et du sodium, et appelé jusque là successivement argile, parce qu'il donne aux terres argileuses les principales propriétés dont elles jouissent ; alumine, parce qu'on l'extrait de l'alun, dont le nom latin est *alumen.* On le place aujourd'hui, par analogie, au rang des oxides métalliques.

Oxide d'Yttrium ou Yttria.

509. Blanc ; pesant spécifiquement 4,842, d'après Eckeberg, etc. (469) ; infusible ; inaltérable par les

fluides impondérables ; sans action sur le gaz oxigène ; absorbe le gaz acide carbonique de l'air à la
température ordinaire ; se combine probablement
avec le soufre à l'aide d'une légère chaleur , ainsi
qu'avec le gaz hydrogène sulfuré , mais n'agit nullement sur les autres corps combustibles simples et
composés ; n'existe que dans l'ytterbite et l'yttro-tantalite (*a*) ; sans usages ; découvert par M. Gadolin en
1794 (Trans. de Stockholm pour 1794; examiné ensuite par M. Vauquelin (Ann. de Chim., t. 36, p. 143);
par M. Klaproth et par M. Eckeberg (Ann. de Chim.,
tome 37) ; regardé comme corps simple jusqu'à la découverte du potassium et du sodium, et appelé yttria,
du nom de la pierre d'où on l'extrait ; placé aujour-
d'hui, par analogie, au rang des oxides ; s'extrait de l'ytterbite, qui est moins rare que l'yttro-tantalite, et qui
est une combinaison d'yttria 0,35 ; silice 0,25 ; oxide de
fer 0,25 ; oxide de manganèse 0,02 ; chaux 0,02 ; eau et
acide carbonique 0,10. Pour cela , on pulvérise cette
pierre et on la traite dans une fiole ou dans un matras ,
à l'aide de la chaleur, par 3 ou 4 fois son poids d'acide
nitrique un peu étendu d'eau ; l'acide nitrique dissout
toute l'yttria , la chaux , le manganèse et une portion du
fer , et n'attaque point la silice ; celle-ci reste sous forme

---

(*a*) L'ytterbite est une pierre noire ou brunâtre opaque, dont la
cassure est vitreuse et éclatante. Elle a été découverte en Suède,
près Ytterbi , par M. Gadolin, dans des filons de feld-spath,
coupés par des veines de mica.

L'yttro-tantalite se trouve dans le même lieu, en morceaux disséminés de la grosseur d'une noisette ; sa couleur est grise. Ce minéral est composé d'oxide de fer, d'oxide de manganèse, d'oxide de
tantale ou columbium et d'yttria : il est plus rare que l'ytterbite.

de gelée avec la portion de fer non dissoute. Après avoir fait bouillir la liqueur pendant quelque temps, on l'étend d'eau pour pouvoir la filtrer ; lorsqu'elle est filtrée, et que le résidu est suffisamment lavé, on l'évapore jusqu'à siccité pour en chasser l'excès d'acide nitrique et décomposer la majeure partie du nitrate de fer : alors on verse de l'eau sur la matière sèche, on dissout ainsi le nitrate d'yttria, le nitrate de chaux, de manganèse et le nitrate de fer non décomposé. On verse de nouveau la liqueur sur un filtre pour l'avoir claire, ou la séparer de l'oxide de fer qu'elle tient en suspension, et on y ajoute un grand excès de sous-carbonate d'ammoniaque en dissolution ; il en résulte un nitrate d'ammoniaque soluble par lui-même, du sous-carbonate d'yttria soluble à la faveur de l'excès de sous-carbonate d'ammoniaque, et des sous-carbonates de chaux, de fer et de manganèse insolubles. Cette opération étant faite, si on filtre la liqueur et si on la fait bouillir, le sous-carbonate d'ammoniaque se volatilisera et le sous-carbonate d'yttria se précipitera ; on le ramassera sur un nouveau filtre ; on le lavera, on le fera sécher et on le calcinera ; le peu d'acide qu'il contiendra s'en dégagera, et l'oxide restera pur (a).

(a) D'après l'analyse de M. Eckeberg, l'ytterbite contient un peu de glucine, et est formée d'yttria $55\frac{1}{2}$; silice 23 ; glucine $4\frac{1}{2}$, et d'oxide de fer $16\frac{1}{4}$. S'il en était ainsi, le sous carbonate d'yttria, obtenu par le procédé que nous venons de décrire, contiendrait du sous-carbonate de glucine ; car celui-ci est même bien plus soluble encore dans le sous-carbonate d'ammoniaque que celui d'yttria. Dans ce cas, pour obtenir l'yttria, il faudrait traiter à chaud le mélange de ces deux carbonates par une dissolution de potasse caustique qui s'emparerait de l'acide carbonique de ces deux sels,

Si l'yttria contenait un peu d'oxide de fer, on pourrait l'en séparer par le même procédé que celui que nous avons indiqué en parlant de la zircône.

Oxide de Glucinium ou Glucine.

511. Blanc; insipide; pesant spécifiquement 2,967, d'après Eckeberg, etc. (469); infusible; inaltérable par les fluides impondérables; sans action sur le gaz oxigène; absorbe le gaz acide carbonique de l'air à la température ordinaire; se combine probablement avec le soufre à l'aide d'une légère chaleur, ainsi qu'avec le gaz hydrogène sulfuré, mais n'agit nullement sur les autres corps combustibles simples et composés; existe seulement dans trois pierres gemmes, l'émeraude, l'aigue marine et l'euclase (a);

---

dissoudrait la glucine, et n'attaquerait point l'yttria; ensuite on étendrait la liqueur d'eau, on la filtrerait, on laverait le résidu, on le ferait sécher, et on le calcinerait pour en dégager la petite quantité d'acide carbonique qu'il pourrait puiser dans l'air : ce résidu, ainsi calciné, serait l'yttria pure.

(a) L'euclase, pierre d'un vert tendre, transparente, plus dure que le quartz, etc., est très-rare, et a été apportée du Pérou par Dombey. M. Vauquelin en a retiré 36 de silice, 19 d'alumine, 15 de glucine, 3 d'oxide de fer; mais, dans son analyse, il y a eu une perte de 27.

Les aigues marines varient par leur couleur : il y en a de vert jaunâtre, de vert pâle, de vert bleuâtre, de bleu et de jaune de miel; elles sont ordinairement cristallisées en prismes à six pans : il en existe d'un volume considérable; celles qui sont d'une belle eau sont rares et nous viennent de Daourie, sur les frontières de la Chine; mais les aigues marines demi-opaques se trouvent dans divers pays et sont assez communes. MM. le Lièvre et Alluaud en ont découvert, il y a quelques années, une mine très-abondante

sans usages ; découvert dans l'émeraude en 1798, par
M. Vauquelin ; appelé alors glucine, parce que les sels
solubles qu'il forme sont doux et sucrés ; regardé comme
corps simple jusqu'à la découverte du potassium et du
sodium ; placé aujourd'hui, par analogie, au rang des
oxides ; s'extrait de l'aigue-marine. A cet effet, après
avoir traité successivement cette pierre par la potasse,
l'eau et l'acide muriatique, on évapore la dissolution
jusqu'à siccité ; on verse de l'eau sur le résidu, et on
filtre la liqueur ; ensuite on verse un excès de sous-
carbonate d'ammoniaque dans celle-ci ; par ce moyen,
on forme du muriate d'ammoniaque soluble, des sous-
carbonates de chaux, de chrôme et de fer insolubles,
et du sous-carbonate de glucine insoluble par lui-même,
mais soluble dans l'excès de sous-carbonate d'ammoniaque ; on filtre de nouveau ; l'on fait bouillir, et
bientôt le sous-carbonate de glucine se dépose ; on le
lave, on le sèche ; puis, en le calcinant, on en chasse
l'acide carbonique et on obtient la glucine pure. La première partie de ces procédés est la même que la première partie du procédé par lequel on extrait la zir-

---

près de Limoges. C'est de ces aigues marines de Limoges que nous
extrayons ordinairement la glucine. D'après M. Vauquelin, l'aigue
marine est formée de 69 parties de silice, 16 de glucine, 13 d'alumine, 0,5 de chaux, et 1 d'oxide de fer.

Les émeraudes ne diffèrent des aigues marines, sous le rapport
de leur nature, qu'en ce qu'elles ne contiennent point d'oxide de
fer, et qu'elles contiennent environ trois centièmes d'oxide de
chrôme. C'est à ce dernier oxide qu'elles doivent la belle couleur
verte qu'elles ont ordinairement. Les plus belles émeraudes nous
viennent du Pérou.

cône (507), et la seconde partie est la même aussi que
la seconde partie du procédé par lequel on extrait
l'yttria (509).

Oxide de Magnesium ou Magnésie.

512. Blanc; très-doux au toucher; pèse spécifiquement 2,3, d'après Kirwan, etc. (469); verdit le sirop
de violette; infusible; inaltérable par les fluides impondérables; sans action sur le gaz oxigène; absorbe le gaz
acide carbonique de l'air à la température ordinaire;
se combine avec le soufre à l'aide d'une légère chaleur,
ainsi qu'avec le gaz hydrogène sulfuré, mais n'agit nullement sur les autres corps combustibles simples et composés. L'oxide de magnésium ne se trouve, dans la nature, que combiné isolément avec les acides carbonique, nitrique, muriatique, sulfurique, et quelques
oxides métalliques; on l'obtient en versant une dissolution de sous-carbonate de potasse ou de soude dans une
dissolution de sulfate de magnésie, recueillant le sous-
carbonate de magnésie qui se précipite, le lavant, le
séchant et le décomposant par le feu. La médecine seule
en fait usage; elle l'emploie pour dissiper les aigreurs
de l'estomac et contre les empoisonnemens par les
acides. Cet oxide a été entrevu en 1722 par Frédéric
Hoffman (Opusc. chim. phys., pag. 105 et 177); mais
c'est Black qui l'a réellement distingué comme une
substance particulière en 1755; ensuite il a été examiné
par Margraff (Opusc. II, 20), Bergman et Butini, et
regardé comme corps simple jusqu'à la découverte du
potassium et du sodium, époque à laquelle on l'a placé,
par analogie, au rang des corps brûlés.

T. II.

4

Des Oxides de la seconde section.

513. Nous plaçons dans la seconde section les oxides des métaux qui ont la propriété de décomposer l'eau à la température ordinaire, d'absorber l'oxigène à la température la plus élevée, et de passer à l'état de peroxide. Ces oxides sont au nombre de dix ; savoir : l'oxide de calcium, celui de strontium, le protoxide et le deutoxide de barium ; les protoxides, deutoxides et tritoxides de sodium et de potassium. Tous ces oxides sont sapides, la plupart même sont très-caustiques ; tous sont sans action sur la couleur de tournesol, et ramènent au bleu cette couleur rougie par les acides ; tous verdissent le sirop de violettes, et font passer au rouge la couleur jaune de curcuma (a). Cinq de ces oxides, savoir : celui de calcium, celui de strontium,

(a) Il n'est pas certain que le deutoxide de barium et les protoxides et tritoxides de sodium et de potassium soient sapides, et agissent par eux-mêmes sur les couleurs de curcuma, etc. ; car, lorsqu'on les met en contact avec l'eau, ils se transforment en d'autres oxides très-caustiques, qui ont une grande action sur ces matières colorantes. Le deutoxide de barium abandonne une portion de son oxigène, et passe à l'état de protoxide ; les tritoxides de sodium et de potassium abandonnent également une portion de leur oxigène, et passent à l'état de deutoxides ; enfin, les protoxides de ces deux métaux absorbent au contraire une portion d'oxigène pour passer aussi à l'état de deutoxides. Ces divers effets sont dus, les premiers, principalement à la grande affinité de l'eau pour le protoxide de barium, et les deutoxides de sodium et de potassium ; et les deux autres, surtout à l'affinité des protoxides de sodium et de potassium pour l'oxigène, et à la tendance qu'ils ont à se combiner avec l'eau une fois qu'ils sont passés à l'état de deutoxides. Il est évident que, quand les protoxides de sodium et de potassium passent ainsi à l'état de deutoxides, il y a décomposition de l'eau et dégagement d'hydrogène.

le protoxide de barium, les deutoxides de sodium et
de potassium, ont été connus jusqu'à présent sous le
nom générique d'alcali ou de bases salifiables alcalines,
et sous les noms spécifiques de chaux, strontiane, baryte, soude et potasse. Il nous arrivera souvent de les
désigner ainsi (*a*).

Il n'y a que quelques années encore que ces bases
salifiables alcalines étaient regardées, ainsi que les
bases salifiables terreuses, comme autant de corps simples ; mais s'il est permis de conserver des doutes
sur la composition de celles - ci, du moins n'en
peut - on pas avoir sur la composition des autres,
puisqu'on unit et sépare à volonté leurs principes constituans, c'est-à-dire, l'oxigène et les métaux qui leur
servent de base.

Oxide de Calcium ou Chaux.

513 *bis.* Blanc ; caustique ; verdit fortement le sirop
de violettes, rougit la couleur de curcuma ; pèse spécifiquement 2,3, d'après Kirwan, etc. (469) ; réductible
par la pile, surtout au moyen du mercure ; sans action sur
le gaz oxigène : exposé à l'air, à la température ordinaire, l'oxide de calcium en attire l'humidité et l'acide
carbonique, augmente de volume, se délite, se réduit en poudre, et passe à l'état de carbonate : aussi

(*a*) Alcali, nom dérivé d'une plante qui contient de la soude et
qu'on appelle kali. Ce nom était d'abord spécifique, et ne s'appli-
quait qu'à la soude ; mais bientôt on s'en est servi pour désigner
toutes les substances âcres, caustiques, verdissant le sirop de violettes, soluble dans l'eau, et susceptible de neutraliser les acides.
Outre les cinq alcalis que nous venons de nommer, il en existe un
sixième, l'ammoniaque (671).

ne peut-on le conserver qu'en vase clos ; il absorbe
même l'acide carbonique au rouge-brun ; il s'unit au
phosphore et au soufre à l'aide d'une chaleur rouge,
et forme un oxide phosphoré brun-rougeâtre et un
oxide sulfuré jaunâtre qui, projetés dans l'eau, la
décomposent et donnent lieu, le premier, à un
phosphate de chaux insoluble et à du gaz hydrogène
perphosphuré susceptible de s'enflammer par le contact
de l'air, et le second, seulement à un hydro-sulfure sulfuré de chaux soluble, susceptible de colorer l'eau en
jaune, et de lui communiquer la saveur et l'odeur
d'œufs pourris ; il s'unit aussi avec l'hydrogène sulfuré
à la température ordinaire ou à une température peu
élevée, mais il est absolument sans action sur les autres
corps combustibles simples et composés.

Etat, Préparation, etc.—On ne trouve jamais l'oxide
de calcium à l'état de pureté dans la nature ; on le
trouve, au contraire, très-fréquemment uni avec les
acides, et surtout avec les acides carbonique, sulfurique et phosphorique. Combiné avec l'acide carbonique, il forme la craie, les marbres, la pierre à chaux ;
avec l'acide sulfurique, il forme la pierre à plâtre ;
et avec l'acide phosphorique, la base solide des os.

C'est du carbonate de chaux naturel qu'on retire cet
oxide : il suffit, pour cela, d'exposer ce sel à une haute
température ; l'acide carbonique et l'oxide se séparent,
l'acide se dégage à l'état gazeux, et l'oxide reste sous
forme solide (cinquième procédé).

Dans les laboratoires, on se sert de marbre blanc,
parce que ce carbonate ne contient rien d'étranger. On
le concasse et on en remplit un creuset ; on le recouvre
d'un couvercle ; on le place dans un fourneau à réver-

bère sur une tourte en terre; on fait peu à peu du feu
dans ce fourneau, et on l'entretient pendant une heure
et demie, en surmontant le dôme d'un tuyau d'environ
un mètre : alors on retire le creuset, on le laisse refroidir, et on conserve l'oxide dans un flacon; on reconnaît que cet oxide est pur à la propriété qu'il doit
avoir de ne plus faire effervescence avec les acides; s'il
en faisait encore, il faudrait le chauffer de nouveau à
une température plus élevée.

En grand, on emploie, selon les localités, tantôt
le marbre, tantôt une pierre calcaire plus ou moins
compacte, tantôt enfin des écailles d'huitres (*a*). On
observe, en général, que la chaux est d'autant meilleure, que la matière dont on la retire est plus dense.
La grande quantité d'oxide de calcium ou de chaux
qu'on consomme dans les arts a fait faire beaucoup de
recherches sur la forme la plus avantageuse à donner
aux fourneaux pour y calciner le carbonate. (Voyez les
n°ˢ 74, 77 et 100 du Bulletin de la Société d'encouragement.) Dans tous les cas, il est nécessaire de ne pas
trop chauffer le carbonate lorsqu'il contient de la silice,
sans cela la chaux se friterait en se combinant avec la
silice, ou, comme on le dit en termes d'art, *se brûle-
rait*, et ne serait plus propre aux constructions.

L'oxide de calcium ou la chaux est une des substances les plus employées. On s'en sert pour enlever l'acide carbonique à la potasse et à la soude du

_____

(*a*) Les écailles d'huitres sont formées d'une grande quantité de
carbonate de chaux et de matière animale destructible par le feu,
d'une très-petite quantité de phosphate et de chaux de sel marin.

commerce, et les rendre propres à entrer dans la composition du savon ; on s'en sert également pour augmenter la causticité des lessives et leur action sur le linge, pour chauler le blé, pour extraire l'ammoniaque du muriate d'ammoniaque, et quelquefois comme engrais ; mêlée avec le sable, elle constitue les mortiers ; jetée dans un bassin plein d'eau et qui fuit, elle en bouche les fissures à tel point, que bientôt l'infiltration s'arrête ; dissoute dans l'eau, elle est quelquefois employée en médecine ; les Indiens la font entrer dans la composition du piment, dont ils usent comme massicatoire ; enfin elle est considérée, par les chimistes, comme un réactif dont ils sont souvent dans le cas de faire usage.

La chaux a été connue dès la plus haute antiquité, et regardée, par les chimistes modernes, comme corps simple jusqu'à la découverte du potassium et du sodium.

Oxide de Strontium ou Strontiane.

514. Blanc gris ; plus caustique que la chaux ; verdit fortement le sirop de violettes, rougit la couleur du curcuma ; pèse spécifiquement environ 4, etc. (469), et se comporte avec les fluides impondérables, l'oxigène, l'air atmosphérique, les corps combustibles simples et composés, comme la chaux.

L'oxide de strontium n'existe naturellement qu'uni aux acides sulfurique et carbonique, et surtout au premier. On l'extrait du nitrate de strontiane : on met ce nitrate dans un creuset de platine, que l'on doit remplir au plus aux trois quarts (quatrième procédé) ;

lorsque le creuset commence à rougir, le nitrate fond, l'acide nitrique se décompose, et se change en gaz oxigène et en acide nitreux qui se dégagent ; à mesure que la décomposition s'opère, la matière s'affaisse, devient de moins en moins fusible, et finit par se prendre en une masse poreuse et solide, quoique exposée à une haute température : alors l'opération est terminée ; on laisse refroidir le creuset, et on retire l'oxide, que l'on conserve dans un flacon de verre à gros goulot, bouché à l'émeri. A défaut d'un creuset de platine, on peut se servir d'un creuset de terre de Hesse ; mais les parois de celui-ci sont toujours attaquées, de sorte qu'on perd une assez grande quantité d'oxide. Dans ce cas, pour en perdre le moins possible, on fait bouillir les fragmens du creuset avec sept ou huit fois leur poids d'eau distillée ; on obtient ainsi une dissolution d'oxide de strontium que l'on conserve dans des flacons à l'abri du contact de l'air, après l'avoir filtrée.

On ne se sert de l'oxide de strontium que dans les laboratoires ; on l'emploie quelquefois comme réactif.

L'existence de l'oxide de strontium a été soupçonnée par Crawfort, en 1790, dans un minéral venant de Strontian, en Ecosse, minéral qu'on croyait être du carbonate de baryte, et qui n'était autre chose que du carbonate de strontiane (voyez son Traité sur le Muriate de Baryte); mais elle n'a été bien constatée que par Hope et Klaproth, de 1793 à 1794. (Voyez traduction des Mémoires de Klaproth.) Cet oxide a été regardé comme un corps simple jusqu'à la découverte du potassium et du sodium, et appelé strontiane, du nom du lieu où on l'a trouvé pour la première fois.

Des Oxides de Barium.

5r5. *Protoxide.* — Blanc gris ; plus caustique que la strontiane ; verdit le sirop de violettes, rougit la couleur de curcuma ; pèse spécifiquement, d'après Fourcroy, 4, etc. (469) ; se comporte, avec les fluides impondérables et les corps combustibles simples et composés, comme la chaux et la strontiane, et nous présente, avec le gaz oxigène et avec l'air, des phénomènes particuliers. Lorsqu'on met le protoxide de barium en contact avec le gaz oxigène, à une température voisine de la chaleur rouge, il absorbe une grande quantité de ce gaz, et passe à l'état de deutoxide : lorsqu'on le calcine avec le contact de l'air, on obtient d'abord du deutoxide et du proto-carbonate, en raison de l'oxigène et de l'acide carbonique que contient l'atmosphère ; mais peu à peu le deutoxide se décompose et se transforme en proto-carbonate, résultat facile à expliquer, en observant que l'air ne contient qu'une très petite quantité d'acide carbonique, que cet acide s'unit bien plus facilement avec le protoxide que l'oxigène, et que le carbonate de baryte est indécomposable par la plus haute chaleur : enfin, lorsqu'on met le protoxide de barium en contact avec l'air à la température ordinaire, au lieu d'absorber le gaz oxigène et l'acide carbonique, il absorbe cet acide et une certaine quantité de vapeur d'eau, se dilate, se réduit en poudre et augmente de volume ; d'où il suit qu'on ne peut le conserver que dans des flacons bien bouchés.

Le protoxide de barium n'existe dans la nature, ainsi que l'oxide de strontium, qu'à l'état de carbonate, et surtout à l'état de sulfate. On se le procure aussi de même que l'oxide de strontium, c'est-à-dire, en décomposant par le feu, dans un creuset de platine ou de terre, le nitrate qu'il est susceptible de former.

Ce protoxide est composé, d'après M. Berzelius, de 100 parties de barium et de 11,732 d'oxigène. On ne l'emploie que comme réactif dans les laboratoires. Il a été découvert par Schéele en 1774, dans une mine de peroxide de manganèse; appelé successivement terre pesante et baryte en raison de sa grande pesanteur spécifique; obtenu pour la première fois très-pur par MM. Fourcroy et Vauquelin (Ann. de Chimie, t. 21, p. 113 et 276), et regardé comme corps simple jusqu'à la découverte du potassium et du sodium.

516. *Deutoxide.* — Caustique; verdissant le sirop de violettes (*a*); gris verdâtre (469); indécomposable par la chaleur et la lumière; réductible par la pile; sans action sur le gaz oxigène; absorbe peu à peu, à une température élevée, l'acide carbonique de l'air, abandonne en même temps une portion de son oxigène, et passe ainsi à l'état de proto-carbonate; n'est décomposé par aucun corps combustible à froid, si ce n'est peut-être par l'hydrogène sulfuré, et l'est au contraire à chaud par tous les corps simples non métalliques, excepté l'azote, par la plupart des métaux appartenant à la première section, ainsi que par la plupart des corps combustibles composés dont les élémens peuvent agir sur lui:

(*a*) Voyez ce qui a été dit (513) au sujet de la causticité du deutoxide de barium, et de la propriété qu'il a de verdir le sirop de violettes.

tous le ramènent à l'état de protoxide, en donnant lieu ,
savoir : l'hydrogène , à un hydrate de protoxide de
barium très-fusible ; le phosphore , le soufre et le bore ,
à un phosphate , sulfate et borate ; le carbone , à un
carbonate (*a*) ; les métaux , à un composé de protoxide
de barium et de l'oxide du métal que l'on emploie ;
enfin l'hydrogène sulfuré , à de l'eau qui se dégage et
se condense en gouttelettes , et à un hydro-sulfure sulfuré de protoxide.

Lorsque le corps combustible est solide , on remplit
à moitié la cloche de gaz azote ; on porte dans sa partie
courbe , avec des pinces à cuiller , une certaine quantité de ce corps et de deutoxide en poudre ; puis l'on
chauffe plus ou moins fortement : ce ne serait qu'autant
qu'il serait très-fusible qu'on pourrait l'employer en
fragmens. Si ce corps était gazeux , il est évident qu'il
faudrait en remplir la cloche , y porter , comme précédemment , le deutoxide en poudre , et ensuite élever
la température ; c'est de cette manière qu'on opère la
décomposition du deutoxide par le gaz hydrogène ,
décomposition qui est accompagnée de phénomènes
remarquables : à environ 200°, l'absorption du gaz
hydrogène commence à avoir lieu ; à une température
voisine de la chaleur rouge , elle est si rapide qu'on est
obligé d'introduire sans cesse du gaz hydrogène dans la
cloche pour prévenir l'ascension du mercure ; cette rapide absorption donne lieu à des jets lumineux qui

(*a*) Cependant si le charbon était en excès, et si la température
était très-élevée, on obtiendrait seulement du protoxide de barium
et du gaz oxide de carbone ; car tels sont les produits qui se forment
en chauffant jusqu'au rouge un mélange de charbon et de carbonate
de baryte.

partent de la surface du deutoxide, et, quoiqu'il se fasse
beaucoup d'eau, il ne s'en dépose pas la moindre
trace sur les parois du vase ; elle est tout entière rete-
nue en combinaison avec le protoxide qu'elle constitue
hydrate, et auquel elle donne la propriété de fondre
aisément.

Cet oxide est inconnu dans la nature ; on l'obtient
en chauffant le protoxide de barium avec la lampe
dans une petite cloche courbe pleine de gaz oxigène,
opérant sur le mercure et entretenant toujours la cloche
pleine de gaz.

Des Oxides de Potassium.

517. *Protoxide.* — Gris bleuâtre ; très-caustique ;
verdit fortement le sirop de violettes (*a*) ; spécifiquement plus pesant que le potassium, etc. (469) ; très-
fusible ; indécomposable par la chaleur et la lumière ;
réductible par la pile, surtout au moyen du mercure ; se comporte avec les corps combustibles, comme
la chaux, la strontiane et la baryte, et nous offre, avec
l'oxigène et l'air, des phénomènes particuliers : mis en
contact avec le gaz oxigène, à la température ordinaire,
ou du moins à une température peu élevée, le protoxide de potassium s'enflamme et passe à l'état de peroxide ; il s'enflamme également dans l'air atmosphérique, à l'aide de la chaleur, et passe aussi au summum
d'oxidation : cependant, si l'expérience se faisait à l'air

(*a*) Voyez ce qui a été dit relativement à la causticité du protoxide de potassium, et à la propriété qu'il a de verdir le sirop de
violettes.

libre, par exemple, dans un creuset de platine, et si
la calcination était soutenue pendant long-temps, le
peroxide, après s'être formé, se décomposerait, de
même que le deutoxide de barium (516), abandonnerait une portion de son oxigène pour se combiner
avec l'acide carbonique de l'atmosphère, et former un
deuto-carbonate. Les résultats seraient différens encore
en opérant toujours à l'air libre, mais à la température
ordinaire ; alors le protoxide passerait seulement à
l'état de deutoxide en s'emparant de l'oxigène de l'air ou
de l'eau qu'il a la propriété de décomposer, absorberait en même temps beaucoup d'eau et d'acide carbonique, et se transformerait en sous-carbonate en partie
liquide.

Le protoxide de potassium n'existe point dans la nature; il est probablement formé de 100 parties de potassium et de 10 parties d'oxigène ; il n'a point d'usages.
Sa découverte est due à M. Davy (Recherches physico-
chim.); on l'obtient, soit en calcinant ensemble environ
une partie de tritoxide de potassium avec 5 parties de
ce métal (troisième procédé), soit en mettant le potassium, sous forme de lames minces, en contact avec
l'air atmosphérique, jusqu'à ce qu'il ait absorbé la 10^e
partie de son poids d'oxigène (a). Dans ce cas, à mesure que l'oxigène de l'air est absorbé, on le remplace

---

(a) On emploie le potassium sous forme de lames minces, parce
qu'autrement il n'y aurait que les couches extérieures qui s'oxide-
raient. Pour être plus certain de les transformer toutes en protoxide,
il faudra même, après l'absorption de l'oxigène, les chauffer dans du
gaz azote sur le mercure, au moyen d'une cloche de verre recourbée
et de la lampe à esprit de vin.

par de l'oxigène pur : on pourrait, au lieu d'air, se
servir de gaz oxigène seulement ; mais il serait possible
que le potassium s'enflammât ; on soutient le métal par
une tige de fer.

518. *Deutoxide.* — Blanc ; extrêmement caustique ;
plus pesant que le potassium ; verdit fortement le sirop
de violettes, etc. (469) ; fusible un peu au-dessus de la
chaleur rouge ; indécomposable par la chaleur la plus
forte ; réductible par la pile, surtout à l'aide du
mercure ; absorbe le gaz oxigène à une haute température, et passe à l'état de peroxide ; se combine avec le
phosphore et le soufre à la chaleur rouge brun, et
forme des oxides phosphorés et sulfurés analogues
par leurs propriétés à ceux de calcium ; de strontium et de barium ; n'exerce aucune action sur les
autres corps combustibles simples non métalliques ; est
ramené à l'état de protoxide par le potassium et le sodium à la chaleur de la lampe ; n'est décomposé par
aucun métal des quatre dernières sections, si ce n'est
peut - être par le fer, à une excessive température ;
s'unit avec le gaz hydrogène sulfuré ; n'éprouve aucune
altération de la part du gaz hydrogène carboné et
phosphoré, et sans doute de la plupart des autres corps
combustibles composés. Exposé à l'air libre, à la température ordinaire, le deutoxide de potassium en attire
l'eau et l'acide carbonique, et se résout en liqueur ;
mais, à une haute température, il en attire en même
temps l'oxigène, et il en résulte d'abord du peroxide,
de l'hydrate de deutoxide et du deuto-carbonate ; ensuite, à mesure que l'air se renouvelle, le peroxide et
l'hydrate sont décomposés par l'acide carbonique que

ce fluide contient; de sorte qu'au bout d'un certain temps, le tout est converti en deuto-carbonate.

On n'a point encore trouvé le deutoxide de potassium à l'état de pureté dans la nature; mais on le trouve fréquemment combiné avec les acides carbonique, sulfurique et muriatique, dans beaucoup de plantes; avec l'acide tartarique, dans les raisins (voyez Chimie végétale); avec l'acide nitrique, dans les matériaux salpêtrés; et quelquefois avec l'oxide de silicium, etc., dans les produits volcaniques.

Cet oxide est formé de 100 parties de potassium et de 19,945 d'oxigène. On le prouve en mettant en contact le potassium avec l'eau; il la décompose, en absorbe l'oxigène, en dégage l'hydrogène à l'état de gaz, et passe à l'état de deutoxide : or, comme on sait que le gaz hydrogène est combiné dans l'eau avec la moitié de son volume de gaz oxigène, il s'ensuit que, connaissant la quantité d'hydrogène dégagé, on connaît celle d'oxigène fixé. On fait cette expérience de la manière suivante : On prend un petit tube de fer capable de contenir environ 2 à 3 grammes de métal; on l'en remplit par une forte compression; on le pèse vide et plein, pour en avoir précisément le poids; on le ferme avec un disque de verre, et on l'introduit dans cet état, tenant le disque avec le doigt, sous une cloche pleine d'eau; alors, peu à peu on retire le disque : aussitôt que le métal est en contact avec l'eau, il s'y dissout en s'oxidant, et donne lieu à un violent dégagement de gaz hydrogène qui ne tarde point à s'arrêter; le gaz se rassemble dans la cloche, on le mesure, on note le baromètre et le thermomètre, et on en conclut la quantité d'oxigène absorbée par le potassium.

Le deutoxide de potassium a une telle affinité pour l'eau, qu'à une chaleur rouge il est susceptible d'en retenir le quart de son poids : aussi ne doit-on pas faire usage d'eau dans sa préparation. On l'obtient pur de la même manière que le protoxide (517).

Il entre dans la composition du savon mou, du verre, du nitre, de l'alun : uni à l'eau, il forme l'un des réactifs les plus employés par les chimistes, et constitue en grande partie la pierre à cautère (a). On l'a regardé comme un corps simple jusqu'en 1807, époque à laquelle M. Davy en a découvert la nature.

519. *Peroxide.* — Jaune verdâtre ; caustique ; verdit le sirop de violettes (b) ; spécifiquement plus pesant que le potassium (469) ; fusible au-dessus du rouge-brun ; indécomposable par la chaleur ; réductible par la pile ; n'absorbe le gaz oxigène à aucune température ; passe d'abord à l'état d'hydrate, et ensuite de deuto-carbonate, lorsqu'on l'expose à l'air libre, à la température ordinaire ; se transforme au contraire directement en deuto-carbonate, lorsqu'on fait l'expérience à une haute température (c) ; est décom-

(a) Le deutoxide de potassium, qui fait partie de ces divers composés, provient du sous-carbonate de potasse, sel qui existe en grande quantité dans le commerce.

(b) Voyez ce que nous avons dit relativement à la causticité du tritoxide de potassium (513).

(c) Parce que l'eau peut décomposer le tritoxide de potassium à la température ordinaire, et le ramène à l'état de deutoxide, pour

posé par tous les corps combustibles non métalliques
excepté l'azote, par le potassium, le sodium, la plupart des métaux des troisième et quatrième sections, et
par l'hydrogène sulfuré : tous le ramènent au moins à
l'état de deutoxide, et donnent lieu, savoir : l'hydrogène, à de l'eau qui se condense et à un hydrate ; le
carbone, à un carbonate, à moins qu'il ne soit en
excès, et que la température ne soit très-élevée, cas
dans lequel on n'obtiendrait que de l'oxide de carbone
et du deutoxide de potassium, peut-être du protoxide
et peut-être même du potassium ; le phosphore, le
soufre et le bore, à des phosphates, sulfates et borates ;
le potassium et le sodium, à des protoxides ; les autres
métaux, à une combinaison de deutoxide et de l'oxide
du métal que l'on emploie ; enfin l'hydrogène sulfuré, à
un hydro-sulfure sulfuré de deutoxide. Plusieurs de ces
décompositions s'opèrent avec dégagement de lumière ;
telles sont surtout celles qui sont produites par le phosphore, le soufre, le potassium, le sodium, le zinc,
l'étain et l'antimoine : toutes se font comme celles du
deutoxide de barium (516).

Le tritoxide de potassium n'existe point dans la nature ; on l'obtient en traitant le potassium par un excès
de gaz oxigène sur le mercure (premier procédé) ; il
contient trois fois autant d'oxigène que le deutoxide,
ce dont il est facile de s'assurer en tenant compte du
gaz oxigène absorbé dans la préparation ; il n'a point

---

lequel elle a beaucoup d'affinité ; que l'acide carbonique ne peut
opérer cette décomposition qu'à l'aide de la chaleur, et que le deutoxide est susceptible d'absorber le gaz acide carbonique à froid.

d'usages; a été découvert et étudié par MM. Gay-Lussac et Thenard (Recherches physico-chimiques).

Des Oxides de Sodium.

520. L'histoire des protoxide et tritoxide de sodium est la même que celle des protoxide et tritoxide de potassium; on observe seulement que les premiers contiennent un peu plus d'oxigène que les seconds, et qu'exposés à l'air libre, à la température ordinaire, ils attirent d'abord l'humidité et se dessèchent ensuite; phénomène dû à ce que l'hydrate de deutoxide qui se forme, et qui est déliquescent, finit par passer tout entier à l'état de deuto-carbonate qui est efflorescent. (Voyez le tableau page 33, relativement à leur composition.)

520 *bis. Deutoxide.* — Blanc; très-caustique; spécifiquement plus pesant que le sodium; verdit fortement le sirop de violettes, etc. (469); se comporte avec les fluides impondérables, l'oxigène, l'air, les corps combustibles simples et composés, de la même manière que le deutoxide de potassium, sinon qu'exposé à l'air libre, à la température ordinaire, il en attire d'abord l'humidité et se dessèche ensuite, parce qu'il passe peu à peu à l'état de carbonate, sel efflorescent.

Cet oxide ne se trouve pas pur dans la nature; on l'y trouve combiné avec les acides muriatique, carbonique et sulfurique, etc., et surtout avec le premier; on l'obtient de la même manière que le deutoxide de potassium; il est composé de 100 parties de sodium et de 33,995 d'oxigène; uni aux corps gras, il forme le savon solide ; combiné avec environ trois fois son poids de silice, il constitue le verre ; dissous dans l'eau, il est employé pour enlever les taches grasses de dessus le linge ou le lessiver (*a*) ; il a été regardé comme corps simple jusqu'à la découverte du potassium et du sodium.

Des Oxides de la troisième section.

La troisième section comprend les oxides ayant pour base les métaux qui sont susceptibles d'absorber l'oxigène à la plus haute température, mais qui ne peuvent décomposer l'eau qu'à la chaleur rouge. Ces oxides sont au nombre de onze, savoir : quatre de manganèse, un de zinc, trois de fer et trois d'étain.

Des Oxides de Manganèse.

521. *Peroxide.* — Brun noirâtre ; passe au-dessus du rouge-cerise à l'état de tritoxide ; réductible par la pile ; sans action sur le gaz oxigène et sur l'air ; forme probablement, à l'aide de la chaleur, du phosphate de manganèse avec le phosphore, et du sulfure de manganèse et de l'acide sulfureux avec le soufre (*b*) ; est décomposé par l'hydrogène sulfuré, et donne

(*a*) Le deutoxide de sodium, qui fait partie de ces divers composés, provient du sous-carbonate de soude, sel qui existe en grande quantité dans le commerce.

(*b*) Plusieurs chimistes croient qu'il existe un oxide de manganèse sulfuré : si cet oxide existe, il est probablement au minimum d'oxidation, et on l'obtiendrait sans doute en chauffant modé-

lieu, à la température ordinaire, à de l'eau et à un hydro-sulfure sulfuré, et à une température élevée, à de l'eau et à un sulfure, etc. (469—498) ; existe en grande quantité dans la nature.

Le peroxide de manganèse naturel se trouve tantôt sous forme d'aiguilles brillantes qui ont un éclat mé-tallique, et tantôt sous forme de masses ou de mor-ceaux ternes de différentes grosseurs, dont la couleur varie du noir presque pur au brun, et même au brun violet. Le premier est quelquefois pur, ou contient au plus un peu d'oxide de fer, de silice et de carbonate de chaux, et existe en rognons, en filons ou même en couches dans beaucoup de pays, mais surtout en France, à Chambourg près Tholey, département de la Moselle ; en Bohême ; en Saxe ; au Hartz : celui du Hartz est très-pur, ou ne contient que 0,07 d'eau, d'après l'analyse qu'en a faite M. Klaproth. Le second contient ordinairement en combinaison de la barite et beaucoup d'oxide de fer ; on en trouve près de Thi-viez, dans les environs de Périgueux ; près Saint-Diez, département des Vosges ; à Romanèche, près Mâcon, et à Saint-Jean de Gardonenque.

Le peroxide de manganèse ne se prépare point ordi-nairement dans les laboratoires : on se sert de celui qu'on trouve pur dans la nature. Il serait cependant facile de s'en procurer en chauffant, avec le contact de l'air, le deutoxide ou le tritoxide de ce métal, surtout

rément un mélange de soufre et d'un oxide de manganèse quel-conque. Lorsque l'oxide serait au-dessus du premier degré d'oxi-dation, il serait ramené à ce degré par la production d'une certaine quantité d'acide sulfureux.

à l'état d'hydrate, et traitant, après quelques heures de calcination, le produit par l'acide nitrique pour dissoudre les portions d'oxide qui ne seraient point au summum d'oxidation.

Ce peroxide est formé, d'après M. Berzelius, de 100 parties de manganèse et de 56,215 d'oxigène ; on s'en sert pour faire l'acide muriatique oxigéné dans les arts, pour se procurer l'oxigène dans les laboratoires et les différens sels de manganèse. Avant les expériences de Pot, qui datent de 1740, on le regardait comme une mine de fer ; ensuite il fut placé par Cronstedt, comme une terre particulière, dans son Système de Minéralogie qui parut en 1758 ; annoncé par Kaïm, en 1770, comme contenant un métal particulier (*de Metallis dubiis*, p. 48) ; analysé en 1771 par Schéele, qui démontra que cet oxide contenait véritablement un métal particulier très-difficile à réduire ; réduit et obtenu en culot, pour la première fois, par Gahn (voyez Opuscules de Bergman, tome 2, page 211).

522. *Tritoxide.* — Brun-marron ; réductible par la pile ; se frite à une très-haute température, sans se décomposer ; absorbe le gaz oxigène à une chaleur voisine du rouge-brun, et passe à l'état de peroxide (*a*) ; absorbe même ce gaz, à la température ordinaire, par l'intermède de l'eau ; brûle la plupart des

_____

(*a*) Il paraît même qu'en chauffant cet oxide très-divisé dans des vaisseaux fermés et l'exposant ensuite au contact de l'air, il en absorbe l'oxigène avec dégagement de lumière ; du moins c'est ce que Schéele a observé sur l'oxide provenant du nitrate de manganèse calciné.

corps combustibles, etc. (469—498) ; n'existe point
dans la nature ; s'obtient en calcinant fortement le
peroxide (2e procédé 501) ; est formé, d'après M. Berzelius, de 100 parties de métal et de 42,16 d'oxigène ;
n'est employé que dans les laboratoires.

523. *Deutoxide.* — Blanc à l'état d'hydrate (a) ;
possédant d'ailleurs toutes les propriétés physiques indiquées (469) ; indécomposable par le feu ; réductible par la pile ; se comporte avec le gaz oxigène
comme le tritoxide, etc. (470—498); n'existe point dans
la nature ; paraît formé, d'après M. Berzelius, de 100
parties de métal et de 28,1077 d'oxigène ; n'est point
employé dans les arts, et s'obtient en décomposant le
deuto-sulfate de manganèse par la potasse, la soude ou
l'ammoniaque (4me procédé 501), pourvu toutefois qu'on
lave le précipité avec de l'eau privée d'air et dans
des flacons fermés ; car sans cela l'oxide s'oxiderait de
plus en plus, et deviendrait brun.

523 bis. *Protoxide.* — Vert ; indécomposable par
le calorique ; réductible par la pile ; se comporte
avec le gaz oxigène de même que le tritoxide, si ce
n'est qu'il l'absorbe plus facilement encore, etc.
(469—498) ; n'existe point dans la nature. On obtient
cet oxide en mettant en contact avec l'eau distillée,
à la température ordinaire, le manganèse réduit en
poudre ; le manganèse décompose peu à peu l'eau,
probablement par l'influence de la lumière, en absorbe l'oxigène et en dégage l'hydrogène ; l'action étant
terminée, il suffit de peser l'oxide pour en connaître la

(a) On ignore quelle est sa couleur quand il est sec.

proportion des principes constituans : il est formé,
d'après le D. John, à qui on en doit la découverte, de
100 de manganèse et de 15 oxigène , et seulement de
14,533 d'après M. Berzelius (*a*).

Oxide de Zinc.

524. Blanc ; indécomposable par la chaleur ; fixe ;
très - difficile à fondre ; réductible par la pile ; sans
action sur le gaz oxigène et sur l'air, si ce n'est qu'à la
température ordinaire il absorbe l'acide carbonique de
celui-ci ; réductible par le carbone à une haute température, en donnant naissance à du gaz oxide de carbone, si le carbone est en excès, et à du gaz acide carbonique , lorsqu'au contraire il est lui-même prédominant (469—498.)

(*a*) M. Berzelius est tenté de croire qu'il existe un cinquième oxide
moins oxidé que ceux dont nous venons de parler, et qui contiendrait 7,0266 d'oxigène : mais jusqu'ici il n'a point encore pu se procurer cet oxide ; en sorte que le nombre des oxides donné par l'expérience n'est réellement que de quatre. On pourrait déterminer
directement la quantité d'oxigène que ces quatre oxides contiennent ; savoir : 1° celle du protoxide, comme nous venons de le
dire ; 2° celle du deutoxide, en traitant une certaine quantité de
manganèse par l'acide sulfurique étendu d'eau, et recueillant le gaz
hydrogène qui se dégage ; en effet, comme dans cette expérience le
manganèse passe à l'état de deutoxide, il est évident que, connaissant la quantité de gaz hydrogène dégagé , on connaîtra celle
d'oxigène uni au métal ; 3° celle du tritoxide, en le traitant à
chaud par l'acide sulfurique, étendu d'une petite quantité d'eau, le
ramenant ainsi à l'état de deutoxide, et recueillant le gaz oxigène
qui se dégage ; 4° enfin celle du peroxide, en calcinant fortement le
peroxide, le faisant ainsi passer à l'état de tritoxide, et recueillant
encore, comme dans l'expérience précédente, l'oxigène dégagé. (On
trouvera, Annales de Chimie, tome 86, les recherches de M. Berzelius sur ces divers oxides.)

L'oxide de zinc existe en grande quantité dans la nature ; on le trouve quelquefois sous forme de petits cristaux limpides, mais bien plus souvent sous forme de masses concrétionnées : celui-ci contient toujours une certaine quantite de silice, de carbonate de chaux ; de l'alumine, et de l'oxide de fer qui le colore ; l'autre ne contient jamais de carbonate de chaux, mais il contient quelquefois de l'alumine et de l'oxide de fer. Dans tous les cas, les minéralogistes le connaissent sous le nom de calamine (*a*). La France possède des mines très-considérables de calamine dans les départemens de la Roër, et surtout dans le département de l'Ourthe : c'est de ces dernières mines que provient le zinc du commerce ; on s'en sert également, ainsi que des premières, pour faire le laiton.

L'oxide de zinc s'obtient en exposant ce métal dans un creuset à l'action d'une chaleur rouge (1er pro-

(*a*) La variété de calamine que l'on trouve ordinairement en prismes très-comprimés à six pans terminés par deux faces culminantes, et que les minéralogistes appellent calamine lamelleuse, est formée, d'après Pelletier, de 36 d'oxide de zinc, 50 de silice, et 12 d'eau. Il paraît que ces proportions ne sont pas constantes ; car M. Smithson a trouvé, dans la calamine d'Angleterre, 68 d'oxide de zinc, 25 de silice, et 4 d'eau. On a découvert il y a quelques années un minéral en cristaux octaèdres d'un vert foncé, composé principalement d'oxide de zinc et d'alumine : ce minéral, appelé zinc gahnite, est formé de

	Vauquelin.	Eckeberg.
Zinc oxidé	0,28.	0,24.
Alumine	0,42.	0,60.
Silice	0,04.	0,05.
Fer	0,05.	0,09.
Soufre et perte	0,17.	0,02.
Pierre non attaquée	0,04.	

cédé 501) ; il donne lieu, au moment de sa formation,
à un grand dégagement de calorique et de lumière,
prend en partie la forme de flocons lanugineux très-
blancs et très-légers qui remplissent bientôt le creuset,
et dont quelques-uns, emportés par le courant d'air,
restent plus ou moins de temps en suspension dans
l'atmosphère : on doit l'enlever avec une spatule à
mesure qu'il se forme ; quand bien même on enlèverait un peu de zinc, celui-ci continuerait de brûler dans l'air, tant il est combustible. Cet oxide est
formé de 100 parties de zinc et de 24,4 d'oxigène ; ce
que l'on prouve en traitant une certaine quantité de zinc
par l'acide sulfurique étendu d'eau et recueillant le gaz
hydrogène qui se dégage (518). On l'emploie en médecine comme antispasmodique. Les anciens chimistes
l'ont connu sous les noms de *fleurs de zinc*, *pompho-
lix*, *nihil album*, *lana philosophica*.

Des Oxides de Fer.

526. *Protoxide.* — Blanc à l'état d'hydrate (*a*) ;
non vénéneux ; indécomposable par le feu ; réductible par la pile ; attirable à l'aimant, mais moins
que le fer ; absorbe le gaz oxigène humide à toute
espèce de température (*b*) ; n'absorbe probablement
ce gaz sec qu'à l'aide de la chaleur, et passe dans les

(*a*) On ignore quelle est sa couleur quand il est sec.

(*b*) Lorsque l'oxide de fer est à l'état d'hydrate, c'est-à-dire,
très-divisé et uni à l'eau, et qu'on le met en contact avec l'air
comme avec le gaz oxigène, il passe très-promptement à l'état de
peroxide.

deux cas à l'état de tritoxide ; se comporte avec l'air
comme avec le gaz oxigène, si ce n'est qu'à froid il en
absorbe en outre le gaz acide carbonique ; est réduit
par le gaz hydrogène à une très-haute température, etc. (469—498) ; n'existe dans la nature qu'uni
avec l'acide carbonique ; s'obtient en décomposant le
proto-sulfate de fer par la potasse ou la soude (4me
procédé 501) , et layant le précipité avec de l'eau
privée d'air dans des flacons fermés ; formé, d'après
M. Gay-Lussac , de 100 parties de fer et de 25
d'oxigène , ce que l'on prouve en dissolvant une
certaine quantité de fer dans de l'acide sulfurique
étendu d'eau et recueillant le gaz hydrogène dégagé
(518) ; sans usages ; connu seulement depuis quelques
années.

527. *Deutoxide.* — Noir ; non vénéneux ; fusible et
indécomposable à une haute température ; réductible par la pile ; attirable à l'aimant , mais moins
que le protoxide, et à plus forte raison que le fer ; se
comporte avec le gaz oxigène, l'air et le gaz hydrogène , comme le protoxide, etc. (469—498)

Le deutoxide de fer existe dans la nature en grande
quantité. On le trouve quelquefois en cristaux octaèdres ou dodécaèdres d'un gros volume, mais bien plus
souvent sous forme sablonneuse et en masses, dont la
cassure est grenue ou écailleuse, ou dont la texture est
fibreuse. On le rencontre principalement sous le premier état en Corse, en Suède, dans la Dalécarlie ; et
sous le second, c'est-à-dire sous forme sablonneuse, en
Allemagne, sur les bords de l'Elbe ; en Italie, près
de Naples, sur les rivages de la mer ; en Suède ; en

France, à Saint-Quay, département des Côtes-du-Nord, etc. ; celui-ci renferme, d'après M. Descostils, 30 pour % de titane. Enfin, on le rencontre sous le troisième état ou en masses, principalement en Suède, en Norwège, en Sibérie, en Bohême, en Silésie, en Corse, etc. La mine d'aimant n'est autre chose que du deutoxide de fer : on trouve plus particulièrement cette mine en Norwège, en Suède, dans la Dalécarlie, en Sibérie, en Angleterre, dans le Devonshire, etc.; elle est rare en France.

Le deutoxide de fer est composé, d'après M. Gay-Lussac, de 100 parties de métal et de 37,5 d'oxigène : on démontre que telle est sa composition, en prenant du fil de fer bien décapé et bien fin, le roulant en forme de boudin et l'exposant au contact de la vapeur d'eau, dans un tube de porcelaine, à une chaleur rouge-cerise, jusqu'à ce qu'on n'obtienne plus de bulle de gaz hydrogène : alors on retire l'oxide, on le pèse, et on en conclut la proportion des principes qui le constituent. Il n'y a point à craindre, dans cette expérience, qu'on puisse obtenir du peroxide, parce que le fer, une fois à l'état de deutoxide, n'a plus assez d'affinité avec l'oxigène pour décomposer l'eau. C'est aussi par ce procédé qu'on se procure le deutoxide de fer; cependant on peut encore l'obtenir en calcinant fortement un mélange de 1 partie de fer et de 3 parties de tritoxide de fer dans une cornue de grès, au col de laquelle on adapte un tube pour intercepter tout contact de l'air avec le mélange. Ce procédé est moins sûr que le premier, parce qu'il serait possible que le mélange ne fût pas bien fait, et qu'une portion de fer échappât à la réaction du peroxide : au reste, on pourrait se dispenser de faire cet oxide, puisqu'il est si commun dans la nature, et qu'il y est assez souvent pur.

C'est du deutoxide de fer qu'on extrait une partie du fer qu'on trouve dans le commerce. Les mines de Suède, si célèbres par la qualité et la quantité de fer qu'elles fournissent, ne sont presque composées que de cet oxide. Le deutoxide de fer n'a d'ailleurs d'usages qu'en médecine ; il y est connu sous le nom d'Ethiops Martial, et on le prépare dans les officines, soit comme nous l'avons dit en second lieu, soit en mettant de la limaille de fer dans l'eau, et l'agitant de temps en temps pendant un grand nombre de jours. Cette dernière manière d'opérer, très-employée autrefois, est généralement abandonnée aujourd'hui.

528. *Tritoxide.* — Rouge-violet ; moins difficile à fondre que le fer ; indécomposable par la chaleur ; réductible par la pile ; non attirable à l'aimant ; sans action sur le gaz oxigène ; absorbe seulement le gaz acide carbonique de l'air à la température ordinaire ou à une température peu élevée, etc. (469—498)

Le tritoxide de fer existe dans la nature, souvent en masses ; en filons ; en couches ; quelquefois en globules sphériques et lenticulaires, agglutinés par une terre argileuse ou calcaire qui en ternit la surface ; souvent aussi mêlé avec de l'argile et de la silice, substances qui lui donnent l'aspect terreux ; enfin disséminé dans la plupart des terres cultivées, au point que quelques-unes sont colorées en rouge.

Les minéralogistes distinguent avec soin les diverses mines d'oxide de fer en raison de leur aspect, de leur couleur et de leur pureté plus ou moins grande : ils désignent, par le nom de fer oligiste spéculaire, l'oxide de fer compact, gris noirâtre, et doué extérieurement u brillant métallique ; cette espèce de mine affecte des formes très-différentes (*a*). Ils connaissent, sous le nom de fer oxidé rouge et de fer oxidé brun, les mines qui n'ont point l'aspect métallique comme la précédente, et dont la poussière est rouge ou d'un brun jaune plus ou moins intense. C'est au fer oxidé rouge qu'ils rapportent les hématites, mine qu'on trouve en masses, dont la surface est mamelonnée, et dont l'intérieur est formé de fibres allant toujours en divergeant du centre vers la circonférence. C'est au fer oxidé brun qu'ils rapportent les œtites ou pierres d'aigle, mine remarquable par sa structure : en effet, cette mine est en morceaux la plupart du temps sphériques ou ovoïdes, dont la surface est rude et comme *chagrinée* ; ces morceaux sont formés de couches concentriques ; extérieurement, ils sont très-compacts ; intérieurement, ils le sont beaucoup moins ; il arrive même quelquefois qu'ils sont creux au centre : les anciens attribuaient à cette pierre beaucoup de propriétés médicinales. C'est aussi au fer oxidé brun que les minéralogistes rapportent le fer granuleux ; mais ils font une variété particulière du fer terreux. Il paraît que le fer oxidé rouge, et surtout le fer oligiste, ne contiennent presque point de matières étrangères, et que le fer oxidé brun contient toujours de l'oxide de manganèse. On trouve des mines de fer

_____

(*a*) Nous regardons la mine de fer oligiste comme formée de tritoxide de fer, parce qu'elle devient brun-rouge par la pulvérisation ; cependant nous devons faire observer qu'elle est légèrement attirée par le barreau aimanté.

dans toute espèce de terrain. Le fer oligiste appartient aux terrains primitifs. Le fer oxidé rouge et le fer oxidé brun se rencontrent plus particulièrement dans les terrains secondaires ou tertiaires, c'est-à-dire, de sédiment et d'alluvion; lorsqu'on les trouve dans les terrains primitifs, ils sont toujours en filons, et ne font jamais partie constituante de la roche de ces terrains. Quant aux fers terreux, ils n'appartiennent presque qu'aux terrains d'alluvion : on dirait qu'ils ont été pétris avec les terres qu'ils contiennent.

Les mines de fer sont extrêmement communes; il n'est, pour ainsi dire, point de pays qui n'en possède; les plus célèbres sont celles de l'île d'Elbe, de la Suède et de la Sibérie : celles de l'île d'Elbe ne sont presque formées que de fer oligiste, tandis que celles de Suède contiennent beaucoup de deutoxide de fer.

On peut se procurer le tritoxide de fer par la plupart des procédés que nous avons indiqués (501) : 1° en calcinant le fer avec le contact de l'air : aussi les batitures ou les écailles qui se détachent de la surface du fer qu'on a tenu au rouge pendant quelque temps ne sont autre chose que du tritoxide de fer; 2° en décomposant les sels ferrugineux par la potasse, la soude ou l'ammoniaque; 3° en décomposant le carbonate ou le nitrate de fer par la chaleur; 4° enfin, en traitant le fer par l'acide nitrique. On peut aussi s'en procurer facilement en calcinant dans un creuset le proto-sulfate de fer du commerce : alors l'acide sulfurique cède une portion de son oxigène au protoxide de fer, passe à l'état de gaz acide sulfureux qui se dégage, et fait passer le protoxide à l'état de tritoxide. De tous ces procédés, le dernier est le plus économique : c'est en le suivant qu'on prépare le tritoxide de fer du commerce, connu sous le nom de colcothar ou rouge d'Angleterre.

Rien de plus facile que de déterminer la proportion des principes constituans du tritoxide de fer : on prend 100 parties de limaille de fer ; on les met dans une petite fiole ou un matras dont on connaît le poids ; on y verse peu à peu un excès d'acide nitrique médiocrement concentré : cet acide attaque vivement le fer, même à la température ordinaire, le fait passer à l'état de tritoxide et en dissout une portion. Lorsque l'effervescence, qui d'abord était vive, n'est plus sensible, on fait évaporer la liqueur jusqu'à siccité, et l'on dessèche fortement le résidu pour évaporer toute l'eau et l'acide nitrique : alors, en pesant la fiole ou le matras, on en conclut la quantité d'oxigène que le fer a absorbé. On trouve ainsi, d'après M. Gay-Lussac, que 150 parties de tritoxide de fer sont formées de 100 parties de fer et de 50 d'oxigène (*a*).

Cet oxide est employé en médecine sous le nom de safran de mars astringent (*b*), et dans la peinture, etc., sous le nom de rouge d'Angleterre et de colcothar. On traite par le charbon, comme nous le dirons par la

---

(*a*) Ces proportions diffèrent de quelques centièmes de celles qui ont été admises par d'autres chimistes.

(*b*) Le safran de mars apéritif ne diffère du safran de mars astringent qu'en ce qu'il contient de l'acide carbonique. Les pharmacopées prescrivent de le faire en exposant de la limaille de fer à la rosée ou au contact de l'air humide jusqu'à ce qu'elle soit devenue d'un rouge brun ; par la calcination, on transforme donc le safran de mars apéritif en safran de mars astringent : celui-ci s'obtient ordinairement en chauffant les batitures avec le contact de l'air.

suite, celui qu'on trouve en si grande quantité dans la nature, pour en extraire le fer et le verser dans le commerce.

Oxides d'Etain.

5 29. *Protoxide.* — Gris noirâtre ; indécomposable par le feu ; réductible par la pile ; brûle comme de l'amadou lorsqu'on le met en contact avec le gaz oxigène ou avec l'air à une température un peu élevée, et passe alors à l'état de peroxide, etc. (469—498) ; n'existe point dans la nature. On l'obtient en versant de l'ammoniaque dans le proto-muriate d'étain (4e procédé 501) : il se précipite d'abord en combinaison avec l'eau, à l'état d'hydrate blanc ; mais il suffit de l'exposer à une douce chaleur, ou même de le tenir pendant quelque temps dans l'eau bouillante, pour l'obtenir pur, et par conséquent le rendre noir. Le protoxide d'étain est formé, d'après M. Berzelius, de 100 parties d'étain et de 13,6 d'oxigène. Le plus sûr moyen de s'en assurer directement consiste à traiter, à l'aide de la chaleur et sans le contact de l'air, l'étain par une solution très-concentrée de gaz acide muriatique dans l'eau, et à recueillir le gaz hydrogène qui se dégage : on fond de l'étain dans un creuset, et on le projette dans de l'eau pour le diviser ; on pèse environ quinze grammes de cet étain bien sec ; on les introduit dans un matras à peu près d'un demi-litre de capacité ; on adapte au col de ce matras un bouchon percé de deux trous, dont l'un reçoit un tube recourbé propre à recueillir les gaz, et l'autre un tube à trois branches parallèles et à boule ; on place le matras sur un petit fourneau ; on engage l'extrémité du tube recourbé sous

une cloche pleine d'eau ; on verse l'acide par le tube
à boule, on chauffe peu à peu, il en résulte bientôt
une effervescence, et on continue ainsi de chauffer
et d'ajouter de temps en temps de l'acide, jusqu'à
l'entière dissolution de l'étain. Cette dissolution étant
faite, on remplit, par le tube à boule, le matras d'eau,
pour faire passer le gaz qu'il contient dans la cloche :
alors on mesure tout le gaz rassemblé dans celle-ci ; et,
retranchant de son volume celui de l'air que le matras
contenait avant l'expérience, on a celui de l'hydrogène
provenant de l'eau décomposée, et par conséquent la
quantité d'oxigène absorbé par l'étain (518). Jusqu'à
présent, cet oxide est sans usages.

530. *Deutoxide.* — Blanc ; fusible et indécomposable à une haute température ; réductible par la
pile ; sans action sur l'oxigène à la température ordinaire ; absorbe ce gaz à l'aide de la chaleur, et passe à
l'état de peroxide ; se comporte avec l'air comme avec le
gaz oxigène, etc. (469—498); existe en Angleterre,
dans le comté de Cornouailles, au milieu d'une
roche de granit, en filons, et dans des terrains d'alluvion ; en Espagne, dans la Galice, près de Monterey;
en Bohême, à Schlakkenwald ; en Saxe, à Seiffen,
à Geier, à Altenberg, sous forme d'amas; dans les Indes
orientales, à Banca et à Malaca : on en trouve à
peine en France. Ce sont ces diverses mines qui fournissent tout l'étain qu'on consomme dans les arts.

L'oxide d'étain est souvent cristallisé : il l'est ordinairement en prismes à quatre pans principaux, terminés par des pointemens à facettes plus ou moins nombreuses; il est toujours coloré et dur, au point de faire
feu avec le briquet. Sa couleur, qui varie du noir bru-

nâtre presque opaque au gris jaunâtre limpide, paraît
due à un peu d'oxide de fer : sa pesanteur spécifique
est de 6,9. Celui de Cornouailles est composé de 77
d'étain, 21 d'oxigène, d'une très - petite quantité
d'oxide de fer et de silice. L'oxide d'étain ne se trouve
jamais que dans les terrains primitifs : il est accompagné de tungstate de fer, de quartz, de fluate de
chaux, etc., et jamais de carbonate de chaux ni de
sulfate de baryte (a).

Cet oxide d'étain s'obtient en décomposant le deuto-
muriate d'étain par l'ammoniaque (quatrième procédé 501). Il est probablement formé de 100 parties
d'étain et de 20,4 d'oxigène ; car l'étain est à l'oxigène
dans le protoxide :: 100 : 13,6 ; et dans le peroxide
:: 100 : 27,2.

530 *bis. Tritoxide.* — Blanc ; fusible et indécomposable à une haute température ; réductible par la
pile ; sans action sur le gaz oxigène et sur l'air, etc.
(469—498). Selon Pelletier, le composé jaune et
lamelleux connu sous le nom *d'or mussif ou musif,*
d'or mosaïque, d'or de Judée, est un oxide d'étain
sulfuré (voyez Mémoires de Pelletier ou Annales de
Chimie, tome 13, page 280); et, selon M. Berzelius,
ce composé est un persulfure d'étain (240). Quoi qu'il
en soit, on peut obtenir l'or mussif, soit en traitant le
deuto-sulfure d'étain par l'acide muriatique, soit en
chauffant doucement un mélange de soufre et d'oxide

(a) Nous regardons les mines d'étain comme formées de deutoxide ; mais il serait possible que l'étain y fût à un autre degré
d'oxidation.

ou de muriate d'étain, soit en exposant également
à une douce chaleur un mélange de soufre d'a-
malgame d'étain et de muriate d'ammoniaque. C'est
par ce dernier procédé qu'on obtient celui qu'on emploie pour frotter les coussins des machines électriques
et pour bronzer le bois. A cet effet, on prend deux
parties d'étain et deux de mercure ; on les allie dans un
creuset ; aussitôt que l'alliage est fondu, on le verse
dans un mortier de cuivre ; on le pulvérise, et on le
mêle intimement avec une partie et demie de soufre
et une partie de muriate d'ammoniaque ; on met le
mélange dans un matras ou dans un creuset, qu'on
remplit jusqu'aux trois quarts ; on l'expose à une
douce chaleur pendant plusieurs heures ; il se forme
ainsi une masse très-légère, jaunâtre, qui n'est autre
chose que l'or mussif même : on ne réussirait point
en chauffant trop fortement le mélange ; en l'exposant, par exemple, à une chaleur presque rouge,
on obtiendrait une masse d'un gris noirâtre, et tout
au plus une petite portion d'or mussif qui s'atta-
cherait, soit à la voûte, soit au col du matras, sous
forme de lames jaunes brillantes et plus ou moins
larges. Dans cette opération, le mercure ne sert qu'à
rendre l'étain cassant, et à lui donner la propriété de
pouvoir être réduit en poudre : ce qui le prouve, c'est
qu'on peut remplacer l'amalgame d'étain par le sulfure
d'étain. En effet, Pelletier a obtenu 3o grammes de
bel or mussif en chauffant ensemble 3o grammes de
sulfure d'étain, avec 3o grammes de soufre et 3o gr.
de muriate d'ammoniaque.

Le tritoxide d'étain n'existe point dans la nature :
on peut l'obtenir en calcinant l'étain avec le contact

de l'air (1er procédé 5o1) ; mais on l'obtient bien plus facilement et plus promptement en traitant l'étain en grenailles par l'acide nitrique (7me procédé 5o1) : celui-ci cède une plus ou moins grande quantité de son oxigène à l'étain, et passe à l'état d'azote ou de gaz oxide d'azote qui se dégage; tandis que l'étain, porté à l'état de tritoxide insoluble dans l'acide nitrique, se précipite sous la forme d'une poudre blanche.

C'est en traitant de cette manière l'étain par l'acide nitrique que l'on parvient à déterminer la proportion des principes constituans du tritoxide d'étain, qui, d'après M. Berzelius, est formé de 100 parties d'étain et de 27,2 d'oxigène. On procède à l'expérience comme à celle qui a pour objet l'analyse du peroxide de fer (528).

Le tritoxide d'étain pur n'a point d'usages ; on ne l'emploie que mêlé ou peut-être combiné avec l'oxide de plomb, sous le nom de potée, pour donner un certain poli aux glaces. Cette potée se prépare en chauffant un alliage d'étain et de plomb dans des fourneaux à réverbère. L'alliage étant très-combustible, on peut préparer en quelques heures une grande quantité de potée (a) : on ne parviendrait au contraire qu'avec beaucoup de peine à oxider complétement l'étain et le plomb séparément.

(a) Nous venons de dire que l'étain était à l'état de peroxide dans la potée, parce que le protoxide et le deutoxide d'étain passent à cet état d'oxidation dans leur calcination avec le contact de l'air ; mais il serait possible qu'il y fût à un moindre degré d'oxidation : c'est sur quoi l'expérience seule peut éclairer.

Des Oxides de la quatrième section.

La quatrième section comprend tous les oxides irréductibles par la chaleur, et dont les métaux ne décomposent l'eau à aucune température. Ces oxides sont
au nombre de 21, savoir : 2 d'arsenic ; 1 de chrôme ; 1
de molybdène ; 4 d'antimoine ; 2 d'urane ; 2 de cérium ;
3 de cobalt ; 2 de titane ; 1 de bismuth ; 2 de cuivre, et
1 de tellure.

Des Oxides d'Arsenic.

231. *Protoxide.* — Noir ; vénéneux ; réductible
par la pile ; se transforme, au-dessous de la chaleur
rouge, en arsenic et en deutoxide d'arsenic, l'un et
l'autre volatils ; absorbe le gaz oxigène à une température peu élevée, et passe à l'état de deutoxide, qui
se sublime sous forme de vapeurs blanches ; se comporte avec l'air comme avec le gaz oxigène, etc.
(469—498) ; existe dans la nature à la surface de
quelques fragmens d'arsenic ; s'obtient en exposant
pendant long-temps l'arsenic en poudre à l'air libre, à
la température ordinaire ; est formé, d'après M. Berzelius, de 100 parties d'arsenic et de 8,475 d'oxigène ;
ce que l'on prouve en mettant en contact avec l'air,
comme nous venons de le dire, l'arsenic réduit en
poudre, et pesant ce métal avant et après l'expérience.

532. *Deutoxide.* — Cet oxide est blanc, âcre et nau-
séabond ; il excite fortement la salive ; pris intérieurement, il produit sur les parties qu'il touche des taches
rouges gangréneuses, il les ulcère et les troue prompte-

ment : aussi est-ce un des poisons les plus actifs, et donne-t-il la mort à très-petite dose. Il est volatil ; et cette propriété ne lui est commune qu'avec l'oxide d'osmium. Il se réduit en vapeurs au-dessous de la chaleur rouge-cerise : lorsque cette vapeur est reçue dans l'air, elle y paraît sous forme de fumée blanche, et y répand une odeur d'ail très-forte ; on s'en assure sans danger en jetant quelques grains d'oxide sur un corps chaud, par exemple, dans un têt, dans un creuset ou sur des charbons rouges. Lorsqu'au lieu de mettre cet oxide sur des charbons ardens, on l'expose à l'action de la chaleur dans un matras, il se sublime comme nous venons de le dire, se condense ou s'attache à la voûte ou au col du matras sous forme de croûte blanche et de petits tétraèdres demi-transparens ; mais, comme il s'échappe toujours des vapeurs arsenicales du col du matras, même en prenant la précaution de n'appliquer le feu qu'à la partie inférieure du vase, on ne doit faire l'expérience qu'en plein air ou sous une cheminée qui tire bien.

Le deutoxide d'arsenic est indécomposable par la chaleur ; réductible par la pile ; sans action sur le gaz oxigène et sur l'air ; cède, à une température peu élevée, son oxigène au soufre, et forme du gaz acide sulfureux et un sulfure rouge d'arsenic, etc. (469—498).

On trouve cet oxide dans la nature, tantôt en cristaux blancs et transparens, tantôt en poudre blanche ; il existe, sous le premier état, à Joachimsthal en Bohême, et, sous le second, en Hesse à Riechelsdorf. On se le procure en grand, pour le besoin des arts, en grillant les mines de cobalt arsenical dans un fourneau à réverbère terminé par une longue cheminée horizontale : à mesure que l'arsenic brûle et passe à l'état de

deutoxide, il se rend dans ces cheminées et s'y condense; mais, comme il n'est pas très-pur, on lui fait
subir une nouvelle sublimation : à cet effet, on emploie
des cucurbites en fonte qui sont surmontées de chapi-
teaux coniques également en fonte, percés d'un trou à
leur sommet ; on place les cucurbites sur un fourneau,
et, lorsqu'elles sont rouges, on y verse une certaine
quantité d'oxide d'arsenic par le trou qui termine l'extrémité du cône, et qu'on bouche immédiatement après.
Cet oxide étant sublimé, on introduit une nouvelle quantité d'oxide impur dans la cucurbite ; ensuite on laisse
refroidir les vases ; on enlève le chapiteau, et on en sépare l'oxide purifié qui s'y trouve attaché sous forme de
couches vitreuses et aussi transparentes que le cristal.
A la mine de Maurizzech, près d'Aberdam, dans la
contrée de Joachimsthal en Bohême, où cette opéra-
ration se pratique, on sublime dans la même cucurbite
jusqu'à 77 kilogrammes d'oxide.

Rien de plus facile que de déterminer la proportion
des principes constituans du deutoxide d'arsenic : il
suffit pour cela de chauffer à la lampe une certaine
quantité de ce métal avec un excès de gaz oxigène,
dans une petite cloche courbe de verre sur le mercure :
en effet, dès que la température est près de la chaleur
rouge, l'arsenic s'enflamme et passe entièrement à l'état
de deutoxide qui se sublime : par conséquent en mesurant, après la combustion, le résidu gazeux et le retranchant de l'oxigène employé, on a l'oxigène absorbé
par l'arsenic. M. Berzelius a trouvé, mais par un autre
procédé, que cet oxide était formé de 100 parties de
métal et de 34,263 d'oxigène.

Le deutoxide d'arsenic a divers usages : on l'emploie

pour faire le vert de Schéele, couleur dont les peintres
se servent quelquefois, qu'on applique sur les papiers
de tenture, et qui est principalement formé de cet
oxide et d'oxide de cuivre; on l'emploie aussi pour
purifier le platine; il entre dans la poudre escarrotique du frère Côme; on en fait, avec la farine, la
graisse et les amandes, une pâte très-propre à détruire
les souris et les rats. Certains verriers en portent de
temps en temps jusqu'au fond des pots où le verre se
fabrique : l'oxide, en se sublimant, agite la matière,
favorise le mélange et hâte la vitrification.

On connaît, dans le commerce, le deutoxide d'arsenic sous le nom d'arsenic et de mort aux rats. Quelques
chimistes l'associent aux acides, et l'appellent acide
arsenieux.

Oxide de Chrôme.

533. Vert; infusible; indécomposable par la chaleur; réductible par la pile; sans action sur le gaz oxigène et sur l'air; donne lieu, en le calcinant au rouge-
brun, avec la moitié de son poids de potassium et
de sodium, à une matière brune qui, refroidie et exposée à l'air, brûle avec lumière et se transforme en
chrômate de potasse ou de soude dont la couleur est
le jaune-serin, etc. (469—498); n'existe pur dans
la nature qu'en très-petite quantité et à la surface de
quelques échantillons de chrômate de plomb, mine
très-rare qu'on n'a encore trouvée que dans la Sibérie;
s'obtient en calcinant le chrômate de mercure. On introduit ce chrômate dans une petite cornue de grès que
l'on remplit aux deux tiers ou aux trois quarts; on la

place dans un fourneau à réverbère ; on adapte à son col
une allonge, à l'extrémité de laquelle on attache un nouet
de linge qu'on fait plonger dans l'eau, pour faciliter la
condensation du mercure qui doit se volatiliser ; on porte
peu à peu la cornue jusqu'au rouge ; le chrômate de mercure se décompose et se transforme en oxigène, mercure
et oxide de chrôme : l'oxigène se dégage à l'état de gaz, le
mercure passe à travers le nouet de linge et se condense
entièrement, l'oxide de chrôme reste dans la cornue.
Après un fort coup de feu d'environ trois quarts
d'heure, on peut regarder l'expérience comme terminée ; on laisse refroidir le fourneau ; on retire l'oxide
de la cornue, et on le conserve dans des flacons.

Jusqu'à présent, l'oxide de chrôme n'a point été analysé. Il a divers usages : on l'emploie pour faire des
fonds verts très-foncés et très-beaux sur la porcelaine,
et pour faire d'autres couleurs dont le vert fait partie ;
on s'en sert également pour faire des verres dont la
couleur imite celle de l'émeraude, et avec lesquels on
fabrique des bijoux ; c'est aussi de cet oxide qu'on
retire le chrôme par des procédés que nous indiquerons par la suite.

Oxide de Molybdène.

534. Bleu ; difficile à fondre ; décomposable par la
pile ; absorbe le gaz oxigène à l'aide de la chaleur, et
passe à l'état d'acide molybdique qui se vaporise sous
forme de fumée blanche, etc. (469—498) ; n'existe point
dans la nature ; s'obtient en plongeant, à la température ordinaire, une lame de zinc ou une feuille d'étain
dans une solution aqueuse d'acide molybdique, opé-

ration dans laquelle cet acide cède une portion d'oxigène au zinc ou à l'étain, et passe à l'état d'oxide qui
d'abord colore la liqueur en bleu, et ensuite se précipite peu à peu (*a*) ; non analysé ; sans usages ; découvert
par Schéele.

Oxides de Tungstène et de Columbium.

535. Le tungstène et le columbium, en se combinant avec l'oxigène, forment des corps brûlés qui
jouent tantôt le rôle d'oxide et tantôt celui d'acide.
Nous ne les décrirons qu'en parlant des acides métalliques : peut-être, par la même raison, aurions-nous
dû aussi associer aux acides le deutoxide d'arsenic.

Des Oxides d'Antimoine.

Les chimistes ne sont point d'accord sur les divers
degrés d'oxidation de l'antimoine : les uns en ont admis
deux ; les autres un bien plus grand nombre. M. Berzelius, dans une dissertation toute récente, en admet
quatre. Cette différence d'opinion tient sans doute à la
difficulté d'obtenir les oxides d'antimoine, purs : aussi
M. Berzelius avoue-t-il qu'il ne s'est jamais occupé
d'une matière qui ait donné lieu à des résultats si variables. Quoi qu'il en soit, sa dissertation nous servira
de guide (*b*).

536. *Protoxide.* — Gris noirâtre ; absorbe le gaz

(*a*) Cependant il serait possible que l'oxide ainsi obtenu ne fût
point pur, et contînt une certaine quantité d'oxide d'étain ou de
zinc uni à l'acide molybdique.

(*b*) Annales de Chimie, t. 86.

oxigène à l'aide de la chaleur, et passe probablement à l'état de tritoxide; se comporte avec l'air comme avec le gaz oxigène; n'existe point dans la nature; est formé, d'après M. Berzelius, de 100 parties de métal et de 4,65 d'oxigène.

On le prépare en faisant plonger les deux fils négatif et positif d'une pile dans l'eau pure, et mettant l'extrémité de celui-ci, qui doit être de platine, en contact avec de l'antimoine réduit en poudre : on continue l'expérience pendant plusieurs jours, au bout desquels on sépare par le lavage de la matière une poudre d'un bleu grisâtre, plus légère que l'antimoine, qui devient d'un gris noirâtre par la dessication, et qui n'est autre chose que le protoxide de ce métal.

537. *Deutoxide.* — Blanc tirant sur le gris; entre en fusion au rouge-brun, et donne lieu à un liquide jaunâtre qui se prend, par le refroidissement, en une masse cristalline presque blanche et analogue à l'asbeste; absorbe le gaz oxigène à l'aide de la chaleur, et passe probablement à l'état de tritoxide; se comporte avec l'air atmosphérique comme avec le gaz oxigène, etc. (469—498); inconnu dans la nature; formé de 100 parties d'antimoine et de 18,6 d'oxigène.

Pour obtenir le deutoxide d'antimoine, on triture le deuto-muriate d'antimoine dans une grande quantité d'eau; on forme ainsi un muriate très-acide, soluble, et un sous-muriate en flocons blancs insolubles; on recueille ces flocons sur un filtre; on les fait chauffer pendant quelques minutes avec une dissolution de sous-carbonate de potasse ou de soude, pour en dissoudre l'acide muriatique et en mettre l'oxide en liberté;

après quoi, filtrant de nouveau, lavant et séchant, on a celui-ci pur. On peut également l'obtenir en traitant le deuto-muriate d'antimoine par l'ammoniaque (*a*).

538. *Tritoxide.* — Blanc; entre en fusion à une haute température sans se décomposer; sans action sur le gaz oxigène et sur l'air, etc. (469—498); existe probablement à la surface de quelques fragmens de sulfure d'antimoine; s'obtient en exposant le tétroxide à l'action d'une chaleur rouge, ou bien en traitant le trito-muriate d'antimoine de la même manière que nous venons de traiter le deuto-muriate; est formé, d'après M. Berzelius, de 100 parties d'antimoine et de 27,9 d'oxigène.

538 *bis. Tétroxide.* — Jaunâtre; abandonne une portion de son oxigène et se transforme en tritoxide, à une chaleur rouge; sans action sur le gaz oxigène et sur l'air, etc. (469—498); formé, d'après M. Berzelius, de 100 parties d'antimoine et de 37,2 d'oxigène; s'obtient en traitant l'antimoine par un excès d'acide nitrique concentré, et évaporant la liqueur jusqu'à siccité (*b*).

De tous les oxides d'antimoine, celui que l'on connaît sous le nom de fleurs d'antimoine est le seul employé; on en fait usage en médecine.

(*a*) M. Berzelius a fait une observation que nous devons rapporter. Après avoir dissous 10 grammes d'antimoine dans de l'acide nitrique faible, il en précipita l'oxide de la dissolution par une grande quantité d'eau; ensuite, l'ayant rassemblé sur un filtre, il voulut le faire sécher dans une capsule; mais, à un certain degré de chaleur, l'oxide s'enflamma et brûla comme de l'amadou.

(*b*) M. Berzelius ne dit point à quel degré d'oxidation correspond l'oxide désigné anciennement sous le nom de fleurs d'antimoine;

Oxides d'Urane.

539. *Protoxide.* — Gris-noir ; très-difficile à fondre , etc. (469—498) ; s'obtient , soit en mettant
l'urane en contact avec l'air à une très - haute température (1er procédé 501), soit en calcinant fortement le deutoxide (2me procédé 501) ; est formé ,
d'après M. Bucholz , de 100 parties d'urane et de 5,17
d'oxigène ; sans usage ; existe en petite quantité
dans la nature , 1° à Johann - Georgen - Stadt et
à Schneeberg, en Saxe ; 2° à Joachimsthal , en Bohême : celui qu'on trouve dans cette dernière contrée

---

mais si l'antimoine n'a que quatre degrés d'oxidation , cet oxide
doit correspondre au troisième degré ; car il est très-blanc, et
parmi les quatre oxides que nous avons décrits, il n'y a que
le tritoxide qui le soit : ce qui prouve d'ailleurs qu'il doit
être au moins à ce degré d'oxidation , c'est qu'on l'obtient
en calcinant l'antimoine avec le contact de l'air, et que le
protoxide et le deutoxide sont susceptibles d'absorber le gaz
oxigène à l'aide de la chaleur. Quoi qu'il en soit, on ne peut facilement se procurer les fleurs d'antimoine que de la manière suivante : On met l'antimoine dans un creuset de terre long et rond ;
on dispose ce creuset dans un fourneau à réverbère de manière qu'il
sorte d'environ un pouce à travers la paroi du fourneau , en faisant
avec le sol un angle de 45°, et on le fait pénétrer par ses bords dans
un second creuset renversé, qui lui-même entre à frottement, par
son fond , dans un troisième. Il est nécessaire , pour établir un courant
d'air, de ménager un jour entre les deux creusets inférieurs , et de
pratiquer un trou dans le fond des deux derniers. L'appareil étant
ainsi disposé, on fait du feu dans le fourneau, et l'on porte peu à
peu l'antimoine au rouge ; il en résulte de l'oxide qui se vaporise,
et vient se rendre sous la forme de fumée blanche dans les creusets
supérieurs, où il se dépose en cristaux et en poussière : on l'en retire
de temps en temps, et on le conserve dans des vases fermés.

est formé, d'après M. Klaproth, de 86,5 d'oxide d'u-
rane, de 6 de sulfure de plomb, de 5 d'oxide de silicium, et de 2,5 de deutoxide de fer.

540. *Deutoxide.* — Jaune citron; abandonne probablement une portion de son oxigène à une haute
température, etc. (469—498); s'obtient en décomposant le deuto-nitrate par la potasse ou la soude (4ᵐᵉ
procédé 501); sans usage; découvert par M. Klaproth
(traduction de ses Mémoires, t. 2, p. 40); examiné
ensuite par M. Bucholz (Journal de Gehlen, tome 4,
page 35). Cet oxide existe en petite quantité en France,
à Saint-Symphorien, près d'Autun, et à Chanteloube,
près Limoges, dans un granite friable; en Saxe; en
Angleterre, à Karrarach dans le comté de Cornouailles; dans le Bannat, à Saska; dans le Wirtem-
berg : il se trouve tantôt en lames cristallines, tantôt
en poudre, dont la couleur varie depuis le vert d'émeraude jusqu'au vert jaunâtre-serin; il paraît que, quand
il est très-vert, il contient un peu d'oxide de cuivre.

Les oxides d'urane ont été découverts par M. Klaproth (traduction française de ses Mémoires, tome 2,
page 40), et examinés ensuite par M. Bucholz (Journal de Gehlen, tome 4, page 35). Ce dernier chimiste
en admet jusqu'à six.

Des Oxides de Cérium.

541. *Protoxide.* — Blanc; très-difficile à fondre;
absorbe le gaz oxigène à une température élevée, et
passe à l'état de deutoxide, etc. (469—498); n'existe
point dans la nature; s'obtient en décomposant le proto-

muriate de cérium par la potasse ou la soude (4ma procédé) ; non analysé ; sans usages.

542. *Deutoxide.* — Brun - rouge ; très - difficile à fondre ; sans action sur le gaz oxigène, etc (469—498) ; s'obtient, soit en calcinant le protoxide avec le contact de l'air (1er procédé 501), soit en décomposant le deuto-sulfate ou le deuto–nitrate par la potasse, la soude ou l'ammoniaque ; non analysé ; sans usages ; existe dans la mine de cuivre de Bastnaès, à Riddar-hyta, en Suède : le minerai qui le renferme s'appelle cérite, est d'un rose pâle, et est composé, d'après M. Vauquelin, de 67 d'oxide de cérium, 17 de silice, 2 de chaux, 2 d'oxide de fer, et 12 d'acide carbonique et d'eau.

Les oxides de cérium ont été découverts par MM. Hisinger et Berzelius (Annales de Chimie, t. 50, p. 145) ; examinés ensuite par Vauquelin (Annales d'Histoire naturelle, t. 5, p. 495).

Des Oxides de Cobalt.

543. *Protoxide.* — Gris ; difficile à fondre ; absorbe le gaz oxigène au-dessous du rouge-brun, et se transforme en tritoxide, etc. (469—498) ; n'existe point dans la nature, si ce n'est combiné avec l'acide arsenique ; s'obtient, en décomposant le proto-muriate de cobalt, par la potasse ou la soude ; paraît bleu au moment de la précipitation, parce qu'il est à l'état d'hydrate ; doit être lavé avec de l'eau, privé d'air et desséché sans le contact de ce fluide, parce que, sous cet état, il absorbe le gaz oxigène avec une grande facilité.

544. *Deutoxide.* — Gris verdâtre ; difficile à fondre ; absorbe le gaz oxigène au-dessous du rouge-brun,
et se transforme en tritoxide, etc. (469—498) ; inconnu
dans la nature ; s'obtient en mettant en contact, avec
le gaz oxigène ou l'air, à la température ordinaire,
l'hydrate de protoxide de cobalt, jusqu'à ce que de
bleu il soit devenu verdâtre.

545. *Tritoxide.* — Noir ; abandonne une portion
de son oxigène à une très-haute température ; sans
action sur le gaz oxigène et sur l'air, etc. (469—498).
Cet oxide existe en petite quantité en Saxe, à Schneeberg et Kamsdorf, en Thuringe à Saalfeld, etc. ; mais
souvent mêlé avec les autres mines de cobalt, et plus
souvent encore avec du fer et de l'arsenic, ce qui en
fait varier la couleur. On l'obtient en exposant dans un
têt le protoxide ou le deutoxide à une chaleur presque
rouge, jusqu'à ce qu'il soit devenu complétement noir
(1er procédé 501).

Les oxides de cobalt n'ont point encore été analysés :
on ne s'en sert que pour colorer le verre en bleu, et
pour faire sur la porcelaine des fonds bleus ou obtenir
des couleurs dont le bleu fait partie ; mais on ne les emploie jamais purs, en raison de la difficulté qu'il y a de
purifier les nitrates et muriates de cobalt d'où on les
extrait ; le plus souvent même ceux dont on fait usage,
particulièrement pour colorer le verre, contiennent
beaucoup de matières étrangères, etc. (620 et suiv.)

Des Oxides de Titane.

545 *bis. Protoxide.* — Rouge ; très-difficile à fondre, etc. (469—498) ; existe dans la nature en assez

grande quantité, mais très-rarement à l'état de pureté, et toujours dans les terrains primitifs. On le trouve, 1° pur, en petits cristaux bruns, sur un granite, à Vaujany, dans la vallée d'Oysans, département de l'Isère; 2° combiné avec l'oxide de fer, savoir : sous forme de cristaux prismatiques et cannelés, presque à la surface d'un terrain d'alluvion, dans les environs de Saint-Yrieix, près de Limoges; dans la vallée de Doron, près de Moutier, département du Mont-Blanc; épars dans des ravins près le village de Gourdon, arrondissement de Charolle, département de Saône-et-Loire; au Saint-Gothard; sous forme de réseau dans du quartz près de Boinik, en Hongrie; en gros cristaux dans du quartz à Cajuelo, près Buytrago, dans la Nouvelle-Castille; 3° combiné avec l'oxide de fer, de silicium, et même de manganèse, dans la vallée de Ménakan, en Cornouailles, sous forme de grains ou de petites masses noirâtres : d'après Klaproth, cette espèce est composée de 45 d'oxide de titane, de 51 d'oxide de fer, de $3\frac{1}{2}$ d'oxide de silicium, et d'un peu d'oxide de manganèse; 4° combiné avec l'oxide de calcium et de silicium : les couleurs de cette espèce varient entre le brun-châtain foncé et le blanc jaunâtre; elle est souvent cristallisée; on la trouve en France dans la mine d'Allemont, dans les roches des environs de Limoges, près de Passau en Bavière, etc. : celle de Passau a donné à Klaproth, oxide de titane 33, oxide de calcium 33, oxide de silicium 35. Jusqu'à présent, on ne connaît pas encore de moyen bien certain pour obtenir artificiellement le protoxide de titane.

546. *Deutoxide.* — Blanc; très-difficile à fon-

dre, etc. (469—498); n'existe point dans la nature ; s'obtient en décomposant le deuto-nitrate ou le deuto-muriate de titane par l'ammoniaque (4me procédé 501).

Les oxides de titane sont sans usages ; ils ont été suc-cessivement examinés par MM. Grégor, Klaproth, Vauquelin et Hecht. (*Voyez* 1er volume, p. 267.)

Oxide de Bismuth.

547. Jaunâtre ; fusible à la température rouge-cerise ; sans action sur le gaz oxigène et sur l'air, etc. (469—498); existe en très-petite quantité sous forme d'une légère efflorescence à la surface du bismuth na-tif (155); s'obtient en chauffant le bismuth dans un têt avec le contact de l'air (1er procédé 501), ou bien se prépare de la même manière que le deutoxide d'anti-moine, c'est-à-dire, en versant le nitrate ou muriate de bismuth dans une grande quantité d'eau, recueil-lant le précipité blanc qui se forme, et qui est un sous-nitrate ou sous-muriate de bismuth insoluble, et le traitant par une dissolution de sous-carbonate de po-tasse pour en séparer l'acide qu'il contient ; sans usages.

Outre cet oxide formé de 100 parties de bismuth et de 11,720 d'oxigène, il en existe un autre moins oxi-géné, selon M. Berzelius, qu'on obtient en exposant le bismuth à l'air (Annales de Chimie, tome 81.)

Des Oxides de Cuivre.

548. *Protoxide.* — Jaune orangé à l'état d'hydrate ; fusible au-dessus de la chaleur rouge en une masse rougeâtre ; absorbe le gaz oxigène à une tempéra-ture peu élevée, et passe à l'état de deutoxide, etc. (469—498); se prépare en décomposant le proto-

T. II.

7

muriate acide de cuivre par la potasse ou la soude
(4ᵐᵉ procédé 5o1); est formé de 100 parties de cuivre
et de 12,5 d'oxigène; existe pur dans la nature. On le
trouve : en Angleterre, dans le comté de Cornouailles ;
à Rheinbreibach, dans les environs de Cologne ; en Sibérie, dans la partie orientale des monts Ourals et dans
la mine de Nikolaew. Il est tantôt en masses compactes peu volumineuses; tantôt en beaux cristaux octaèdres ; tantôt en filamens capillaires d'un rouge très-
vif, ayant l'éclat de la soie; tantôt enfin à l'état de
poussière rouge. D'après M. Chenevix, le protoxide
du comté de Cornouailles est composé de 885 de
cuivre et de 115 d'oxigène. Il arrive assez souvent que
le protoxide de cuivre contient de l'oxide de fer. Ce
protoxide ferrugineux dont la couleur ressemble à celle
de la brique terne, est même assez abondant dans quelques lieux pour devenir l'objet d'une exploitation particulière.

549. *Deutoxide.* — Brun-noir ; n'entre en fusion
qu'au-dessus de la chaleur rouge; passe probablement à
l'état de protoxide à une haute température; sans action
sur le gaz oxigène ; absorbe le gaz acide carbonique de
l'air à la température ordinaire, etc. (469-498); n'existe
dans la nature que combiné avec les acides; est formé
de 100 parties de cuivre et de 25 d'oxigène. On obtient
cet oxide en décomposant le deuto-sulfate de cuivre par
la potasse ou la soude (4ᵐᵉ procédé 5o1) ; il se précipite
d'abord à l'état d'hydrate bleu ; mais il devient brun-
noir par la dessication, et même en le mettant pendant
quelque temps en contact avec l'eau bouillante.

Les oxides de cuivre sont sans usages, et ont été
étudiés successivement, surtout par M. Proust, à qui on
doit la découverte du protoxide (Journal de Physique),

par M. Chenevix (Transactions philosophiques), et par M. Berzelius (Annales de Chimie, t. 78).

Oxide de Tellure.

550. Blanc; fusible un peu au-dessous de la chaleur rouge; sans action sur le gaz oxigène et sur l'air, etc. (469—498); inconnu dans la nature; se prépare en décomposant le nitrate de tellure par la potasse ou la soude (4me procédé 501.); est formé, d'après M. Berzelius, de 100 parties de tellure et de 27,83 d'oxigène, ce que l'on peut constater en brûlant le tellure dans le gaz oxigène, de même que l'arsenic (232); sans usages; découvert par M. Klaproth (traduction de ses Mémoires, tome 2).

Des Oxides de la cinquième section.

La cinquième section renferme les oxides réductibles par la chaleur seule, et ayant pour base les métaux qui ne sont pas susceptibles de décomposer l'eau et qui ne peuvent absorber le gaz oxigène qu'à une certaine température. Ces oxides sont au nombre de huit; savoir: deux de nickel, trois de plomb, deux de mercure et un d'osmium.

Des Oxides de Nickel.

551. *Protoxide.* — Brun; difficile à fondre, etc. (469—498); existe dans la nature en poussière verte ou à l'état d'hydrate à la surface du nickel arsenical, et se trouve, d'après M. Klaproth, dans la chrysoprase de Kosemütz, et surtout dans la gangue de ce silex. On l'obtient en décomposant le proto-nitrate de nickel par

la potasse ou la soude (4me procédé 5o1) ; il se précipite d'abord sous la forme de flocons verts, parce qu'il tient de l'eau en combinaison ; mais, par la dessication, il perd cette couleur pour prendre celle qui lui est naturelle.

552. *Deutoxide.* — Noir ; passe probablement par la chaleur à l'état de protoxide, etc. (469—498) ; n'existe point dans la nature ; se prépare en traitant le protoxide, à l'état d'hydrate, par une solution de gaz muriatique oxigéné dans l'eau.

Les oxides de nickel n'ont point encore été analysés, et sont sans usages (*a*).

Des Oxides de Plomb (*b*).

553. *Protoxide.* — Jaune ; entre en fusion un peu au-dessus du rouge-brun ; cristallise en lames jaunes par le refroidissement (*c*) ; attaque et troue facilement

---

(*a*). L'existence du deutoxide ne paraît pas suffisamment constatée. En effet, lorsqu'on met en contact de l'hydrate de protoxide de nickel avec une dissolution aqueuse de gaz muriatique oxigéné ou de muriate oxigéné de chaux, les flocons noirs qu'on obtient retiennent du gaz muriatique oxigéné : il serait donc possible que ces flocons noirs, au lieu d'être un oxide particulier, ne fussent qu'une combinaison de ce gaz avec le protoxide.

(*b*) Outre les trois oxides de plomb dont nous allons parler, et qu'on appelle quelquefois : le premier, oxide jaune ou massicot ; le deuxième, oxide rouge ou minium, et le troisième, oxide puce, il en existe un quatrième moins oxigéné, selon M. Berzélius, qui se forme en exposant le plomb à l'air, à une température ordinaire ou à une température peu élevée, etc. (Annales de Chimie, t. 87.)

(*c*). Le protoxide, ainsi cristallisé, est désigné dans le commerce par le nom de litharge. Toute la litharge du commerce provient de l'exploitation des mines de plomb argentifères : après avoir retiré de ces mines le plomb uni à l'argent, on calcine l'alliage à l'air

les creusets de terre, lorsqu'il est en pleine fusion ; sans action sur le gaz oxigène à la température ordinaire ; l'absorbe à l'aide d'une légère chaleur, et passe à l'état de deutoxide ; se comporte avec l'air comme avec le gaz oxigène, si ce n'est qu'à froid il en absorbe le gaz acide carbonique, etc. (469—498) ; n'existe dans la nature que combiné avec les acides.

On le prépare dans les laboratoires en chauffant jusqu'au rouge le deutoxide de plomb ou le proto-nitrate de plomb dans un creuset de platine (2me et 6me procédés 501) ; mais, dans les arts, on l'obtient en calcinant le plomb avec le contact de l'air, comme nous le dirons en parlant du deutoxide.

Le protoxide de plomb est formé de 100 parties de plomb et de 7,7 d'oxigène ; car en dissolvant 100 parties de plomb dans l'acide nitrique, et calcinant jusqu'au rouge dans un creuset de platine le proto-nitrate de plomb qui en résulte, on obtient un résidu qui pèse sensiblement 107,7. (Berzelius.)

554. *Deutoxide.* — Rouge jaunâtre ; se transforme, au-dessus du rouge-brun, en protoxide qui ne tarde point à entrer en fusion ; sans action sur le gaz oxigène et sur l'air, etc. (469—498) ; n'existe dans la nature ni libre ni combiné, et se prépare en calcinant le plomb avec le contact de l'air (1er procédé 501). Cette préparation se fait en grand, dans un fourneau à réverbère, dont l'aire est

---

libre ; le plomb forme alors un protoxide qui se vitrifie, tandis que l'argent reste pur. La litharge contient toujours une petite quantité d'acide carbonique qu'elle enlève à l'air, avec lequel elle est en contact. (*Voyez* Exploitation des mines d'argent.)

concave, et sur les côtés duquel se trouvent deux foyers placés au niveau ou un peu au-dessous de cette aire ; ce four a d'ailleurs une longue cheminée située vis-à-vis l'ouverture : on met le plomb sur l'aire, et on le porte à peu près jusqu'au rouge-brun ; il fond, et se couvre d'une couche d'oxide qu'on enlève avec un ringard (*a*), et qu'on place autour du bain ou sur les portions de l'aire qui ne sont point recouvertes de plomb : bientôt il se forme une seconde couche d'oxide qu'on enlève comme la première, etc., etc. Lorsque tout le bain est épuisé, on continue la calcination pendant un certain temps, en remuant assez souvent la matière, afin d'oxider les portions de plomb qui ne le seraient point : alors on retire l'oxide du four, au moyen du ringard ; on le fait tomber sur un pavé uni, et on le refroidit en jetant de l'eau dessus : dans cet état, il est jaune et connu dans le commerce sous le nom de massicot, et doit être considéré comme un mélange de beaucoup de protoxide de plomb et d'une petite quantité de plomb métallique. Après l'avoir trituré, on le met dans des tonneaux pleins d'eau ; on l'y agite et on décante : par ce moyen, on sépare le plomb oxidé du plomb non oxidé ; celui-ci se précipite au fond des tonneaux, tandis que l'oxide de plomb, plus léger et très-divisé, reste en suspension dans l'eau et se dépose peu à peu. A la vérité, quelques portions d'oxide de plomb, qui n'ont pas été bien triturées, se précipitent avec le plomb ; mais,

---

(*a*) Un ringard est une tige cylindrique de fer adaptée par une de ses extrémités à un manche en bois, aplatie et recourbée à angle droit à l'autre extrémité ; ou bien, si l'on veut, c'est une espèce de fourgon.

par de nouvelles triturations et des lavages, on finit par
les en séparer.

Le protoxide de plomb ayant été ainsi séparé du
plomb métallique, on le remet dans le four à réverbère ;
on en forme une couche peu épaisse, dans laquelle on
trace des raies longitudinales pour en augmenter la
surface et faciliter l'oxidation, et on l'expose pendant
40 à 48 heures à une chaleur moindre que le rouge-
brun : au bout de ce temps, l'opération est terminée ;
on retire l'oxide du fourneau, on le laisse refroidir,
on le passe ensuite à travers un crible de fer très-fin,
en prenant les précautions convenables pour ne pas
respirer la poussière qui se dégage, et on l'expédie
dans des barils pour le commerce, sous le nom de
minium.

Quelque longue que soit la calcination, il y a
presque toujours une petite quantité de protoxide de
plomb qui échappe à l'oxidation, et qui entre dans la
composition du minium ; quelquefois même le minium
contient en outre un peu d'oxide de cuivre provenant
de ce que le plomb dont on se sert pour le fabriquer
contient lui-même un peu de cuivre à l'état métallique. Le protoxide de plomb ne communique aucune
qualité nuisible au minium ; mais il n'en est pas de
même de l'oxide de cuivre. En effet, celui-ci, à très-
petite dose, lui donne la propriété de colorer le verre,
et le rend par conséquent impropre à la fabrication du
cristal ; d'où l'on voit qu'il est important de faire usage
de plomb exempt de cuivre dans la préparation du minium : dans tous les cas, on sépare facilement le protoxide de plomb et l'oxide de cuivre que le minium
peut contenir ; il suffit pour cela de mettre celui-ci en

digestion, à une douce chaleur, avec de l'acide acétique étendu d'eau ; ces deux oxides se dissolvent, tandis que le deutoxide reste sous forme de poudre : c'est même en traitant ainsi le minium qu'on doit se procurer le deutoxide pur dans les laboratoires (*a*).

Lorsqu'on calcine jusqu'au rouge, dans un creuset de platine III^p,1 de deutoxide pur, on obtient pour résidu 107,7 de protoxide : or, celui-ci est formé de 100 parties de plomb et de 7,7 d'oxigène ; donc le deutoxide l'est de 100 de plomb et de 11,1 d'oxigène. (M. Berzelius.)

555. *Tritoxide.* — Puce ; passe à l'état de deutoxide par une chaleur obscure, et à celui de protoxide par une chaleur rouge-cerise ; sans action sur le gaz oxigène et sur l'air ; enflamme le soufre par la trituration (*b*), en donnant lieu à du gaz acide sulfureux et à un sulfure, etc. (469—498) ; n'existe point dans la nature ; est formé, d'après M. Berzelius, de 100 parties de plomb et de 15,4 d'oxigène, car 115,4 de cet oxide se réduisent, par la calcination, à 107,7 de protoxide ; se prépare en traitant le deutoxide de plomb par l'acide nitrique (*c*). A cet effet, on introduit une partie de

---

(*a*) Ce procédé n'est point pratiqué en grand ; mais il serait peut-être possible de s'en servir avec avantage : on retirerait, par évaporation, l'acétate de plomb qui se formerait, et on le verserait dans le commerce ; ou bien l'on s'en servirait pour faire du blanc de plomb, en transformant cet acétate en sous-acétate, et faisant passer à travers celui-ci un courant de gaz acide carbonique. (*Voyez* volume 3, article *Acétate.*)

(*b*) Pour que l'inflammation ait lieu, il faut employer l'oxide bien sec.

(*c*) On peut encore obtenir le tritoxide en mettant le deutoxide

deutoxide dans un matras ou une fiole; on verse dessus
5 à 6 parties d'acide nitrique étendu de son poids
d'eau; on porte peu à peu la liqueur presque à l'ébullition, en l'agitant de temps en temps : il se forme ainsi
du proto-nitrate de plomb soluble dans l'eau, et du
tritoxide de plomb insoluble dans l'eau et l'acide nitrique; d'où l'on voit que le deutoxide se partage en
deux parties, que l'une enlève de l'oxigène à l'autre
et passe à l'état de tritoxide, et que celle-ci, ramenée
à l'état de protoxide, se combine avec l'acide nitrique.
Lorsque le deutoxide est complétement attaqué, ce qui
doit avoir lieu en moins d'une demi-heure, s'il y a une
snffisante quantité d'acide, on remplit le matras d'eau
chaude; on l'ôte de dessus le feu; bientôt tout le tritoxide se dépose; on décante la liqueur surnageante qui
contient le proto-nitrate de plomb; on la remplace par
d'autre eau chaude; on décante de nouveau, et ainsi de
suite quatre à cinq fois, ou plutôt jusqu'à ce que le tritoxide soit insipide; alors on le rassemble sur un filtre,
on le dessèche à une douce chaleur, et on le conserve
dans un flacon à l'abri du contact de l'air.

Le tritoxide de plomb a été découvert par M. Proust.
Cet oxide est sans usages. Il n'en est point de même du
deutoxide et du protoxide. On emploie le deutoxide à
l'état de minium dans la fabrication du cristal, dans les
vernis sur les poteries, et en peinture. Le protoxide sous
forme de litharge ou de massicot a non-seulement les

---

dans l'eau; faisant passer du gaz muriatique oxigéné à travers celle-
ci, et agitant de temps en temps : il se forme, outre le tritoxide,
du proto-muriate qu'on enlève par des lavages réitérés. Mais ce
procédé est plus difficile à pratiquer que l'autre.

mêmes usages que le minium, mais il en a plusieurs autres ; on s'en sert pour faire du blanc de plomb ou du sous-carbonate de plomb (*voyez* 3e volume, article *Acétate*) ; uni à l'oxide d'antimoine, il paraît constituer le jaune de Naples. C'est en traitant la litharge par le vinaigre, qu'on prépare le sel de Saturne ou l'acétate de protoxide de plomb dont on consomme une si grande quantité dans les manufactures de toiles peintes, et l'extrait de Saturne ou la dissolution concentrée de sous-acétate de plomb dont on fait usage en médecine. Enfin, c'est en faisant chauffer la litharge avec diverses matières grasses, qu'on fait l'emplâtre diapalme, l'onguent de la mère, etc.

Des Oxides de Mercure.

556. *Protoxide.* — Gris-noir ; susceptible d'être transformé, par une chaleur obscure, en mercure et en deutoxide, et d'être complétement réduit par une chaleur rouge ; sans action sur le gaz oxigène et sur l'air ; cède l'oxigène qu'il contient à presque tous les corps combustibles, à une température peu élevée, les fait brûler avec lumière, et donne lieu à divers produits, etc. (469—498) ; inconnu dans la nature.

On obtient le protoxide de mercure en décomposant le proto-nitrate de mercure par la potasse, la soude ou l'ammoniaque (4me procédé 501). Cet oxide est formé de 100 parties de métal et de 4 d'oxigène. L'analyse peut en être faite de la manière suivante : On introduit dans une petite cornue de verre bien sèche une certaine quantité de protoxide de mercure, par exemple, 30 grammes ; on adapte à son col un tube recourbé qui s'engage jusqu'au haut d'une cloche pleine d'eau ; la

cornue étant placée sur un fourneau, on la chauffe peu
à peu, de mánière à la porter presque au rouge : lorsque
tout l'oxide est décomposé, ce qui ne tarde pas à avoir
lieu, on laisse refroidir l'appareil ; il rentre précisément autant de gaz dans la cornue qu'il y avait d'air, en
sorte que ce qui reste dans la cloche représente exactement la quantité de gaz oxigène provenant de l'oxide,
en supposant toutefois que la température et la pression
n'aient pas changé. On mesure ce gaz avec soin ;
d'une autre part, on recueille le mercure qui se vaporise, et qui se rend partie dans le tube de verre et partie
dans l'alonge ; on le pèse, et on a alors toutes les
données nécessaires pour en conclure la proportion
des principes constituans de l'oxide.

557. *Deutoxide.* — Jaune quand il est très-divisé,
et rouge quand il l'est très-peu ; réductible par la chaleur rouge-brun ; sans action sur le gaz oxigène et
sur l'air ; abandonne facilement son oxigène à la plupart des corps combustibles à une température peu
élevée, les fait brûler avec lumière, et donne lieu à
des produits divers (469—498) ; inconnu dans la
nature.

On obtient le deutoxide de mercure en exposant le
proto ou le deuto-nitrate de mercure à une chaleur
voisine du rouge-brun dans un matras ou dans une fiole ;
l'acide nitrique se décompose et se transforme en gaz
oxigène et en gaz acide nitreux, qui, ne pouvant point
être retenu par l'oxide de mercure, se dégage ; celui-ci, au
contraire, devenu deutoxide, en supposant qu'il ne le fût
point d'abord, reste dans le vase sous forme de petites
paillettes d'un violet foncé, qui, par le refroidissement,
deviennent rouge jaunâtre. Lorsque la chaleur, étant

presque rouge, il ne se dégage plus d'acide nitreux, toujours facile à reconnaître par son odeur et par sa couleur, on peut regarder l'opération comme terminée : alors on retire l'appareil de dessus le feu ; on le laisse refroidir, et on conserve l'oxide dans des flacons bien bouchés : on peut encore se procurer cet oxide, soit en décomposant les deuto-nitrate ou muriate de mercure par la potasse ou la soude (4ᵐᵉ procédé 5o1), soit en mettant le mercure pendant 10, 12, 15, 20 jours, en contact avec l'air, à une chaleur presque assez forte pour le faire entrer en ébullition. (*Voyez* ce qui a été dit à cet égard en parlant de l'analyse de l'air, page 195 et suiv.) Mais de tous ces procédés, c'est le premier qui mérite la préférence, parce qu'il est le plus facile à exécuter.

L'analyse du deutoxide se fait de la même manière que celle du protoxide ; il est formé de 100 parties de métal et de 8 d'oxigène. On l'emploie, en médecine, principalement comme escarrotique. Les anciens chimistes le connaissaient sous des noms différens ; ils appelaient *precipite per se* celui qu'on obtient en chauffant le mercure avec le contact de l'air, et *précipité rouge* celui qui provient de la calcination du nitrate de mercure. On l'appelle encore oxide rouge, pour le distinguer du protoxide qu'on appelle alors oxide noir.

Oxide d'Osmium.

558. Cet oxide a une odeur analogue au gaz muriatique oxigéné ; il est blanc, sapide, très-fusible, très-volatil, réductible par la chaleur ; sans action sur le gaz oxigène et sur l'air ; augmente la combustion des charbons incandescens à la manière du nitre, et en général fait brûler avec lumière la plupart des corps

combustibles à une température un peu élevée, en donnant lieu à des produits de nature diverse (469—498). Cet oxide est inconnu dans la nature; on l'obtient en exposant à une chaleur voisine du rouge-brun un mélange d'osmium et de nitrate de potasse dans une cornue, dont on adapte le col à un petit récipient; à mesure que l'oxide se forme, il se volatilise et se condense dans le col de la cornue en un liquide qui a l'aspect oléagineux, et qui, par le refroidissement, se prend en une masse solide demi-transparente. Dans cette opération, au lieu d'osmium on peut employer le résidu noir et pulvérulent qu'on obtient en traitant, à plusieurs reprises, la mine de platine par l'acide nitro-muriatique, résidu qui est formé d'iridium et d'osmium, et dont on extrait ces deux métaux par des procédés que nous indiquerons par la suite.

Des Oxides de la sixième section.

La sixième section comprend tous les oxides dont les métaux ne peuvent absorber le gaz oxigène et décomposer l'eau à aucune température. Ces oxides sont au nombre de huit; savoir : 1 d'argent, 1 de palladium, 1 de rhodium, 2 de platine, 2 d'or et 1 d'iridium (*a*).

559. *Propriétés.* — Les oxides de la sixième section sont, ainsi que les oxides des sections précédentes, diversement colorés (*voyez* le tableau, page 33) : tous se réduisent au-dessous de la chaleur rouge, et quelques-uns, tels que les oxides d'or, par le seul effet de la

_____

(*a*) Les oxides de la sixième section ont des propriétés tellement semblables, que nous croyons devoir les étudier tous à la fois.

lumière ; aucun n'entre en fusion ; aucun n'a d'action sur le gaz oxigène ou l'air atmosphérique, à une température quelconque ; ils sont décomposés par presque tous les corps combustibles, à une température peu élevée, les font brûler pour la plupart avec dégagement de lumière, et donnent lieu à des produits qui varient en raison de la nature de chacun de ces corps, etc. (469—498). Ces combustions ont même lieu avec une sorte de détonnation, lorsque le corps combustible est susceptible de former un gaz en s'unissant avec l'oxigène, que ce corps est intimement mêlé avec l'oxide, et qu'on expose le mélange subitement à l'action d'une chaleur rouge.

560. *État naturel.* — Jusqu'à présent, on n'a trouvé dans la nature aucun des oxides de la sixième section, si ce n'est l'oxide d'argent combiné avec l'acide muriatique ou l'oxide d'antimoine sulfuré.

Préparation. — Tous ces oxides se préparent par des procédés semblables à ceux que nous avons décrits précédemment (501).

1° On obtient l'oxide d'argent en décomposant le proto-nitrate d'argent par la potasse ou la soude (4ᵐᵉ procédé 501) (*a*).

2° On extrait l'oxide de rhodium du muriate de rhodium de la même manière.

3° On prépare l'oxide de palladium, soit en décomposant aussi les sels de palladium par la potasse

---

(*a*) M. Proust pense qu'il existe deux oxides d'argent, parce qu'en tenant, pendant quelque temps, de l'argent très-divisé dans une solution bouillante de nitrate d'argent, on parvient à dissoudre une partie de ce métal.

ou la soude, soit en décomposant le nitrate de palladium par une douce chaleur.

4° C'est en calcinant plus ou moins fortement le deuto-nitrate de platine qu'on se procure le protoxide et le deutoxide de ce métal (Chenevix, Transactions philosophiques, 1803); mais il est possible de les obtenir encore et même d'une manière plus certaine; savoir : le protoxide, en traitant le proto-muriate, insoluble dans l'eau, par un grand excès de potasse ou de soude, et le deutoxide, en versant peu à peu une dissolution de potasse dans une dissolution de ce sel, et ne recueillant que le précipité qui se forme en premier lieu; car celui qui se forme en dernier lieu est un sel triple ou une combinaison de nitrate de platine et de potasse. (Berzelius, Ann. de Chim., t. 87.)

5° Le protoxide d'or ne peut point être obtenu pur; presque aussitôt qu'on l'a extrait du proto-muriate par une dissolution étendue de potasse ou de soude, il se décompose et se transforme en or et en deutoxide, même dans l'obscurité. Le deutoxide est beaucoup plus stable et s'obtient en décomposant le deuto-muriate d'or en dissolution concentrée par une solution aqueuse de baryte : on met le muriate dans un matras ou dans une fiole avec la solution aqueuse de baryte, et l'on fait chauffer jusqu'à ébullition, ou jusqu'à ce que le précipité, qui d'abord est jaune, parce qu'il retient un peu d'acide muriatique, soit devenu entièrement brun; alors on achève l'opération comme on l'a dit (4ᵐᵉ procédé 501) (a).

(a) Lorsqu'on fait passer une forte décharge électrique à travers un fil d'or, celui-ci se transforme en une matière violette qui paraît être un véritable oxide.

6º Enfin, jusqu'à présent, pour obtenir les oxides d'iridium, on ne connaît pas d'autre procédé que celui qui consiste à décomposer les muriates d'iridium par la potasse ou la soude.

561. *Composition.* — En général, les oxides de la sixième section ne contiennent qu'une petite quantité d'oxigène (*voyez* le tableau, page 33) : la propriété qu'ils ont de se réduire en rend l'analyse facile ; on y procède de la même manière qu'à celle du protoxide de mercure (556).

Autant que possible, l'oxide qu'on emploie doit être sec ; mais quand bien même il serait humide, l'analyse serait encore rigoureuse, puisque, d'une part, on recueille tout l'oxigène dans des flacons, et que, d'une autre part, le métal reste dans le vase distillatoire (*a*).

Toutes ces analyses, excepté celle des oxides d'iridium, ont été faites par M. Berzelius, mais par des procédés différens que ceux que nous venons d'indiquer. (Ann. de Chimie.)

562. Aucun de ces oxides n'a d'usages, excepté le deutoxide d'or, que l'on emploie quelquefois contre les maladies syphilitiques.

563. Les deutoxides d'or et de platine sont connus depuis long-temps ; les autres ne le sont que depuis peu. Les oxides de palladium, de rhodium et d'iridium, ont été découverts par les chimistes, à qui on doit la découverte de ces métaux mêmes (163, 164 et 167).

(*a*) Il y a même des oxides qu'on ne doit employer qu'humides ou à l'état d'hydrate, parce qu'en voulant les dessécher complétement, on les réduirait en partie : tels sont sans doute les oxides d'or et d'iridium.

C'est à M. Chenevix que nous devons la connaissance du protoxide de platine, et à M. Berzélius que nous devons celle du protoxide d'or. Ces deux chimistes ont étudié, en outre, savoir; le premier, le deutoxide de platine, et le second, tous les oxides de la sixième section, excepté ceux d'iridium. (Annales de Chimie, tome 87.)

De l'Ammoniaque.

564. Quoique l'ammoniaque soit formée de deux corps combustibles, l'hydrogène et l'azote, nous n'avons pas cru devoir en traiter en même temps que des combustibles composés; il nous a semblé qu'on ne devait en faire l'étude qu'à l'époque où l'on ferait celle des oxides métalliques, parce que cette substance se comporte dans beaucoup de cas comme eux, et surtout comme les oxides appelés alcalis, c'est-à-dire, la potasse, la soude, la baryte, la strontiane et la chaux : aussi a-t-on toujours mis l'ammoniaque au nombre des alcalis proprement dits; on l'a même distinguée par le nom d'alcali volatil, en raison de sa grande volatilité, ou de la propriété qu'elle a d'être à l'état de gaz. (*Voyez* 2e volume, page 52, en note, le caractère des alcalis.)

565. *Etat.*—Jusqu'à présent, on n'a trouvé l'ammoniaque qu'en combinaison, 1° avec les acides muriatique et phosphorique, dans les urines de l'homme; 2° avec le premier de ces acides, dans les excrémens des chameaux, etc.; 3° avec l'acide sulfurique, dans quelques mines d'alun; 4° avec l'acide carbonique et l'acide acétique, etc., dans la plupart des matières animales putréfiées, et principalement dans les urines de tous les animaux.

566. *Préparation.* — C'est du muriate d'ammoniaque (sel ammoniac) qu'on extrait le gaz ammoniac. On pulvérise séparément parties égales de ce
sel et de chaux vive qu'on trouve l'un et l'autre dans le
commerce ; on les mêle ensemble, et on en remplit
presque entièrement une petite cornue de verre, au col
de laquelle on adapte un tube recourbé ; on place cette
cornue dans un fourneau muni seulement de son laboratoire, et on la chauffe graduellement ; bientôt la
chaux s'empare de l'acide muriatique du muriate d'ammoniaque, fait du muriate de chaux qui est fixe, et
met en liberté l'ammoniaque qui se dégage sous forme
de gaz (*a*) : celui-ci chasse d'abord l'air des vases, et
arrive ensuite à l'extrémité du tube ; on le recueille
dans des éprouvettes ou des flacons pleins de mercure,
lorsqu'il est pur, ce qu'on reconnaît par la propriété
qu'il a d'être entièrement soluble dans l'eau. On peut
extraire ainsi, en très-peu de temps, plusieurs litres de
gaz ammoniac de 60 à 70 grammes de sel ammoniac.

567. *Composition.* — Lorsqu'on fait passer un grand
nombre d'étincelles électriques à travers une certaine
quantité de gaz ammoniac, par exemple, 100 parties, on le décompose complétement, et on en retire
150 parties de gaz hydrogène et 50 parties de gaz
azote : or, ces 150 parties d'hydrogène et 50 parties
d'azote représentent exactement le poids des 100 parties
de gaz ammoniac ; il s'ensuit donc, 1° que les principes

(*a*) Le gaz ammoniac commence à se dégager même à la température ordinaire ; c'est pourquoi il ne faut point triturer la chaux et
le muriate d'ammoniaque ensemble.

constituans du gaz ammoniac sont l'hydrogène et l'azote;
2° que ce gaz est formé en volume de 3 parties de gaz
hydrogène et de 1 de gaz azote, ou, ce qui est la même
chose, en raison de leur pesanteur spécifique, de 100
du premier, et de 22,66 du second en poids; 3° enfin,
que, dans le gaz ammoniac, l'hydrogène et l'azote sont
condensés de la moitié de leur volume. On procède à
l'expérience de la manière suivante : On fait passer une
quantité déterminée de gaz ammoniac dans une
éprouvette graduée bien sèche et pleine de mercure;
on dispose cette éprouvette dans un bain de mercure,
comme on le voit *pl. 28, fig.* 1 ; ensuite on y introduit
un conducteur en fer abc, recourbé, terminé par une
boule a, et isolé au moyen d'un tube de verre def,
dont les extrémités d et f sont légèrement effilées à la
lampe, et scellées au conducteur abc avec de la cire
d'Espagne; à 2 ou 3 millimètres de ce conducteur, on
en établit un deuxième rr′, plongeant par son extrémité r′ dans le bain de mercure, et terminé, à son extrémité supérieure, par une boule r destinée à recevoir
l'étincelle de la boule a. L'appareil étant ainsi disposé,
et la machine électrique communiquant avec le conducteur abc, on fait passer des étincelles à travers le
gaz jusqu'à ce qu'il ait doublé de volume; ce qui n'a
lieu, en opérant sur un centilitre, qu'au bout de 6
à 8 heures, même avec la meilleure machine : l'augmentation de volume est d'abord assez rapide ; bientôt
elle se ralentit, et enfin elle devient presque insensible,
phénomène dû à ce qu'il n'y a que les molécules de gaz
frappées par l'étincelle qui soient décomposées, et
qu'elles deviennent de plus en plus rares, à mesure
que la décomposition s'avance. Le gaz étant complé-

tement décomposé, n'a plus d'odeur, de saveur, ni d'action sur le sirop de violettes : alors on détermine la quantité de gaz hydrogène et de gaz azote qu'il contient à l'état de mélange, par le gaz oxigène, dans l'eudiomètre à mercure ou à eau. On prend, par exemple :

Gaz de la décomposition de l'ammoniaque, 100 parties.

Gaz oxigène...................... 50

Ces 150 parties étant introduites dans l'eudiomètre, on y fait passer une étincelle électrique ; on brûle ainsi tout l'hydrogène, et on mesure le résidu. Ce résidu étant égal à $37\frac{1}{2}$ parties, l'absorption se trouve être de $112\frac{1}{2}$; or, comme cette absorption est due à l'eau formée, et que celle-ci résulte de la combinaison, en volume, de 2 parties de gaz hydrogène et de 1 partie d'oxigène, il s'ensuit que les $112\frac{1}{2}$ parties absorbées indiquent 75 d'hydrogène dans les 100 parties de gaz provenant de la décomposition de l'ammoniaque. Il faut donc, pour que tout ce que nous avons annoncé soit exact, que le résidu contienne 25 parties de gaz azote, et par conséquent $12\frac{1}{2}$ d'oxigène : telle est en effet sa composition, lorsque le gaz oxigène qu'on emploie est pur, qu'on a eu soin de ne laisser aucune bulle d'air dans l'eudiomètre, et que cet eudiomètre est à mercure (a). On en fait l'analyse en le mettant en con-

---

(a) Il ne faut point se servir de l'eudiomètre à eau, parce qu'au moment de la combustion de l'hydrogène, il se dégage toujours un peu de l'air que l'eau tient en dissolution. Nous ferons en outre observer que, comme il est difficile de se procurer de l'oxigène qui ne contienne pas un peu de gaz azote, on doit, avant tout, analyser dans l'eudiomètre l'oxigène qu'on se propose d'employer, afin de pouvoir tenir compte de l'azote qu'il pourrait contenir.

tact avec le phosphore, à une température un peu
élevée, dans une cloche courbe (125 *bis*).

558. *Propriétés.* — Le gaz ammoniac est incolore, très-âcre et très-caustique ; il a une odeur vive
et piquante qui le caractérise ; il excite le *larmoiement*,
et verdit fortement le sirop de violettes ; sa pesanteur
spécifique est de 0,596.

Lorsqu'on plonge une bougie allumée dans une
éprouvette pleine de gaz ammoniac, cette bougie
s'éteint ; mais on voit auparavant le disque de la flamme
s'agrandir : ce dernier phénomène, qui est dû à la combustion de l'hydrogène d'une portion de gaz ammoniac
par l'oxigène de l'air, devient surtout très-sensible en
plongeant la bougie peu à peu, et à plusieurs reprises,
dans l'éprouvette.

569. Le gaz ammoniac résiste à l'action d'une
chaleur rouge-cerise. En effet, que l'on fasse passer un
tube de porcelaine à travers un fourneau ; que l'on
adapte une cornue contenant un mélange de muriate
d'ammoniaque et de chaux à l'une de ses extrémités ; que
l'on adapte à l'autre un tube de verre plongeant dans
un bain de mercure ; que l'on entoure alors le tube de
porcelaine de charbons ardens, et qu'on en mette quelques-uns sous la cornue ; qu'enfin, au bout de quelque
temps, on recueille dans un tube gradué plein de mercure le gaz qui se dégagera, et qu'on plonge ce tube dans
l'eau, à l'instant même l'eau s'élancera dans le tube,
et en dissoudra tout le gaz ; ce qui n'aurait pas lieu, si
l'ammoniaque était décomposée. Pour que cette expérience réussisse complétement, il est nécessaire que le
tube ne soit point perméable aux gaz extérieurs, et
qu'à cet effet il soit verni intérieurement ou luté ex-

térieurement : il est encore nécessaire que ce tube soit
bien net, et qu'il ne contienne point de fragmens des
bouchons qu'on y adapte (*a*).

Soumis à un froid de 48°, le gaz ammoniac se condense sans changer d'état : à la vérité, Clouet et M. Ha-
chette ont observé qu'en faisant passer du gaz ammoniac dans des vases exposés à un froid de 41°, il se
déposait une petite quantité de liqueur ; mais cette
quantité est si petite, qu'on peut croire qu'elle est
due à de la vapeur aqueuse condensée et sursaturée
d'ammoniaque. (Annales de Chimie, tome 29.)

570. Ce n'est qu'en exposant le gaz ammoniac en
petite quantité à l'action d'un très-grand nombre d'é-
tincelles électriques, qu'on peut en opérer complète-
ment la décomposition.

571. L'oxigène est sans action sur l'ammoniaque à
la température ordinaire ; il n'en est point de même à
une température élevée : lorsqu'on mêle ensemble, dans
une éprouvette pleine de mercure, parties égales de
gaz oxigène et de gaz ammoniac, et qu'on y plonge
une bougie allumée, il y a inflammation et détonnation. Le même effet a lieu en introduisant ce mélange
dans l'eudiomètre à mercure et excitant, à travers, une
étincelle électrique (*b*). Dans les deux cas, l'ammo-

(*a*) Il est bon aussi de dessécher le gaz ammoniac, et de placer à
cet effet un tube de verre rempli de fragmens de muriate de chaux
entre le tube de porcelaine et la cornue. En satisfaisant à toutes ces
conditions, il m'est arrivé plusieurs fois de soumettre le gaz à une
chaleur plus élevée que le rouge-cerise, sans en décomposer aucune
partie.

(*b*) On ne doit opérer que sur une petite quantité de gaz, à moins
qu'on ne se serve d'eudiomètre très-épais ; sans cela, l'eudiomètre
se briserait.

niaque est décomposée ; son hydrogène se combine avec l'oxigène et forme de l'eau, tandis que son azote devient libre, excepté une petite quantité qui s'unit aussi avec l'oxigène, et donne lieu à de l'acide nitrique. (A. Berthollet, 2e vol. d'Arcueil, p. 268.)

L'air jouit aussi de la propriété de décomposer le gaz ammoniac ; toutefois la décomposition ne se fait bien qu'autant qu'on expose successivement toutes les parties du mélange à l'action de la chaleur rouge, c'est-à-dire, qu'on le fait passer à travers un tube incandescent. De l'eau, du gaz azote et une petite quantité de deutoxide d'azote, paraissent être les produits de cette décomposition : d'ailleurs, on observe qu'à la température ordinaire, aucun phénomène particulier n'a lieu entre l'air et le gaz ammoniac ; il ne se forme même pas de vapeurs comme entre l'air et le gaz acide muriatique, quoique l'ammoniaque soit excessivement soluble dans l'eau.

573. *Action des Corps combustibles.* — On ignore comment le bore et le phosphore se comportent avec le gaz ammoniac : on sait que l'hydrogène et l'azote sont sans action sur ce gaz ; que le carbone peut en absorber une très-grande quantité à la température ordinaire (93) ; que ce corps est susceptible, ainsi que le soufre, d'en opérer la décomposition à une température élevée, et qu'il résulte de ces deux décompositions, savoir : de la première, du gaz azote, du gaz hydrogène carboné, et une substance qui est soluble dans l'eau, qui a l'odeur d'amandes amères, et que Clouet croit être de l'acide prussique ; et de la deuxième, un mélange de gaz azote et de gaz hydrogène, de l'hydro-sulfure et de

l'hydro-sulfure sulfuré d'ammoniaque sous forme de cristaux. On décompose l'ammoniaque par le carbone de la même manière que nous avons tenté précédemment de la décomposer par le feu (564). On en opère la décomposition par le soufre de la manière suivante : On fait passer un tube de porcelaine à travers un fourneau à réverbère ; on adapte d'une part, à son extrémité supérieure, une petite cornue tubulée à moitié pleine de soufre, que l'on place sur un fourneau ordinaire, et que l'on fait communiquer par sa tubulure avec un appareil d'où se dégage du gaz ammoniac, et l'on adapte d'une autre part, à son extrémité inférieure, une alonge que l'on fait rendre dans un petit ballon entouré d'un mélange de glace et de sel, et dont la tubulure reçoit un tube qui s'engage sous le mercure : l'appareil étant ainsi disposé, et le tube de porcelaine étant rouge, on met le feu sous la cornue qui contient le soufre et sous celle d'où doit se dégager l'ammoniaque ; bientôt ces deux corps se rendent dans le tube, et donnent lieu aux divers produits gazeux et solides dont nous venons de parler ; le gaz azote et le gaz hydrogène se rendent dans le flacon qui termine l'appareil, mêlés ordinairement avec un peu de gaz ammoniac qui échappe à la décomposition ; quant à l'hydro-sulfure et l'hydro-sulfure sulfuré d'ammoniaque, ils se condensent dans l'alonge et dans le récipient, en donnant lieu à des vapeurs très-épaisses ; savoir : l'hydro-sulfure, sous forme de cristaux blancs et transparens, et l'hydro-sulfure sulfuré, sous forme de cristaux jaunâtres ; quelquefois, parmi ceux-ci, il y a du soufre entremêlé.

573. *Action des Métaux.* — Lorsqu'on fait fondre le potassium dans le gaz ammoniac, ces deux corps

ne tardent point à agir l'un sur l'autre : on obtient, d'une part, une matière verte-olivâtre très-fusible qui est formée de potassium, d'azote et d'ammoniaque, et que nous appellerons *azoture-ammoniacal de potassium;* et, d'une autre part, un volume de gaz hydrogène qui est précisément égal à celui que donne avec l'eau la quantité de potassium employé : par conséquent, l'ammoniaque se partage en deux parties ; l'une est décomposée de manière que son azote se combine avec le potassium et que son hydrogène devient libre, tandis que l'autre est absorbée en tout ou en partie par l'azoture de potassium. L'expérience est facile à faire dans une petite cloche courbe de verre : d'abord on fait bien sécher cette cloche, et on la remplit de mercure bien sec; ensuite on y fait passer une quantité déterminée de gaz ammoniac, et on porte avec une tige de fer, jusque dans la partie qui est recourbée, une quantité également déterminée de potassium. Il est nécessaire que le potassium ne puisse se combiner avec aucun globule de mercure; autrement, il ne disparaîtrait point tout entier, et on n'obtiendrait pas autant de gaz hydrogène que ce métal en donne avec l'eau (*a*). On évite cet inconvénient en passant promptement la petite masse de potassium à travers le mercure, après avoir fait tomber avec beaucoup de soin les petits globules de mercure qui pourraient rester au haut de la cloche : alors on chauffe doucement avec une lampe à esprit de vin ; bientôt le potassium entre en fusion et se couvre d'une légère croûte ; quelques secondes après il

(*a*) Car les métaux peuvent décomposer l'azoture ammoniacal (573 *bis*).

se découvre, paraît très-brillant, absorbe beaucoup de
gaz ammoniac, et se transforme en quelques instans
en matière verte-olivâtre. Aussitôt que cette transformation est opérée, on doit cesser de chauffer ; si on ne
le faisait point, ou si même, pendant le cours de l'expérience, on avait employé divers degrés de chaleur,
les résultats varieraient. A la vérité, la quantité de gaz
ammoniac décomposé, et par conséquent la quantité de
gaz hydrogène dégagé, seraient toujours les mêmes ;
mais la quantité de gaz ammoniac absorbé par l'azoture
de potassium serait très-différente et d'autant plus petite, que la température aurait été plus élevée et plus
long-temps soutenue. Dans tous les cas, l'on sépare
le gaz hydrogène de l'excès de gaz ammoniac par
l'eau, qui dissout très-bien celui-ci et n'a aucune action sur l'autre.

Le sodium agit de la même manière que le potassium sur le gaz ammoniac, si ce n'est qu'il en décompose et qu'il en absorbe une plus grande quantité :
l'azoture ammoniacal qui se forme est de la même couleur et est aussi fusible que celui de potassium.

On trouvera la preuve de tout ceci dans le tableau
suivant : ce tableau contient les résultats de plusieurs
expériences. Dans toutes ces expériences, on a employé la même quantité de potassium et de sodium ;
savoir : $0^{gr},0212$; mais on a fait varier la quantité de
gaz ammoniac et le degré de chaleur : dans toutes
aussi on s'est servi, pour mesurer les gaz, d'un tube
gradué, dont 123 parties équivalaient à un centilitre ;
ils ont toujours été mesurés à la température de 15° et
à la pression de $0^{m},275$.

Expériences faites avec 0^{gr}.,0212 *de Potassium.*

EXPÉR	GAZ AMMONIAC employé.	RÉSIDU gazeux.	NATURE du RÉSIDU.		GAZ AMMONIAC absorbé ou décomposé.
			amm.	hydro.	
1re.	250	194,5	116	78,5	134
2e.	275	217,5	139	78,5	136
3e.	166,5	120,5	42	78,5	124,5
4e.	160	118	39	79	120
5e.	150	115,5	36,5	79	112,5
6e.	145.5	108	29,5	78,5	116
7e.	145,5	123,5	45,5	78	100
8e.	170	142	64,	78	106

Expériences faites avec 0^{gr}.,0212 *de Sodium.*

EXPÉR.	GAZ AMMONIAC employé.	RÉSIDU gazeux.	NATURE du RÉSIDU.	GAZ AMMONIAC absorbé ou décomposé.
1re.	400 part.	308	amm. 176 hydrog. 132	224 part.
2e.	395	302	amm. 171 hydrog. 131	225
3e.	410	348	amm. 217 hydrog. 131	193
4e.	419	320	amm. 188 hydrog. 132	231

Puisque la quantité de gaz hydrogène dégagé par $0^{\text{gram}}.,0212$ de potassium est de $\frac{78}{123}$ centilitre, il s'ensuit que la quantité de gaz azote absorbé par ces $0^{\text{gram}}.,0212$ est de $\frac{26}{123}$ centilitre; car l'ammoniaque est formée, en volume, de 3 d'hydrogène et de 1 d'azote. Or, comme en calcinant l'azoture ammoniacal de potassium, on en dégage seulement l'ammoniaque, le résidu, qui est un véritable azoture de potassium, doit être formé de 100 parties de potassium et de 11,728 d'azote. On trouvera, de la même manière, que l'azoture de sodium est formé de 100 parties de sodium et de 19,821 d'azote.

573 *bis.* Examinons maintenant les propriétés de la matière verte - olivâtre; elle est opaque, et ce n'est qu'en lames extrêmement minces qu'elle semble demi-transparente; on n'y distingue aucun point métallique; elle est plus pesante que l'eau; en l'examinant avec attention, on croit y voir quelques cristaux mal formés.

Lorsqu'on l'expose à l'action d'une chaleur toujours croissante, elle se fond; il s'en dégage du gaz ammoniac, du gaz hydrogène et du gaz azote dans les proportions qui constituent l'ammoniaque; ensuite elle se solidifie tout en conservant sa couleur verte, et se convertit en azoture de potassium ou de sodium.

Exposée à l'air, à la température ordinaire, elle en attire seulement l'humidité, n'en absorbe pas l'oxigène, et se transforme en gaz ammoniac et en potasse ou soude.

Projetée dans un creuset chaud et voisin du rouge obscur, elle s'enflamme subitement.

Chauffée dans une petite cloche avec du gaz oxigène, elle ne tarde point à prendre feu et à brûler vivement.

Mise en contact avec l'eau, elle en opère tout à coup la décomposition ; et de là résulte beaucoup de chaleur, de la potasse ou de la soude qui reste en dissolution dans l'eau, et de l'ammoniaque qui s'y dissout en partie ; quelquefois elle s'enflamme.

Mise en contact avec les acides, elle est subitement décomposée comme par l'eau, et il en résulte des sels à base d'ammoniaque et de potasse ou de soude.

Traitée à chaud par la plupart des métaux, surtout par ceux qui sont fusibles, il s'en dégage du gaz azote, du gaz ammoniac ; on obtient un alliage de potassium ou de sodium et du métal employé, et en outre une certaine quantité d'azoture de potassium et de sodium qui échappe à la décompostion.

Mise en contact avec l'alcool, elle s'y détruit assez rapidement, et se convertit en potasse ou soude et en ammoniaque.

Enfin, mise en contact avec l'huile de naphte, elle ne paraît pas y subir d'altération, du moins en quelques heures.

574. Nous venons de voir quelle est l'action du gaz ammoniac sur le potassium et le sodium : si nous considérons celle qu'il exerce sur le fer, le cuivre, l'argent, le platine et l'or, nous verrons qu'elle sera bien différente ; c'est ce que démontrent les expériences suivantes :

1° Lorsqu'au lieu d'exposer le gaz ammoniac à l'action seule du calorique dans un tube de porcelaine, comme nous l'avons dit précédemment (569), on l'ex-

pose tout à la fois à l'action de ce fluide et d'un de ces
cinq métaux, il se décompose, se transforme toujours
en gaz hydrogène et en gaz azote, et la décomposition
est d'autant plus prompte, que la chaleur est plus forte.
Mais tous ces métaux ne jouissent pas également de cette
propriété; le fer la possède à un plus haut degré que le
cuivre, et celui-ci à un plus haut degré que l'argent,
l'or et le platine : aussi faut-il moins de fer que des
autres métaux, et moins de chaleur avec le premier
qu'avec ceux-ci pour décomposer l'ammoniaque; 10
grammes de fer en fil suffisent pour décomposer, à
quelques centièmes près, un courant de gaz ammoniac
assez rapide et soutenu pendant huit à dix heures ou
plus, à une chaleur un peu plus élevée que le rouge-
cerise. Une quantité triple de platine en fil ne produirait point, à beaucoup près, le même effet, même à
une température plus élevée.

2° Aucun de ces métaux, en décomposant le gaz
ammoniac, n'augmente de poids; aucun ne diminue
non plus quand ils sont purs. En effet, on a exposé
pendant vingt-quatre heures 25 grammes de fil de fer à
l'action d'un courant de gaz ammoniac sec; le gaz
a été complétement décomposé depuis le commencement de l'expérience jusqu'à la fin; au bout de ce
temps, on a retiré le fil de fer et on l'a pesé; son poids
s'est trouvé de 25^{gr},05. On a fait la même expérience
sur le cuivre, et on a obtenu les mêmes résultats. On
l'a faite aussi sur le platine; mais celui-ci, au lieu
d'augmenter de poids, a perdu : cela tient à ce qu'il
n'était point pur, car en en prenant de très-pur, la
perte de poids a été nulle; d'ailleurs, il y a eu tantôt
décomposition de la moitié du gaz, tantôt seulement du

quart, selon que le courant a été plus ou moins rapide et la température plus ou moins élevée. Quoique ces métaux n'augmentent ni ne diminuent de poids en décomposant de très-grandes quantités d'ammoniaque, plusieurs changent de propriétés physiques : le fer devient cassant, comme Berthollet fils l'a reconnu le premier ; le cuivre le devient tellement, quand on ne l'a point assez chauffé pour le fondre, qu'il est impossible en quelque sorte d'y toucher sans le rompre : il change en même temps de couleur ; de rouge qu'il est il devient jaune, et quelquefois blanchâtre. Ces changemens sont dus à une disposition particulière entre les molécules.

3° Les gaz qui proviennent de la décomposition du gaz ammoniac par les métaux précédemment cités, sont toujours de l'hydrogène et de l'azote dans le rapport de 3 à 1 ; du moins c'est ce qu'indique leur analyse dans l'eudiomètre.

4° Dans cette décomposition, il ne se forme aucun composé ni solide, ni liquide.

Il suit donc de ce qui vient d'être dit, que le fer, le cuivre, etc., opèrent la décomposition du gaz ammoniac, à une haute température, sans rien enlever à ce gaz ou sans rien lui céder qui soit pondérable. D'après cela, on pourra croire que ces métaux n'agissent sur le gaz ammoniac, dans la décomposition qu'ils lui font éprouver, que comme conducteurs de la chaleur, et qu'en rendant très-intense la température intérieure du tube, d'autant plus que la décomposition de ce gaz s'opère moins difficilement dans un tube rempli de fragmens de porcelaine que dans un tube vide : cependant il restera toujours à expliquer comment il se

fait que 10 grammes de fil de fer décomposent complétement un courant rapide de gaz ammoniac à la chaleur rouge-cerise, tandis qu'une quantité quadruple de
platine en décompose tout au plus la moitié, même à
une température plus élevée.

575. Il est probable que tous les autres métaux
des quatre dernières sections se comportent avec le
gaz ammoniac, à une température élevée, comme
le fer, le cuivre, l'argent, le platine et l'or; mais il
en est un, le mercure, qui, uni au potassium ou
au sodium, ou bien soumis à l'influence de la pile,
nous offre, à la température ordinaire, des phénomènes particuliers et très-remarquables, soit avec
une dissolution concentrée de ce gaz dans l'eau, soit
avec un sel ammoniacal lui-même dissous ou légèrement humecté : que l'on verse un amalgame liquide
de potassium dans une coupelle de muriate d'ammoniaque humectée intérieurement, bientôt cet amalgame quintuplera et même sextuplera de volume,
et prendra la consistance du beurre en conservant
le brillant métallique; le même effet aura lieu, mais
avec plus de lenteur, en mettant seulement du mercure dans la coupelle, la plaçant sur une plaque métallique adaptée au pôle positif d'une pile en activité,
et faisant plonger le fil négatif de cette pile dans le mercure. Que se passe-t-il dans ces expériences? Dans la
première, le corps d'apparence métallique qu'on obtient est un hydrure ammoniacal de mercure et de
potassium; il se forme en outre du muriate de potasse :
par conséquent une portion du potassium de l'amalgame
décompose l'eau, passe à l'état de deutoxide, qui lui-
même décompose le muriate d'ammoniaque; et de là

résulte de l'hydrogène et de l'ammoniaque à l'état de
gaz naissant, qui s'unissent à l'amalgame non décomposé. Dans la seconde, le corps qui, comme dans la première, présente l'apparence métallique, est seulement
un hydrure ammoniacal de mercure ; sa formation est
accompagnée de la production d'une certaine quantité
de gaz muriatique oxigéné qui se rend à l'extrémité du
fil positif : il s'ensuit donc que l'eau et le sel sont décomposés par la pile ; que l'acide muriatique et l'oxigène de ces deux corps se combinent ensemble, tandis
que l'hydrogène et l'ammoniaque qu'ils contiennent
s'unissent au mercure.

Ces hydrures jouissent des propriétés suivantes, dont
plusieurs ont déjà été citées. Leur volume est 5 ou 6
fois aussi grand que celui du mercure qu'ils contiennent ; leur pesanteur spécifique est, en général, au-
dessous de 3 ; ils ont à la température de 20 à 25° une
consistance analogue à celle du beurre ; soumis pendant quelque temps à la température de la glace fon-
dante, ils prennent une assez grande dureté, et cristallisent en cubes quelquefois aussi beaux et aussi gros
que ceux de bismuth. Celui de mercure se décompose
presque aussitôt qu'il est soustrait à l'influence de la
pile, se transforme en mercure, en ammoniaque et en
hydrogène, et agit sur tous les corps comme ses principes constituans dans leur état de liberté. Cependant il
est des corps qui semblent favoriser la décomposition
de l'hydrure ammoniacal de mercure ; ce sont ceux qui
sont très-légers et dont les molécules sont très-mobiles :
tels sont l'éther et l'alcool ; à peine le contact a-t-il lieu,
qu'il en résulte une effervescence extrêmement vive,
et que le mercure reprend son état ordinaire. Le mou-

vement produit dans ce cas par le déplacement des molécules du liquide est la cause pour laquelle la décomposition est si prompte : aussi cet hydrure se con-
serve-t-il pendant quelques minutes dans l'air, lorsqu'il y a repos absolu, et s'y détruit-il sur-le-champ
lorsqu'on l'y agite ; et c'est encore de cette manière
qu'il se comporte avec l'eau, et surtout avec l'acide
sulfurique. Il n'est point douteux qu'il ne se détruisît
instantanément dans le vide ; mais il n'est point certain qu'une forte pression pût maintenir ses principes
réunis.

On peut facilement déterminer la quantité d'hydrogène qu'il contient, en transformant une certaine
quantité de mercure en hydrure, et la versant dans un
verre conique plein d'eau, où l'on aura placé d'avance
une petite cloche qui en soit pleine elle-même ; bientôt
l'hydrure se décomposera, et laissera dégager son hydrogène sous forme de bulles dans la cloche : en recueillant ainsi l'hydrogène provenant de 6 culots faits
successivement avec $3^{gr},069$ de mercure, on a trouvé
que le mercure absorbait, pour passer à l'état d'hydrure, 3,47 fois son volume d'hydrogène. (Recherches
physico-chymiques.)

L'hydrure ammoniacal de mercure et de potassium
peut exister par lui-même : mais dès qu'on vient à en
séparer ou à en oxider le potassium, ses autres principes constituans se séparent aussi ; ce qui doit être,
puisqu'ils ne peuvent s'unir que sous l'influence électrique. C'est pourquoi cet hydrure est promptement
décomposé par l'air, par le gaz oxigène, et en général
par tous les corps qui agissent sur le potassium ; il l'est
même par le mercure de telle sorte, qu'on peut facile-

ment, en le traitant par ce métal, déterminer la quantité relative d'ammoniaque et d'hydrogène qu'il contient; il suffit, pour cela, de prendre les parties inté-
rieures de l'hydrure avec une petite cuiller de fer, d'en
remplir la partie vide d'un tube presque plein de mercure bouilli, de boucher ce tube avec un obturateur
bien sec, de le renverser et de le plonger dans du mercure également bien sec; l'hydrure s'élèvera à sa partie
supérieure, se décomposera surtout par une légère agitation, et il s'en dégagera de l'hydrogène et de l'ammoniaque qui seront entre eux dans le rapport de 1 à
2,5. On pourrait même déterminer ainsi les quantités
de gaz ammoniac, de gaz hydrogène et de mercure
qui constituent l'hydrure : ce serait de combiner, par
exemple, 5 à 6 grammes de mercure avec la quantité
de potassium nécessaire pour obtenir un amalgame liquide; de transformer cet amalgame en hydrure; de
traiter une portion de l'hydrure, comme nous l'avons
dit précédemment, dans un tube presque plein de
mercure bouilli; de mettre le reste de l'hydrure en
contact avec l'eau; de recueillir le gaz hydrogène qui se
dégagerait, et de peser le mercure qui en proviendrait.
En effet, en retranchant le poids de celui-ci des 5 ou
6 grammes employés primitivement, on aurait la quantité de mercure uni aux gaz hydrogène et ammoniac
obtenus dans le tube.

On pourrait même aussi estimer la quantité de potassium par la quantité de gaz hydrogène qui se dégagerait dans le contact de l'eau avec l'hydrure; car cette
quantité d'hydrogène se composerait de celle qui ap-
partiendrait à l'hydrure et de celle qui proviendrait de
l'eau décomposée par le potassium de l'hydrure. La

première étant connue, la seconde le serait aussi : or, l'on sait que 0,0212 de potassium, mis en contact avec l'eau, donnent $\frac{78}{123}$ de centilitre de gaz hydrogène, la température étant de 15 degrés et la pression de $0^m,76$; donc, etc.

Quoi qu'il en soit, on voit, d'après ce que nous venons de dire, que les hydrures ammoniacaux ne contiennent qu'une très-petite quantité d'hydrogène et d'ammoniaque. En supposant que, dans l'hydrure ammoniacal de mercure, l'hydrogène soit à l'ammoniaque dans le même rapport que dans l'hydrure ammoniacal de mercure et de potassium, il s'ensuivra que le premier sera formé : en volume, de 1 de mercure, de 3,47 de gaz hydrogène, et de 8,67 de gaz ammoniac, la température étant de 15° et la pression de $0^m,76$; ou bien en poids, d'environ 1800 parties de mercure et de 1 partie, tant en ammoniaque qu'en hydrogène.

C'est à M. Séebeck qu'on doit la découverte de l'hydrure ammoniacal de mercure (Ann. de Chim., t. 66); découverte qui conduisit M. Davy à celle de l'hydrure ammoniacal de mercure et de potassium : ces hydrures ont été ensuite étudiés par différens chimistes, et notamment par M. Tromsdorf, par MM. Berzelius et Pontin (Bibliothèque britannique, numéros 323 et 324), et par MM. Gay-Lussac et Thenard (Recherches physico chimiques).

575 *bis*. Parmi tous les corps combustibles composés, il n'en est qu'un, le gaz hydrogène sulfuré, dont on connaisse l'action sur le gaz ammoniac; il se combine avec ce gaz, et forme un hydro-sulfure cristallisable. Nous ne nous occuperons de l'histoire de cet hydrosulfure qu'en faisant celle des hydro-sulfures en général.

576. *Ammoniaque et Oxides non métalliques.* — On
ignore comment l'oxide de carbone, l'oxide de phosphore et les oxides d'azote, se comportent avec le gaz
ammoniac ; on sait seulement qu'à une haute température ceux-ci, et particulièrement le protoxide d'azote,
en opéreraient la décomposition. On a, au contraire,
étudié avec beaucoup de soin l'action de l'eau sur ce
gaz.

L'eau, à la température et à la pression ordinaires,
est susceptible de dissoudre environ le tiers de son poids
de gaz ammoniac, ou, ce qui est la même chose, à peu
près 430 fois son volume de ce gaz : aussi, quand on la
met en contact avec du gaz ammoniac pur, elle s'élance
dans le vase qui le contient, presque avec la même
vitesse que dans le vide. On fait cette expérience de la
manière suivante : On remplit une éprouvette de mercure, et on y fait passer une certaine quantité de gaz
ammoniac qu'on rejette, afin d'expulser les petites
bulles d'air adhérentes à ses parois ; ensuite on y en
fait passer de nouveau jusqu'à ce qu'elle en soit pleine ;
alors on l'enlève avec une soucoupe où il y a assez de
mercure pour intercepter toute communication entre
le gaz qu'elle contient et l'air extérieur ; et on la plonge
en cet état dans une terrine pleine d'eau. Jusque-là, la
dissolution ne saurait avoir lieu, parce que le mercure s'oppose au contact de l'eau et du gaz ; mais si,
fixant avec l'une des mains la capsule contre les parois de la terrine, on vient à soulever la cloche subitement avec l'autre, tout le gaz disparaîtra à l'instant, et
l'ascension de l'eau sera si rapide, que l'œil pourra à
peine la suivre. La plus petite quantité d'air ou d'un gaz
insoluble ou peu soluble dans l'eau s'opposerait à cet

effet, parce que bientôt il formerait, à la surface de l'eau, une couche qui diminuerait le contact de celle-ci avec le gaz.

La glace jouit elle-même de la propriété d'absorber le gaz ammoniac avec assez de rapidité ; car si l'on introduit un petit fragment de glace dans une éprouvette pleine de gaz ammoniacal et placée sur le mercure, l'on verra ce fragment fondre et déterminer, en peu de temps, l'ascension du mercure jusqu'au haut de l'éprouvette.

Ce n'est jamais qu'en dissolution dans l'eau qu'on emploie le gaz ammoniac. On opère cette dissolution, que l'on désigne ordinairement sous le nom d'ammoniaque liquide, en faisant passer un courant de ce gaz à travers l'eau. A cet effet, on pulvérise séparément parties égales de chaux et de muriate d'ammoniaque ; on les mêle intimement dans un mortier ; on en remplit jusqu'aux trois quarts une cornue de grès ; on place cette cornue dans un fourneau à réverbère, et on la fait communiquer, par des tubes intermédiaires, avec plusieurs flacons tubulés contenant de l'eau et munis de tubes de sûreté. (Voyez *pl.* 27, *fig.* 2.) On ne met que peu d'eau dans le premier flacon, parce qu'il est destiné à recevoir les portions de matières huileuses qui se trouvent quelquefois dans le sel ammoniac ; on en met à peu près dans tous les autres les deux tiers de ce qu'ils peuvent en contenir ; il ne faudrait pas en mettre beaucoup plus, parce que l'eau, en se saturant, augmente beaucoup de volume. Le premier tube doit être très-large, pour éviter qu'il ne puisse être obstrué par de petites quantités de muriate d'ammoniaque qui échappent quelquefois à la décomposition et se volatilisent; d'ailleurs, on sait que ce tube ne doit plonger dans l'eau qu'autant qu'il est à boule ou de sûreté : quant aux autres tubes, ils doivent plonger jusqu'au fond des flacons, l'eau étant spécifiquement plus pesante que l'ammoniaque.

L'appareil étant ainsi disposé, on met quelques charbons incandescens sous la cornue, et on la porte lentement et graduellement jusqu'au rouge : à peine est-elle chaude, que déjà le gaz ammoniac commence à se dégager; il sature d'abord l'eau du premier flacon; il se rend ensuite dans celle du second, qu'il sature également; puis passe sous forme de bulles à travers, et se rend dans celle du troisième, qu'il sature à son tour. A mesure qu'il se dissout ainsi dans les eaux de ces divers flacons, il en élève la température d'autant plus que son dégagement est plus rapide, de sorte que les flacons s'échauffent et se refroidissent successivement. Cette élévation de température diminue la propriété dissolvante de l'eau : si donc on voulait ne pas l'affaiblir, il faudrait entourer les flacons de linges mouillés, ou plutôt les faire plonger dans de l'eau qu'on renouvellerait de temps en temps; on l'augmenterait en les entourant de glace, et à plus forte raison d'un mélange de glace et de sel. En opérant sur trois ou quatre kilogrammes de mélange, l'expérience ne peut se faire qu'en plusieurs heures : on ne doit la regarder comme terminée qu'à l'époque où la cornue étant rouge, le dégagement de gaz cesse d'avoir lieu ou est très-ralenti; alors on laisse refroidir l'appareil; on le démonte, et on verse l'ammoniaque dans des flacons à l'émeri. D'un kilogramme de sel ammoniac, on peut extraire assez de gaz ammoniac pour saturer 1 kilogramme d'eau, à la pression et à la température ordinaires. Si l'on brise la cornue, on en retirera une masse homogène, opaque, phosphorescente par le frottement dans l'obscurité, qui aura été évidemment tenue en fusion dans le cours de l'opération, et qui ne sera autre chose qu'un véritable sous-muriate de chaux (*a*).

L'ammoniaque liquide est incolore ; sa saveur est très-caustique ; son odeur est la même qu'à l'état de gaz ; elle agit sur les couleurs de la violette et de curcuma comme les oxides de la 2e section (513) ; exposée à un froid de 40°, elle se fige et devient opaque ; à la chaleur de l'ébullition, elle laisse dégager presque tout le gaz qu'elle tient en dissolution.

Mise en contact avec le zinc, elle fait passer peu à peu ce métal à l'état d'oxide et le dissout ; d'où il suit qu'une partie de l'eau qu'elle contient doit être décomposée : aussi y a-t-il dégagement de gaz hydrogène. Il paraît qu'elle n'agit point de la même manière sur les autres métaux. A la vérité, elle dissout aussi le potassium et le sodium ; mais l'eau seule est capable de produire cet effet. Elle absorbe une grande quantité de gaz hydrogène sulfuré, et forme ainsi une dissolu-

---

(*a*) Au lieu d'une cornue de grès, on peut employer, pour extraire l'ammoniaque, une espèce de chaudière ou cucurbite en fonte que l'on surmonte d'un chapiteau en cuivre : on lute le chapiteau avec la cucurbite par un lut de blanc d'œuf et de chaux, et on en fait communiquer le bec avec le premier flacon de l'appareil. C'est avec un appareil de ce genre qu'on prépare l'ammoniaque en grand : il offre deux grands avantages ; l'un, de pouvoir opérer sur des quantités considérables de matières ; l'autre, de pouvoir ajouter de l'eau au mélange, ou plutôt d'employer une bouillie de chaux, ce qui facilite singulièrement la décomposition du sel ; le troisième, de ne pas être obligé de casser le vase distillatoire.

tion d'hydro-sulfure liquide. Sa pesanteur spécifique
varie en raison de ses principes constituans, ainsi qu'on
le verra dans le tableau suivant, qui est dû à M. Humphry-Davy.

Pesanteur spécifique.	Gaz ammoniac.	Eau.
0,9054	25,37	74,63.
0,9166	22,07	77,93.
0,9255	19,54	80,46.
0,9326	17,52	82,48.
0,9385	15,88	84,12.
0,9435	14,53	85,47.
0,9513	12,40	87,60.
0,9545	11,56	88,44.
0,9573	10,82	89,18.
0,9597	9,60	90,40.
0,9619	10,17	89,83.
0,9684	9,50	90,50.
0,9713	7,17	92,83.

576 bis. *Ammoniaque et Oxides métalliques.* — Le
gaz ammoniac, à la température ordinaire, se combine
avec plusieurs oxides et n'en décompose point; mais,
à une température élevée, il ne se combine avec aucun, et décompose le plus grand nombre. Etudions,
sous ces deux rapports, l'action de l'ammoniaque sur
les oxides.

Le gaz ammoniac, à une haute température, paraît
jouir de la propriété de décomposer ou de réduire tous
les oxides que l'hydrogène peut lui-même réduire ou
décomposer : ce qu'il y a de certain, au moins, c'est
qu'il transforme bien au-dessous de la chaleur rouge-
cerise les peroxides de potassium et de sodium en deutoxides, et le deutoxide de barium en protoxide ;

qu'il réduit tous les oxides de la quatrième section, à plus forte raison ceux de la cinquième et de la sixième , et qu'il ramène à un moindre degré d'oxidation les peroxides de manganèse et de fer. Dans toutes ces décompositions, il y a formation d'eau et dégagement de gaz azote ; il se forme aussi du deutoxide d'azote, mais seulement dans celles où l'oxide est en excès et facile à réduire : d'où il suit que dans toutes, excepté celles-ci, l'ammoniaque n'agit sur les oxides que par l'hydrogène qu'elle contient. *Expérience :* On traite les oxides par le gaz ammoniac comme par le gaz hydrogène ; savoir, dans une cloche de verre courbe, lorsque la température ne doit point être portée jusqu'au rouge-cerise, et dans un tube de porcelaine, lorsqu'il est nécessaire de l'élever jusqu'à ce degré ou au-dessus. (*Voyez* la manière dont ces expériences ont été faites avec le gaz hydrogène (475). Il n'y a d'autre différence dans l'appareil, qu'en ce qu'au lieu d'adapter à l'une des extrémités du tube un flacon d'où se dégage de l'hydrogène, il faut y adapter une petite cornue de verre dans laquelle on met un mélange de muriate d'ammoniaque et de chaux, et qu'on chauffe convenablement pour décomposer le muriate d'ammoniaque (566); il faut d'ailleurs employer à peu près le même degré de chaleur pour décomposer les oxides par l'ammoniaque, que pour les décomposer par le gaz hydrogène.

577. *Ammoniaque et Oxides.*—Parmi les oxides, il en est au moins 15 qui sont susceptibles de se dissoudre, surtout à l'état d'hydrates, dans l'ammoniaque liquide ; savoir, l'oxide de zinc, le deutoxide d'arsenic, le protoxide et le deutoxide de cuivre, l'oxide

d'argent, le tritoxide et le tétroxide d'antimoine, l'oxide de tellure, les protoxides de nickel, de cobalt et de fer, le peroxide d'étain, le deutoxide de mercure, et les deutoxides d'or et de platine.

Les cinq premiers y sont très-solubles ; les oxides d'antimoine, de tellure, de nickel et de cobalt y sont moins solubles ; ceux de nickel et de cobalt n'y sont même solubles qu'à l'état d'hydrates ; les autres ne s'y dissolvent que très-difficilement. Toutes ces dissolutions se font à la température ordinaire ; elles sont incolores, excepté celle de deutoxide de cuivre qui est bleue, celle de protoxide de cobalt qui est d'un jaune rose, et celle de protoxide de nickel qui est bleue quand elle est concentrée, et violette quand elle est étendue : deux absorbent l'oxigène de l'air par l'oxide qu'elles contiennent ; ce sont celles de protoxides de cuivre et de fer.

Lorsqu'on soumet plusieurs de ces dissolutions, même à une évaporation très-lente, l'ammoniaque s'en dégage et l'oxide s'en précipite : aussi ne peut-on point obtenir tous les ammoniures à l'état solide ; ceux qu'on obtient facilement sous cet état sont les ammoniures d'arsenic, de cuivre, d'antimoine, de mercure, d'or, de platine et d'argent : les quatre derniers jouissant de la propriété très-remarquable de pouvoir détonner, nous les examinerons en particulier.

577 *bis.* On pourrait obtenir l'ammoniure d'or en mettant en contact l'oxide d'or avec l'ammoniaque ; mais on le prépare toujours en versant de l'ammoniaque liquide dans une dissolution de muriate d'or (1017). A peine le contact a-t-il lieu, que l'ammoniure se précipite sous forme de flocons jaunâtres ; on les rassemble sur un filtre, on les lave à grande eau, et on les fait sécher à une douce chaleur. L'ammoniure d'or est solide, sans

odeur, sans saveur, plus pesant que l'eau : il ne se décompose point avec le temps. Lorsqu'on l'expose à l'action d'une température assez élevée, il est décomposé subitement ; il se forme de l'eau ; il se dégage du gaz azote ; l'or est mis en liberté, une forte détonnation est produite : la formation de l'eau, le dégagement de gaz azote et la réduction de l'or, tiennent évidemment à ce que tout l'hydrogène de l'ammoniaque se combine avec tout l'oxigène de l'oxide d'or : quant à la détonnation, elle dépend de ce que l'eau et l'azote passent subitement à l'état de gaz, occupent un volume considérable, ébranlent par conséquent les molécules de l'air, et les font entrer en vibration. C'est ce que l'on concevra facilement, si on observe, 1° que la décomposition de l'ammoniure est instantanée ; 2° qu'elle n'a lieu qu'à une température élevée ; 3° que l'azote, aussitôt qu'il se sépare de ses combinaisons, devient gazeux ; 4° que l'oxigène, dans l'oxide d'or, contient beaucoup de calorique, et qu'il est probable que les élémens de l'ammoniaque en contiennent beaucoup aussi. *Expérience :* Lorsqu'on veut faire détonner l'ammoniure d'or sans en recueillir les produits, on met quelques grains d'ammoniure sur une lame de couteau ou dans une cuiller d'argent, qu'on expose à la flamme d'une chandelle : dans l'espace d'une à deux minutes, la détonnation a lieu, et est presque aussi forte que celle d'un pistolet. On peut encore opérer la détonnation de l'ammoniure d'or au moyen des rayons de lumière concentrés par une petite lentille. Enfin, un frottement subit et vif produit le même effet : c'est pourquoi on doit éviter de conserver cet ammoniure, surtout dans des flacons bouchés à l'émeri ; car il serait possible qu'il en restât quelques parcelles autour du goulot, et qu'en y adaptant le bouchon, elles ne vinssent à s'enflammer et à produire la décomposition de toute la masse. Si l'on voulait recueillir les produits, il faudrait faire l'expérience dans un tube métallique, comme M. Berthollet l'a fait le premier. (Mém. de l'Académie des Sciences pour 1785.)

On n'a point encore essayé l'action de l'oxigène et des corps combustibles, etc., sur l'ammoniure d'or; on sait seulement que cet ammoniure est insoluble dans l'eau, et qu'il est décomposé par les acides forts.

578. L'ammoniure d'argent, détonnant avec la plus grande facilité, on doit, pour éviter tout danger, n'en préparer qu'une petite quantité à la fois. On se procure d'abord de l'oxide d'argent, en versant dans une dissolution de nitrate de ce métal une solution de potasse, ou de soude, ou bien de chaux; ensuite on met deux ou trois grains au plus de cet oxide dans une petite capsule de verre, par exemple, dans un verre de montre; puis on y ajoute assez d'ammoniaque liquide pour en faire une bouillie très-claire, et on abandonne le mélange à lui-même pendant 6, 8 ou 10 heures, ou plutôt jusqu'à ce qu'il soit réduit à siccité : le résidu ainsi obtenu est l'ammoniure même.

Cet ammoniure, dont la découverte est due à M. Berthollet, est solide, gris, sans odeur, plus pesant que l'eau; il détonne par la chaleur avec une très-grande force; il détonne également par le frottement; il suffit de le toucher légèrement avec l'extrémité d'un tube, et quelquefois même d'une barbe de plume, pour en produire la détonnation : aussi, lorsqu'on en prépare 15 à 16 grains dans la même capsule, et qu'au bout d'un certain temps on essaie de partager en plusieurs parties la masse encore en bouillie, arrive-t-il assez souvent que, dans cette opération, l'ammoniure fulmine avec la plus grande force. Cette détonnation est due aux mêmes causes que la détonnation de l'ammoniure d'or, c'est-à-dire, à ce que l'ammoniaque et l'oxide d'argent se décomposent réciproquement, et qu'il en résulte un dégagement d'eau en vapeur et de gaz azote. Mais comment se fait-il qu'un frottement, à peine sensible, puisse déterminer une réaction aussi prompte entre les principes constituans de l'ammoniure d'argent? C'est parce que, quelque faible que soit le frottement, il rapproche les molécules, dégage du calorique, et les met ainsi dans le cas de former de nouvelles combinaisons; de sorte que si ce frottement s'exerce sur un corps qui, comme l'ammoniure, soit très-facile à décomposer, il en opérera la décomposition. Comment concevoir, d'autre part, qu'au moment où l'eau se forme dans la décompostion de l'ammoniure d'argent, elle passe à l'état de vapeur, encore bien que la décomposition ait lieu à la température ordinaire? Qu'on se rappelle que, dans l'oxide d'argent comme dans l'oxide d'or, l'oxigène retient beaucoup de calorique; qu'il est probable que les élémens de l'ammoniaque sont dans le même cas; et dès-lors l'explication du phénomène deviendra très-simple.

On ne connaît presque aucune autre propriété de l'ammoniure d'argent; on sait seulement qu'il est insoluble dans l'eau, et qu'il est très-soluble dans l'ammoniaque liquide.

578 *bis.* L'ammoniure de deutoxide de mercure se prépare directement comme celui d'argent; on pulvérise cet oxide; on le met en contact dans un flacon avec un grand excès d'ammoniaque liquide, et on agite de temps en temps jusqu'à ce qu'il soit devenu blanchâtre,

ce qui n'a lieu qu'au bout de quelques jours ; on décante la liqueur surnageante, et on fait sécher le résidu, qui, dans cet état, doit être considéré comme de l'ammoniure pur. Cet ammoniure, chauffé doucement, laisse dégager l'ammoniaque qu'il contient ; il ne détonne qu'autant qu'on l'expose à une chaleur brusque ; la détonnation qu'il produit est très-faible.

Quant à l'ammoniure de deutoxide de platine, on l'obtient en versant une solution d'ammoniaque dans une solution de deuto-sulfate de platine ; il se précipite sous forme de flocons ; on les recueille sur un filtre et on les lave. Exposé à la chaleur, il détonne faiblement. Sans doute que, dans la détonnation des ammoniures de mercure et de platine, il se forme les mêmes produits que dans celles d'or et d'argent.

Nous ne parlerons des ammoniures d'oxides d'antimoine et de deutoxide d'arsenic qu'en traitant des antimonites et des arsenites.

579. *Acides et Ammoniaque.* — Tous les acides sont susceptibles de se combiner avec l'ammoniaque, et presque tous forment avec elle des sels neutres ; c'est-à dire, des sels qui n'altèrent ni la couleur de la violette, ni celle de tournesol ; ils se comportent donc avec cet alcali comme avec les oxides, pour lesquels ils ont le plus d'affinité. Nous ne traiterons des sels ammoniacaux qu'en traitant des autres sels ; nous nous contenterons maintenant d'observer, d'après M. Gay-Lussac, que toutes les fois que l'acide est gazeux, sa combinaison en volume a lieu avec le gaz ammoniac dans des rapports très-simples, soit qu'il en résulte un sel neutre ou un sous-sel : c'est ce qu'on verra dans le tableau suivant.

SUBSTANCES.	PROPORTIONS EN VOLUME.		PROPORTIONS EN POIDS (*a*).		
	GAZ ammo.	ACIDE.	GAZ ammo.	ACIDE.	
Muriate d'amm.	100	100	100	215,86	
Carbonate d'amm. neutre.	100	100	100	254,67	M. Gay-Lussac.
Sous carb. d'amm.	100	50	100	127,53	Mémoires d'Arcueil, t. 2.
Fluo. borate d'am.	100	100	100	397,36	
Sous. fluo. borate d'amm.	100	50	100	198,68	
Autre sous fluo. borate d'amm.	100	33,33	100	132,45	M. John Davy, Ann. de Chimie, t. 86.
Fluate d'am. silic.	100	50	100	299,48	
Carbo-muriate d'amm.	100	25	100	143,58	
Sulfite d'amm.	100	50	100	188,98	M. The.nard.
Nitrate d'amm. neutre.	100	(d'az. 100 dcut-ox. 50 gaz oxig.	100	266,55	

Comme tous les sels ammoniacaux sont solides ou liquides à la température ordinaire, il s'ensuit qu'à mesure que le gaz ammoniac se combine avec un gaz acide, les

(*a*) On trouvera dans le tableau (p. 137) la pesanteur spécifique de l'ammoniaque et des autres gaz dont il est ici question, excepté celle du gaz fluo-borique et du gaz fluorique silicé. Lorsque ce tableau a été publié, la pesanteur spécifique de ceux-ci n'était point connue. M. John Davy vient de la faire connaître. Celle du gaz fluo-borique est de 2,371, et celle du gaz fluorique silicé de 3,574. (Annales de Chimie, t. 86.)

deux gaz doivent éprouver une contraction considérable
et disparaître : c'est en effet ce qui a lieu. On opère ces
sortes de combinaisons sur le mercure, en mesurant dans
un tube gradué les deux gaz qu'on veut unir, et les mêlant ensuite peu à peu ; aussitôt qu'ils sont en contact,
il se manifeste des fumées blanches et épaisses qui se
condensent sur les parois du tube, tandis que le mercure remonte dans celui-ci et bientôt le remplit, pourvu
toutefois que les gaz soient en proportion convenable.
Cependant il faut employer quelques précautions pour
obtenir le fluo-borate, le sulfite et le nitrate d'ammoniaque : on obtient le premier en faisant passer, bulle
à bulle, le gaz ammoniac dans le gaz fluo-borique : si
on faisait l'inverse, on obtiendrait un sous-fluo-borate.
On obtient le second en dissolvant l'un des deux gaz,
par exemple, le gaz acide sulfureux dans l'eau, et faisant ensuite passer le gaz ammoniac dans la dissolution
et agitant : si on mêlait ensemble les deux gaz sans eau,
il se précipiterait du soufre. On obtient le troisième en
remplissant une petite éprouvette de mercure, et y
faisant passer successivement : une petite couche d'eau,
le deutoxide d'azote, un grand excès de gaz oxigène
et le gaz ammoniac ; ou bien l'eau, le gaz ammoniac,
l'oxigène et le deutoxide d'azote (a). Dans ces deux dernières expériences, il faut avoir le soin de boucher le
vase avec la main et de l'agiter, pour que toutes les
portions d'acide et d'alcali se combinent ensemble.

(a) On met un excès de gaz oxigène, pour être certain que tout
le deutoxide d'azote soit converti en acide nitrique ; on doit se rappeler que, pour cela, le deutoxide d'azote n'en exige que la moitié
de son volume (391).

580. *Gaz muriatique oxigéné.* — Le gaz muriatique oxigéné et le gaz ammoniac ont une grande action l'un sur l'autre : aussitôt qu'on les met en contact, il se produit une absorption considérable, un grand dégagement de calorique, et des vapeurs épaisses que sillonne une lumière assez vive. L'expérience réussit constamment en remplissant un flacon de gaz muriatique oxigéné par le procédé que nous avons indiqué (1er vol., p. 178), et en faisant passer à la fois 7 à 8 bulles de ce gaz dans une éprouvette placée sur la cuve à mercure et presque pleine de gaz ammoniac bien sec. Il paraît que, dans cette expérience, le gaz muriatique oxigéné se combine avec l'hydrogène d'une partie du gaz ammoniac; que l'acide hydro-muriatique qui se forme ainsi (464) s'unit avec une autre partie de gaz ammoniacal, et que l'azote provenant de la première partie qui est décomposée, devient libre et se dégage; car après la réaction on trouve un mélange de gaz ammoniacal et de gaz azote dans l'éprouvette, et une couche de sel ammoniac sur ses parois (a).

Lorsqu'au lieu de mettre en contact l'ammoniaque et l'acide muriatique oxigéné à l'état de gaz, on les met en contact à l'état liquide, ils se décomposent comme dans l'expérience précédente, mais sans dégagement de lumière : alors le sel ammoniac qui se produit reste en dissolution dans l'eau, tandis que l'azote se dégage sous forme de gaz. On constatera facilement ces résultats dans un tube fermé par un bout, et d'environ 5 à 6

(a) Le sel ammoniac résulte de la combinaison de parties égales de gaz acide hydro-muriatique et de gaz ammoniac (985).

décimètres de longueur et 2 à 3 centimètres de diamètre : on remplira d'abord les $\frac{7}{8}$ de ce tube d'acide
muriatique oxigéné ; ensuite on achèvera de le remplir
d'ammoniaque ; puis, posant le doigt sur l'ouverture,
on le renversera et on en plongera l'extrémité dans
l'eau ; bientôt l'ammoniaque s'élèvera à travers l'acide,
et donnera lieu, en le décomposant, à une multitude
de petites bulles qui se rassembleront à la partie supérieure du tube. En évaporant la liqueur, on en retirera
le sel ammoniac.

Enfin, si l'on emploie l'ammoniaque à l'état liquide
et l'acide muriatique oxigéné à l'état de gaz, la décomposition sera plus ou moins rapide, et aura lieu avec
ou sans dégagement de lumière, selon que le contact sera
plus ou moins intime. Que l'on produise, par exemple,
du gaz muriatique oxigéné dans une cornue, et qu'au
moyen d'un tube on le conduise à travers un flacon plein
d'ammoniaque liquide, la décomposition sera instantanée, et l'on verra les bulles acides devenir lumi-
neuses, pour peu que le lieu soit obscur ; mais si l'on
remplit un flacon de gaz acide, et qu'on en plonge le
goulot dans de l'ammoniaque liquide, sans favoriser
d'abord l'action par l'agitation, la décomposition sera
beaucoup moins rapide et ne se fera qu'avec dégagement de calorique. On peut démontrer, par ce dernier
procédé, que le gaz muriatique oxigéné doit contenir
la moitié de son volume d'oxigène, uni à l'acide muriatique. En effet, en traitant ainsi 300 parties de gaz
muriatique oxigéné, on obtient 100 parties de gaz
azote, qui, dans l'ammoniaque, étaient en combinaison avec 300 de gaz hydrogène (467) : or, ces 300 de gaz
hydrogène ont dû se combiner, dans la réaction, avec

150 parties de gaz oxigène pour former de l'eau; celui-ci leur a été fourni par le gaz muriatique oxigéné, qui, de cette manière, est redevenu acide muriatique; donc, etc. Cependant on ne réussit constamment dans cette analyse qu'autant qu'on prend les précautions qu'on va indiquer. La première est de ne pas employer de l'ammoniaque concentrée; si elle l'était, il faudrait l'étendre au moins de deux fois son poids d'eau : la deuxième est de ne point agiter le gaz avec le liquide, ainsi qu'on l'a recommandé précédemment, ou du moins de l'agiter à peine : enfin, la troisième est de n'introduire au plus à la fois, dans le flacon, qu'une couche d'un millimètre d'ammoniaque : pour cela, on met l'ammoniaque dont on doit se servir dans une capsule contenant du mercure, et aussitôt qu'il est entré une suffisante quantité de cet alcali dans le flacon, on en plonge le goulot dans le mercure; quelque temps après, on soulève de nouveau le flacon pour y faire entrer une nouvelle quantité d'ammoniaque, etc.

Usages. — On n'emploie jamais l'ammoniaque qu'à l'état liquide : en médecine, on la considère comme un puissant stimulant, et on l'administre intérieurement et extérieuremeut; donnée aux animaux, elle dissipe les gonflemens qu'occasionne quelquefois en eux une trop grande abondance d'herbes fraîches, telles que la luzerne, le trèfle : on en fait souvent usage dans les laboratoires; elle sert à reconnaître la présence de plusieurs corps, à les séparer de leurs combinaisons et à en obtenir beaucoup à l'état de pureté : on l'emploie aussi, mais rarement, dans les arts.

581. *Historique.* — L'ammoniaque, connue autrefois sous les noms d'*alcali volatil*, d'*alcali fluor*, d'*esprit de*

sel ammoniac, fut confondue, jusqu'à Black, avec le sous-carbonate d'ammoniaque. Après cette époque, elle devint l'objet d'un grand nombre de recherches. Schéele, en la traitant par les oxides métalliques, la décomposa, et démontra que l'azote était l'un de ses principes constituans. Priestley, en la soumettant à l'action des étincelles électriques, et en répétant et variant les expériences de Schéele, fut conduit à la regarder comme un composé d'azote et d'hydrogène, (Priestley, t. 2 , p. 396). Cette opinion de Priestley fut mise hors de doute par M. Berthollet, qui fit en 1785 l'analyse de l'ammoniaque avec tant de soins, qu'on n'apporta par la suite presque aucun changement aux résultats qu'il obtint alors (Mémoires de l'Académie, pour 1785) : bientôt après le docteur Austin, ayant mis du gaz azote en contact avec du fer humecté d'eau, observa qu'il se formait de l'oxide de fer et de l'ammoniaque (Phil. transact., 1788, p. 379). La nature de l'ammoniaque étant en quelque sorte prouvée par l'analyse et par la synthèse, on cessa presque entièrement de s'en occuper jusque dans ces derniers temps. Ce sont les nouvelles découvertes de M. Davy sur la composition des alcalis fixes, qui ont fixé de nouveau l'attention des chimistes sur celle de l'alcali volatil.

Il était naturel de croire que, puisque les alcalis fixes contenaient de l'oxigène, l'alcali volatil pouvait en contenir aussi. Des expériences nombreuses ont été faites dans l'espérance de le prouver ; mais elles ont été infructueuses. On n'a pu trouver dans cet alcali que de l'hydrogène et de l'azote. (*Voyez* les Expériences de Berthollet fils, dans les Mémoires d'Arcueil, tome 2.) Cependant M. Davy, persuadé que l'oxigène devait être l'un de ses principes constituans, a pensé que l'hydrogène et l'azote pourraient bien n'être que des oxides d'un même métal, auquel il a proposé de donner le nom d'*ammonium*, et qu'en consé-quence l'ammoniaque ne serait que de l'oxide d'am-monium. Quelques chimistes ont adopté cette hypo-thèse : M. Berzelius est celui qui l'a reçue avec le plus de confiance; il a essayé de la fortifier de toutes les raisons que lui fournissait l'analogie, et a été jus-qu'à calculer, d'après la composition des sels ammo-niacaux, les proportions d'ammonium et d'oxigène qui devaient constituer l'ammoniaque (An. de Chim., t.79); il semble même ne plus douter de l'existence de l'am-monium, et paraît convaincu que ce que nous avons ap-pelé précédemment hydrure ammoniacal de mercure, n'est qu'un amalgame de ce métal. Pour nous, tout en avouant que l'ammoniaque joue, dans le plus grand nombre de cas, le rôle d'un oxide, et est l'un des corps les plus singuliers que l'on connaisse aujourd'hui, nous pensons qu'il n'y a point encore de raisons assez puis-santes pour admettre l'oxigène au rang de ses principes constituans.

DES ACIDES MÉTALLIQUES.

582. Les acides métalliques sont au nombre de cinq, savoir : l'acide arsenique, l'acide chrômique, l'acide molybdique, l'acide colombique et l'acide tung-stique. Ces acides sont solides et sans odeur : le der-nier est insipide, ne rougit point la teinture de tournesol, et n'est mis au rang des acides que parce qu'il ne se combine point avec eux, qu'il s'unit très-bien au contraire avec les oxides métalliques, et qu'il forme des sels; caractère qui appartient aux

acides proprement dits (*a*). Nous examinerons les acides métalliques dans l'ordre suivant lequel nous venons de les nommer ; mais auparavant nous ferons observer qu'il doit y avoir les plus grands rapports entre leur histoire et celle des peroxides, qui ont le même radical qu'eux.

En effet, prenons pour exemple l'acide arsenique : il se comporte, avec les corps combustibles non métalliques, comme le deutoxide d'arsenic, si ce n'est qu'il leur cède plus facilement une portion de son oxigène que cet oxide ; il se comporte probablement aussi comme cet oxide, du moins dans un grand nombre de circonstances, avec les corps combustibles mixtes et les alliages. Cependant il est nécessaire de faire observer que les acides, ayant en général plus d'affinité pour les oxides que les oxides n'en ont les uns pour les autres,

_____

(*a*) Lorsque j'ai décrit les oxides d'antimoine, je ne connaissais que la première partie manuscrite du Mémoire de M. Berzelius. Dans cette première partie, que je savais devoir être imprimée (Annales de Chimie , tome 86), M. Berzelius ne parle d'aucun des oxides d'antimoine comme jouissant des caractères acides ; mais dans la seconde, qui se trouve placée immédiatement après la première (Annales de Chimie, tome 86, page 238), il annonce que le tritoxide et le tétroxide rougissent légèrement la teinture de tournesol ; il fait connaître un grand nombre des combinaisons qu'ils sont susceptibles de former avec les bases salifiables, et les présente tous deux comme des acides très-distincts.

Outre ces deux oxides, on pourrait encore mettre le deutoxide d'arsenic au rang des acides, parce que, encore bien qu'il ne rougisse point la teinture de tournesol, il jouit, comme l'acide tungstique, de la propriété de s'unir aux bases salifiables, et de former avec elles des espèces de sels : ainsi, on pourrait donc reconnaître huit acides métalliques et six métaux acidifiables.

il serait possible, en vertu de cette forte affinité, que souvent, en traitant un métal plus ou moins oxidable que l'arsenic par l'acide arsenique, une portion de celui-ci fût décomposée et qu'il en résultât un arseniate indécomposable par un excès de métal. On conçoit d'ailleurs que la portion d'acide décomposée devrait se comporter, par rapport au métal, comme l'oxide d'arsenic. Il ne faut pas perdre de vue que toutes ces opinions sont conjecturales, et demandent à être vérifiées par l'expérience.

De l'*Acide arsenique.*

583. *Etat, Préparation.* — L'acide arsenique n'a encore été trouvé dans la nature qu'en combinaison avec quelques oxides métalliques, et particulièrement avec l'oxide de cobalt et l'oxide de cuivre (1080) : les arseniates qu'il forme avec ces oxides ne sont même pas communs. On peut obtenir l'acide arsenique en traitant le deutoxide d'arsenic, à l'aide de la chaleur, par l'acide nitrique : celui-ci cède une portion de son oxigène à l'oxide d'arsenic, l'acidifie, et passe à l'état d'oxide d'azote qui se dégage. Mais le deutoxide d'arsenic n'étant que très-peu soluble dans l'acide nitrique, la réaction est lente ; on la favorise singulièrement en ajoutant de l'acide muriatique : d'où il suit qu'il vaut mieux se servir d'un mélange d'acide nitrique et muriatique, que d'acide nitrique seul. On prend le deutoxide d'arsenic qu'on trouve dans le commerce sous le nom d'arsenic ; on le pulvérise et on le tamise, en évitant avec soin de respirer la poussière qui se produit ; on introduit une

partie de ce deutoxide en poudre fine, dans une cornue
de verre, avec 4 parties d'acide nitrique à 33° ou 34°
de l'aréomètre de Beaumé, et 2 parties d'une solution
concentrée de gaz acide muriatique dans l'eau. La capacité de la cornue doit être au moins un tiers plus
grande que le volume du mélange qu'elle contient; on
place cette cornue sur un fourneau; on adapte à son
col une alonge qui se rend dans le récipient, dont la
tubulure est surmontée d'un long tube; on porte peu à
peu la liqueur à l'ébullition, et on continue de la faire
bouillir jusqu'à ce qu'elle soit réduite presque en consistance syrupeuse : alors on la verse dans une capsule
de porcelaine, et on la fait évaporer doucement jusqu'à siccité : le résidu est l'acide arsenique pur; on le
conserve dans un flacon, à l'abri du contact de l'air.

Propriétés. — L'acide arsenique est solide, blanc,
très-caustique; il rougit fortement la teinture de tournesol; c'est un poison plus actif encore que ne l'est le
deutoxide d'arsenic : aussi serait-il dangereux de le
prendre à la dose de 1 ou 2 centigrammes. La propriété qu'il a d'être déliquescent le rend incristallisable : sa pesanteur spécifique est inconnue ; tout ce
qu'on en sait, c'est qu'elle est beaucoup plus grande
que celle de l'eau.

Exposé à l'action du feu, il entre d'abord en fusion,
puis se décompose à peu près au degré de la chaleur
rouge, et se transforme en gaz oxigène et en deutoxide
d'arsenic. Ces deux produits sont faciles à recueillir,
en faisant l'expérience dans une cornue de grès, plaçant cette cornue dans un fourneau à réverbère, et
y adaptant un tube qui s'engage sous l'eau.

L'acide arsenique n'a d'action sur le gaz oxigène et

sur l'air à aucune température ; on observe seulement
qu'il est susceptible, à une basse température, d'absorber l'eau que ces gaz peuvent contenir, et de tomber en
déliquescence ou de se résoudre en liqueur ; d'ailleurs,
il paraît agir sur les corps combustibles de la même
manière que le deutoxide d'arsenic, si ce n'est qu'il
leur cède plus facilement son oxigène (582).

Composition. — L'acide arsenique est formé, d'après
M. Berzelius, de 100 parties d'arsenic et de 51,428
d'oxigène. M. Berzelius est parvenu à ce résultat en
observant que l'arseniate de plomb était composé de
100 d'acide arsenique et de 237,5 de protoxide de
plomb, et que, dans les arseniates, l'oxigène de l'oxide
devait être, à l'oxigène de l'acide, comme 1 à 2 (Annales de Chimie, tome 80). Cette analyse mérite d'autant plus de confiance, qu'elle s'accorde sensiblement
avec celle qui avait été faite auparavant par MM. Bucholz et Proust.

L'acide arsenique est absolument sans usages. Sa découverte date de 1775 ; elle est due à Schéele (*voyez*
ses Mémoires, tome 1, page 129). Ses propriétés ont
été étudiées non-seulement par ce célèbre chimiste,
mais encore par Pelletier et les chimistes que nous
avons précédemment cités.

De l'Acide chrômique.

584. Cet acide, découvert par M. Vauquelin en
1797, est solide et rouge-purpurin ; sa saveur est âcre
et stiptique ; sa pesanteur spécifique est inconnue ;
toutefois elle est beaucoup plus grande que celle de
l'eau ; il rougit fortement la teinture de tournesol ; on
peut l'obtenir cristallisé en prismes de couleur rubis,

en le dissolvant dans l'eau et en rapprochant lentement la dissolution.

L'acide chrômique n'agit point sur le gaz oxigène et sur l'air, ou du moins il n'en attire que l'humidité. Exposé à l'action de la chaleur, il ne tarde point à se décomposer et à se transformer en gaz oxigène et en oxide de chrôme ; cette décomposition doit être faite comme celle de l'acide arsenique : il se décompose à plus forte raison, lorsqu'au lieu de l'exposer seul à l'action de la chaleur, on l'y expose en le mettant en contact avec la plupart des corps combustibles ; il donne naissance alors aux produits dont il a été question précédemment (582).

Etat, Préparation. — L'acide chrômique n'a encore été trouvé que dans le rubis spinelle et dans le plomb rouge de Sibérie, minéraux extrêmement rares et formés, d'après M. Vauquelin : le premier, de 82 d'alumine, de 9 de magnésie et de 6 d'acide chrômique ; et le second de 34,9 d'acide chrômique, et de 65,1 de protoxide de plomb. Quelques chimistes pensent que la mine de chrôme qui a été découverte en France, dans le département du Var, et qui est si abondante, est un véritable chrômate de fer ; mais il paraît qu'elle ne contient le chrôme qu'à l'état d'oxide, et qu'elle résulte de la combinaison de cet oxide avec l'oxide de fer. (618).

Quoi qu'il en soit, c'est en traitant convenablement cette mine, qu'on prépare l'acide chrômique : d'abord on la fait rougir dans un creuset avec une certaine quantité de nitrate de potasse ; on lessive le résidu, on filtre, et on obtient ainsi une dissolution de chrômate de potasse ; ensuite on verse dans

la liqueur filtrée une dissolution de nitrate ou muriate de baryte, qui produit à l'instant même un
précipité jaune de chrômate de baryte. (*Voyez*, pour
plus de détails, le n° 1106.) Après s'être procuré
une certaine quantité de ce sel, on le met tout humide dans une capsule, et on le fait dissoudre, à
l'aide de la chaleur, dans la plus petite quantité possible d'acide nitrique faible ; alors on en précipite toute
la baryte par l'acide sulfurique, mais on doit éviter
d'ajouter un excès de cet acide ; pour cela, il faut l'employer très-étendu, le verser surtout à la fin de l'opération presque goutte à goutte, filtrer de temps en
temps une portion de la liqueur et l'essayer ; il faut
enfin arriver à un tel point, que la liqueur ne se trouble
plus ni par l'acide sulfurique, ni par une dissolution
d'un sel de baryte : lorsque la liqueur sera dans cet
état, on sera certain qu'elle ne contiendra plus que de
l'eau, de l'acide chrômique et de l'acide nitrique ; on
l'évaporera jusqu'à siccité, et l'on ménagera le feu à la
fin de l'évaporation, pour ne point décomposer l'acide
chrômique : celui-ci restera seul dans la capsule éva-
poratoire sous forme d'une matière rougeâtre ; on le
conservera dans un flacon bien bouché.

Composition, etc. — L'analyse de l'acide chrômique
n'a point encore été faite ; elle ne serait point exempte
de difficultés, parce qu'il n'est point possible de se procurer le chrôme en masse brillante et pure ; mais on
déterminerait facilement combien l'oxide de chrôme
exige d'oxigène pour s'acidifier ; il suffirait pour cela
de calciner le chrômate de mercure dans une cornue.
En effet, on transformerait ainsi ce sel en gaz oxigène,
en mercure et en oxide de chrôme (533) : en pesant le

mercure, on aurait le poids de l'oxigène qui lui était uni ; et le retranchant du poids total de l'oxigène, on aurait pour différence celui qui proviendrait de l'acide chrômique.

L'acide chrômique est sans usages. C'est à MM. Vauquelin, Mussin-Puschkin et Godon, que nous devons la connaissance de ses diverses propriétés. (*Voyez* le n° 147, article *Historique*, et les Ann. de Chim., t. 70.)

De l'Acide molybdique.

584 *bis*. Propriétés. — L'acide molybdique, découvert par Schéele en 1778, est solide, blanc et peu sapide ; il rougit très-sensiblement la teinture de tournesol ; sa pesanteur spécifique est de 3,46, d'après Thomson.

Exposé à l'action du feu, dans des vaisseaux fermés, l'acide molybdique fond et cristallise par le refroidissement ; chauffé dans des vaisseaux ouverts, il se vaporise sous forme de fumée blanche ; cette fumée, reçue contre un corps froid, s'y attache en écailles jaunâtres et brillantes. Il n'a d'action sur le gaz oxigène et sur l'air à aucune température ; il est décomposé par tous les corps combustibles qui peuvent opérer la décomposition de l'oxide de molybdène, et donne naissance aux produits dont nous avons parlé précédemment (582). Plusieurs métaux, et particulièrement l'étain et le zinc, mis en contact avec une dissolution de cet acide dans l'eau, le font passer, même à la température ordinaire, à l'état d'oxide qui est bleu.

Etat, Préparation, etc. — L'acide molybdique ne se trouve qu'en petite quantité dans la nature, et toujours uni à l'oxide de plomb.

On l'obtient en traitant le sulfure de molybdène par l'acide nitrique, à l'aide de la chaleur ; l'acide nitrique cède son oxigène au soufre et au molybdène, et passe à l'état d'oxide d'azote ou même d'azote qui se dégage ; le soufre devient acide sulfurique, et le molybdène acide molybdique : celui-ci étant insoluble dans les acides sulfurique et nitrique, se précipite en poudre blanche à mesure qu'il se forme ; et, comme il est en même temps presque insoluble dans l'eau, on conçoit qu'en le lavant avec une certaine quantité d'eau, on doit en séparer les deux acides au milieu desquels il se trouve, et l'obtenir pur. On prend une partie de sulfure de molybdène pur, et 7 à 8 parties d'acide nitrique, à environ 3o degrés de l'aréomètre de Beaumé ; on les introduit dans une cornue de verre, à peu près double en capacité du volume qu'ils occupent, et on dispose d'ailleurs cet appareil comme on l'a indiqué dans la préparation de l'acide arsenique (583) : on chauffe peu à peu ; bientôt il se produit une effervescence considérable, qui, au bout d'un certain temps, devient moins vive ; en même temps une portion d'acide nitrique se volatilise et se condense dans les récipiens : on continue le feu jusqu'à ce que tout le sulfure, qui est d'un gris noir, soit converti en poudre blanche, et que l'effervescence cesse, quoiqu'il y ait excès d'acide : alors on ôte la cornue de dessus le fourneau ; on lave l'acide molybdique par décantation avec de l'eau froide ; on le fait sécher dans une capsule, et on le conserve dans un flacon. Cette expérience est de longue durée, parce qu'il faut brûler tout le soufre et tout le molybdène : voilà pourquoi il vaut mieux employer plus que moins d'acide nitrique.

Le procédé que nous venons de décrire appartient à Schéele. Il en est un autre qui a été proposé par M. Bucholz, et que nous devons faire connaître. Ce procédé consiste à griller le sulfure de molybdène, à le traiter ensuite par une dissolution de potasse, et à verser dans la liqueur filtrée de l'acide nitrique, muriatique ou sulfurique. Par ce grillage, on fait passer le soufre à l'état d'acide sulfureux qui se dégage, et le molybdène à l'état d'acide molybdique; mais, pour cela, il faut souvent remuer la matière et ménager le feu, surtout à la fin de l'opération, afin d'éviter que l'acide molybdique ne s'agglomère et n'enveloppe les portions de sulfure non décomposées. Par la potasse, on dissout l'acide molybdique, et on le sépare du sulfure de molybdène qui pourrait ne point être attaqué. Enfin, par l'acide sulfurique, nitrique ou muriatique, on décompose le molybdate de potasse, et on met en liberté l'acide molybdique, qui, étant très-peu soluble dans l'eau, se précipite sous forme de poudre blanche.

Composition, etc. — En traitant, par l'acide nitrique, 100 parties de molybdène réduit en poudre, M. Bucholz a obtenu 149 parties d'acide molybdique. On peut donc en conclure, avec lui, que cet acide est formé de 100 de molybdène et de 49 d'oxigène. C'est à un résultat à peu près semblable qu'est parvenu M. Berzelius par des considérations sur la composition des molybdates. (Annales de Chimie, tome 80.)

L'acide molybdique est sans usages : c'est principalement à Schéele, à M. Hatchett et à M. Bucholz que nous devons la connaissance de ses propriétés. (*Voyez* Mémoires de Schéele, tome 1 ; Transactions philosophiques, 1796 ; et Jour. de Gehlen, IV, 604.)

De l'Acide colombique.

585. L'acide colombique, découvert par M. Hat-chett en 1802, est blanc, pulvérulent, insipide, ino-dore, et beaucoup plus pesant que l'eau ; il rougit fai-blement le papier de tournesol ; il ne se fond et ne se décompose à aucune température. Mis en contact à froid ou à chaud avec le gaz oxigène et l'air, il n'é-prouve aucune altération ; il se comporte probablement avec les corps combustibles comme la plupart des oxides appartenant à la quatrième section.

L'acide colombique ne se trouve qu'en petite quan-tité dans la nature, et toujours en combinaison, soit avec l'oxide de fer et de manganèse, soit avec ces deux oxides et l'yttria (1138). Dans tous les cas, on se le procure en pulvérisant ces colombates, les fondant dans un creuset d'argent avec deux parties de potasse, traitant le produit par l'eau bouillante, filtrant la li-queur, et y versant un excès d'acide nitrique. Par la potasse et l'eau, on dissout l'acide colombique, et, par l'acide nitrique, on le précipite. Il suffit donc, pour avoir cet acide pur, de bien laver et sécher le précipité.

Cet acide est sans usages, et n'est, d'après M. Wol-laston, qu'un oxide d'un métal auquel M. Eckeberg a donné le nom de tantale (149).

De l'Acide tungstique.

585 *bis.* L'acide tungstique est solide, jaune, inodore, insipide, beaucoup plus pesant que l'eau, et sans ac-

tion sur la teinture de tournesol ; exposé au feu, il ne se fond ni ne se décompose ; mis en contact avec le gaz oxigène et l'air, à une température quelconque, il n'éprouve aucune altération ; il cède moins facilement son oxigène aux corps combustibles que les acides chromique, arsenique et molybdique ; du reste, il doit former avec ces corps des produits analogues à ceux que forment les oxides appartenant à la quatrième section (582).

Etat. — L'acide tungstique n'a encore été trouvé que dans deux minéraux : l'un très-rare, appelé autrefois *tungstène*, est formé d'acide tungstique et de chaux ; l'autre, assez commun, connu ordinairement sous le nom de *wolfram*, est composé d'acide tungstique, d'oxide de fer et d'un peu d'oxide de manganèse : celui-ci a ordinairement pour gangue de la silice.

C'est du wolfram qu'on extrait l'acide tungstique. Après avoir séparé autant que possible le wolfram de sa gangue, on le pulvérise et on le fait chauffer dans un matras ou une fiole avec cinq ou six fois son poids d'acide muriatique, pendant demi-heure ; on dissout ainsi l'oxide de fer et l'oxide de manganèse qu'il contient, et on obtient, sous forme de poudre jaune, l'acide tungstique mêlé seulement avec la portion de gangue siliceuse qui n'a point pu être séparée ; on lave cet acide par décantation et à plusieurs reprises ; ensuite on le traite, à l'aide d'une très-légère chaleur, par un excès d'ammoniaque liquide qui le dissout complétement ; on filtre la liqueur ; on la fait évaporer jusqu'à siccité dans une capsule ; puis, faisant rougir le résidu dans un creuset, l'ammoniaque s'en dégage et l'acide tungstique reste pur. Il arrive quelquefois que, dans cette opération, tout le wolfram n'est point complétement décomposé par l'acide muriatique : alors, après l'avoir traité par l'ammoniaque, il faut le traiter de nouveau par l'acide, puis par cet alcali, etc.

On peut encore se procurer l'acide tungstique en traitant à chaud le wolfram par une dissolution de potasse caustique, filtrant la liqueur, et la faisant bouillir avec un excès d'acide nitrique : dans ce cas, la potasse s'empare de l'acide tungstique, et l'acide nitrique le précipite. Toutefois, le premier procédé est plus certain, parce que, dans le second, il serait possible que l'alcali dissolvît une portion de gangue siliceuse, et que l'acide nitrique la précipitât avec l'acide tungstique même.

L'acide tungstique est formé, selon M. Bucholz, de 100 parties de tungstène et de 25 d'oxigène. M. Berzelius, d'après quelques considérations sur la composition des tungstates, porte la quantité d'oxigène à 26,43 (Annales de Chimie, t. 80).

Cet acide est sans usages ; il a été découvert par Schéele en 1781 (Mémoires, t. 2, p. 81) ; mais ce sont les frères d'Elhuyart qui, les premiers, l'ont obtenu pur (Journal de Physique vol. 25, p. 310 et 469). C'est à ces différens chimistes, et à MM. Vauquelin et Hecht (Journal des Mines, n° 19), que nous devons la connaissance de ses propriétés.

CHAPITRE HUITIÈME.

De l'action réciproque des Oxides (a).

586. Nous partagerons ce chapitre en trois parties :
nous traiterons, dans la première, de l'action des
oxides non métalliques les uns sur les autres ; dans la
seconde, de celle des oxides non métalliques sur les
oxides métalliques ; et, dans la troisième, de celle des
oxides métalliques sur les oxides métalliques mêmes.

DE L'ACTION DES OXIDES NON MÉTALLIQUES LES UNS SUR LES AUTRES.

587. Tout ce qu'on sait de l'action réciproque des
oxides non métalliques, qui, comme on l'a vu précédemment, sont au nombre de cinq, l'eau, l'oxide de
carbone, l'oxide de phosphore et les oxides d'azote, se
borne à ce qui suit. Il paraît que l'eau n'est décomposée par aucun des quatre autres oxides, et qu'elle
n'est susceptible de dissoudre que les deux derniers : à
la température de 15° et à la pression de $0^m,76$, elle dissout un peu plus de la moitié de son volume de protoxide
et la 20e partie de son volume de deutoxide ; à la température de l'eau bouillante sous la pression ordinaire,
ou dans le vide à la température ordinaire, elle perd

_____

(a) *Voyez* l'ordre suivant lequel les corps pondérables doivent
être étudiés (77).

toute sa faculté dissolvante à l'égard de chacun d'eux. On ignore si le gaz oxide de carbone peut agir sur l'oxide de phosphore ; mais on peut regarder presque comme certain, qu'à l'aide de la chaleur, le gaz oxide de carbone et l'oxide de phosphore ont la propriété de décomposer les oxides d'azote, d'en absorber l'oxigène, et de mettre l'azote en liberté. Quant à l'action des oxides d'azote l'un sur l'autre, elle est nulle ; on observe seulement qu'une petite quantité de protoxide suffit pour donner au deutoxide la propriété de faire brûler vivement les bougies allumées.

DE L'ACTION DES OXIDES NON MÉTALLIQUES SUR LES OXIDES MÉTALLIQUES.

588. Les oxides non métalliques étant au nombre de cinq, nous étudierons, dans cinq articles différens, leur action sur les oxides métalliques, en suivant pour cela l'ordre où nous venons de les nommer précédemment.

De l'action de l'Eau sur les Oxides métalliques.

589. Les oxides métalliques agissent sur l'eau de quatre manières : les uns s'y dissolvent ; les autres se combinent avec elle de manière à former des composés solides ou gélatineux auxquels on donne le nom d'hydrate ; il en est qui la décomposent, et il en est d'autres au contraire dont elle opère la décomposition. Sept sont dans le premier cas ; presque tous sont dans le second ; quatre sont dans le troisième ; et trois seulement dans le quatrième.

Des Oxides qui se dissolvent dans l'Eau.

590. Les sept oxides qui se dissolvent dans l'eau
sont : la potasse, la soude, la baryte, la strontiane, la
chaux, le deutoxide d'arsenic et l'oxide d'osmium (*a*).

Lorsqu'on met ces oxides en contact avec l'eau, la
plupart, avant de se dissoudre, présentent des phénomènes qu'il est important d'examiner. Tous, excepté
les oxides d'arsenic et d'osmium, l'absorbent, en solidifient une partie, et donnent lieu à un grand dégagement de calorique ; c'est ce qu'on remarque surtout en
versant peu à peu de l'eau sur ces oxides, et ce qu'on
a souvent occasion de vérifier dans l'extinction de la
chaux. On sait en effet que, quand on verse une petite
quantité d'eau sur des morceaux de chaux, cette eau
disparaît presque à l'instant ; que bientôt la chaux s'é-
chauffe, exhale de la vapeur, se fendille, se boursoufle considérablement ou augmente beaucoup de
volume, se délite, se divise, se réduit en poudre ; et
que si alors on jette une nouvelle quantité d'eau sur les
fragmens qui ne sont point encore entièrement divisés,
elle est absorbée avec un sifflement semblable à celui
que produit un fer rouge qu'on plonge dans l'eau, sifflement dû sans doute à ce que la vapeur qui se forme
se dégage avec vitesse, et met en vibration les molécules de l'air. On estime à près de 300° la chaleur qui
se dégage dans cette opération. C'est à l'eau vaporisée
par cette grande chaleur, au sein même de la chaux,

(*a*) Parmi les autres oxides, il en est encore quelques-uns, tels
que l'oxide de molybdène, le deutoxide de mercure, le tritoxide et
le tétroxide d'antimoine, que l'eau peut dissoudre ; mais comme elle
n'en dissout même pas le millième de son poids, nous les mettons
au rang des corps insolubles.

qu'il faut attribuer le boursoufflement et l'extrême division que cette substance éprouve : aussi l'éteint-on moins facilement en versant beaucoup d'eau dessus qu'en en versant peu, parce qu'alors la masse étant plus considérable et s'échauffant moins par cela même, il se forme une moins grande quantité de vapeurs. La chaux ainsi divisée, est moins âcre et moins brûlante que celle qui est en masse ou en poudre sèche : de là le nom qu'on lui donne de *chaux éteinte.* Cette moindre action tient à ce que la chaux étant alors saturée d'eau, n'est plus susceptible d'absorber l'humidité qui recouvre la langue, et de donner lieu au dégagement de chaleur qui accompagne cette absorption.

Quoique la chaux dégage beaucoup de chaleur avec l'eau, la potasse, la soude, la barite et la strontiane en dégagent probablement plus encore, parce que leur affinité pour l'eau est plus grande que celle de cette base salifiable : c'est pourquoi, lorsqu'on verse de l'eau sur ces oxides, il en résulte un sifflement plus fort qu'avec la chaux. La seule condition à observer est d'opérer sur plusieurs grammes de matière : la barite, et surtout la strontiane, se boursoufflent comme la chaux ; toutes deux, mêlées avec assez d'eau pour faire bouillie, se prennent en masse cristalline par le refroidissement : la potasse et la soude augmentent peut-être aussi de volume, mais beaucoup moins que les oxides précédens ; on n'aperçoit point de cristaux au milieu de leur masse refroidie.

Le tableau suivant offre, d'une part, les divers oxides rangés dans l'ordre de leur plus grande solubilité dans l'eau, et, de l'autre, la quantité approximative qu'on pense qu'elle en peut dissoudre à des températures données.

	L'eau en dissout à 10°	L'eau en dissout à 100°	OBSERVAT.
Potasse.	Plusieurs fois son poids.	Plus que l'eau froide.	Il est très-probable que la strontiane et la baryte sont plus solubles surtout dans l'eau bouillante que nous ne le disons. Selon quelques chimistes, il ne faut que 2 parties d'eau bouillante pour dissoudre 1 partie de baryte.
Soude.	Un peu moins que de potasse.		
Barite.	$\frac{1}{20}$	$\frac{1}{1,0}$	
Strontiane.	$\frac{1}{40}$	$\frac{1}{20}$	
Deutoxide d'arsenic.	$\frac{1}{80}$	$\frac{1}{1,5}$	
Chaux.	$\frac{1}{400}$	moins de $\frac{1}{400}$	
Oxide d'osmium.			On ne sait point combien l'eau dissout d'oxide d'osmium.

Jetons maintenant un coup d'œil sur l'histoire particulière de chacune de ces dissolutions.

591. *Dissolution de deutoxide de potassium et de sodium.*—Comme on ne se procure que difficilement les deutoxides purs de potassium et de sodium, et qu'on se procure, au contraire, très-facilement les hydrates de ces deutoxides (596), on se sert de ces hydrates de préférence aux deutoxides pour obtenir ceux-ci en dissolution. A cet effet, on met de l'eau distillée dans un flacon à l'émeri, et on y ajoute successivement des fragmens d'hydrate jusqu'à ce qu'elle en soit aussi chargée qu'on le désire. On ne doit filtrer la dissolution, pour en séparer quelques flocons qui la troublent, qu'autant

qu'elle est très-étendue ; pour peu qu'elle soit concentrée, on la laisse déposer et on la décante, car elle pourrait trouer le filtre sur lequel on la verserait.

Les dissolutions de potasse et de soude sont incolores, et si caustiques quand elles sont concentrées, qu'il est impossible de les goûter sans se cautériser ; elles agissent sur les couleurs comme nous l'avons dit en parlant des oxides de la deuxième section (513) ; elles sont plus pesantes que l'eau, et d'autant plus, qu'elles contiennent plus de deutoxide ; elles n'entrent en ébullition que bien au-delà du terme de l'eau bouillante ; saturées à chaud, elles cristallisent en lames par le refroidissement, mais avec beaucoup de peine, en raison de la grande affinité du deutoxide pour l'eau. On peut les ramener à l'état d'hydrates au moyen d'une chaleur suffisante ; toutefois on ne parvient jamais à en chasser toute l'eau, quelle que soit la température à laquelle on les soumet. Exposées à l'air, elles en attirent l'acide carbonique, ce qui fait qu'on est obligé de les conserver dans des flacons bien bouchés. Elles sont sans action sur l'hydrogène, le bore, le carbone, l'azote ; mais, lorsqu'on les met en contact avec le soufre, surtout à l'aide de la chaleur, elles le disolvent et donnent lieu à un sulfite sulfuré et à un hydro-sulfure-sulfuré : si on substitue le phosphore au soufre, il en résultera un phosphite ou un phosphate, et du gaz hydrogène phosphoré. Elles se comportent, avec le potassium et le sodium, comme l'eau (275), et n'ont aucune espèce d'action sur les métaux des quatre dernières sections, excepté le zinc : en effet, quand on les fait bouillir avec celui-ci, il se forme de l'oxide de zinc qui se dissout dans la liqueur, et il se dégage de l'hydro-

gène ; d'où on doit conclure que l'eau est décomposée.
Elles ont de l'action sur quelques composés combustibles non métalliques ; elles en ont surtout sur le
gaz hydrogène sulfuré ; elles absorbent ce gaz , et
donnent lieu à des hydro - sulfures qui seront étudiés (1139) : ce n'est que par l'eau qu'elles contiennent qu'elles décomposent l'hydrure de potassium,
les phosphures et les sulfures de potassium et de sodium, Il paraît qu'elles n'agissent que sur très - peu
d'autres composés combustibles mixtes ; cependant
nous devons dire qu'on n'a guère bien étudié leur action que sur le sulfure d'antimoine. On verra (1163)
qu'en les mettant en contact avec ce sulfure , l'eau
est décomposée, et qu'il en résulte , d'une part , de
l'oxide d'antimoine hydro-sulfuré , et, d'autre part, de
l'hydro-sulfure de potasse ; enfin, on jugera de l'action
de ces dissolutions sur les alliages par l'action qu'elles
exercent sur les métaux dont ceux-ci sont formés.

592. *Dissolution de baryte et de strontiane.* — On
se procure les dissolutions de baryte et de strontiane en
faisant chauffer la baryte et la strontiane avec de l'eau,
dans un matras ou une casserole bien propre, filtrant
la liqueur aussitôt qu'elle est bouillante, et la recevant
dans le flacon où elle doit être conservée à l'abri du
contact de l'air. Ces dissolutions, qu'on appelle le plus
souvent *eau de baryte*, *eau de strontiane*, cristallisent
par le refroidissement lorsqu'elles sont saturées ; il se
forme ordinairement, dans celle de strontiane, des lames
minces dont les bords sont terminés par deux facettes
qui se joignent et forment un angle aigu, et, dans
celle de baryte, des prismes hexagones terminés à chaque
extrémité par une pyramide tétraèdre, qui souvent s'at-
tachent les uns aux autres de manière à imiter une

feuille de fougère. Celle de strontiane cristallise encore quelquefois en cubes, et celle de baryte en octaèdres.

Les cristaux de baryte et de strontiane passent pour être formés : les premiers, de 53 d'eau et de 47 de baryte ; et les seconds, de 68 d'eau et de 32 de strontiane.

Les eaux de baryte et de strontiane sont incolores, âcres et caustiques : elles agissent sur les couleurs comme nous l'avons dit en parlant des oxides de la 2ᵉ section (513) ; exposées à l'air, elles en attirent l'acide carbonique et se couvrent de pellicules blanches, parce que le carbonate qui se forme est insoluble ; enfin elles se comportent, comme les dissolutions de potasse et de soude, avec les corps combustibles simples et composés.

593. *Dissolution de chaux ou eau de chaux.* — Pour préparer cette dissolution dans les laboratoires, on commence par éteindre la chaux avec une quantité d'eau convenable ; après quoi, on met une centaine de grammes de chaux éteinte dans un flacon de cinq à six litres ; on le remplit presque entièrement d'eau, on le bouche, on l'agite, et on l'abandonne à lui-même : au bout d'un quart d'heure, la dissolution peut être filtrée, elle est saturée de chaux ; mais ordinairement on la laisse déposer dans le flacon, on la retire par décantation à mesure qu'on en a besoin, et on la remplace par de nouvelle eau jusqu'à ce que la majeure partie de la chaux soit dissoute. On connaissait autrefois, sous le nom *d'eau de chaux seconde*, la dissolution de chaux préparée avec la chaux dont on s'était déjà servi ; on s'imaginait qu'elle était moins forte que celle que l'on avait obtenue en traitant, pour la première fois, la chaux par l'eau : c'est une erreur que les chimistes ont reconnue depuis long-temps, et qui cependant règne encore dans plusieurs ateliers où l'on fait usage de l'eau de chaux.

L'eau de chaux jouit de toutes les propriétés que nous avons reconnues précédemment aux eaux de baryte et de strontiane, si ce n'est que, loin de pouvoir cristalliser par refroidissement, elle cristallise au contraire, lorsqu'ayant été faite à la température ordinaire, elle est soumise à l'action de la chaleur. En effet, elle ne tarde point à se troubler et à tapisser le vase qui la contient d'une multitude de paillettes brillantes. Nous verrons, par la suite, que la propriété de se troubler par la chaleur appartient aussi à la dissolution de l'albumine et de l'acétate d'alumine.

L'eau de chaux est employée dans plusieurs arts, mais surtout par les tanneurs pour gonfler les peaux, et par les fabricans et les raffineurs de sucre.

594. *Dissolution de deutoxide d'arsenic.* — Rien de plus facile à se procurer que cette dissolution, puisqu'il suffit pour cela de faire chauffer le deutoxide d'arsenic avec l'eau dans un matras, de porter celle-ci jusqu'à l'ébullition, de l'entretenir bouillante pendant quelque temps et de la filtrer. Les principales propriétés dont elle jouit sont les suivantes : il s'y forme, par le refroidissement, des tétraèdres presqu'opaques ; elle est âcre, nauséabonde, vénéneuse ; elle excite fortement la salive ; elle n'a point d'action sur les couleurs bleues : mise en contact avec l'hydrogène sulfuré, elle devient jaune et laisse déposer, au bout de quelque temps, des flocons d'orpiment ou de sulfure d'arsenic.

594 bis. *Dissolution d'osmium.* — Cette dissolution, qu'on obtient en mettant l'oxide d'osmium en contact avec l'eau, à la température ordinaire, est remarquable par son odeur, qui est analogue à celle du gaz muriatique oxigéné, par la propriété qu'elle a de laisser

dégager l'oxide d'osmium au-dessous de 100°, et enfin par la réduction qu'éprouve cet oxide aussitôt qu'on la met en contact avec la plupart des métaux appartenant aux troisième et quatrième sections, ainsi qu'avec le plomb et le mercure.

Des Hydrates.

595. La plupart des oxides métalliques sont susceptibles d'absorber et de solidifier une certaine quantité d'eau, et de former des composés qui jouissent de propriétés particulières. C'est à ces composés, que M. Proust a observé le premier, qu'on donne le nom d'hydrates.

En général, les hydrates abandonnent facilement l'eau qu'ils contiennent : il n'en est que trois, les hydrates de potasse, de soude et de baryte, dont on ne peut dégager l'eau par la seule action de la chaleur.

M. Berzelius prétend que les hydrates sont formés d'eau et d'oxides en proportions telles, que la quantité d'oxigène contenue dans l'oxide est égale à la quantité d'oxigène contenue dans l'eau ; mais il nous semble que les expériences sur lesquelles cette loi est fondée ne sont ni assez multipliées, ni assez précises pour que l'on puisse l'admettre définitivement : il est certain toutefois que, parmi les hydrates qui ont été examinés jusqu'ici, ceux qui contiennent le plus d'eau sont aussi ceux dont les oxides contiennent le plus d'oxigène. (Annales de Chimie, tome 86.)

596. *Hydrate de potasse ou de deutoxide de potassium.* — L'hydrate de potasse n'existe point dans la nature ; on l'obtient de la manière suivante : On prend une partie de nitrate de potasse et deux parties de tartrate acidule de potasse ou crême de tartre ; on les pul-

vérise dans un mortier de fer, et on les mêle ensemble ; ensuite on les projette dans une bassine de fonte presque rouge : ils prennent feu ; l'acide tartarique, qui est formé d'oxigène, d'hydrogène et de carbone, et l'acide nitrique, qui l'est d'azote et d'oxigène, se décomposent réciproquement, et donnent naissance à de l'eau, à de l'acide carbonique, à du gaz azote, et à plusieurs autres produits dont il sera question en parlant de l'action du nitre sur les substances végétales (troisième volume). Tous ces produits se volatilisent, excepté l'acide carbonique ; de sorte qu'après la combustion, il ne reste dans la bassine que du sous-carbonate de potasse.

S'étant ainsi procuré une certaine quantité de ce sel, on le fait bouillir dans cette bassine ou dans une autre plus ou moins grande, avec son poids de chaux vive et douze ou quinze fois son poids d'eau, que l'on remplace par d'autre à mesure qu'elle s'évapore : l'eau le dissout ; la chaux, après s'être divisée et réduite en bouillie, le décompose, s'empare de son acide, et forme un sous-carbonate de chaux insoluble qui se précipite ; tandis que le deutoxide de potassium, étant soluble, reste dans la liqueur. On continue l'ébullition jusqu'à ce qu'en filtrant une portion de liqueur, et y versant de l'eau de chaux (593), il ne s'y fasse plus, ou presque plus de précipité : alors on filtre à travers une toile serrée et fixée sur un carrelet (*voy.* Description des Appareils, article *Filtre*) ; on remet sur le filtre les premières portions de liquide, parce qu'elles sont troubles ; on lave le résidu avec de l'eau bouillante pour dissoudre la potasse qui y reste adhérente, et on cesse de le laver lorsque les eaux de lavage n'ont

plus qu'une légère saveur ; de cette manière on obtient
tout le deutoxide de potassium, plus un peu de chaux en
dissolution , et tout le sous-carbonate de chaux, plus
l'excès de chaux sur la toile ; après cela, on nettoie
la bassine, et on y fait évaporer à grand feu toute la liqueur filtrée ; mais comme dans l'évaporation le deutoxide de potassium enlève nécessairement du gaz acide
carbonique à l'atmosphère ambiante, qui s'en trouve
très-chargée , il faut séparer le deutoxide pur du sous-
carbonate de potasse qui se recompose.

A cet effet , lorsque la matière est en consistance
syrupeuse et à la température de 5o ou 6o°, on
verse dessus, peu à peu , trois ou quatre fois son
poids d'alcool à environ 33° ; on l'agite en même
temps avec une spatule en fer, de manière à la diviser,
et on introduit le tout dans des flacons de verre longs et
étroits autant que possible : par ce moyen, toute la potasse se dissout, et tout le sous-carbonate de potasse et
même les autres sels que le nitrate et le tartrate employés pourraient contenir, se déposent.

Le dépôt étant fait , ce qui a lieu au bout de
quelques jours, on décante la liqueur, qui est claire
et plus ou moins rougeâtre, au moyen d'un syphon
plein d'alcool pur (*voyez* Description des Appareils, article *Syphon*) ; on en remplit presque entièrement une cornue de verre ; on place cette cornue
sur un fourneau ; on y adapte une alonge et un récipient tubulé ; on chauffe ; l'alcool se gazéfie, et vient
se rendre et se condenser dans l'alonge et le ballon,
qui, pour cela, doivent être sans cesse refroidis : ayant
retiré ainsi environ les trois quarts de l'alcool, on verse

dans une bassine d'argent le résidu, qui doit être regardé comme le deutoxide de potassium tenu en dissolution dans l'alcool très-aqueux (*a*) ; on le fait évaporer rapidement ; et lorsque la matière, quoique très-chaude et presque rouge, est en fusion tranquille, on la coule dans une autre bassine d'argent bien sèche, ou dans une bassine de cuivre étamée bien propre ; elle s'y fige ; on la concasse, et on la met de suite dans un flacon de verre à gros goulot, bouché à l'émeri : cette matière est l'hydrate de potasse. Au lieu d'achever l'évaporation dans une bassine d'argent, il vaudrait mieux se servir d'une cornue de même métal, formée de deux pièces, pour y introduire et en retirer facilement le deutoxide : par ce moyen, on éviterait l'absorption d'une petite quantité de gaz acide carbonique par le deutoxide de potassium.

On peut encore extraire le deutoxide de potassium de la potasse du commerce, qui est ordinairement un mélange de beaucoup de sous-carbonate, de sulfate et de muriate de deutoxide de potassium, en la traitant successivement par la chaux et l'esprit de vin, comme on l'a dit dans l'opération précédente : mais comme la potasse du commerce contient quelquefois une petite quantité de sous-carbonate de soude, il en résulterait que, dans ce cas, le deutoxide de potassium serait mêlé de deutoxide de sodium ; d'où il suit que le premier procédé est plus sûr que le second, et mérite la préférence : il ne se passe d'ailleurs, dans ce second procédé, rien autre chose que dans le premier ;

(*a*) Cette dissolution cristallise assez facilement par le refroidissement : l'eau qu'elle contient vient en partie de l'alcool et de celle dont on s'est servi pour faire l'opération.

le sous-carbonate de potasse est décomposé par la chaux; les sulfate et muriate ne le sont point, et font partie du dépôt qui se forme dans la liqueur.

Lorsqu'après avoir traité la potasse du commerce par la chaux et avoir évaporé la liqueur jusqu'à siccité, on se contente de faire fondre le résidu et de le couler, il en résulte la matière connue en médecine sous le nom de pierre à cautère, et qu'on connaît, dans les laboratoires, sous le nom de potasse caustique à la chaux, pour la distinguer de la potasse purifiée par l'alcool. La pierre à cautère, ou la potasse caustique à la chaux, est donc formée d'hydrate de potasse, de sous-carbonate, de sulfate et de muriate de potasse : si on la préparait avec le nitre et la crême de tartre, ce qui serait possible, elle ne contiendrait que de l'hydrate et du sous-carbonate de potasse.

597. L'hydrate de potasse est solide, sec, blanc, extrêmement caustique; agit sur les couleurs comme les oxides de la 2e section (513), et entre en fusion bien au-dessous de la chaleur rouge : exposé à l'air, à la température ordinaire, il en attire l'humidité et l'acide carbonique, et se résout en liqueur; mais, à la température rouge, il en attire l'oxigène en même temps que l'acide carbonique, cesse d'en attirer l'eau, laisse au contraire dégager une partie de celle qu'il contient, devient d'un jaune verdâtre, et passe à l'état de peroxide.

Cette dernière expérience doit se faire dans un creuset d'argent ou de platine; en opérant sur dix à douze grammes de matière, elle dure environ un demi-quart d'heure.

598. L'hydrogène et l'azote sont sans action sur l'hydrate de potasse; il est probable qu'à l'aide de la

chaleur, le bore en opérerait la décomposition en donnant lieu à un dégagement d'hydrogène et à un sous-borate de potasse.

L'action du carbone sur cet hydrate est très-grande ; il en résulte des produits qui varient en raison de la température. A une température rouge - cerise , on obtient du sous-carbonate de potasse et de l'hydrogène carburé ; mais, à une température rouge-blanc, on obtient du gaz hydrogène carburé , du gaz oxide de carbone et du potassium. On voit donc que, dans les deux cas, l'eau est décomposée : dans le premier , elle l'est seule ; dans le second, le deutoxide de potassium l'est lui-même. *Expérience :* Lorsqu'il s'agit de traiter l'hydrate de deutoxide à une température rouge-cerise, on prend une cornue de grès ; on y introduit un mélange de deux parties de charbon en poudre et d'une partie d'hydrate de deutoxide ; on place cette cornue dans un fourneau à réverbère ; on y adapte un tube à boule qui s'engage sous l'eau , et l'on chauffe : le sous-carbonate et l'excès de charbon restent dans la cornue, et les gaz passent dans les flacons. Cette décomposition a lieu avec dégagement de lumière ; car en versant de l'hydrate en fusion sur des charbons très incandescens, ils brûlent presque aussi rapidement que dans leur contact avec certains nitrates.

Lorsqu'il s'agit au contraire d'éprouver l'action de l'hydrate sur le charbon à une très-haute température, et de prouver que le deutoxide est décomposé , on s'y prend comme nous venons de le dire, excepté qu'on n'adapte point de tube au col de la cornue : on la fait chauffer très-fortement ; à une certaine époque, on voit apparaître une flamme verte dans l'intérieur du col ; ce signe indique que le deutoxide se décompose : alors on plonge un corps froid, par exemple, une tige de cuivre ou de fer au milieu de cette flamme ; et au bout de quelques secondes, on l'en retire toute couverte de petits grains de métal. En répétant cette épreuve un grand nombre de fois, on peut même obtenir une certaine quantité de potassium, pourvu qu'on plonge à chaque fois la tige dans de l'huile de lin pour y déposer le métal, et qu'on la nettoie ensuite. Si on adaptait un tube au col de la cornue, le deutoxide serait encore décomposé, et cependant on n'obtiendrait point de potassium. Comment expliquer ces effets en apparence contradictoires ? D'une manière fort simple. Le gaz oxide de carbone n'est décomposé par le potassium, ni à la température ordinaire, ni à une très-haute température ; mais il l'est par ce métal à la température rouge-cerise : par conséquent, si l'oxide de carbone et le potassium étant à une très-haute température, se refroidissent lentement, il y aura nécessairement une époque où le potassium sera brûlé ; c'est ce qui arrive dans la seconde expérience. Si, au contraire, ils se refroidissent subitement, la combustion du potassium ne sera que partielle ; et c'est ce qui à lieu évidemment dans la première. Ainsi, la tige qu'on plonge dans la cornue n'agit que comme corps refroidissant.

Nous avons vu précédemment qu'en mettant l'eau en contact avec le phosphure de potasse, il en résultait tout à coup du gaz hydrogène phosphoré et un phosphite ou un phosphate, et qu'en le mettant en contact avec le sulfure de potasse, il se formait un sulfite sulfuré et un hydro-sulfure-sulfuré. Il suit de là que, en chauffant ensemble de l'hydrate de potasse avec du phosphore et du soufre, on doit obtenir de semblables résultats. Il faut donc admettre que, dans ce cas, les deux élémens de l'eau se séparent, et se combinent chacun avec une portion de phosphore et de soufre, etc.

Plusieurs métaux décomposent l'hydrate de potasse à l'aide de la chaleur; tels sont particulièrement le potassium, le sodium et le fer : l'eau de l'hydrate est d'abord décomposée; ensuite le deutoxide l'est lui-même. Le potassium ramène cet oxide à l'état de protoxide; mais le fer et le sodium, pourvu que la température soit suffisamment élevée, le réduisent complétement. Il est probable que ce serait aussi de cette manière qu'agiraient sur lui le zinc, le manganèse, et à plus forte raison le barium, le strontium et le calcium.

On ne sait presque rien de l'action qu'exerce l'hydrate de potasse sur les composés combustibles; on sait seulement qu'en général, cet hydrate n'agit point sur eux à la température ordinaire; qu'à chaud, il absorbe le gaz hydrogène sulfuré, et donne lieu à un hydrosulfure; qu'il décompose aussi à chaud plusieurs sulfures métalliques, et particulièrement le sulfure d'antimoine, et que de là résulte de l'hydro-sulfure-sulfuré de potasse et de l'oxide d'antimoine hydro-sulfuré (1163). Il produit sans doute, avec plusieurs autres de ces composés, des phénomènes remarquables; mais ces phénomènes n'ont point encore été constatés par l'expérience : on pourra les prévoir en se rappelant l'action isolée de l'eau et du deutoxide de potassium sur ces composés.

599. Après avoir décrit la préparation de l'hydrate de potasse et en avoir étudié les propriétés, cherchons à en déterminer la composition. On peut y parvenir de trois manières différentes :

1° On introduit dans une petite cornue de verre bien sèche, dont on connaît le poids, une partie d'hydrate de potasse et trois à quatre parties d'acide borique vitrifié et concassé : après avoir placé cette cornue dans un fourneau ordinaire, on la porte peu à peu jusqu'au rouge-brun ; bientôt l'acide borique se combine avec le deutoxide de potassium, et forme un composé qui, à cette température, n'est plus susceptible de contenir de l'eau : celle-ci, rendue à son état de liberté, se dégage et passe à l'état de vapeur dans le col de la cornue, où elle se condense en partie ; par conséquent, en séchant et pesant la cornue après l'expérience, on connaîtra la quantité d'eau qui entre dans la composition de l'hydrate.

2° On met dans un creuset d'argent ou de platine, dont on connaît le poids, une partie d'hydrate de potasse et trois à quatre parties de sable fortement calciné ; on y ajoute assez d'eau pour dissoudre l'hydrate et le mettre en contact avec toutes les parties siliceuses ; on chauffe peu à peu pour volatiliser l'eau sans perdre de matière ; puis on porte le creuset à une chaleur rouge, et on le laisse exposé à cette température pendant une demi-heure ; la silice se combine avec le deutoxide de potassium et dégage toute l'eau que contenait celui-ci, de sorte qu'en prenant le poids du creuset après l'expérience, on peut en conclure la composition de l'hydrate.

3° On expose à un air humide, dans une cloche

longue et étroite, une certaine quantité de potassium, jusqu'à ce qu'elle soit convertie en dissolution alcaline, et on sature cette dissolution comparativement avec une certaine quantité d'hydrate, lui-même en dissolution, par de l'acide sulfurique étendu de dix ou douze fois son poids d'eau : on a alors toutes les données néces- saires pour savoir combien cet hydrate contient d'eau. En effet, supposons qu'on ait employé 100 parties de potassium, il en sera résulté 120 parties de deutoxide (518) ; supposons, d'une autre part, qu'on ait employé 150 parties d'hydrate de potasse, et que ces 150 parties n'aient pas exigé plus d'acide pour se saturer que les 120 parties de deutoxide, il sera évident que les 150 parties d'hydrate ne contiendront que 120 parties de deutoxide, et par conséquent la cinquième partie de leur poids d'eau.

En prenant la moyenne de ces trois expériences, dont les résultats diffèrent très-peu les uns des autres, on trouve que l'hydrate de potasse doit être formé de 100 parties de deutoxide de potassium et de 25 d'eau. (*Voyez*, pour plus de détails, Recherches physico- chimiques.)

600. L'hydrate de potasse est un réactif dont les chi- mistes font un fréquent usage ; ils l'emploient particulière- ment pour séparer les oxides métalliques les uns des au- tres, ou des acides auxquels ces oxides sont unis ; mais souvent, au lieu d'hydrate très-pur qu'il est assez diffi- cile de se procurer, ils se servent d'hydrate contenant du sous-carbonate de potasse, et même du sulfate et du muriate de potasse, qu'on se procure facilement. C'est de celui-ci qu'on se sert toujours pour ouvrir les cau- tères : aussi le connaît-on en médecine sous le nom de

pierre à cautère; dans les laboratoires, on l'appelle potasse caustique à la chaux. (*Voyez* ce qui a été dit précédemment à cet égard, page 176.)

C'est à M. Darcet et à M. Berthollet que nous devons la découverte de l'hydrate de potasse. (Annales de Chimie, tome 68.)

601. *Hydrate de soude.* — Son histoire est absolument la même que celle de l'hydrate de potasse; mêmes propriétés physiques; même action sur le calorique, sur le gaz oxigène, sur l'air, soit à chaud, soit à froid, si ce n'est qu'à froid le sous-carbonate qui se forme s'effleurit au lieu de rester liquide; même manière d'être avec les corps combustibles, excepté toutefois qu'il est plus difficile à décomposer par le fer.

Il est inconnu dans la nature, de même que l'hydrate de potasse; on l'obtient, comme celui-ci, en traitant successivement par la chaux et l'alcool le sous-carbonate de soude qu'on rencontre dans le commerce; enfin, c'est en calcinant cet hydrate, comme celui de potasse, avec de l'acide borique ou du sable, etc., qu'on prouve qu'il contient le quart de son poids d'eau.

602. *Hydrate de baryte.* — Cet hydrate est solide, gris-blanc, caustique, très-pesant : il agit sur les couleurs végétales comme les oxides de la deuxième section (515); entre en fusion au-dessous de la chaleur rouge-cerise; n'est point volatil; attire, mais lentement, l'acide carbonique de l'air à une température quelconque; se comporte probablement, avec le phosphoré et le soufre, comme les hydrates de potasse et de soude; donne lieu à du gaz hydrogène carburé et à du carbonate de baryte quand on le calcine avec du char-

bon, pourvu que celui-ci ne soit point en excès (*a*), et à un composé de baryte, d'oxide de potassium, de sodium ou de fer, en même temps qu'à un dégagement de gaz hydrogène, quand on le chauffe avec l'un de ces trois métaux; en sorte que, dans ces diverses circonstances, l'eau de cet hydrate se trouve décomposée. Il est probable que plusieurs autres métaux peuvent aussi décomposer l'hydrate de baryte, et que son action sur les composés combustibles est analogue à celle des hydrates de potasse et de soude.

Jusqu'à présent, on n'a point trouvé l'hydrate de baryte dans la nature : pour l'obtenir, on met de la baryte dans un creuset de platine ou d'argent ; on verse de l'eau dessus jusqu'à ce qu'elle soit réduite en bouillie épaisse; on la chauffe à peu près jusqu'au rouge, en recouvrant le creuset de son couvercle ; l'excès d'eau se dégage ; bientôt l'hydrate entre en fusion; on le coule dans un vase de cuivre ou d'argent bien propre et bien sec, et on le conserve dans un flacon à l'abri du contact de l'air.

Cet hydrate, dont l'existence a été bien démontrée par MM. Berthollet et Bucholz, est formé de 100 parties de protoxide de barium et de 11,84 d'eau ; car, soit qu'on sature 100 parties de protoxide ou 111,84 d'hydrate par l'acide sulfurique, on obtient la même quantité de sulfate de baryte, savoir : 151,5.

Hydrate de chaux. — L'hydrate de chaux s'obtient, d'après M. Berzelius, en versant assez d'eau sur la chaux

(*a*) Si le charbon était en excès, et si la température était suffisamment élevée, on obtiendrait de l'hydrogène carboné, du gaz oxide de carbone et de la baryte.

vive pour la réduire en bouillie, et en exposant cette bouillie dans un creuset d'argent ou de platine à la chaleur de la lampe à esprit de vin. Dans cette opération, la chaux augmente de 24,8 pour 100 d'hydrate; d'où il suit que l'hydrate de chaux contient presque le quart de son poids d'eau. (Ann. de Chim., t. 82.) Cet hydrate est blanc, pulvérulent, beaucoup moins caustique que la chaux vive, abandonne à une haute température l'eau qui entre dans sa composition, attire l'acide carbonique de l'air, absorbe l'hydrogène sulfuré, et jouit de la plupart des autres propriétés que nous avons reconnues à l'hydrate de potasse.

Hydrate de magnésie. — Cet hydrate s'obtient comme celui de chaux, et est formé, d'après M. Berzelius, de 100 de magnésie et de 44 d'eau : on en dégage celle-ci par la chaleur rouge. Il est pulvérulent, et jouit de la plupart des propriétés de la magnésie.

Hydrate d'alumine. — Cet hydrate, abandonnant l'eau qu'il contient bien plus facilement que les hydrates précédens, M. Berzelius recommande de le préparer en exposant au soleil l'alumine en gelée (a), et la divisant de temps en temps dans le cours de l'opération. Il est blanc, pulvérulent, et paraît être formé de 100 parties d'alumine et de 54 parties d'eau.

Hydrate de strontiane. — Il est plus que probable qu'on obtiendrait facilement cet hydrate par les procédés que nous avons suivis pour obtenir les hydrates de chaux et de magnésie.

603. *Hydrates autres que les précédens.*—La plupart de ces hydrates n'ont encore été obtenus qu'en gelée,

(a) Extraite du sulfate acide d'alumine et de potasse par l'ammoniaque (508).

c'est-à-dire, mêlés avec avec une assez grande quantité
d'eau pour prendre l'aspect gélatineux. On se procure
sous cet état, par le procédé suivant, tous ceux dont
les oxides peuvent s'unir avec les acides, c'est-à-dire,
le plus grand nombre de ces hydrates. On prend un
sel soluble dans l'eau, résultant de la combinaison de
l'oxide, base de l'hydrate, avec un acide quelconque,
mais ordinairement l'acide sulfurique, l'acide nitrique
ou l'acide muriatique, etc.; on le dissout dans l'eau, et
on y verse un excès d'une dissolution de potasse, de
soude ou d'ammoniaque; puis, après avoir lavé le
précipité à trois ou quatre reprises par décantation; on
le rassemble sur un filtre : ce précipité est l'hydrate
gélatineux. On voit donc que, dans ce cas, la potasse, la soude ou l'ammoniaque s'emparent de l'acide
du sel qu'on décompose, et reste en dissolution dans
la liqueur; tandis que l'oxide de ce sel, mis en liberté,
se précipite, en entraînant avec lui une certaine quantité
d'eau. On voit encore qu'il est nécessaire que l'oxide
de l'hydrate ne soit point soluble dans la base alcaline
dont on se sert, ni ne puisse point se combiner avec
elle : voilà pourquoi on doit faire usage tantôt de potasse ou de soude, et tantôt d'ammoniaque. (*Voyez*
l'action de ces alcalis sur les oxides métalliques, (616
et 617.)

604. Quant aux hydrates dont les oxides ne s'unissent
point aux acides, on les prépare de la même manière
que les oxides mêmes : ce ne serait qu'autant que ceux-
ci s'obtiendraient par la voie sèche ou sans l'intermède
de l'eau, ce qui est très-rare, qu'il faudrait avoir recours à un autre procédé.

Les différens hydrates gélatineux dont nous venons

de parler laissent dégager l'eau qu'ils contiennent avec
une si grande facilité, qu'on serait tenté de croire
qu'elle n'est qu'interposée mécaniquement entre leurs
molécules. Cependant il est probable qu'il y en a réellement une portion de combinée; car la couleur de
l'hydrate est quelquefois très-différente de celle de
l'oxide : ainsi l'hydrate de deutoxide de cuivre est
bleu; celui de protoxide de cobalt, violet; celui de protoxide de nickel, vert-pré; celui de deutoxide de fer,
vert-bouteille; celui de protoxide de plomb, blanc;
tandis que ces différens oxides sont : le premier, brun-
noirâtre; le second, gris; le troisième, noirâtre; le
quatrième, noir; et le cinquième, jaune, etc. (*Voyez*
le tableau page 33.)

Peut-être parviendrait-on à obtenir ces hydrates secs
et purs en les plaçant dans une capsule au-dessus d'une
autre presque pleine d'acide sulfurique, sous un récipient où l'on ferait le vide (53) : il serait possible qu'il
n'y eût alors de vaporisé que l'eau qui ne serait point
en combinaison réelle.

Quoi qu'il en soit, il résulte de ce que nous venons
de dire, qu'en général l'eau n'a qu'une faible affinité
pour les oxides; d'où l'on peut croire, contre l'opinion
de M. Berzelius, que les hydrates sont très-variables
dans leur composition.

605. On ne trouve que très-peu d'hydrates dans la
nature. Nous n'en citerons que deux, l'ocre et la calamine. L'ocre paraît être un hydrate de silice et d'oxide
de fer, et la calamine un hydrate de silice et d'oxide de
zinc. M. Liedbeck et M. Hausmann de Cassel, qui ont
considéré, avec MM. Sage et Proust, l'ocre comme un
hydrate, ont pensé que la silice que contenait ce minéral

n'était point en combinaison intime avec l'oxide de fer
et l'eau ; mais M. Berzelius a prouvé le contraire ; car
lorsqu'on traite l'ocre par l'acide muriatique, on obtient la silice dans un état semi-gélatineux (Ann. de
Chimie, t. 82, p. 19) ; ce qui n'aurait pas lieu, si elle
était libre.

Des Oxides susceptibles de décomposer l'eau.

606. Ces oxides sont au nombre de quatre : les protoxides de potassium et de sodium, et les protoxides
de manganèse et de fer. Les deux premiers la décomposent à la température ordinaire ; les deux autres en
opèrent la décomposition à la température rouge : tous
s'emparent de son oxigène, et mettent son hydrogène eu
liberté. Rien de plus facile à constater que ces résultats.

1° Après avoir fait des protoxides de potassium et
de sodium dans une cloche de verre courbe, par le
procédé qui a été indiqué (517), on remplit la cloche
de mercure, et on y fait passer de l'eau. A peine le
contact a-t-il lieu, qu'il en résulte une vive effervescence due à du gaz hydrogène qui se dégage, et qu'il
se forme un deutoxide qui reste en dissolution dans
l'eau non décomposée. On voit donc qu'ici trois affinités
concourent à la décomposition de l'eau ; savoir : la tendance de l'hydrogène à passer à l'état de gaz, l'affinité
du protoxide pour l'oxigène, et celle du protoxide oxigéné ou deutoxide pour l'eau ; celle-ci est très-grande,
puisqu'on ne saurait décomposer par la chaleur l'hydrate de deutoxide de potassium ou de sodium.

2° Lorsqu'au lieu de vouloir décomposer l'eau par
les protoxides de potassium et de sodium, on veut en
opérer la décomposition par les protoxides de fer et de

manganèse, on s'y prend comme quand il s'agit de
l'opérer par le fer lui-même (287) : dans ce cas, les
protoxides passent à l'état de deutoxide.

Des Oxides susceptibles d'être décomposés par l'eau.

607. On en connaît trois : les tritoxides de potassium
et de sodium, et le deutoxide de barium. Tous sont
décomposés à la température ordinaire, laissent dégager
une portion de leur oxigène, et sont ramenés, les deux
premiers, à l'état de deutoxide, et le troisième, à l'état
de protoxide. Ainsi désoxidés, ils se dissolvent dans
l'eau ; d'où il suit que c'est par l'affinité de l'eau pour
ceux-ci, et par la tendance qu'a l'oxigène à reprendre
l'état de gaz, que la décomposition s'effectue ; mais
sans doute la première de ces forces y contribue beaucoup plus que la seconde. Ces résultats doivent être
constatés comme les précédens : on fait des peroxides de
potassium et de sodium, et du deutoxide de barium, dans
une cloche courbe, par les procédés qui ont été décrits
(516, 519). Ces oxides étant faits, on remplit cette cloche
de mercure, et on y introduit assez d'eau pour les recouvrir. L'action est instantanée entre les peroxides de potassium et de sodium et l'eau ; mais elle n'a lieu qu'au
bout d'un certain temps entre l'eau et le deutoxide de
barium ; il est bon de favoriser celle-ci par un peu de
chaleur. On peut encore, pour constater la décomposition des peroxides de potassium et de sodium par
l'eau, se servir de ceux qu'on obtient en calcinant
l'hydrate de potasse et de soude dans un creuset ; alors,
après en avoir préparé une certaine quantité, on les introduit dans une éprouvette en partie pleine de mercure et d'eau.

De l'action du Gaz oxide de carbone sur les Oxides métalliques.

608. Le gaz oxide de carbone n'a d'action sur aucun oxide métallique à la température ordinaire ; il ne se combine avec aucun à une température quelconque ; mais il en désoxide un grand nombre en tout ou en partie à une température élevée, et passe à l'état d'acide carbonique. En général, il décompose les oxides qui, traités par le charbon, cèdent assez d'oxigène à ce corps combustible pour le rendre acide. La raison en est simple ; c'est que l'acide carbonique pouvant être regardé comme un composé d'oxide de carbone et d'oxigène, il est évident que toutes les fois que le charbon décomposera un oxide de manière à passer à l'état d'acide carbonique, l'oxide de carbone jouira probablement aussi de cette propriété (*voyez* quels sont ces oxides 476) : cependant nous devons dire que l'oxide de carbone étant à l'état de gaz, il arrivera peut-être que, dans quelques circonstances, à cause de son expansion, il n'aura point d'action sur quelques oxides susceptibles d'être décomposés par le charbon, et de produire de l'acide carbonique. Toutes ces décompositions peuvent être faites dans un tube de porcelaine : on fait passer ce tube à travers un fourneau à réverbère ; on y introduit l'oxide, et on adapte d'une part, à l'une de ses extrémités, une vessie remplie de gaz oxide de carbone, et d'autre part, à son autre extrémité, un petit tube de verre propre à recueillir les gaz ; on chauffe le tube convenablement, c'est-à-dire, de manière à ne

pas décomposer l'oxide, s'il était susceptible d'être décomposé (*a*); ensuite on tourne le robinet de la vessie,
et on la comprime peu à peu : le gaz acide carbonique
passe dans les flacons pleins d'eau, et le métal ou
l'oxide, ramené à un moindre degré d'oxidation, reste
dans le tube, à moins qu'il ne soit volatil. Les peroxides de potassium et de sodium, et le deutoxide de
barium, font seuls exception : traités par le gaz oxide
de carbone, les deux premiers forment des deuto-carbonates, et le troisième un proto-carbonate, tous indécomposables par le feu ; en sorte que l'acide carbonique, au lieu de se dégager, reste uni avec le nouvel
oxide.

De l'action de l'Oxide de phosphore sur les Oxides métalliques.

609. On n'a point encore fait d'expérience pour connaître l'action de l'oxide de phosphore sur les oxides
métalliques : mais il est probable qu'il n'en a aucune
sur les oxides de la première section ; que, parmi ceux
de la deuxième, il décompose le tritoxide de potassium, le tritoxide de sodium et le deutoxide de barium, et qu'il donne naissance à des deuto-phosphates
avec les deux premiers, et à un proto-phosphate avec
le troisième ; qu'enfin il réduit tous les oxides que le
phosphore est susceptible de réduire lui-même ; car on
a vu que, dans la réduction des oxides par le phos-

(*a*) Car alors il pourrait y avoir détonnation.

phore, celui-ci passait toujours, en partie du moins, à l'état d'acide phosphoreux ou phosphorique. (*Voyez* l'action du phosphore sur les oxides (478.) Ces décompositions et réductions n'ont lieu toutefois qu'à l'aide de la chaleur.

De l'action du Deutoxide d'Azote sur les Oxides métalliques.

610. Le deutoxide d'azote, à une température élevée, enlève de l'oxigène à plusieurs oxides, et passe à l'état d'acide nitreux ; il en cède au contraire à quelques autres, et passe à l'état de gaz azote : il joue donc, avec les premiers, le rôle de corps combustible, et avec le second, celui de corps comburant.

Ce deutoxide n'a d'action ni sur les oxides de la première section, ni sur les oxides de calcium et de stron-tium de la seconde ; il en a au contraire une très-marquée sur les tritoxides de potassium et de sodium ; avec le premier, il forme du nitrite de potasse et du gaz acide nitreux, et avec le second, du nitrite seulement ; d'où il suit que le tritoxide de potassium, en cédant une portion de son oxigène au deutoxide d'azote, forme plus d'acide nitreux que n'en peut absorber le deutoxide provenant de cette désoxigénation, et que le tritoxide de sodium n'en forme pas plus que n'en peut absorber le deutoxide qui en provient. L'expérience peut être faite de la manière suivante : Après avoir préparé des peroxides de potassium et de sodium, dans une cloche de verre courbe, par le procédé qui a été indiqué (519), on remplit la cloche de mercure pour en faire

sortir l'excès de gaz oxigène ; ensuite on y fait passer
du deutoxide d'azote, et on chauffe le peroxide de potassium ou de sodium avec la lampe à esprit de vin ;
bientôt le gaz est absorbé, et le peroxide, de jaune-
vert qu'il est, devient blanc et entre en fusion ; à cette
époque, l'opération est terminée. Il est probable que
le deutoxide de barium, traité de la même manière par
le deutoxide d'azote, formerait du proto-nitrite de barium ; il est probable aussi que plusieurs autres peroxides des sections suivantes, particulièrement ceux
dont les protoxides ou deutoxides pourraient se combiner avec l'acide nitreux, jouiraient de propriétés
semblables ; tels seraient peut-être les peroxides de
manganèse, de cobalt, de plomb ; enfin, il est probable que les oxides qui sont très-faciles à réduire, tels
que l'oxide d'or, celui de platine, et en général ceux
dont les métaux sont sans action sur l'acide nitreux,
seraient complétement décomposés à une basse température par le deutoxide d'azote ; de sorte que le métal
serait mis à nu, et qu'il en résulterait du gaz acide nitreux.

On vient de voir quels sont les oxides auxquels le
deutoxide d'azote peut enlever du gaz oxigène ; il faudrait examiner maintenant quels sont ceux auxquels il
peut en céder : ce sont probablement les protoxides de
potassium, de sodium, de manganèse, de fer, etc. ;
mais comme il n'y a encore eu aucune expérience qui
constate ces sortes d'actions, il n'est point permis de
les présenter comme positives.

De l'action du Protoxide d'Azote sur les Oxides métalliques.

Les oxides métalliques sont sans action sur le protoxide d'azote, à la température ordinaire ; il n'en est pas de même à une température élevée ; un assez grand nombre le décomposent à cette température, s'emparent de son oxigène, et mettent son azote en liberté : tels sont les protoxides de potassium, de sodium, de manganèse, de fer, et la plupart des protoxides des quatre premières sections.

On conçoit qu'il serait possible que quelques-uns, au lieu de le désoxider, lui cédassent une portion de l'oxigène qu'ils contiennent, et le fissent passer à l'état d'acide nitreux ; mais il paraît qu'il n'en existe point qui jouisse de cette propriété.

D'après M. Davy, il en est deux avec lesquels le protoxide d'azote peut s'unir ; ce sont les protoxides de potassium et de sodium. En effet, lorsqu'on met en contact le deutoxide d'azote avec un mélange de potasse et de sulfite de potasse réduit en poudre fine, il en résulte, au bout de quelques jours, du sulfate de potasse, et un composé de potasse et de protoxide d'azote. En faisant la même expérience avec la soude et le sulfite de soude, on obtient des résultats analogues. Dans les deux cas, ces nouveaux composés peuvent être séparés des sulfates par la cristallisation ; ils restent dans les eaux mères. Les principales propriétés dont ils jouissent sont les suivantes : ils sont piquans et caustiques ; ils verdissent fortement le sirop de violettes ; leur solubilité dans l'eau est très-grande ; exposés à l'action de la chaleur, ils ne tardent point à se décomposer ; projetés sur les charbons incandescens, ils en augmentent la combustion ; tous les acides en séparent le protoxide d'azote ; on ne peut point les former directement.

DE L'ACTION DES OXIDES MÉTALLIQUES LES UNS SUR LES AUTRES.

612. Tous les oxides métalliques étant solides, ne peuvent agir les uns sur les autres qu'à l'aide de la chaleur ; leur action est très-variée.

Tantôt un oxide enlève tout l'oxigène à un autre oxide, et par conséquent le réduit à l'état métallique. Tantôt il lui en enlève seulement une portion ; et de là résultent deux nouveaux oxides qui se combinent presque toujours ensemble. Tantôt il le décompose de manière à en dégager du gaz oxigène, et à le ramener à l'état d'un oxide moins oxidé, avec lequel il s'unit alors constamment. Tantôt, enfin, un oxide se combine avec un ou plusieurs oxides sans qu'il y ait décomposition de l'un d'entre eux, c'est-à-dire, sans que l'un enlève de l'oxigène à l'autre.

Il suit de là que la réaction réciproque des oxides dépend principalement de leur affinité pour l'oxigène, et de leur tendance à se combiner les uns avec les autres, à certains degrés d'oxidation. Examinons successivement ces différens cas.

Premier cas. — La plupart des oxides des quatre premières sections, qui ne sont point au summum d'oxidation, peuvent réduire les oxides de mercure et d'osmium, et les oxides de la sixième section : on le concevra facilement, si on se rappelle que ceux-ci sont réductibles au-dessous de la chaleur rouge, ainsi que les oxides de mercure et d'osmium ; tandis qu'aucun des oxides appartenant aux quatre prmières sections ne se décomposent à cette température, et qu'un grand nombre même ne sont pas susceptibles de se décomposer à une température très-élevée. Il est probable que les protoxides de potassium et de sodium, et les protoxides de manganèse et de fer, réduiraient les oxides de plomb et de nickel, et plusieurs de ceux qui font partie de la quatrième section. Néanmoins, dans quelques cas, la réduction pourrait ne pas avoir lieu, en raison de l'affinité des deux oxides l'un pour l'autre : c'est ce que nous offrent le protoxide de plomb et les deutoxides de potassium ou de sodium : quoique ces deux derniers oxides aient plus d'affinité pour l'oxigène que le plomb, ils ne réduisent pas son protoxide ; ils se combinent avec lui, et forment un composé très-intime.

Deuxième cas. — On sait que la plupart des peroxides passent assez facilement à l'état d'un oxide moins oxidé, et que, ramenés à cet état, ils tiennent beaucoup plus fortement à l'oxigène. On voit donc que, si on les traite par d'autres oxides dont l'affinité pour l'oxigène soit assez grande, ils seront désoxidés en partie, et pourront alors se combiner avec le nouvel oxide formé. Les protoxides de potassium et de sodium agissent probablement ainsi d'une manière réciproque, sur leurs peroxides, de même que sur les deutoxides et les tritoxides de la troisième section, et sur la plupart des deutoxides et tritoxides appartenant à la quatrième. C'est encore de cette manière que se comportent les protoxides des métaux de la troisième section, et probablement aussi quelques-uns de ceux de la quatrième, avec les peroxides de potassium, de sodium, de barium, et les peroxides des 3e et 4e sections, etc. Enfin, le protoxide d'un métal agira de même, en général, sur le tritoxide de ce métal, de sorte qu'il en résultera un deutoxide.

Troisième cas. — Supposons qu'on traite un peroxide par un autre oxide ; que celui-ci ne puisse pas s'oxider et ait beaucoup d'affinité pour le métal de celui-là, ramené à un moindre degré d'oxidation : on conçoit que la décomposition du peroxide aura lieu ; qu'il s'en dégagera du gaz oxigène, et que, désoxidé, il se combinera avec l'autre oxide ; on conçoit même qu'un peroxide qui ne se décomposerait point par la chaleur seule, c'est-à-dire, qui ne laisserait point dégager d'oxigène, pourrait se décomposer par ce moyen. Nous ne pouvons citer que très-peu d'exemples de ce genre. Les peroxides de potassium et de sodium sont dans ce cas, relativement à l'oxide de silicium, etc.

Quatrième cas. — Il paraît que toutes les fois que deux oxides ne se trouvent pas dans l'un des trois cas précédens, et que d'ailleurs ils ne peuvent se réduire ni se volatiliser facilement par la chaleur, ils se combinent ensemble en les exposant à un degré de feu convenable ; encore en est-il même qui, quoique réductibles spontanément, peuvent former des combinaisons très-intimes avec d'autres non réductibles : tels sont les oxides de plomb et de nickel.

Pour constater ces divers résultats, on introduit les oxides dans une cornue, on place cette cornue dans un fourneau, on adapte à son col un tube à boule qui s'engage sous un flacon plein d'eau, et on chauffe ; ou bien on met ces oxides dans un creuset qu'on bouche exac-

tement et qu'on expose, comme la cornue même, à
l'action d'un feu convenable. Lorsque les oxides sont
susceptibles de réagir sur la silice, il faut que les vases
soient de platine (*a*), ou du moins ce ne serait qu'autant qu'ils seraient sans action sur le charbon, qu'on
pourrait opérer dans des creusets de terre, brasqués.
(*Voyez* Description des Planches, article *Creuset.*)

613. *Propriétés des Oxides composés métalliques.*—
Les oxides composés métalliques sont tous solides, cassans, plus pesans que l'eau, sans odeur; tous sont insipides,
excepté ceux qui contiennent des oxides de la deuxième
section en quantité très-notable; tous aussi sont sans
couleur lorsqu'ils résultent d'oxides incolores, et sont
au contraire différemment colorés lorsqu'ils résultent
d'oxides qui le sont eux-mêmes.

Un assez grand nombre d'oxides composés métalliques sont susceptibles de fondre; leur fusibilité est
plus grande, en général, que ne l'est la moyenne des
oxides qui les composent, à tel point que certains
oxides qui sont infusibles isolément, deviennent très-
fusibles réunis en certaines proportions: plusieurs même
sont susceptibles de se vitrifier. Mais il est à remarquer
que ceux qui sont dans ce cas renferment toujours une
certaine quantité de silice; c'est pourquoi, sans doute,
l'on appelait autrefois la silice, *terre vitrifiable.* On
trouvera, dans le tableau suivant, des exemples de
composés doués de ces diverses propriétés (*b*).

(*a*) On ne peut même se servir de vase de platine que dans le cas
où l'oxide ne se réduit point; car s'il se réduisait, le métal pourrait
s'unir au platine.

(*b*) Ceux qui voudront connaître ce qui a été fait sur la fusibilité

Silice, 1^{partie}, *unie avec*	OBSERVAT. sur la FUSIBILITÉ.	OBSERVAT. sur la VITRESCIBILITÉ.
Alumine 1^{partie}..............	Susceptible de s'aglutiner.	
Magnésie 0^{p.},5.............	Infusible.	
Chaux 1^{p.}.................	Très-difficile à fondre.	Scories translucides.
Baryte 3^{p.}.................	Fusible.	
Strontiane 3^{p.}.............	*Id.*	
Potasse 3^{p.}................	Très-fusible.	Vitrifiable; déliquescent.
Potasse 0^{p.},33.............	Fusible.	Verre ordinaire.
Soude 3^{p.}.................	Très-fusible.	Vitrifiable; déliquescent.
Soude 0^{p.},33..............	Fusible.	Verre ordinaire.
Oxide de fer 2 à 4^{p.}.......	Fusible et cristallisable.	
Oxide de bismuth 4^{p.}......	Très-fusible.	

de ces sortes de composés naturels ou artificiels, devront consulter, 1° la Lithogéognosie ou Examen des pierres et des terres en général, par Pott; 2° les Mémoires sur l'action d'un feu égal et violent, par M. d'Arcet; 3° l'ouvrage de M. Achard sur l'analyse de quelques pierres précieuses, traduit de l'allemand par M. J. B. Dubois; 4° l'Essai d'un art de fusion de Ehrmann, traduit de l'allemand par M. de Fontallard; 5° les Mémoires de Lavoisier, insérés dans ceux de l'Académie royale des Sciences pour 1782 et 1783; 6° l'ouvrage de M. Loysel sur la Verrerie; 7° les Recherches de M. Guyton (Annales de Chimie), celles de M. de Saussure (Journal de Physique), et surtout celles de M. Lampadius (Journal des Mines, tome 18, page 171).

Silice, 1^{partie}, *unie avec*	OBSERVAT. sur la FUSIBILITÉ.	OBSERVAT. sur la VITRESCIBILITÉ.
Oxide de plomb 3^{parties}.....	Très-fusible.	Vitrifiable.
Id. o^{p},8 ; et potasse o^{p},3.	Fusible.	Verre de cristal.
Id. o^{p},8 ; et soude o^{p}.3..	*Id.*	Verre de cristal.
Chaux 2^{p},25... .... Magnésie o^{p},33.	Difficile à fondre.	Masse vitreuse translucide.
Chaux 2^{p},25 ; Magn. o^{p},6S.	*Id.*	Moins vitreuse que la précédente.
Chaux o^{p},56 ; Magn. o^{p},66.	*Id.*	Masse opaque.
Chaux 2^{p},25 ; Alum. o^{p},33.	Infusible.	Masse friable.
Chaux 1^{p}. ; Alumine 1^{p}. (*a*).	Fusible.	Verre blanc.
Chaux et Alumine, *id.* ; Magnésie o^{p},33	Très-difficile à fondre.	Masse opaque.
Chaux 2^{p},25 ; Magn. o^{p},33. Oxide de mang. o^{p}.33..	Fusible.	Verre transparent.
Chaux o^{p},6 ; Alumine o^{p},3 ; plus, un peu d'oxide de fer, de manganèse (*b*).......	*Id.*	Verre opaque formant le laitier, ou les scories des hauts fourneaux.

(*a*) On met à profit la fusibilité du composé d'oxide de fer et de silice, et du composé de silice, d'alumine, de chaux et d'oxide de fer, dans le traitement de la mine de cuivre et de la mine de fer ; savoir : dans le traitement de la mine de cuivre, pour séparer l'oxide de fer qui se forme, et dans le traitement de la mine de fer, pour fondre les parties terreuses qu'elle pourrait renfermer, et s'opposer au contact de l'air avec la fonte.

(*b*) Les huit derniers résultats m'ont été communiqués par M. Descotils.

Il paraît que, jusqu'à présent, on n'a pu fondre aucun mélange d'alumine et de chaux; d'alumine et de magnésie; d'alumine, de chaux et de magnésie : on en a tout au plus aglutiné quelques-uns.

Comme les creusets de terre contiennent beaucoup de silice, il est évident, d'après ce qui précède, que plusieurs oxides peuvent être dans le cas d'agir sur eux. En effet, ils sont attaqués, à une haute température, par la baryte, la strontiane, l'oxide de fer, etc., et même dissous et troués, à une chaleur rouge, par la potasse, la soude et l'oxide de plomb, employés en quantité suffisante.

614. On jugera, jusqu'à un certain point, de l'action des oxides composés métalliques sur l'air, l'oxigène, les combustibles, l'eau, etc., par celle que les oxides qui les composent exercent sur ces corps. Cependant il faut bien se rappeler que, dans cet état de combinaison, chaque oxide est bien plus stable que dans l'état d'isolement : aussi est-il bien plus difficile de réduire l'oxide de plomb lorsqu'il est uni à la soude et à la silice, que lorsqu'il est seul : l'oxide d'or lui-même, en se combinant avec l'oxide d'étain, acquiert assez de fixité pour résister à l'action de la chaleur rouge. Nous ne traiterons en particulier que de l'action de l'eau sur ces composés, parce qu'elle seule donne lieu à des phénomènes qu'il nous est utile de connaître.

615. Lorsque les oxides composés résultent de la combinaison d'oxides insolubles dans l'eau, ils y sont insolubles eux-mêmes. Lorsqu'au contraire ils résultent de la combinaison d'oxides solubles, ils y sont presque toujours solubles. Mais, lorsqu'ils sont formés d'un

oxide soluble et d'un oxide insoluble, l'eau peut agir sur eux de trois manières différentes. Souvent elle les décompose, s'empare de l'oxide soluble, et met en liberté l'oxide insoluble ; c'est ce qui a lieu, quand les deux oxides n'ont pas beaucoup d'affinité l'un pour l'autre. Quelquefois elle n'en opère point la décómposition ; et alors elle les dissout, si l'oxide soluble prédomine, et ne les dissout point, si l'oxide insoluble est très-prédominant (1er exemple, composé de 3^P. de silice et de 1 de potasse ou de soude ; 2e exemple, composé de 1^P. de silice et de 3^P. de potasse ou de soude). Quelquefois, enfin, elle en opère partiellement la décomposition, et donne lieu à deux composés : l'un, formé d'une grande quantité d'oxide soluble et d'une petite quantité d'oxide insoluble, qui se dissout ; et l'autre, formé d'une petite quantité d'oxide soluble et d'une grande quantité d'oxide insoluble, qui ne se dissout pas, ou se dissout à peine (exemple, composé de parties égales d'antimoine et de potasse (*a*). Or, comme il n'existe que sept oxides solubles dans l'eau, savoir : les deutoxides de potassium et de sodium, le protoxide de barium, les oxides de strontium et de calcium, le deutoxide d'arsenic et l'oxide d'osmium, il s'en suit qu'il n'y a que les composés dans lesquels ils entrent, qui peuvent jouir de la propriété de se dissoudre dans l'eau ; et comme, d'une autre part, parmi ces sept oxides, l'oxide d'osmium, le

(*a*) On obtient un composé de ce genre en projetant, dans un creuset rouge, un mélange de 2 parties de nitrate de potasse et de 1 partie d'antimoine. C'est ce composé qu'on connaît en pharmacie sous le nom d'antimoine diaphorétique non lavé.

deutoxide d'arsenic, l'oxide de calcium, et même celui de strontium, sont peu solubles, il s'en suit encore qu'ils se comportent souvent avec les oxides insolubles, comme s'ils étaient insolubles eux-mêmes, ou du moins qu'il faut les rendre très-prédominans, pour que leur action dissolvante soit marquée.

616. Puisque plusieurs oxides composés métalliques résultant de la combinaison d'un oxide soluble et d'un oxide insoluble dans l'eau peuvent se dissoudre dans ce liquide, et que le dernier ne se dissout évidemment qu'à la faveur du premier, on doit en conclure qu'en mettant les deux oxides en contact, l'un à l'état de gelée, et l'autre dissous dans l'eau, la dissolution de l'oxide insoluble aura encore lieu, surtout à l'aide de la chaleur. Cette conséquence est en effet prouvée par l'expérience. Les deux tableaux suivans renferment les oxides que la potasse et la soude rendent solubles d'une manière remarquable, et ceux qu'elles ne rendent que très-peu solubles.

Oxides que la Potasse et la Soude rendent solubles dans l'eau d'une manière remarquable.

Silice ;
Alumine ;
Glucine ;
Oxide de zinc ;
Oxides d'étain, surtout le deutoxide ;
Deutoxide d'arsenic ;
Tritoxide et tétroxide d'antimoine ;
Oxide de tellure ;
Protoxide de plomb.

Oxides que la Potasse et la Soude rendent très-peu
solubles dans l'eau.

Oxides de manganèse, principalement le deutoxide
et le tritoxide (*a*) ;

Deutoxide d'antimoine ;

Deutoxide de mercure ;

Protoxide de nickel à l'état d'hydrate ;

Protoxide et deutoxide de fer à l'état d'hydrate ;

Oxide de rhodium.

La chaux, et surtout la baryte et la strontiane, dissolvent aussi quelques oxides ; mais elles n'en dissolvent jamais qu'une petite quantité : ceux sur lesquels
elles paraissent avoir le plus d'action, sont l'oxide de
zinc et l'oxide de plomb ; il paraît encore aussi, d'après
M. Vauquelin, que l'alumine est légèrement soluble
dans la baryte et la strontiane.

617. L'action qu'exercent les oxides les uns sur les
autres leur donne quelquefois la propriété de se précipiter de leur dissolution dans l'eau, dans les alcalis et
même dans les acides. (Mémoires de M. Guyton de
Morveau, de M. Darracq, Ann. de Chim., t. 31 et 40.)

1° Que l'on verse de l'eau de baryte, ou de strontiane, ou de chaux, dans une dissolution de potasse

---

(*a*) La dissolution de l'oxide de manganèse dans la potasse et la
soude n'a lieu qu'autant qu'on le combine d'abord avec ces alcalis
par la voie sèche, et qu'on verse ensuite de l'eau sur ce composé
qui est vert, et que l'on connaît sous le nom de *caméléon minéral*,
en raison des diverses couleurs qu'il est susceptible de communiquer à l'eau. (*Voyez* Nitrate de potasse (905).

silicée, il en résultera un précipité formé de silice et de l'une de ces trois bases;

2° Que l'on mêle ensemble une dissolution de potasse silicée et de potasse aluminée, et dans l'espace d'une heure il se formera un dépôt opaque et gélatineux de silice et d'alumine intimement unies ;

3° Si l'on agite de l'alumine en gelée avec de l'eau de chaux, et qu'au bout de quelque temps on filtre la liqueur, on verra qu'elle n'aura plus de saveur et qu'elle ne sera plus que de l'eau pure : donc la chaux se sera combinée avec l'alumine, et aura formé avec elle un composé insoluble (Schéele, t. 1).

D'après Chenevix, il paraît que l'alumine facilite la dissolution de la chaux dans la potasse et la soude (Phil. trans. , 1802).

4° Lorsqu'on verse de l'ammoniaque dans une dissolution acide de sulfate de magnésie, il se forme un sulfate ammoniaco-magnésien soluble et indécomposable par l'ammoniaque; mais, lorsqu'on ajoute d'abord une dissolution de sulfate acide d'alumine à la dissolution acide de sulfate de magnésie, l'alumine, pourvu qu'elle soit en assez grande quantité, entraîne, en se précipitant, toute la magnésie du sel magnésien ; de sorte qu'il ne reste plus que du sulfate d'ammoniaque dans la liqueur filtrée. On observe des phénomènes analogues avec le carbonate neutre de potasse : en versant une dissolution de ce sel dans une dissolution de sulfate de magnésie, on n'en précipite point cette base; on la précipite au contraire tout à coup, si le sulfate de magnésie contient une assez grande quantité de sulfate acide d'alumine. L'alumine opère donc encore, dans cette circonstance, la précipitation de la magnésie ; d'où l'on peut conclure que ces deux terres doivent avoir une assez grande affinité réciproque : aussi, quoique l'alumine soit très-soluble dans la potasse caustique, elle cesse de s'y dissoudre une fois qu'elle est combinée avec une suffisante quantité de magnésie.

5° L'eau décompose le muriate d'antimoine; elle s'empare de son acide muriatique, et précipite son oxide. Loin de produire cet effet sur le muriate d'étain, elle le dissout avec facilité. Néanmoins, si l'on mêle une dissolution de 1^{partie} de muriate d'antimoine avec une dissolution de 2^{parties} de muriate d'étain, et qu'on étende les dissolutions réunies d'une grande quantité d'eau, à l'instant même l'oxide d'antimoine se précipitera et entraînera l'oxide d'étain.

618. *Etat naturel.* — On trouve naturellement plusieurs oxides combinés ensemble, les uns 2 à 2, d'autres 3 à 3, d'autres 4 à 4, rarement 5 à 5, plus rarement encore 6 à 6, etc. Ces oxides sont au nombre de 17, savoir : la silice, l'alumine, la magnésie, la chaux, l'oxide de fer, l'oxide de manganèse, l'oxide de zinc, la baryte, l'oxide de titane, l'oxide de chrôme, la potasse, la soude, la zircône, la glucine, l'yttria, l'oxide de cuivre et l'oxide de nickel. Les six premiers sont extrêmement communs dans cet état de combinaison; ce sont eux qui constituent presque toutes les pierres (a) : les autres le sont beaucoup moins; ceux

(a) Il existe un certain nombre de pierres très-dures, d'une homogénéité parfaite, d'une grande transparence et douées de vives couleurs. C'est à ces pierres, qui sont employées comme ornemens, qu'on donne le nom de pierres gemmes ou pierres précieuses.

Elles sont, en général, formées de silice, d'alumine, de chaux et de magnésie, unies 2 à 2, 3 à 3 ou 4 à 4, et colorées par quelques

de cuivre et de nickel sont même très-rares. Parmi ces composés, nous avons déjà cité le quartz, le silex, le grès (505), le zircon, la gadolinite ou ytterbite (507—509), le béril émeraude, le béril aigue-marine, l'euclase (511), le rubis spinelle (584), l'ocre (605), la calamine (142), la mine de manganèse (521). Nous citerons encore :

1° L'*émeril*; c'est une pierre très-dure, dont la pesanteur spécifique est de 4, dont la couleur varie du gris foncé au gris bleuâtre ; opaque ou translucide sur les bords ; infusible au chalumeau, et plutôt semblable à une roche à grain fin qu'à une pierre simple.

L'émeril vient principalement de Jersey, de Naxos et des Indes. On s'en sert dans les arts pour polir les métaux, les pierres et les glaces. A cet effet, on le réduit en poudre de différens degrés de finesse, en le broyant avec des meules d'acier, le délayant dans l'eau et décantant au bout d'un certain temps, etc.

L'émeril a été analysé par MM. Vauquelin et Tennant, voici les résultats qu'ils ont obtenus :

---

centièmes d'oxide de fer, ou d'oxide de manganèse, ou d'oxide de chrôme, ou d'acide chrômique. Les lapidaires placent parmi ces sortes de pierres le diamant, qui n'est que du carbone pur, le rubis, le saphir, l'émeraude, la topaze, l'améthyste, l'aigue-marine, le grenat, le péridot, le zircon-hyacinthe et le cristal de roche. A grosseur et à qualité égales, le diamant a plus de prix que le rubis, le rubis plus que le saphir, etc.

	Emeril de Jersey, par M. Vauquelin.	Emeril de Naxos, par M. Tennant.
Alumine, environ 70		80.
Oxide de fer	30	4.
Silice		3.
Résidu insoluble et perte		13.

2° La *pierre ponce.* Pierre spongieuse, quelquefois assez légère pour surnager l'eau, rude au toucher, susceptible de se briser facilement, de rayer l'acier, et de se fondre au chalumeau en un émail blanc. Sa texture est fibreuse; sa couleur varie beaucoup; elle est tantôt blanc-grisâtre, gris-perlé, bleuâtre, brun-rouge, verdâtre.

Cette pierre paraît être d'origine volcanique. M. Klaproth l'a trouvé composée de 77,5 de silice, de 17,5 d'alumine, de 2 d'oxide de fer, et de 3 de potasse et de soude.

Elle se trouve en grande quantité dans les îles de Lipari, de Vulcano, et dans les autres îles de cet archipel. Presque toute celle qui est répandue dans le commerce vient de Campo-Bianco, à trois milles du port de Lipari. On en trouve encore dans beaucoup d'autres lieux; à Andernach, sur les bords du Rhin; en Auvergne; en Islande; dans les îles de Milo et de Santorin, etc., etc.

La pierre ponce est employée pour polir beaucoup de corps. Lorsqu'elle est en petits morceaux, on l'appelle *pouzzolane blanche*; on la réduit en poudre, et on en fait un excellent ciment en la mêlant avec la chaux.

3° Le *talc*; substance luisante, translucide ou même presque diaphane, douce, onctueuse au toucher, laissant sur les corps contre lesquels on la frotte des taches blanches un peu nacrées ; formées de lames ou de fibres flexibles, mais non élastiques, que le feu du chalumeau écarte, fait boursouffler, et dont il fond l'extérieur en un émail blanc. Les principales couleurs du talc sont le blanc, le vert pomme et le jaunâtre. La variété du talc, appelée *craie de Briançon*, contient, d'après M. Vauquelin : 62 de silice ; 27 de magnésie ; 1,5 d'alumine ; 3,5 d'oxide de fer ; 4 à 6 d'eau. Cette variété entre dans la composition du rouge que les femmes appliquent sur la peau. (*Voyez* troisième volume, article *Carthame.*)

4° Le *lazulite outremer*. Cette pierre est non-seulement remarquable par sa couleur, qui est d'un beau bleu d'azur, mais encore par la propriété qu'elle a de se convertir en un émail gris ou blanc au feu du chalumeau, d'être décolorée par les acides puissans, et de former avec eux une gelée épaisse (*a*).

MM. Clément et Désormes, qui l'ont soumise à l'analyse, en ont retiré, sur 100 parties : 34 de silice, 33 d'alumine, 3 de soufre et 22 de soude. (Annales de Chimie, t. 57.)

Comme ils ont eu dans cette analyse une perte de 0,8, il faut en conclure que quelques principes leur ont nécessairement échappé. Ces principes ne joueraient-ils pas un rôle remarquable dans la coloration du

_____

(*a*) Cette gelée est due à ce que la pierre est décomposée, et à ce que la silice, en se séparant, retient beaucoup d'eau.

lazulite? Cette opinion paraîtra probable, si l'on considère que toutes les autres pierres doivent leur couleur à une matière colorante (618). On pourrait soutenir, à la vérité, que la silice, l'alumine, la chaux, la soude, quoiqu'incolores, sont susceptibles de former un composé coloré; mais il faut avouer qu'il serait fort extraordinaire qu'il n'y eût qu'un composé de ce genre parmi ces pierres; et cependant c'est à cette conséquence qu'on serait conduit, en admettant qu'il n'existe point de principe colorant particulier dans le lazulite.

Le lazulite outremer se trouve le plus ordinairement en morceaux épars et roulés; il est souvent entremêlé de feldspath, de pétro-silex, de grenat, de carbonate de chaux, et surtout de sulfure de fer. Le plus beau vient de la Perse, de la Chine, de la Grande-Bucharie.

C'est du lazulite qu'on extrait la belle couleur qu'on connaît sous le nom de *bleu d'outre-mer*. On fait rougir la pierre, et on la jette dans l'eau pour l'étonner ou la rendre moins dure (a); ensuite on la pulvérise, on la mêle intimement avec un mastic formé de résine, de cire et d'huile de lin cuite; on met la pâte qui résulte de ce mélange dans un linge, et on la pétrit dans l'eau chaude à plusieurs reprises: la première eau est ordinairement sale; on la jette: la seconde donne un bleu de première qualité; la troisième en donne un moins précieux; la quatrième en donne un autre moins

_____

(a) Les marchands de couleurs sont dans l'habitude de jeter le lazulite dans le vinaigre; ils en perdent par-là une certaine quantité, parce que cet acide, quoique faible, en attaque la couleur à une température élevée.

précieux encore, et ainsi de suite jusqu'à la fin de
l'opération, où le bleu qu'on obtient est si pâle, qu'on
le connaît sous le nom de *cendres d'outre-mer.* Cette
opération est fondée sur la propriété qu'a le bleu d'outre-mer d'être moins adhérent au mastic, que les matières
étrangères qu'il contient.

Cette couleur, en raison de sa rareté, de sa beauté
et de sa solidité, se vend jusqu'à 200 fr. et plus, l'once.
Il paraît qu'elle était moins rare autrefois qu'aujour-
d'hui; car les peintres la prodiguaient dans leurs tableaux.

L'oxide de chrôme uni à l'oxide de fer. — Cette
mine, qu'on a trouvée en grande quantité dans le département du Var (Journal des Mines, n° 55), et
que l'on a découverte depuis en Sibérie, est brune, à
grains fins, et d'une forme indéterminée; elle raie le
verre, n'a l'éclat métallique qu'à un faible degré, n'est
point attaquée par l'acide nitrique, l'est au contraire
avec une grande facilité par le nitrate de potasse, à
l'aide d'une chaleur rouge, et forme avec ce sel du
chrômate de potasse soluble dans l'eau : seule, elle résiste au feu du chalumeau; mais mêlée avec du borax,
elle s'y fond en un verre vert. D'après M. Vauquelin
(Annales de Chimie, tome 70), elle a pour gangue une
stéatite. Celle-ci est formée de silice, de magnésie,
d'alumine et d'oxide de fer, et ressemble tellement à
l'oxide de chrôme et de fer, qu'on ne peut l'en distinguer que par les lames alongées et nacrées dont elle est
composée.

L'oxide de chrôme ne se trouve pas seulement dans
cette mine; on le trouve encore dans la serpentine
de Saxe (Rose); dans plusieurs talcs, dans l'asbeste, et

surtout dans les grenats de Bohême (Gehlen); dans tous les aérolithes (Lovitz, Laugier); dans l'éme- raude (Vauquelin); dans quelques mines de titane; à la surface de quelques échantillons de chrômate de plomb; dans le plomb brun de Zimapan; dans le chrôme ferrugineux de Styrie (Klaproth): nous rap- pellerons d'ailleurs qu'on le trouve à l'état d'acide uni à la magnésie et à l'alumine dans le rubis, et à l'oxide de plomb dans le plomb rouge de Sibérie.

5° Le *feldspath.* — Cette pierre a la structure lamel- leuse, fond assez facilement au chalumeau en un émail blanc, etc., et fait feu au briquet; cependant elle est moins dure que le quartz.

Sa composition est variable : la variété dite *adulaire* contient, d'après M. Vauquelin, 64 de silice, 20 d'alu- mine, 2 de chaux et 14 de potasse; tandis que celle qu'on appelle *feldspath pétuntzé* contient un peu plus de chaux et ne contient point de potasse. Ce dernier feldspath est toujours mêlé de quartz. On le trouve en filons et en couches aux environs de Limoges, à Alen- çon, etc. Il entre comme fondant dans la composition de la porcelaine; on l'y emploie sous le nom de spath, caillou ou pétuntzé, dans la proportion de 15 à 20 pour 100; on s'en sert aussi pour former la couverte ou l'émail de cette poterie.

C'est ce même feldspath qui, en se décomposant peu à peu, produit l'argile kaolin ou terre à porcelaine.

6° L'*argile.* — Substance douce au toucher, happant plus ou moins à la langue, susceptible de former avec l'eau une pâte qui a de l'onctuosité, qui peut s'alonger dans différentes directions sans se briser, et qui, ex- posée au feu, perd la propriété de se délayer dans l'eau, et prend assez de dureté pour étinceler par le choc du briquet.

Les argiles sont ordinairement formées d'alumine et de silice dans des proportions variables. La plupart contiennent en outre plus ou moins d'oxide de fer et de carbonate de chaux. Quelques-unes contiennent en même temps un peu de magnésie. Celles qui sont pures, sont apyres ; les autres sont fusibles, et doivent cette propriété surtout à la chaux. La plus petite quantité d'oxide de fer suffit pour colorer les unes et les autres en rouge par la cuisson.

Les argiles apyres dont nous ferons mention sont:

L'argile kaolin ou terre à porcelaine. — Cette argile provient de la décomposition de roches formées de feldspath et de quartz, ou du feldspath pétuntzé. Peu à peu, par des causes qui nous sont encore inconnues, les principes constituans du feldspath, savoir, l'alumine, la silice et l'alcali, se séparent ; l'alcali se dissout, tandis que l'alumine, mêlée à de la silice et à de petits grains de quartz, forment ensemble une masse friable : c'est ce mélange qui constitue l'argile kaolin. On trouve des carrières de kaolin : en France, à Saint-Yriex-la-Perche, près Limoges ; à Chauvigny et à Maupertuis, dans les environs d'Alençon ; près de Bayonne ; en Angleterre, dans le comté de Cornouailles ; en Saxe; à la Chine ; au Japon. C'est avec le kaolin qu'on fait la porcelaine.

L'argile de Montereau-sur-Yonne. — Elle est grise, très-liante, blanchit par un feu très-médiocre, et devient d'un fauve sale par un grand feu. C'est avec cette argile qu'on fait, tant à Montereau qu'à Paris, les faïences fines et blanches nommées, *terres blanches*, *terre à pipe* ou *terre anglaise*.

L'argile d'Abondant, près la forêt de Dreux. — Elle est blanche, et a beaucoup de ténacité. M. Vauquelin l'a trouvé composée de 43 de silice, 33 d'alumine, 3 de carbonate de chaux, 1 d'oxide de fer, et 18 d'eau. On s'en sert pour faire les étuis ou gazettes dans lesquels on cuit la porcelaine.

L'argile de Saveignies, près Beauvais. — C'est avec cette argile qu'on fait presque toute l'espèce de poterie qu'on nomme *grès*.

L'argile de Forges-les-Eaux. — Elle ressemble beaucoup à la précédente : aussi est-elle propre, comme elle, à faire des poteries de grès. On l'emploie en outre dans les verreries, et particulièrement à Saint-Gobin, pour faire les pots dans lesquels on fabrique le verre. D'après M. Vauquelin, elle est composée de 16 d'alumine, de 63 de silice, de 1 de carbonate de chaux, de 8 d'oxide de fer, et de 10 d'eau.

L'argile de Devonshire, en Angleterre. — Elle est grise, onctueuse, liante, devient blanche au feu de poterie. C'est avec cette argile qu'on fait toutes les poteries du Staffordshire et des environs de Newcastle-sur-Tyne, en Northumberland.

Nous ne parlerons que de deux variétés d'argile fusible, de l'argile smectique et de l'argile figuline.

L'argile smectique ou terre à foulon est onctueuse, grasse au toucher, se délite facilement dans l'eau, et se réduit en une bouillie qui a peu de liant. D'après Bergman, celle de Hampshire, en Angleterre, est formée de 51 de silice, de 25 d'alumine, et d'un peu de carbonate de chaux et de magnésie. On emploie l'argile smectique, ou terre à foulon, pour enlever aux étoffes de laine l'huile qu'on emploie dans leur fabrication; à cet effet, on les foule avec une certaine quantité de cette argile et une certaine quantité d'eau. Les terres à foulon les plus renommées se trouvent en Angleterre.

L'*argile figuline* est très-douce au toucher, mais moins que la précédente; elle forme avec l'eau une pâte assez tenace. On l'emploie dans la fabrication des fourneaux, des faïences et poteries grossières à pâte poreuse et rougeâtre. Il en existe une grande quantité près de Paris, dans les environs de Vanvres, de Vaugirard, d'Arcueil, dont on se sert non-seulement pour faire les poteries du plus bas prix, mais encore pour glaiser les bassins et pour modeler.

7° *Schistes*. — Les schistes sont formés de lames ou feuillets tantôt droits, tantôt courbes; ils ont un aspect mat un peu luisant; tous sont rayés par le cuivre, et sont plus ou moins fusibles en émail brun, terne et rempli de bulles; leur rayure est grise; aucun ne fait pâte avec l'eau. La composition des schistes est très-variable; cependant on peut dire qu'ils sont, en général, formés de silice, d'alumine, d'oxide de fer et quelquefois de chaux, de magnésie, d'oxide de manganèse, de bismuth, de sulfure de fer, mêlés intimement ensemble. Nous citerons l'ardoise, le schiste argileux, la pierre à rasoir.

Usages. — Il est un assez grand nombre d'oxides métalliques composés que l'on emploie dans les arts. Parmi ces oxides l'on distingue, 1° les pierres gemmes, dont on fait des bijoux, des bagues, des pendans d'oreilles, des colliers, etc. ; 2° plusieurs pierres de cons-truction ; 3° le verre ; 4° les émaux ; 5° le vert de Schéele ; 6° le jaune de Naples ; 7° les poteries ; 8° les mortiers, les cimens, etc.

Verres. — Le verre est un produit qu'on obtient en exposant un mélange de silice et de différentes matières la plupart du temps très-fusibles, à l'action d'un feu violent et suffisamment continué. On trouvera dans le tableau (613) quelles sont les substances susceptibles de se vitrifier.

L'art de la verrerie étant très-étendu, nous renver-rons ceux qui voudront le connaître à l'ouvrage de M. Loysel ; nous nous contenterons d'extraire de cet ouvrage la composition de diverses espèces de verre.

Glaces de Saint-Gobin.

Sable blanc. . . . . 100^P.

Chaux éteinte à l'air. 12

Sel de soude calciné, contenant 11 pour cent d'acide carbonique (*a*) . . . . 45 à 48

Calcin ou rognures de verre de la même qualité que les glaces. 100

S'il restait dans les matières des parties charbon-neuses qui donnassent au verre une teinte pâle tirant au jaune, on ajouterait 0,25 d'oxide de manganèse.

_____

(*a*) Sel contenant beaucoup de carbonate de soude.

Verre avec lequel on fait la gobeletterie blanche dans beaucoup de verreries.

Sable blanc.........................100^P.
Potasse de commerce , suivant qu'elle
contient plus ou moins de carbonate de
potasse............................ 5o à 65
Chaux éteinte à l'air et en poudre...... 6 à 12
Rognures de verre.................. 10 à 100

Si le verre avait un œil pâle par le défaut de calcination des matières, on ajoute, oxide de manganèse, 0,2 à 0,4.

Glaces communes propres à faire des plateaux d'électricité, des portières de voitures, de la gobeletterie demi-blanche, etc.

Sable..............................100^P.
Soude brute d'Alicante , de première
qualité, réduite en poudre............100
Rognures ou calcin.................100
Oxide de manganèse................ 0,5 à 1

Le sable et la soude étant bien mélangés, doivent ensuite être calcinés.

Verres à bouteilles, fabriqués avec la soude de Vareck.

Sable..............................100^P.
Soude brute de Vareck.............200

Cendres neuves..................... 50

Cassons de bouteilles , à volonté , et

communément. 100

Verre à bouteilles dans la composition duquel il entre
des charrées ou terres provenant du lessivage, soit
de la soude, soit des cendres ordinaires, de l'argile
commune ou terre propre à fabriquer des briques.

Sable commun, blanc ou jaune........ 100^P·

Soude de Vareck.................... 30 à 40

Charrées........................... 160 à 170

Cendres neuves..................... 30 à 40

Argile jaune ou terres à brique........ 80 à 100

Cassons de bouteilles, à volonté et com-

munément 100

Verre de cristal ou flint glass.

Sable blanc........................ 100^P·

Oxide rouge de plomb.............. 80 à 85

Potasse calcinée et un peu aérée....... 35 à 40

Nitre de première cuite............... 2 à 3

Oxide de manganèse. 0,06

A cette composition on ajoute quelquefois :

Oxide d'arsenic.....................0,05 à 0,1^P·

Ou bien sulfure d'antimoine..........0,05 à 0,1

La pesanteur de ce verre est de 3,2, la même que
celle du cristal ou flint glass anglais.

C'est avec ce verre que l'on fait la gobeletterie en cristal, les lustres, les flambeaux, etc.

Jusque dans ces derniers temps, nous avons tiré
d'Angleterre tout le *flint glass* propre à faire de grands
objectifs : on avait essayé vainement d'en faire dans nos
fabriques, qui eût toutes les qualités désirables, c'est-
à-dire, qui fût diaphane, homogène, sans stries et d'un
assez grand volume. M. Dartigues vient enfin de résoudre cet important problème dans sa belle fabrique
de Voneche. Des lunettes, dont les objectifs étaient de
quarante - huit lignes, faites avec son flint glass par
M. Cauchois, l'un de nos plus habiles opticiens, se
sont trouvées être aussi bonnes que les meilleures qui
soient sorties des ateliers de Dolon.

Verre coloré. — Les verres de couleur ne sont que
des verres ordinaires auxquels on ajoute, quand on les
fabrique, une certaine quantité d'oxide colorant. Ces
verres s'emploient comme verres à vitres; on en remarque beaucoup dans les anciens temples. On les emploie encore pour imiter les pierres précieuses; et l'art
est si avancé à cet égard, qu'on ne peut souvent distinguer les pierres naturelles des artificielles, qu'en ce que
celles-ci sont moins dures que celles-là : telles sont surtout les émeraudes factices qui existent aujourd'hui
dans le commerce, et dont la couleur est due à une
certaine quantité d'oxide de chrôme.

On colore les verres en rouge par le précipité pourpre de Cassius (1016), mêlé le plus souvent avec de
l'oxide de manganèse;

En bleu, par l'oxide de cobalt;

En vert, par un mélange d'oxide de cobalt et de muriate d'argent ou de verre d'antimoine (245), ou bien

encore par les oxides de fer et de cuivre employés, soit seuls, soit avec ceux d'antimoine et de cobalt ;

En violet, par l'oxide de manganèse.

Dans tous les cas, il ne faut ajouter qu'une très-petite quantité de matières colorantes, même pour obtenir une teinte foncée.

Azur. — L'azur est un verre pulvérisé et coloré en bleu par l'oxide de cobalt. On prépare ce produit par le procédé que nous allons décrire ; à Schneberg, en Saxe ; à Platten et à Joachimsthal, en Bohême ; à Gloknitz, en Autriche. Après avoir trié le minerai de cobalt, on le concasse, on le broie et on le crible ou on le lave sur des tables (*a*) ; ensuite on le grille dans un fourneau à réverbère, et on transforme ainsi ses principes constituans, savoir : le soufre en gaz sulfureux, qui se dégage ; l'arsenic en deutoxide, qui se sublime et vient se condenser dans la cheminée qui termine le fourneau ; et le cobalt et le fer en oxides, qui restent sur la sole du fourneau : lorsque le minerai est grillé, on le crible de nouveau ; on le pulvérise ; on le mêle avec deux ou trois fois son poids de sable siliceux pur et à peu près autant de potasse, et l'on expose ce mélange dans des creusets à l'action d'une température élevée ; il en résulte, au bout d'un certain temps, un verre bleu appelé smalt, qu'on jette tout chaud dans l'eau. C'est ce verre broyé entre deux meules, et réduit en poudre de diverses ténuités, qui constitue l'azur. Cette dernière opé-

---

(*a*) Ce minerai est un composé de cobalt, d'arsenic, de fer, de soufre, et quelquefois de nickel, de bismuth, de cuivre : le trier, c'est le séparer des substances étrangères qui l'accompagnent.

ration se fait en mettant le smalt broyé dans des tonneaux pleins d'eau, agitant et décantant. Plus il s'écoule de temps entre l'époque à laquelle on agite et celle à laquelle on décante, et plus l'azur est fin; il est d'ailleurs d'autant plus intense, qu'il contient plus de cobalt et moins d'oxide de fer, etc.

Emaux. — Il y a deux sortes d'émaux, des émaux transparens et des émaux opaques. Les premiers sont des verres à base de plomb, ordinairement colorés par l'un des oxides dont nous avons parlé précédemment. Les seconds ne diffèrent des premiers qu'en ce qu'ils contiennent en outre de l'oxide d'étain; ils sont tantôt blancs et tantôt colorés.

Pour obtenir l'émail blanc, il faut, suivant Clouet, calciner 100 parties de plomb avec 15, 20, 30 et même 40 parties d'étain, jusqu'à ce que le tout soit entièrement oxidé, ce qui ne tarde pas à avoir lieu; prendre ensuite 100 parties de l'oxide ou de la *calcine* ainsi formée, 25 à 30 parties de sel marin et 100 parties de sable contenant le quart de son poids de talc; faire un mélange de ces diverses matières, et le faire fondre dans un four à faïence. Le résultat de cette fusion est l'émail blanc qu'on pourra rendre d'autant plus fusible, qu'on y ajoutera plus d'oxide de plomb.

Les émaux s'appliquent par la fusion sur les métaux et les poteries, etc. On n'émaille guère que l'or, l'argent et le cuivre: l'émail blanc est le vernis dont on recouvre la faïence. (*Voyez*, pour plus de détails, les ouvrages de Neri et de Kunckel; l'Art de l'Emailleur, par M. A. Brongniart, Annales de Chimie, t. 9; et le Mémoire de Clouet, Annales de Chimie, t. 34.)

Jaune de Naples. — La fabrication de ce jaune n'est

encore bien connue que de ceux qui le préparent pour
le besoin des arts. On prétend qu'on l'obtient en calcinant convenablement un mélange de litharge pure,
de muriate d'ammoniaque, d'antimoine diaphorétique
lavé et d'alun (combinaison de peroxide d'antimoine et
de potasse). On emploie le jaune de Naples dans la
peinture à l'huile.

Cendres bleues. — Les cendres bleues doivent être
regardées, d'après Pelletier, comme une combinaison
de chaux et de deutoxide de cuivre; mais il est probable qu'elles contiennent en outre une certaine quantité d'eau; que cette eau est un de leurs principes constituans, et qu'en conséquence elles doivent être mises
au rang des hydrates. Quoi qu'il en soit, pour les obtenir constamment belles, il faut, suivant Pelletier,
1° mêler de la chaux en poudre avec une dissolution
faible de deuto-nitrate de cuivre, et employer ces
substances en quantité telle, que toute la chaux soit
saturée par l'acide nitrique, ce qui aura toujours lieu,
si le deuto-nitrate est en excès; 2° laver le précipité à
plusieurs reprises; 3° le laisser égoutter sur un linge;
4° le broyer avec environ les sept à dix centièmes de
son poids de chaux; 5° enfin, le faire sécher. La théorie
de cette opération est fort simple : en mêlant la chaux
avec un excès de nitrate de cuivre, on obtient un nitrate de chaux soluble et un sous-nitrate de cuivre insoluble; par l'eau, on sépare ces deux sels; et, par une
nouvelle quantité de chaux, on rend bleu le sous-nitrate de cuivre qui est d'un vert tendre, parce qu'a-
lors il se forme un peu de nitrate de chaux et un hydrate de chaux et de cuivre, ou de la cendre bleue proprement dite. Il serait possible que la très-petite

quantité de nitrate de chaux ne fût point inutile; peut-être ce sel empêche-t-il , comme corps déliquescent, que l'eau de l'hydrate ne se dégage.

On peut encore faire des cendres bleues en versant une dissolution de potasse du commerce dans une dissolution de deuto-sulfate de cuivre , lavant le carbonate de cuivre qui se précipite , et le broyant avec de la chaux; mais ces cendres bleues sont moins vives que les précédentes.

Les cendres bleues sont employées pour colorer les papiers en bleu : malheureusement elles ne conservent que peu de temps leur belle teinte ; elles attirent l'acide carbonique de l'air , se transforment en carbonate de chaux et de cuivre , et deviennent vertes au bout de quelques mois, surtout lorsqu'elles sont frappées par la lumière solaire. (Annales de Chimie, t. 13.)

Poteries. — On appelle ainsi tous les vases faits avec des argiles façonnées et cuites. Les principales espèces de poteries sont : les creusets ; les faïences grossières ; les faïences fines nommées , *terre blanche*, *terre de pipe*, *terre anglaise* ; le grès ; les porcelaines.

C'est aussi avec les argiles qu'on fait les briques, les tuiles, les carreaux , les fourneaux et les réchauds. Nous ne traiterons point de la fabrication de ces différens objets ; on trouvera cette fabrication décrite d'une manière succincte dans le Dictionnaire des Sciences naturelles, par M. Brongniart, article *Argile.*

Vert de Schéele , ou *Combinaison de deutoxide d'arsenic et de deutoxide de cuivre.* — Schéele, à qui l'on doit la découverte de cette couleur, conseille de la faire de la manière suivante:

On met sur le feu, dans une chaudière de cuivre,

deux livres de vitriol de cuivre avec six kannes d'eau pure (*a*) : la dissolution étant faite, on retire la chaudière du feu.

D'une autre part, on fait fondre séparément, à l'aide de la chaleur, deux livres de potasse blanche sèche et onze onces d'arsenic blanc pulvérisé, dans deux kannes d'eau pure : quand tout est dissous, on filtre la liqueur à travers un linge; et on la reçoit dans un autre vaisseau.

Sur la dissolution arsenicale, on verse la dissolution de vitriol de cuivre encore chaude ; on observe d'en mettre peu à la fois, et on remue continuellement avec une spatule de bois : le mélange étant fait, on le laisse reposer pendant quelques heures ; alors la couleur verte se précipite ; on décante la liqueur claire; on jette sur le résidu quelques pintes d'eau chaude, et on remue bien ; on décante de nouveau la liqueur claire quand la couleur s'est déposée; on la lave une ou deux fois avec de l'eau chaude de la même manière ; on verse enfin le tout sur une toile; et quand l'eau est passée et l'humidité évaporée, on met la couleur en trochisques sur le papier gris, et on la fait sécher à une douce chaleur. Les quantités indiquées donnent une livre six onces et demie de belle couleur verte.

Mortiers. — Le mortier est un mélange intime de chaux, d'eau, et d'un corps dur réduit en petits fragmens.

On fait ordinairement le mortier en prenant une mesure de chaux vive, éteignant la chaux avec la quantité

(*a*) Quatre kannes font onze pintes de Paris.

d'eau convenable et la mêlant avec deux mesures de sable : en remplaçant en partie le sable par de la brique pilée, de la pouzzolane, des scories, du mâchefer, on obtient un mortier de meilleure qualité ; il peut même acquérir assez de dureté pour qu'on puisse en faire des pierres factices, des tuyaux propres à transporter les eaux à une grande distance, etc. ; mais alors il faut le confectionner d'une manière particulière. On mêle une mesure de sable avec une mesure de ciment, ou, mieux encore, de pouzzolane ; on met le mélange sur le pavé ; on creuse une cavité au milieu, et on verse dans ce trou une mesure de chaux après l'avoir trempée dans l'eau ; à mesure que la chaux se délite, on la mêle avec le sable et le ciment ; puis on ajoute de l'eau peu à peu, et on broie bien le tout de manière à avoir un mélange granuleux : le mortier étant ainsi préparé, on le corroie ou on le bat avec des pilons jusqu'à ce qu'il soit souple et gras, et qu'il s'attache aux pilons : c'est alors qu'on le moule ; il se solidifie promptement. On doit préparer ainsi le mortier qu'on emploie dans les constructions sous l'eau. (*Voyez* les recherches de M. de la Faye et l'ouvrage de M. Fleuret.)

Tous les mortiers absorbent peu à peu l'acide carbonique de l'air par la chaux qu'ils contiennent ; ce n'est même qu'en absorbant cet acide qu'ils acquièrent toute la dureté qu'ils sont susceptibles de prendre ; mais il paraît, d'après l'analyse que M. Darcet a faite de mortiers provenant de très-anciens édifices, qu'on ne trouve dans le carbonate qui se forme alors, que la moitié de l'acide qui entre dans la composition du carbonate de chaux ordinaire.

Mastic. — Il existe un mastic que l'on emploie avec

le plus grand succès pour couvrir les terrasses, revêtir les bassins, souder les pierres, et s'opposer partout à l'infiltration des eaux; il est si dur, qu'il raie le fer. Ce mastic est formé de 93 parties de brique ou d'argile bien cuite, de 7 parties de litharge, et d'huile de lin. Rien de plus simple que sa confection et son emploi. On pulvérise la brique et la litharge; celle-ci doit toujours être réduite en poudre très-fine: on les mêle ensemble, et on y ajoute assez d'huile de lin pure pour donner au mélange la consistance de plâtre gâché; alors on l'applique à la manière du plâtre, après avoir toutefois mouillé avec une éponge le corps que l'on veut en recouvrir. Cette précaution est indispensable; sans cela, l'huile s'infiltrerait à travers ce corps, et empêcherait que le mastic ne prît toute la dureté désirable. Lorsqu'on l'étend sur une assez grande surface, il s'y fait quelquefois des gerçures; on les bouche avec une nouvelle quantité de mastic. Ce n'est qu'au bout de trois ou quatre jours qu'il devient solide.

CHAPITRE NEUVIÈME.

DE L'ACTION DES ACIDES LES UNS SUR LES AUTRES.

636. L'action réciproque des acides a lieu de deux manières: les uns jouent, par rapport aux autres, le rôle de corps combustibles, et leur enlèvent de l'oxigène; les autres se combinent ensemble sans s'altérer, et donnent naissance à des acides composés qui jouissent de propriétés particulières.

DE LA DÉCOMPOSITION DES ACIDES LES UNS PAR LES AUTRES.

637. Les acides susceptibles d'enlever de l'oxigène aux autres, sont évidemment ceux qui ne sont point au summum d'oxidation; tandis que ceux qui en cèdent peuvent être au maximum et au minimum. Il sera facile, jusqu'à un certain point, de prévoir quels sont les acides qui sont dans l'un et l'autre cas, en se rappelant leur affinité ou celle de leur radical pour l'oxigène.

Trois sont dans le premier cas : ce sont les acides phosphoreux, sulfureux et muriatique.

Six sont dans le second : ce sont les acides nitrique, nitreux, muriatique oxigéné, muriatique suroxigéné, chrômique et molybdique. Il y en aurait moins dans l'un et l'autre, sans l'intervention de l'eau : c'est ce que vont prouver les expériences suivantes.

De l'action de l'Acide sulfureux sur les six Acides nitreux, nitrique, etc. (637).

638. Le gaz acide sulfureux et le gaz acide nitreux secs n'ont point d'action l'un sur l'autre, du moins à la température ordinaire; mais, lorsque ces gaz sont humides, à l'instant même ils se transforment en cristaux qu'on peut regarder comme une combinaison d'acide sulfurique, de deutoxide d'azote et d'eau. (*Voyez* ce qui a été dit à cet égard (630).

Il n'y a aussi d'action entre le gaz acide sulfureux et le gaz muriatique oxigéné que par l'intermède de l'eau. Dissous dans ce liquide, ou mêlés à sa vapeur, ils réagissent instantanément à la température ordinaire, et

donnent lieu à de l'acide sulfurique et à de l'acide
hydro-muriatique. Les affinités qui concourent à la
production de cet effet sont : celles de l'oxigène de l'a-
cide muriatique oxigéné pour l'acide sulfureux et l'eau,
d'où résulte l'acide sulfurique ; et celles de l'acide muriatique pour l'eau seulement.

Le gaz acide sulfureux s'empare surtout, à l'aide
d'une légère chaleur, d'une portion d'oxigène de
l'acide nitrique concentré, et passe à l'état d'acide sulfurique qui reste en combinaison avec l'eau contenue
dans l'acide nitrique qu'on emploie.

On n'a point encore essayé l'action de l'acide sulfureux sur le gaz acide muriatique suroxigéné ; mais il
est probable qu'il n'en aurait sur ce gaz qu'avec le
concours de l'eau ; car comme l'acide sulfurique ne
peut point exister seul (423), il faudrait, pour que
l'acide sulfureux enlevât de l'oxigène à l'acide muriatique suroxigéné, que l'acide sulfurique pût se
combiner, ou bien avec une portion d'acide muriatique suroxigéné, ou bien avec l'acide muriatique oxigéné, ou bien enfin avec l'acide muriatique, propriétés
qu'il ne paraît point posséder.

Les acides molybdique et chromique, en dissolution
dans l'eau, sont décomposés par l'acide sulfureux, et
passent tous deux à l'état d'oxides : le premier, d'incolore devient bleu ; le second, de rouge devient vert.
L'oxide de molybdène se précipite en partie ; l'oxide
de chrôme se combine avec l'acide sulfurique qui se
forme, et reste en dissolution dans la liqueur. On ne
sait point si le gaz acide sulfureux aurait une action
marquée sur ces deux acides secs.

De l'action de l'Acide phosphoreux sur les six Acides nitreux, nitrique, etc. (637).

639. Il est certain que l'acide phosphoreux est susceptible de décomposer l'acide nitrique et le gaz acide nitreux, de leur enlever une portion d'oxigène, et de passer à l'état d'acide phosphorique. Comme cet acide contient une certaine quantité d'eau, il est probable qu'il pourrait également décomposer le gaz muriatique oxigéné ; il est probable aussi qu'il décomposerait le gaz acide muriatique suroxigéné, et le ramènerait, comme le précédent, à l'état d'acide muriatique ; enfin, on peut regarder comme très-probable encore qu'il ferait passer les acides molybdique et chrômique à l'état d'oxides de molydène et de chrôme.

De l'action de l'Acide muriatique sur les six Acides nitrique, etc. (637).

640. Lorsqu'on fait passer du gaz acide muriatique à travers l'acide nitrique, bientôt il en résulte, même à la température ordinaire, de l'acide muriatique oxigéné et de l'acide nitreux. Ces deux acides restent en partie dissous dans l'acide nitrique non décomposé, et le colorent en rouge jaunâtre. Lorsque, au lieu d'employer l'acide muriatique à l'état de gaz, on l'emploie à l'état liquide, il en résulte des phénomènes analogues.

On pourrait même se procurer ainsi une certaine quantité de gaz muriatique oxigéné. Il suffirait, pour cela, de mettre un mélange de trois parties d'acide nitrique et d'une partie d'acide muriatique concentrées dans une fiole, d'adapter au col de cette fiole un tube recourbé qui s'engagerait sous l'eau, et de la chauffer très-légèrement ; l'acide nitreux resterait en grande partie en dissolution dans l'excès d'acide nitrique, tandis que le gaz muriatique oxigéné se dégagerait presque tout entier. Le mélange d'acide nitrique et d'acide muriatique liquide, en différentes proportions, est ce que l'on appelait autrefois *eau régale*, parce qu'on s'en servait pour dissoudre l'or, ou *le roi des métaux :* on l'appelle aujourd'hui *acide nitro-muriatique.* Mais il ne mérite point ce nom quand il se compose d'acides concentrés, puisque, dans ce cas, l'acide muriatique décompose même à froid l'acide nitrique : il ne le mérite réellement que quand il est formé d'acides saturés d'eau ; car alors la décomposition de l'acide nitrique n'a lieu qu'à l'aide de la chaleur : d'où il suit qu'à froid ces deux acides ainsi saturés peuvent exister ensemble sans s'altérer, et former véritablement un acide mixte, de l'acide nitro-muriatique.

Le gaz acide muriatique est sans action sur le gaz acide nitreux. L'action est nulle, même avec le concours de l'eau ; ce qui le prouve, c'est qu'en mettant en contact le gaz muriatique oxigéné et le deutoxide d'azote dans un ballon bien sec, ils ne se décomposent point, et que sur l'eau il se forme à l'instant même de l'acide nitreux et de l'acide hydro-muriatique, qui, tous deux, se dissolvent dans ce liquide.

Le gaz acide hydro-muriatique ne doit point être susceptible d'agir sur le gaz muriatique oxigéné, puisqu'il n'existe pas de degré d'oxidation intermédiaire.

Il n'en est point ainsi du gaz acide hydro-muriatique et du gaz acide muriatique suroxigéné : lorsqu'on les mêle ensemble sur le mercure à parties égales, il n'y a ni augmentation ni diminution de volume à la vérité, mais il en résulte un dépôt d'eau et du gaz acide muriatique oxigéné ; par conséquent, l'acide muriatique de l'acide hydro-muriatique abandonne l'eau qu'il contient pour se combiner avec l'excès d'oxigène de l'acide muriatique suroxigéné.

L'acide muriatique liquide opère la décomposition de l'acide molybdique et de l'acide chrômique, surtout à l'aide de la chaleur. Les produits de cette décomposition sont : de l'acide muriatique oxigéné qui se dégage ; du muriate de molybdène et du muriate de chrôme, qui, tous deux, restent en dissolution dans la liqueur. On n'a point essayé l'action du gaz acide hydro-muriatique sur les acides molybdique et chrômique secs ; il serait très-possible qu'elle fût la même que sur ces acides humides.

DES COMBINAISONS DES ACIDES LES UNS AVEC LES AUTRES.

641. On ne connaît encore que deux combinaisons très-intimes d'un acide avec un autre acide, savoir: celle de l'acide fluorique et de l'acide borique, et celle de l'acide fluorique avec l'acide sulfurique. La première est appelée *acide fluo-borique :* la seconde n'a point encore reçu de nom ; on pourrait l'appeler *acide sulfuro-borique.*

Il paraît qu'en général pour que deux acides se combinent, il faut que l'un soit très-fort et l'autre très-faible : alors celui-ci fait en quelque sorte les fonctions d'oxide par rapport à celui-là, et le sature en partie. C'est ce qu'on observe surtout d'une manière très-remarquable dans le gaz fluo-borique.

De l'Acide fluo-borique.

642. *Propriétés.* — L'acide fluo-borique est gazeux, sans couleur ; son odeur est piquante, et se rapproche de celle de l'acide muriatique ; on ne saurait le respirer sans être suffoqué ; il éteint les corps en combustion ; il rougit très-fortement la teinture de tournesol ; sa pesanteur spécifique est de 2,371 (579).

Il n'a aucune espèce d'action sur le verre : il en a au contraire une très-grande sur les matières végétales et animales ; il les attaque avec autant de force que l'acide sulfurique concentré, et paraît agir sur ces matières en déterminant une formation d'eau ; car il les charbonne : cependant, on peut le toucher sans être brûlé.

Exposé à l'action d'une très-haute température, il ne se décompose point ; il se condense par le froid sans changer d'état. Lorsqu'on le met en contact avec le gaz oxigène ou l'air, soit à froid, soit à chaud, il n'éprouve aucune sorte d'altération ; seulement il s'empare, à la température ordinaire, de l'humidité que ces gaz peuvent contenir, se liquéfie, et donne naissance à des vapeurs extrêmement épaisses. Il se comporte de la même manière avec tous les gaz qui contiennent de l'eau hygrométrique : pour peu qu'ils en contiennent, il y produit des vapeurs très-sensibles ; on peut donc l'employer avec beaucoup de succès pour savoir si un gaz est sec ou humide.

Aucun corps combustible non métallique, simple ou composé, n'attaque le gaz acide fluo-borique. Parmi les métaux, aucun de ceux qui appartiennent aux troisième, quatrième, cinquième et sixième sections, ne décomposent le gaz fluo-borique. On n'en a encore

opéré la décompostion qu'en le traitant par le potassium et le sodium. Ces deux métaux, à l'aide de la
chaleur, brûlent dans le gaz fluo - borique presque
comme dans le gaz oxigène. Du Lore et du deuto-fluate
de potasse sont les produits de cette décomposition;
d'où il suit que ce métal s'empare de l'oxigène de l'a-
cide borique, en met le bore à nu, s'oxide et se combine avec l'acide fluorique. *Expérience :* On prend une
cloche de verre courbe; on la remplit de mercure; on
y fait passer environ 2 centilitres et demi de gaz fluo-
borique, et on porte, avec une tige de fer, jusque dans
sa partie courbe, 0^{gram},212 de potassium; puis on la
chauffe avec la lampe à esprit de-vin; bientôt le potassium fond, et, quelque temps après, il s'enflamme vivement, absorbe tout à coup les trois quarts du gaz, et
se transforme en une matière de couleur chocolat. Traitée par l'eau, cette matière donne à peine quelques signes
d'effervescence, et l'on en sépare, d'une part, du deuto-
fluate qui se dissout, et, d'autre part, du bore insoluble qui reste sous forme de flocons bruns. On s'y
prendrait de la même manière pour traiter le gaz fluo-
borique par le sodium; seulement il faudrait employer
une plus grande quantité de gaz, parce que le sodium
en absorbe plus que le potassium.

État naturel, Préparation, etc. — Le gaz fluo-borique n'existe dans la nature ni libre, ni combiné; on
l'obtient en traitant, à l'aide de la chaleur, un mélange de fluate de chaux et d'acide borique par l'acide
sulfurique. (John Davy.)

On prend une partie d'acide borique vitrifié et deux
parties de fluate de chaux pur; après les avoir réduits en
poudre dans un mortier de fer ou de laiton, on les mêle

intimement dans une fiole avec douze parties au moins
d'acide sulfurique concentré (*a*); puis on adapte un tube
recourbé au col de la fiole; on la place, par le moyen
d'une grille, sur un fourneau, et on la chauffe peu à
peu; bientôt le gaz fluo-borique se produit, chasse
l'air, et apparaît sous forme de vapeurs très-épaisses;
on le recueille sur le mercure : il n'est pur que quand
l'eau peut l'absorber entièrement et subitement; il y
est excessivement soluble. Au lieu d'une fiole de verre,
il vaudrait mieux employer, pour le préparer, une
cornue ou un petit matras de plomb; on n'aurait point
à craindre la formation d'un peu de gaz fluorique
silicé.

On n'a point encore déterminé les proportions d'a-
cide borique et d'acide fluorique qui constituent le gaz
fluo-borique.

Cet acide a été découvert et étudié par MM. Gay-
Lussac et Thenard en 1809 (*voyez* 2ᵉ volume de leurs
Recherches physico-chimiques); il a été examiné ensuite par MM. Humphry-Davy et John Davy (Annales de Chimie, t. 86).

De la combinaison de l'Acide borique avec l'Acide sulfurique.

643. On obtient le composé qui résulte de la combinaison de l'acide borique avec l'acide sulfurique, en
versant, comme on l'a dit (335), de l'acide sulfurique

_____

(*a*) Cette quantité d'acide sulfurique est bien plus que suffisante
pour décomposer le fluate de chaux; mais si on n'en mettait, par
exemple, que six parties, l'eau de ces six parties serait pour ainsi
dire mise à nu, et dissoudrait presque tout le gaz fluo-borique.

dans une dissolutiou de borax raffiné ; il se précipite sous forme de larges écailles qu'on purifie par des lavages à froid. Ce composé est toujours solide, brillant et comme nacré ; il n'a que peu de saveur ; son action sur la teinture de tournesol est très-peu marquée. Lorsqu'on le chauffe dans un creuset, il se boursouffle considérablement, et laisse dégager l'acide sulfurique qu'il contient sous forme de vapeurs blanches très-épaisses et très-piquantes. Exposé à l'air, il n'en attire point l'humidité, ce qui prouve une combinaison intime entre les deux acides qui le constituent ; car on sait que l'acide sulfurique concentré jouit éminemment de cette propriété. Lorsqu'on en fait une dissolution dans l'eau chaude, il se forme des cristaux dans cette dissolution à mesure qu'elle refroidit ; mais, comme l'acide sulfurique est extrêmement soluble, tandis que l'acide borique ne l'est que très-peu, la portion qui cristallise retient moins d'acide sulfurique que celle qui ne cristallise point. On pourrait donc, par des cristallisations successives, obtenir de l'acide borique pur. Toutefois ce procédé étant très-long, il vaut mieux, à beaucoup près, avoir recours à la calcination pour séparer l'acide sulfurique de l'acide borique.

On se fera une idée des autres propriétés de la combinaison de l'acide borique avec l'acide sulfurique, en se rappelant quelle est l'action de ces deux acides sur les divers corps.

L'acide borique qu'on trouve dans le commerce n'est qu'une combinaison d'acide borique et d'acide sulfurique.

644. Outre ces deux composés d'acide, dont les propriétés sont bien caractérisées, on pourrait en ad-

mettre à la rigueur un grand nombre d'autres. En effet,
1° lorsqu'on traite l'acide borique par un acide étendu
d'eau, on en dissout beaucoup plus que par l'eau seule,
à moins que cet acide ne soit très-faible, comme
l'acide carbonique; 2° lorsqu'on agite ensemble de
l'acide nitrique et de l'acide sulfurique, ou de l'acide
phosphoreux, ou de l'acide phosphorique, etc., il en
résulte un liquide homogène, quoique les acides qui le
constituent diffèrent beaucoup par leur pesanteur spécifique, etc.; mais toutes ces combinaisons sont si
faibles, que la moindre force les détruit, et que leurs
principes ne paraissent être, pour ainsi dire, que mêlés
intimement.

C'est parce que les acides n'ont qu'une très-faible
tendance à s'unir ensemble, et qu'à diverses températures ils en ont au contraire une plus ou moins grande à
s'unir avec l'eau, qu'en versant de l'acide sulfurique
concentré dans de l'acide muriatique liquide concentré,
il en résulte une vive effervescence : alors l'acide sul-
rique se combine évidemment avec l'eau qui tient en
dissolution le gaz acide muriatique, produit beaucoup
de chaleur, met celui-ci en liberté, et le fait dégager
sous forme de bulles qui, se répandant dans l'air, y
causent des fumées épaisses et piquantes.

645. Lorsqu'on calcine du proto-sulfate de fer dans
une cornue de grès, on obtient dans les récipiens un liquide d'où, par une distillation ménagée, il se sublime
des aiguilles cristallines. On a pensé, jusque dans ces
derniers temps, que ces aiguilles étaient une combinaison d'acide sulfurique et d'acide sulfureux; des expériences récentes ont démontré le contraire. (*Voyez*
Sulfate de fer (832).

CHAPITRE DIXIÈME.

De l'action réciproque des Oxides et des Acides.

646. Il existe une très-grande différence entre l'action des oxides métalliques et celle des oxides non métalliques sur les acides : la plupart des premiers se combinent avec tous les acides, et les neutralisent plus ou moins ; tandis que la plupart des seconds ne s'y unissent point, et que, lors même qu'ils s'y unissent, ils ne les neutralisent point. C'est pourquoi nous traiterons successivement de l'action de ces deux genres d'oxides sur les acides.

DE L'ACTION DES OXIDES NON MÉTALLIQUES SUR LES ACIDES.

647. Parmi les cinq oxides non métalliques que nous connaissons, l'oxide d'hydrogène ou l'eau, l'oxide de carbone, l'oxide de phosphore, le protoxide et le deutoxide d'azote, il n'en est qu'un qui se combine avec tous les acides, c'est l'eau : les quatre autres ne se combinent avec aucun, excepté le gaz oxide de carbone avec le gaz muriatique oxigéné, et le deutoxide d'azote avec l'acide sulfurique. La plupart de ces combinaisons sont faibles ; dans aucune, l'oxide ne neutralise l'acide.

Plusieurs oxides sont susceptibles de décomposer divers acides.

De l'action de l'Eau sur les Acides.

648. Tous les acides sont susceptibles de se dissoudre dans l'eau, excepté l'acide tungstique, qui joue tantôt le rôle d'oxide, et tantôt celui d'acide; ceux qui ont beaucoup de saveur y sont, en général, très-solubles; ceux qui sont peu sapides y sont au contraire peu solubles. La chaleur et la pression influent sur la solubilité du plus grand nombre: la première favorise la solubilité de ceux qui sont solides, et diminue la solubilité de ceux qui sont gazeux; elle n'influe pas sur la solubilité de ceux qui sont liquides. Quant à la pression, elle n'a d'influence que sur la solubilité de ceux qui sont gazeux; elle l'augmente beaucoup.

Tableaux de la solubilité des Acides (a).

ACIDES LIQUIDES.	*Quantité d'acide soluble dans l'eau.*	CHALEUR produite avec parties égales d'eau et d'acide (b).
Fluorique............	Ces acides se combinent avec l'eau en toute proportion, à la température ordinaire.	Bien plus de 100°.
Sulfurique............		Environ 84°.
Nitrique............		Environ 17°.
Phosphoreux........		Environ 13°.
Nitro-muriatique...		

(a) Dans les deux derniers tableaux, les acides sont rangés suivant l'ordre de leur plus grand degré de solubilité.

(b) *Voyez*, pour plus de précision, l'histoire particulière des dissolutions acides (663).

ACIDES SOLIDES.	L'eau en dissout		CHALEUR produite.
	à 10°.	à 100°.	
Phosphorique	Plusieurs fois son poids.	Plus qu'à froid.	Très-sensible.
Arsenique....	Plus que son poids.	Id.	Moindre.
Chrômique...	Moins que d'acide arsenique.	Id.	
Borique......	La 35e partie de son poids.	La 13e partie de son poids.	Moindre encore.
Sulfuro-borique.......	A peu près comme l'acide borique.		
Molybdique..	Très-peu.	Très-peu.	Point de chaleur.
Colombique..	Presque point.	Presque point.	Id.
Tungstique..	0.	0.	Id.

ACIDES GAZEUX.	L'eau en dissout, par rapport à son volume :			CHALEUR produite par un fort courant de gaz.
	à 20° et à 0m,76.	à 100° et à 0m,76.	à 20° dans le vide.	
Fluo-borique..	Plus de 700 fois.	Beaucoup.	Beaucoup.	Plus de 100°.
Hydro-muriatique.....	464	Pas beaucoup.	Pas beaucoup.	Moins de 100°.
Nitreux......				Quelques degrés.
Sulfureux..	37	0.	0.	
Muriatique suroxigéné	8 à 10	0.	0.	0.
Muriatique oxigéné....	1,5	0.	0.	0.
Carbonique..	1	0.	0.	0.
Carbo-muriatique.....	..	..	..	L'eau le décompose.

649. Rien de plus facile que de combiner les acides liquides avec l'eau; il suffit de les mettre en contact avec elle et d'agiter; à l'instant même la combinaison a lieu. Celle de l'acide fluorique ne doit être faite que dans des vases de plomb, d'argent ou de platine, parce qu'il attaque le verre, la porcelaine, etc.

Rien de plus facile aussi que de dissoudre les acides solides dans l'eau; on met l'acide et l'eau dans un vase de verre, on chauffe, on agite et l'on filtre.

La dissolution des acides gazeux se fait, en général, en mettant dans un matras ou une cornue les matières susceptibles, par leur réaction, de donner lieu à la production ou au dégagement d'une grande quantité de gaz, et en conduisant ce gaz, bulle à bulle, par des tubes recourbés à travers l'eau. On place le plus souvent l'eau dans des flacons tubulés qu'on fait communiquer ensemble, et auxquels on adapte des tubes de sûreté; de sorte que le gaz, après avoir traversé l'eau du premier flacon, vient se rendre dans celle du second, etc., sans que jamais il puisse y avoir absorption : c'est à cet appareil, dont nous avons déjà parlé plusieurs fois, qu'on donne le nom d'appareil de Wolf. (Voyez *pl. 6*, *fig.* 2 et 3, et page 30 de la Description des Planches ; ou bien voyez (576).

650. On donne différens noms aux composés qui résultent de la dissolution des acides dans l'eau. Lorsqu'un acide est solide ou gazeux, on appelle sa dissolution dans l'eau, *acide liquide ;* lorsqu'il est liquide, on la désigne par le nom d'*acide étendu d'eau.* On appelle encore les dissolutions des acides liquides et gazeux, *acides faibles*, lorsqu'elles sont très-étendues d'eau ; et *acides concentrés*, lorsqu'elles n'en contiennent que peu.

On dira donc acide phosphorique liquide, acide borique liquide, acide sulfureux liquide, acide sulfurique étendu d'eau, etc. ; au lieu de dire : dissolution d'acide phosphorique, d'acide borique, d'acide sulfureux, d'acide sulfurique, etc., dans l'eau.

651. *Propriétés physiques.* — Toutes les dissolutions acides ont une saveur, une couleur (a) et une action sur la teinture de tournesol semblables à celles des acides eux-mêmes ; elles jouissent de ces propriétés en raison de la quantité d'acide réel qui entre dans leur composition. Leur pesanteur spécifique varie, et est toujours plus grande que celle de l'eau. Celles qui contiennent des acides odorans ont elles-mêmes de l'odeur ; elles en ont d'autant plus, qu'elles contiennent plus d'acide, mais toujours moins que l'acide lui-même.

Propriétés chimiques (b). — Soumises à l'action de la chaleur, les dissolutions dont les acides sont naturellement solides ou liquides, se concentrent, tandis que celles dont les acides sont gazeux s'affaiblissent. Dans le premier cas, l'eau se dégage, en emportant avec elle un peu d'acide, pourvu qu'il ne soit pas fixe ; dans le second, c'est l'acide qui se dégage au contraire, en entraînant avec lui quelques portions d'eau. Deux dissolutions seulement font exception, lorsqu'elles sont étendues d'eau ; ce sont les dissolutions des acides fluo-borique et muriatique ; loin de s'affaiblir, elles acquièrent

(a) Excepté l'acide nitreux. Sa couleur varie en raison de sa densité.

(b) Nous ne comprenons point au nombre des dissolutions acides la dissolution du gaz muriatique oxigéné dans l'eau ; en conséquence, ce que nous allons dire ne s'appliquera point à cette dissolution. (*Voyez* les propriétés de cette dissolution (675).

plus de force, parce qu'elles laissent dégager proportionnellement, jusqu'à un certain point de concentration, beaucoup plus d'eau que d'acide.

653. Exposées à l'action de la lumière, les dissolutions acides n'éprouvent aucune altération.

Mises en contact avec l'air, elles se comportent diversement; elles se concentrent ou s'affaiblissent, selon que l'acide est plus ou moins fixe ou volatil, et selon qu'il a plus ou moins d'affinité pour l'eau. Il en est deux qui absorbent l'oxigène, ce sont les dissolutions nitreuses et sulfureuses; encore n'est-ce qu'avec beaucoup de lenteur : il en résulte de l'acide nitrique et de l'acide sulfurique. Quatre répandent des vapeurs lorsqu'elles sont concentrées, savoir : celles de l'acide muriatique, de l'acide fluo-borique, de l'acide fluorique et de l'acide nitrique; une portion de l'acide de ces dissolutions se dégage à l'état de gaz, s'empare de l'eau de l'air, et retombe sous forme de petites gouttelettes.

654. Il n'y a que les dissolutions dont les acides se décomposent facilement qui soient susceptibles d'agir sur les corps combustibles non métalliques. Aucune n'a d'action sur l'azote; celle de l'acide muriatique suroxigéné paraît être la seule qui en ait sur le gaz hydrogène; le soufre, le carbone, le bore, et surtout le phosphore, sont attaqués par les dissolutions des acides nitreux, nitrique et muriatique suroxigéné; mais ils ne le sont point par les dissolutions des acides carbonique, borique, phosphorique, phosphoreux, muriatique et fluorique. En général, pour que l'action se produise, il faut élever la température; dans tous les cas, lorsqu'elle a lieu, l'acide de la dissolution se décompose, et le corps combustible s'oxide ou s'acidifie.

T. II. 16

655. Aussitôt qu'on met le potassium en contact avec une dissolution acide, l'eau est décomposée, quelle que soit la température; il se dégage du gaz hydrogène qui s'enflamme tout à coup par le contact de l'air, et il se forme un sel à base de potasse qui reste dans la liqueur. Le sodium nous présente des phénomènes analogues, excepté que le gaz hydrogène ne s'enflamme que dans quelques cas : il en est sans doute de même des autres métaux de la seconde section.

656. Les dissolutions des acides borique, carbonique, molybdique, colombique, n'attaquent aucun des métaux appartenant aux quatre dernières sections; celles des acides sulfurique, muriatique, fluorique, fluo-borique, phosphorique, arsenique, phosphoreux, n'attaquent, de tous ces métaux, que le zinc, le manganèse, le fer; quelques-unes seulement, tels que l'acide muriatique concentré, l'acide sulfurique, attaquent aussi l'étain, ou le nickel. La plupart du temps la réaction a lieu à la température ordinaire; cependant elle est plus vive à chaud. Dans tous les cas, l'eau seule est décomposée; il en résulte un dégagement de gaz hydrogène, et un sel qui se précipite ou qui reste dans la liqueur.

657. L'acide sulfureux liquide dissout plusieurs métaux des quatre dernières sections, le zinc, le fer, etc.; mais ce n'est plus par l'eau que le métal s'oxide; c'est par l'acide lui-même; il se forme un sulfite acide sulfuré, soluble. L'expérience doit être faite à la température ordinaire ou à une température peu élevée.

658. Parmi les métaux des quatre dernières sections, l'acide nitrique étendu d'eau attaque : ceux de la troisième; ceux de la quatrième, excepté le chrôme, le

tungstène, le colombium, le titane, le cérium, qui paraissent avoir beaucoup de cohésion; ceux de la cinquième, excepté l'osmium; et seulement l'argent de la sixième. Du reste, cet acide présente, à l'intensité près, dans sa réaction sur les métaux, les mêmes phénomènes que s'il était concentré; il les oxide, les dissout presque tous, et passe à l'état d'oxide d'azote ou d'azote.

Il est probable que l'acide nitreux est susceptible d'attaquer ceux des métaux que l'acide nitrique attaque lui-même; on prétend même que, uni à l'acide nitrique, il peut dissoudre l'or.

On ne connaît point encore la manière d'agir de l'acide muriatique suroxigéné liquide sur les métaux.

659. L'on voit donc, en dernier résultat : 1° que toutes les dissolutions acides agissent sur les métaux de la seconde section; 2° que celles qui contiennent des acides faciles à décomposer, agissent aussi sur la plupart des métaux des quatre dernières sections; 3° que, parmi les dissolutions dont les acides se décomposent assez difficilement, il n'y a que celles dont les acides sont en même temps assez forts qui puissent attaquer quelques-uns des métaux de ces quatre dernières sections; 4° enfin que le métal s'oxide toujours, dans le premier et le dernier cas, par l'oxigène de l'eau (*a*), et, dans le second, par celui de l'acide (*b*).

(*a*) Cependant il serait possible qu'en traitant un métal appartenant à la seconde section, par exemple, le potassium, par l'acide nitrique faible, une portion de celui-ci fût décomposée en même temps que l'eau.

(*b*) Il semble que l'acide sulfurique devrait se comporter comme

660. Toutes les dissolutions acides sont susceptibles de neutraliser l'ammoniaque et de décomposer l'hydrosulfure d'ammoniaque (1150) ; mais il paraît qu'il n'en est que très-peu qui soient capables d'agir sur d'autres composés combustibles non métalliques ; du moins tel est le résultat du petit nombre d'expériences faites à ce sujet. On ne connaît encore que : 1° l'acide sulfureux qui décompose, à la température ordinaire, l'hydrogène sulfuré, en donnant lieu à de l'eau et à un dépôt de soufre ; 2° l'acide nitrique, qui transforme probablement, à l'aide de la chaleur : le phosphure de soufre en acide phosphorique et en acide sulfurique ; l'hydrogène sulfuré en eau et en acide sulfurique ; l'azote phosphoré en acide phosphorique et en azote ; 3° l'acide nitreux, qui agit sans doute à peu près de même que l'acide nitrique ; 4° l'acide muriatique suroxigéné, dont l'action sur l'hydrogène sulfuré et sur l'hydrogène phosphoré, etc., doit être très-forte ; 5° l'acide arsenique, qui, par sa réaction sur l'hydrogène sulfuré, à la vérité très-lente, produit de l'eau et du sulfure d'arsenic ou de l'orpiment ; 6° enfin, les acides chrômique et molybdique, qui passent, dans quelques circonstances, à l'état d'oxide.

661. L'action des dissolutions acides sur les combustibles mixtes et les alliages n'a pas été mieux étudiée que la précédente : toutefois on la prévoira jusqu'à un certain point, en se rappelant celle que ces

---

l'acide sulfureux ; mais il faut observer qu'en raison de son affinité pour l'eau, ses élémens sont plus stables que les élémens de celui-ci, etc.

mêmes dissolutions exercent sur les élémens de ces divers corps.

En général, lorsque l'un de ces corps sera formé d'élémens qui ne seront point attaqués par une dissolution acide, ce corps ne le sera point par cette dissolution; il le sera, au contraire, dans le cas où tous ses élémens seront susceptibles de l'être; il le sera même encore lorsque la dissolution acide n'aura d'action que sur un seul de ses élémens, pourvu qu'elle en ait beaucoup, ou que cet élément soit en grande quantité. En réfléchissant, il sera toujours facile de trouver quels doivent être les composés résultant de ces diverses actions. (*Voyez*, au reste, les dissolutions acides en particulier.)

Les phénomènes généraux dont nous venons de parler ne sont point sans exception : nous en indiquerons deux. L'acide muriatique n'agit ni sur le soufre, ni sur l'antimoine; cependant il agit sur le sulfure d'antimoine, et donne lieu à du gaz hydrogène sulfuré et à un deuto-muriate d'antimoine : la tendance de l'hydrogène à s'unir au soufre est la cause de cette différence d'action.

L'acide nitrique étendu d'eau attaque très-bien le fer et le charbon, et pourtant il n'attaque point la plombagine; ce qui est dû à la grande affinité des deux corps combustibles l'un pour l'autre, et à la cohésion du carbure, etc.

662. On ne trouve naturellement que deux acides en dissolution dans l'eau, l'acide carbonique et l'acide borique. (*Voyez* ce qui a été dit à ce sujet (334 et 345.)

C'est ordinairement en combinaison avec l'eau qu'on

emploie les acides ; leurs usages ont été décrits en parlant des acides purs.

Examinons actuellement les dissolutions acides en particulier.

De l'Acide borique liquide.

663. L'eau, à 10°, dissout environ la 35me partie de son poids d'acide borique ; bouillante, elle en dissout la 13me partie : aussi cristallise-t-elle par le refroidissement (325).

La dissolution de l'acide borique peut s'opérer dans un vase de verre, de porcelaine, d'argent, de platine. Cette dissolution ne rougit que faiblement la teinture de tournesol ; elle est inodore, sans couleur et presque insipide. En la soumettant à l'action de la chaleur, l'eau s'en dégage et l'acide s'en précipite : c'est également ce qui a lieu, mais très-lentement, en l'exposant au contact de l'air libre, à la température ordinaire. Traitée par les corps combustibles, elle se comporte comme l'eau ; il n'y a d'autre différence qu'en ce que, si le corps combustible est un métal appartenant à la seconde section, l'acide borique s'unit à l'oxide produit par l'action de l'eau sur ce métal.

De l'Acide carbonique liquide.

664. L'eau absorbe d'autant plus de gaz acide carbonique, que la pression est plus forte et la température plus basse. A la température et à la pression ordinaires, elle en dissout à peu près son volume ; en augmentant convenablement la pression, la température restant la même, elle peut en dissoudre cinq à six fois plus ; dans le vide, à un degré de chaleur quel-

conque, elle perd toute sa faculté dissolvante ; elle la
perd également à 100° et même au-dessous, pourvu
qu'elle ne soit soumise qu'à la pression de l'atmosphère.

La solution d'acide carbonique dans l'eau est sans
couleur ; sa saveur est aigrelette ; son odeur, légèrement piquante ; et son action sur la teinture de tournesol, très-faible. Exposée à la chaleur ou placée dans
le vide, elle entre promptement en ébullition, et
laisse dégager tout le gaz acide qu'elle contient ; exposée à l'air, elle le laisse également dégager tout entier,
mais sans ébullition et très-lentement ; elle se comporte,
avec les corps combustibles, de même que l'acide
borique liquide (663).

Pour saturer l'eau de gaz acide carbonique à la température et à la pression ordinaires, on s'y prend de la
même manière que pour se procurer ce gaz même
(346).

On remplit des flacons d'eau, on les renverse, et on
y fait arriver du gaz acide ; lorsqu'ils sont aux deux
tiers pleins de ce gaz, on les bouche, et on les agite
pendant sept à huit minutes ; ensuite on les ouvre dans
une dissolution acide faite d'avance ; puis on y fait
passer une nouvelle quantité de gaz, et on les agite de
nouveau. L'acide carbonique ainsi obtenu peut être
conservé dans des flacons bouchés à l'émeri et renversés.

Mais lorsqu'il s'agit de saturer l'eau d'acide carbonique à une pression beaucoup plus forte, il faut introduire cette eau dans un vase dont les parois soient
très-résistantes, et y faire arriver du gaz acide au
moyen d'une pompe. On peut employer à cet effet

l'appareil dont nous allons donner la description (*planche* 28).

A, cylindre en laiton contenant onze à douze litres, et portant un rebord bb qui sert à le fixer sur un plateau en bois BB, au moyen de vis.

CC, ouverture du cylindre fermée par un chapeau ou couvercle D, au moyen de quatre fortes vis : quatre saillies faisant corps avec le cylindre, sont taraudées et reçoivent les vis.

D, chapeau ou couvercle qui se fixe sur l'ouverture du cylindre, comme il vient d'être dit ; il porte un robinet d, et reçoit un corps de pompe EE.

EE, corps de pompe foulante et aspirante, vissé sur le chapeau D, et communiquant à la capacité du cylindre A au moyen d'un robinet e.

Ce corps de pompe a deux soupapes, l'une en g, qui s'ouvre quand on abaisse le piston et se ferme quand on le lève, et une en F, qui, au contraire, s'ouvre quand on lève le piston et se ferme quand on l'abaisse.

G, partie saillante qui communique au corps de pompe au moyen de la soupape F, et qui porte une vis pour recevoir un robinet taraudé I, lequel donne issue au gaz que l'on veut introduire dans le corps de pompe et par suite dans le cylindre A.

H, tube en cuivre étamé soudé au chapeau D, s'épanouissant au fond du cylindre sous forme d'une espèce d'entonnoir percé de petits trous. Il communique au-dehors au moyen du robinet e.

K, robinet pour tirer la liqueur : il se compose d'une partie fixe o, et d'un tuyau mobile à soupape p.

Pour se servir de cet appareil, on dévisse le corps de

pompe EE à la partie h, on ouvre le robinet e et le
robinet d ; et, au moyen d'un entonnoir dont la douille
communique au tube H , on remplit d'eau le cylindre
A jusqu'à la partie pointée a : alors on ferme le robinet
d, par lequel l'air s'est échappé ; on visse sur le chapeau D le corps de pompe EE, et à la partie G, le
robinet I que l'on ouvre et qui communique avec le
réservoir de gaz (a); puis on met en jeu la pompe :
quand le piston monte, le gaz se précipite par le robinet I dans le corps de pompe; quand on l'abaisse, la
soupape F qui lui donnait issue se ferme; le gaz comprimé presse sur la soupape g qui s'ouvre, traverse le
robinet e, parcourt le tube H, et vient s'épanouir sous
la partie évasée, pour s'en échapper en une multitude
de petites bulles que l'eau dissout dans leur passage.

On peut, au moyen de cet appareil, faire dissoudre
à l'eau cinq à six fois son volume de gaz acide carbonique. L'opération est d'autant plus prompte, que le
corps de pompe contient un plus grand volume de gaz,
et que le jeu du piston est plus rapide : on donne à la
capacité du corps de pompe de vingt à quarante centimètres cubes.

Lorsque l'eau est saturée convenablement, on la met
en bouteilles au moyen du robinet K, auquel on adapte
un bec conique qui descend jusqu'au fond de la bouteille et en ferme exactement le col. Une rainure, pratiquée le long du bec, laisse dégager l'air du vase ;
cette rainure est fermée à pression par un petit
ressort en cuivre, muni d'un morceau de peau. La

(a) Ce réservoir sera une vessie, ou mieux, une cloche disposée
sur la planchette de la machine pneumato-chimique.

bouteille étant pleine, on la bouche bien; on ficelle le bouchon, et on le goudronne (*a*).

De l'Acide phosphorique liquide.

665. L'acide phosphorique a tant d'affinité pour l'eau, qu'il est déliquescent, c'est-à-dire, qu'il attire l'humidité de l'air et se résout en liqueur : aussi suffit-il de le mettre en contact avec un poids d'eau moindre que le quart du sien pour le dissoudre. La dissolution se fait toujours avec dégagement de calorique; très-concentrée, elle est filante et visqueuse; faible, au contraire, elle est sans viscosité, etc. ; elle est toujours sans couleur, sans odeur, etc. On ne saurait volatiliser par le feu toute l'eau qu'elle contient (357). Elle n'a d'action sur aucun corps combustible non métallique simple ou composé. Elle agit très-fortement sur le potassium et le sodium, elle agit beaucoup moins comparativement sur le zinc, beaucoup moins encore sur le manganèse et le fer : dans tous les cas, il en résulte un phosphate et un dégagement de gaz hydrogène. Il paraît qu'elle n'agit point sur l'étain ni sur les métaux des trois dernières sections. Son action sur les composés dont le potassium et le sodium font partie, est analogue à celle de l'acide sulfurique (668).

(*a*) Quand l'appareil a servi, on adapte au robinet d'une vessie ou un tube qui se rend dans un réservoir pneumatique, pour recueillir le gaz dont le cylindre est rempli.

De l'Acide phosphoreux étendu d'eau.

666. L'acide phosphoreux se dissout dans l'eau en toute proportion et avec dégagement de calorique. Trente grammes d'acide phosphoreux en consistance syrupeuse et trente grammes d'eau, élèvent le thermomètre à mercure à environ 12°. La solution de cet acide est très-limpide, rougit fortement la teinture de tournesol, et a une légère odeur de phosphore : lorsqu'elle est concentrée et qu'on l'expose à l'action de la chaleur, une portion de l'eau qu'elle contient se décompose; il se forme de l'hydrogène phosphoré qui s'enflamme, et tout l'acide phosphoreux devient acide phosphorique (359). Il est probable que l'acide phosphoreux se comporte, avec les corps combustibles simples et composés, de même que l'acide phosphorique.

De l'Acide sulfurique étendu d'eau.

667. Lorsqu'on verse de l'acide sulfurique dans l'eau, d'abord il la traverse, et forme au-dessous d'elle une couche que l'œil distingue facilement; mais, par l'agitation, ces deux liquides se combinent en dégageant une grande quantité de calorique. On produit environ 84° de chaleur en mêlant 250 grammes d'acide concentré avec 250 grammes d'eau. On en produit plus de 105 en employant une fois plus d'acide et une fois moins d'eau. Suivant Lavoisier et M. de la Place, le calorique qui se dégage d'un mélange de 734 grammes d'eau et de 979 d'acide à 1,87 de pesanteur spécifique, est capable de fondre 1529 grammes de glace.

Lorsqu'au lieu d'eau, on met de la glace en contact avec de l'acide sulfurique, de nouveaux phénomènes ont lieu ; la glace se fond, et il y a production tantôt de froid et tantôt de chaleur. Un mélange de 4 parties d'acide concentré et de 1 partie de glace pilée fait monter le thermomètre d'un grand nombre de degrés, et l'on prétend qu'un mélange inverse, c'est-à-dire, de 4 parties de glace pilée et de 1 d'acide, le fait descendre à —20; ce qu'il est facile d'expliquer en tenant compte de la quantité de calorique qu'exige la glace pour se fondre, et de celle qui est mise en liberté par la combinaison de l'acide sulfurique avec l'eau. Dans tous les cas, on obtient ainsi de l'acide sulfurique étendu d'eau.

Cet acide est sans viscosité, sans couleur, sans odeur; sa saveur et son action sur la teinture de tournesol sont très-grandes; il cristallise à quelques degrés au-dessous de zéro, et même à $+7°,22$, selon M. Keir, lorsqu'il pèse spécifiquement 1,78. Sa pesanteur spécifique est toujours plus grande que la moyenne de l'eau et de l'acide, dont il est formé. C'est ce qu'on verra dans le tableau suivant; l'on y rapporte, d'après M. Vauquelin, quelles sont les quantités d'eau et d'acide à 66° de l'aréomètre de Beaumé (1,842 de pesanteur spécifique), qui doivent être mêlées ensemble pour obtenir un acide d'un certain degré à cet aréomètre, ou d'une certaine densité, la température étant à 15°. (Annales de Chimie, t. 76., p. 260.)

NOMBRE de parties d'acide à 66°.	NOMBRE de parties d'eau.	PESANTEUR spécifique de la combinaison acide.	DEGRÉS à l'aréomètre de Beaumé.
84,22	15,78	1,725	60°
74,32	25,68	1,618	55
66,45	33,55	1,524	50
58,02	41,98	1,466	45
50,41	49,59	1,375	40
43,21	56,79	1,315	35
36,52	63,48	1,260	30
30,12	69,88	1,210	25
24,01	75,99	1,162	20
17,39	82,61	1,114	15
11,73	88,27	1,076	10
6,60	93,40	1,023	5

668. L'acide sulfurique étendu d'eau peut toujours être ramené, par l'ébullition, à son plus grand degré de concentration; il est sans action sur l'oxigène, sur l'air, et sur tous les corps combustibles non métalliques simples et composés; ou du moins il faudrait qu'il ne fût que très-peu étendu, et que la température fût élevée, pour pouvoir être décomposé par le bore, le charbon, le phosphore et le soufre; alors il acidi-

fierait tous ces corps, et passerait à l'état de gaz sulfureux (407).

Il agit avec la plus grande énergie sur le potassium et le sodium; beaucoup moins, mais très-fortement encore, sur le manganèse, sur le fer, et surtout sur le zinc; très-peu sur l'étain; son action sur celui-ci n'a même lieu qu'à l'aide de la chaleur. On prétend aussi qu'il est susceptible d'attaquer le nickel. Dans tous les cas, l'eau est décomposée; il en résulte un dégagement de gaz hydrogène et un sulfate qui reste en dissolution, celui d'étain excepté. Avec le potassium, le sodium et le manganèse, il se forme des deuto-sulfates; avec les autres, il ne se forme que des proto-sulfates (a).

668 *bis.* L'acide sulfurique n'agit que sur un seul métal hydrogéné, sur celui de potassium; il se comporte, avec ce composé, comme avec le potassium lui-même.

On n'a point examiné l'action de l'acide sulfurique étendu d'eau sur les borures; on peut présumer qu'il attaquerait celui de fer. L'acier, ou le fer carburé au minimum, est attaqué par l'acide sulfurique étendu d'eau, mais sensiblement moins que le fer; il se forme du sulfate de protoxide de fer et du gaz hydrogène un peu carboné.

669. On a vu qu'en mettant en contact, avec l'eau, les phosphures de potassium et de sodium, il en résultait du gaz hydrogène phosphoré et du phosphate de potasse ou de soude; d'où on a conclu qu'il se décom-

(a) Il faut ajouter le chrôme, et probablement le cérium et le colombium, au nombre des métaux que nous avons dit (413) ne pas pouvoir être attaqués par l'acide sulfurique concentré.

posait assez d'eau non-seulement pour oxider le métal,
mais encore pour acidifier le phosphore. Or, celui-ci
n'a point par lui-même la propriété de décomposer
l'eau ; il ne l'acquiert que quand il est en présence de
l'oxide de potassium ou de sodium, par la tendance
qu'a l'acide phosphoreux ou phosphorique à s'unir avec
ces deux oxides. Si donc on mettait en contact avec
l'eau et les phosphures de potassium ou de sodium un
corps qui saturât les oxides de ces métaux à mesure
qu'ils se formeraient, il est évident qu'alors ils ne pourraient plus contribuer, par l'affinité précitée, à l'acidi-
fication du phosphore. Il y aurait donc moins d'eau
décomposée, et par conséquent moins de gaz hydrogène phosphoré formé. Voilà précisément ce qui a
lieu, quand on traite les phosphures de potassium et de
sodium par l'acide sulfurique étendu d'eau ; on obtient
en effet du sulfate de potasse ou de soude, et beaucoup
moins de gaz hydrogène phosphoré, qu'avec l'eau
seule : néanmoins, dans ce cas-là même, surtout lorsque l'acide sulfurique est très-étendu, il se forme encore un peu d'acide phosphorique, parce que la réaction est très-prompte, et qu'il n'y a point assez d'acide
sulfurique en contact à la fois avec le phosphure pour
neutraliser tout l'oxide provenant de la décomposition
de l'eau ; de sorte qu'alors les dernières parties de phosphures sont en contact avec de l'eau seulement : aussi
se dégage-t-il d'autant plus d'hydrogène phosphoré,
que l'acide dont on se sert est plus faible.

Parmi les autres phosphures métalliques, il n'y a
que celui de fer dont on ait bien constaté l'action sur
l'acide sulfurique faible ; on la produit comme celle
du fer sur l'acide sulfurique même ; elle donne lieu à

du sulfate de protoxide et à du gaz hydrogène phosphoré.

670. Si on se rappelle que les sulfures de potassium
et de sodium ont la propriété de décomposer l'eau et
de former une combinaison d'hydrogène sulfuré et
de deutoxide (281), on concevra facilement l'action
de ces sulfures sur l'acide sulfurique faible. En effet,
on obtient dans ce cas du deutoxide qui reste en
dissolution dans la liqueur, et de l'hydrogène sulfuré
qui se dégage en grande partie à l'état de gaz. Il suit
donc de là que l'eau est décomposée de même que s'il
n'y avait point d'acide; que son oxigène se combine
avec le métal et le fait passer à l'état de deutoxide, et
que son hydrogène se combine avec le soufre et forme
du gaz hydrogène sulfuré, sur lequel l'oxide de potassium ne saurait réagir, parce qu'il est neutralisé par
l'acide sulfurique.

Des trois sulfures de fer que nous avons décrits
(237), il n'en est qu'un sur lequel l'acide sulfurique
étendu d'eau ait de l'action, soit à froid, soit à
chaud; c'est le fer sulfuré au minimum. Lorsqu'on met
ces deux corps en contact, il se forme sur-le-champ du
sulfate de protoxide de fer et du gaz hydrogène sulfuré; d'où il suit que les deux élémens de l'eau se séparent et se combinent, savoir: l'un, avec le fer et
l'acide sulfurique, et l'autre avec le soufre.

Le manganèse sulfuré au minimum se comporte,
comme le fer sulfuré au minimum, avec l'acide sulfurique étendu d'eau; le sulfure de zinc est aussi dans ce
cas; mais il n'en est pas de même du sulfure d'étain.
Jusqu'à présent, les autres sulfures qui ont été essayés,
tels que les sulfures d'antimoine, de plomb, de cuivre,

de mercure, ont résisté à l'action de l'acide sulfurique étendu d'eau.

670 *bis.* L'action de l'acide sulfurique faible sur l'azoture de potassium ou de sodium est la même que celle de l'eau seule (573 *bis*) : ainsi, l'eau est décomposée, et il se forme du sulfate d'ammoniaque et du sulfate de potasse ou de soude qui restent en dissolution dans la liqueur.

On n'a traité que très-peu d'alliages par l'acide sulfurique étendu d'eau ; il ne doit y avoir que ceux qui contiennent des métaux appartenant aux trois premières sections qui puissent être attaqués par cet acide.

De l'action de l'Eau sur le Gaz acide sulfureux.

671. L'eau absorbe trente-sept fois son volume de gaz acide sulfureux à la température de 20 degrés et à la pression de $0^m,76$. On la sature de ce gaz en employant l'un des trois appareils représentés planche 6, par exemple, le second ; on met une partie de charbon en poudre, ou mieux, de sciure de bois, et deux à trois parties d'acide sulfurique concentré dans le ballon C ; on place ce ballon à feu nu, ou par le moyen d'un bain de sable, sur le fourneau AA ; on le fait communiquer par des tubes intermédiaires avec les flacons DD'D″ remplis aux trois quarts d'eau ; ceux-ci, de même que le ballon, sont munis de tubes de sûreté. L'appareil étant ainsi disposé, on met quelques charbons incandescens dans le fourneau ; bientôt la réaction entre l'acide et le corps combustible a lieu ; il en résulte du gaz sulfureux, du gaz acide car-

bonique, et il se forme en outre de l'eau, lorsqu'on se sert de sciure. Ces deux gaz, en se dégageant, chassent l'air et arrivent dans le premier flacon où ils se condensent en grande partie ; on les obtient donc d'abord tous deux en dissolution : mais, à mesure que l'eau absorbe de nouvelles quantités d'acide sulfureux, son affinité pour l'acide carbonique diminue tellement, qu'elle finit par abandonner ou lasiser dégager celui qu'elle avait d'abord dissous. Au reste, pour plus de sûreté, on pourrait remplacer le charbon ou la sciure de bois par du mercure, du fer ou du zinc. Dans tous les cas, on ne doit regarder comme très-pur que l'acide du second flacon et des flacons suivans, parce qu'il y a presque toujours un peu d'acide sulfurique entraîné qui vient se rendre dans le premier. On doit conserver l'acide sulfureux, de même que l'acide carbonique, dans des flacons bien bouchés et renversés.

L'eau saturée d'acide sulfureux, ou l'acide sulfureux liquide, est limpide et sans couleur ; son odeur, sa saveur et son action sur la teinture de tournesol sont semblables à celles du gaz sulfureux ; lorsqu'on l'expose au feu, elle laisse dégager avec effervescence presque tout l'acide qu'elle contient ; elle n'a aucune action sur les combustibles simples non métalliques ; elle agit vivement sur les métaux de la seconde section, et lentement sur le manganèse, le zinc et le fer de la troisième. Dans son action sur les premiers, l'eau est décomposée, il se dégage de l'hydrogène et il se forme un sulfite (655): mais, dans son action sur les seconds, l'eau n'est point décomposée ; c'est par l'acide que le métal s'oxide ; il en résulte un sulfite sulfuré (656). Il paraît qu'elle n'a d'action sur aucun métal appartenant aux trois dernières sections.

Aussitôt que l'acide sulfureux et l'hydrogène sulfuré sont en contact, ils se décomposent réciproquement ; l'oxigène de l'un s'unit à l'hydrogène de l'autre, et le soufre des deux se précipite ; il paraît que, avec l'hydrogène sulfuré, cet acide donne lieu à des résultats analogues. On ignore quelle est l'action qu'il est susceptible d'exercer sur les autres combustibles composés non métalliques, sur les composés combustibles mixtes et sur les alliages, et l'on ne peut faire à cet égard que des conjectures qui ont été présentées (660 et 661).

De l'Acide nitrique étendu d'eau.

672. Lorsqu'on met l'acide nitrique et l'eau en contact et qu'on les agite, ils se combinent en donnant lieu à un dégagement de calorique très-sensible. Combiné avec l'eau, l'acide nitrique forme un liquide transparent et sans couleur ; fumant, s'il n'en contient que la cinquième partie de son poids ; cessant de l'être, s'il en contient la moitié ou plus ; d'autant moins pesant, qu'il en contient davantage ; indécomposable par la lumière, et susceptible d'être ramené par la chaleur à un grand degré de concentration (a).

L'action de l'acide nitrique sur les corps combus-

(a) L'acide nitrique étendu d'une certaine quantité d'eau est connu, dans le commerce, sous le nom d'*eau forte*; étendu d'une plus grande quantité, il prend le nom d'*eau seconde*. On le préparait autrefois en calcinant le nitre avec de l'argile humectée ; on l'obtient aujourd'hui en traitant le nitre par l'acide sulfurique dans des tuyaux de fonte ; on fait passer ces tuyaux à travers un four-

tibles, lorsqu'il n'est pas trop étendu d'eau, ressemble beaucoup à celle qu'il exerce sur ces corps lorsqu'il est concentré : elle n'en diffère, à quelques exceptions près, qu'en ce qu'étant moins vive, il doit se dégager moins de calorique au moment où elle a lieu ; d'où il suit que le corps combustible doit tendre à enlever moins d'oxigène à l'acide. Ce ne serait qu'autant qu'on rendrait les températures égales de part et d'autre, qu'alors les résultats de décomposition pourraient devenir sensiblement les mêmes. (*Voyez* l'action de l'acide nitrique concentré (373—389).

Les exceptions à noter sont les suivantes : 1° l'acide nitrique étendu d'eau n'attaque bien le bore et le phosphore qu'à l'aide de la chaleur, tandis que l'acide nitrique concentré les attaque à la température ordinaire ; 2° lorsqu'on met en contact l'acide nitrique étendu d'eau avec les métaux de la seconde section, il n'y a presque point d'acide décomposé, l'eau l'est pour ainsi dire seule ; le contraire a lieu dans le cas où l'acide est concentré ; 3° le palladium est dissous par l'acide nitrique concentré ; il ne l'est pas par l'acide nitrique

---

neau ; on les charge de nitre par l'une de leurs extrémités, qu'on bouche et qu'on débouche à volonté ; on y verse l'acide sulfurique par un tube en S ou à trois branches, et on recueille l'acide nitrique, par des alonges, dans des fontaines de grès. Les tuyaux sont vivement attaqués d'abord par l'acide nitrique ; mais bientôt ils se recouvrent d'une couche d'oxide qui les rend presque inattaquables ; néanmoins l'acide entraîne toujours avec lui un peu d'oxide de fer.

On a recherché les quantités d'acide réel que devait contenir une combinaison d'eau et d'acide, d'une certaine pesanteur spécifique : nous ne citerons point les tables qu'on a faites à cet égard, parce qu'elles ne sont pas exactes.

étendu d'eau (*a*) ; 4° l'acide nitrique concentré paraît agir sur tous les combustibles composés non métalliques ; mais il n'est pas certain que l'acide nitrique étendu d'eau jouisse de cette propriété.

De l'Acide nitreux liquide.

672 *bis*. L'eau est susceptible de dissoudre un très-grand nombre de fois son volume de gaz acide nitreux, et de nous présenter des phénomènes remarquables. La dissolution prend d'abord une teinte bleue ; ensuite, à mesure qu'elle se charge d'une plus grande quantité de gaz, elle devient de plus en plus dense, passe successivement au vert, au jaune orangé clair, et enfin au jaune orangé foncé. Si, lorsqu'elle est assez chargée de gaz pour avoir cette dernière teinte, on l'étend peu à peu d'eau, elle reprend toutes les teintes précédentes. Or, comme dans ces différentes circonstances on ne fait que changer la densité de la dissolution, il est naturel d'en conclure que la couleur de l'acide nitreux liquide varie en raison de sa densité.

On peut obtenir l'acide nitreux par deux procédés : le premier consiste à faire passer bulle à bulle, à la température ordinaire, une grande quantité de deutoxide d'azote à travers l'acide nitrique très-concentré, par

(*a*) En parlant de l'action de l'acide nitrique concentré sur les métaux (375—381), nous avons dit que cet acide pouvait dissoudre à chaud le chrôme, le colombium, le tungstène, le titane, le cérium, le rhodium : mais il paraît que, s'il a réellement une action sur ces métaux, elle est extrêmement faible ; ce qui tient sans doute à ce qu'ils ont beaucoup de cohésion.

exemple, pendant plusieurs jours, à travers trois à quatre cents grammes d'acide. Dans cette opération, le deutoxide d'azote s'empare d'une portion de l'oxigène de l'acide nitrique, le ramène à l'état d'acide nitreux et y passe lui-même. L'acide nitreux, ainsi formé, reste en dissolution dans l'eau qui était unie à l'acide nitrique; il la colore en jaune orangé foncé, de sorte qu'en étendant cette dissolution d'eau pure, elle prend toutes les nuances dont il a été question plus haut.

Ce procédé, en raison de sa facile exécution, serait préférable à tout autre, si tout l'acide nitrique était susceptible d'être décomposé par le deutoxide d'azote; mais, comme il n'y en a qu'une portion qui est d'autant plus grande à la vérité, que l'acide est plus concentré, il vaut mieux avoir recours au second, quand on veut se procurer de l'acide nitreux liquide très-pur.

Le second procédé consiste à mettre en contact le gaz acide nitreux avec l'eau. Après avoir fait passer une grande quantité de deutoxide d'azote à travers l'acide nitrique concentré, et s'être ainsi procuré un mélange d'acide nitreux et d'acide nitrique (684), on place ce mélange dans un ballon à long col; on pose le ballon sur un fourneau, et on y adapte un tube que l'on fait plonger dans une éprouvette, où l'on met une certaine quantité d'eau, et dont le bouchon porte un autre tube destiné à s'opposer à la rentrée de l'air dans l'appareil; cela étant fait, on met quelques charbons incandescens dans le fourneau; bientôt le gaz acide nitreux se dégage, vient se rendre dans l'éprouvette, se combine avec l'eau et la satare en partie : il se volatilise bien aussi quelques portions d'acide nitrique ; mais elles se condensent dans le col du ballon, qui est très-long.

L'acide nitreux liquide, qui prend diverses couleurs en raison de sa densité, rougit fortement la teinture de tournesol ; quand il est concentré, son odeur et sa saveur sont très-fortes, et il agit sur l'économie animale avec une force extrême (363) ; par la chaleur, on en volatilise beaucoup de gaz acide ; mis en contact avec l'hydrogène sulfuré, à la température ordinaire, il en résulte à l'instant même de l'eau, un dépôt de soufre, et un dégagement d'oxide d'azote ou d'azote : il est décomposé par un grand nombre de corps combustibles, et en général par ceux qui sont susceptibles de décomposer l'acide nitrique (373).

De l'Acide fluorique étendu d'eau.

673. L'acide fluorique se combine avec l'eau en toute proportion : au moment où la combinaison a lieu, il y a tant de chaleur dégagée, que chaque goutte d'acide qui tombe dans l'eau produit un bruit semblable à celui d'un fer rouge qu'on y plongerait ; par conséquent, si l'on mêlait tout à coup quelques grammes d'acide et d'eau, le mélange serait projeté à grande distance.

L'acide fluorique, en se combinant avec l'eau, perd une partie de son action sur la peau ; il devient moins caustique ; il cesse d'être fumant, etc. : du reste, il se comporte avec les corps combustibles comme quand il est concentré, si ce n'est qu'il attaque moins vivement ceux avec lesquels il peut se combiner.

De l'Acide muriatique liquide.

674. L'eau, à la température de 20° et à la pression de 0^m,76, est susceptible de dissoudre 464 fois son
volume de gaz acide hydro-muriatique (*a*), ou, ce qui
est la même chose, les $\frac{77}{100}$ de son poids de ce gaz:
aussi, quand on la met en contact avec du gaz acide
muriatique pur, s'élance-t-elle dans le vase qui contient
celui-ci presque avec la même vitesse que dans le vide.
On procède à cette expérience de la même manière
que si le vase était plein de gaz ammoniac (576).

La glace jouit elle-même de la propriété d'absorber
le gaz acide hydro-muriatique avec assez de rapidité;
car si l'on introduit un petit fragment de glace dans une
éprouvette pleine de ce gaz et placée sur le mercure,
l'on verra la glace fondre et déterminer en peu de
temps l'ascension du mercure jusqu'au haut de l'éprouvette.

On obtient l'acide muriatique liquide en décomposant le sel marin par l'acide sulfurique, et en faisant
passer, à travers l'eau, le gaz hydro-muriatique qui
provient de cette décomposition. A cet effet, on emploie
l'appareil représenté *planche* 6, *figure* 2. On met dans
un ballon une certaine quantité de sel marin fondu (*b*);

(*a*) L'expérience doit être faite dans un tube gradué sur le mercure.

(*b*) On fait fondre le sel marin en l'exposant, dans un creuset de
Hesse, à une température rouge ; cette opération a pour objet de
décomposer les nitrates que le sel contient ; sans cela, il se formerait
de l'acide nitreux et de l'acide muriatique oxigéné qui coloreraient
l'acide muriatique en jaune.

on place ce ballon à feu nu, ou par le moyen d'un bain de sable , sur un fourneau, on le surmonte d'un tube à boule, et on le met en communication avec les flacons E, E', E'', E''', munis de tubes de sûreté, et contenant au plus les deux tiers de leur volume d'eau (*a*) ; alors on verse peu à peu par le tube à boule, dans le ballon, autant d'acide sulfurique étendu du tiers de son poids d'eau, qu'on a employé de sel ; puis on élève graduellement la température du mélange, de telle sorte que le dégagement du gaz hydro-muriatique qui commence à avoir lieu, même à la température ordinaire, ne soit ni trop lent, ni trop rapide. Ce gaz, après avoir chassé l'air du ballon , se rend d'abord dans l'eau du premier flacon, se combine et tombe avec elle sous forme de stries, l'échauffe, la sature, en augmente beaucoup le volume, et s'y dissout en quantité d'autant plus grande qu'elle est plus froide ; puis passe sous forme de bulles à travers, et arrive dans l'eau du second, avec laquelle il produit de semblables phénomènes , etc. En agissant sur trois à quatre kilogrammes de sel, l'opération ne peut se faire qu'en plusieurs heures ; on juge qu'elle est terminée lorsque, malgré l'élévation de température, le dégagement du gaz n'est presque plus sensible. A cette époque, il faut verser de l'eau bouillante dans le ballon, afin que la matière ne s'attache point à ses parois, et qu'on puisse la retirer facilement ; ensuite on démonte l'appareil, et on verse l'acide dans des

---

(*a*) Il vaut mieux ne faire plonger les tubes que de quelques millimètres dans l'eau ; la pression est moins grande et la dissolution se fait tout aussi-bien.

flacons à l'émeri. D'un kilogramme de sel on peut extraire assez d'acide pour saturer environ 700 grammes d'eau à la température et à la pression ordinaires (a).

L'acide muriatique liquide et concentré est blanc, très-caustique, d'une odeur insupportable; il rougit fortement la teinture de tournesol : saturé de gaz à 15°,5, il pèse spécifiquement 1,203, d'après Thomson (b).

Soumis à l'action de la chaleur, il entre promptement en ébullition, laisse dégager une grande quantité de gaz hydro-muriatique, et s'affaiblit ainsi jusqu'à une certaine époque au-delà de laquelle sa distillation a lieu.

Mis en contact avec l'air, il y répand des vapeurs épaisses et piquantes dues à ce que l'eau de l'air, en se combinant avec le gaz acide hydro-muriatique qui se dégage de la liqueur, forme de l'acide muriatique

---

(a) On prépare aussi, pour le besoin des arts, l'acide muriatique liquide en traitant le sel marin par l'acide sulfurique; mais au lieu de ballon de verre, on se sert d'espèces de chaudières ou de cucurbites en fonte : on lute le couvercle, qui est aussi en fonte ou en plomb, avec du plâtre; on verse de l'acide sulfurique par un tube à trois branches, et on reçoit le gaz acide muriatique dans des fontaines qui communiquent ensemble, ainsi qu'avec les cucurbites, par des tubes intermédiaires : la fonte est attaquée à la vérité, soit par l'acide sulfurique, soit par l'acide muriatique; néanmoins, en ayant soin de prendre une cucurbite dont les parois soient environ de 8 à 10 millimètres d'épaisseur, on peut y faire un assez grand nombre d'opérations.

(b) On a recherché les quantités d'acide réel que devait contenir une dissolution d'acide et d'eau, d'une certaine pesanteur spécifique : nous ne citerons point les tables qu'on a faites à cet égard, parce qu'elles ne sont pas exactes.

étendu d'eau qui se précipite; d'où l'on doit conclure
que l'acide muriatique déjà étendu d'eau ne doit point
jouir de cette propriété : aussi, quand on verse de
l'eau sur l'acide muriatique liquide très-fumant, cesse-
t-il de fumer.

L'acide muriatique est absolument sans action sur
les combustibles non métalliques simples et composés ;
seulement il paraît en dissoudre quelques-uns, et particulièrement le gaz hydrogène sulfuré.

Son action sur les métaux, les alliages et les combustibles mixtes, ressemble absolument à celle de l'acide
sulfurique (412); elle n'en diffère qu'en ce qu'elle est
plus vive sur l'étain.

De la solution du Gaz muriatique oxigéné dans l'Eau.

675. L'eau dissout, à la température de 20° et à la
pression de 0^m,76, 1^{fois},5 son volume de gaz muriatique oxigéné. Cette dissolution se prépare dans l'un des
trois appareils (*pl.* 6). On met dans le ballon ou la
cornue les matières propres à produire le gaz muriatique oxigéné, savoir : un mélange de quatre parties
de sel, d'une partie de peroxide de manganèse, et de
deux parties d'acide sulfurique concentré étendu de
deux parties d'eau, en se conformant à ce qui a été dit
à cet égard (premier volume, page 583). On remplit
presque entièrement les flacons d'eau, et l'on a soin,
pour éviter d'être incommodé par la portion de gaz
muriatique oxigéné qui arrive jusqu'à l'extrémité de
l'appareil, de verser dans le dernier flacon une certaine quantité de chaux éteinte ou de potasse, ou bien
de le terminer par un tube qui se rend hors du labora-

toire : alors on met quelques charbons incandescens dans le fourneau, de telle sorte que le gaz se dégage lentement ; sans quoi, comme il est peu soluble, on en perdrait beaucoup. Un kilogramme de sel est plus que suffisant pour saturer dix à douze litres d'eau de gaz muriatique oxigéné. (*Voyez* pour la théorie, premier volume, page 583.) L'opération dure plusieurs heures ; elle est terminée lorsque, malgré l'élévation de température, il ne se dégage presque plus de gaz.

Dans les arts, où l'on a besoin d'une grande quantité d'acide muriatique oxigéné, l'on ne se sert point de flacons pour contenir l'eau dans laquelle on doit le dissoudre. On emploie de grandes cuves en pierre, doublées de mastic : on fait arriver l'acide en gaz, à la partie inférieure de la cuve, sous une gouttière renversée qui s'élève jusqu'au couvercle en serpentant et en faisant un grand nombre de circuits ; les points de contact devenant ainsi bien plus nombreux, la combinaison se fait bien plus facilement, et il n'y a tout au plus qu'une très-petite quantité de gaz qui puisse échapper à l'action dissolvante de l'eau : néanmoins comme ce gaz, en se renouvelant sans cesse, pourrait incommoder, on le reçoit dans un entonnoir renversé et placé au-dessus de l'extrémité supérieure de la gouttière, et on le porte au-dehors de l'atelier par un long tube adapté au bec de l'entonnoir. En opérant de cette manière, le liquide inférieur doit être bien plutôt saturé que le liquide supérieur : aussi, lorsqu'on a besoin d'acide, s'en sert-on de préférence. On le retire par un syphon, et on le remplace par une égale quantité d'eau. (*Voyez*, pour plus de détails, les Élémens de Teinture, par MM. Berthollet, 1er vol., p. 220.)

La solution du gaz muriatique oxigéné dans l'eau a l'odeur, la saveur et la couleur de cet acide pur ; elle agit de la même manière sur la teinture de tournesol, et sur toutes les couleurs végétales et animales. Exposée à une température de deux à trois degrés au-dessus de zéro, et à plus forte raison à une température inférieure, il s'y forme des cristaux en lames d'un jaune foncé, qui sont formés de beaucoup moins d'eau et de beaucoup plus d'acide que la solution même : c'est pourquoi, lorsqu'on fait passer du gaz muriatique oxigéné à travers l'eau à cette température, il y en a beaucoup plus d'absorbé qu'à une température plus élevée, à tel point que la liqueur finit par se prendre en masse, et que cette masse, lorsqu'elle vient à se liquéfier, fait une effervescence assez considérable due à l'excès de gaz qui se dégage.

675 *bis*. On a vu (434) que le gaz muriatique oxigéné sec résistait à l'action de la plus haute température ; mais il n'en est point de même de l'acide muriatique oxigéné humide ou chargé d'eau. En effet, lorsqu'on met cet acide en contact avec l'eau, même à la température rouge-cerise, il en résulte tout à coup du gaz oxigène et du gaz hydro-muriatique ; d'où il suit que l'eau ou ses élémens se combinent avec l'acide muriatique, et que l'oxigène est mis en liberté. *Expérience :* On prend deux cornues ; dans l'une on met les matières propres à produire du gaz acide muriatique oxigéné, et dans l'autre on met de l'eau ; on les place chacune sur un fourneau, et on les adapte toutes deux, par le moyen de tubes de verre, à l'une des extrémités d'un tube de porcelaine ; celui-ci traverse un fourneau

à réverbère, et est terminé à son autre extrémité par
un tube de sûreté qui s'engage sous des flacons pleins
d'eau. On fait peu à peu rougir le tube de porcelaine ;
lorsqu'il est rouge, on chauffe les deux cornues ; l'eau
est ainsi portée à l'ébullition ; l'acide muriatique oxigéné se produit et passe à l'état de gaz : tous deux se
rendent dans le tube, et n'en sortent qu'après y avoir
subi une décomposition complète. L'acide hydro-muriatique et l'oxigène qui en proviennent sont conduits
par le tube de sûreté dans le flacon plein d'eau ; l'acide
se dissout dans ce liquide ; l'oxigène se rassemble au-
dessus.

Si le tube était à peine rouge, la décomposition serait incomplète ; il n'y aurait que l'acide et l'eau en
contact avec ses parois, qui recevraient assez de chaleur pour se décomposer.

La décomposition serait encore incomplète, si la
vapeur d'eau n'était point assez abondante, ou si le
courant de gaz acide muriatique oxigéné était trop
rapide. Elle serait nulle, si on supprimait le courant
de vapeurs, ou du moins il n'y aurait d'acide muriatique oxigéné décomposé que par la très-petite quantité
d'eau qu'il entraînerait avec lui. Dans ces différens cas,
on obtiendrait un mélange de gaz acide muriatique
oxigéné et de gaz oxigène, dont on pourrait absorber
l'acide par la potasse ou la soude.

676. Lorsqu'on expose une solution de gaz muriatique oxigéné dans l'eau à l'action directe des rayons
solaires, il en résulte des phénomènes analogues à ceux
que nous offrent ce gaz et l'eau en contact à une haute

température. L'acide muriatique oxigéné est décomposé; son oxigène se dégage à l'état de gaz, son acide muriatique se combine avec l'eau et forme un liquide sans couleur, et qui n'a qu'une saveur aigrelette. L'expérience peut être faite dans un flacon ordinaire : on le remplit d'eau saturée de gaz muriatique oxigéné; on y adapte un tube recourbé plein d'eau, dont on engage l'extrémité sous un flacon qui en est plein lui-même; on place le flacon de manière qu'il soit frappé par les rayons solaires, et bientôt l'on voit une foule de petites bulles se produire, l'acide se décolorer, etc. (*a*)

La décomposition de l'acide muriatique oxigéné en dissolution dans l'eau a même lieu par la lumière diffuse; mais elle est très-lente. Quoi qu'il en soit, il est nécessaire de tenir cette solution d'acide dans l'obscurité parfaite pour pouvoir la conserver; l'on a même le soin, dans les laboratoires, de coller du papier noir sur la surface des flacons qui la recèlent.

676 *bis.* Les corps combustibles simples non métalliques n'ont point été soumis à l'action de l'acide muriatique oxigéné liquide : il est probable que la plupart, excepté l'azote, pourraient le décomposer, parce qu'ils en attireraient l'oxigène, et que l'eau en attirerait l'acide muriatique; c'est ce qui devrait avoir lieu,

---

(*a*) Il paraît, d'après les expériences de M. Berthollet, que tout l'oxigène de l'acide muriatique oxigéné ne reprend point l'état gazeux; car, en saturant la liqueur par la potasse et la faisant évaporer, on obtient un mélange de muriate et de muriate suroxigéné de potasse. Ne se formerait-il pas un peu d'acide muriatique suroxigéné ?

surtout en exposant le mélange à l'action des rayons solaires.

677. L'acide muriatique oxigéné liquide attaque presque tous les métaux à la température ordinaire, et forme avec ces corps, comme à l'état de gaz, des muriates qui se précipitent ou restent en dissolution dans la liqueur, et dont les oxides sont plus ou moins oxigénés ; l'acide seul est décomposé ; il y a toujours dégagement de calorique ; jamais il n'y a dégagement de lumière. Toutes les expériences se font en projetant du métal en poudre dans la solution d'acide, en agitant de temps en temps la liqueur et l'abandonnant à elle-même. Ce n'est que pour le potassium et le sodium qu'on modifie ce procédé, à cause de leur grande légèreté. On verse de l'eau chargée d'acide dans une petite cloche longue et étroite, jusqu'à ce qu'elle en soit presque pleine ; on y laisse tomber un petit fragment de potassium ou de sodium ; on la bouche avec le doigt ; on la renverse ; le métal parcourt ainsi toute la colonne d'acide, disparaît et se transforme en muriate. Il est nécessaire de ne pas employer trop de métal, parce que la quantité d'acide ne serait plus assez grande pour le détruire, et qu'alors il décomposerait une portion de l'eau ; il est même difficile d'éviter complétement cette décomposition.

L'hydrogène phosphoré, l'hydrogène sulfuré et l'azote phosphoré sont les seuls corps combustibles non métalliques dont on ait bien étudié l'action sur cet acide. Tous trois sont décomposés, en donnant lieu, le premier, à de l'eau, à de l'acide muriatique et à de l'acide phosphoreux ou phosphorique ; le second, à de l'eau, à de l'acide muriatique et à de l'acide sulfurique (*a*); enfin, de la décomposition du troisième résulte du gaz azote, et sans doute de l'acide hydro-muriatique et de l'acide phosphorique.

Parmi les combustibles mixtes, il n'y a que les carbures de fer, quelques phosphures et sulfures, qui aient été traités par l'acide muriatique oxigéné liquide. La plombagine n'est point attaquée; la fonte et l'acier donnent lieu à du muriate de fer et à une sorte de plombagine; les sulfures, à des muriates, phosphates ou sulfates acides. Sans doute l'hydrure de potassium formerait, avec l'acide muriatique oxigéné liquide, de l'eau et du muriate de potasse. Il est difficile de présumer ce que deviendraient les autres composés.

L'acide muriatique oxigéné se comporte sensiblement avec les alliages, comme avec les métaux qui les constituent. En conséquence, il les attaque presque tous, et produit, en se combinant avec eux, des muriates.

De l'Acide muriatique suroxigéné liquide.

678. L'eau dissout, à la température de 20° et à la pression de 0^m,76, huit à dix fois son volume de gaz acide muriatique suroxigéné, d'après M. Davy. Il paraît que cette dissolution jouit de la plupart des propriétés physiques et chimiques de l'acide muriatique suroxigéné gazeux.

(*a*) On suppose que l'acide muriatique oxigéné soit en excès; car, dans le cas contraire, il se déposerait du phosphore et du soufre.

De l'Acide fluo-borique liquide.

679. Le gaz acide fluo-borique est encore plus soluble dans l'eau que le gaz acide muriatique. Il paraît, d'après M. John Davy, qu'elle en peut dissoudre
700 fois son volume ou environ 2 fois son poids à la
température et à la pression ordinaires : c'est pourquoi,
lorsqu'on débouche un flacon plein de gaz fluo-borique
pur dans l'eau, celle-ci s'élance avec une très-grande
force jusqu'au haut du vase, et le remplit instantanément.

La glace elle-même absorbe promptement le gaz fluo-
borique. On procède à cette expérience comme à l'absorption du gaz ammoniac (576).

La préparation de l'acide fluo-borique liquide se fait
en mettant dans une cornue de verre les matières propres
à produire le gaz fluo-borique (642), et en conduisant le
gaz par un tube de sûreté à boule à travers l'eau. On peut
placer cette eau dans un flacon tubulé ; mais, comme on
n'opère que sur quelques grammes, il est plus commode de la placer dans une éprouvette à pied, dont on
surmonte le bouchon d'un long tube pour s'opposer à
l'entrée de l'air dans l'appareil.

En absorbant le gaz fluo-borique, l'eau s'échauffe
considérablement, et augmente beaucoup de volume.
Quand elle est saturée de ce gaz, elle est limpide, très-
fumante et des plus caustiques. On retire par la chaleur
environ la cinquième partie de ce qu'elle en contient :
et quelque chose qu'on fasse ensuite, il est impossible
d'en retirer davantage. Alors elle ressemble à de l'acide
sulfurique concentré ; elle en a la causticité et l'aspect.

Comme lui, elle n'entre en ébullition qu'à une température bien supérieure à celle de l'eau bouillante, et se condense tout entière en stries, quoiqu'elle contienne encore une très-grande quantité de gaz.

Elle se comporte, avec les corps combustibles, à peu près de la même manière que celle qui est saturée d'acide muriatique.

De l'action de l'Eau sur l'Acide nitro-muriatique.

680. Cet acide, qui résulte du mélange de l'acide nitrique avec l'acide muriatique, se combine avec l'eau en toute proportion; il est jaune-rougeâtre quand il est concentré, et très-peu coloré quand il est faible; sa saveur et son odeur sont très-fortes; il rougit, ou plutôt il détruit assez souvent la teinture de tournesol. Soumis à l'action de la chaleur, il se transforme en gaz acide nitreux et en gaz acide muriatique oxigéné. Il attaque tous les métaux, excepté peut-être l'osmium et l'iridium; il agit même sur la plupart, à froid, avec beaucoup d'énergie; il agit de même sur les alliages. Dans tous les cas, lorsque l'action a lieu, il se produit un muriate. Enfin il se comporte, avec les corps combustibles simples non métalliques et les corps combustibles composés, comme l'acide nitreux et l'acide muriatique oxigéné.

Nous ne dirons rien de l'acide carbo-muriatique: tout ce qu'on en sait se trouve décrit (682).

De l'action de l'Eau sur l'Acide arsenique.

680 bis. L'acide arsenique étant déliquescent, doit

être très-soluble dans l'eau : aussi l'eau peut-elle en dissoudre plusieurs fois son poids. La dissolution s'opère, soit à froid, soit à chaud, dans un vase de verre ou de porcelaine. Concentrée, elle est visqueuse; elle cesse de l'être quand on l'affaiblit. Dans tous les cas, elle est sans couleur, sans odeur, plus pesante que l'eau, rougit fortement la teinture de tournesol, a une saveur âcre, et agit comme l'acide arsenique sur l'économie animale : en l'exposant à la chaleur dans une cornue ou dans une capsule de verre ou de porcelaine, on en volatilise successivement l'eau, de sorte que l'acide arsenique qu'elle contient reste bientôt sous forme solide. Elle n'est décomposée par aucun corps simple ou composé non métallique, si ce n'est par l'hydrogène sulfuré, dont les deux élémens se combinent peu à peu avec ceux de l'acide arsenique, et donnent lieu à de l'eau et à du sulfure d'arsenic jaune qui se précipite. L'acide arsenique liquide agit sur les métaux comme l'acide phosphorique et phosphoreux.

De l'action de l'Eau sur l'Acide chrômique.

681. L'eau peut dissoudre une assez grande quantité d'acide chrômique. On en fait la dissolution, à froid ou à chaud, dans un vase de verre ou de porcelaine. Cette dissolution est rouge, âcre, inodore; elle rougit fortement la teinture de tournesol. Exposée au feu, elle se concentre sans se décomposer jusqu'à ce que l'acide soit sec : si, lorsqu'elle est rapprochée convenablement, on la laisse refroidir, elle cristallise et donne lieu à des prismes alongés dont la couleur est analogue à celle des rubis.

On ne connaît point l'action qu'elle exerce sur les corps combustibles ; elle se comporte probablement avec les métaux comme celle de l'acide arsenique.

De l'action de l'Eau sur l'Acide molybdique.

681 *bis.* L'acide molybdique est peu soluble dans l'eau à froid et même à chaud. Sa dissolution est sans couleur, légèrement âcre, et ne rougit que faiblement la teinture de tournesol. Mise en contact avec le zinc et l'étain, etc., elle se colore en bleu peu à peu, parce que l'acide molybdique cède une portion de son oxigène à ces métaux, et passe à l'état d'oxide de molybdène, qui est de cette couleur.

De l'action du Gaz oxide de carbone sur les Acides.

682. Le gaz oxide de carbone ne se combine avec aucun acide ; mais il est susceptible d'en décomposer un assez grand nombre, ou au moins d'en favoriser la décomposition. Nous citerons les acides sulfurique, sulfureux, nitreux, nitrique, muriatique suroxigéné, arsenique, chrômique ; peut-être devrait-on y ajouter l'acide molybdique. Que l'on mette ces acides en contact avec le gaz oxide de carbone, dans un tube de porcelaine, à une température suffisamment élevée, ils céderont au moins une portion de leur oxigène à ce gaz, et le feront passer à l'état d'acide carbonique, d'autant plus que la plupart peuvent être désoxigénés par la seule action de la chaleur (*a*).

_____

(*a*) Le gaz acide muriatique suroxigéné se transformant facile-

Les acides borique, muriatique, fluorique, fluo-bo-rique, sont sans doute indécomposables par le gaz oxide de carbone, puisqu'ils le sont par le charbon. L'acide carbonique est probablement dans le même cas; car le charbon ne se combine qu'en deux proportions avec l'oxigène. Les acides phosphorique, phosphoreux, tungstique et colombique, y seraient-ils aussi? C'est ce qu'on ne sait point.

Quoi qu'il en soit, l'on voit donc que l'oxide de carbone ne nous présente aucun phénomène remarquable avec les acides: il n'en est pas de même avec le gaz muriatique oxigéné.

Lorsqu'on fait un mélange de parties égales de gaz muriatique oxigéné et de gaz oxide de carbone secs, et qu'on l'expose au soleil, bientôt il se contracte, se réduit à la moitié de son volume, et se transforme en un nouveau gaz acide que nous appellerons gaz acide carbo-muriatique (a). L'expérience peut être faite dans un tube gradué sur le mercure : cependant, comme le gaz muriatique oxigéné attaque ce métal, il vaut mieux, pour plus de précision, la faire dans un matras dont on connaît la capacité, et dans lequel on fait le vide : on y introduit successivement les deux gaz, et, après la

---

ment en gaz muriatique oxigéné et en oxigène, il agirait sans doute sur le gaz oxide de carbone comme le feraient ces deux corps. L'action aurait lieu sans doute à une basse température et avec explosion; il serait plus commode de la produire sur le mercure, dans un tube de verre épais, que de toute autre manière.

(a) M. John Davy a proposé le nom de *phosgène*, qui veut dire produit par la lumière. Nous ne l'adoptons pas, parce qu'il ne donne aucune idée de la nature du corps.

réaction, qui a lieu ordinairement en moins d'un quart
d'heure, on ouvre le ballon dans le mercure pour apprécier la diminution de volume, etc. La réaction serait très-lente, si les gaz n'étaient exposés qu'à la lumière diffuse ; elle n'aurait pas lieu dans l'obscurité ;
l'électricité, ainsi que la chaleur rouge, sont incapables
de la produire.

Le gaz acide carbo-muriatique est sans couleur : son
odeur est suffocante et analogue à celle de l'azote oxi-
muriaté ; il affecte sensiblement les yeux, provoque les
larmes, rougit fortement le papier de tournesol, et
éteint subitement les corps en combustion ; sa pesanteur spécifique est de 3,4269.

Ce gaz n'a aucune action sur l'oxigène (du moins par
l'étincelle électrique). Mis en contact avec l'air, il n'y
répand point de vapeurs. Aucun corps combustible
non métallique ne le décompose. L'étain, le zinc, l'antimoine, l'arsenic et plusieurs autres métaux en opèrent
au contraire la décomposition ; ils en absorbent l'acide
muriatique oxigéné et en mettent le gaz oxide de carbone en liberté : l'eau, l'oxide de zinc, l'oxide d'antimoine
et la plupart des autres oxides métalliques, le décomposent aussi ; mais ils n'en absorbent que l'acide muriatique, et ils en dégagent du gaz acide carbonique
provenant de l'union du gaz oxide de carbone avec
l'oxigène de l'acide muriatique oxigéné.

On constate tous ces résultats dans une petite cloche
courbe de verre, on remplit cette cloche de mercure,
on y introduit le gaz et le corps combustible ou le corps
brûlé, et on la chauffe avec la lampe à esprit de vin :
l'eau est le seul de ces corps qui agisse à froid. Dans
tous les cas, lorsque la réaction a lieu, on obtient autant de gaz oxide de carbone ou de gaz acide carbo-

nique que l'on a employé de gaz acide carbo-muriatique. (a).

L'eau étant susceptible de décomposer, même à la température ordinaire, le gaz acide carbo-muriatique, on peut en conclure qu'en faisant passer une étincelle électrique à travers un mélange de ce gaz, et d'une certaine quantité d'hydrogène et d'oxigène, il doit se produire, outre une sorte de détonnation, de l'acide hydro-muriatique et de l'acide carbonique : c'est ce qui arrive en effet.

L'alcool très-concentré en dissout douze fois son volume, à la température et à la pression ordinaires.

Enfin, l'acide carbo-muriatique s'unit tout entier au gaz ammoniac ; il en absorbe quatre fois son volume, et forme un sel qui jouit de propriétés particulières. Ce sel est solide, blanc, volatil, neutre, piquant, déliquescent, et par conséquent très-soluble dans l'eau. Soumis à l'action du feu, dans une petite cloche courbe remplie de gaz muriatique ou sulfureux, il se sublime sans éprouver de changement. Traité par l'acide sulfurique, il se décompose, il en résulte du sulfate d'ammoniaque, et il se dégage du gaz acide carbonique et du gaz hydro-muriatique dans le rapport de 1 à 2. Les acides nitrique, phosphorique et muriatique liquide, en opèrent aussi la décomposition en raison de l'eau qu'ils contiennent. Il en est de même, sans doute, de toutes les dissolutions acides et alcalines.

On peut regarder le gaz acide carbo-muriatique comme formé de gaz muriatique oxigéné et de gaz

(a) Ni le mercure ni la chaux ne le décomposent : la chaux et les autres alcalis le décomposeraient, pour peu qu'il y eût d'eau ; il se formerait des carbonates et des muriates.

oxide de carbone, ou d'acide muriatique et d'acide carbonique. La première proposition est évidente. Pour prouver la seconde, il suffit d'observer; 1º que le gaz acide carbo-muriatique s'obtient en mettant ensemble parties égales de gaz muriatique oxigéné et de gaz oxide de carbone ; 2º que le gaz muriatique oxigéné contient la moitié de son volume d'oxigène uni à l'acide muriatique ; 3º enfin, que le gaz acide carbonique résulte de la combinaison de deux parties de gaz oxide de carbone et d'une partie de gaz oxigène.

— C'est à M. John Davy qu'on doit la découverte et l'étude des propriétés du gaz acide carbo-muriatique. (*Bibliothèque britannique*, Sciences et Arts, t. 51.)

De l'action de l'Oxide de phosphore sur les Acides.

683. Il est probable que tous les acides qui sont susceptibles de céder une portion de leur oxigène au phosphore, en céderaient aussi à l'oxide de phosphore ; car le phosphore, en décomposant les acides, passe toujours à l'état d'acide phosphorique. Toutefois ce résultat n'a encore été constaté qu'avec l'acide nitrique (*a*).

De l'action des Oxides d'azote sur les Acides.

684. Le protoxide d'azote ne paraît avoir aucune

(*a*) Le procédé de Lowitz, pour purifier le phosphore, est fondé sur la facilité avec laquelle l'acide nitrique attaque l'oxide de phosphore : on traite le phosphore par cet acide, et toutes les parties qui sont oxidées, et par cela même très-divisées, ne tardent point à s'oxider davantage et à passer à l'état d'acide phosphorique.

action sur les acides : il n'en est pas de même du deutoxide. Placé dans certaines circonstances, il agit sur l'acide sulfurique, sur l'acide nitrique, sur l'acide muriatique sur–oxigéné et sur le gaz muriatique oxigéné.

On ne peut point le combiner directement avec l'acide sulfurique : mais, que l'on mette le gaz acide sulfureux en contact avec le gaz acide nitreux et un peu d'eau, il en résultera tout à coup des cristaux formés d'acide sulfurique, de deutoxide d'azote et d'eau (420).

On n'observe aucune action entre le deutoxide d'azote et le gaz muriatique oxigéné, secs ; mais, lorsqu'ils sont humides, il se forme à l'instant de l'acide nitreux et de l'acide muriatique.

Probablement que le gaz acide muriatique sur-oxigéné et le deutoxide d'azote donneraient lieu à du gaz muriatique oxigéné et à du gaz acide nitreux, sans l'intermède de l'eau ; et à de l'acide nitreux (*a*) et à de l'acide muriatique, s'ils étaient en contact avec elle.

Déjà nous avons fait connaître la manière d'être du deutoxide d'azote avec l'acide nitrique (672 *bis*) ; nous avons dit qu'en mettant ces deux corps en contact, ils réagissaient de manière à passer à l'état d'acide nitreux liquide. Nous devons ajouter que cette réaction est d'autant plus forte, que l'acide nitreux est plus concentré et qu'elle cesse d'avoir lieu, lorsque l'acide contient assez d'eau pour ne plus marquer qu'environ 30 degrés à l'aréomètre de Beaumé ; alors l'affinité de l'eau pour l'acide empêche que celui-ci ne puisse être décomposé.

_____

(*a*) Nous supposons que le deutoxide d'azote soit en excès ; car, sans cela, il y aurait sans doute formation d'acide nitrique.

Si donc l'on dispose plusieurs flacons tubulés les uns à la suite des autres, qu'on mette de l'acide très-faible dans le premier, de l'acide moins faible dans le second, etc., de l'acide nitrique très-concentré dans le dernier, et qu'on fasse passer un courant de deutoxide d'azote à travers ces divers acides pendant plusieurs jours, ils absorberont des quantités très-différentes de gaz et se coloreront diversement : le premier en absorbera à peine et restera blanc ; le second en absorbera une quantité sensible et deviendra bleu, etc.

Nous avons supposé, dans tout ce que nous avons dit jusqu'à présent de l'acide nitreux, que cet acide était formé d'oxigène et d'azote unis molécule à molécule ; mais on peut également le considérer comme une combinaison d'acide nitrique et de deutoxide d'azote. Les faits s'expliquent tout aussi bien dans cette hypothèse que dans la précédente ; plusieurs chimistes la trouvent même préférable.

CHAPITRE ONZIÈME.

De l'action réciproque des Oxides métalliques et des Acides.

685. La plupart des oxides métalliques sont susceptibles de se combiner avec la plupart des acides, et de former de nombreux composés qui ont reçu le nom de sels. Un certain nombre sont en partie désoxigénés par divers acides ; quelques - uns sont même réduits ;

d'autres, au contraire, sont portés à un plus grand degré d'oxidation ; enfin, il en est sur lesquels plusieurs acides n'ont aucune action. Nous devons donc étudier la réaction des acides et des oxides sous ces divers rapports.

DES OXIDES MÉTALLIQUES QUI PEUVENT ÊTRE EN PARTIE DÉSOXIGÉNÉS PAR DIVERS ACIDES.

686. Les oxides métalliques doués de cette propriété sont en général ceux qui, exposés au feu ou traités par l'eau, abandonnent une certaine quantité de leur oxigène, et qui, ramenés à un moindre degré d'oxidation, ont beaucoup plus de tendance à se combiner avec les acides. Quant aux acides qui concourent le plus à cette désoxigénation, ce sont ceux qui se suroxigènent facilement et ceux dont l'acidité est très-forte. La chaleur a beaucoup d'influence sur ces résultats.

Le tableau suivant contient, 1° les noms sous les numéros 1, 2, 3, etc., des oxides susceptibles d'être ramenés à un moindre degré d'oxidation par divers acides ; 2° les noms de tous les acides minéraux ; 3° la désignation, par numéro, des oxides que l'acide correspondant peut désoxigéner ; 4° la chaleur à laquelle la désoxigénation a lieu.

NOM des OXIDES.	NOM des ACIDES.	L'acide correspondant dégage de l'oxigène des oxides qui sont sous les numéros (*a*).	CHALEUR à laquelle la décomposition a lieu.
1. Deutoxide de barium.	Carbonique gazeux.	1, 2.	Chaleur rouge.
2. Tritox. de potassium et de sodium.	Borique............	1, 2, 4, 5, 6, 7, 8, 9.	*Id.*
	Phosphorique......	1, 2, 3, 4, 5, 6, 7, 8, 9.	*Id.*
3. Tritoxide de manganèse.	Molybdique........	1, 2.	*Id.*
4. Tétroxide de manganèse.	Chrômique.........	1, 2.	*Id.*
	Tungstique.........	1, 2, 4.	*Id.*
5. Tétroxide d'antimoine.	Arsenique..........	1, 2, 3, 4, 6, 7, 8.	*Id.*
6. Deutox. et tritox. de cobalt.	Sulfurique.........	*Id.*	au-desso. de 100°.
	Nitrique...........	1, 2, 6, 7, 8.	*Id.*
7. Deutox. de nickel.	Fluorique..........	1, 2, 4, 6, 7.	*Id.*
8. Deutox. de plomb.	Muriatique sur-oxig.	0.	
9. Tritox. de plomb.	Muriatique liquide..	Tous, excepté le n° 10.	*Id.*
10. Deutox. de mercure.	Muriatique gazeux..	....	......
11. Deutoxide d'or.	Phosphoreux.......	*Id.*	*Id.*
	Sulfureux liquide...	9, 10, 11.	*Id.*
12. Deutoxide de platine.	Sulfureux gazeux...	1, 2, 4, 6, 7, 8, 1, 2.	Chaleur rouge.
	Nitreux...........	....	au-desso. de 100

687. Ces acides ne réagissent point tous de la même

(*a*) Outre les oxides que nous indiquons, il en est sans doute plusieurs autres dont l'acide correspondant pourrait dégager de l'oxigène.

manière. L'acide muriatique se partage en deux parties : l'une absorbe une certaine quantité de l'oxigène
de l'oxide, et passe à l'état de gaz muriatique oxigéné
qui se dégage, tandis que l'autre se combine avec le
nouvel oxide (*a*). Les acides phosphoreux, sulfureux
et nitreux absorbent, comme l'acide muriatique, une
portion de l'oxigène de l'oxide ; ils se transforment
ainsi en acides phosphorique, sulfurique et nitrique ;
mais ceux-ci, au lieu de se volatiliser, s'unissent à
l'oxide désoxigéné. Quant aux autres acides, ils n'absorbent jamais l'oxigène de l'oxide ; ils en font ordinairement dégager une certaine quantité à l'état de gaz, et
se combinent d'ailleurs, comme les précédens, avec
l'oxide ramené à un moindre degré d'oxidation (*b*).

DES OXIDES SUSCEPTIBLES D'ÊTRE RÉDUITS PAR DIVERS ACIDES.

688. Pour qu'un acide soit susceptible de réduire un
oxide, il faut nécessairement que cet acide puisse se
combiner avec l'oxigène ; d'où l'on voit déjà que cette
propriété doit appartenir tout au plus aux acides
muriatique, phosphoreux, sulfureux et nitreux : il
faut, en outre, que l'oxide n'ait pas beaucoup d'affinité
pour l'acide, qu'il soit très-facile à réduire, et par conséquent qu'il fasse partie des oxides de la sixième, ou

---

(*a*) Lorsqu'on emploie l'acide muriatique à l'état de gaz, il se
sépare en outre une certaine quantité d'eau de cet acide même.

(*b*) Le deutoxide de plomb paraît être le seul oxide qui ne laisse
point dégager de gaz oxigène : en le traitant par l'acide nitrique surtout, il se forme du tritoxide et un nitrate de protoxide (5*2*5).

tout au moins de la cinquième section : toutefois on ne
connaît encore qu'une réduction de ce genre ; c'est celle
des oxides de mercure par l'acide phosphoreux ; elle a
lieu au-dessous de la chaleur de l'ébullition (*a*) ; mais il
est probable que les oxides d'or, de platine, de rhodium, d'iridium et d'osmium, seraient également réduits par cet acide ; peut-être le seraient-ils aussi par
l'acide sulfureux : il paraît que l'acide muriatique et
l'acide nitreux sont moins propres à ces sortes de réductions que les deux acides précédens ; l'acide nitreux
même, loin de désoxider l'or, en favorise l'oxidation,
puisqu'il peut en opérer la dissolution.

DES OXIDES SUSCEPTIBLES D'ÊTRE SUR-OXIGÉNÉS PAR DIVERS ACIDES.

689. Plusieurs causes influent sur la tendance que
peuvent avoir les oxides à décomposer les acides. Les
principales sont : 1° l'affinité de l'oxide pour l'oxigène ;
2° celle des élémens de l'acide l'un pour l'autre ; 3° celle
de l'acide pour l'oxide sur-oxigéné ; 4° l'élévation de
température. Il est évident que, toutes les fois que
l'oxide sera au summum d'oxidation, à moins qu'il ne
soit susceptible de s'acidifier, il ne pourra décomposer
aucun acide.

On trouve, dans le tableau suivant, 1° les noms,
sous les numéros 1, 2, 3, etc., des acides susceptibles
de décomposer divers acides ; 2° les noms de ces acides ;

(*a*) L'acide phosphoreux réduit même tous les sels de mercure
(*Braamcamp et Siqueira-Oliva*, Annales de Chimie, t. 54).

3° la désignation, par numéro, des oxides que l'acide correspondant peut oxigéner ; 4° la chaleur à laquelle la sur-oxidation a lieu ; 5° les produits qui en résultent.

NOM des OXIDES.	NOM des ACIDES.	L'acide correspondant cède de l'oxigène aux oxides qui sont sous les numéros	CHALEUR à laquelle la décomposition de l'acide a lieu.	PRODUITS.
1. Protoxide de potassium et de sodium. 2. Protox. de manganèse.	Acide nitrique......	Tous, excepté les numéros 17, 19, 21 et 22.	à la température ordinaire, ou au plus de l'ébullition.	(a)
3. Deutoxide de manganèse	— nitreux liquide (b)..			
4. Protoxide de fer. 5. Deutoxide de fer.	— muriatique sur-oxigéné (c)........			

(a) De l'azote ou de l'oxide d'azote avec tous les oxides ; des acides arsénique, chrômique, molybdique, avec les oxides d'arsénic, de molybdène, de chrôme ; du tritoxide avec les oxides d'étain ; du tétroxide avec les oxides d'antimoine ; des trito-nitrates avec ceux de manganèse et de fer ; des deuto-nitrates avec tous les autres.

(b) Cet acide se comporte probablement comme l'acide nitrique. Nous observerons seulement que, s'il était trop étendu d'eau, celle-ci serait décomposée en même temps que lui par les protoxides de potassium et de sodium.

(c) On ne l'a point encore mis en contact avec les oxides ; mais il est certain qu'à l'aide de la chaleur, il sur-oxiderait la plupart d'entr'eux, puisqu'il est susceptible de se transformer en gaz oxigène et en gaz muriatique oxigéné.

NOM des OXIDES.	NOM des ACIDES.	L'acide correspondant cède de l'oxigène aux oxides qui sont sous les numéros	CHALEUR à laquelle la décomposition de l'acide a lieu.	PRODUITS.
6. Protoxide d'étain.	Acide muriatique oxigéné liquide....	Probablement tous, excepté peut-être le n° 11.	à la température ordinaire.	(a)
7. Deutoxide d'étain.				
8. Protoxide d'arsenic.	— sulfurique.	1, 2, 4, 8, 18.	à environ 100° (b).	Deuto-sulfates et gaz sulfureux (c).
9. Deutoxide d'arsenic.	— sulfureux gazeux....	1.	à la chaleur presque rouge.	Deuto-sulfates et sulfures de potasse ou de soude.
10. Oxide de molybdène.				
11. Oxide de chrôme.	— arsenique.	1, 2.	*Id.*	Deuto-arseniate et deutoxide d'arsenic ou arsenic.
12. Protoxid. d'antimoine.				

(a) Acide arsenique, acide molybdique et acide muriatique avec les oxides d'arsenic et de molybdène. Probablement tétroxide et acide muriatique avec les oxides d'antimoine. Trito-muriates avec les oxides de manganèse et de fer; seulement avec les deutoxide et tritoxide de manganèse, on obtient en outre du tétroxide de ce métal. Proto-muriate et deutoxide avec le protoxide de nickel. Proto-muriate et tritoxide avec le protoxide de cobalt. Deuto-muriate et deutoxide avec le protoxide de cérium. Deuto-muriate avec les protoxides de potassium, de sodium, de cuivre, de mercure, d'or, de platine.

(b) L'action a même lieu à la température ordinaire avec les protoxides de potassium et de sodium.

(c) Il se dégage aussi de l'hydrogène avec les protoxides de po-

Suite du Tableau.

NOM des OXIDES.	NOM des ACIDES.	L'acide correspondant cède de l'oxigène aux oxides qui sont sous les numéros	CHALEUR à laquelle la décomposition de l'acide a lieu.	PRODUITS.
13. Deutox. d'antimoine.	Acide molybdique.....	1, 2.	à la chaleur presque rouge.	Deuto-molybdates et oxide de molybdène ou molybdène.
14. Tritoxid. d'antimoine.				
15. Protoxid. d'urane.				Produits analogues au précédent.
16. Protoxid. de cérium.	— chrômique	1, 2.	*Id.*	
17. Protoxid. de cobalt.	— tungstique	1, 2.	*Id.*	*Id.*
18. Protoxid. de cuivre.				
19. Protoxid. de nickel.				
20. Protoxid. de mercure.				
21. Protoxid. d'or.				
22. Protoxid. de platine.				

tasssium et de sodium; car une portion de l'eau de l'acide est décomposée.

DES OXIDES ET DES ACIDES QUI SONT SANS ACTION
LES UNS SUR LES AUTRES.

690. Quatre acides seulement attaquent la silice et s'unissent avec elle : ce sont les acides fluorique, phosphorique, borique et arsenique; le premier peut s'y unir à la température ordinaire ; les autres ne peuvent s'y unir qu'à la chaleur rouge (*a*). Cette inaction de la plupart des acides sur la silice tient à leur peu d'affinité pour cette base, et surtout à la grande cohésion dont elle jouit : aussi, lorsqu'on la dissout dans la potasse ou la soude, et qu'on verse de l'acide sulfurique, nitrique ou muriatique dans la dissolution étendue d'eau, on n'obtient aucun précipité; ce n'est que par l'évaporation qu'il a lieu.

L'acide carbonique étant très-faible, incapable de se suroxigéner et difficile à décomposer, doit être sans action sur un assez grand nombre d'oxides : il n'en a aucune sur la silice, la zircône, l'alumine, le tétroxide de manganèse, les oxides d'étain, d'arsenic, de chrôme, de molybdène, d'antimoine ; sur les deutoxides et tritoxides de cobalt et de plomb ; sur le deutoxide de nickel ; sur les oxides de mercure ; sur ceux d'osmium, d'or, de platine, d'iridium, et probablement de palladium et de rhodium : oxides qui, tous, ont peu d'affinité pour les acides.

_____

(*a*) Si les autres acides exposés à la chaleur rouge pouvaient rester liquides, comme l'acide phosphorique et l'acide borique, il est très-probable que, comme eux, à ce degré de chaleur, la plupart attaqueraient la silice.

Il existe plusieurs autres oxides et plusieurs autres acides qui n'ont aucune action réciproque : tel est l'acide nitrique par rapport au tritoxide de plomb, d'étain, et aux tétroxides d'antimoine et de manganèse ; tel est probablement aussi l'acide muriatique suroxigéné par rapport à ces quatre oxides.

DES SELS, OU DE LA COMBINAISON DES OXIDES MÉTALLIQUES AVEC LES ACIDES.

691. Pour que les métaux puissent s'unir aux acides, il faut non-seulement qu'ils soient oxidés, mais encore qu'ils le soient à un certain degré. Lorsque la quantité d'oxigène est trop grande, l'oxide prend en quelque sorte des propriétés analogues aux acides, et dès-lors n'a presque point d'affinité pour eux. En général, à quelques exceptions près, le protoxide d'un métal a plus de tendance à se combiner avec un acide que le deutoxide de ce même métal ; et le deutoxide en a toujours plus que le tritoxide, etc.

Au reste, nous rapportons, dans le tableau suivant, quels sont les divers degrés d'oxidation sous lesquels chaque métal peut entrer en combinaison avec les acides.

NOM du MÉTAL.	Le Métal s'unit aux Acides à l'état de (*a*)
Silicium............	Oxide ou de Silice.
Zirconium.........	*Id.* ou de Zircône.
Aluminium.........	*Id.* ou d'Alumine.
Glucinium.........	*Id.* ou de Glucine.
Yttrium............	*Id.* ou d'Yttria.
Magnésium........	*Id.* ou de Magnésie.
Calcium...........	*Id.* ou de Chaux.
Strontium.........	*Id.* ou de Strontiane.
Barium............	Baryte ou Protoxide.
Potassium.........	Potasse ou Deutoxide.
Sodium...........	Soude ou Deutoxide.
Manganèse.........	Deutoxide et Tritoxide.
Zinc.............	Oxide.
Fer..............	Protoxide, Deutoxide et Tritoxide.
Étain............	Protoxide et Deutoxide.
Arsenic...........	Les oxides d'arsenic ne s'unissent que difficilement aux acides.
Molybdène.........	*Id.*
Chrôme...........	Oxide.

(*a*) Toutes les fois que le métal ne sera susceptible que d'un degré d'oxidation, on l'indiquera sous le simple nom d'oxide.

Des Sels en général.

Suite du Tableau.

NOM du MÉTAL.	Le Métal s'unit aux Acides à l'état de
Colombium........ Tungstène.........	On ne connaît point de sels à base de colombium et de tungstène.
Antimoine.........	Deutoxide et Tritoxide.
Cobalt............	Protoxide.
Cérium............	Protoxide et Deutoxide.
Urane.............	Id.
Titane............	Deutoxide.
Bismuth...........	Oxide.
Cuivre............	Protoxide et Deutoxide.
Tellure...........	Oxide.
Nickel............	Protoxide.
Plomb............	Id.
Mercure...........	Protoxide et Deutoxide.
Osmium...........	L'oxide d'osmium ne contracte qu'une union très-faible avec les acides.
Argent............	Oxide.
Palladium.........	Id.
Rhodium..........	Id.
Or................	Protoxide et Deutoxide.
Platine...........	Id.
Iridium...........	Oxide.

692. Lorsqu'un acide et un oxide se combinent, ils se neutralisent en totalité ou en partie, suivant la quantité respective de l'un et de l'autre; ou, en d'autres termes, ils rendent réciproquement leurs propriétés caractéristiques plus ou moins latentes : c'est pourquoi on partage les sels en sels neutres, sels avec excès d'oxide, et sels avec excès d'acide. On dit ordinairement qu'un sel est avec excès d'acide, lorsqu'il rougit la teinture de tournesol (exemple, alun); on dit, au contraire, qu'il est avec excès de base, lorsqu'il verdit le sirop de violettes, ou qu'il rougit le papier de curcuma, ou qu'il ramène au bleu la teinture de tournesol rougie par les acides, ou bien qu'il est capable de neutraliser une certaine quantité d'acide (exemple, borax du commerce); enfin, l'on dit qu'il est neutre, lorsqu'il ne peut ni rougir la teinture de tournesol, ni verdir le sirop de violettes, etc. (exemple, le sel marin).

693. Cette manière d'établir la neutralité des sels n'est point à l'abri d'objections, ainsi que l'a observé M. Berzelius. La neutralité est une propriété relative; elle est d'autant plus marquée, que l'acide et l'oxide ont plus d'affinité; et, parmi toutes les combinaisons que peuvent former ces deux corps, c'est celle qui résulte des proportions où leurs propriétés disparaissent le plus, que l'on doit regarder comme neutre. L'on conçoit donc qu'il est tel sel, quoique neutre, qui pourra rougir la teinture de tournesol ou verdir le sirop de violettes, etc.; il suffira, pour cela, que ce sel puisse céder une portion de son acide ou de sa base à la couleur avec laquelle on le met en contact; et c'est ce qui aura lieu toutes les fois qu'il sera facile à décomposer.

Comment, d'après cela, distinguer les sels neutres, les sels avec excès d'oxide et les sels avec excès d'acide? Par leur composition, qui est soumise à des lois remarquables. En effet, supposons, pour un instant, que les divers oxides se combinent chacun en trois proportions différentes avec le même acide, et considérons les trois séries de sels qui en résulteront : nous trouverons, par l'analyse, que, dans tous les sels de la même série, la quantité d'acide sera proportionnelle à la quantité d'oxigène de l'oxide. Par exemple, ces deux quantités pourront être entr'elles comme 4 à 1 dans la première série, comme 2 à 1 dans la seconde, etc. Or, si l'on regarde comme neutre l'un des sels d'une série, il est évident qu'il conviendra de regarder comme tels tous les sels de la même série, quelle que soit d'ailleurs leur action sur les couleurs. Reste donc à savoir de quel sel on partira pour établir la neutralité, et par suite l'acidité, etc. Pour nous, nous ferons choix des sels à base de potasse ou de soude, et nous dirons qu'ils seront neutres lorsqu'ils n'altéreront ni la teinture de tournesol ni celle de curcuma, propriétés toujours faciles à constater dans ces sels, en raison de leur solubilité. (*Voyez* Composition (704).

694. Le même acide et le même oxide ne sont pas toujours susceptibles de donner naissance à ces trois sortes de sels : différentes causes s'y opposent ; les principales sont : l'affinité réciproque de l'oxide et de l'acide, qui est plus ou moins grande ; leur action sur l'eau, dont on emploie presque toujours une certaine quantité pour les unir ; l'état qu'ils affectent l'un et l'autre ; la cohésion et la solubilité plus ou moins grande du sel qui résulte de leur combinaison.

Supposons que l'acide soit gazeux et faible, et que l'oxide, qui est toujours solide, soit insoluble dans l'eau et ait peu d'affinité pour l'acide, il ne se formera jamais qu'un sel avec excès de base : tels sont la plupart des carbonates. Il ne se formerait, au contraire, qu'un sel avec excès d'acide, si les sels, au lieu d'être solides, étaient gazeux, c'est-à-dire, si leur cohésion était nulle.

Supposons ensuite que l'acide soit liquide, que l'oxide soit soluble dans l'eau, que la combinaison y soit elle-même soluble, et qu'on emploie assez d'eau pour la dissoudre, on obtiendra à volonté une dissolution neutre, acide ou alcaline ; mais, par l'évaporation, il s'en déposera un sel avec excès de base ou d'acide, ou un sel neutre, selon la cohésion plus ou moins forte de ces sels, leur action sur l'eau, la volatilité de l'acide et l'affinité de celui-ci pour l'oxide. C'est ainsi qu'en faisant évaporer jusqu'à un certain point une dissolution neutre de phosphate de soude, il en résulte, d'une part, un phosphate avec excès de base qui cristallise, et un phosphate avec excès d'acide qui reste dans la liqueur.

695. On désigne les sels avec excès d'oxide par le nom de *sous-sels*; les sels avec excès d'acide par celui de *sur-sels* ou de *sels acides*. Quant aux autres, on les désigne par celui de *sels neutres* : de là les expressions de *sous-deuto-sulfate de fer* (a), de *sur-deuto-sulfate* ou

(a) Plusieurs chimistes désignent ce sel sous le nom de sulfate de fer au summum d'oxidation et avec excès d'oxide, et désignent également tous les sels avec excès d'oxide par des noms analogues. Ces noms sont trop longs pour pouvoir être adoptés.

de *deuto-sulfate acide de mercure*, de *proto-muriate neutre de fer*, qui représentent, la première, une combinaison avec excès d'oxide entre l'acide sulfurique et le deutoxide de fer ; la seconde, une combinaison avec excès d'acide entre l'acide sulfurique et le deutoxide de mercure ; et la troisième, une combinaison neutre entre l'acide muriatique et le protoxide de fer. Ainsi l'on voit donc que, par sel, on entend une combinaison d'acide et d'oxide ; par sel neutre, un sel dans lequel ni l'acide ni l'oxide ne prédominent ; par sur-sel, ou sel acide, un sel dans lequel l'acide prédomine ; par sous-sel, un sel dans lequel l'oxide est au contraire prédominant ; par sel de potassium, de fer, de mercure, une combinaison d'un acide quelconque avec un oxide de potassium, ou de fer, ou de mercure ; par sulfate de fer, une combinaison de l'acide sulfurique avec l'un des trois oxides de fer ; par sulfate de protoxide de fer ou proto-sulfate de fer, une combinaison de l'acide sulfurique avec le protoxide de fer ; enfin, par sous-proto-sulfate de fer, ou sous-sulfate de protoxide de fer, une combinaison de l'acide sulfurique avec un excès de protoxide de fer (*a*).

On s'écarte quelquefois de cette nomenclature, mais dans deux circonstances seulement : 1° lorsque le métal

_____

(*a*) Au lieu de deuto-sulfate neutre, deuto-sulfate acide de potassium, nous dirons, de préférence, sulfate neutre de potasse, sulfate acide de potasse, parce que ces derniers noms sont plus courts. Nous dirons également sulfate de soude, de baryte, de strontiane, de chaux, de magnésie, d'alumine, de glucine, etc. ; au lieu de deuto-sulfate de sodium, de proto-sulfate de barium, etc.

ne se combine que sous un seul degré d'oxidation avec
l'acide, on se contente d'indiquer le métal et l'acide ; par
exemple, au lieu de dire proto-nitrate de plomb, on
dit seulement nitrate de plomb, expression qui suffit,
parce qu'on sait que les métaux ne se combinent avec
les acides qu'autant qu'ils sont oxidés, et que le plomb
ne s'y combine qu'à l'état de protoxide ; 2° lorsqu'il
s'agit de désigner un sel neutre, on supprime quelquefois le mot neutre : c'est ainsi qu'au lieu de dire sulfate
neutre de potasse, on dit seulement sulfate de potasse.

696. Il ne nous reste plus actuellement pour pouvoir
commencer, à proprement parler, l'étude des sels,
qu'à dire un mot de la marche que nous nous propo-
sons de suivre. Nous étudierons d'abord tous les sels
d'une manière générale ; ensuite nous étudierons tous
les groupes auxquels on donne ordinairement le nom
de genres, et qui résultent de la combinaison du même
acide avec les différens oxides, c'est-à-dire, les
carbonates, les borates, les phosphates, les phosphites, etc. Enfin, immédiatement après avoir fait l'é-
tude d'un genre, nous nous occuperons des espèces et
variétés qu'ils renferment. Dans l'étude générale,
nous saisirons toutes les propriétés communes à tous
les sels ; dans l'étude du genre, nous rechercherons
celles qui sont propres à celui-ci, et nous ferons
connaître, dans l'étude de l'espèce, celles qu'il nous
sera impossible de comprendre, soit dans l'histoire de la
famille, soit dans l'histoire générique. On verra que
nous pourrons le plus souvent nous dispenser de considérer l'espèce, et à plus forte raison la variété, ou au
moins que nous n'aurons presque rien à en dire. Si, au

lieu de suivre cette marche générale, on voulait étudier tous les sels successivement, il serait impossible de réussir; la mémoire la plus heureuse échouerait. Pour s'en convaincre, il suffira d'observer qu'il existe plus de mille sels différens, et que l'histoire de chacun d'eux se compose de leurs propriétés physiques, de leurs propriétés chimiques, c'est-à-dire, de leur action sur tous les corps précédemment étudiés, qui sont au nombre de plus de cent, de leur état dans la nature, de leur préparation, de leur composition, de leurs usages et de l'historique de leur découverte, etc.

Plusieurs chimistes ont cru devoir prendre, pour base des genres, les oxides métalliques; en sorte qu'ils réunissent ou qu'ils groupent non pas toutes les combinaisons du même acide avec les différens oxides métalliques, mais toutes les combinaisons d'un même oxide avec les différens acides. Cette méthode est évidemment vicieuse. En effet, tous les oxides métalliques jouissent de propriétés analogues qu'on peut exprimer d'une manière générale, tandis que les acides ne sont pas dans ce cas. Il suit de là qu'on pourra facilement étudier à la fois toutes les espèces et variétés d'un genre qui aura pour base un acide, et qu'on ne pourra point étudier de même celles d'un autre genre qui aura pour base un oxide métallique. Qu'on prenne pour exemple les sulfates d'une part, et les sels mercuriels de l'autre : rien ne s'opposera à ce que l'on exprime en quelque sorte, en une seule phrase, la manière dont les sulfates se comportent avec le feu; dans une autre, la manière dont ils se comportent avec l'hydrogène, etc. ; et l'on sera obligé, au contraire, de dire successivement comment se comporte chaque sel

mercuriel avec ces différens agens, parce que les phénomènes varieront en raison de la nature de l'acide (*a*).

697. *Propriétés physiques.* — Les propriétés physiques des sels consistent dans l'état qu'ils affectent,
dans les formes qu'ils peuvent prendre, et dans la couleur, l'odeur, la saveur, la pesanteur spécifique, et la
cohésion qu'ils peuvent avoir à une certaine température, par exemple, à la température ordinaire.

698. *État.* — Tous les sels sont solides, excepté le
fluate acide de silice, qui est gazeux, le sous-fluo-borate d'ammoniaque et quelques muriates, tels que ceux
d'étain, d'arsenic, qui sont liquides. Tous sont susceptibles de prendre des formes régulières ou de cristalliser, en passant peu à peu de l'état gazeux ou liquide à
l'état solide. (*Voyez*, plus bas, action de l'eau sur les
sels (7o5).

699. *Couleur.* — Toutes les fois qu'un sel résulte de
la combinaison d'un oxide et d'un acide incolores, il est
toujours sans couleur ; mais il n'en est point de même
lorsque l'acide ou l'oxide est coloré ou qu'ils le sont tous
deux. Qu'il soit d'abord question de la combinaison des
oxides colorés avec les acides incolores : si l'oxide est
coloré et en excès, le sel sera lui-même coloré, et sa
couleur sera presque toujours analogue à celle de cet
oxide pur ou à l'état d'hydrate ; si le sel est neutre, il
sera quelquefois sans couleur, mais le plus souvent il

(*a*) Nous ferons observer, d'ailleurs, que dans les sels formés du
même acide et des divers oxides, la quantité d'acide est à la
quantité d'oxigène de l'oxide dans un rapport constant; au lieu
qu'il n'en est point de même dans ceux qui sont formés du même
oxide et des différens acides.

en aura une variable; s'il est avec excès d'acide, sa couleur sera moins foncée qu'à l'état neutre.

Parmi les trois acides colorés, il paraît qu'il en est deux, l'acide nitreux et l'acide muriatique suroxigéné, qui n'influent pas sur la couleur du sel; ces deux acides se comportent, à cet égard, comme les oxides incolores : l'acide chrômique est donc le seul dont l'influence soit marquée. On observe que tous les chrômates, dont l'oxide est blanc, sont jaunes à l'état neutre ou de sous-sel, et jaunes rougeâtres à l'état acide. Leur couleur varie, quand l'oxide est lui-même coloré.

Tableau de la couleur des différens Sels.

Sels de Silicium........................	Blancs.
—— de Zircônium....................	*Id.*
—— d'Aluminium....................	*Id.*
—— d'Yttrium......................	*Id.*
—— de Magnésium...................	*Id.*
—— de Calcium.....................	*Id.*
—— de Strontium...................	*Id.*
—— de Barium......................	*Id.*
—— de Potassium...................	*Id.*
—— de Sodium......................	*Id.*
—— de Zinc........................	*Id.*
—— d'Etain........................	*Id.*
Sous-sels de protoxide de Fer en gelée..	D'un blanc verdâtre.
Sels neutres { dissous ou cristallisés..... de protox. { de fer.... { en gelée...............	D'un vert émeraude. D'un blanc verdâtre.

Sels de deutoxide de Fer...............	
Sous-sels de tritoxide de Fer..........	D'un jaune d'ocre.
Sels neutres de tritox. de Fer dissous ou cristallisés...........................	D'un jaune rougeâtre.
Sels acides de tritox. de Fer...........	Très-peu colorés.
Sels neutres de deutoxide de Manganèse.	Blancs.
Sels neutres de tritoxide de Manganèse..	D'un rose violet.
Sels d'Arsenic.......................	Blancs.
Sels de Chrôme.......................	D'un vert-pré.
Sel de Molybdène.. — de Colombium.. — de Tungstène... } Inconnus.	
Sels d'Antimoine......................	Blancs , quelquefois un peu jaunâtres.
Sels d'Urane.........................	Jaunes , légèrement verdâtres.
Sels de Titane.......................	Blancs , légèrement jaunes.
Sels de protoxide de Cérium...........	Blancs.
— de deutoxide de Cérium.............	Jaunes.
Sels neutres ou Acides de Cobalt......	Rose.
Sous-sels de Cobalt...................	Bleus.
Sels neutres ou Acides de Bismuth....	Blancs.
Sels de Tellure.......................	*Id.*
Sels neutres de deutoxide de Cuivre....	Bleus.
Sels acides de deutoxide de Cuivre.....	Verts ou d'un bleu verdâtre.

Suite du Tableau.

Sous-sels de deutoxide de Cuivre......	Bleus ou verts.
Sels de protoxide de cuivre...........	
Sels de { en dissolution ou en cristaux...	Verts.
Nickel. { en gelée........	D'un blanc-vert.
Sels neutres ou Acides de Plomb.......	Blancs.
Sous-sels { en gelée..................	Blancs.
de	
Plomb... { fondus....................	Jaunes.
Sels neutres ou Acides de protoxide de Mercure.......................	Blancs.
Sous-sels de protoxide de Mercure	D'un blanc-gris ou jaunâtre.
Sels neutres ou Ac. de deutox. de Merc.	Blancs.
Sous-sels de deutox. de Mercure.......	Jaunes ou d'un jaune orangé.
Sels neutres d'Argent	Blancs.
Sels neutres ou Acides de Rhodium, de Palladium...................,.........	D'un rose rouge.
Sels neutres ou Acides de deutox. d'Or.	D'un jaune d'or.
Sous-sels de deutoxide d'Or...........	Jaunâtres.
Sels de protoxide d'Or. On ne connaît que le muriate : il est...............	D'un jaune de paille.
Sels neutres ou Acides de deutoxide de Platine......	D'un jaune un peu orangé.
Sous-sels de deutoxide de Platine......	
Sels de protoxide de Platine...	Verdâtres.
Sels d'Iridium................. ...	

700. *Odeur.* — Il n'y a qu'un très-petit nombre de

sels qui soient odorans à la température ordinaire ; ce sont ceux qui, à cette température, peuvent se volatiliser. On en compte cinq ; savoir : le sous-carbonate d'ammoniaque, le sous-fluo-borate d'ammoniaque, le gaz fluorique silicé, ou fluate acide de silice gazeux, les deuto-muriates d'étain et d'arsenic.

701. *Saveur.* — Tous les sels insolubles dans l'eau sont insipides ; ceux qui s'y dissolvent sont plus ou moins sapides. On observe que, presque toujours, ceux qui contiennent le même oxide ont une saveur analogue, et que cette saveur est d'autant plus marquée, qu'ils sont plus solubles. Il n'y a guère d'exception que pour les sels à base de potasse et de soude : c'est ce qu'on peut voir dans le tableau suivant.

* *Tableau de la saveur des différens Sels.*

Sels de Zircône..............	Stiptiques.
—— d'Yttria........ }	
—— de Glucine. . }	Sucrés.
—— d'Alumine..............	Astringens.
—— de Magnésie.	Amers.
—— d'Ammoniaque............	Piquans.
—— de Chaux... }	
—— de Strontiane. }	Piquans, âcres.
—— de Baryte.... }	

Suite du Tableau.

Sels de Potasse.....⎫ ——— de Soude..... ⎭	Saveur variable (*a*).
——— de Plomb.....⎫ ——— de Nickel..... ⎬ .... ——— de Cérium..... ⎭	Sucrés, puis âcres, stiptiques.
Sels autres que les précédens.....	Très-âcres, très-stiptiques, excitant fortement la salive, et la plupart du temps ayant une saveur si forte et si désagréable, qu'il est impossible de la supporter. C'est cette saveur qu'on appelle *saveur métallique.*

702. *Pesanteur spécifique.* — Tous les sels sont plus pesans que l'eau distillée, excepté le fluate acide de silice, qui est gazeux. Ils sont, en général, d'autant plus pesans, qu'ils contiennent plus d'oxide métallique, et que le métal de cet oxide a une pesanteur spécifique plus grande. Ce n'est guère que dans le cas où l'acide est lui-même de nature métallique, qu'il peut contribuer à la pesanteur spécifique du sel, au-

---

(*a*) Le muriate et le phosphate de soude ont une saveur franche le sulfate de soude en a une très-amère.

Le sulfate et le muriate de potasse sont aussi des sels amers.

tant et même plus que certains oxides, par exemple,
que ceux des première et seconde sections.

M. Hassenfratz a fait, sur la pesanteur spécifique
d'un grand nombre de sels, un travail dont on trouve
les résultats dans les Annales de Chimie (tome 26 et
suiv.).

702 *bis. Cohésion.* — La cohésion varie singulièrement dans les sels, comme dans tous les autres solides, et
joue un très-grand rôle dans l'histoire de toutes leurs
propriétés. Il est donc important de n'en point perdre
de vue les principaux effets, ou de se rappeler qu'elle
s'oppose à la séparation des particules, et qu'elle tend
toujours à les réunir.

703. Après avoir examiné les propriétés physiques
des sels d'une manière générale, examinons-en généralement aussi la composition, les propriétés chimiques,
l'état naturel, la préparation, les usages et l'historique.

704. *Composition.* — Tous les sels d'un même genre
et au même état de saturation sont composés de telle
manière que, non-seulement la quantité d'oxigène
contenue dans l'oxide est proportionnelle à la quantité
d'oxigène contenue dans l'acide, et par conséquent à
la quantité d'acide même, mais encore qu'il existe un
rapport simple entre les deux premières.

Dans les sous-carbonates, l'acide carbonique contient deux fois autant d'oxigène que l'oxide ;

Dans les carbonates neutres, l'acide contient quatre
fois autant d'oxigène que l'oxide ;

Dans les sulfates neutres, l'acide contient trois fois
autant d'oxigène que l'oxide.

En effet, l'expérience prouve :

Que le sous-carbonate de plomb est formé de.........	Ac. carbon.. 100, conten. 72,624 d'oxigène	
	Proto. de Plo. 506,06 36,18	

Que le sous-carbonate de soude est formé de.........	Ac. carbon... 100, ... 72,624	
	Soude....... 142,327.... .. 36,10	

Que le carbonate neutre de soude est formé de.........	Ac. carbon.. 100, ... 72,624	
	Soude.... .. 71,163 18,05	

Que le proto-sulfate de plomb est formé de.........	Ac. sulfuriq. 100, ... 60, ou 59,42	
	Prot. de Plo. 279, ... 19,95	

Que le sulfate de soude est formé de	Ac. sulfuriq. 100, ... 60, ou 59,42	
	Soude...... 78,467 19,907	

En général, dans les sels neutres, la quantité d'oxigène de l'acide est toujours un multiple de la quantité d'oxigène de l'oxide par 1, 2, 3, 4, jusqu'à 8 ; il en est de même dans les sels acides, si ce n'est que la quantité d'oxigène de l'acide peut être un multiple de la quantité d'oxigène de l'oxide par un nombre plus grand que 8 ; mais dans les sous-sels, tantôt la quantité d'oxigène de l'acide est un multiple de la quantité d'oxigène de l'oxide, tantôt c'est la quantité d'oxigène de l'oxide qui est un multiple de la quantité d'oxigène de l'acide ; tantôt, enfin, l'une est égale à l'autre.

Puisque les sels d'un même genre et au même état de saturation sont formés d'une telle quantité d'acide et d'oxide, que la quantité d'acide est proportionnelle à la quantité d'oxigène de l'oxide, il s'en suit que les différentes quantités de bases salifiables qui s'unissent à un acide pour former un genre de sels, doivent être dans le même rapport que celles qui s'unissent à un autre acide pour former un autre genre de sels, et réciproquement il s'en suit que les différentes quantités d'acides qui s'unissent à une base salifiable, etc. C'est ce que l'on voit dans les sels que nous venons de citer. En effet, les 5o6,o6 d'oxide de plomb du carbonate de plomb sont au 142,327 de deutoxide de sodium du carbonate de soude, comme les 279 de protoxide du sulfate de plomb sont au 78,467 de deutoxide du sulfate de soude : par conséquent, lorsque deux sels se décomposent de telle manière que l'acide de l'un se porte sur la base de l'autre, il doit en résulter deux autres sels au même état de saturation. Si les deux sels primitifs sont neutres, les deux nouveaux le seront aussi ; si l'un est neutre et l'autre à l'état de sous-sel, on en obtiendra un qui sera neutre et un qui sera avec excès de base. Prenons pour exemple le sulfate neutre de plomb et le sous-carbonate de soude ; supposons qu'il s'agisse de décomposer 379 parties de sulfate de plomb, il faudra employer 133$^{part.}$,599 de sous-carbonate de soude. Or, il se formera un composé de 100 d'acide sulfurique et de 78,467 de soude ou du sulfate neutre de soude, et un composé de 55,132 d'acide carbonique et de 279 de protoxide de plomb, ou du sous-carbonate de plomb ; donc, etc. Les conséquences qui résultent de toutes ces lois, pour l'analyse, sont de la plus haute importance : citons les deux principales.

1° Connaissant la composition des oxides et celle d'une espèce de sel d'un genre quelconque, on en conclut celle de toutes les espèces de ce genre. *Exemple* : On sait que le sulfate neutre de plomb est formé de 100 d'acide sulfurique et de 279 de protoxide de plomb ; mais nous avons vu que dans tous les sels du même genre et au même état de saturation, la quantité d'acide était en raison de la quantité d'oxigène : si donc il s'agit de connaître la composition du deuto-sulfate neutre de cuivre, il faudra remplacer les 279 de protoxide de plomb par une quantité de deutoxide de cuivre qui contienne autant d'oxigène que ces 279 de protoxide, c'est-à-dire, par 99,75 : on trouvera ainsi que le sulfate de cuivre est formé de 100 d'acide sulfurique et de 99,75 d'oxide de cuivre.

2° Connaissant la quantité d'acide et d'oxide qui constituent un sel, on connaîtra facilement la quantité d'oxigène que cet oxide doit contenir, quand bien même il serait irréductible ; on la conclura de celle qui entre dans la composition d'un oxide appartenant à un autre sel du même genre et au même état de saturation. *Exemple* : L'on veut savoir combien 190,47 de baryte contiennent d'oxigène : or, on sait, 1° que le sulfate de baryte est formé de 100 parties d'acide sulfurique et de 190,47 de baryte ; 2° que le sulfate de plomb l'est de 100 d'acide sulfurique et de 279 de protoxide de plomb, et que ces 279 de protoxide de plomb contiennent 19,95 d'oxigène ; par conséquent les 190,47 de baryte doivent contenir cette même quantité d'oxigène, puisque, dans les sels du même genre, la quantité de l'oxigène de l'oxide est en raison de la quantité d'acide.

704 *bis. Propriétés chimiques.* — Nous étudierons ces propriétés dans l'ordre suivant : nous traiterons

d'abord de l'action de l'eau sur les sels, parce qu'elle est de la plus haute importance et qu'elle nous mettra à même de connaître plus facilement celle de la plupart des autres corps. Nous traiterons ensuite de l'action de l'oxigène, de l'air, du calorique, de la pile, de la lumière, du fluide magnétique ; puis de celle des corps combustibles simples et composés, des oxides, des acides, et enfin de celle des sels eux-mêmes les uns sur les autres.

705. *Action de l'eau.* — Parmi les sels, les uns sont solubles dans un poids d'eau moindre que le leur ; d'autres ne se dissolvent que dans 1, 2, 3, 4, etc., fois leur poids de ce liquide ; quelques-uns en exigent plusieurs centaines de fois leur poids pour se dissoudre ; enfin il en est qui sont sensiblement insolubles. Leur solubilité dépend évidemment de leur affinité pour l'eau et de leur cohésion ; elle est en raison directe de la première, et en raison inverse de la seconde. Un sel peut donc avoir moins d'affinité pour l'eau qu'un autre sel, et être bien plus soluble. Il suffit pour cela que sa cohésion soit moins forte dans un assez grand rapport que la cohésion de cet autre sel ; mais alors, à poids égal, il doit moins élever le degré d'ébullition de l'eau ; il pourra même y avoir d'assez grandes différences, pour qu'une partie du second produise les mêmes effets que deux parties du premier, et plus : tels sont les sels déliquescens par rapport aux sels efflorescens (711). Dans tous les cas, ces différences seront évidemment proportionnelles à l'affinité du sel pour l'eau ; d'où il suit qu'on pourra s'en servir pour la mesurer. Si donc on veut savoir quels sont parmi les sels solubles ceux qui ont le plus d'affinité pour l'eau, on prendra parties égales de ces sels, on les dissoudra

dans une même quantité d'eau, on portera la liqueur
à l'ébullition en y plongeant un thermomètre ; et on
observera le degré auquel il montera. (Gay-Lussac,
Annales de Chimie, t. 82.)

705 *bis*. Il est possible de prévoir la solubilité et
l'insolubilité d'un grand nombre de sels, en observant
qu'un composé participe toujours des propriétés de ses
composans, ou de celle du principe qui prédomine.

En effet, 1° tous les sels qui résultent de la combinaison de la potasse, de la soude et de l'ammoniaque, avec un acide quelconque, sont solubles dans l'eau,
parce que ces trois bases y sont elles-mêmes très-
solubles, et que tous les acides s'y dissolvent plus ou
moins facilement.

2° Tous les sels dans lesquels l'acide prédomine sont
solubles, quelle que soit l'insolubilité de leur base.

3° Tous les sels avec excès de base sont insolubles,
ou peu solubles, lorsque la base n'est pas, ou n'est
que très-peu soluble. On voit donc que pour saisir
l'ensemble de la solubilité des sels, il ne reste plus à
prononcer que sur celle des sels neutres dont les oxides
sont insolubles ou peu solubles. Nous ne pouvons
donner de règles à cet égard. (*Voyez* les genres.)

706. Les sels sont en général plus solubles dans l'eau
chaude que dans l'eau froide ; quelquefois même la
différence est très-grande : il n'y a guère que le sel
marin qui fasse exception.

On profite de cette propriété pour les faire cristalliser
promptement ; mais il est nécessaire de satisfaire à plusieurs conditions, pour que les cristaux qui se forment
soient bien isolés.

1° Il faut que la dissolution soit telle, qu'elle ne

laisse pas déposer une trop grande quantité de sel par le refroidissement. On satisfera toujours à cette condition en consultant la solubilité des sels à froid et à chaud (*a*).

2° On doit opérer au moins sur 3 à 4 kilog. de matière saline, lorsque cette matière est commune : plus la quantité sur laquelle on opérera sera grande, et plus les cristaux seront volumineux.

3° On doit placer la dissolution dans un lieu tranquille ; à plus forte raison, ne doit-on point l'agiter : sans cela, la cristallisation serait confuse.

4° On doit se servir de vases inattaquables par les sels, par exemple, de vases de grès, de porcelaine, de verre, et non de bassines de cuivre, dont l'oxide ne manquerait pas de colorer les cristaux.

On prendra donc une certaine quantité de sel ; on la fera dissoudre à chaud dans une certaine quantité d'eau, en se servant pour cela d'un vase de grès, de verre ; on filtrera la dissolution si elle n'est pas bien limpide, et on la laissera refroidir dans un vase de même nature, que l'on placera dans un lieu tranquille. Au bout de quelques heures, ou plutôt du jour au lendemain, la cristallisation sera complétement opérée ; on décantera la dissolution restante, que nous connaîtrons par la suite, sous le nom d'eau-mère, et l'on mettra les cristaux dans un vase, à l'abri du contact de l'air, si l'on tient à les conserver.

707. Lorsqu'on n'est point pressé par le temps, et qu'on peut consacrer 12, 15, 18 jours à la cristallisa-

(*a*) Cependant nous devons faire observer que, dans le cas où le sel est déliquescent, et par conséquent très-soluble à froid, on ne peut, en général, le faire cristalliser qu'en concentrant la liqueur de manière à la faire prendre presqu'en masse.

tion des sels, il vaut mieux avoir recours à l'évaporation spontanée. On obtient ainsi, en beaux cristaux, les sels qui ne sont pas déliquescens, ou qui n'attirent pas l'humidité de l'air. Il y a deux manières d'opérer. L'une consiste à dissoudre dans l'eau, à l'aide de la chaleur, un peu plus de sel qu'elle n'en dissoudrait à froid ; à filtrer la dissolution si elle n'est pas bien limpide ; à la recevoir dans un vase de grès, de verre, etc. ; à recouvrir ce vase d'une feuille de papier criblée de petits trous, et à l'abandonner à lui-même dans un lieu tranquille, pendant un temps convenable. Par ce moyen, l'air se renouvelle, se charge de vapeurs d'eau, la liqueur se concentre sans se couvrir de poussière et cristallise. Mais cette manière d'opérer n'est point exempte d'inconvéniens : le sel ne peut jamais grossir par les faces appliquées sur la paroi du vase, et quelquefois il se redissout en partie pendant le cours de l'opération, par les changemens de température qui surviennent : de là résultent souvent des irrégularités. L'autre procédé, qui est dû à Leblanc, paraît exempt de tous ces inconvéniens. Voici en quoi il consiste. On dissout, à l'aide de la chaleur, une assez grande quantité de sel dans l'eau pour que la cristallisation ait lieu par refroidissement ; la liqueur étant refroidie et cristallisée, on décante l'eau-mère, on la verse dans un vase à fond plat et on l'abandonne à elle-même à la température ordinaire ; lorsqu'au bout de quelques jours il s'y est formé des cristaux isolés, on choisit les plus réguliers, on les met dans un autre vase à fond plat, avec d'autres eaux-mères semblables aux premières ; on les retourne chaque jour afin qu'ils puissent grossir également par toutes les faces, et on les change de temps en temps d'eau salée : enfin l'on fait un nouveau triage , on prend encore les plus réguliers ; mais, pour cette fois, on les met chacun dans des vases séparés, en procédant d'ailleurs comme nous l'avons dit précédemment. On obtient ainsi , dans quelques semaines , des cristaux très-gros et de la plus grande régularité. (Journal de Physique, tom. 55.)

Quelque soit, au reste, le procédé qu'on emploie pour faire cristalliser les dissolutions salines, les cristaux qui se forment sont toujours plus ou moins transparens et contiennent toujours une certaine quantité d'eau. Cette eau , ainsi que l'a observé M. Berzelius, peut être libre ou combinée. Libre, elle n'est qu'interposée entre quelques-unes des particules du sel ; combinée, elle est répandue entre toutes les parties intégrantes du cristal , et c'est alors seulement qu'elle doit prendre le nom d'eau de cristallisation : la première est rare et en quantité variable ; la seconde, au contraire, fait quelquefois la moitié du poids du sel : c'est ce qui a lieu dans les sels déliquescens et dans les sels efflorescens(711), et sa quantité , dans le même cristal, est à peu près toujours la même.

Il est facile de reconnaître les sels où il n'existe que de l'eau interposée. En les chauffant brusquement, ils décrépitent sans rien perdre de leur transparence , phénomène dû à ce que l'eau , tendant à se réduire en vapeur, brise et projette dans l'air les parties salines qui s'opposent à son passage. On reconnaît également, avec facilité, les sels qui contiennent de l'eau combinée , quand bien même ils contiendraient d'ailleurs de l'eau interposée ; exposés, comme les précédens , à l'action de la chaleur, ces sels éprouvent la fusion aqueuse, c'est-à-dire qu'il se fondent dans leur eau de cristallisation, ou bien ils restent solides, décrépitent à peine et deviennent opaques. Mais il est assez difficile de savoir si un sel ne contient que de l'eau de cristallisation; le meilleur moyen qu'on puisse employer pour cela, consiste à pulvériser ce sel, et à le comprimer fortement avec une presse entre des feuilles de papier Joseph; le papier deviendra humide s'il y a de l'eau qui ne soit qu'interposée, et restera sec dans le cas contraire (*a*).

708. Quoi qu'il en soit, dans la dissolution et dans la cristallisation des sels, on a occasion de remarquer divers phénomènes dont nous devons actuellement parler.

Toutes les dissolutions, en cristallisant, donnent naissance à des eaux mères qui ne sont jamais saturées de sel, à tel point que si on les agite avec du sel pulvérisé, elles en dissoudront une quantité très-notable : la cause en est évidente; c'est parce que les cristaux qui se forment agissent sur la dissolution parvenue à son point de saturation, comme le ferait tout autre corps solide qu'on y plongerait. Ils attirent à eux les particules salines, et en font passer à l'état solide, jusqu'à ce que l'équilibre se soit établi entre la cohésion qui tend à précipiter ces particules, et l'affinité du sel pour l'eau qui tend à les dissoudre.

Quelquefois les dissolutions salines ne cristallisent point, quoique concentrées convenablement ; mais

---

(*e*) Lorsqu'un sel est inaltérable à l'air, c'est-à-dire, lorsqu'il n'en attire pas l'humidité, et qu'il ne laisse point dégager l'eau de cristallisation qu'il contient (711), on peut encore dégager l'eau interposée par une douce chaleur.

vient-on à les agiter, elles se prennent à l'instant
même en masse : tel est particulièrement le nitrate
d'argent. Il faut donc en conclure que, dans ce cas, l'a-
gitation place les particules de manière à mettre en présence les surfaces qui doivent s'accoler.

Il est des dissolutions qu'on ne peut point faire cristalliser dans le vide, même en les agitant. Telle est surtout la dissolution de sulfate de soude. Prenez un petit
tube long de 20 à 25 centim., fermé par un bout et ef-
filé par l'autre ; remplissez ce tube aux trois quarts
d'une dissolution saturée de sulfate de soude, dont la
température soit d'environ 80 à 90° ; à cet effet, em-
ployez la méthode dont on se sert pour remplir un
thermomètre de mercure ; faites bouillir cette dissolution dans la partie supérieure, jusqu'à ce que la vapeur ait chassé tout l'air du tube ; alors fermez l'extrémité du tube à la lampe et laissez-le refroidir. Le refroidissement étant bien opéré, brisez cette même extrémité, l'air rentrera subitement dans le tube où la
vapeur en se condensant aura fait le vide, et la cristallisation qui n'avait pu s'opérer, même par l'agitation,
aura lieu sur-le-champ (Chimie de M. Henry). Plusieurs chimistes anglais ont attribué ce phénomène à la
pression de l'air ; mais M. Gay-Lussac a prouvé qu'il
dépendait d'une autre cause inconnue, selon nous, jusqu'à présent. (Annales de Chimie, tome 87.) En effet,
la plus petite bulle d'air, ou d'un autre gaz, suffit pour
le produire : Remplissez un tube barométrique de mercure, à quelques centimètres près ; expulsez tout l'air
adhérent à ses parois, en portant le métal à l'ébullition ; ensuite achevez de remplir le tube avec une dissolution chaude et concentrée de sulfate de soude ;

bouchez-le avec le doigt; retournez-le, et plongez-en
l'extrémité dans un bain de mercure, la cristallisation
n'aura pas lieu; mais en faisant passer une très-petite
bulle d'air dans le tube, elle se fera en peu de temps:
au reste, lorsque la dissolution est soumise à la pression
atmosphérique, il suffit de la recouvrir d'essence de
térébenthine pour l'empêcher de cristalliser.

Enfin l'on observe qu'une dissolution saturée, c'est-
à-dire qu'une dissolution qui ne peut dissoudre aucune
autre partie du sel qu'elle contient, est susceptible de
dissoudre une certaine quantité d'un autre sel soluble,
pourvu toutefois que les deux sels ne se décomposent
pas, ou n'entrent pas en combinaison intime.

709. *Action de la glace.* — Lorsqu'on mêle de
la glace pilée ou de de la neige avec un sel soluble
dans l'eau, ils se fondent réciproquement et donnent lieu à une dissolution saline plus ou moins concentrée, et à un froid d'autant plus considérable, que
la dissolution est plus prompte, et la quantité de matière dissoute plus grande. Cet effet est dû à l'affinité
réciproque du sel et de l'eau, et à la propriété qu'ont
tous les corps d'absorber une certaine quantité de calorique, pour passer de l'état solide à l'état liquide. Il
suit de là que les sels déliquescens doivent produire
plus de froid que ceux qui ne le sont point.

Mais si l'espèce de sel qu'on emploie a beaucoup
d'influence sur le froid qu'on doit produire, les quantités de glace et de sel qu'on mêle en ont beaucoup
aussi. Ces quantités doivent être telles, pour avoir le
maximum du froid, qu'elles se fondent entièrement;
car la portion qui ne se fondrait pas communiquerait

nécessairement une portion de son calorique à celle qui serait fondue.

Il faut encore pour cela que le sel soit cristallisé ou peu desséché, car il arrive souvent qu'un sel, en se combinant avec la quantité d'eau nécessaire à sa cristallisation, dégage une certaine quantité de chaleur : il faut de plus que le sel et la glace soient très-divisés : d'où l'on voit qu'on doit employer de préférence de la neige récemment tombée, à cause de son extrême division. Enfin, il faut faire le mélange le plus promptement possible, et employer des vases minces dont la capacité ne soit pas trop grande. Du reste, dans tous les cas, on fait l'expérience de la même manière. Après avoir réduit le sel en poudre, pilé la glace, ou s'être procuré de la neige, on en pèse des quantités convenables ; on met successivement et promptement des couches de l'un et de l'autre dans une terrine de grès ou dans un vase de verre, et on agite le mélange avec une spatule ; on mesure le froid avec un thermomètre à esprit de vin, s'il doit être au-dessous de 40°, parce qu'à cette température, le mercure se congèle.

On produit aussi des froids plus ou moins sensibles, soit en dissolvant des sels dans l'eau, soit en dissolvant des sels ou de la glace dans des acides à un certain degré de concentration, soit enfin en dissolvant un corps quelconque dans un liquide quelconque, pourvu que la combinaison qui se forme ne soit pas très-intime ; car alors, au lieu d'abaisser la température, on l'élèverait. C'est ainsi qu'en dissolvant un métal, du zinc, du fer ou des oxides métalliques, dans les acides nitrique, sulfurique, on donne lieu à un grand dégagement de chaleur.

Tous les mélanges susceptibles de produire du froid s'appellent mélanges frigorifiques. Fahrenheit est le premier qui ait fait des recherches à cet égard ; celles que M. Walker a faites ensuite sont beaucoup plus étendues ; elles datent de 1795, et se trouvent dans les Transactions philosophiques. Lowitz ne s'est occupé que du froid qu'on peut produire avec le muriate de chaux et la neige (Ann. de Chimie, t. 22). La table suivante se compose des résultats obtenus par ces divers chimistes, et surtout par M. Walker.

Table des Mélanges frigorifiques.

MÉLANGES de sel et d'eau.	ABAISSEMENT du thermomètre.
Muriate d'Ammoniaque.... 5ᵖ. Nitrate de Potasse.......... 5 Eau..................... 16	de 10° à — 12°,22.
Nitrate d'Ammoniaque..... 1 Carbonate de Soude........ 1 Eau..................... 1	de 10° à — 13°,88.
Nitrate d'Ammoniaque..... 1 Eau..................... 1	de 10° à — 15°,55.
Muriate d'Ammoniaque ... 5 Nitrate de Potasse.......... 5 Sulfate de Soude.......... 8 Eau..................... 16	de 10° à — 15°,55.

MÉLANGES de sels et d'acides étendus d'eau.		ABAISSEMENT du thermomètre.
Phosphate de Soude.........	9^p.	de 10° à — 6°,11.
Nitrate d'Ammoniaque......	6	
Acide nitrique étendu d'eau.	4	
Sulfate de Soude..........	6	de 10° à — 10°.
Nitrate d'Ammoniaque......	5	
Acide nitrique étendu......	4	
Phosphate de Soude.........	9	de 10° à — 11°,11.
Acide nitrique étendu......	4	
Sulfate de Soude..........	6	de 10° à — 12°,22.
Muriate d'Ammoniaque....	4	
Nitrate de Potasse..........	2	
Acide nitrique étendu......	4	
Sulfate de Soude..........	3	de 10° à — 16°,11.
Acide nitrique étendu.....	2	
Sulfate de Soude..........	5	de 10° à — 16°,11.
Acide sulfurique étendu....	4	
Sulfate de Soude..........	8	de 10° à — 17°,77.
Acide muriatique...........	5	

MÉLANGES de neige et de sel, ou d'alcali, ou d'acide étendu.		ABAISSEMENT du thermomètre.
Neige....................	1P.	de 0° à — 17°,77.
Muriate de Soude.........	1	
Muriate de Chaux........	3	de 0° à — 27°,77.
Neige...................	2	
Potasse.................	4	de 0° à — 28°,33.
Neige...................	3	
Neige...................	1	de — 6°,66 à — 51°.
Acide sulfurique étendu(a).	1	
Neige ou Glace pilée......	2	de — 17°,77 à — 20°,55.
Muriate de Soude.........	1	
Neige et Acide nitrique étendu		de — 17°,77 à — 43°,33.
Muriate de Chaux........	2	de — 17°,77 à — 54°,44.
Neige...................	1	
Neige ou Glace pilée......	1	
Muriate de Soude.........	5	de — 20°,55 à — 27°,77.
Muriate d'Ammoniaque et Nitrate de Potasse........	5	
Neige...................	2	
Acide sulfurique étendu....	1	de — 23°,33 à — 48°,88.
Acide nitrique étendu......	1	
Neige ou Glace pilée.......	12	
Muriate de Soude..........	5	de — 27°,77 à — 31°,66.
Nitrate d'Ammoniaque.....	5	
Muriate de Chaux.........	3	de — 40°, à — 58°,33.
Neige...................	1	
Acide sulfurique étendu....	10	de — 55°,55 à — 68°,33.
Neige...................	8	

(a) Pour produire ce degré de froid, on ramène d'abord la neige et l'acide sulfurique étendu d'eau à — 6°,66, en les plaçant

710. *Action du gaz oxigène.* — Tous les sels dont les acides ou les oxides ne sont point au summum d'oxigénation, sont susceptibles, théoriquement parlant, d'absorber de l'oxigène : mais, parmi ces sels, il n'y en a qu'un petit nombre qui jouissent réellement de cette propriété. Ce sont surtout d'une part les sulfites, et de l'autre les sels de fer, d'étain, de cuivre, dont les métaux ne sont point à l'état de peroxides ; encore est-il nécessaire qu'ils soient tous dissous ou du moins humides, pour que le phénomène soit bien sensible. Il paraît que les phosphites n'absorbent d'oxigène qu'à l'aide de la chaleur, et que les nitrites n'en absorbent dans aucune circonstance.

711. *Action hygrométrique de l'air à la température ordinaire.* — Il existe des sels qui attirent l'humidité de l'air et se résolvent en liqueur. Il en existe d'autres qui cèdent, au contraire, à l'air, en tout ou en partie, leur eau de cristallisation, perdent leur transparence, et tombent même quelquefois en poussière. On appelle les premiers, sels déliquescens ; et les seconds, sels efflorescens. Tous les sels solubles, en général, sont déliquescens dans un air saturé d'humidité : que l'on mette du sous-carbonate de soude, du sous-phosphate de soude, etc., dans une capsule, sous une cloche dont les parois plongent dans l'eau, et l'on verra que la surface de ces sels ne tardera point à fondre. Plusieurs sels sont même déliquescens pour peu que l'air soit humide ; ce sont ceux qui sont très-solubles et qui ont

---

séparément dans un mélange frigorifique convenable, et les mêlant ensuite. On doit s'y prendre, à plus forte raison, de la même manière pour faire les mélanges suivans.

beaucoup d'affinité pour l'eau, ou qui élèvent beaucoup son point d'ébullition : nous citerons pour exemple les muriates et nitrates de chaux, de magnésie, d'alumine : on peut donc s'en servir pour dessécher l'air. D'autres, au contraire, sont toujours efflorescens dans un air qui n'est point très-humide ; ce sont ceux qui ont peu d'affinité pour l'eau, et qui cependant sont très-solubles, parce qu'ils n'ont presque pas de cohésion : tels sont les sulfates, sous-phosphates et sous-carbonates de soude. Quant aux sels insolubles, ils sont inaltérables dans un air quelconque. On voit donc que la manière dont les sels se comportent à l'air, dépend de leur cohésion, de leur affinité pour l'eau, de l'état hygrométrique de l'air et de la température (a). (*Voy.* Mémoires de Gay-Lussac, Ann. de Chim., t. 82.)

(a) La température influe beaucoup sur la déliquescence des sels, puisqu'elle fait varier singulièrement leur solubilité. En général, pour savoir si un sel placé dans un air humide, à une certaine température, doit être plus ou moins déliquescent, on sature l'eau de ce sel à cette température et l'on détermine son point d'ébullition. Si ce point est de 10 à 12° plus élevé que celui auquel l'eau pure bout elle-même, le sel sera très-déliquescent ; s'il n'y a que 1 à 2 degrés de différence, il le sera à peine ; il ne le serait pas, si la différence était nulle : deux sels, chose remarquable, sont dans ce dernier cas, quoique très-solubles ; l'acétate de plomb et le muriate de mercure. Pour connaître, d'une autre part, à quel degré de l'hygromètre un sel commence à devenir déliquescent, il suffit de placer cet instrument sous une cloche dont les parois sont mouillées d'eau saturée de ce sel, et d'observer sa marche. On trouvera, par exemple, qu'une dissolution saturée de sel marin, à la température de 15°, fera monter l'hygromètre à 90° d'humidité ; par conséquent le sel marin ne sera point déliquescent dans un air où l'hygromètre indique 90° d'humidité, mais il le sera au-dessus.

Il est à remarquer que tous les sels qui, mis en contact avec l'air dans son état le plus ordinaire, tombent en déliquescence ou en efflorescence, contiennent toujours au moins près de la moitié de leur poids d'eau de cristallisation.

712. *Action du feu.* — Tous les sels qui contiennent beaucoup d'eau de cristallisation, entrent en fusion dans cette eau à mesure qu'elle s'échauffe, ou éprouvent la fusion aqueuse, et tous ensuite se dessèchent à mesure qu'elle se volatilise. Ceux qui ne contiennent qu'une petite quantité d'eau, ou du moins qui n'en contiennent point assez pour fondre au-dessous du degré auquel elle bout, éprouvent un autre effet. L'eau en se vaporisant brise les parties salines qui s'opposent à son passage, les projette dans l'air avec plus ou moins de force, et produit un bruit très-sensible : on dit alors que le sel décrépite ou pétille ; les sels efflorescens sont toujours dans le premier cas. Il en est de même des sels essentiellement déliquescens, c'est-à-dire des sels susceptibles de sécher complétement l'air ; les autres, et particulièrement ceux qui sont peu solubles, sont dans le second cas.

Lorsque les sels ont perdu leur eau de cristallisation et qu'on continue de les chauffer, ils se fondent ou éprouvent la fusion ignée, pourvu qu'on les expose à une température suffisamment élevée, et qu'à cette température ils ne soient point susceptibles de se décomposer. Tels sont les sels à base de potasse et de soude, et en général tous les sels dont l'oxide et l'acide sont très-fusibles, et dont la décomposition n'est pas très-facile à opérer ; plusieurs même se subliment : parmi ceux-ci, nous citerons la plupart des sels ammoniacaux dont l'acide est gazeux (*a*), et la plupart des muriates appartenant aux quatre dernières sections.

713. *Action de la pile.* — Tous les sels sont susceptibles d'être décomposés par un courant voltaïque, pourvu qu'ils soient humectés ou dissous. Ceux de la première section se décomposent toujours de telle manière que l'oxide se rassemble au pôle négatif, et l'acide au pôle positif. Il en est de même de ceux de la seconde section, lorsqu'ils sont en dissolution ; mais, lorsqu'ils ne sont qu'humectés et que la pile est assez forte, ce n'est plus l'oxide qui se rend au pôle négatif, c'est le métal réduit, et alors l'oxigène de l'oxide et l'acide du sel se rendent au pôle positif, et s'unissent si le sel est un muriate, un sulfite, un nitrite ou un phosphite : tels sont aussi les résultats qu'on obtient en général avec les sels des quatre dernières sections ; soit qu'on emploie ces sels humides ou dissous, leur oxide est toujours réduit (*b*). Dans tous les cas, il y a en outre une certaine quantité d'eau décomposée, dont les deux élémens sont transportés comme à l'ordinaire, l'hydrogène au pôle négatif, et l'oxigène à l'autre pôle. C'est

---

(*a*) Tous, excepté le nitrate et le muriate suroxigéné d'ammoniaque, dont les acides et la base se décomposent à une température élevée.

(*b*) En employant deux piles de cent paires, les dissolutions de manganèse, de zinc, de fer, d'étain, d'arsenic, d'antimoine, de bismuth, de cuivre, de plomb, de mercure, d'argent, d'or, de platine, ont laissé précipiter en quelques minutes une certaine quantité de métal réduit sur le fil négatif ; savoir : celles de zinc, d'étain, de plomb, d'argent, en cristaux brillans, et les autres, en petits grains. Les dissolutions de titane, nickel, cobalt, urane, chrôme, n'ont pas offert de traces bien sensibles de réduction ; il ne s'est rassemblé que de l'oxide au fil négatif.

pourquoi, si l'on opère sur les sels d'arsenic ou de tellure, il se forme un hydrure (*a*).

Ces diverses expériences se font de la manière suivante :

1° On prend une certaine quantité de sel, on l'humecte légèrement, on le met, d'une part, en contact avec le fil positif, et de l'autre avec le fil négatif, et en peu de temps tous les phénomènes dont il vient d'être question, ont lieu. Lorsque le métal du sel doit être réduit, et qu'il est susceptible de s'allier au mercure, on favorise singulièrement l'opération en se servant de celui-ci comme intermède; pour cela, après avoir pulvérisé et humecté le sel, on lui donne la forme d'une petite capsule qu'on place sur une plaque métallique; on verse du mercure dans cette capsule; on met en contact le mercure avec le fil négatif, et la plaque avec le fil positif; au bout d'un certain temps la capsule est pleine d'un amalgame épais : la réduction des oxides des sels de la seconde section ne s'opère même bien que de cette manière.

2° Lorsque le sel, au lieu d'être seulement humide, doit être en dissolution, il faut modifier le procédé que nous venons de décrire. Si l'on se propose d'opérer la réduction de l'oxide, on fait plonger, à une très-petite distance l'un de l'autre, les deux fils positif et négatif de la pile dans la dissolution saline; mais si l'on ne se propose que de rassembler cet oxide au pôle négatif, et l'acide auquel il est uni, au pôle positif; si, par exemple,

(*a*) Peut-être se forme-t-il aussi une petite quantité d'hydrogène telluré et arseniqué.

le sel appartient à la seconde section, on mettra une certaine quantité de la dissolution saline dans un tube de verre, et une certaine quantité d'eau pure dans un autre tube; on fera communiquer la dissolution et l'eau par un morceau d'amiante lavé et humide, puis on fera plonger le fil positif dans l'eau pure, et le fil négatif dans l'eau salée, et l'on abandonnera l'expérience à elle-même; quelques heures après, l'eau pure contiendra de l'acide sans aucune trace d'oxide métallique, et l'eau salée sera devenue alcaline.

Ce sont MM. Hizinger et Berzelius qui observèrent, les premiers, le transport des acides et des bases dans la décomposition des sels par la pile. Bientôt après, MM. Chompré et Riffault eurent occasion de faire la même observation : M. Davy la fit aussi, mais il observa, en outre, les phénomènes que nous allons rapporter.

1° On peut, en procédant comme nous l'avons dit en dernier lieu, décomposer complétement, en quelques jours, une petite quantité de sel : par exemple, M. Davy est parvenu en trois jours, avec une seule pile de cinquante paires ou élémens, à séparer l'acide et l'alcali d'une solution de sulfate de potasse composée de vingt parties d'eau, et d'une partie d'une solution saturée à 17°,5 (*a*).

2° Il paraît que, toutes les fois qu'une substance

(*a*) L'eau et la dissolution de sulfate de potasse étaient contenues chacune dans une tasse d'agate; l'amiante était enlevée, lavée avec de l'eau pure, et replacée deux fois par jour; la liqueur acide de la pile était renouvelée de temps en temps.

quelconque contient même en combinaison très-intime
un alcali ou un acide, ou l'un et l'autre, il est possible
de les séparer par une pile suffisamment forte.

Que l'on mette de l'eau distillée dans deux tubes de
verre, qu'on les fasse communiquer par de l'amiante,
et qu'on fasse plonger le fil positif de la pile dans l'un
et le fil négatif dans l'autre, on obtiendra de l'alcali
dans celui-ci et de l'acide muriatique dans celui-là (*a*).

Que l'on fasse la même expérience avec deux petites
coupes de lave, il se rassemblera de la potasse, de la
soude et de la chaux au pôle négatif (*b*).

3° Si, après avoir mis de l'eau dans deux tubes, on
les fait communiquer par de l'amiante avec un vase
intermédiaire qui contienne une dissolution de sulfate
de potasse, en ayant soin toutefois que le niveau de
l'eau soit au-dessus du niveau de la dissolution saline ;
si, ensuite, on fait plonger le fil positif dans l'un des
tubes et le fil négatif dans l'autre, on trouvera, au bout
d'un certain temps, de l'acide sulfurique pur dans le
premier, et de l'alcali également pur dans le second ;
d'où il suit que les fils n'ont pas besoin d'être en contact
avec le sel pour le décomposer.

4° En remplaçant, dans l'expérience précédente,
l'eau du tube négatif par la dissolution du sulfate de
potasse, et celle-ci par de la teinture de tournesol, cette
teinture ne changera pas de couleur : il en sera de même
de celle de curcuma, en la substituant au tournesol et

(*a*) Le verre ordinaire contient toujours un peu de sel marin.

(*b*) Ces trois substances se trouvent dans la lave : elles y sont
unies à la silice, etc.

électrisant positivement la dissolution saline. Cependant, dans la première expérience, il passera de l'acide sulfurique à travers le tournesol, et, dans la seconde, de la potasse à travers le curcuma ; mais l'influence électrique les empêchera d'agir sur ces couleurs.

5º Enfin, si au lieu de tournesol et de curcuma, on met successivement dans le vase intermédiaire des alcalis et des acides, ceux-ci n'absorberont pas, du moins totalement, l'acide sulfurique et la potasse provenant de la décomposition du sel ; il en passera une certaine quantité à travers le vase intermédiaire jusque dans le tube voisin. Tout autre sel que le sulfate de potasse donnera lieu aux mêmes effets ; on observera seulement que, quand l'alcali sera de la baryte ou de la strontiane, et que le sel sera un sulfate, ou bien que, quand l'acide sera de l'acide sulfurique, et que le sel sera à base de baryte ou de strontiane, il se formera une grande quantité de sulfate de baryte ou de strontiane dans le vase intermédiaire, et que l'acide ou la base du sel ne parviendra qu'avec peine au-delà.

713 *bis. Action de la lumière et du barreau aimanté.* — La lumière n'agit que sur un très-petit nombre de sels qui appartiennent tous à la dernière section. Celui d'entr'eux sur lequel elle agit le plus promptement est le muriate d'argent. Lorsqu'on expose ce sel en flocons blancs et humides aux rayons solaires, il ne tarde point à devenir violet (a). C'est ce

---

(a) On prépare ce sel en versant de l'acide muriatique liquide ou une dissolution de sel marin dans une dissolution de nitrate d'argent : à l'instant même le muriate d'argent se précipite sous forme de flocons.

qui a lieu d'une manière remarquable en couvrant latéralement de papier noir le vase qui contient le muriate : tous les flocons qui sont frappés directement par la lumière changent de couleur en quelques minutes, tandis que les autres n'en changent pas. M. Berthollet, dans sa statique chimique, a recherché la cause de ce phénomène ; voici le résultat de ses observations à cet égard. Si l'on recouvre le muriate d'argent d'eau, qu'on le laisse exposé aux rayons solaires pendant plusieurs jours et qu'on l'agite de temps en temps pour renouveler sa surface, il noircira sans qu'il s'en dégage aucun gaz ; si ce n'est quelques bulles d'air adhérentes au sel ; mais il s'en séparera un peu d'acide muriatique pur qu'on retrouvera dans la liqueur. Chauffé dans une cornue, il éprouvera les mêmes altérations ; il noircira avant d'entrer en fusion, et abandonnera une partie de son acide sans abandonner aucune partie d'oxigène : de là M. Berthollet conclut que le muriate d'argent ne noircit à la lumière, que parce qu'il passe à l'état de sous-muriate. Schéele a vu également, ainsi que le rappelle M. Berthollet, que le muriate d'argent laissait dégager une partie de son acide muriatique par l'influence de la lumière ; mais il croyait que l'argent se rapprochait en même temps de l'état métallique.

Quant à l'action du barreau aimanté sur les sels, elle est nulle sur tous, si ce n'est peut-être sur quelques sous-sels de protoxide de fer.

714. *Action des corps combustibles non métalliques.* — Le gaz azote n'agit sur aucun sel, soit à froid, soit à chaud. L'hydrogène, le bore, le carbone, le phos-

phore et le soufre, ont de l'action sur la plupart, à une chaleur plus ou moins élevée; mais comme cette action varie en raison des différens acides, nous n'en traiterons que dans l'histoire des genres. Cependant ils ne décomposent aucune dissolution saline, si ce n'est celles dont les oxides sont faciles à réduire, telles que les dissolutions d'or, d'argent; encore l'influence de la lumière est-elle nécessaire. L'hydrogène sulfuré, au contraire, en décompose un grand nombre.

715. *Hydrogène sulfuré et dissolutions salines.* — L'hydrogène sulfuré, dans son contact avec les dissolutions salines, n'agit en général, ou du moins n'agit d'abord que sur les oxides qu'elles contiennent; il s'en suit donc qu'il se comportera avec ces dissolutions comme avec leurs oxides, toutes les fois qu'il pourra surmonter l'affinité de ceux-ci pour l'acide auquel ils sont unis. (*Voyez* comment se comporte l'hydrogène sulfuré avec les oxides (494). L'expérience prouve qu'il ne décompose aucun des sels appartenant aux deux premières sections; qu'il ne décompose pas non plus les sels acides de manganèse, de fer, de cobalt, de titane, de cérium et de nickel, à moins que l'acide ne soit faible; mais qu'il décompose toutes les autres dissolutions métalliques. On trouvera dans le tableau suivant, la nuance et la nature des précipités qui en résultent.

*Tableau de la nature et des nuances des préci-
pités que forme l'Hydrogène sulfuré dans
les dissolutions salines.*

Sels des deux premières sections.......	Point de précipité (*a*).
Sels de Manganèse....................	*Id.*
—— de Fer (*b*).	*Id.*
—— de Cérium....................	*Id.*
—— de Cobalt....................	*Id.*
—— de Titane....................	*Id.*
—— de Nickel....................	*Id.*
—— de Zinc.	Blancs.
—— d'Étain, à l'état de deutoxide.....	Jaunes.
—— d'Etain, à l'état de protoxide.....	Chocolat.
—— d'Arsenic, à l'état de deutoxide..	Jaunes.
—— de Chrôme....................	
—— de Molybdène....................	
—— de Colombium....................	
—— d'Antimoine....................	Orangés.
—— d'Urane....................	
—— de Bismuth....................	D'un brun-noir.

(*a*) Les précipités formés dans les sels de zinc et d'étain sont des oxides hydro-sulfurés. Ceux formés dans les sels d'antimoine sont des oxides hydro-sulfurés ou des oxides hydro-sulfures sulfurés. Tous les autres sont des sulfures métalliques.

(*b*) Les sels de tritoxide de fer sont à la vérité troublés par l'hydrogène sulfuré ; mais le précipité qui se forme est uniquement composé de soufre. Ce soufre provient de ce que l'hydrogène de l'hydrogène sulfuré s'unit à une portion d'oxigène du tritoxide,

Sels de Cuivre......................	D'un brun foncé.
—— de Tellure	D'un brun orangé.
—— de Plomb....................	D'un brun-noir.
—— de Mercure...........	Noirs (*a*).
—— d'Argent.....	**Noirs.**
—— de Palladium....................	
—— de Rhodium......,...	
—— de Platine...................	Noirs.
—— d'Or...	*Id.*
—— d'Iridium................	

716. *Métaux et sels desséchés.* — Le potassium et le sodium décomposent à chaud tous les sels des quatre dernières sections; ils en réduisent constamment les oxides, et enlèvent toujours l'oxigène aux acides, excepté trois, l'acide borique, muriatique et fluorique: ils décomposent aussi les sels des deux premières sections, excepté les borates, muriates et fluates; mais alors ils n'ont d'action que sur les acides de ces sels. La plupart de ces décompositions se font avec chaleur et

---

et ramène celui-ci à un moindre degré d'oxidation : d'où il suit qu'il doit rester dans la liqueur un sel acide à l'état de protoxide ou de deutoxide.

(*a*) Cependant, lorsqu'on verse peu à peu de l'hydrogène sulfuré dans une dissolution d'un sel de mercure à l'état de deutoxide, le précipité qui se forme est d'abord orangé; mais il devient promptement blanc et conserve cette nuance, à moins qu'on ajoute une nouvelle quantité d'hydrogène sulfuré. On ignore quelle est la nature du précipité orangé. Quant au précipité blanc, dans lequel celui-ci se transforme en peu de temps, il est formé de soufre, de protoxide de mercure et d'un peu d'acide du sel mercuriel. Ces trois corps paraissent unis ensemble.

lumière ; car il n'y a que les phosphates, les phosphites, les carbonates et quelques sulfates alcalins, qui soient décomposés seulement avec chaleur. On les opère toutes dans un petit tube de verre fermé par l'une de ses extrémités, comme celles des oxides par le potassium et le sodium (491).

Il sera facile, d'ailleurs, de prévoir la nature des produits d'après celle du sel ou de l'acide et de l'oxide.

Supposons que le sel soit un sulfate de plomb, et qu'on le traite par le potassium, il en résultera évidemment du sulfure de potasse et un alliage de potassium et de plomb.

Supposons que le sel soit du sulfate de potasse, il ne se formera que du sulfure de potasse et de potassium.

Supposons maintenant que le sel soit un borate d'étain, les produits seront du sous-borate de potasse, et un alliage de potassium et d'étain.

Supposons enfin que le sel soit du nitrate de manganèse, on obtiendra du gaz azote, du tritoxide de potassium, et du manganèse peut-être allié au potassium.

Nous ne traiterons de l'action des autres métaux, des alliages et des combustibles mixtes sur les sels que dans chaque genre, parce que, d'une part, on ne sait encore que très-peu de chose à cet égard, et que, de l'autre, les résultats varient en raison de la nature de l'acide.

717. *Métaux et dissolutions salines.* — Lorsque le métal appartient à la seconde section, il décompose l'eau de préférence au sel, et donne lieu à un oxide qui se comporte avec ce sel comme il sera dit (718). Lorsqu'il appartient aux quatre dernières sections, il n'agit point sur la dissolution des sels des deux premières, à moins que cette dissolution ne contienne un

excès d'acide, et qu'il ne puisse être attaqué par cet acide (a); mais il nous offre souvent des phénomènes très - remarquables avec les dissolutions salines des quatre sections dont il fait partie; ce sont ces phénomènes que nous allons exposer.

Lorsqu'on plonge dans une dissolution saline appartenant aux quatre dernières sections, un métal appartenant aussi à l'une de ces sections, et ayant plus d'affinité pour l'oxigène et les acides que celui de cette dissolution, ce métal, à moins qu'il n'ait une grande force de cohésion, se substitue à celui qui est dissous et le précipite. Quelquefois le métal précipité se dépose sans s'attacher au métal précipitant : alors le métal précipitant étant sans cesse en contact avec la dissolution saline, peut toujours agir de la même manière sur le sel qu'elle contient, et en opérer complétement la décomposition ; mais le plus souvent le métal précipité s'attache au métal précipitant, et l'enveloppe de manière à lui ôter, pour ainsi dire, tout contact avec la dissolution. Comment se fait-il que, dans ce cas, la décomposition ne s'arrête pas ? C'est qu'il se forme, par le contact des deux métaux, un élément de la pile dans lequel le métal précipitant est toujours positif, et le métal précipité toujours négatif. L'eau est décomposée par cet élément; son hydrogène se rassemble au pôle négatif, c'est-à-dire, à l'extrémité du métal précipité, et son oxigène au pôle positif, c'est-à-dire, à l'extrémité du métal précipitant. Cet hydrogène s'empare de l'oxi-

(a) Cependant M. Chevreul a observé qu'en faisant bouillir une dissolution de nitrate de potasse avec le plomb, il se formait des nitrites de potasse et de plomb.

gène de l'oxide du sel qui est attiré au pôle négatif, et il le réduit ; tandis que l'acide attiré au pôle positif se combine avec l'oxigène de l'eau décomposée et une partie du métal précipitant. Ainsi, la quantité du métal précipitant va sans cesse en diminuant, et la quantité du métal précipité sans cesse en augmentant. Or, comme celui-ci se dépose peu à peu et s'ajoute constamment aux parties extrêmes ou les plus éloignées du centre primitif d'action, il en résulte une cristallisation métallique qui, quelquefois, est très-étendue.

La cristallisation métallique la plus remarquable est celle que l'on produit avec une lame de zinc et une dissolution d'acétate de plomb : pour l'obtenir, on prend de l'eau contenant la 10e partie de son poids de ce sel ; on en remplit presque entièrement un flacon à large goulot d'environ trois litres, et l'on fait plonger, dans la partie supérieure de cette dissolution, par exemple, aux deux tiers de sa hauteur, une lame de zinc suspendue au bouchon du flacon par le moyen d'un fil de laiton ou de cuivre : peu à peu le zinc se recouvre de lames de plomb très-brillantes, et en si grand nombre, qu'elles finissent par remplir presque entièrement le vase. L'expérience n'est ordinairement terminée qu'au bout de quelques jours.

Il est une autre cristallisation métallique dont on s'est beaucoup occupé autrefois ; c'est celle qu'on produit avec le mercure et le nitrate d'argent. A cet effet, on met 15 à 20 grammes de mercure dans un verre à pied, et l'on verse dessus 50 à 60 grammes de dissolution de nitrate d'argent contenant environ 7 à 8 grammes de sel ; on couvre le verre, et on l'abandonne à

T. II. 22

lui-même. L'argent se précipite dans l'espace de quelques jours sous forme de petits cristaux brillans qui se combinent avec une petite quantité de mercure, et qui s'arrangent de manière à former un grand nombre de rameaux dont la hauteur est quelquefois de plusieurs millimètres. Cette cristallisation était connue autrefois sous le nom d'Arbre de Diane, parce qu'elle ressemble à une sorte de végétation, et qu'alors l'argent s'appelait Diane. A cette époque, le plomb s'appelant Saturne, on a donné, par la même raison, le nom d'Arbre de Saturne à la cristallisation précédente.

Parmi les métaux, les uns sont précipités sous forme de poudre noire; tels sont l'antimoine, l'arsenic, l'osmium, le palladium, le rhodium et l'iridium : les autres sont précipités avec leur brillant métallique; tels sont particulièrement le plomb, le cuivre, le mercure, l'argent ; le cuivre se précipite en lames, et l'argent en houppes très-légères et très-brillantes, composées d'une multitude de petits cristaux.

Le métal précipité entraîne quelquefois une portion du métal précipitant ; c'est ce qui a lieu dans la décomposition du muriate d'antimoine par le zinc, du nitrate d'argent par le mercure, et même du sulfate neutre de cuivre par le fer.

Quelquefois aussi le métal précipité se combine avec une portion de l'hydrogène de l'eau décomposée : deux métaux, l'arsenic et le tellure, paraissent être dans ce cas.

Enfin, quelquefois le métal précipitant décompose une partie de l'acide de la dissolution saline, et précipite le métal de cette dissolution en partie à l'état métallique et en partie à l'état d'oxide : c'est ainsi que

le zinc agit sur le deuto-nitrate de cuivre, d'après
M. Vauquelin. (Ann. de Chimie, tome 28, page 45.)

Tableau de la réduction des dissolutions salines par les métaux.

SELS dont les dissolutions sont irréductibles par les métaux.	SELS dont les dissolutions sont réductibles par certains métaux (a).	
Sels des deux premières sections.	Sels d'Étain................	
	d'Arsenic.............	
Sels de Manganèse.	d'Antimoine...........	
	de Bismuth...........	
—— de Zinc.	de Plomb.............	
	de Cuivre(b).........	
—— de Fer.	de Tellure............	
—— de Chrôme.		réduits par le fer, le zinc, et peut-être le manganèse.
—— de Cobalt.	Nitrat. de Mercure. { réduits par le zinc, le fer, et tous ceux qui précèdent.	
—— de Cérium.		
—— d'Urane.	Sels d'Argent (c).. { réduits par le fer, le zinc, le manganèse, le cobalt, et tous ceux qui précèdent l'argent.	
—— de Titane.	de Palladium....	
	de Rhodium....	
—— de Nickel.	de Platine..	
	d'Or.......	
	d'Osmium..	
	d'Iridium..	

718. *Action des oxides.* — Nous ne dirons rien de

(a) Pour que la réduction se fasse bien, il faut que le nouveau sel soit soluble.

(b) L'acétate de cuivre est réduit par le plomb.

(c) Le nitrate d'argent est réduit par le cobalt.

l'action de l'eau sur les sels ; elle a été étudiée avec toute l'étendue convenable (705). Nous ne dirons rien non plus de celle des autres oxides non métalliques ; tout ce qu'on en sait se réduit à l'observation de quelques phénomènes dont il sera question dans l'histoire des espèces. Nous n'avons donc à nous occuper que de celle des oxides métalliques, qui elle-même est loin d'être bien connue.

Jusqu'ici l'on n'a presque jamais mis les sels et les oxides en contact sans l'intermède de l'eau. Si l'oxide et le sel sont tous deux solubles, on verse la dissolution de l'un dans la dissolution de l'autre ; s'il n'y en a qu'un de soluble, par exemple l'oxide, on le dissout et on verse le sel en poudre ou en gelée dans la dissolution ; enfin, s'ils sont tous deux insolubles ou peu solubles, on les délaye dans l'eau en les employant autant que possible en gelée. La première opération se fait le plus souvent à la température ordinaire, et les deux autres à la chaleur de l'ébullition. Rarement l'oxide s'unit au sel ; presque toujours, il en opère la décomposition, ou est sans action sur lui, et cette décomposition n'a jamais lieu que parce que l'oxide s'empare de l'acide du sel en tout ou en partie. Nous allons entrer dans quelques détails à cet égard.

Lorsqu'un oxide s'empare de tout l'acide uni à un autre oxide, il en résulte un nouveau sel qui reste dissous ou se précipite selon qu'il est soluble ou insoluble ; et ce dernier oxide devient libre, à moins qu'il ne soit susceptible de s'unir avec le premier, et que celui-ci ne soit en excès. C'est ainsi qu'en versant une dissolution de potasse dans une dissolution de sulfate de zinc, on obtient du sulfate de potasse qui reste dissous dans la liqueur, et un précipité gélatineux

l'oxide de zinc qui se redissout dans un excès de potasse. Quelquefois cependant un oxide est susceptible
de s'emparer de tout l'acide uni à un autre oxide, et de
ne décomposer qu'une portion du sel provenant de
l'union de ceux-ci; mais c'est qu'alors le nouveau sel
peut former avec le sel sur lequel on agit, un sel double indécomposable par l'oxide ou la base dont on se
sert pour opérer la décomposition. Voilà ce qui a lieu
entre les sels de magnésie et l'ammoniaque, ou entre
les sels ammoniacaux et la magnésie. Que l'on verse un
excès d'ammoniaque dans une dissolution de sulfate de
magnésie, on obtiendra un précipité de magnésie, et du
sulfate d'ammoniaque et de magnésie qui restera dans
la liqueur avec l'ammoniaque excédente (*a*).

Lorsqu'un oxide, au lieu de s'emparer de tout l'acide
uni à un autre oxide, ne s'empare que d'une partie de
cet acide, il ne peut en résulter évidemment que deux
nouveaux sels dont la saturation sera variable. Supposons que le sel à décomposer soit acide, il pourra devenir neutre ou sous-sel; supposons qu'il soit neutre, il
deviendra nécessairement sous-sel; supposons enfin
qu'il soit déjà sous-sel, il se transformera en un autre
sous-sel renfermant un plus grand excès de base.

Il nous faudrait actuellement chercher à ranger les
oxides ou bases salifiables dans l'ordre de leur plus
grande tendance à se combiner avec les acides par l'intermède de l'eau, afin d'en déduire quels sont les sels

---

(*a*). Il faut donc concevoir que le sulfate de magnésie se partage
en deux parties; que la première est décomposée, et que le sulfate
d'ammoniaque qui en résulte se combine avec la seconde et forme
du sulfate ammoniaco-magnésien indécomposable par l'ammoniaque.

que chaque oxide est susceptible de décomposer ; mais malheureusement nos connaissances, à cet égard, sont très-peu avancées.

1° Les bases salifiables qui tiennent le premier rang sont celles de la seconde section ; savoir : la potasse, la soude, la baryte, la strontiane, la chaux. Employées en excès, elles décomposent complétement tous les sels des cinq autres sections, ainsi que les sels ammoniacaux ; elles s'emparent de tout l'acide de ces sels et mettent en liberté leur oxide qui se comporte d'ailleurs avec l'excès de potasse, de soude, etc., etc., comme on l'a dit précédemment (616). Employées en telle quantité, au contraire, que les sels soient en excès convenable, elles font passer ces sels en général à l'état de sous-sels ; c'est ainsi qu'en versant peu à peu dans une dissolution de proto-sulfate de fer, de la potasse ou de la soude étendue d'eau, il se précipite un sous-proto-sulfate de fer, etc.

On observe d'ailleurs que les bases salifiables de la seconde section ne suivent pas toujours le même ordre dans leur tendance à s'unir aux acides par l'intermède de l'eau. Cet ordre est :

Pour l'acide sulfurique......

- Baryte.
- Strontiane.
- Potasse et Soude.
- Chaux.

Pour les Acides

- nitrique....
- nitreux....
- muriatique.
- muriatique suroxigéné.

Potasse et Soude.
Baryte, Strontiane et Chaux.

Pour tous les autres Acides... { Baryte, Strontiane et Chaux.
{ Potasse et Soude.

2° Après les bases salifiables de la seconde section, l'ammoniaque est celle qui a le plus de tendance à s'unir avec les acides. Cet alcali décompose complétement, comme les bases salifiables de la 2ᵉ section, tous les sels de la 1ʳᵉ et des 4 dernières sections, mais à quelques exceptions près. (*Voyez* plus bas.)

3° La magnésie vient immédiatement après l'ammoniaque. Lorsqu'elle est très-divisée, par exemple, lorsqu'elle est en gelée, cette base paraît jouir de la propriété de décomposer, comme les précédentes, la plupart des sels de la 1ʳᵉ et des 4 dernières sections, surtout ceux qui sont susceptibles de se dissoudre ; elle décompose également les sels ammoniacaux, en dégage une certaine quantité d'ammoniaque et forme des sels doubles.

4° L'on place ensuite la glucine et l'yttria. L'on prétend que ces deux bases décomposent les sels solubles d'alumine, de zircone et des 4 dernières sections ; elles les font passer, du moins en général, à l'état de sous-sels.

5° Quant aux autres bases salifiables de la 1ʳᵉ section, il est impossible de leur assigner de rang : on ne les a point soumises à des expériences assez précises pour cela.

Il paraît seulement que, toutes circonstances égales d'ailleurs, les oxides qui neutralisent le mieux les acides, peuvent précipiter les autres de leurs dissolutions dans ceux-ci. Nous citerons, d'après cela, comme ayant le plus de tendance à s'unir aux acides, le protoxide de fer, le deutoxide de manganèse, l'oxide de zinc,

le deutoxide de mercure, l'oxide d'argent, le protoxide de nickel; et comme en ayant très-peu, le
tritoxide de fer, le tétroxide de manganèse, les oxides
d'arsenic, de molybdène, d'osmium, d'or, de platine.
(*V.* les Rech. de M. Gay-Lussac à cet égard, Ann. de
Chimie, t. 49.)

Tels sont les résultats généraux connus jusqu'ici sur
la décomposition des sels par les bases salifiables : il est
essentiel de se les rappeler, et de ne point oublier surtout
ceux-ci ; savoir : que toutes les fois qu'on met un sel de
la 1re ou des 4 dernières sections en contact avec la potasse, la soude, la baryte, la strontiane ou la chaux, ces
bases s'emparent de tout l'acide de ce sel, et en précipitent ou en séparent en général l'oxide à l'état d'hydrate, sur lequel elles agissent ensuite à la manière ordinaire. (*Voyez* la couleur des hydrates, p. 33.) Si donc
l'on se sert de potasse ou de soude pour effectuer la
décomposition, ces deux alcalis redissoudront les précipités qu'elles forment dans les sels de glucine, d'alumine, de zinc, de deutoxide d'étain, d'arsenic, d'antimoine, de plomb, etc. (616) ; il faut également
ne point perdre de vue les résultats de l'action de
l'ammoniaque sur les sels, parce qu'il est utile de les
connaître dans un grand nombre de circonstances.
Ainsi, on se souviendra donc que l'ammoniaque ne décompose aucun des sels de la 2e section, qu'elle agit sur
tous les autres, et qu'elle forme :

1° Avec les sels de magnésie, des sels doubles d'ammoniaque et de magnésie, et un précipité de magnésie
insoluble dans un excès d'ammoniaque.

2° Avec les sels de cobalt, des sels doubles, un précipité d'oxide de cobalt difficilement soluble dans l'ammoniaque, et une liqueur d'un jaune orangé.

3° Avec les sels de zinc, de cuivre, de nickel, des sels doubles et des précipités très-solubles dans un excès d'ammoniaque. La liqueur est sans couleur quand l'expérience se fait sur les sels de zinc ; bleue, lorsqu'elle se fait sur les sels de cuivre ; bleue ou violette, lorsqu'elle se fait sur les sels de nickel.

4° Avec les sels de deutoxide de mercure, un composé triple d'ammoniaque, et de l'acide et de l'oxide de ces sels. Ce composé est blanc et toujours insoluble ; de sorte qu'en versant de l'ammoniaque, par exemple, dans une dissolution de deuto-muriate de mercure, à l'instant même il en résulte un précipité blanc : ce ne serait qu'autant que le sel contiendrait un grand excès d'acide, qu'il pourrait se former un sel double soluble : c'est ce qui a lieu surtout avec la dissolution de deuto-sulfate très-acide de mercure (*a*).

5° Avec les sels d'argent, des composés triples qui sont tous solubles : ainsi, l'ammoniaque ne forme aucun précipité dans les dissolutions d'argent, et dissout au contraire, avec une grande facilité, les sels d'argent insolubles dans l'eau.

6° Avec les sels d'or, des sels doubles ou des sels ammoniacaux, et un précipité jaune composé d'oxide

(*a*) Nous entendons par sel double, un sel formé de deux autres sels ; et par composé triple, une combinaison homogène d'un acide et de deux autres bases. Toutefois il serait possible que les corps que nous appelons triples, ne fussent aussi que des sels doubles : par exemple, nous disons que l'ammoniaque forme un composé triple avec la dissolution de nitrate d'argent, parce que cette base ne précipite aucune portion d'oxide de ce sel, et qu'elle paraît s'y unir ; mais on peut concevoir qu'elle s'empare d'une portion de son acide, et qu'il résulte de là deux sous-sels, ou un sel neutre et un sous-sel.

d'or et d'ammoniaque. Ce précipité fulmine constamment (577 *bis*).

7° Avec les sels de platine, des composés triples qui sont jaunes et peu solubles.

8° Avec les sels de rhodium, de palladium, d'iridium, des composés triples ou des sels solubles.

9° Quant aux autres sels, ils cèdent tout leur acide à l'ammoniaque, et laissent précipiter leurs oxides; quelques-uns de ceux-ci seulement se dissolvent dans un excès d'alcali (577).

719. *Action des acides.* — L'action des acides sur les sels est analogue à celle des oxides métalliques. En effet, presque toujours les acides sont sans action sur les sels, ou les décomposent en s'emparant de leur oxide en tout ou en partie; très-rarement ils s'y unissent. Lorsqu'un acide s'empare de tout l'oxide uni à un autre oxide, il en résulte un nouveau sel; et ce dernier acide, en raison de ses propriétés, se dégage à l'état de gaz, en donnant lieu à une effervescence plus ou moins vive, ou reste en dissolution dans l'eau, ou se précipite. Lorsqu'au contraire un acide ne s'empare que d'une partie de l'oxide uni à un autre acide, on obtient deux nouveaux sels dont la saturation varie. Si le sel à décomposer est avec excès de base, il pourra devenir neutre ou acide; s'il est neutre, il deviendra acide; et s'il est acide, il deviendra plus acide. On concevra d'après cela et d'après ce qui précède, pourquoi, si l'on en excepte quelques sels, et particulièrement le sulfate de baryte, le muriate d'argent, le proto-muriate de mercure, et, jusqu'à un certain point, les sulfates de strontiane, de chaux, de plomb, l'arseniate de bismuth, qui ont beaucoup de cohésion, tous les sels insolubles par eux-mêmes peuvent se dissoudre dans

l'acide nitrique, fluorique, phosphorique, muriatique; c'est qu'en les traitant par ces acides, il en résulte de nouveaux sels neutres ou acides solubles. Verse-t-on de l'acide muriatique sur le carbonate de chaux, il se forme à l'instant une vive effervescence due au gaz acide carbonique qui se dégage, et du muriate de chaux qui est déliquescent; met-on le phosphate de chaux en contact avec l'acide nitrique, on obtient du phosphate acide et du nitrate neutre ou acide de chaux que l'eau dissout très-facilement.

Cependant, dans le cas où un sel se dissout dans un acide sans aucun signe apparent de décomposition, on pourrait dire que le sel ne fait que s'unir à l'acide, comme le sel marin à l'eau, etc. Par exemple, l'acide nitrique dissout le sulfate de chaux (en petite quantité à la vérité) sans qu'on puisse recueillir ni acide sulfurique, ni sulfate acide de chaux, ni nitrate de chaux; en soumettant la liqueur à l'évaporation, il ne se dégage que de l'acide nitrique, et il ne reste dans le vase distillatoire que du sulfate de chaux; mais on peut répondre que ce sel se reforme en vertu de sa cohésion et de la volatilité de l'acide nitrique.

Nous ne connaissons pas plus l'ordre de la décomposition des sels par les acides, que celui de la décomposition des sels par les oxides: nous savons seulement qu'à la température ordinaire ou à celle de 100 à 200°, 1° l'acide sulfurique décompose complétement tous les sels, excepté peut-être le muriate d'argent et quelques phosphates qu'il fait passer à l'état de phosphates acides. 2° Que les acides nitrique, muriatique, fluorique, phosphorique, arsenique, décomposent complétement aussi, à quelques exceptions près, tous les molybdates, colombates, sulfites, muriates suroxi-

génés, nitrites, borates, carbonates. 3° Qu'il en est de
même de tous les acides, excepté l'acide carbonique,
et peut-être l'acide tungstique et colombique, à l'égard
des borates. 4° Que l'acide muriatique décompose tous
les sels d'argent, et donne lieu à un muriate insoluble
dans un excès d'acide. 5° Qu'il n'y a point d'acide qui ne
puisse décomposer complétement tous les carbonates.
6° Enfin, nous savons qu'à la chaleur rouge, les acides
fixes, même les plus faibles, peuvent décomposer tous
les sels dont les acides sont volatils par eux-mêmes ou
susceptibles d'être transformés en des produits volatils.
C'est ainsi que l'acide borique décompose les sulfites
en en dégageant le gaz acide sulfureux, et les sulfates
en transformant leur acide sulfurique en acide sulfureux et oxigène (*a*).

720. *Action des sels les uns sur les autres.* — Toutes
les fois qu'on calcine ensemble deux sels qui, par l'é-
change de leur base et de leur acide, peuvent former
un sel fixe et un sel volatil, ou du moins plus volatil
qu'ils ne le sont l'un ou l'autre, ils se décomposent
constamment. Tels sont le muriate de soude et le sulfate
acide de mercure, qui donnent naissance à du sulfate de
soude fixe et à du deuto-muriate de mercure volatil : tels
sont encore le muriate d'ammoniaque et le sous-carbonate de chaux, d'où résultent du muriate de chaux

_____

(*a*) Les acides fixes peuvent décomposer les muriates, mais
seulement par l'intermède de l'eau ; ils peuvent également décomposer les fluates par le même intermède, ou par celui de la silice,
ou par celui de l'acide borique : ce qui dépend de ce que l'acide
muriatique et fluorique ne peuvent point exister seuls, et existent,
au contraire, très-bien à l'état de gaz, le premier, en combinaison avec l'eau, et le second, en combinaison, soit avec l'eau,
soit avec l'acide borique, soit avec la silice.

fixe, et du sous-carbonate d'ammoniaque plus volatil que le sel ammoniac, etc. Toutefois il n'est pas nécessaire qu'il puisse se former de sel volatil pour que la décomposition ait lieu ; il suffit quelquefois que les deux sels ou même l'un des deux sels entrent en fusion. On en trouve la preuve dans la réaction du sulfate de baryte et du muriate de chaux qui sont tous deux fixes, et qui, exposés à une température suffisamment élevée, se liquéfient et produisent d'une part du muriate de baryte, et de l'autre part du sulfate de chaux, sels également fixes. On pourrait produire probablement beaucoup de décompositions analogues, mais on n'a fait jusqu'ici que très-peu d'expériences sur cet objet. On en a fait au contraire un très-grand nombre sur la réaction réciproque des sels par l'intermède de l'eau. Aussi, connaissons-nous une foule de résultats qui sont dus à ce genre de réaction. Comme ils sont de la plus haute importance, nous devons les étudier avec le plus grand soin. A cet effet, nous examinerons, 1° l'action des sels solubles les uns sur les autres ; 2° celle des sels solubles sur les sels insolubles ; 3° enfin celle des sels insolubles sur les sels insolubles.

721. *Action des sels solubles les uns sur les autres.*
— Lorsqu'on mêle deux sels en dissolution dans l'eau, et que par leur réaction il peut se former un sel soluble, et un sel insoluble ou deux sels insolubles, ces sels se décomposent toujours, c'est-à-dire, que l'acide de l'un s'empare de la base de l'autre et réciproquement, à moins qu'il ne puisse se former un sel double soluble (*a*).

(*a*) Par exemple, le fluate de potasse trouble à peine les dissolutions de cobalt, et cependant le fluate de cobalt est insoluble ; c'est qu'il se forme sans doute un fluate double de cobalt et de potasse qui est soluble.

C'est ainsi qu'en versant du sulfate de soude dans du
muriate de baryte, il se forme tout à coup du sulfate
de baryte qui se précipite, et du muriate de soude qui
reste dans la liqueur ; c'est encore ainsi qu'en versant du
fluate d'argent dans du muriate de magnésie, il se
forme du muriate d'argent et du fluate de magnésie qui
se précipitent tous deux.

Lorsqu'au contraire les deux sels que l'on mêle sont
de nature à former, par l'échange de leur base et de leur
acide, deux autres sels assez solubles pour ne pas se
précipiter, rien n'annonce qu'il y ait décomposition ;
il ne se passe aucun phénomène digne de remarque ; la
liqueur reste transparente : mais si l'on vient à l'évaporer, il n'en est plus de même ; elle se trouble plus
ou moins dès qu'elle n'est plus capable de dissoudre
entièrement l'un des quatre sels qui pourraient résulter
de la combinaison des deux acides et des deux bases
qu'elle contient. Alors la portion de celui de ces sels
qui ne pourrait plus être tenu en dissolution, se forme,
si elle n'existe point déjà, et se dépose en cristaux. Or,
la température exerce une influence diverse sur la solubilité des sels ; un sel en exerce lui-même sur celle
d'un autre sel ; enfin, selon que la dissolution est plus
ou moins rapprochée du point où elle est saturée de sel,
elle en laisse déposer plus ou moins facilement : il s'en
suit donc qu'en raison de l'influence variable et plus ou
moins grande de ces causes, il pourra se déposer successivement des sels de nature diverse dans l'évaporation d'un mélange de deux dissolutions salines. C'est ce
que M. Berthollet, à qui nous devons toutes ces observations, a démontré par un grand nombre d'exemples.
Citons-en un certain nombre.

| SELS MÊLÉS. | PROPORTIONS. | PRÉCIPITÉ. | ÉVAPORATION (a). | | EAU MÈRE. |
			SELS provenant de la première.	SELS provenant de la seconde.	
Nitrate de chaux. Sulfate de potasse.	1 1	Sulfate de chaux.	Nitrate de potasse. Sulfate de chaux.	Un peu de sulfate de potasse.	En petite quantité.
Idem.	1 2	Idem.	Sulfate de potasse. Sulfate de chaux.	Nitrate de potasse. Sulfate de potasse. Sulfate de chaux.	En très-petite quantité.
Idem.	2 1	Idem.	Sulfate de chaux. Nitrate de potasse.	Nitrate de potasse. Très-peu de sulfate de chaux.	Abondante (b).
Sulfate de soude. Nitrate de chaux.	1 1	Sulfate de chaux.	Nitrate de soude.	Nitrate de soude.	Abondante (c).

(a) Après avoir soumis la dissolution à l'action du feu pendant un certain temps, on la laisse refroidir; afin d'en obtenir des cristaux; puis on décante la liqueur surnageante, qu'on soumet de nouveau à l'action du feu, etc.; il en résulte donc des évaporations successives : ce sont ces évaporations qui sont désignées sous le nom d'évaporation première, seconde, etc.

(b) Composée de nitrate de chaux et de nitrate de potasse.

(c) Composée vraisemblablement de sulfate et de nitrate de soude.

SELS MÊLÉS.	PROPORTIONS.	ÉVAPORATION.			EAU MÈRE.
		SELS provenant de la première.	SELS provenant de la seconde.	SELS provenant de la troisième.	
Sulfate de soude. Nitrate de potasse.	1 1	Sulfate de potasse. Un peu de nitrate de potasse.	Nitrate de potasse. Un peu de sulfate de potasse.	Nitrate de soude. Un peu de nitrate de potasse.	Abondante (a).
Idem.	2 1	Sulfate de potasse.	Sulfate de potasse. Un peu de nitrate de potasse.	Sulfate de potasse. Nitrate de potasse. Nitrate de soude.	Idem. (b)
Nitrate de potasse. Muriate de chaux.	1 1	Nitrate de potasse.	Muriate de potasse. Un peu de nitrate de potasse.	»	Idem. (c)
Idem.	1 2	Muriate de potasse.	»	»	Idem. (c)
Muriate de potasse. Nitrate de chaux.	1 1	Nitrate de potasse. Du muriate de potasse.	Muriate de potasse. Du nitrate de potasse.	»	Idem. (d)

(a) Composée de nitrate de soude et de chaux.

(b) Contenant l'un et l'autre sels.

(c) Composée de nitrate et de muriate de chaux.

(d) Composée de tous les ingrédiens salins.

SELS MÊLÉS.	PROPORTIONS.	ÉVAPORATION.			EAU MÈRE.
		SELS provenant de la première.	SELS provenant de la seconde.	SELS provenant de la troisième.	
Sulfate de potasse. Muriate de magnésie.	1 1	Sulfate de potasse.	Sulfate de potasse. Muriate de potasse. Sulfate de potasse et de magnésie.	Muriate de potasse. Sulfate de magnésie.	Abondante(a).
Idem.	1 1	*Idem.*	Muriate de potasse. Sulfate de potasse et de magnésie.	*Idem.*	*Idem.*

Nous joindrons aux exemples que nous venons de citer, le suivant :

Que l'on fasse un mélange de sel marin qui n'est presque pas plus soluble à chaud qu'à froid, et de nitrate de potasse qui est au contraire bien plus soluble à chaud qu'à froid ; qu'on dissolve ce mélange et qu'on fasse évaporer successivement la dissolution à plusieurs reprises, le sel marin se séparera pendant le cours de chaque évaporation, et le nitre pendant celui de chaque refroidissement. Des effets semblables auraient lieu entre le muriate de potasse et le nitrate de

(a) Composée de tous les ingrédiens salins.

soude ; on obtiendrait du sel marin à une température élevée, et du nitre à une basse température.

La loi que nous venons d'exposer et qui a pour base l'insolubilité des sels, n'est point particulière à la décomposition réciproque de ces sortes de composés ; elle s'applique encore à la décomposition d'autres composés, du moins dans un grand nombre de circonstances ; c'est une des lois les plus générales et les plus fécondes, et l'on doit en regarder la découverte, qui est due à M. Berthollet, comme l'une des plus importantes dont la chimie se soit enrichie depuis long-temps.

Mais comment se fait-il qu'en mêlant deux dissolutions salines, ces deux dissolutions se décomposent par cela même qu'elles peuvent donner lieu à un sel insoluble ? Voici l'explication que donne de ce phénomène le savant auteur de la statique chimique. Il pose d'abord en principe, que l'affinité d'un acide pour un oxide doit être en raison de la quantité d'oxide qu'une quantité donnée d'acide peut neutraliser et réciproquement (16) : observant ensuite que deux sels neutres, par l'échange de leur base et de leur acide, donnent lieu à deux autres sels qui sont encore neutres, il en conclut que, quand ces quatre sels sont solubles (tels que ceux qui peuvent résulter de la combinaison des acides nitrique et muriatique avec la potasse et la chaux), il n'y a pas de raison pour qu'une fois dissous, l'un se forme plutôt que l'autre, puisque d'après le principe précédemment établi, les deux acides sont également attirés par les deux bases et les deux bases par les deux acides ; mais qu'il n'en est pas de même quand l'un d'eux est insoluble ; qu'alors ce sel doit nécessairement se former en vertu de la cohésion qui tend à réunir ses parties intégrantes.

Cette explication est très-différente de celle que l'on donnait autrefois ; on supposait alors que deux dissolutions salines ne se décomposaient que parce que la somme des affinités de leurs acides respectifs pour leurs bases respectives était moindre que celle des affinités de l'acide de chacune d'entre elles pour la base de l'autre. Ainsi, l'on disait que si le muriate de baryte et le sulfate de soude formaient subitement du sulfate de baryte qui se précipitait et du muriate de soude qui restait en dissolution, c'était parce que l'affinité de l'acide sulfurique pour la baryte, plus celle de l'acide muriatique pour la soude, que l'on appelait *affinités divellentes*, l'emportait sur l'affinité de l'acide sulfurique pour la soude, plus celle de l'acide muriatique pour la baryte, que l'on désignait par le nom d'*affinités quiescentes*; affinités qui recevaient encore toutes le nom d'*affinité élective double*, pour les distinguer de celle à laquelle on attribuait la décomposition d'un composé binaire par un autre corps, et qui recevait celui d'*affinité élective simple*.

Examinons maintenant jusqu'à quel point ces théories s'accordent avec les phénomènes. En admettant que l'affinité d'un acide pour un oxide soit en raison de la quantité d'oxide qu'une quantité donnée de cet acide peut neutraliser et réciproquement, l'ancienne théorie ne peut pas se soutenir ; car il arriverait très-souvent que, lorsque les affinités quiescentes seraient plus fortes que les affinités divellentes, il y aurait décomposition. Elle ne serait point plus soutenable quand bien même on n'admettrait point la capacité de saturation pour mesure de l'affinité. En effet, il est évident que l'insolubilité contribue à la production des décompositions doubles, puisque ces décompositions se produisent toutes les fois que, parmi les quatre sels qui peuvent se former, il y en a un d'insoluble. Or, l'insolubilité ne dépend nullement de l'affinité; elle est due tout entière à la cohésion : donc la cohésion doit être prise en considération. D'ailleurs, il serait absolument impossible d'expliquer dans cette théorie l'action des sels solubles sur les sels insolubles (722).

Toutefois la nouvelle théorie n'est point à l'abri d'objections : on peut dire, 1° que rien ne prouve que l'affinité d'un acide pour un oxide soit proportionnelle à sa capacité de saturation ; 2° qu'il paraît même que cela n'est point; 3° qu'on suppose que la cohésion peut s'exercer entre les particules d'un corps qui n'est point formé et qu'il est difficile d'admettre cette supposition. Mais on peut répondre que, quand les deux dissolutions salines sont mêlées, la distance des molécules change probablement par l'agitation ; que ce changement faisant varier l'affinité, il doit en résulter çà et là des portions de sels insolubles, et des portions de sels solubles ; qu'en vertu de la cohésion qui tend à les réunir, les premières ne peuvent point se désunir ; qu'au contraire les secondes peuvent se décomposer, par cela même qu'elles se sont formées ; et que par conséquent il doit arriver une époque où toutes celles qui sont insolubles doivent être précipitées.

722. *Action des sels solubles sur les sels insolubles.* — Les sels insolubles sont aussi susceptibles d'échanger dans certains cas leurs principes avec certains sels solubles, lorsque, de cet échange, il peut résulter un

autre sel insoluble ; mais la règle qui a été précédemment exposée pour prévoir la décomposition des sels
solubles, ne peut plus rien indiquer dans le cas actuel.
C'est ce qu'a parfaitement prouvé M. Dulong , dans un
excellent mémoire imprimé (Annales de Chimie, t. 82).
Nous allons exposer, d'après lui, les bases sur lesquelles on pourrait établir la théorie de ces décompositions.

Nous nous occuperons d'abord de la réaction des
carbonates solubles sur les sels insolubles , parce qu'elle
présente des phénomènes qui n'appartiennent point
aux autres sels, et parce que les observations auxquelles
elle donnera lieu, nous conduiront à la théorie de la décomposition mutuelle de tous les sels solubles et insolubles.

Toutes les expériences dont il va être question dans
ce chapitre doivent se faire de la manière suivante:

On réduit le sel insoluble en poudre impalpable , ou,
ce qui vaut encore mieux, on le prend à l'état mou et
récemment précipité ; on verse dessus le sel soluble
dissous dans 30 à 40 parties d'eau , et l'on soumet le
mélange à la température de l'ébullition pendant une
heure , en ayant soin d'agiter fréquemment ; on filtre
et on lave le précipité ; ensuite on détermine la nature
et la quantité des sels qui se trouvent dans la dissolution , ou de ceux qui constituent le précipité.

Les carbonates neutres de potasse et de soude (*a*)
décomposent tous les sels insolubles sans aucune ex-

_____

(*a*) Le carbonate d'ammoniaque ne peut point être soumis à cette
épreuve, puisque sa dissolution ne peut supporter la tempéra ture de
l'eau bouillante.

ception. Les sous-carbonates des mêmes bases présentent les mêmes phénomènes ; et comme ils sont formés de proportions qui correspondent à celles des composés résultant de leur décomposition, nous les emploirons exclusivement.

Cette décomposition présente un phénomène très-remarquable et qui appartient exclusivement aux carbonates ; c'est que la réaction s'arrête à une certaine époque, de manière qu'aucun sel insoluble ne peut décomposer complétement un carbonate soluble.

Que l'on mette en contact, par exemple, une partie de sulfate de baryte avec quatre ou cinq parties de sous-carbonate de potasse, tout le sulfate de baryte sera transformé en sous-carbonate de la même base, et la liqueur contiendra une quantité correspondante de sulfate de potasse. Cette liqueur sera susceptible de décomposer de nouvelles portions de sulfate de baryte ; mais il arrivera un terme où elle ne jouira plus de cette propriété, quoiqu'elle contienne encore une grande quantité de sous-carbonate de potasse. Si l'on y ajoute alors un peu de potasse caustique, la décomposition fera de nouveaux progrès, et s'arrêtera ensuite comme précédemment, malgré la présence du sous-carbonate de potasse. Par une nouvelle addition d'alcali, les mêmes phénomènes se reproduiront, etc.

Le sous-carbonate de soude se comporte absolument de la même manière ; et ce qui vient d'être dit du sulfate de baryte, doit s'appliquer à tout autre sel insoluble : il n'y a de différence que dans la quantité relative de sous-carbonate qui résiste à la décomposition.

Les résultats de la décomposition des sels dont il vient d'être question sont, d'une part, un sous-carbonate insoluble formé par la base du sel insoluble soumis à l'expérience, et par l'acide carbonique du sous-carbonate de potasse ou de soude; et, de l'autre, un sel soluble de potasse ou de soude qui reste en dissolution avec le sous-carbonate non décomposé.

Il est évident que cette dissolution mixte ne doit avoir aucune action sur le sous-carbonate insoluble qui s'est formé pendant l'opération; mais il n'en serait pas de même si elle était privée du sous-carbonate soluble qu'elle contient.

En effet, si l'on met en contact du sous-carbonate de baryte avec du sulfate de potasse, à la première impression de la chaleur et même à la température ordinaire, il se dégage un peu de gaz acide carbonique, une partie du carbonate de baryte est transformée en sulfate de la même base; et le liquide contient alors du sous-carbonate de potasse. S'il y a excès de carbonate de baryte, la réaction cesse à une certaine époque, quoiqu'il y ait encore du sulfate de potasse en dissolution. Lorsque l'équilibre s'est établi, on peut déterminer une nouvelle décomposition, en ajoutant à la liqueur une certaine quantité de sulfate de potasse; mais bientôt un nouvel équilibre s'établit, et la dissolution contient une partie du sulfate de potasse ajouté.

Ce phénomène n'est pas moins général que le précédent; en sorte qu'on peut dire que tous les carbonates insolubles sont décomposés par les sels à base de potasse ou de soude (a), dont l'acide peut former un sel

(a) Il y a aussi quelques autres anomalies qui ne sont qu'apparentes; par exemple, le sous-carbonate de plomb n'est dé-

insoluble avec la base de ces carbonates; mais que dans tous les cas cette décomposition est incomplète (*a*).

On remarque aussi que la décomposition ne s'arrête pas au même point quand on emploie deux carbonates différens avec le même sel soluble et réciproquement.

Il résulte de ce qui vient d'être exposé, que les sels qui réunissent les conditions précitées, peuvent présenter des phénomènes inverses, sans qu'on puisse attribuer leurs différences aux circonstances qui modifient ordinairement la décomposition des sels solubles; telles que la température, la nature du dissolvant, etc. C'est peut-être le fait qui démontre le plus évidemment la fausseté de la théorie de Bergman sur les décompositions mutuelles des sels.

D'après le rapport constant de capacité de saturation des bases et des acides (704), il est évident que les sous-carbonates solubles pourraient échanger exactement leurs principes avec ceux de tous les sels insolubles,

---

composé qu'en très-petite quantité par le sulfate de potasse ou de soude, parce que tous les sels de plomb sont solubles dans les liqueurs alcalines, et que le sous-carbonate de plomb est le moins soluble de tous. On doit conclure de là, que tous les sels insolubles de plomb doivent décomposer complétement les sous-carbonates solubles; et c'est en effet ce que l'on observe.

(*a*) Les sels à base d'ammoniaque font encore exception dans cette série de phénomènes, par la raison que le carbonate d'ammoniaque se volatilisant presque aussitôt qu'il est formé, les circonstances primitives se trouvent continuellement rétablies. Les sels solubles qui réunissent les conditions ci-dessus, et dont la base est insoluble par elle-même, ne présentent point non plus de limite dans leur décomposition, parce que le nouveau carbonate se précipite à mesure qu'il est formé.

de manière que si la décomposition était complète, il en résulterait, d'une part, un sous-carbonate insoluble, et de l'autre un sel neutre soluble. Puisque la réaction de ces corps cesse à une certaine époque de l'opération, on doit en conclure que les forces qui la déterminent subissent quelque modification dépendante des progrès même de la décomposition. Or, pendant l'accomplissement de ce phénomène, il ne se passe qu'un seul changement remarquable, celui de l'état de saturation de l'alcali qui est en excès dans la dissolution; car lorsqu'un sous-carbonate soluble agit sur un sel insoluble, à mesure que l'acide carbonique se précipite sur la base du sel insoluble, il est remplacé dans la dissolution par une quantité d'un autre acide capable de neutraliser exactement l'alcali avec lequel il constituait un sous-carbonate.

Ainsi, pendant tout le cours de la décomposition, de nouvelles quantités de sel neutre remplacent des quantités correspondantes d'un sel alcalin; et si l'on considère l'alcali qui excède la neutralisation de l'acide carbonique comme exerçant son action sur les deux acides, il est évident qu'à mesure que la décomposition fait des progrès, le liquide approche de plus en plus de l'état neutre. Dans l'expérience inverse, on remarque un changement contraire. Chaque partie d'acide du sel soluble qui se précipite sur la base du sous-carbonate insoluble est remplacée par une quantité d'acide carbonique, qui forme avec la base correspondante un sous-carbonate parfait; et plus il se précipite d'acide sur le sous-carbonate insoluble, plus la liqueur contient de sous-carbonate soluble, plus enfin son état de saturation s'éloigne de la neutralité.

Cette considération semble conduire directement à l'explication suivante.

M. Berthollet a prouvé que tous les sels insolubles, même ceux qui jouissent de la plus grande cohésion, cèdent à la potasse ou à la soude caustique une portion plus ou moins considérable de leur acide, selon la circonstance. Or, les sous-carbonates solubles peuvent être considérés comme des alcalis faibles, qui peuvent enlever à tous les sels insolubles une petite quantité de leur acide. Cet effet serait bientôt limité, si l'alcali était pur, par la résistance croissante de la base; mais celle-ci trouvant dans le liquide un acide avec lequel elle peut former un sous-sel insoluble, elle s'y unit et rétablit ainsi les conditions primitives de l'expérience. Le même effet se produit successivement sur de nouvelles portions de substances, jusqu'à ce que le degré de saturation du liquide soit en équilibre avec la force de cohésion du sel insoluble; en sorte que, moins cette résistance sera grande, et plus la décomposition fera de progrès (a).

L'expérience inverse s'explique avec la même facilité. Lorsqu'un sous-carbonate insoluble est en contact avec

_____

(a) On ne voit peut-être pas pourquoi la base d'un sel insoluble, ayant abandonné son acide à l'alcali, lui enlève ensuite un autre acide. Mais il faut observer que le carbonate insoluble, qui est le résultat de cette action, étant naturellement avec excès de base et au même degré de saturation que le sous-carbonate dissous, celui-ci ne peut opposer aucune résistance à la formation du premier. Il n'en serait pas de même, si la liqueur contenait un acide qui ne pût former qu'un sel neutre avec la base du sel insoluble.

un sel neutre soluble, la base du carbonate doit tendre
à partager l'acide du sel neutre; et si de cette union il
peut résulter un sel insoluble, la force de cohésion
propre à ce composé en détermine la formation. L'acide
carbonique, dont l'élasticité n'est plus vaincue par
l'affinité de la base qui se trouve combinée avec un
acide plus fixe, s'échappe à l'état de gaz : le même
effet se produisant sur de nouvelles quantités, le liquide
devient assez alcalin pour absorber l'acide carbonique
à son état naissant. Il se forme donc du sous-carbonate
de potasse ou de soude qui remplace le sel neutre décomposé. Cet échange continue jusqu'à ce que la résistance qu'oppose l'excès d'alcali qui s'est développé
à la précipitation de l'acide, fasse équilibre à la force
avec laquelle cette précipitation tend à s'effectuer. Alors
toute action cesse; de sorte que plus le sel insoluble
aura de cohésion, et plus la proportion d'acide enlevée
au sel soluble sera grande.

Cette dernière réflexion conduit à un moyen simple
pour prédire la décomposition des sels insolubles par
les sels solubles à base de potasse ou de soude. En effet,
l'on conçoit que la cohésion de deux sels également
insolubles peut être très-différente; et que si un sel
insoluble se trouvait en contact avec un sel soluble,
dont les principes, en s'échangeant réciproquement avec
ceux des premiers, pussent donner naissance à un autre
sel insoluble jouissant d'une plus grande cohésion, il
devrait y avoir décomposition.

Si donc on pouvait avoir un moyen d'apprécier les
différens degrés de cohésion propres à chaque sel insoluble, comme on évalue les différens degrés de solubilité

de ceux qui jouissent de cette propriété, on pourrait prédire la décomposition des sels insolubles avec autant de facilité qu'on prévoit celle des sels solubles. Or, les résultats précédens fournissent un moyen simple, sinon d'évaluer l'intensité de cette force, au moins de connaître les différences que présentent à cet égard les sels insolubles.

Lorsqu'un sel soluble cesse de décomposer un sous-carbonate insoluble, il y a équilibre entre la force avec laquelle le sel insoluble tend à se précipiter, et l'excès d'alcali développé dans la dissolution ; il résulte de là, comme nous l'avons déjà dit, que plus cette tendance à la précipitation sera grande, et plus l'excès d'alcali qui se développera sera considérable. Si donc l'on déterminait pour chaque sel insoluble le rapport qui existerait entre la quantité régénérée et la quantité totale du sel qui aurait pu se former par l'entière précipitation de l'acide, en comparant les divers rapports obtenus pour tous les sels formés avec la même base, on en conclurait aisément l'échelle de leur cohésion ; et par le rang qu'occuperait un sel donné dans cette échelle, on pourrait connaître quels seraient les sels solubles qui pourraient le décomposer. Ce travail, qui exige de nombreuses expériences, n'a point encore été exécuté.

Enfin, dans le cas où le sel soluble ét le sel insoluble peuvent donner naissance, par leur décomposition mutuelle, à deux sels insolubles, il y a toujours décomposition. Exemple : muriate de chaux et phosphate d'argent.

722 *bis. Action des sels insolubles les uns sur les*

autres. — Il suit de ce que nous avons dit précédemment, que les sels insolubles doivent être absolument sans action réciproque. Cependant il en est qui agissent les uns sur les autres, et qui passent pour insolubles ; mais c'est parce qu'ils ne le sont réellement pas, et que par l'échange de leur base et de leur acide, ils peuvent donner lieu à des sels dont l'insolubilité est plus grande que la leur.

723. *Sels doubles.* — Plusieurs sels, loin de se décomposer, sont susceptibles de s'unir et de rendre leurs élémens plus stables ; mais il paraît, en général, qu'il n'y a que quelques-uns des sels appartenant au même genre qui jouissent de cette propriété, et que même ils ne s'unissent que deux à deux : en effet, on ne connaît point encore de combinaison entre trois sels ; et l'acide tungstique que quelques chimistes mettent au rang des oxides, tant il est faible, est le seul acide qui puisse entrer en combinaison avec un autre acide et une autre base. Nous appellerons ces nouveaux composés, sels doubles ; nom qui convient évidemment mieux que celui de sels triples que la plupart des chimistes leur ont donné jusqu'à présent.

Les sels doubles sont généralement moins solubles que celui de leurs sels constituans qui l'est le plus ; souvent même ils sont moins solubles que celui qui l'est le moins. C'est pourquoi, quand on mêle des dissolutions concentrées de deux sels qui peuvent s'unir, il en résulte presque toujours un précipité cristallin de sel double : telles sont les dissolutions de sulfate d'ammoniaque et de sulfate d'alumine.

Il existe, selon M. Berzelius, un rapport simple entre les quantités d'oxigène contenues dans les deux bases d'un sel double : dans l'alun ou sulfate d'alumine et de potasse, l'alumine contient, d'après lui, trois fois autant d'oxigène que la potasse ; et, par conséquent, la quantité d'acide unie à l'alumine est trois fois aussi grande que celle qui est unie à la potasse. (Ann. de Chimie, tom. 82, pag. 255.)

Quoi qu'il en soit, les sels qui ont le plus de tendance à se combiner avec d'autres, sont ceux à base de potasse, de soude et surtout d'ammoniaque, ainsi qu'on le verra dans le tableau suivant.

1° Tous les sels ammoniacaux s'unissent avec tous les sels suivans du même genre qu'eux ; savoir : avec..........

- Tous les sels de Magnésie.
- Les sels solubles de Zinc.
- de Manganèse.
- de Cobalt.
- de Cuivre.
- de Nickel.
- de deutoxide de Mercure.
- de Platine.
- de Rhodium.
- de Palladium.

Peu solubles.

2° Tous les sels de potasse s'unissent avec tous les sels suivans du même genre qu'eux ; savoir : avec..........

- Les sels solubles de Nickel.
- de Palladium.
- de Rhodium.
- de Platine.
- d'Or.

Peu solubles.

3º Tous les sels de soude s'unissent, comme ceux de potasse, avec tous les sels suivans du même genre qu'eux; savoir : avec......

Les sels solubles de Nickel.

de Palladium.

de Rhodium.

de Platine.

d'Or.

Très-solubles.

4º Outre tous ces sels doubles, on distingue encore :

Les sulfates....

d'Alumine et d'Ammoniaque
d'Alumine et de Potasse..... } ou l'alun.

de Potasse et d'Ammoniaque.

de Potasse et de Magnésie.

de Potasse et de Fer.

de Potasse et de Cérium.

de Soude et d'Ammoniaque.

de Soude et de Magnésie.

de Nickel et de Fer.

de Zinc et de Fer.

de Zinc et de Cobalt.

Les muriates...

de deutoxide de Mercure et de Soude.

d'Ammoniaque et de Fer.

d'Ammoniaque et de Plomb.

d'Etain et de Plomb.

Les phosphates.

de Soude et d'Ammoniaque.

d'Ammoniaque et de Fer.

de Chaux et d'Antimoine.

Les fluates.... $\begin{cases} \text{de Potasse et de Silice.} \\ \text{d'Alumine et de Soude.} \end{cases}$

Il faut ajouter, à ce tableau, les combinaisons triples de l'ammoniaque, de la potasse et de la soude, avec l'acide tungstique et l'un des autres acides minéraux.

723 *bis. Réduction des oxides de plusieurs sels par d'autres sels.* — Il ne nous reste plus, pour terminer l'histoire chimique des propriétés générales des sels, qu'à considérer leur action réciproque sous le rapport de la réduction des oxides de plusieurs d'entr'eux, par d'autres sels. Nous n'avons qu'un mot à dire à cet égard.

Les sels dont les oxides sont susceptibles d'être réduits, appartiennent à la sixième, ou tout au moins à la cinquième section; ce sont les sels solubles de palladium, d'or, et les muriates de mercure. Les oxides de ces sels sont réduits par le proto-sulfate de fer, excepté ceux des muriates de mercure; ceux-ci, au contraire, le sont par le proto-muriate d'étain, tandis que les autres ne sont ramenés par ce sel qu'à un moindre degré d'oxidation.

Peut-être devrait-on ajouter les sels d'iridium et de rhodium à ceux dont les oxides sont susceptibles d'être réduits; et les nitrites, phosphites et sulfites solubles, à ceux qui sont susceptibles d'opérer la réduction des autres sels.

724. *Etat naturel.* — On n'a encore trouvé dans la nature que 57 sels; savoir : 12 sulfates, 11 sous-carbonates, 10 muriates, 8 sous-phosphates, 5 arseniates, 3 nitrates, 2 fluates, 2 tungstates, 1 chromate, 1 molybdate, etc. Comme l'art peut en créer plus de mille, il

s'en suit que le nombre des sels naturels égale tout au plus la vingtième partie des sels artificiels. Les plus abondans sont le sous-carbonate de chaux qui constitue la craie, les marbres, etc. ; le sel marin qu'on trouve dans les eaux de la mer, dans celles de plusieurs fontaines, et en masses considérables dans le sein de la terre ; et le sous-phosphate de chaux, qui entre pour près de moitié dans la composition des os de presque tous les animaux.

725. *Préparation.* — Lorsqu'un sel ne se trouve point, ou ne se trouve que rarement dans la nature, ou lorsqu'y étant commun, il est difficile de le séparer des matières avec lesquelles il est mêlé, on le prépare par divers procédés que nous allons énoncer, en employant celui de ces procédés qui est le plus économique et le plus sûr.

1° Tous les sels peuvent être préparés directement, c'est-à-dire en combinant les oxides avec les acides. Au moment où la combinaison a lieu, il y a toujours dégagement de calorique ; il s'en dégage beaucoup toutes les fois que l'oxide et l'acide tendent à s'unir avec une grande force, ou ont beaucoup d'action l'un sur l'autre. *Exemples :* acides fluorique, sulfurique, nitrique, muriatique, et bases salifiables de la seconde section. Quelques chimistes ont même prétendu qu'en versant de l'acide nitrique sur de la chaux dans l'obscurité, il y avait production de lumière ; mais il paraît que ce résultat n'est point exact. Il ne se dégage presque point de calorique, au contraire, toutes les fois que l'acide et l'oxide ne se combinent pas d'une manière très-intime. *Exemples :* acide carbonique, acide borique, et bases salifiables.

T. II.

24

2° La plupart des sels peuvent aussi être préparés en traitant les carbonates par les divers acides ; ceux-ci s'unissent aux oxides et en séparent l'acide carbonique , en donnant lieu à une effervescence plus ou moins considérable.

3° Lorsqu'un sel est insoluble, on peut presque toujours se le procurer par la voie des doubles décompositions, c'est-à-dire, en mêlant deux dissolutions salines dont la réaction peut donner lieu d'une part à un sel soluble, et d'une autre part au sel insoluble qu'on veut obtenir ; mais il faut pour cela employer les dissolutions salines dans un état convenable de saturation. On fait ordinairement choix, pour l'une d'elles, d'une dissolution saline à base de potasse, de soude et d'ammoniaque, parce que tous les sels qui résultent de la combinaison des acides avec ces trois alcalis, sont solubles. L'autre alors doit nécessairement avoir pour base, l'oxide du sel insoluble. D'ailleurs, parmi ces dissolutions, on préfère celles qu'on se procure le plus facilement; dans tous les cas, le précipité doit être lavé à grande eau et autant que possible par décantation.

Ce ne serait qu'autant qu'il pourrait se former des sels doubles, que ce procédé ne serait point praticable.

4° Les sous-sels qui sont insolubles (et presque tous sont dans ce cas) s'obtiennent encore en versant peu à peu dans une dissolution de sels neutres une dissolution faible de potasse, de soude et d'ammoniaque, mais en telle quantité, que la première soit en grand excès. Alors il se fait un précipité qui n'est que le sel insoluble lui-même, pourvu toutefois qu'on agite avec soin la liqueur. On le lave à grande eau comme le précédent.

5° Enfin on peut obtenir certains sels, et particulièrement plusieurs sulfates, plusieurs muriates et beaucoup de nitrates, en traitant à froid ou à chaud les
métaux par les acides sulfurique, muriatique et
nitrique, plus ou moins concentrés, qui entrent dans
leur composition : alors le métal est oxidé par une
portion de l'acide ou de l'eau qui se décompose.
Lorsqu'on veut faire un muriate par ce moyen et que
le métal n'est point attaquable par l'acide muriatique
pur, ce qui a souvent lieu, on y ajoute de l'acide nitrique, ou bien on se sert d'acide muriatique oxigéné.
(*Voyez* l'Histoire des Genres pour l'exécution de ces
divers procédés.)

On emploie encore quelques autres procédés, mais
dans des cas très-particuliers : il en sera question dans
l'histoire des espèces.

726. *Usages.* — Quoiqu'il existe un grand nombre
de sels, il n'y en a tout au plus qu'une trentaine dont
on fasse usage. Ceux que l'on emploie le plus fréquemment sont les sous-carbonates de chaux, de potasse et
de soude ; les sulfates de fer, de soude, de chaux, et
l'alun ou sulfate d'alumine et de potasse ou d'ammoniaque ; le nitrate de potasse ou salpêtre ; le muriate de soude ou sel marin. (*Voyez* l'Histoire des
Genres.)

727. *Historique.* — La plupart des sels ne sont connus que depuis cinquante ans : avant cette époque, on
en connaissait peut-être 25 à 30, du nombre desquels
étaient le sel marin, l'alun, le nitre, le sulfate de
chaux, le vitriol vert ou proto-sulfate de fer, le
vitriol blanc ou le sulfate de zinc, le vitriol bleu ou
le deuto-sulfate de cuivre, le borax. Les chimistes qui

ont le plus contribué à en augmenter le nombre, sont ceux qui ont trouvé de nouveaux acides et de nouveaux métaux, ou de nouvelles bases salifiables. C'est donc à Schéele, Vauquelin, Klaproth, Berthollet, Wollaston, Tenant, Descotils, Hizinger et Berzelius, que la chimie doit la plupart des progrès qu'elle a faits sous ce rapport.

En se multipliant, les sels ont dû nécessairement inspirer un plus grand intérêt; on s'est occupé de déterminer leur composition, on a fait une foule de recherches sur leurs propriétés générales, et l'on s'est efforcé en même temps de remonter aux causes dont elles pouvaient dépendre.

De graves erreurs ont été commises; mais enfin elles ont disparu pour faire place à de grandes vérités : ces vérités nous ont été enseignées surtout par Lavoisier, Richter, M. Berthollet, M. Davy et M. Berzelius. C'est à Lavoisier que nous devons de savoir qu'un métal ne se combine jamais qu'à l'état d'oxide avec un acide. Nous devons plus à Richter; c'est lui qui a prouvé, 1° qu'en mêlant deux sels neutres susceptibles de se décomposer, il en résultait deux nouveaux sels qui étaient encore neutres. 2° Que les différentes quantités de bases salifiables qui s'unissaient à un acide pour former un genre de sels, étaient dans le même rapport que celles qui s'unissaient à un autre acide pour former un autre genre de sels. 3° Que dans tous les sels du même genre et au même état de saturation, la quantité d'oxigène de l'oxide était proportionnelle à la quantité d'acide, et par conséquent à la quantité d'oxigène de cet acide.

Les travaux de M. Berthollet ne sont pas moins re-

marquables; il a examiné de nouveau les propriétés générales des sels; il est parvenu surtout à démontrer,
contre l'opinion reçue jusqu'alors, qu'un acide pouvait
décomposer un sel sans avoir pour la base de ce sel autant
d'affinité que l'acide auquel cette base était unie et réciproquement; qu'en conséquence, les tables où on avait
rangé les acides et les bases par ordre d'affinité étaient
fausses, et qu'elles n'indiquaient au plus que l'ordre
suivant lequel les sels étaient décomposés par les acides
ou les bases; qu'on ne pouvait point expliquer les doubles décompositions par la théorie des affinités quiescentes et divellentes; que ces doubles décompositions
dépendaient de ce que l'un des nouveaux sels ou les
deux nouveaux sels qui pouvaient se former, étaient
insolubles, et qu'elles n'avaient lieu en effet que dans
ce cas; enfin, que deux dissolutions salines qui d'abord
ne se décomposaient point, acquéraient cette propriété
en les concentrant, parce qu'alors l'un des sels auxquels elles pouvaient donner lieu, ne pouvait rester
dissous tout entier.

M. Davy, en nous faisant connaître que les alcalis
et les terres étaient des oxides métalliques, nous a
prouvé que la composition des sels alcalins et terreux
était analogue aux sels métalliques proprement dits, et
qu'ils étaient tous formés d'acide, d'oxigène et de
métal.

Quant à M. Berzelius, on lui doit, 1° d'avoir bien
observé le premier, avec M. Hizinger, la décomposition des sels par la pile; 2° d'avoir vu que, dans un sel
quelconque, la quantité d'oxigène de l'acide était en
rapport simple avec la quantité d'oxigène de l'oxide;
3° d'avoir déterminé, d'une manière presque ma-

thématique, la composition de la majeure partie des sels.

Outre ces travaux, nous devons encore citer le travail de M. Dulong sur l'action réciproque des sels solubles et des sels insolubles : celui de M. Gay-Lussac, sur la mesure de l'affinité des sels pour l'eau, et celui de M. Wollaston sur le tartrate acide et l'oxalate acidule de potasse. En prouvant que le tartrate acide de potasse contenait deux fois autant d'acide que le tartrate neutre, qu'il en était de même de l'oxalate acidule, et que l'oxalate acide en contenait quatre fois autant, ce célèbre chimiste a mis sur la voie de la composition des sels acides, et par suite des sels avec excès d'oxide, relativement à celle des sels neutres.

Beaucoup d'autres chimistes ont sans doute fait des observations plus ou moins précieuses sur les sels ; mais, comme elles ne sont point générales, nous n'en ferons mention que dans l'Histoire des Genres ou des Espèces, histoire dont nous allons maintenant nous occuper, en suivant le même ordre que dans celle des acides.

Des Sous - Borates.

728. *Propriétés.* — L'histoire des borates ne devant se composer que des propriétés qui leur sont communes, et qui n'ont pu être exposées dans l'histoire générale des sels, nous ne parlerons point de leurs propriétés physiques et de la manière dont ils se comportent avec l'électricité, la lumière, l'oxigène, l'air, les métaux, l'hydrogène sulfuré. On trouvera tout ce qu'on sait à cet égard (698—703 et 710—717). Nous n'avons donc à nous occuper que de l'action du feu,

des corps combustibles non métalliques , de l'eau , des
acides , des bases salifiables et des sels sur eux ; et
encore nous n'aurons presque rien à ajouter à ce que
nous avons dit dans nos généralités relativement à
l'action de l'eau et de ces deux dernières classes de
corps.

729. *Action du feu.* — L'acide borique étant fixe ,
et ne pouvant se décomposer à aucun degré de chaleur,
et d'une autre part les oxides salifiables n'étant point
volatils , il en résulte que les borates qui contiennent
des oxides faciles à réduire , doivent être les seuls dont
le feu puisse opérer la décomposition ; en effet, tous les
borates sont indécomposables , même à la plus haute
température , excepté ceux de mercure et de la dernière section.

Lorsque la décomposition a lieu , l'oxigène de l'oxide
se dégage à l'état de gaz , et l'acide borique ainsi que
le métal est mis en liberté : lorsqu'elle ne peut s'effectuer , le borate se fond et se vitrifie ; il se fond
d'autant plus facilement que l'oxide est plus fusible :
d'où l'on peut conclure , que les sous-borates de potasse et de soude sont ceux qui entrent le plutôt en
fusion.

730. *Action des combustibles.* — On sait que les
corps combustibles non métalliques n'ont aucune action sur les borates des deux premières sections; mais on
n'a point encore constaté celles qu'ils peuvent exercer
sur les borates des quatre autres sections. Toutefois il est
probable que , excepté peut-être les borates de la troisième, ils les décomposeraient tous en mettant leur
acide en liberté , et en agissant sur leurs oxides
comme si ceux-ci étaient isolés (474) ; parce que l'acide

borique n'a pas une grande affinité pour les oxides de
ces sels ; et surtout, parce que la plupart de ces
oxides ne sont pas difficiles à réduire. Par conséquent,
en traitant, à une haute température, le deuto-borate de
cuivre par l'hydrogène, l'on obtiendrait de l'eau, du
cuivre et de l'acide borique ; en le traitant par le soufre,
il en résulterait du gaz acide sulfureux, de l'acide
borique, du sulfure de cuivre, etc. (474 et 480). On
opérerait d'ailleurs comme s'il s'agissait de traiter les
oxides par les corps combustibles (474—481).

731. *Sous-Borates solubles et insolubles.* — Tous les
sous-borates que l'on connaît sont insolubles, ou au
moins très-peu solubles, excepté ceux de potasse, de
soude et d'ammoniaque ; si donc l'on verse une dissolution d'acide borique dans de l'eau de baryte, de
strontiane ou de chaux, il en résultera des précipités
de sous-borates. Ces précipités disparaîtront dans un
excès d'acide.

732. *Action des bases.* — Nous avons déjà indiqué
l'ordre suivant lequel les bases salifiables tendaient à
se combiner avec l'acide borique par l'intermède de
l'eau ; nous le rappellerons. La baryte, la strontiane
et la chaux sont au premier rang ; la potasse et la
soude, au second ; l'ammoniaque, au troisième ; la
magnésie, au quatrième, etc. (718). C'est pourquoi
les eaux de baryte, de strontiane, de chaux troublent les dissolutions de sous-borate de soude, de
potasse ou d'ammoniaque.

733. *Action des acides.* — A une haute température, il n'y a que les acides fixes, tel que l'acide
phosphorique, qui puissent décomposer les borates ;
car, à cette température, l'acide borique décompose

tous les sels dont l'acide est volatil : mais, à la chaleur de
l'ébullition ou au-dessous, tous les borates sont au contraire décomposés par tous les acides, excepté l'acide
carbonique, probablement l'acide muriatique suroxigéné, et peut-être les acides tungstique et molybdique.
On constate ces derniers résultats de la manière suivante. Si le sel est soluble, c'est-à-dire, à base de potasse, de soude ou d'ammoniaque, on en sature l'eau à
l'aide de la chaleur, et on y verse à l'état liquide l'acide
qui doit en opérer la décomposition : à l'instant même,
ou peu après, il se forme un précipité cristallin qui augmente à mesure que la liqueur se refroidit ; ce précipité
est en écailles et presqu'uniquement composé d'acide
borique ; on le recueille sur un filtre, et en faisant évaporer la liqueur, on en retire le nouveau sel qu'elle
contient. C'est en traitant ainsi le borax par l'acide
sulfurique, nitrique ou muriatique, qu'on se procure
l'acide borique (335).

Lorsque le borate est insoluble, on le broie et on en
met une certaine quantité dans une capsule ou dans
une fiole, avec une quantité convenable de l'acide par
lequel on veut le décomposer. Cet acide doit être liquide, ou étendu d'eau, comme dans le premier cas,
et l'on doit en favoriser l'action par une légère chaleur :
de cette manière, l'acide borique est bientôt mis en
liberté ; mais il n'est pas toujours facile de le séparer
du nouveau sel formé. Cependant, on peut dire, en
général, que si ce sel est soluble, on en séparera
l'acide borique par le filtre ; que s'il est au contraire
insoluble, il sera possible d'obtenir l'acide borique au
moyen de l'eau bouillante qui dissoudra celui-ci.

734. *Action des sels.* — Les sous-borates de po-

tassé, de soude et d'ammoniaque étant les seuls borates très-sensiblement solubles, il s'en suit qu'ils seront décomposés par tous les sels solubles dont la base sera autre que la leur (721). Aussi, lorsqu'on verse des muriates ou nitrates de baryte, de strontiane, de chaux dans le sous-borate de soude, etc., se forme-t-il à l'instant même un précipité de sous borate de baryte, etc. Cependant, pour que l'expérience réussisse, il est nécessaire de ne pas mettre un trop grand excès de muriate ou de nitrate ; car le précipité, loin de se former, se dissoudrait s'il existait déjà. Nous ne parlerons point de l'action des sous-borates insolubles sur les sels solubles ; elle a été exposée (722).

735. *Etat naturel.* — On ne trouve que deux borates dans la nature ; l'un est le sous-borate de soude, ou borax du commerce, et l'autre est le borate de magnésie. Celui-ci ne se rencontre que dans la montagne de Kalkberg, près de Lunébourg, dans le duché de Brunswick : il est en cristaux tantôt opaques, tantôt transparens, et toujours assez durs pour faire feu avec le briquet ; ces cristaux sont des cubes dont les arêtes et quatre angles solides opposés sont remplacés par des facettes ; leur volume égale au plus celui d'une noisette ; ils sont isolés et disséminés dans des bancs de sulfate de chaux : il paraît que ceux qui sont opaques contiennent de la chaux, et que ceux qui sont transparens n'en contiennent pas. Quant au borax, on le trouve principalement dans plusieurs lacs du Thibet, uni à une matière grasse. C'est de là qu'on l'extrait, comme nous le dirons par la suite (740 et 741).

736. *Préparation.* — Le borax, ou le sous-borate de soude pur, s'obtient en purifiant, par la calcination, le

borax brut ou naturel; les borates de potasse et d'ammoniaque se préparent directement, c'est-à-dire, en combinant ces deux bases avec l'acide borique ; tous les autres, qui sont insolubles, se font par la voie des doubles décompositions, en se servant, à cet effet, de sous-borate de soude, et procédant comme nous l'avons indiqué (725).

737. *Composition.* — Quoique le sous-borate de baryte soit le seul borate qu'on ait analysé avec quelques soins, il est facile de connaître la composition de tous les autres sous-borates, puisque, dans tous les sels du même genre et au même état de saturation, la quantité d'acide est proportionnelle à la quantité d'oxigène de l'oxide, et que la proportion des principes constituans des oxides est bien déterminée : le sous-borate de baryte paraît être formé de 100 d'acide borique et de 136,97 de baryte; par conséquent, celui de soude devra l'être de 100 d'acide borique et de 56,68 de soude qui renferment la même quantité d'oxigène que les 136,97 de baryte (504).

Nous n'examinerons que trois sous-borates en particulier, celui de soude, celui de potasse et celui d'ammoniaque, parce que l'histoire des autres se trouve comprise dans celle de la famille et du genre (697 et 728).

738. *Usages.* — Il n'y a qu'un seul borate employé; c'est le sous-borate de soude.

Du Borax, ou Sous-Borate de Soude.

739. Ce sel a une faible saveur alcaline; il verdit fortement le sirop de violettes; il n'exige que deux fois son poids d'eau pour se dissoudre, lorsqu'elle est bouillante; mais il en exige beaucoup plus, lorsqu'elle est

froide. La forme qu'il affecte le plus ordinairement est
celle d'un prisme hexaèdre, comprimé et terminé par
une pyramide trièdre : dans cet état, sa transparence
est gélatineuse; et sa cassure, vitreuse. Exposé à l'air, il
s'effleurit à sa surface; soumis à l'action du feu, il se
fond dans son eau de cristallisation, qui fait tout près de
la moitié de son poids, se boursouffle considérablement,
se dessèche, entre en fusion pâteuse à une chaleur d'environ 300°, se liquéfie complétement au-dessus de la
chaleur rouge, et se transforme en un verre limpide,
qui se ternit par le contact de l'air, probablement parce
qu'il en absorbe un peu d'eau. Il jouit du reste des autres propriétés exposées précédemment dans l'histoire
des sels et du genre borate en général.

Son action sur les oxides métalliques, à une haute
température, mérite de fixer notre attention d'une manière particulière; il en facilite la fusion et les vitrifie
pour la plupart. Les oxides, en se fondant et se vitri-
fiant ainsi avec le borax, lui donnent souvent diverses
teintes, suivant leur nature : l'oxide de manganèse le
colore en violet, et quelquefois en bleu; l'oxide de fer,
en vert bouteille; l'oxide de chrôme, en vert émeraude;
l'oxide de cobalt, en bleu-violet très-intense; l'oxide
de cuivre, en vert clair; les oxides blancs ne le colorent
point, ou lui donnent tout au plus une teinte jaunâtre.
On met à profit, dans l'analyse, cette propriété pour
reconnaître les oxides métalliques. A cet effet, on creuse
une cavité dans un charbon; on y met quelques grains
de verre de borax; on fond ce verre au chalumeau,
puis on l'incorpore en pâte avec un quart de grain au
plus de l'oxide dont on veut reconnaître la nature; on
le fond de nouveau, et on observe la teinte.

Si on voulait préparer une plus grande quantité de borax coloré par les oxides, on se servirait d'un creuset de Hesse; on y fondrait le mélange, à un feu de réverbère, et on conserverait le verre, à l'abri du contact de l'air, dans un flacon.

740. *Etat naturel.* — Le borax se rencontre dans un assez grand nombre de lieux. On en a trouvé dans l'île de Ceylan, dans la Tartarie méridionale, en Transylvanie, dans les environs d'Halberstad, et en Basse-Saxe. Il existe, dit-on, en assez grande quantité, dans les mines de Viquintizoa et d'Escapa, dans la province de Potosi au Pérou. On le trouve surtout très-abondamment dans plusieurs lacs de l'Inde, puisque c'est de là que nous vient celui que nous consommons dans les arts.

D'après Turner, le lac d'où l'on extrait le borax dans l'Inde est situé à quinze jours de marche au nord de Teschou-Loumbou, et ne reçoit que des eaux salées : c'est au fond du lac, et près de ses bords, qu'on trouve le borax en gros blocs; au milieu, on ne trouve que du sel marin. W. Blanc et le père Da-Rovato placent les lacs qui fournissent le borax, dans les montagnes du Thibet; le plus renommé, appelé Nechal, est situé dans le canton de Sembul; ils disent qu'on en retient les eaux au moyen d'écluses, qu'on les fait écouler dans certains temps de l'année et qu'on retire le sel de la vase. Quoi qu'il en soit, le borax, ainsi obtenu, n'est point pur; il est toujours mêlé, sinon combiné, avec une matière grasse d'un gris jaunâtre, qui le rend moins soluble. Les Indiens l'appellent tinckal; pour nous, nous le connaissons sous le nom de borax brut. On distingue dans le commerce plusieurs sortes de borax brut : le borax de l'Inde, en petits cristaux très-nets; le borax du Bengale ou de Chandernagor, en gros cristaux arrondis; et le borax de la Chine, qui est demi-raffiné. C'est sous ces divers états qu'on apporte ce sel en Europe, où on le purifie.

741. *Préparation.* — Pour purifier le borax brut ou tinckal, on le tient exposé, pendant quelque temps, à une chaleur rouge, dans un four ou un grand creuset. Par-là, on détruit la matière grasse qui le colore et le rend impur, et on le transforme en un verre que l'on concasse et qu'on fait bouillir avec de l'eau : la dissolution est d'abord trouble; elle s'éclaircit par le repos; on la décante, et, par le refroidissement, le borax s'en précipite; ensuite on concentre les eaux mères pour en retirer le sel qu'elles contiennent. Ce sel, qu'on trouve abondamment chez les droguistes, se vend environ 5 francs le kilogramme (*a*).

742. *Usages.* — On se sert du borax, 1° pour reconnaître les oxides, comme on vient de le dire; 2° dans la réduction d'un grand nombre d'entre eux pour fondre les oxides irréductibles, tels que ceux de silicium, d'aluminium, etc., avec lesquels ils peuvent être mêlés; préserver le métal du contact de l'air, rendre la masse liquide, et permettre ainsi à toutes les particules métalliques de se réunir et de former culot; 3° pour extraire l'acide borique dans les laboratoires; 4° pour faire la plupart des borates; 5° pour souder les métaux. Par exemple, s'agit-il de souder deux pièces de cuivre, on les décape; on les met en contact avec de la soudure (*b*)

(*a*) Quelques personnes prétendent que le borax naturel ne contient point assez de soude, et que ceux qui le raffinent en ajoutent à sa dissolution.

(*b*) La soudure est un alliage un peu plus fusible que les pièces que l'on veut souder.

et du borax, et l'on chauffe le tout jusqu'à ce que la soudure commence à fondre. En fondant, elle s'allie avec les deux pièces de cuivre et les réunit; mais il faut pour cela qu'elle soit, ainsi que ces pièces, toujours bien décapée, et c'est là l'effet que produit le borax, soit parce qu'il dissout l'oxide qui pourrait se former, soit parce que, enveloppant le métal, il s'oppose à son oxidation.

Les anciens ont connu le borax; mais ils en ont ignoré la nature : c'est à Geoffroy qu'on en doit la découverte; il la fit en 1732.

Du Sous-Borate de Potasse.

743. Ce sel, qui est toujours un produit de l'art, se fait directement, et ne peut être obtenu pur qu'en combinant la potasse et l'acide borique dans les proportions qui le constituent (737). Sans cela, on courrait le risque d'avoir un mélange de sous-borate et de borate neutre, ou de sous-borate et de potasse. Il n'a point encore été étudié. On peut se faire une idée très-juste de la plupart des propriétés dont il doit jouir, d'après ce que nous avons dit des sels et des borates en général.

Du Sous-Borate d'Ammoniaque.

744. Ce sel n'existe point dans la nature : on l'obtient directement en dissolvant l'acide borique dans un excès d'ammoniaque faible, et faisant évaporer la liqueur jusqu'à pellicule. Il est âcre, piquant, plus soluble dans l'eau à chaud qu'à froid, de sorte qu'il cristallise par refroidissement; il verdit le sirop de vio-

lettes. Exposé à une chaleur rouge, il laisse dégager toute son ammoniaque, et passe à l'état d'acide borique. Son action sur les corps combustibles, à la température ordinaire, est nulle ; probablement qu'il se comporterait avec ces corps comme l'acide borique et l'ammoniaque, à une température élevée.

Des Borates neutres.

745. Jusqu'ici, on ne s'est point occupé des borates neutres : Bergman seulement nous a appris que le sous-borate de soude exigeait deux fois son poids d'acide borique pour devenir neutre.

Des Sous-Carbonates (a).

746. *Action du feu.* — Tous les sous-carbonates, excepté ceux de baryte, de potasse et de soude, sont susceptibles d'être décomposés par le feu. Les carbonates de chaux et de strontiane exigent, pour leur décomposition, une température plus élevée que le rouge-cerise : ceux de magnésie et de zinc, le proto-carbonate de fer et le deuto-carbonate de manganèse n'exigent que cette température ; les autres, pour la plupart, se décomposent bien au-dessous. En général, la décomposition se fait de manière que l'acide des carbonates se dégage à l'état de gaz, et que l'oxide est mis en liberté ; car le deuto-

(a) Nous ne dirons rien des propriétés physiques des carbonates, ni de la manière dont ils se comportent avec l'électricité, la lumière, le gaz oxigène, l'air, l'hydrogène sulfuré. Tout ce qu'on sait à cet égard se trouve décrit (698—703 et 710—717).

carbonate de manganèse et le proto-carbonate de fer sont les seuls qui donnent lieu à du gaz oxide de carbone et à un oxide plus oxigéné. Dans tous les cas, on procède à l'expérience de la même manière : on introduit le carbonate dans une cornue de grès ; on adapte un tube au col de cette cornue ; on la place dans un fourneau à réverbère, et l'on recueille le gaz sur l'eau ou sur le mercure.

747. Puisqu'il n'y a que les carbonates de baryte, de potasse et de soude qui soient indécomposables par le feu, il s'en suit que l'acide carbonique a plus d'affinité pour ces trois bases que pour les autres : cependant, ils ne sont en effet indécomposables de cette manière qu'autant qu'ils sont secs ; s'ils étaient en contact avec de l'eau, ils se décomposeraient même au rouge-cerise, et il en résulterait des hydrates et un dégagement d'acide. C'est ce qu'on peut prouver en mettant ces sels dans une petite capsule de platine, introduisant cette capsule dans un tube de porcelaine, exposant ce tube à une chaleur rouge, et faisant passer de la vapeur à travers, par le moyen d'une cornue.

748. *Action des combustibles.* — L'action des corps combustibles non métalliques sur les carbonates est nulle à froid ; elle est très-variée à chaud ; cependant elle peut être exposée d'une manière générale. Lorsque le carbonate que l'on traite est susceptible d'être décomposé par une chaleur obscure, l'acide s'en dégage sans éprouver d'altération, et l'oxide, mis en liberté, se comporte avec le corps combustible, comme on l'a dit (474—481) : tels sont la plupart des carbonates de la première et des quatre dernières sections. Lorsqu'au contraire le carbonate peut supporter l'ac-

tion de la chaleur rouge, lorsqu'il appartient par conséquent à la seconde section, on obtient encore, à la
vérité, des résultats analogues aux précédens avec le
soufre; mais il n'en est point de même avec l'hydrogène, le carbone, le phosphore et le bore : ceux-ci
s'emparent d'une partie de l'oxigène ou de tout l'oxigène de l'acide carbonique, et donnent lieu à des produits divers; savoir : l'hydrogène et les carbonates de
baryte, de potasse et de soude, à du gaz oxide de
carbone et à un hydrate; l'hydrogène et les carbonates
de strontiane et de chaux, à de l'eau et à du gaz oxide
de carbone, et à de la strontiane ou de la chaux; le
carbone et l'un quelconque de ces carbonates, à du
gaz oxide de carbone et à l'oxide du sel; le phosphore
et le bore, et l'un quelconque encore de ces carbonates,
à du carbone ou à du gaz oxide de carbone, et à un
phosphate ou un borate. On constate tous ces résultats
de la même manière que ceux qui sont dus à l'action
des oxides sur les corps combustibles (474—481).

749. Tous les métaux agissent sur les oxides des carbonates de même que sur les oxides libres (482); plusieurs ont en outre de l'action sur l'acide carbonique
même : tels sont le potassium et le sodium, qui en absorbent tout l'oxigène, et en mettent tout le carbone à
nu, quel que soit le carbonate; tels sont encore les métaux de la seconde section, et probablement la plupart
de ceux de la troisième section; mais ces métaux ne
décomposent que l'acide des sous-carbonates de baryte, de potasse, de soude, et peut-être de strontiane
et de chaux; ils ne le font même passer qu'à l'état de
gaz oxide de carbone. On doit se rappeler que c'est sur
cette propriété qu'est fondé le procédé que nous avons
donné pour obtenir ce gaz (297).

750. *Action de l'eau.* — Parmi les carbonates, il n'y en a que trois qui soient solubles dans l'eau ; ce sont les carbonates de potasse, de soude et d'ammoniaque ; plusieurs autres s'y dissolvent à la faveur d'un excès d'acide : tels sont particulièrement les carbonates de chaux, de magnésie et de fer. Si donc l'on verse peu à peu de l'acide carbonique liquide dans de l'eau de chaux, la liqueur se troublera d'abord et s'éclaircira bientôt après ; mais, en la faisant bouillir, le précipité reparaîtra à l'instant ; il reparaîtra même, avec le temps, par le seul contact de l'air, à la température ordinaire, parce que l'excès d'acide, en vertu de sa force élastique, reprendra peu à peu l'état de gaz. On conçoit, d'après cela, comment il se fait, d'une part, qu'on rencontre ces divers carbonates en dissolution dans les eaux acidules ou gazeuses, et comment il se fait, de l'autre, que ces eaux forment des incrustations sur les corps qu'elles baignent : les plus remarquables de ces eaux sont celles de Saint-Philippe, en Toscane, et celles de la fontaine de Saint-Allyre, près de Clermont.

751. Quoique l'acide carbonique ait plus d'affinité pour la potasse et la soude que la chaux et la strontiane (747), celles-ci sont susceptibles de décomposer les carbonates de potasse et de soude par l'intermède de l'eau ; il paraît même qu'elles peuvent décomposer le carbonate de baryte. D'après cela, l'ordre suivant lequel les bases salifiables tendraient à se combiner avec l'acide carbonique dans leur contact avec l'eau, serait donc le suivant : chaux et strontiane, baryte, potasse et soude, ammoniaque, magnésie, etc., (718). Aussi, quand on verse de l'eau de chaux, de strontiane ou de baryte dans une dissolution de sous-carbonate

de potasse, de soude ou d'ammoniaque, se forme-t-il sur-le-champ un sous-cabonate insoluble.

752. Tous les acides, ceux surtout qui sont en dissolution dans l'eau, décomposent tous les carbonates à la température ordinaire, et, à plus forte raison, à une température élevée; ils s'emparent de la base de ces sels et en dégagent le gaz carbonique avec une effervescence plus ou moins vive : pour recueillir ce gaz, il faut opérer la décomposition, comme celle du carbonate de chaux, par les acides sulfurique ou muriatique (346).

753. Lorsqu'on verse une dissolution de sous-carbonate de potasse, de soude ou d'ammoniaque dans une dissolution saline dont la base est autre que l'un de ces trois alcalis, et peut s'unir avec l'acide carbonique, il en résulte un précipité de sous-carbonate; ce qui est conforme à la loi des doubles décompositions (729), puisque tous les sous-carbonates sont insolubles, excepté ceux de potasse, de soude et d'ammoniaque.

Nous ne dirons rien de l'action des sous-carbonates solubles sur les sels insolubles, et de celle des sous-carbonates insolubles sur les autres sels solubles; nous en avons traité avec toute l'étendue convenable dans l'histoire générale des sels (722).

754. *Préparation.* — Rien de plus simple que la préparation des sous-carbonates; tous, excepté ceux de potasse, de soude et d'ammoniaque, qui sont les seuls solubles, se préparent par la voie des doubles décompositions. L'on versera donc, par exemple, une dissolution de sous-carbonate de potasse ou de soude dans une dissolution de muriate de chaux, pour obtenir un sous-carbonate calcaire (725, 3e procédé). Mais nous devons faire observer que rarement on fait usage de

carbonate calcaire artificiel, parce qu'on trouve ce sel pur en grande quantité dans la nature. Nous devons également faire observer qu'on fabrique le sous-carbonate de plomb pour le besoin des arts, par un autre procédé que celui des doubles décompositions : nous décrirons ce procédé dans le troisième volume.

755. *Etat naturel.* — Les carbonates naturels sont au nombre de onze; savoir : les carbonates de chaux, de protoxide ou deutoxide de fer, de soude, de potasse, de deutoxide de cuivre, de plomb, de zinc, de baryte, de strontiane, de magnésie et de manganèse. Les premiers sont abondans; et les derniers, rares.

1° *Le carbonate de chaux* est un des corps les plus abondans et les plus répandus dans la nature. 1° Il entre dans la composition de tous les terreins cultivés. 2° Il constitue la craie ou blanc d'Espagne, qui se trouve quelquefois en bancs d'une grande étendue. 3° On le rencontre en couches plus ou moins compactes; ce sont ces couches qui forment la pierre à chaux des environs de Paris, etc. 4° Les coquillages marins en contiennent près de la moitié de leur poids, et renferment, en outre, de la matière animale et un peu de phosphate de chaux. 5° Les stalactites et les albâtres, dont la formation est due à la filtration de l'eau à travers la voûte calcaire de plusieurs cavernes, ne sont presque jamais composés que de carbonate de chaux. 6° Les eaux de diverses sources, à la faveur d'un excès d'acide carbonique, en tiennent même beaucoup en dissolution qu'elles laissent déposer sous forme de concrétions considérables. 7° Les marbres, dont il existe des carrières si abondantes, ne sont formés que de ce carbonate quand ils sont blancs : ceux qui sont colorés ne diffèrent de ceux-ci, qu'en ce qu'ils contiennent en outre un peu d'oxide de fer ou de manganèse, et quelquefois, mais rarement, une sorte de bitume qui leur donne de l'odeur. Enfin, souvent on rencontre le carbonate de chaux cristallisé. Les formes secondaires qu'il affecte sont très-nombreuses ; on en compte près de 60. Dans tous les cas, sa forme primitive est un rhomboïde obtus, et sa pesanteur spécifique est de 2,71. Une seule variété fait exception ; c'est celle que les minéralogistes désignent sous le nom d'*Ar-ragonite*, et qui cristallise en prismes à 6 pans. En effet, on n'a point encore pu déterminer la forme primitive de l'arragonite ; sa pesanteur spécifique est de 2,92. Elle est plus dure que le carbonate de chaux ordinaire, par exemple, que le spath calcaire d'Islande ; elle le raie : aussi les minéralogistes en font-ils une espèce à part, et ont-ils pensé, pendant long-temps, qu'elle était d'une nature particulière. Mais plusieurs chimistes ont prouvé, par des expériences exactes, que l'arragonite et le carbonate de chaux ordinaire, quoique doués de propriétés physiques différentes, sont formés des mêmes proportions, c'est-à-dire de 127,4 de chaux et de 100 d'acide carbonique.

Le carbonate de chaux a divers usages : on en extrait la chaux et l'acide carbonique ; on l'emploie comme pierre à bàtir ; et l'on s'en sert encore à l'état de marbre pour faire des colonnes, des statues, etc., etc., et à l'état d'albâtre pour faire des vases demi-transparens.

2° *Le carbonate de fer* est ordinairement connu sous le nom de fer spathique. Il est tantôt gris jaunâtre, tantôt jaune isabelle, et quelquefois brun jaunâtre ; sa structure est lamelleuse ; sa pesanteur spécifique est de 3,67 ; sa forme primitive est un rhomboïde qui est le

même que celui du carbonate de chaux , etc. Il contient assez souvent de la magnésie, de l'oxide de manganèse ou de la chaux ; la magnésie le rend difficile à
fondre , et le manganèse lui donne la propriété de brunir, par le contact de l'air. Nous citerons plusieurs
analyses de fer spathique ; savoir : celles du fer spathique.

	De Culenlohe, pays de Baréth , en cristaux transparens , par Bucholz.	De Baygorry , par Drappier.	D'Allevard , en petites lames contournées , par Descotils.	De Vannaveys, en grandes lames droites, par Descotils.
Tritoxide de fer..	0,595 (a)	0,61 (a)	0,505 (a)	0,490 (a)
Chaux............	0,025	....	0,005	0,003
Magnésie........	....	0,05	0,020	0,12
Ox. de manganèse	....	....	0,010	0,015
Acide carbonique.	0,360	0,34	0,345	0,375
Eau.............	0,020	....	....	....

On trouve le fer spathique sous forme de filons puissans dans les montagnes primitives. Les minéraux qui
l'accompagnent sont les sulfures de fer et de cuivre ,
le quartz, le carbonate de chaux , etc. C'est sous cet
état qu'on le rencontre à Baygorry, dans les Basses-
Pyrénées ; à Allevard et à Vizelle, département de
l'Isère ; en Styrie , en Saxe , en Hongrie , etc. Le fer
spathique est un des minéraux de fer les plus précieux ;
on en retire d'excellent fer : comme il peut donner di-

_____

(a) Dont il faut retrancher une certaine quantité d'oxigène ,
puisque, dans le carbonate, le fer n'est point à l'état de tritoxide.

rectement de l'acier, on l'appelle aussi quelquefois *mine d'acier.*

3° *Le carbonate de soude et de potasse* se trouvent dans les plantes : celui de soude se trouve aussi dans les eaux de certains lacs. (*Voy.* ces carbonates 758 et 762.)

4° *Le carbonate de cuivre* est bleu ou vert : celui qui est bleu s'appelle ordinairement cuivre azuré ou azur de cuivre ; et l'autre, malachite.

Le cuivre azuré se rencontre dans toutes les mines de cuivre, mais toujours en très-petite quantité. On le trouve en grains, en petites lames, en cristaux qui affectent souvent la forme de prismes rhomboïdaux terminés par des sommets à quatre faces, en concrétions mamelonnées et striées, en masses informes, pulvérulent et mêlé avec une certaine quantité de matière terreuse, enfin disséminé dans certaines pierres quartzeuses ou calcaires : ces pierres prennent le nom de pierres d'Arménie. Les terres qu'il colore en bleu s'appellent cendres bleues cuivrées ; et on le nomme bleu de montagne, lorsqu'il est en grains ou en masse.

La malachite a une couleur qui varie du vert pomme au vert de pré et au vert d'émeraude ; ce minerai n'est jamais cristallisé régulièrement ; il est tantôt compacte et luisant à la surface, et tantôt fibreux et d'un aspect soyeux. Celui-ci se présente souvent sous la forme de houppes semblables au velours vert le plus éclatant : l'autre se rencontre ordinairement en masses mamelonnées, formées de couches ondulées parallèles et striées dans le sens de leur épaisseur. Quelques-unes de ces masses sont très-volumineuses et pèsent plus de 10 myriagrammes ; mais elles renferment presque toutes des cavités. On scie celles qui n'en renferment

pas; et on en fait des tables d'un poli très-vif et couvertes de zônes vertes de nuances diverses. Ces tables
sont d'un grand prix. La plus belle se trouve à Saint-
Pétersbourg : on dit qu'elle a 85 centimètres en longueur et 45 en largeur.

La malachite est formée, d'après M. Proust, de 25
d'acide, de 69, 5 d'oxide et de 5, 5 d'eau.

On trouve la malachite ainsi que l'azur dans presque
toutes les mines de cuivre ; mais les plus beaux fragmens nous viennent des Monts-Ourals en Sibérie. On
vient de découvrir tout récemment à Chessy, près
Lyon, une masse considérable de carbonate de cuivre,
qu'on exploite avec le plus grand avantage, et qui contient en même temps beaucoup de protoxide.

Les turquoises ne sont que des os fossilles, et surtout
des dents colorées par de la malachite ou de l'azur.

5° *Le carbonate de plomb* se rencontre en petites
masses, en cristaux ou en petites paillettes brillantes ;
il est généralement diaphane ou blanc, ou d'un jaune
brun ; sa pesanteur spécifique est de 6,071 à 6,558,
etc. MM. Westrumb et Klaproth en ont retiré 81
d'oxide de plomb et 16 d'acide carbonique. Il n'existe
jamais en grande masse. On le trouve surtout en France,
à Sainte-Marie-aux-Mines dans les Vosges, à Saint-
Sauveur en Languedoc, à Poullaouen et Huelgoet en
Bretagne ; au Hartz ; en Bohême ; en Ecosse ; en
Daourie.

6° *Le carbonate de zinc* a été confondu pendant
long-temps avec la calamine. On le trouve, sous forme
concrétionnée, à Raibel en Carinthie, dans le comté de
Sommerset et dans le Derbyshire en Angleterre.

7° *Le carbonate de baryte* n'a été trouvé que : en Angleterre, à Anglesarck, dans le Lancashire, par le docteur Withering, sous forme de masses rayonnées dans leur intérieur; près de Neuberg dans la Haute-Styrie, et à Schlangenberg en Sibérie en masses cellulaires; enfin dans un filon de mine de plomb du pays de Galles. Ce carbonate naturel est translucide et un peu gris jaunâtre. Celui d'Anglesarck est accompagné de sulfate de baryte, de sulfure et de carbonate de zinc. D'après MM. Clément et Desormes, il est formé de 78 de baryte et de 22 d'acide carbonique.

8° *Le carbonate de strontiane* a été découvert à Strontiane en Ecosse; depuis, on en a trouvé à Leadhills dans le même pays, et M. Humboldt en a rapporté de Pisope, près de Popayan au Pérou. Ce sel est en masses formées de fibres convergentes; il est translucide, tantôt jaunâtre et tantôt vert pomme, etc. D'après M. Klaproth, il contient 69,5 de strontiane, 30 d'acide carbonique et 0,5 d'eau.

9° *Carbonate de magnésie.* Il paraît qu'on ne le trouve que rarement pur dans la nature; on n'en cite encore à cet état qu'à Roubschitz en Moravie; mais on trouve assez souvent des pierres formées de silice, de magnésie, d'eau, d'acide carbonique et quelquefois d'alumine : ce sont ces pierres que quelques minéralogistes désignent sous le nom de magnésite.

10° *Le carbonate de manganèse* se trouve à Kapnic et à Nagyag, en Transylvanie; il a l'aspect d'une pierre : sa dureté est plus grande que celle du verre; il est tantôt blanc, tantôt rose et tantôt jaune. Selon M. Lampadius, celui de Kapnic est formé de 48 d'oxide de manganèse, de 49 d'acide carbonique, de 8 d'oxide de fer et de 1 de silice.

756. *Composition.* — Dans les sous-carbonates, la quantité d'oxigène de l'oxide est à la quantité d'oxigène de l'acide comme 1 à 2, et à la quantité d'acide même comme 1 à 2,754. On peut donc, d'après le tableau de la composition des oxides (504), connaître celle de tous les sous-carbonates : nous citerons celle de sept d'entre eux.

CARBONATES.	ACIDE.	BASE.
De baryte................	100............	345,83
De chaux................	100............	127,41
De soude................	100............	143,13
De potasse..............	100............	218,37
De magnésie.............	100............	94,32
De plomb...............	100............	567,89
De deutoxide de cuivre ..	100............	181,58

756 *bis. Usages.*—Les carbonates de chaux, de fer, de cuivre, de potasse, de soude, d'ammoniaque, de plomb et de magnésie sont les seuls qu'on emploie dans les arts ou la médecine. Les usages des trois premiers ont été indiqués en parlant de leur état naturel (755); ceux des carbonates de potasse, de soude et d'ammoniaque le seront en faisant l'histoire particulière de ces sels (758—770). Le carbonate de plomb entre dans la composition de la peinture à l'huile, sous le nom de blanc de plomb ou de blanc de céruse. Quant au carbonate de magnésie, on s'en sert pour extraire la magnésie, que l'on administre contre les aigreurs qui se développent dans l'estomac, à la suite des mauvaises digestions.

757. Nous n'examinerons en particulier que les sous-carbonates solubles, c'est-à-dire, ceux de potasse, de soude et d'ammoniaque. L'histoire de tous les autres se trouve renfermée dans celle de la famille et du genre. En effet, pour le prouver, prenons comme exemple le sous-carbonate de chaux. Ce sel est solide, car tous les sels le sont, excepté le fluate acide de silice qui est gazeux, le sous-fluo-borate d'ammoniaque et quelques muriates qui sont liquides; il est blanc, car aucun sel apparte-nant aux deux premières sections n'est coloré, à moins que ce sel ne soit un chrômate; il est insipide, car il est insoluble; il est plus pesant que l'eau, car, parmi les sels, il n'y a que le fluate acide de silice dont la pesan-teur spécifique soit moindre que celle de ce liquide. Soumis à l'action d'une forte chaleur, il se décompose et laisse dégager son acide, car il n'y a que les carbo-nates de baryte, de potasse et de soude qui soient indé-composables par le feu. Délayé dans l'eau et placé dans un courant voltaïque, il se décompose également; son acide se rend au pôle positif et sa base au pôle négatif, car telle est la manière d'être de tous les sels des deux premières sections avec la pile; il n'est point attiré par le barreau aimanté, car il n'y a tout au plus que les sels de protoxide de fer, à grand excès de base, qui le soient; il n'éprouve aucune altération de la part de la lumière, car celle-ci n'agit que sur les sels dont l'oxide est très-réductible; il n'en éprouve non plus aucune de la part du gaz oxigène, car il n'y a que les sels dont les acides et les oxides ne sont point au summum d'oxigé-nation qui puissent absorber ce gaz; il n'est ni efflores-cent ni déliquescent, car il est insoluble. Lorsqu'on le met en contact à une température élevée avec l'hydro-

gène, le carbone, le bore et le phosphore, on obtient,
avec le premier de ces corps, de l'eau, du gaz oxide de
carbone et de la chaux ; avec le second, du gaz oxide
de carbone et de la chaux ; avec le troisième et le quatrième, du gaz oxide de carbone ou du carbone, et
du sous-phosphate ou sous-borate de chaux : car c'est
ainsi que se comportent, avec ces différens corps combustibles, tous les carbonates de la seconde section, ou
plutôt ceux qui ne sont décomposables par le feu qu'au-
dessus de la chaleur rouge. Il n'est point décomposé
par le gaz azote, car ce gaz ne décompose aucun sel ;
il ne l'est point non plus par l'hydrogène sulfuré, car
celui-ci n'agit sur aucun des sels appartenant aux deux
premières sections ; il l'est au contraire par le potassium et le sodium, car ces métaux absorbent tout l'oxigène de l'acide des carbonates et en mettent le carbone
en liberté.

Il est insoluble dans l'eau, car il n'y a que trois carbonates qui s'y dissolvent, ceux de potasse, de soude
et d'ammoniaque ; il n'est décomposé par aucun oxide
lorsqu'il est en contact avec l'eau, car alors la chaux
décompose tous les carbonates ; il est décomposé avec
effervescence par tous les acides, car ceux-ci décomposent tous les carbonates de cette manière ; enfin, il se
forme et se précipite tout à coup toutes les fois qu'on
verse une dissolution de sous-carbonate de potasse,
de soude ou d'ammoniaque, dans une dissolution d'un
sel calcaire, car il est insoluble. (*Voyez* d'ailleurs
l'état naturel, la composition et les usages du carbonate de chaux (755 et 756).

Du Sous-Carbonate de Potasse.

758. Acre; légèrement caustique; verdissant fortement le sirop de violettes; très-soluble dans l'eau; déliquescent; incristallisable; fusible un peu au-dessus de
la chaleur rouge; indécomposable par la chaleur la plus
forte, à moins qu'il ne soit humide, etc. (697 et 746);
existe dans la plupart des plantes, et particulièrement
dans celles qui sont ligneuses.

On l'extrait de ces plantes par l'incinération et par
la lixiviation; mais on en retire en même temps tous les
sels qui sont solubles, et qui ne sont, en général, qu'au
nombre de deux, le sulfate et le muriate de potasse. Ces
deux sels, mêlés avec le sous-carbonate de potasse en
diverses proportions, et colorés assez souvent par un
peu d'oxide de fer ou de manganèse, constituent la potasse du commerce, qui contient quelquefois, en outre,
une petite quantité de silice en partie combinée. C'est
dans les pays où les bois sont communs, et particulièrement en Russie, en Amérique, qu'on prépare la potasse.
On brûle les bois sur le sol, dans un lieu à l'abri du vent;
on obtient pour résidu des cendres, qui sont formées de
sous-carbonate, de sulfate et de muriate de potasse, sels
solubles dans l'eau, et d'alumine, de silice, d'oxide de
fer, d'oxide de manganèse, de sous-carbonate de chaux,
de sous-phosphate de chaux, et de quelques atomes de
charbon échappé à l'incinération, matières insolubles
dans l'eau. On lessive les cendres à chaud; on fait évaporer la liqueur jusqu'à siccité; on calcine le résidu jusqu'au rouge dans un four à réverbère, afin de sécher et
de brûler complétement les matières charbonneuses
qui auraient pu être entraînées; on retire ce résidu, on

le laisse refroidir, et on l'expédie pour le commerce, dans des tonneaux bien fermés, sous le nom de potasse du pays dans lequel l'opération a été faite.

759. On connaît dans le commerce six principales espèces de potasse; savoir : la potasse de Russie, celle d'Amérique, la potasse perlasse, celle de Trèves, celle de Dantzick et celle des Vosges.

Ces potasses varient en qualité : c'est ce qu'on verra dans le tableau suivant, emprunté d'un Mémoire de M. Vauquelin.

Potasse de Russie. 1152	Potasse réelle.	Sulfate de potas.	Muriate de potas.	Résidu insoluble	Aci. carb. et eau.
	772	65	5	56	254=1152
Potasse d'Amérique. *Id.*	857	154	20	2	119=1152
Potasse perlasse. *Id.*	754	80	4	6	808=1152
Potasse de Trèves. *Id.*	72	165	44	24	199=1152
Potasse de Dantzick. *Id.*	603	152	14	79	304=1152
Potasse des Vosges. 148	444	148	510	34	304=1152

760. *Préparation.* — Il serait difficile d'extraire le sous-carbonate de potasse de la potasse du commerce, parce qu'on ne peut pas le séparer complétement du sulfate et du muriate de potasse ; c'est pourquoi on prépare ce sel en faisant un mélange de deux parties de tartrate acidule de potasse et d'une partie de nitrate de potasse, chauffant ce mélange presque jusqu'au rouge dans une capsule de platine ou d'argent, lessivant le produit et faisant évaporer la lessive jusqu'à siccité. (*Voyez* ce qui a été dit à cet égard (596). Comme le sous-carbonate de potasse attire l'humidité, il faut le conserver dans des flacons bien fermés.

761. *Usages.* — On ne se sert du carbonate de potasse pur que dans les laboratoires ; mais on l'emploie mêlé avec le sulfate et le muriate de potasse, c'est-à-dire, à l'état de potasse du commerce, dans plusieurs arts très-importans : 1° dans la fabrication du salpêtre ou nitrate de potasse ; 2° dans la fabrication de l'alun ; 3° dans celle du verre ; 4° dans celle du savon vert ou mou ; 5° dans celle du bleu de Prusse ; 6° pour les lessives : aussi la consommation de la potasse du commerce est-elle considérable. Cependant on en consomme bien moins en France depuis l'établissement des fabriques de soude artificielle, parce que cet alcali est tout aussi propre à la vitrification et au blanchiment que la potasse qui nous vient presque toute, à grands frais, des pays étrangers.

Du Sous-Carbonate de Soude.

762. *Propriétés chimiques.* — Acre ; légèrement caustique ; très-soluble dans l'eau, plus à chaud qu'à

froid ; cristallisant par le refroidissement sous forme de prismes rhomboïdaux, ou de deux pyramides qua-drangulaires appliquées base à base et à sommets tron-qués ; efflorescent, susceptible d'éprouver la fusion aqueuse à une basse température, et la fusion ignée un peu au-dessus de la chaleur rouge ; indécomposable par la chaleur la plus forte, à moins qu'il ne soit hu-mide ; contenant, d'après M. Berard, 62,69 pour 100 d'eau de cristallisation, etc. (697 et 746).

État naturel. — On trouve ce sel en France, en Espagne, etc., dans la plupart des plantes qui crois-sent sur les bords de la Méditerranée, et en dissolu-tion dans les eaux de certains lacs ; mais il n'est pur dans aucun cas. Celui qu'on retire des lacs est mêlé avec une certaine quantité de sel marin et de sulfate de soude ; il porte dans le commerce le nom de natron. L'autre est mêlé avec toutes les matières terreuses entrant dans la composition des plantes qui le contiennent, et reçoit le nom de soude du commerce.

763. *Extraction du natron.* — Le natron nous vient principalement d'Égypte : deux des lacs d'où on le re-tire sont situés dans le désert de Thaïat ou de St.-Ma-caire, à l'ouest du Delta. Ils ont trois à quatre lieues de long sur un quart de lieue de large. En hiver, une eau d'un rouge violet transsude à travers leur fond, et s'élève jusqu'à près de deux mètres ; mais, au retour des chaleurs, dont la durée est de plus de neuf mois, cette eau s'évapore complétement, et laisse une couche de sel ou de natron que l'on détache avec des barres de fer.

En Hongrie, dans le comita de Bihar, on retire aussi une espèce de natron de plusieurs lacs qui se trouvent entre Dobrezen et Groswardein. Ces lacs sont appelés Feyrto ou Lacs-Blancs, parce que, pendant l'été, l'eau de ces lacs venant à s'évaporer, couvre le sable qui en constitue le fond d'une efflorescence blanche qui n'est avtre chose que du natron.

Il parait que le natron, surtout en Egypte, provient de la décomposition du sel marin par la craie ou carbonate de chaux. Aussi, dans tous les lieux où ces deux sels se trouvent mêlés, se forme-t-il des efflorescences de carbonate de soude, ainsi que M. Berthollet l'a observé.

764. *Extraction de la Soude des plantes marines.* — On coupe les plantes qui doivent fournir cette soude, on les fait sécher à l'air, et on les brûle dans des fosses dont la profondeur est d'envion un mètre, et la largeur de 1 mètre,3. Cette combustion, qui se fait en plein air sur un sol bien sec, dure plusieurs jours, et fournit, au lieu de cendres comme le bois, une masse saline dure et compacte, à demi-fondue, que l'on concasse et que l'on verse dans le commerce, sous le nom de soude du pays où elle a été faite, ou de la plante qui l'a fournie.

La soude du commerce est composée, en proportions diverses, de sous-carbonate, de sulfate, de muriate de soude, de sous-carbonate de chaux, d'alumine, de silice, d'oxide de fer, de charbon échappé à l'incinération. Elle contient aussi quelquefois du sulfate et du muriate de potasse.

La plus estimée est celle d'Espagne ; elle est connue sous le nom de soude d'Alicante, de Carthagène, de Malaga : on l'extrait de plusieurs plantes, mais particulièrement de la barille, que l'on cultive avec soin sur les côtes d'Espagne, parce que c'est celle qui en contient la plus grande quantité. On y trouve de 25 à 40 pour 100 de sous-carbonate de soude.

Les soudes qu'on récolte en France sont beaucoup moins estimées que celles d'Espagne. On en distingue trois espèces : le salicor ou soude de Narbonne, la blanquette ou soude d'Aiguemortes, et le varec ou soude de Normandie.

Le salicor ou soude de Narbonne provient de la combustion du *salicornia annua*, qu'on cultive sous le nom de salicor aux environs de Narbonne : cette plante est semée, et elle est récoltée dans la même année, après l'époque de la fructification. La soude qui en provient contient, d'après M. Chaptal, 14 à 15 pour 100 de sous-carbonate de soude : on l'emploie particulièrement dans les verreries.

La blanquette ou soude d'Aiguemortes s'extrait, entre Frontignan et Aiguemortes, de toutes les plantes salées qui croissent naturellement sur les bords de la mer. Ces plantes sont le *salicornia europæa*, le *salsola tragus*, l'*atriplex portulacoïdes*, le *salsola kali* et le *statice limonium*. Selon M. Chaptal, c'est la première de ces plantes qui donne le plus de soude, et la dernière qui en donne le moins. On les fauche toutes à la fin de l'été ; on les sèche et on les brûle. Le produit de chaque opération fournit 4 à 5,000 kilogrammes de soude. Cette soude ne contient que de 3 à 8 pour 100 de sous-carbonate de soude.

Le varec ou soude de Normandie s'extrait des fucus qui croissent abondamment sur les côtes de l'Océan : c'est la moins riche ; elle contient à peine du carbonate de soude ; elle contient, au contraire, beaucoup de muriates et sulfates de soude et de potasse.

765. *Soude artificielle du commerce.* — Les soudes artificielles sont composées de soude caustique, de sous-carbonate de soude, de sulfure de chaux avec excès de base et de charbon; elles s'obtiennent en calci-nant ensemble une certaine quantité de sulfate de soude, de charbon et de craie. On prend environ 180 parties de sulfate de soude sec, 180 de craie en poudre fine, et 110 de poussier de charbon de bois ou de terre; on en fait un mélange exact; on le jette dans un four à réverbère, dont la forme est elliptique et dont la température est un peu plus élevée que le rouge-cerise, et on brasse le mélange de quart d'heure en quart d'heure. Au bout d'un certain temps, la matière devient pâteuse; alors, on la pétrit bien avec un rin-gard, puis on la retire et on la reçoit dans une chau-dière : cette matière est la soude artificielle. En em-ployant les proportions que nous venons d'indiquer, on obtient près de 300 parties de soude au titre de 32 à 33°, c'est-à-dire, contenant 32 à 33 parties, sur 100, de sous-carbonate de soude pur. Six ouvriers peuvent faire 10 fontes ou 1,500 kilogrammes de soude par vingt-quatre heures. Lorsqu'on veut avoir de la soude de très-bonne qualité, il ne faut mêler que du poussier de bois avec la craie et le sulfate de soude. L'on doit toujours, au contraire, se servir de charbon de terre pour chauffer le four : on en consomme à peu près pour trois francs par chaque fonte. Ce procédé, indiqué par Leblanc, a été perfectionné et mis en pratique par MM. Darcet et Anfrye; et c'est à eux réellement que

la France est redevable du nouvel art qui en est résulté.

766. *Essais des soudes du commerce.* — La soude du commerce étant d'autant plus précieuse qu'elle contient plus d'alcali, il est important de pouvoir en déterminer le titre. On y parvient de la manière suivante : On prend une certaine quantité de soude, par exemple un décagramme, on la réduit en poudre fine et on la met en digestion pendant une heure avec 4 à 5 centilitres d'eau, en ayant soin de la remuer de temps en temps ; ensuite on filtre la dissolution, on lave le résidu avec à peu près autant d'eau qu'on en a employé d'abord ; on réunit cette eau à la première, puis on y verse de l'acide sulfurique faible jusqu'à saturation parfaite, et on note avec soin la quantité qu'il faut en employer ; cela étant fait, il ne s'agit plus que de comparer cette quantité à celle qu'est capable de neutraliser une quantité donnée de sous-carbonate de soude pur et sec, pour conclure le titre de la soude que l'on essaie. Ce procédé est fondé sur la propriété qu'a l'eau froide de ne point attaquer sensiblement le sulfure de chaux avec excès de base, de dissoudre au contraire la soude et le sous-carbonate de soude, et sur ce que la même quantité d'alcali est toujours neutralisée par la même quantité d'acide. M. Vauquelin l'a le premier employé pour essayer les diverses espèces de potasse du commerce ; et M. Decroizilles, en sentant tout l'avantage, l'a mis à la portée de tous les négocians par l'invention de son alcalimètre, instrument dont on trouvera la description (Annales de Chimie, tome 60, page 17).

767. *Préparation du carbonate de soude.* — On

prend de bonne soude artificielle ; après l'avoir pulvérisée, on la lessive, mais à froid, pour ne point attaquer le sulfure de chaux ; on fait évaporer la liqueur jusqu'à siccité, et on expose à l'air humide le résidu divisé autant que possible, afin de faire passer à l'état de sous-carbonate les portions de soude qui pourraient encore être caustiques : au bout de 15 à 20 jours, ou plutôt, lorsqu'il s'est formé à la surface de la soude une efflorescence, on la lessive de nouveau, on rapproche la liqueur convenablement, et on obtient, par le refroidissement, du sous-carbonate cristallisé. Si ce sous-carbonate contenait quelques sels étrangers, par exemple, un peu de sulfate ou de muriate de soude, on le purifierait par de nouvelles cristallisations.

768. *Usages.* — On n'emploie le sous-carbonate de soude pur que dans les laboratoires ; mais on se sert de celui qui est impur ou de la soude du commerce pour faire le savon dur ou savon ordinaire, pour fabriquer le verre, pour couler les lessives, dans quelques opérations de teinture. Ces quatre arts en consomment, dans la France seule, 18 à 20 millions de kilogrammes.

Du Sous-Carbonate d'Ammoniaque.

769. Ce sel est blanc, caustique et piquant ; a une odeur d'ammoniaque très-prononcée ; verdit fortement le sirop de violettes ; se vaporise peu à peu à l'air libre, à la température ordinaire ; se gazéfie dans des vaisseaux fermés bien au-dessous de la chaleur rouge-cerise ; est très-soluble dans l'eau froide ; ne l'est point dans l'eau bouillante, tant il est volatil ; cède son acide à la potasse, la soude, la baryte, la strontiane et la chaux ; n'a point encore été traité par les corps

combustibles; se comporte avec les acides et les sels, comme il a été dit dans l'histoire du genre; n'existe point dans la nature, ou du moins ne se trouve que dans les urines pourries, où il se forme par la décomposition d'une matière animale très-azotée, que nous connaîtrons sous le nom d'urée; s'obtient en calcinant ensemble un mélange de muriate d'ammoniaque et de carbonate de chaux.

Préparation. — On pulvérise le muriate d'ammoniaque et le carbonate de chaux; on prend une partie du premier et une partie et demie du second; on les mêle bien; on introduit le mélange dans une cornue de grès que l'on remplit aux trois quarts et même aux quatre cinquièmes; on place cette cornue dans un fourneau à réverbère, on adapte à son col un long récipient cylindrique en verre ou en terre, et on la porte peu à peu au rouge. Bientôt alors les deux sels se décomposent réciproquement. De cette double décomposition résulte du muriate de chaux qui fond et reste dans la cornue, et du sous-carbonate d'ammoniaque qui se volatilise, arrive dans les récipiens à l'état de vapeurs blanches, et donne naissance d'abord à des aiguilles cristallines, et ensuite à une couche blanche plus ou moins épaisse: on facilite la condensation des vapeurs en refroidissant le récipient au moyen de linges mouillés. Lorsque l'opération est faite, ce qui a lieu à l'époque où la cornue étant rouge, il ne se dégage plus de vapeurs, on laisse refroidir les vases; on détache le carbonate d'ammoniaque du récipient, et on le conserve dans des flacons bouchés : il sera très-blanc si on emploie du sel ammoniac bien blanc lui-même et du carbonate de chaux pur; mais, si le sel ammoniac est gris, le carbonate d'ammoniaque le sera aussi en grande partie du moins, et l'on ne pourra le rendre blanc qu'en le distillant de nouveau. Cette distillation pourra être faite dans une cornue de verre; elle aura lieu à une douce chaleur. D'un kilogramme de sel ammoniac, on retire environ 7 à 800 grammes de sous-carbonate d'ammoniaque.

Composition. — Le véritable sous-carbonate d'ammoniaque, c'est-à-dire, celui qui en échangeant son acide et sa base avec un sel neutre, par exemple, avec le muriate de chaux, donne lieu à du muriate d'ammoniaque et à un sous-carbonate de chaux, est formé de 50 parties de gaz acide carbonique et de 100 de gaz ammoniac en volume; et, par conséquent, de 127,53 du premier et de 100 du second en poids (579). Cependant il paraît que le sous-carbonate d'ammoniaque qu'on obtient par le procédé que nous venons d'exposer, contient un peu plus d'alcali.

Usages. — Le sous-carbonate d'ammoniaque est employé comme réactif dans les laboratoires; on s'en sert en médecine comme d'un excitant très-énergique; on le met à cet effet dans de petits flacons de poche que l'on aromatise de diverses manières. C'est ce sel qu'on connaissait autrefois sous le nom de sel volatil d'Angleterre.

Des Carbonates neutres ou saturés.

770. On ne connaît encore que trois carbonates neutres; ceux de potasse, de soude et d'ammoniaque. Ces trois carbonates sont le produit de l'art, et s'obtiennent en faisant passer une grande quantité de gaz acide carbonique, bulle à bulle, à travers leurs sous-

carbonates en dissolutions concentrées. A mesure que
ceux-ci se saturent, ils deviennent moins solubles et
cristallisent ; de sorte qu'on les sépare facilement du
sous-carbonate non saturé. Cette préparation exige au
moins 12 à 15 jours, même en n'opérant que sur
2 à 300 grammes de sel ; on la fait de la manière suivante : On prend cinq flacons tubulés ; on met des
fragmens de marbre et de l'eau dans le premier, de
l'eau seulement dans le second, la dissolution de sous-
carbonate de potasse dans le troisième, celle de sous-
carbonate de soude dans le quatrième, la dissolution
de sous-carbonate d'ammoniaque dans le cinquième,
et l'on adapte à chacun des flacons les tubes convenables. La figure 1re, planche 6, donnera une idée
exacte de cet appareil, en substituant au ballon C un
flacon à deux tubulures, dont l'une recevra le tube E ;
et l'autre un tube droit, comme on le voit *pl. 20, fig. 1.*
L'appareil étant monté, on verse de l'acide muriatique liquide par le tube droit dans le premier flacon (346) : par ce moyen, l'acide carbonique du marbre
se trouve mis en liberté ; il se rend dans le second
flacon, traverse l'eau, se dépouille de l'acide muriatique qu'il entraîne ; de là passe dans le troisième
flacon, où il est en partie absorbé ; puis dans le quatrième, où il l'est en partie également ; et enfin dans
le cinquième. On verse de temps en temps de nouvel
acide muriatique sur le marbre, de manière à produire
un courant continuel, mais faible, de gaz carbonique,
et l'on continue l'expérience jusqu'à ce qu'il se soit
déposé une quantité convenable de cristaux dans les
flacons ; on sépare les cristaux par la décantation des
eaux mères, on les lave et on les conserve à l'abri du

contact de l'air. La dissolution de sous-carbonate de soude pourrait être placée dans le troisième flacon, et celle de potasse dans le quatrième; mais il faut toujours que la dissolution de sous-carbonate d'ammoniaque le soit dans le cinquième, parce que le courant d'acide carbonique entraîne un peu de ce sel.

Les carbonates neutres, faits avec le plus de soin, verdissent sensiblement le sirop de violettes; cependant ils n'ont qu'une faible saveur; celui d'ammoniaque, d'après M. Berthollet, est même sans odeur. Soumis à l'action du feu, tous laissent dégager une partie de leur acide et passent à l'état de sous-carbonates; ils en laissent dégager lors même qu'on les soumet en dissolution à la chaleur de l'eau bouillante, mais pas assez, selon M. Berthollet, pour devenir sous-sels. Exposés à l'air, ils n'éprouvent aucune altération; ils font une vive effervescence avec les acides: mis en contact avec la plupart des sels autres que ceux à base de potasse, de soude et d'ammoniaque, par exemple, avec le muriate de baryte, il en résulte un dégagement de gaz acide carbonique et un précipité abondant de sous-carbonate. Les sels de magnésie ne nous offrent ce phénomène qu'à l'aide de la chaleur; à la température ordinaire, les carbonates neutres de potasse et de soude ne les troublent pas, probablement parce que le carbonate neutre de magnésie est soluble.

771. Les diverses bases exigent deux fois autant d'acide carbonique pour passer à l'état de carbonates neutres, que pour passer à l'état de sous-carbonates. (Bérard, Annales de Chimie, tome 71, page 59.) Or, dans les sous-carbonates, l'acide carbonique contient deux fois autant d'oxigène que l'oxide; par conséquent,

dans les carbonates neutres, l'acide en doit contenir quatre fois autant. Ainsi, le carbonate neutre de potasse doit donc être formé de 100 d'acide et de 109,18 de base; celui de soude, de 100 d'acide et de 71,56 de base.

Les carbonates neutres ne sont employés que comme réactifs.

Des Sous-Phosphates (*a*).

772. *Action du feu.* — L'acide phosphorique étant fusible et fixe comme l'acide borique, ou du moins difficile à volatiliser, les phosphates doivent se comporter au feu de même que les borates (729); mais ils doivent, au contraire, se comporter tout autrement avec les corps combustibles non métalliques, parce que plusieurs de ces corps sont susceptibles de désoxigéner l'acide phosphorique, et qu'ils n'ont point d'action sur l'acide borique. C'est en effet ce qui a lieu.

773. *Action des Combustibles.* — Lorsqu'on calcine le charbon avec les sous-phosphates appartenant aux deux premières sections, dont les oxides sont irréductibles par ce corps combustible, on obtient du gaz oxide de carbone, du phosphore plus ou moins carburé et un sous-phosphate contenant un plus grand excès de base : il n'y a donc qu'une partie de l'acide phosphorique qui soit décomposée ; il s'en décompose

---

(*a*) Nous ne dirons rien des propriétés physiques des sous-phosphates, ni de la manière dont ils se comportent avec la pile, la lumière, l'oxigène, l'air, les métaux, l'hydrogène sulfuré. Tout ce qu'on sait à cet égard se trouve exposé (698—703 et 710—717).

d'autant moins d'ailleurs qu'il a plus d'affinité pour l'oxide auquel il est uni : et c'est ce qui fait que les phosphate de baryte, de strontiane, de chaux, résistent plus que le phosphate de magnésie, etc.

Mais, lorsque l'on calcine ce corps avec un phosphate appartenant aux quatre dernières sections dont il peut toujours réduire l'oxide, on obtient du gaz acide carbonique ou du gaz oxide de carbone, un phosphure métallique et du phosphore carburé, si toutefois le métal du phosphate n'est pas susceptible de retenir tout le phosphore. Dans tous les cas, l'expérience se fait de la manière suivante : On mêle intimement le phosphate avec son poids de charbon très-divisé; on introduit le mélange dans une cornue de porcelaine ou de grès; on la place dans un fourneau à réverbère; on y adapte une petite alonge qui va se rendre dans un récipient tubulé à moitié rempli d'eau, et dont la tubulure porte un tube recourbé propre à recueillir le gaz; on chauffe peu à peu, et on excite un courant d'air, s'il en est besoin, avec un fort soufflet. Les gaz sont recueillis sur l'eau. Le phosphore, s'il est en quantité notable, n'est point entièrement emporté par eux, et se condense en partie, soit dans l'alonge, soit dans le récipient; les autres produits restent dans la cornue. Lorsqu'on ne veut recueillir ni les gaz ni le phosphore, on se sert d'un creuset de Hesse, et on le chauffe soit dans un fourneau à réverbère, soit dans un fourneau de forge, selon qu'on a besoin d'une température plus ou moins élevée. Les phosphates des 1re et 2e sections ne se décomposent qu'à une température très-élevée; les phosphates de la 3e en exigent une beaucoup moins grande; ceux de la quatrième en exigent une moins grande encore, et les phosphates des deux dernières sections se décomposent avec la plus grande facilité, excepté, peut-être, les phosphates de plomb et de nickel, qui exigent un feu de réverbère.

774. On n'a encore traité qu'un très-petit nombre de phosphates par le bore, de sorte que l'action de ce corps combustible sur ces sels n'est pas bien déterminée; mais, si on considère que le charbon décompose les phosphates, il devra paraître très-probable que le bore peut aussi les décomposer, d'autant qu'il a plus d'affinité pour l'oxigène que le charbon, et que l'acide borique tend à s'unir avec l'oxide du phosphate. Que résulterait-il de cette décomposition, en supposant qu'elle eût lieu? bien sûrement du phosphore et un borate, avec les phosphates de la première et de la seconde section : les mêmes produits avec les phosphates des autres sections; ou bien un phosphure et de l'acide borique, pourvu toutefois que le métal pût se combiner avec le phosphore.

775. L'action de l'hydrogène à une très-haute température doit être analogue à celle du charbon; seulement il doit se former de l'eau au lieu de gaz oxide de carbone, et du phosphore hydrogéné, ou plutôt de l'hydrogène phosphoré, au lieu de phosphure de carbone. Il serait possible cependant que les phosphates des deux premières sections ne pussent point être décomposés par l'hydrogène, et qu'il en fût de même de quelques phosphates de la troisième; mais tout nous porte à croire que ceux de la quatrième, et à plus forte raison des suivantes, le seraient faci-

lement : au reste, toutes ces décompositions demandent à être confirmées par l'expérience.

776. Le phosphore n'agit probablement que sur les phosphates des dernières sections : il réduit sans doute l'oxide de ces phosphates, et de là doit résulter de l'acide phosphorique et un phosphure métallique.

777. Le soufre est dans le même cas que le phosphore ; il décompose probablement, comme lui, les phosphates des dernières sections, en donnant lieu à de l'acide sulfureux et à un sulfure métallique, pourvu toutefois que la température ne soit pas trop élevée, et en mettant en liberté l'acide du sel. Ces divers phénomènes se concevront très-bien, si on se rappelle, 1° que les oxides métalliques des dernières sections sont faciles à réduire ; 2° qu'ils ont peu d'affinité pour l'acide phosphorique ; 3° qu'un métal ne se combine avec un acide qu'autant qu'il est oxidé, et que l'acide phosphorique ne peut céder aucune portion de son oxigène, soit aux bases salifiables, soit au soufre.

778. *Action de l'eau.* — L'eau ne dissout que trois sous-phosphates, de même que trois sous-borates et trois sous-carbonates, ceux de potasse, de soude et d'ammoniaque. C'est pourquoi, lorsque l'on verse de l'acide phosphorique dans l'eau de baryte, de strontiane et de chaux, il se forme un précipité : ce précipité est blanc, floconneux, et disparaît à l'instant dans un excès d'acide.

779. *Action des bases.* — La baryte, la strontiane et la chaux troublent également la dissolution du phosphate de potasse, de soude et d'ammoniaque : ce sont elles, par conséquent, qui ont le plus de tendance à se

combiner avec l'acide phosphorique par l'intermède de
l'eau ; la potasse et la soude n'occupent que le second
rang ; vient ensuite l'ammoniaque , puis la magnésie , etc. (718).

779 *bis. Action des acides.* — Tous les acides,
excepté ceux qui sont très-faibles, comme l'acide carbonique, l'acide borique, tungstique, molybdique, sont
susceptibles de décomposer les sous-phosphates et de
les transformer en phosphates acides. L'acide sulfurique enlève même complétement la baryte et l'oxide
de plomb à l'acide phosphorique, et l'acide muriatique lui enlève aussi tout l'oxide d'argent et le protoxide de mercure : or, comme tous les phosphates
acides sont solubles, et que tous les autres sels, à quelques-uns près (719), le sont également dans un excès de
leur acide, il s'en suit qu'en traitant un sous-phosphate
par l'acide phosphorique, on le dissoudra toujours; et
qu'en le traitant par un autre acide, on le dissoudra
dans le plus grand nombre de circonstances. Il n'est aucun phosphate, par exemple, qui ne se dissolve dans
les acides nitrique et fluorique.

780. *Préparation.* — Les sous - phosphates d'ammoniaque, de soude, de potasse, se préparent en versant de l'ammoniaque et des sous-carbonates de soude,
de potasse, dans une dissolution de phosphate acide de
chaux. Quant aux autres, comme ils sont insolubles, on
les obtient par la voie des doubles décompositions, en
se servant pour cela de sous-phosphate de soude (789),
plus facile à obtenir pur que ceux de potasse et d'ammoniaque.

781. *Etat naturel.* — On trouve huit phosphates
dans la nature : ce sont ceux de chaux, de plomb,

de fer, de soude, de magnésie, d'ammoniaque et de magnésie, de potasse, de manganèse : le premier est très-abondant ; tous les autres sont rares.

1° Le phosphate de chaux est l'un des sels naturels les plus abondans. En effet, il entre pour près de moitié dans la composition des os de tous les animaux, sortes d'organes qui contiennent en outre beaucoup de gélatine, un peu de carbonate de chaux et de phosphate de magnésie. Il n'y a aucune matière animale liquide, molle ou solide, qui n'en renferme plus ou moins; il se dépose même dans la vessie humaine et y forme des calculs. On le trouve dans tous les végétaux, surtout dans les graines céréales. Il constitue des collines entières à Logrosan, dans l'Estramadure : aussi l'emploie-t-on, en ce pays, comme pierre à bâtir. On le rencontre en masse rayonnée à Schlagenwald. Enfin, l'apatite et la chrysolite ne sont elles-mêmes que du phosphate de chaux. La première contient, d'après M. Klaproth, 55 de chaux et 45 d'acide phosphorique; elle est en prismes courts et tronqués, transparens, diversement colorés ; elle est phosphorescente sur les charbons ardens : on la trouve dans les filons d'étain. La seconde, qu'on plaçait autrefois parmi les pierres gemmes, contient, d'après M. Vauquelin, 54 $\frac{1}{4}$ de chaux et 45 $\frac{3}{4}$ d'acide phosphorique ; elle est diversement colorée comme la précédente ; mais elle n'est point phosphorescente comme elle; elle est d'ailleurs en prismes plus longs, et terminée par une pyramide à six faces : on la trouve dans les produits volcaniques, et surtout au mont Caprera, près le cap de Gates, dans le royaume de Grenade.

2° Le phosphate de plomb se rencontre dans les

mines qui contiennent ce métal à l'état de sulfure : on le trouve dans celles de Huelgoet et de la Croix, en France ; dans celles du Hartz, etc. Il est formé, d'après M. Klaproth, de 77 à 80 d'oxide de plomb, de 19 à 18 d'acide phosphorique, et de 1 ½ d'acide muriatique. Le plus ordinairement il est vert ; on en connaît cependant de jaune verdâtre, de rougeâtre, de gris brun et même de violet sale. En général, il est transparent, et sa pesanteur spécifique est de 6,909 à 6,941. Celui qu'on trouve cristallisé est ordinairement en prismes à 6 pans.

3° Le phosphate de soude ne se trouve que dans les matières animales, et particulièrement dans l'urine humaine ; il y est combiné avec le phosphate d'ammoniaque.

4° C'est aussi dans l'urine humaine qu'on trouve le plus constamment le phosphate ammoniaco-magnésien ; mais on le rencontre en outre, de temps à autre, formant des calculs d'un volume très-considérable dans les intestins des chevaux : ceux auxquels il donne lieu dans la vessie de l'homme ne sont point, à beaucoup près, aussi gros. (*Voyez* Urine, 3ᵉ vol.)

5° Quelques graines, et surtout les graines céréales, le sang et les os, sont les seuls corps où l'on ait trouvé jusqu'ici le phosphate de magnésie mêlé seulement à d'autres sels.

6° Plusieurs d'entr'elles contiennent également le phosphate de potasse. Ce sel se rencontre rarement ailleurs.

7° Le phosphate de fer est très-rare, d'un bleu sombre, et toujours en masse lamelleuse ou sous forme pulvérulente. Celui-ci, selon Werner, est d'un blanc grisâtre avant d'avoir eu le contact de l'air : il devient brun dans l'huile ; ce qui le distingue facilement de l'azur de cuivre. On ne le rencontre jamais que dans les argiles qui ont renfermé des matières organisées, et l'on croit, d'après cela, qu'il doit son origine à ces sortes de matières, d'autant plus qu'il se trouve dans les cavités qu'elles occupaient. L'autre, c'est-à-dire, celui qui est en masse, a été trouvé à l'Isle-de-France. Fourcroy en a retiré 41,2 d'oxide de fer, 19,2 d'acide phosphorique, 5 d'alumine, 1,2 de silice, 31,2 d'eau.

8° Le phosphate de manganèse naturel n'est connu que depuis sept à huit ans. Il a été découvert près de Limoges, au milieu des granites ; il est brun et quelquefois rougeâtre, en raison du fer avec lequel il est mêlé, etc. Le minerai qui le renferme est formé, d'après M. Vauquelin, de 42 d'oxide de manganèse, 31 d'oxide de fer, et 27 d'acide phosphorique.

782. *Composition.* — L'analyse des phosphates laisse encore quelque chose à désirer. En effet, le phosphate de plomb est formé,

D'après M. Berzelius.	D'après M. Berthier.	D'après Rose.
D'acide 100,00	D'acide 100,00	D'acide 100,00
D'oxide 380,56	D'oxide 354,09	D'oxide 448,43

Le phosphate de chaux l'est,

D'après M. Klaproth.	D'après M. Vauquelin et Fourcroy.	D'après M. Berzelius.
D'acide 100,00	D'acide 100,00	D'acide 100,00
D'oxide 227,86	D'oxide 143,90	D'oxide 95,47

Le phosphate de baryte l'est, d'après M. Berzelius,

D'acide 100,00
D'oxide 259 70

Si l'on adopte les analyses de M. Berzelius, et si l'on admet avec lui que l'acide phosphorique est formé de 100 de phosphore et 119,39 d'oxigène, on trouvera que, dans les sous-phosphates, la quantité d'oxigène de l'oxide est à la quantité d'oxigène de l'acide comme 1 à 2, et à la quantité de l'acide même comme 1 à 3,675, ou comme 27,21 sont à 100.

783. *Usages.* — Les phosphates de chaux, de cobalt, de soude et d'ammoniaque, sont les seuls qui soient employés.

784. Celui d'ammoniaque ne l'est que dans les laboratoires ; on en extrait l'acide phosphorique par la calcination (356).

785. Celui de soude ne l'est qu'en médecine ; on l'administre quelquefois comme un léger purgatif.

786. Le phosphate de cobalt ne l'est que dans les arts ; on le calcine avec l'alumine pour obtenir une couleur bleue qui peut remplacer l'outre-mer. La préparation de cette couleur se fait de la manière suivante : On traite, à l'aide de la chaleur, la mine de cobalt de Tunaberg, grillée, (1001) par un excès d'acide nitrique faible ; on fait évaporer la dissolution presque jusqu'à siccité ; on fait chauffer le résidu avec de l'eau ; on filtre la liqueur pour en séparer une certaine quantité d'arseniate de fer qui se dépose : alors on y verse une dissolution de sous-phosphate de soude, et l'on obtient un précipité violet de sous-phosphate. Ce précipité étant lavé, rassemblé sur un filtre et encore en gelée, on en prend 1 partie que l'on mêle le plus exactement possible avec 8 parties d'hydrate d'alumine ou d'alumine en gelée (508). On reconnaîtra que le mélange sera bien fait, lorsqu'il sera également coloré, ou qu'on n'y apercevra plus de petits points de phosphate isolé : dans cet

état, on le fera sécher à l'étuve ou sur un fourneau ; et lorsqu'il sera assez sec pour être cassant, on le calcinera dans un creuset de terre ordinaire. A cet effet, on remplira le creuset de matière ; on le recouvrira de son couvercle ; on le chauffera peu à peu jusqu'au-dessus du rouge-cerise, et on le tiendra exposé à ce degré de chaleur pendant une demi-heure ; on retirera le creuset, et l'on y trouvera une belle couleur bleue qu'on conservera dans un flacon. On réussira constamment dans cette opération, si on a le soin d'employer un suffisant excès d'ammoniaque pour préparer l'alumine, de la laver à plusieurs reprises avec des eaux très-limpides, par exemple, filtrées au charbon.

On peut remplacer le phosphate de cobalt, dans la préparation de cette couleur, par l'arseniate de cobalt ; seulement, au lieu d'employer 1 partie d'arseniate sur 8 d'alumine, on n'en emploiera qu'une demi-partie. On obtiendra d'ailleurs ce sel de même que le phosphate, c'est-à-dire, en versant dans la dissolution de cobalt, préparée comme nous venons de le dire, une dissolution d'arseniate de potasse.

787. Le phosphate de chaux est employé en médecine, dans les laboratoires, et dans les arts : en médecine, on l'emploie dans les diarrhées chroniques ; il entre dans la décoction blanche de sydenham : dans les laboratoires, on s'en sert pour faire le phosphate de soude, de potasse et d'ammoniaque, et par suite tous les autres phosphates (780 et 789) : dans les arts, on l'emploie pour en extraire le phosphore. A cet effet, on le traite par l'acide sulfurique ; on le transforme ainsi en phosphate acide de chaux : on calcine celui-ci avec du charbon ; l'excès d'acide se décompose et on en recueille le phosphore. La théorie de cette opération

est fort simple ; il n'en est pas de même de son exécution : on ne réussit qu'en prenant différentes précautions que nous allons indiquer. *Expérience :* On prend
des os de bœuf, de mouton, etc. ; on les fait brûler pour
en détruire la matière animale : d'abord, ils deviennent
noirs et ensuite blancs. Dans cet état, ils sont très-
friables et ne sont plus qu'un mélange d'environ 76
à 77 parties de phosphate de chaux, de 20 parties de sous - carbonate de chaux et de quelques
atomes d'autres sels. On les pile et on les passe au tamis. Réduits en poudre fine, on en met une certaine
quantité dans un baquet, par exemple ; 12 kilogrammes ; on y verse assez d'eau pour en faire une bouillie
liquide ; puis on y ajoute peu à peu 10 kilogrammes
d'acide sulfurique , et on agite en même temps avec un
bâton : il en résulte du sulfate et du phosphate acide
de chaux, un grand dégagement d'acide carbonique , et
par conséquent, une effervescence considérable , beaucoup de chaleur, une odeur piquante et un *magma*
très-épais ; phénomènes qui sont tous faciles à expliquer, en observant que les carbonates sont complète-
ment et facilement décomposés par les acides ; que le
phosphate de chaux l'est en partie par l'acide sulfurique ; que cet acide, en agissant sur l'eau, et à plus
forte raison sur la chaux, produit un grand degré de
chaleur ; que l'acide carbonique, en se dégageant rapidement, surtout à une température élevée , entraîne
avec lui une portion d'acide sulfurique et devient
très-piquant ; enfin, que le sulfate de chaux qui se
forme , ayant la propriété de solidifier le quart de
son poids d'eau , doit donner beaucoup de consistance
au mélange.

Quoi qu'il en soit, on délaye la matière dans l'eau
de manière à la ramener à l'état de bouillie liquide ;
on l'abandonne à elle-même pendant 24 heures, afin
de rendre l'action de l'acide sulfurique sur le phosphate de chaux aussi complète que possible : au bout
de ce temps, on la lave avec de l'eau bouillante et
on la filtre. Pour cela, on verse cette eau dans le
baquet même ; on agite bien et on laisse reposer pendant quelque temps ; on enlève la liqueur surnageante
avec une casserolle de cuivre ou de plomb, et on
la verse sur une toile convenablement serrée : d'abord
elle passe trouble ; mais bientôt elle passe limpide, et
on la reçoit dans des vases de grès ou de bois, ou
autres non attaquables par les acides. Ce premier
lavage fini, on en fait un second, un troisième, etc.,
de la même manière, jusqu'à ce que la liqueur ne soit
presque plus acide.

Par le moyen de ces lavages, on dissout le phosphate acide de chaux, et on le sépare d'une grande
quantité de sulfate de chaux qui reste sur le filtre ;
mais on dissout en même temps une portion de sulfate de chaux qui est légèrement soluble dans l'eau,
surtout à l'aide d'un excès d'acide phosphorique et
sulfurique : il faut séparer avec beaucoup de soin
ce sulfate de chaux du phosphate acide ; car, comme
ce sel passe facilement à l'état de sulfure par le charbon, et que l'acide phosphorique du phosphate acide a
plus d'affinité avec la chaux que le soufre, il s'en suit
d'une part, qu'on obtiendrait du phosphore impur, puisqu'il tiendrait du soufre en combinaison, et que de
l'autre on en obtiendrait moins, puisqu'une portion de
l'acide excédant, ayant été saturée par la chaux, n'au-

rait pas pu être décomposée , ou du moins ne l'aurait été que très-imparfaitement. On parvient à opérer cette séparation de la manière suivante : On fait évaporer toutes les eaux de lavage dans une chaudière de plomb ou de cuivre jusqu'en consistance syrupeuse; par là, on précipite presque tout le sulfate de chaux : on jette sur le résidu 3 ou 4 fois son volume d'eau ; on fait chauffer, on filtre de nouveau et on lave jusqu'à ce que les eaux de lavages soient presque sans saveur. On reprend la liqueur, qui, au moyen de toutes ces opérations, ne contient, pour ainsi dire, que du phosphate acide de chaux : on l'évapore, et lorsqu'elle est de nouveau en consistance syrupeuse, on la mêle intimement avec le quart de son poids de charbon en poudre; on calcine le mélange presque jusqu'au rouge dans une bassine de fonte, pour le dessécher complétement et s'opposer par suite à son boursoufflement ; puis on introduit ce mélange dans une excellente cornue de grès, enveloppée d'une couche de lut bien égal et bien sec ; on remplit cette cornue aux $\frac{3}{4}$ ou aux $\frac{4}{5}$; on la place dans un fourneau à réverbère ; on adapte à son col une alonge en cuivre qu'on fait plonger au fond d'un grand bocal à moitié rempli d'eau et portant un bouchon troué à travers lequel l'alonge passe ; on remplit de lut terreux l'intervalle qui existe entre l'alonge et la cornue ; on tasse ce lut le plus possible, et on en recouvre l'alonge et le col de la cornue à leur point de réunion : enfin, on adapte au bouchon du bocal un tube droit, large d'un demi-pouce, et long de 2 ou 3 pieds.

L'appareil étant ainsi disposé, toutes les jointures du fourneau étant bien lutées , et les luts étant bien secs , on fait du feu peu à peu sous la cornue, de ma-

nière à la porter au rouge dans l'espace de deux heures
seulement ; alors, on remplit le fourneau de charbon (*a*) ; on l'alimente continuellement, et, de temps
en temps, on dégorge le fourneau et la grille au moyen
d'une tige de fer. Presqu'aussitôt que la cornue commence à rougir, il se forme de l'oxide de carbone et
de l'hydrogène carboné, qui proviennent de la décomposition de l'eau du phosphate acide par le
charbon, et de l'hydrogène que contient celui-ci.
Mais ce n'est souvent qu'au bout de quatre heures
de feu que l'on commence à obtenir du phosphore.
Pendant tout le temps qu'on en obtient, il se dégage
tout à la fois du gaz oxide de carbone et du gaz hydrogène phosphoré ; le dégagement de ces gaz sert même
de guide dans l'opération ; lorsqu'il se ralentit, il faut
élever la température, et c'est ce que l'on fait en surmontant la cheminée d'un long tuyau de poêle ; on continue ainsi de chauffer de plus en plus jusqu'à ce qu'il
cesse de s'en dégager, ce qui n'arrive ordinairement
qu'après vingt-quatre ou trente heures : à cette époque,
l'opération est terminée, et on laisse tomber le feu.

Il arrive souvent que l'appareil perd entre l'alonge
et le col de la cornue : on s'en aperçoit toujours à
des lueurs phosphoriques, et on y remédie constamment en couvrant de luts les endroits où elles se mani-
festent. Il arrive aussi quelquefois que la cornue se fêle ;
on le reconnaît à ce que les gaz cessent tout à coup de
se dégager, et à ce que la flamme du fourneau a
une odeur de phosphore : dans ce cas, on doit retirer tout le feu le plus promptement possible ; laisser

(*a*) Il ne faut jamais que la cornue soit en contact avec du
charbon non incandescent, parce qu'elle pourrait se fêler.

refroidir la cornue; en retirer la matière, et la mettre
dans une autre.

Lorsque l'opération est conduite avec succès jusqu'à
la fin, on retire environ 90 grammes de phosphore
par kilogramme de phosphate. Ce phosphore n'est
point pur; il est mêlé d'oxide et combiné peut-être
avec diverses quantités de charbon ; il en contient
d'autant plus, qu'il s'est dégagé plus tard ou à une
plus haute température : aussi celui que l'on obtient
au commencement de l'opération est peu coloré et
transparent; tandis que celui qu'on obtient à la fin
est rouge et presque opaque. On trouve même dans
l'alonge et dans le col de la cornue une assez grande
quantité de celui-ci, qui, étant peu fusible, n'a pas pu
se rendre ou couler jusque dans le récipient.

Pour purifier le phosphore, on le met sur une peau
de chamois, on en fait un nouet bien solide ; on
plonge ce nouet dans une terrine contenant de l'eau
presque bouillante, et on le comprime au moyen de
pinces; le phosphore fond et passe à travers la peau ;
les matières étrangères avec lesquelles il est mêlé restent dessus. Pour l'obtenir plus pur encore, on le
soumet à une nouvelle distillation dans les laboratoires : cette distillation se fait dans une cornue de
verre; mais, de crainte d'accidens, on ne doit opérer
que sur une centaine de grammes. Dans tous les cas,
on conserve le phosphore tantôt en masse, mais le
plus souvent sous forme de cylindres, dans des flacons bouchés et pleins d'eau pure. On lui donne cette
forme en le fondant dans l'eau à 45°; y plongeant
l'extrémité d'un tube de verre, aspirant par l'autre
avec la bouche, jusqu'à ce que le phosphore soit

élevé à la moitié ou aux trois quarts du tube ; le fer-
mant alors inférieurement avec l'index ou un robinet,
et le portant dans un seau d'eau froide : bientôt il se
solidifie, on le retire du tube et on le coupe en deux
ou trois parties, etc. C'est sous cet état qu'on le vend
dans le commerce, et c'est presque toujours aussi sous
cet état qu'on l'emploie dans les laboratoires.

788. Occupons-nous actuellement des phosphates
en particulier. Nous n'en examinerons que trois,
les phosphates de soude, de potasse et d'ammoniaque, parce que tous les autres étant insolubles, leur
histoire se trouve comprise dans celle de la famille et
du genre. (*Voyez* ce qui a été dit à ce sujet sur les
carbonates (757).

Du Sous-Phosphate de Soude.

789. Le sous-phosphate de soude a une faible saveur
qui n'a rien d'amer ; il verdit le sirop de violettes, fond
au degré de la chaleur rouge-cerise, et donne lieu à
un verre qui reste transparent tant qu'il est liquide,
et qui devient opaque en se solidifiant : il se dissout
dans l'eau beaucoup plus à chaud qu'à froid ; cristallise par le refroidissement en prismes rhomboïdaux
contenant les deux tiers de leur poids d'eau de cristallisation, et susceptibles de s'effleurir rapidement, etc.
(697 et 772).

Ce sel existe dans quelques liquides animaux, et
particulièrement dans le sang et dans l'urine humaine ;
il s'obtient en décomposant le phosphate acide de chaux
par le sous-carbonate de soude. On verse dans une
dissolution de phosphate acide de chaux, du carbonate de soude lui-même en dissolution, jusqu'à ce que

la liqueur verdisse fortement le sirop de violettes ;
ce qui donne lieu à une grande effervescence et à
un précipité gélatineux de sous - phosphate calcaire.
On filtre, on lave, on fait évaporer convenablement,
et le phosphate de soude cristallise du jour au lendemain, souvent même en quelques heures. Avant de
procéder à la séparation des eaux mères, il faut examiner l'état où elles sont : elles pourraient être acides,
quoique le sel qui s'est formé fût avec excès d'oxide :
dans ce cas, il faudrait y ajouter une nouvelle portion de carbonate de soude. Si, au contraire, on avait
versé primitivement trop de carbonate de soude, il
faudrait, après les avoir étendues d'eau, les mêler avec
une certaine quantité de phosphate acide de chaux,
filtrer, etc. : de cette manière, on sera sûr d'en retirer
du phosphate de soude jusqu'à la fin de leur évaporation.

On emploie le phosphate de soude pour faire les
phosphates insolubles dans les laboratoires. On s'en
sert en médecine comme d'un léger purgatif.

Phosphate de Potasse.

790 Déliquescent, et par conséquent très-soluble ;
saveur légèrement alcaline ; ne cristallisant que très-
difficilement ; susceptible d'éprouver la fusion ignée
à la chaleur rouge, etc. (697 et 772) ; existe dans les
graines céréales ; s'obtient, comme celui de soude, en
décomposant le phosphate acide de chaux par le
carbonate de potasse.

Phosphate d'Ammoniaque.

791. Le phosphate d'ammoniaque est piquant et
sans odeur ; il verdit le sirop de violettes ; exposé

au feu, il se décompose; son ammoniaque se dégage, et son acide reste sous forme de verre fondu (356); il n'est ni efflorescent, ni déliquescent; son action sur les corps combustibles, à la température ordinaire, est nulle; celle qu'il exerce sur eux, à une température élevée, doit être la même que celle de l'acide phosphorique et de l'ammoniaque, puisqu'alors ces deux corps deviennent libres; il est très-soluble dans l'eau, plus à chaud qu'à froid; cependant on ne l'obtient bien cristallisé que par une évaporation spontanée (*a*); la forme qu'il affecte est celle d'un prisme à 4 pans terminés par des pyramides à 4 faces (697 et 772).

792. *État.* — Ce sel se trouve en combinaison avec le phosphate de soude ou de magnésie, dans les urines humaines. Uni à celui-ci, il donne lieu à l'une des espèces de calculs qui se forment dans la vessie de l'homme, et il constitue également des concrétions très-volumineuses qu'on rencontre de temps à autre dans les intestins des animaux, et surtout des chevaux.

793. *Préparation.* — On le prépare, comme ceux de soude et de potasse, en versant dans une dissolution de phosphate acide de chaux, un léger excès d'ammoniaque liquide; on filtre et on lave le sous-phosphate de chaux qui reste sur le filtre : dans la liqueur, se trouve le phosphate d'ammoniaque; on le fait évaporer; mais comme, par l'évaporation rapide, ce sel devient acide, il faut, lorsque la dissolution est amenée au point de concentration convenable pour

_____

(*a*) Car, à la chaleur de l'ébullition, il passe à l'état de phosphate acide.

cristalliser spontanément, y verser de l'ammoniaque de manière à rendre celle-ci légèrement prédominante.

On s'en sert pour obtenir l'acide phosphorique, comme nous venons de le dire.

Des Phosphates neutres et acides.

794. Il paraît qu'on ne peut obtenir que les phosphates de potasse, de soude et d'ammoniaque, à l'état neutre; car, lorsqu'on verse l'un de ces phosphates dans une dissolution d'un sel neutre dont la base est autre que la leur, il en résulte un précipité de sous-phosphate, et la liqueur devient acide. Cet effet est dû sans doute à la grande cohésion des sous-phosphates : ce qui le prouve, c'est qu'aussitôt que les sous-phosphates de soude et d'ammoniaque sont assez concentrés, ils se transforment en sous-phosphates qui cristallisent, et en phosphates acides qui restent liquides. Quoique les phosphates acides se forment si facilement, ils ont été peu étudiés : on sait seulement qu'ils sont solubles et même déliquescens; qu'ils se vitrifient très-facilement; que celui de chaux cristallise en lames micacées; qu'exposé au feu, il se boursoufle considérablement, et que le verre auquel il donne lieu est insipide, insoluble, ne rougit point la teinture de tournesol, et donne cependant beaucoup de phosphore eu le calcinant avec le charbon.

Le phosphate acide de chaux se prépare en délayant dans l'eau les os calcinés et pulvérisés, et en les traitant par l'acide sulfurique concentré, comme nous l'avons dit précédemment : seulement, dans ce cas-ci, l'acide ne doit former que le tiers du poids des os, pour qu'il ne soit point en excès.

Des Phosphites.

795. Les phosphites ne se trouvent point dans la nature ; on les obtient directement, c'est-à-dire, en combinant l'acide phosphoreux avec les bases salifiables. Huit seulement ont été étudiés ; savoir : les phosphites de potasse, de soude, d'ammoniaque, de chaux, de baryte, de strontiane, de magnésie, d'alumine. C'est à Fourcroy et M. Vauquelin que nous devons tout ce que nous savons de leurs propriétés.

Les phosphites de potasse, de soude, d'ammoniaque, d'alumine sont solubles ; ceux de baryte, de strontiane, de chaux et de magnésie sont au contraire insolubles. Exposés au feu, ces huit phosphites laissent dégager une partie de leur phosphore, et passent à l'état de sous-phosphates, excepté celui d'ammoniaque ; celui-ci donne pour produit de l'ammoniaque, de l'azote, de l'hydrogène phosphoré qui se dégagent, et de l'acide phosphorique vitreux. Aucun d'eux n'absorbe le gaz oxigène de l'air à la température ordinaire ; tous décomposent facilement, à l'aide de la chaleur, les acides nitrique et muriatique oxigéné, ainsi que les nitrates et muriates suroxigénés. Dans ces différentes décompositions, l'acide phosphoreux est transformé en acide phosphorique. Les phosphites de potasse, de soude et d'ammoniaque précipitent les eaux de baryte, de strontiane et de chaux ; d'où il suit que l'acide phosphoreux suit probablement le même ordre que l'acide phosphorique dans sa ten-

dance à se combiner avec les bases salifiables. Jusqu'à
présent on n'a fait usage d'aucun phosphite : d'après
Fourcroy et M. Vauquelin, ils sont composés comme
il suit :

Phosphite de Potasse.

Acide 100,00
Potasse .125,31

Phosphite de Soude.

Acide 100,00
Soude 145,39

Phosphite d'Ammoniaque.

Acide 100,00
Ammon. 196,15

Phosphite de Magnésie.

Acide 100,00
Magnésie 45,45

Phosphite de Chaux.

Acide 100,00
Chaux 150,00

Phosphite de Baryte.

Acide 100,00
Baryte 123,02

Il paraît que l'acide phosphoreux n'est point susceptible de se combiner avec les oxides facilement
réductibles ; du moins il réduit, ainsi que l'ont observé MM. Braancamp et Siqueira-Oliva, les oxides
de mercure, et même tous les sels mercuriels (688).

Des Sulfates neutres.

797. *Action du feu.* — Nous avons vu qu'en exposant la combinaison de l'acide sulfurique et de l'eau
à une température très-élevée, on la décomposait, et
qu'on transformait cet acide en acide sulfureux et
en oxigène dans le rapport de 2 : 1 (404) : nous avons
vu d'une autre part (403) que l'acide sulfurique, ne
pouvant point probablement exister seul, devait
éprouver la même transformation toutes les fois qu'on
le séparait d'un corps auquel il était uni. Ces obser-

vations vont nous mettre à même de concevoir, et même de prévoir l'action du feu sur les sulfates.

798. Si dans un sulfate l'oxide a une très-grande affinité pour l'acide sulfurique, et si cette affinité est telle qu'elle ne puisse être vaincue par la chaleur, il est évident que le sel ne se décomposera point. Les sulfates de la seconde section et le sulfate de magnésie sont dans ce cas. Mais si l'oxide et l'acide d'un sulfate peuvent être portés par l'action du feu hors de leur sphère d'affinité, ce sel se décomposera nécessairement ; l'acide sera transformé en deux parties d'acide sulfureux et une d'oxigène, et l'oxide devenu libre se comportera comme quand on l'expose seul au feu avec le contact du gaz oxigène : par conséquent, cet oxide s'oxidera davantage, s'il est susceptible de se combiner avec une nouvelle quantité d'oxigène à la température à laquelle on opère ; il se désoxidera ou se réduira, si à cette température il est susceptible d'abandonner une portion d'oxigène ou tout l'oxigène qu'il contient, et il ne changera point de nature s'il ne peut s'oxider, ni se désoxider. Tels sont tous les sulfates de la première et des quatre dernières sections, moins celui de magnésie : tous se décomposent à une chaleur plus ou moins élevée que le rouge-cerise, en donnant lieu aux résultats précédens. Quelques sulfates qui ne peuvent exister que par l'intermède de l'eau, et dont les oxides ont par conséquent très-peu d'affinité avec l'acide sulfurique, font exception ; lorsqu'on les chauffe, ils se décomposent bien au-dessous du rouge-cerise : alors l'acide sulfurique à l'état d'hydrate s'en dégage sous forme de vapeurs blanches, et l'oxide reste sous forme de poudre sèche, à moins qu'il ne se réduise.

Nous citerons pour exemple les sulfates d'or, de platine.

799. *Action des corps combustibles.* — Le carbone, à une température élevée, décompose l'acide de tous les sulfates ; mais il ne décompose et ne réduit que les oxides de ceux qui appartiennent aux quatres dernières sections : il en résulte du gaz acide carbonique ou du gaz oxide de carbone avec tous, et l'on obtient en outre : 1° avec les sulfates de la première, un oxide peu ou point sulfuré et beaucoup de soufre ; 2° avec les sulfates de la seconde, un oxide sulfuré, et du soufre surtout avec les sulfates de strontiane et de chaux dont les oxides ont moins d'affinité pour ce combustible que ceux de baryte, de potasse et de soude ; 3° enfin, avec les sulfates des autres sections, un sulfure métallique quand le métal peut se combiner avec le soufre, ce qui arrive presque toujours, et le plus souvent un peu de soufre. Il est probable aussi que dans tous les cas le soufre se dégage combiné en partie avec le carbone ou à l'état de carbure (182).

800. L'action de l'hydrogène sur les sulfates est la même que celle du carbone ; elle n'en diffère qu'en ce que, au lieu d'acide carbonique ou d'oxide de carbone et de soufre probablement carburé, on obtient de l'eau et de l'hydrogène sulfuré. D'ailleurs, il est facile de concevoir tous ces phénomènes ; il suffit pour cela de se rappeler, 1° que les oxides de la première section sont irréductibles et ont peu d'affinité pour le soufre ; 2° que ceux de la seconde ne peuvent point être réduits par l'hydrogène et le charbon, et qu'ils ont beaucoup d'affinité pour le soufre ; 3° enfin, que les oxides des quatre autres sections peuvent

tous être réduits par ces corps, et se combiner avec
le soufre, etc.

801. Le bore et le phosphore décomposent sans
doute tous les sulfates ; mais il ne doit point résulter de cette décomposition les mêmes produits que
des précédentes, parce que ces deux combustibles,
passant à l'état d'acide fixe, tendent à se combiner
avec l'oxide métallique du sulfate, et s'opposent à sa
combinaison avec le soufre, et souvent à sa réduction.

Les sulfates des première et deuxième sections forment un borate avec le bore, et un phosphate avec le
phosphore : dans le premier cas, le soufre du sulfate
se dégage probablement pur ; dans le deuxième cas,
il ne doit se dégager qu'en combinaison avec le phosphore.

Les autres sulfates dont les oxides seront difficiles
à réduire, et qui auront beaucoup d'affinité pour
l'acide phosphorique ou borique, se comporteront
probablement avec le bore et le phosphore comme les
oxides des première et deuxième sections ; mais ceux
dont les oxides seront faciles à réduire, et qui n'auront pas beaucoup d'affinité pour les acides borique
et phosphorique, se comporteront d'une autre manière avec ces deux corps combustibles : il est probable
que leurs oxides et leurs acides seront réduits, et qu'ils
formeront de l'acide borique et un sulfure avec le bore,
et de l'acide phosphorique et un sulfure ou phosphure
avec le phosphore. *Exemple* : Sulfates d'argent, d'or,
de platine.

802. Il paraît que le soufre n'agit point sur les sulfates indécomposables par le feu, c'est-à-dire ; sur
ceux de la seconde section, et le sulfate de magnésie ;

mais il est évident qu'il doit agir sur tous les autres, puisque tous sont décomposables à une température plus ou moins élevée, de telle manière que leur acide est transformé en acide sulfureux et en oxigène, et que leur oxide est mis en liberté ou réduit. Or, si l'on observe, d'une part, que les oxides de la première section sont irréductibles et ne se combinent qu'avec peu ou point de soufre, on verra qu'en calcinant les sulfates de cette section avec ce corps, il devra en résulter de l'acide sulfureux et un oxide peu ou point sulfuré; et, si l'on observe, d'une autre part, que les oxides métalliques des quatre dernières sections sont réductibles par le soufre et susceptibles de former avec lui de l'acide sulfureux et un sulfure métallique, il deviendra certain qu'en calcinant les sulfates de ces quatre sections avec le soufre, on obtiendra de l'acide sulfureux et un sulfure métallique. Pour constater ces divers résultats, ainsi que ceux qui proviennent de l'action de l'hydrogène, du bore, du carbone, du phosphore sur les sulfates, on s'y prend de la même manière que pour traiter les oxides de ces sels par ces corps combustibles (472—482).

803. Le potassium et le sodium décomposent tous les sulfates au degré de la chaleur rouge-cerise, et donnent lieu aux phénomènes qui ont été précédemment exposés (716).

Les métaux de la troisième section et plusieurs de ceux de la quatrième, tels que l'antimoine, etc., ont aussi la propriété de décomposer tous les sulfates à la température rouge. Dans ces diverses décompositions, les métaux passent en partie à l'état d'oxide et en partie à l'état de sulfure; ils font passer les sulfates de la

seconde section à l'état d'oxide sulfuré ; ceux de la
première, à l'état d'oxide peu ou point sulfuré; ceux
de la troisième et quatrième sections, qui sont difficiles
à réduire, à l'état d'oxide pur; et les autres, à l'état
métallique : dans ce dernier cas, outre les produits
que nous venons de nommer, il se forme presque toujours un alliage.

Il est évident que le mercure, l'osmium et les métaux de la dernière section, doivent être sans action
sur les sulfates, puisque, quand ils sont eux-mêmes
unis à l'oxigène et à l'acide sulfurique, ils sont réduits
par la seule action de la chaleur ; ils ne pourraient
agir tout au plus que sur le métal du sel.

804. *Action de l'eau.* — Il est essentiel de connaître quels sont les sulfates solubles dans l'eau et
quels sont ceux qui ne peuvent pas s'y dissoudre.

Les sulfates solubles sont ceux de magnésie, de
glucine, d'alumine, de potasse, de soude, d'ammoniaque, de manganèse, de fer, de zinc, de chrôme,
d'urane, de cobalt, de cuivre, de nickel, de palladium, de rhodium, d'iridium, d'or, de platine.

Les sulfates insolubles sont ceux de baryte, d'étain,
d'antimoine, de bismuth, de plomb, de mercure.

Les sulfates très-peu solubles sont ceux de strontiane,
de chaux, de zircône, d'yttria, de deutoxide de cérium, d'argent : il suit de là que l'acide sulfurique doit
toujours troubler l'eau de baryte, et ne doit point au
contraire troubler l'eau de strontiane et l'eau de chaux,
quand elles sont suffisamment étendues ; c'est ce qui a
lieu en effet : l'acide sulfurique ne forme même pas de
précipité dans l'eau de chaux ordinaire, parce que la
chaux est toujours plus soluble que ne l'est le sulfate

de chaux. Ce qu'il y a de remarquable, c'est que cet acide ne diminue que très-peu l'insolubilité des sulfates insolubles, et qu'il ne diminue même celle des sulfates de baryte, de plomb et de protoxide de mercure, qu'autant qu'il est concentré; tandis qu'au contraire, si on en excepte les muriates et quelques arseniates, tous les sels insolubles se dissolvent dans un excès de leur acide, pour peu qu'il ait de force.

805. *Action des bases.* — Les bases salifiables ne suivent pas précisément le même ordre dans leur tendance à se combiner avec l'acide sulfurique par l'intermède de l'eau, que dans celle qu'elles ont à s'unir aux acides phosphorique, etc. La baryte est au premier rang, la strontiane au second; viennent ensuite la potasse et la soude; puis successivement la chaux, l'ammoniaque, la magnésie, etc. (718). L'eau de baryte doit donc précipiter tous les sulfates sensiblement solubles.

806. Nous avons vu précédemment que les sulfates de la seconde section étaient indécomposables par l'action seule de la chaleur; mais nous devons faire observer qu'ils cessent de l'être, quand ils sont en contact avec un oxide susceptible de s'unir facilement avec celui qui leur sert de base: c'est ainsi qu'en calcinant fortement les sulfates de potasse ou de soude avec la silice, on obtient de l'acide sulfureux, de l'oxigène, et un verre provenant de l'union des deux oxides. Il est probable que l'alumine et plusieurs autres oxides jouiraient aussi de cette propriété, par rapport aux sulfates de la seconde section.

807. *Action des acides.* — Comme l'acide sulfurique a la propriété, sans qu'il soit besoin d'en employer

un grand excès, de décomposer facilement tous les sels
à froid, ou du moins à une chaleur qui n'excède pas
beaucoup celle de l'eau bouillante, le muriate d'argent
excepté, il s'en suit qu'à cette température les sulfates
ne pourront céder tout au plus qu'une portion de leur
base aux autres acides : le sulfate d'argent seul cédera
tout son oxide à l'acide muriatique. Cependant, à la
chaleur rouge, tous les sulfates, même ceux de la seconde section, seront complétement décomposés par les
acides fixes ou peu volatils, c'est-à-dire, par les acides
borique et phosphorique. Il résultera de cette décomposition, de l'acide sulfureux, du gaz oxigène, et un
borate ou un phosphate, pourvu toutefois que les
oxides ne soient pas très-faciles à réduire (729).

808. *Action des sels.* — Tout ce qu'on sait de l'action des sels sur les sulfates, se trouve compris dans les
généralités qui ont été exposées (720). Nous ferons observer seulement que le sulfate de baryte, étant absolument insoluble, et n'étant point susceptible de s'unir
aux autres sels, doit se former constamment et se précipiter tout à coup, lorsqu'on mêle la dissolution d'un
sulfate, même très-étendue d'eau, avec une dissolution
quelconque d'un sel de baryte.

809. *État naturel.* — On trouve douze sulfates dans
la nature; savoir : les sulfates de magnésie, de chaux,
de strontiane, de baryte, de potasse, de soude, de
zinc, de fer, de cuivre, et les sulfates doubles d'alumine et de potasse, d'alumine et d'ammoniaque, de
chaux et de soude : les plus abondans sont ceux de
chaux, de baryte, d'alumine et de potasse. Nous ne ferons l'histoire naturelle de ces sulfates, qu'en parlant
de chacun d'eux en particulier (813).

810. *Préparation.* — Les sulfates qu'on ne trouve pas dans la nature, ou ceux qu'on y trouve soit en trop petite quantité, soit mêlés avec d'autres sels dont il est difficile de les séparer, s'obtiennent par l'un des quatre procédés suivans :

Le premier ne s'applique qu'à la préparation des sulfates solubles, et consiste à traiter les oxides ou les carbonates par l'acide sulfurique étendu d'eau. On met l'oxide ou le carbonate en poudre dans une capsule, et on y verse un peu moins d'acide qu'il n'en faut pour le dissoudre, même à l'aide de la chaleur ; on porte la liqueur à l'ébullition, on la filtre, et on la fait évaporer de manière à faire cristalliser le sel. Ce n'est que dans le cas où l'oxide et le carbonate seraient solubles, ce qui n'a presque jamais lieu, qu'on ferait l'opération à la température ordinaire, et qu'alors on verserait l'acide jusqu'à parfaite saturation.

Le second ne s'applique qu'à la préparation des sulfates insolubles ; il repose sur les doubles décompositions (725).

Le troisième s'applique à la préparation des sulfates solubles et insolubles ; il consiste à traiter à chaud les métaux par l'acide sulfurique ; mais on ne l'emploie qu'autant que les métaux sont communs et attaquables par cet acide. (*Voyez* l'action de l'acide sulfurique concentré et de l'acide sulfurique étendu d'eau, sur les métaux (412 et 668).

Enfin, quelquefois on se procure aussi les sulfates en grillant leur sulfure, ou en les exposant à l'air humide, à la température ordinaire. C'est ainsi qu'on fabrique, pour le besoin des arts, le proto-sulfate de fer, le sulfate de zinc et le deuto-sulfate de cuivre. (*Voyez* l'action de l'air sur les sulfures (229).

Les sulfates naturels que l'on extrait du sein de la terre ou des eaux sont ceux

> de magnésie,
> de chaux,
> de baryte,
> de strontiane,
> l'alun (a),
> et quelquefois ceux de potasse et de soude.

Quant aux autres, on les obtient; savoir :

Par double décomposition.

Le sulfate de baryte.

—— de strontiane.

—— de chaux.

—— d'yttria.

—— de zircône.

—— de plomb.

—— de protox. de mercure.

—— d'argent.

En exposant le sulfure à l'air.

Le sulfate de fer.

—— de deutox. de cuivre.

Par acide et métal (b).

Le sulfate de zinc.

—— de fer.

—— d'étain.

—— d'antimoine.

—— de bismuth.

—— de deutox. de mercure.

Par acide et oxide ou carbonate.

Tous les autres sulfates (c).

811. *Composition.* — Dans les sulfates neutres, la

(a) L'alun s'obtient aussi artificiellement par des procédés qui sont exposés (861).

(b) L'on doit se servir d'acide étendu d'eau pour traiter le fer et le zinc, et d'acide concentré pour traiter tous les autres métaux.

(c) Cependant nous devons faire observer que c'est surtout en traitant le sel marin par l'acide sulfurique, qu'on obtient presque tout le sulfate de soude qui se consomme dans les arts.

quantité d'oxigène de l'oxide est à la quantité d'oxigène de l'acide, comme 1 à 3, et à la quantité d'acide même, comme 1 à 5. Or, l'on connaît la composition des oxides (504); l'on peut donc en conclure celle des sulfates. Nous rapporterons, dans le tableau suivant, la composition de onze sulfates, déterminée de cette manière :

SULFATES.	ACIDE.	BASE.
De baryte..............	100............	190,47
De chaux....	100...........	70,175
De potasse............	100....	120,2757
De soude.............	100..........	78,832
De magnésie..........	100..........	51,9483
D'alumine............	100..........	42,80
De protoxide de fer.....	100..........	100,00
De zinc...............	100..........	101,967
De deutoxide de cuivre.	100..........	100,00
De protoxide de plomb.	100..........	279,74
—— de mercure........	100..........	520,00

L'on voit, d'après ce qui précède, que, dans les sulfates neutres, l'acide contient 2 fois autant de soufre que l'oxide contient d'oxigène, et que par conséquent dans ces sels la quantité de soufre est à la quantité de métal dans le même rapport que dans les sulfures.

812. *Usages.* — Les sulfates employés dans les arts ou dans la médecine sont au nombre de onze; savoir : les sulfates de magnésie, de chaux, de baryte, de potasse, de soude, d'ammoniaque, de zinc, de protoxide

de fer, de deutoxide de cuivre, de deutoxide de mercure, l'alun, c'est-à-dire, le sulfate double d'alumine et
de potasse ou d'ammoniaque. Ceux dont on fait le plus
d'usage sont : le sulfate de soude, dont on extrait la soude
artificielle du commerce (765); le sulfate de chaux, avec
lequel on fait le plâtre; l'alun, qui sert principalement
à fixer les couleurs sur les étoffes; et le sulfate de fer,
qui est la base de toutes les couleurs noires. (*Voyez*
tous ces sulfates en particulier.)

Des Sulfates de la première section.

Sulfate d'Alumine.

813. Blanc, très – stiptique; rougit la teinture de
tournesol; déliquescent; soluble dans un poids d'eau
moindre que le sien; cristallise, mais difficilement, en
houppes soyeuses; se combine avec le sulfate de potasse et le sulfate d'ammoniaque, et constitue l'a-
lun, etc. (697 et 797); n'existe point dans la nature;
s'obtient en traitant l'alumine par l'acide sulfurique.

On met de l'alumine en gelée dans une capsule; on y
verse peu à peu de l'acide sulfurique étendu d'une fois
son poids d'eau, et en quantité telle que l'alumine, à
l'aide de la chaleur, se dissolve presque tout entière :
on porte la liqueur à l'ébullition, on la filtre, on la fait
évaporer jusqu'en consistance syrupeuse, et on la verse
dans un flacon que l'on bouche avec soin. Du jour
au lendemain, la cristallisation s'opère ordinairement;
mais les cristaux qui se forment ne sont jamais très-
prononcés, et n'ont que très-peu de consistance : ce sont
des houppes soyeuses. Si l'on employait un grand excès
d'alumine, et si on faisait bouillir la liqueur pendant

long-temps, l'on n'obtiendrait qu'un sous-sulfate insoluble. On se sert du sulfate d'alumine pour faire l'alun; mais on le prépare par un autre procédé que celui que nous venons d'indiquer (861).

Du Sulfate de Zircône.

814. Blanc, insoluble, insipide, pulvérulent; susceptible, d'après M. Klaproth, de se dissoudre dans un excès d'acide, et de former des cristaux étoilés et transparens, etc. (697 et 797); n'existe point dans la nature; s'obtient en versant du sulfate de soude ou de potasse dans une dissolution de nitrate ou de muriate de zircône.

Du Sulfate de Glucine.

815. Blanc, sucré, légèrement déliquescent; ne cristallise qu'avec peine en petites aiguilles, etc. (697 et 797); n'existe point dans la nature; s'obtient en traitant dans une capsule un excès de glucine ou de carbonate de glucine, par de l'acide sulfurique étendu d'une fois son poids d'eau (810).

Du Sulfate d'Yttria.

816. Blanc, sucré; soluble seulement dans 30 ou 40 parties d'eau à la température ordinaire; plus soluble au moyen d'un excès d'acide; susceptible de cristalliser en petits grains brillans, etc. (697 et 797); n'existe point dans la nature; s'obtient comme le précédent : sans usages.

Du Sulfate de Magnésie.

817. Le sulfate de magnésie est blanc, très-amer; soluble dans les $\frac{2}{3}$ de son poids d'eau bouillante, et seulement dans son poids d'eau à 15°; cristallise en prismes

à quatre pans, terminés par des pyramides à quatre faces ou par un sommet dièdre ; contient, d'après Bergman, 0,48 d'eau de cristallisation ; s'effleurit à l'air, éprouve la fusion aqueuse par l'action du feu, mais n'éprouve point la fusion ignée ; est complétement décomposé par la potasse, la soude ; ne l'est qu'en partie par l'ammoniaque (718) ; s'unit au sulfate d'ammoniaque, et forme du sulfate ammoniaco-magnésien ; n'est point précipité à la température ordinaire par les carbonates neutres de potasse et de soude ; existe dans les eaux des fontaines d'Epsom, de Sedlitz, d'Egra, de Seydchutz, etc. ; s'obtient, pour le commerce, par deux procédés différens.

Tantôt on l'extrait des eaux qui le tiennent en dissolution, en les évaporant jusqu'à pellicule et les laissant refroidir ; le sel s'en précipite sous forme de petites aiguilles qu'on fait égoutter et qu'on livre au commerce. Tantôt, et c'est ce procédé surtout qu'on pratique en Italie, on fait le sulfate de magnésie avec des schistes, qui contiennent de la magnésie et du sulfure de fer. Pour cela, on les expose à l'air pendant plusieurs mois, en les arrosant de temps en temps ; peu à peu le soufre et le fer se brûlent ; il en résulte de l'acide sulfurique et de l'oxide de fer : mais l'acide sulfurique se combine presque tout entier avec la magnésie, de sorte qu'il ne se forme que très-peu de sulfate de fer. Lorsque l'amas de schistes est recouvert d'une efflorescence saline, due presque tout entière au sulfate de magnésie, on procède à la lixiviation. On met dans la liqueur un peu d'eau de chaux, pour décomposer la majeure partie du sulfate de fer qui peut s'y trouver, et en précipiter l'oxide; on filtre ou on décante; et, par des cristallisations répétées, on parvient à obtenir le sulfate de magnésie aussi blanc et aussi pur que celui d'Epsom, etc.: il est, comme celui-ci, sous forme de petites aiguilles.

La plupart du temps, le sulfate de magnésie du commerce n'est point pur: il contient presque toujours une petite quantité de matières salines avec lesquelles il était mêlé; c'est pourquoi avant de s'en servir dans les laboratoires, on le purifie en le faisant cristalliser de nouveau. Lorsque cette cristallisation se fait spontanément, on obtient quelquefois des cristaux d'un volume considérable, et très-réguliers.

On s'en sert comme purgatif, et on en extrait la magnésie.

Sulfates de la seconde section.
Sulfate de Baryte.

818. Ce sel, connu autrefois sous le nom de spath pesant, est blanc, insipide, absolument insoluble dans l'eau: aussi l'acide sulfurique forme-t-il un précipité subit et très-sensible dans de l'eau qui ne contient que $\frac{1}{2000}$ de baryte, ou d'un sel barytique quelconque. Il se dissout sensiblement dans l'acide sulfurique concentré; mais il ne se dissout pas dans l'acide sulfurique faible. Exposé à une température très-élevée, le sulfate de baryte entre en fusion. Lorsqu'on en forme des gâteaux minces avec de l'eau et de la farine, et qu'on les chauffe au rouge, on obtient un produit qui luit dans l'obscurité: ce produit qu'on appelait autrefois phosphore de Bologne, et qui a été découvert par un cordonnier de cette ville, est probablement un sulfure ou un sulfite; on ne connaît

pas la cause qui le rend lumineux. Ne le serait-il que par l'effet d'une combustion lente ? Mais le sulfure ou sulfite de baryte provenant du sulfate décomposé par le charbon, devrait aussi être phosphorescent ; et c'est ce qui n'est pas, etc. (697 et 797).

819. Le sulfate de baryte existe en assez grande quantité dans la nature. On le trouve tantôt sous forme de table, ou d'un prisme droit ou oblique très-déprimé ou très-comprimé ; tantôt sous forme de rognons, de boules à surface tuberculeuse, en masse compacte, etc. Sa pesanteur spécifique est de 4,08. Jamais il ne constitue de montagnes ; rarement on le rencontre en couches ; il accompagne ordinairement les mines d'antimoine, de mercure, de zinc, de sulfure de cuivre. On le trouve à Royat, département du Puy-de-Dôme ; dans la mine d'antimoine de Massiac, département du Cantal ; dans les mines du Hartz, de Hongrie ; au mont Paterno près de Bologne, etc. : c'est de celui-ci qu'on se sert pour faire le phosphore de Bologne ; il est formé, selon M. Arvisdon, de 0,62 de sulfate de baryte, et de 0,38 de silice, d'alumine, de sulfate de chaux, d'oxide de fer et d'eau.

On se procure le sulfate de baryte artificiel, en versant une dissolution de sulfate de potasse ou de soude, ou d'acide sulfurique, dans une dissolution de nitrate ou de muriate de baryte.

Le sulfate de baryte est employé en Angleterre comme mort-aux-rats ; on s'en sert aussi comme fondant dans les fonderies de cuivre de Birmingham : dans les laboratoires, on en fait usage pour préparer la baryte et tous les sels de baryte.

Du Sulfate de Strontiane.

820. Blanc; insipide; pesant spécifiquement près de 4; fusible à une haute température; insoluble, ou du moins ne se dissolvant que dans 3500 à 4000 parties d'eau; beaucoup plus soluble dans l'acide sulfurique concentré, etc. (697 et 797); s'obtient artificiellement en versant une dissolution de sulfate de soude ou de potasse dans une dissolution de nitrate ou muriate de strontiane; existe dans la nature, mais en bien moins grande quantité que le sulfate de baryte.

On trouve ce sel à Saint-Médard et à Beuvron, département de la Meurthe; à Montmartre et Menilmontant près Paris; aux Vals de Noto et de Mazzara en Sicile; à Frankstown en Pensylvanie, etc. : celui de Montmartre et de Menilmontant est en masse opaque et à cassure compacte; il est formé, d'après M. Vauquelin, de 8,33 de carbonate de chaux, de 91,42 de sulfate de strontiane, et de 0,25 d'oxide de fer; celui de Noto et de Mazzara est en beaux cristaux prismatiques. Le sulfate de strontiane n'a d'autres usages que dans les laboratoires : on s'en sert pour extraire la strontiane, et faire tous les sels de strontiane.

Du Sulfate de Chaux.

821. Le sulfate de chaux est insipide et sans couleur; soumis à l'action d'un grand feu, il se fond en un émail blanc; desséché et exposé à l'air, il en absorbe l'humidité sans tomber en déliquescence; cependant il ne se dissout que dans 350 à 400 fois son poids d'eau; il est plus soluble dans celle qui est chargée d'acide sulfurique; et s'en sépare, par l'évaporation, sous

forme d'aiguilles satinées, et qui ont peu de consistance, etc. (697 et 797).

822. On obtient artificiellement le sulfate de chaux, en délayant la chaux dans l'eau, la traitant par un excès d'acide sulfurique, évaporant la masse jusqu'à siccité, et calcinant cette masse jusqu'au rouge.

822 *bis.* Ce sel existe en assez grande quantité dans la nature. On le trouve particulièrement aux environs de Paris, sous trois états : sous forme de cristaux assez volumineux; en masses dures cristallisées confusément, et en masses souvent impures, semblables à la pierre à bâtir.

1° Le sulfate de chaux, en cristaux volumineux, est celui qu'on connaît sous le nom de sélénite. On le rencontre cristallisé diversement : tantôt sous forme de prismes à 6 ou 8 pans, transparens et terminés par 2 ou 4 facettes ; tantôt sous formes de tables rhomboïdales également transparentes, et dont les bords sont des biseaux culminans et trapeziens. Ces divers cristaux ont une grande tendance à s'arrondir et à se grouper ; et de là résulte la forme lenticulaire, la forme en rose ou en crête due à la réunion de plusieurs lentilles ; la forme en fer de lance : sous ces formes irrégulières, le sulfate de chaux est assez souvent coloré en jaune.

2° Le sulfate de chaux en masse, pur et cristallisé confusément, est celui qu'on connaît sous le nom de gypse : tantôt il est en lames transparentes et nacrées, ou d'un blanc laiteux; tantôt en rognons peu volumineux, composés de petites paillettes blanches et nacrées; tantôt en masses composées de fibres serrées et satinées; tantôt en masse compacte, tendre et susceptible de poli, à laquelle on a donné le nom d'albâtre gypseux, de même qu'à la variété qui est en lames.

3° Le sulfate de chaux en masses impures est celui qu'on appelle vulgairement pierre à plâtre. Il est mêlé ordinairement avec de l'argile, du sable, du carbonate de chaux, et contient souvent des débris d'animaux et de végétaux.

On rencontre presque toutes ces variétés de sulfate de chaux dans les environs de Paris; la pierre à plâtre y est surtout très-abondante; les montagnes de Menilmontant, de Montmartre, etc., en contiennent des bancs très-considérables, qu'on exploite depuis un temps immémorial : on en trouve aussi en assez grande quantité dans plusieurs autres pays.

Le sulfate de chaux de ces trois variétés contient 21 pour 100 d'eau de cristallisation. Exposé au feu, il décrépite, se gonfle et s'exfolie par l'eau qui, en se vaporisant, sépare les lames qui le composent; il perd en outre sa transparence et devient blanc. Sa pesanteur spécifique est de 2,3117. Sa dureté est moins grande que celle du marbre.

Mais il n'en est point de même d'une autre espèce de sulfate de chaux, découvert dans ces derniers temps, et qui existe dans les salines de Bex, canton de Berne; dans celles de Hall en Tyrol; dans le sillon de la mine de plomb de Pezai, département du Mont-Blanc. Ce sulfate de chaux, qui est assez souvent transparent et cristallisé, ne décrépite point, ne s'exfolie point ni ne blanchit point au feu; il est plus dur que le marbre, et pèse 2,964. Toutes ces propriétés opposées aux précédentes, dépendent de ce que cette nouvelle espèce ne contient point d'eau de cristallisation.

Nous devons ajouter à tout ce que nous venons de dire de l'état naturel du sulfate de chaux, qu'on trouve encore assez souvent ce sel en dissolution dans certaines eaux : celles des puits de Paris en sont saturées, ce qui les rend purgatives, impropres à la cuisson des légumes, et ce qui leur donne la propriété de former un précipité blanc, floconneux et très-léger dans la dissolution de savon.

823. On se sert principalement du sulfate de chaux pour faire le plâtre. A cet effet, on le calcine ou on le cuit jusqu'à ce que toute son eau de cristallisation soit vaporisée ; puis on le bat, on le passe à travers une claie pour séparer les morceaux qui ne sont pas cuits, et enfin on le tamise. On distingue deux espèces de plâtre : l'un se fait avec le sulfate de chaux pur, et l'autre avec le sulfate de chaux contenant environ 0,12 de son poids de carbonate de chaux : c'est celui-ci qui est connu sous le nom de pierre à plâtre. Le premier, plus fin et plus blanc, est employé pour les objets de sculpture ; le second, susceptible de prendre plus de dureté, est employé de préférence pour les objets de construction : tout le monde connaît la manière de s'en servir ; on sait qu'il faut le délayer dans un volume d'eau à peu près égal au sien, le gâcher et l'appliquer au moment où il est sur le point de se solidifier. Cette solidification, qui donne toujours lieu à un dégagement de calorique, est due à ce que le plâtre absorbe, en cristallisant, toute l'eau avec laquelle il est en contact ; les cristaux s'entrelacent, contractent de l'adhérence, et de là résulte le degré de tenacité dont il jouit. En ajoutant une certaine quantité de chaux au plâtre fin, on le convertit en plâtre ordinaire.

On fait perdre au plâtre la propriété de se gâcher en l'exposant à l'air ou en le chauffant fortement, parce que, dans le premier cas, il reprend peu à peu son eau de cristallisation, et que, dans le second, il éprouve une demi-vitrification.

En gâchant le plâtre avec une dissolution de colle forte, introduisant ensuite des matières colorées dans la masse lorsqu'elle est encore en bouillie, et la polissant lorsqu'elle est solide et appliquée sur les objets que l'on veut en recouvrir, on fait un enduit qui imite parfaitement le marbre, et qu'on connaît sous le nom de stuc. On fait aussi du stuc avec de la chaux et du marbre pulvérisé.

Le plâtre n'est pas seulement employé en construction; on l'emploie aussi avec le plus grand succès pour amender les prairies artificielles.

Sulfate de Potasse.

824. Blanc, légèrement amer, soluble dans 16 fois son poids d'eau à la température de 15° et dans 5 fois son poids d'eau bouillante; cristallise en prismes à six ou à quatre pans très-courts, terminés par des pyramides à six ou quatre faces; n'éprouve rien à l'air; décrépite au feu; s'y fond au-dessus du rouge-cerise; cède une portion de sa base à la plupart des acides et passe à l'état de sur-sulfate; forme de l'alun, en se combinant avec le sulfate d'alumine, etc. (797); n'existe pas en grande quantité dans la nature.

On trouve particulièrement le sulfate de potasse, mêlé avec le sous-carbonate et le muriate de potasse dans les végétaux ligneux (758), et combiné avec le sulfate d'alumine, dans les mines d'alun de la Tolfa et de Piombino en Italie.

On l'obtient, soit en versant de l'acide sulfurique étendu d'eau dans une dissolution de sous-carbonate de potasse jusqu'à parfaite saturation, et évaporant convenablement la liqueur, soit en calcinant jusqu'au rouge dans un creuset le sulfate acide de potasse qui provient de la décomposition du nitre par l'acide sulfurique (390).

Ses usages sont importans : on l'unit au sulfate d'alumine pour faire une partie de l'alun du commerce. Les salpêtriers s'en servent pour convertir le nitrate de chaux en nitrate de potasse. Quelques médecins l'emploient comme un léger purgatif. Autrefois, il était connu sous les noms de *sel de duobus*, de *sel polychreste de Glaser*, d'*arcanum duplicatum*, de *potasse vitriolée*.

Sulfate de Soude.

825. Le sulfate de soude est sans couleur, très-amer, fusible au-dessus de la chaleur rouge, soluble dans un peu moins que son poids d'eau bouillante, et seulement dans 3 fois son poids d'eau à 15°; il cristallise en longs prismes à six pans, d'une grande transparence, terminés par un sommet dièdre, renfermant 0,58 d'eau de cristallisation, et susceptibles de s'effleurir promptement, etc. (797).

826. Le sulfate de soude se trouve : 1° en dissolution dans les eaux de quelques fontaines, particulièrement de celles qui contiennent du sel marin ; telles que les sources de Dieuze, Château-Salin, etc.; 2° combiné avec le sulfate de chaux, en Espagne ;

3° dans les plantes qui croissent sur le bord de la mer : là il est mêlé avec beaucoup de matières étrangères.

826 *bis*. On se procure le sulfate de soude par deux procédés différens : l'un consiste à extraire ce sel des eaux des sources salées qui le tiennent en dissolution, en même temps qu'on en extrait le sel marin. Lorsque ces eaux sont soumises à l'ébullition et qu'elles sont convenablement concentrées, il s'y forme des flocons qu'on appelle *schlot*, qui sont rejetés sur les bords et qui ne sont autre chose qu'un sel double de sulfate de chaux et de soude. On ramasse ces flocons ; on les lave avec un peu d'eau froide pour emporter le sel marin adhérent à leur surface ; puis on les traite par de l'eau bouillante : de cette manière, le sulfate de soude se dissout ; on filtre ou on décante la dissolution, et, par l'évaporation, on obtient le sel cristallisé en petites aiguilles. Mais le sulfate de soude provenant des sources salées, ne fait qu'une très-petite partie de celui dont on a besoin dans les arts : c'est surtout en décomposant le sel marin par l'acide sulfurique qu'on parvient à se procurer ce sulfate en grande quantité ; et c'est dans cette décomposition que consiste le second procédé.

Le sulfate de soude est l'un des sels dont la cristallisation est la plus facile à opérer ; ses cristaux sont si diaphanes, que souvent on ne les voit pas à travers l'eau où ils se sont formés.

On l'emploie en médecine comme purgatif ; mais on s'en sert surtout dans la fabrication de la soude artificielle.

Il était connu autrefois sous les noms de sel de

Glauber, de sel *admirable*, de *soude vitriolée*. C'est à Glauber qu'on en doit la découverte ; il l'a fit en examinant le résidu de la décomposition du sel marin par l'acide sulfurique, résidu qu'on appelait à cette époque, ainsi que tous les autres, *caput mortuum*, *terra damnata*, et dont on croyait ne pouvoir tirer aucun parti. En rectifiant cette erreur, qui a été si nuisible à la chimie, Glauber a donc rendu un grand service.

Sulfate d'Ammoniaque.

827. Le sulfate d'ammoniaque est incolore, amer, très-piquant, soluble dans à peu près son poids d'eau bouillante et seulement dans 2 fois son poids d'eau à 15°. La forme qu'il affecte est celle de petits prismes à 6 pans, terminés ordinairement par des pyramides à 6 faces. Lorsqu'on l'expose à l'action du feu, il abandonne une partie de son ammoniaque à une température même plus basse que celle de l'eau bouillante ; passe à l'état de sulfate acide ; décrépite légèrement ; se décompose complétement à une chaleur voisine du rouge-cerise, et donne lieu à un dégagement de gaz azote, à de l'eau et à du sulfite acide d'ammoniaque qui se vaporise sous forme de fumée blanche : résultats faciles à expliquer, en observant que l'ammoniaque est formée d'azote et d'hyrogène, et qu'elle éprouve une décomposition partielle. La potasse, la soude, etc., mettent en liberté la base du sulfate d'ammoniaque ; ce sel s'unit avec le sulfate d'alumine et constitue l'un des aluns du commerce (858).

Le sulfate d'ammoniaque ne se trouve naturellement qu'en petite quantité et toujours uni au sulfate d'alumine. On l'obtient dans les laboratoires en versant un excès d'ammoniaque dans l'acide sulfurique faible, et évaporant la liqueur ; si cet acide était concentré, il se produirait tant de chaleur, que la liqueur serait projetée au loin. Dans les arts, on en fabrique une grande quantité en traitant le sulfate de chaux par le sous-carbonate d'ammoniaque provenant de la distillation des matières animales (*voyez* 3e volume) : c'est de celui-ci que l'on se sert pour faire l'alun à base d'ammoniaque.

Sulfates de la troisieme section.
Sulfate de Manganèse.

828. *Deuto-Sulfate.*—Blanc, stiptique, amer, très-soluble dans l'eau, plus à chaud qu'à froid ; cristallise en prismes rhomboïdaux transparens ; se décompose au-dessus de la chaleur rouge-cerise, en donnant lieu à de l'acide sulfureux, à de l'oxigène et à un deutoxide, etc. (797) ; n'existe point dans la nature ; se prépare de la manière suivante : On prend du peroxide de manganèse naturel, on le pulvérise, on en fait une pâte avec de l'acide sulfurique ; on chauffe cette pâte dans un creuset, presque jusqu'au rouge, pendant une demi-heure : il s'en dégage beaucoup de gaz oxigène, et l'on obtient pour résidu un mélange de sous-deuto-sulfate insoluble et de deuto-sulfate neutre, dont on extrait celui-ci par la lixiviation et l'évaporation.

829. *Trito-Sulfate.* — Peu examiné ; difficilement cristallisable : on sait qu'il est rose, soluble dans l'eau et qu'on peut l'obtenir, soit en chauffant doucement de l'acide sulfurique concentré avec de l'oxide noir de manganèse, soit en mettant en contact, aussi à une douce chaleur, du tritoxide de manganèse avec de l'acide sulfurique étendu d'eau.

83o. *Persulfate acide de manganèse.* — Il paraît qu'en mettant en contact à froid le peroxide de manganèse en poudre très-fine avec de l'acide sulfurique concentré, ou peu étendu d'eau, on obtient un persulfate très-acide, coloré en rouge, que l'eau décompose complétement par l'action qu'elle exerce sur l'acide sulfurique, et dont elle précipite tout l'oxide. Il suit donc de ce que nous venons de dire sur les différens sulfates de manganèse, que l'acide sulfurique à froid ne décompose point le peroxide de manganèse; qu'à l'aide d'une très-légère chaleur, il le fait passer à l'état de tritoxide, et qu'à l'aide d'une chaleur plus forte, il le ramène à l'état de deutoxide.

Sulfate de Zinc.

83r. Le sulfate de zinc est âcre, stiptique, blanc, soluble dans à peu près 2 fois ½ son poids d'eau à 15°, et dans beaucoup moins d'eau bouillante; il cristallise en prismes à 4 pans terminés par des pyramides à 4 faces; s'effleurit à l'air; éprouve la fusion aqueuse, etc. (797); existe en très-petite quantité dans la nature, et s'obtient de la manière suivante, pour les besoins du commerce:

On prend le minerai connu vulgairement sous le nom de blende, qui contient beaucoup de sulfure de zinc et le plus souvent une petite quantité de sulfure de fer, de plomb et de cuivre. On le grille dans un fourneau à réverbère: il se forme ainsi, par l'action de l'air, des sulfates de zinc, de fer, de cuivre et de plomb (228). Au bout d'un certain temps, on retire la matière du fourneau, on la lessive, on laisse déposer la liqueur, on la fait évaporer et on la concentre de manière que par le refroidissement elle se prenne en une masse cristalline blanche, semblable au sucre en pain. Ce sel, préparé de cette manière, se verse dans le commerce sous le nom de vitriol blanc : il n'est point pur ; il contient toujours un peu de sulfate de fer et quelquefois du sulfate de cuivre ; aussi présente-t-il çà et là des taches de rouille. On le purifie facilement en le dissolvant dans l'eau et le faisant bouillir avec de l'oxide de zinc : celui-ci s'empare de l'acide sulfurique, des sulfates de fer et de cuivre, et en précipite les bases ; de sorte qu'en décantant et faisant évaporer la dissolution, on obtient du sulfate de zinc très-pur. On prépare encore le sulfate de zinc pour l'usage des laboratoires en traitant le zinc en grenailles par l'acide sulfurique étendu d'eau (88).

On l'emploie en médecine comme astringent.

Sulfates de Fer.

832. *Proto-Sulfate de fer.* — Ce sel est stiptique, non vénéneux, soluble à peu près dans les trois quarts de son poids d'eau bouillante, et seulement dans deux fois son poids d'eau à la température ordinaire. Il cristallise en prismes rhomboïdaux, verts, transparens, susceptibles de s'effleurir, et, par conséquent, d'éprouver la fusion aqueuse. Desséché et soumis à l'action d'une chaleur rouge, il se décompose, et on en retire du gaz oxigène, du gaz acide sulfureux, un liquide très-dense et très-acide, et du tritoxide de fer. C'est ce liquide, ordinairement coloré en brun, que l'on connaît sous le nom d'acide sulfurique glacial

de Nordhausen : on le prépare en assez grande
quantité dans cette petite ville pour le besoin du commerce : l'opération se fait facilement en introduisant
le sel dans une cornue de grès, plaçant cette cornue
dans un fourneau de réverbère et y adaptant une
alonge et un récipient, etc. L'acide sulfurique glacial
paraît être de l'acide sulfurique chargé d'acide sulfureux et dans un état de plus grande concentration que
l'acide sulfurique ordinaire. En le chauffant doucement dans un vase distillatoire, il s'en sublime des
cristaux très-fumans par le contact de l'air humide, et
que l'on a regardé jusque dans ces derniers temps
comme formés d'acide sulfurique et d'acide sulfureux.
Selon M. Vogel de Bayreuth, ces cristaux seraient
un acide nouveau tenant le milieu entre ces deux
acides (Annales de Chimie, tome 84); mais on peut
croire, d'après les expériences de M. Dulong, qu'ils
ne sont réellement composés que d'acide sulfurique
uni à une très-petite quantité d'eau.

Lorsqu'on dissout le sulfate de fer et qu'on l'expose
à l'air à la température ordinaire, il en absorbe lentement le gaz oxigène, et il en résulte du sous-trito-
sulfate qui se précipite sous-forme de poudre jaune,
et du trito-sulfate acidule qui reste en dissolution dans
la liqueur et la colore en rouge.

Lorsqu'au lieu d'exposer à l'air le sulfate de fer en
dissolution, on l'y expose en cristaux surtout légèrement humides, il absorbe également l'oxigène, mais
seulement à sa surface; c'est pourquoi il se couvre
peu à peu de taches *ocreuses.* Tous ces phénomènes
seront faciles à concevoir, en se rappelant qu'un

oxide sature d'autant plus d'acide , et en exige par
conséquent d'autant plus pour se dissoudre , qu'il contient plus d'oxigène.

D'après M. Davy, 910. parties d'une dissolution de
sulfate de fer, dont la pesanteur spécifique est de 1,4 ,
absorbe 5^{parties},72 de deutoxide d'azote : ce deutoxide
reprend l'état de gaz par la chaleur.

Les acides nitrique et muriatique oxigéné liquide
ou gazeux cèdent facilement leur oxigène au sulfate
de fer ; le premier à l'aide d'une légère chaleur, et le second à froid : l'acide nitrique passe à l'état de deutoxide
d'azote, et l'acide muriatique oxigéné à l'état d'acide
hydro-muriatique. Dans tous les cas , il se forme
du deuto ou du trito-sulfate, selon qu'il y a plus
ou moins d'acide ; aussi la liqueur acquiert-elle la
propriété de précipiter en vert ou en rouge par les
alcalis, etc. (797).

On trouve le sulfate de fer partout où il existe du
sulfure de fer en contact avec l'air : il est en efflorescence à la surface du sulfure ; mais dans ce cas il
est presque toujours mêlé de deuto ou plutôt de
trito-sulfate.

833. Ce sel se prépare par deux procédés différens , soit en traitant le fer par l'acide sulfurique
étendu d'eau , soit en exposant les pyrites à l'air
humide.

Le premier procédé se pratique dans les laboratoires, et le second dans les manufactures. Cependant
on pratique aussi le premier dans celles-ci ; lorsque
le sulfate de fer est à un prix élevé , et l'acide sulfurique à bon marché. Dans les laboratoires, on met

de la tournure de fer ou du fil de fer bien pur dans un matras, et on verse dessus peu à peu de l'acide sulfurique étendu de 8 à 10 fois son poids d'eau, en telle quantité que tout le fer ne puisse point être attaqué. L'eau est décomposée, il se dégage beaucoup de gaz hydrogène, beaucoup de calorique, et il se forme un proto-sulfate acide de fer qui se dissout. Lorsque l'effervescence est presqu'arrêtée, on fait bouillir la liqueur avec l'excès de fer qu'elle contient, afin d'avoir le sulfate le moins acide possible; on la concentre convenablement; puis on la décante dans un flacon, et on la laisse refroidir sans le contact de l'air.

Deuxième procédé. — Ce procédé peut s'exécuter partout où l'on trouve du sulfure de fer. On le pratique en France dans les départemens de l'Oise, de l'Aisne, de l'Aveyron et de l'Ourthe. Dans les trois premiers, où l'on trouve le sulfure de fer mêlé avec l'argile, on s'y prend de telle manière qu'on obtient tout à la fois du sulfate de fer et de l'alun. Après avoir extrait le sulfure du sein de la terre, où il existe ordinairement en couches minces à une profondeur de 10, 20, 30, 50 pieds, on l'expose à l'air en tas qui sont plus ou moins longs, et plus ou moins larges, et dont l'épaisseur est d'environ trois pieds. Quelquefois on les arrose légèrement : peu à peu le sulfure de fer absorbe l'oxigène de l'air, et passe à l'état de sulfate qui vient s'effleurir à la surface du tas, et qui est très-reconnaissable à sa saveur stiptique. Mais à mesure que le soufre se brûle, une portion d'acide sulfurique se combine avec l'alumine qui fait partie du sulfure employé; d'où il suit qu'on obtient tout' à la fois du sulfate d'alumine et du sulfate de fer. Au bout d'un an environ, on lessive la matière, on dissout ainsi le sulfate d'alumine et le sulfate de fer, et on concentre convenablement la liqueur dans des chaudières de plomb; le sulfate de fer cristallise presque tout entier, tandis que le sulfate d'alumine qui est déliquescent, reste dans les eaux mères : on décante celles-ci, on lave le sulfate de fer avec une petite quantité d'eau, on le fait égoutter et sécher, et on l'expédie dans des tonneaux pour le commerce (*a*).

Les eaux mères du sulfate de fer ainsi obtenu, contenant une grande quantité de sulfate d'alumine, on s'en sert pour faire de l'alun qui, comme on le sait, n'est que du sulfate d'alumine et de potasse ou d'ammoniaque. A cet effet, on fait dissoudre dans ces eaux mères, à l'aide de la chaleur, une certaine quantité de sulfate de potasse ou d'ammoniaque en poudre ; puis on les laisse refroidir : l'alun, qui est peu soluble à froid, ne tarde point à s'en séparer sous forme de cristaux. Lorsque la cristallisation est entièrement opérée, on décante la liqueur qui surnage, et on purifie le sel en le faisant cristalliser de nouveau. Ensuite on en sature de l'eau bouillante, on verse cette eau dans un tonneau, où, par le refroidissement, elle se prend presqu'en masse cristalline : on retire cette masse en enlevant les

_____

(*a*) Le sulfate de fer a par lui-même une teinte d'un vert émeraude ; mais la plupart du temps il perdrait de son prix dans le commerce, si on ne lui en donnait pas une d'un vert bouteille. C'est ce qu'on fait, dans les manufactures, par la noix de galles ou le prussiate de potasse.

cercles du tonneau, et en désassemblant les douves qui, étant épaisses, se prêtent facilement à cette opération sans être endommagées. On concasse la masse saline, et on l'expédie dans des tonneaux de bois, comme le sulfate de fer, pour le commerce. Les eaux mères de l'alun et du sulfate de fer sont traitées chacune à part pour en retirer de nouveaux produits.

Lorsqu'on expose les pyrites à l'air comme on l'a dit précédemment, on peut à volonté n'obtenir pour ainsi dire que du sulfate d'alumine. Il suffit pour cela de mettre le feu au sulfure, en creusant çà et là quelques cavités et y jetant un corps embrasé : en effet, peu à peu la matière brûle, la combustion se communique de proche en proche, et l'acide sulfurique à cette température se porte presque tout entier sur l'alumine. Après 8 à 9 mois d'exposition à l'air, on lessive, on concentre, on ajoute le sulfate d'ammoniaque, et l'on purifie, à la manière ordinaire, l'alun qui se forme et se précipite facilement.

Cependant on ne pratique ce procédé qu'autant que l'alun est très-cher et le sulfate de fer à bon marché, ou bien qu'autant qu'on a des pyrites qui d'elles-mêmes s'effleurissent mal : par exemple, c'est ce qu'on fait presque toujours sur les résidus qu'on obtient après avoir exposé la mine à l'air et l'avoir lessivée. Cette mine contient encore du sulfure de fer, mais engagé dans tant de terre, que son efflorescence serait très-longue ; au lieu qu'en y mettant le feu, on le brûle et l'on forme tout de suite beaucoup de sulfate d'alumine que l'on peut extraire en peu de temps.

Le proto-sulfate de fer entre dans la composition des

teintures en noir et en gris. On l'emploie pour faire
l'encre, le bleu de Prusse et pour dissoudre l'indigo.
C'est en calcinant ce sel qu'on obtient le colchotar ou
le tritoxide de fer (528), et c'est en le versant en dissolution dans le muriate d'or, qu'on obtient l'or très-
divisé qui sert à dorer la porcelaine (1016).

834. *Deuto - Sulfate de fer.* — Peu étudié ; s'obtient en combinant directement l'acide sulfurique
étendu d'eau avec le deutoxide de fer (810) : il faut
autant que possible faire cette préparation sans le
contact de l'air, par exemple, dans une cornue ; car
lorsque le deuto-sulfate de fer est dissous, il absorbe
facilement l'oxigène à une température peu élevée,
et passe, en partie du moins, à l'état de sous-trito-sul-
fate qui se précipite.

835. *Trito - sulfate de fer.* — Jaune orangé,
très-acerbe, très-stiptique, soluble ; rougit la teinture de tournesol ; ne cristallise point ; décompose l'hydrogène sulfuré en donnant lieu à de l'eau,
à un dépôt de soufre et à un deuto ou proto-sulfate (715) ; devient plus soluble et presque blanc
par un excès d'acide, et au contraire insoluble et plus
jaune par un excès d'oxide ; se transforme en sous-
sulfate et en sulfate acide, lorsqu'après l'avoir évaporé
à siccité, on le traite par l'eau, etc. (797) ; s'obtient
en combinant l'hydrate de tritoxide de fer avec l'acide
sulfurique.

Sulfates d'Étain.

836. Ces sels n'ont presque point été examinés :
on sait seulement qu'en traitant à chaud l'étain par
l'acide sulfurique concentré, il en résulte ordinairement un dégagement de gaz sulfureux et un sulfate

d'étain blanc, insoluble dans l'eau et même très-peu soluble dans un excès d'acide. Cependant Berthollet fils a observé : 1° que l'acide sulfurique concentré, versé dans du proto-muriate peu étendu d'eau, en dégageait l'acide muriatique et formait un précipité blanc floconneux de proto-sulfate, qui avait la propriété de se redissoudre dans l'eau et de cristalliser en longs prismes très-minces par une évaporation lente; 2° que ce même acide, chauffé avec le proto-sulfate ainsi obtenu, faisait passer ce sel à l'état de deuto-sulfate, le dissolvait et donnait lieu à un sulfate acide incristallissable, susceptible de se concentrer par la chaleur et de se prendre en une masse syrupeuse dont l'eau précipitait une certaine quantité d'oxide. (Statique Chimique, tome 2, page 464.)

Sulfates de la quatrieme section.

837. Les sulfates de chrôme et de molybdène ont été trop peu examinés pour qu'il en soit question en particulier.

Ceux d'arsenic, de tungstène et de colombium n'existent point ou sont inconnus.

Sulfates d'Antimoine et de Bismuth.

838. Peu examinés : on sait seulement qu'en traitant l'antimoine et le bismuth à chaud par 4 à 5 fois leur poids d'acide sulfurique concentré, il en résulte un dégagement de gaz acide sulfureux et une masse blanche que l'on peut regarder comme un sulfate acide ; lorsqu'on met cette masse en contact avec l'eau, on obtient pour résidu du sulfate avec un grand excès d'oxide, et dans la liqueur une grande quantité d'acide retenant un peu d'oxide.

Sulfates d'Urane.

839. *Deuto-sulfate.* — Jaune citron ; rougit le tournesol ; soluble à peu près dans la moitié de son poids d'eau bouillante et dans un peu moins des $\frac{2}{3}$ de son poids d'eau froide ; cristallise, mais très-difficilement, en petits prismes ou en tables etc. (797) ; s'obtient en faisant bouillir un léger excès de deutoxide d'urane avec de l'acide sulfurique faible (810) ; composé, d'après Bucholz, de 18 d'acide, de 70 d'oxide et de 12 d'eau (*a*).

840. *Proto-sulfate.* — Trop peu étudié pour être décrit.

Sulfates de Cérium.

841. *Proto-sulfate.* — Blanc, sucré, ne rougit point le tournesol, soluble dans l'eau, cristallise assez facilement, etc. (797) ; s'obtient en traitant à chaud le protoxide ou le proto-carbonate de cérium par l'acide sulfurique étendu d'eau, et en faisant évaporer la liqueur (810).

842. *Deuto-sulfate.* — Le deutoxide de cérium ne se dissout que dans un excès d'acide sulfurique faible et qu'à l'aide de la chaleur. La dissolution est orangée ; par l'évaporation, il s'y forme de petits cristaux en aiguilles, la plupart de couleur orangée, et quelques-uns seulement de couleur jaune de citron.

(*a*) Thomson rapporte, d'après Bucholz, qu'en exposant la dissolution concentrée de sulfate d'urane au soleil, elle passe du jaune clair au vert, que l'oxide s'en précipite avec un peu d'acide, et qu'elle exhale, d'une manière sensible, l'odeur d'éther.

Sulfate de Cobalt.

843. Rose; rougit la teinture de tournesol; très-soluble dans l'eau, plus à chaud qu'à froid; cristallise en prismes rhomboïdaux réguliers, terminés par des sommets dièdres; forme avec l'ammoniaque un sulfate-ammoniaco de cobalt, et un précipité qu'un grand excès d'ammoniaque redissout; se combine avec le sulfate d'ammoniaque, et donne naissance à un sel triple jaune rougeâtre, soluble et cristallisable, etc. (797); n'existe point dans la nature.

On peut obtenir ce sel en traitant l'un des oxides de cobalt par l'acide sulfurique, parce que cet oxide, en supposant qu'il ne soit point au minimum d'oxidation, y sera ramené en perdant une portion de son oxigène (810).

Sulfates de Titane.

844. *Deuto-sulfate.* — Très-peu connu: on le forme en combinant le deutoxide de titane, très-divisé et même en gelée, avec l'acide sulfurique étendu d'eau (810); il est sans couleur; il ne cristallise point; lorsqu'on en fait évaporer la dissolution, elle se prend en une masse blanche.

845. *Proto-sulfate.* — Inconnu.

Sulfate de Cuivre.

846. *Proto-sulfate.* — Il paraît qu'il est impossible de faire ce sel; car, d'après M. Proust, en traitant le protoxide de cuivre par l'acide sulfurique, il en résulte du deuto-sulfate de cuivre qui se dissout, et du cuivre réduit qui apparaît sous forme de poudre rouge.

847. *Deuto-sulfate.* — Ce sel, connu dans le commerce sous les noms de *couperose* ou *vitriol bleu*, à cause de sa couleur, *vitriol de Chypre*, *vitriol de cuivre*, est très-stiptique, soluble à peu près dans 2 parties d'eau bouillante, et seulement dans 4 parties d'eau à la température de 15°; il cristallise en prismes irréguliers, d'un assez gros volume, transparens, légèrement efflorescens, et susceptibles, par l'action d'une légère chaleur, d'éprouver la fusion aqueuse : la potasse, la soude, l'ammoniaque, etc., le décomposent ; celle-ci redissout sur-le-champ le précipité qui est d'un blanc bleuâtre, et forme une liqueur d'un beau bleu, qu'on appelle en pharmacie, *eau céleste*, etc. (797).

Le sulfate de cuivre existe dans la nature, mais ordinairement en dissolution dans les eaux qui coulent à travers les galeries des mines de sulfure de cuivre : on cite plusieurs ruisseaux, formés sans doute en partie par ces eaux, qui contiennent assez de sulfate de cuivre pour qu'on en retire avec avantage le métal, par le moyen du fer.

848. On fait le sulfate de cuivre par trois procédés :

1° Dans certains pays, on l'extrait par évaporation des eaux qui le tiennent en dissolution ;

2° Dans d'autres, on grille le sulfure de cuivre dans un fourneau à réverbère ; il passe à l'état de sulfate (228) ; on lessive, on fait évaporer, et on obtient le sel par cristallisation : tel est le procédé qu'on suit à Marienberg, où l'on exploite une mine d'oxide d'étain, contenant du sulfure de cuivre et de fer. Par conséquent, le grillage de cette mine se fait non-seulement pour obtenir du sulfate de cuivre, mais surtout pour se débarrasser du sulfure de ce métal et avoir l'oxide d'étain le moins impur possible : cet oxide , dans les lavages , se précipite sous forme de poudre.

Le sulfate , obtenu par ce procédé, ainsi que par le précédent , contient toujours un peu de trito-sulfate de fer ; il est facile de l'obtenir pur : il suffit pour cela de mettre un excès de deutoxide de cuivre dans la dissolution saline ; tout l'oxide de fer se précipite en peu de temps.

3º En France , on saupoudre de soufre des lames de cuivre, qu'on a mouillées auparavant, pour rendre ce corps combustible adhérent ; on les porte dans un four chauffé au rouge, où on les laisse pendant quelque temps, et on les plonge toutes chaudes dans l'eau ; ensuite on les saupoudre de nouveau d'une petite quantité de soufre, on les remet dans le four, et ainsi de suite. Dans cette opération , l'on forme un sulfure de cuivre artificiel qui absorbe l'oxigène de l'air , et passe à l'état de sulfate : celui-ci se dissout dans l'eau ; on l'en retire sous forme de cristaux par l'évaporation.

On pourrait encore préparer ce sel en traitant le carbonate de cuivre naturel par l'acide sulfurique étendu d'eau (810) : on obtiendrait ainsi très-facilement et à bon marché une grande quantité d'une excellente couperose.

849. Le sulfate de cuivre est employé, en médecine, comme un léger escarrotique ; mais on en fait principalement usage dans les arts pour préparer deux couleurs , le vert de Schéele et les cendres bleues. (*Voyez* 2º vol., p. 221 et 222.)

Sulfate de Plomb.

850. Blanc, insipide, pulvérulent, incristallisable, insoluble dans l'eau, peu soluble dans un excès d'acide sulfurique, beaucoup plus soluble dans l'acide muriatique, fusible, et susceptible, à une haute température, de se vaporiser dans l'air sous forme de vapeurs blanches, etc. (797) ; s'obtient en versant de l'acide sulfurique ou une solution de sulfate de soude et de potasse, dans une solution de nitrate ou d'acétate de plomb.

Sulfates de Mercure.

851. *Proto-sulfate.* — Blanc, insoluble, insipide, inaltérable à l'air, etc. (797) ; s'obtient en versant de l'acide sulfurique ou une solution de sulfate de soude ou de potasse, dans une solution de proto-nitrate de mercure ; sans usages.

852. *Deuto-sulfate.* — Lorsqu'on fait bouillir pendant long-temps le mercure avec un excès d'acide sulfurique concentré, il en résulte du gaz acide sulfureux qui se dégage, et une masse blanche de deuto-sulfate acide de mercure : l'eau froide ou chaude transforme cette masse en deux nouvelles variétés de sel ; en sous-deuto-sulfate de mercure qui est insoluble et se précipite sous forme de poudre jaune, et en deuto-sulfate très-acide qui est blanc et se dissout dans la liqueur. On peut aussi obtenir le sous-deuto-sulfate de mercure en versant une dissolution de sulfate de soude dans une dissolution de deuto-nitrate de mercure saturé autant que possible. Calciné dans une cornue de verre, le deuto-sulfate de mercure donne pour produit du gaz oxigène, du gaz sulfureux, du

mercure et du proto-sulfate qui se sublime à la faveur de ce gaz. C'est ce sous-sel qu'on emploie en
médecine sous le nom de turbith minéral, et qu'on
appelle ainsi à cause de sa couleur analogue à celle de
la racine de ce nom.

Sulfate d'Osmium.

. 853. Inconnu : l'oxide d'osmium paraît avoir même
plus de tendance à se combiner avec les alcalis qu'avec
les acides.

Sulfates de la sixième section.
Sulfate d'Argent.

854. Ce sel est blanc et presque insipide ; soumis
à l'action du feu, il se fond d'abord, se décompose
ensuite et se transforme en acide sulfureux, en oxigène et en argent ; il est presque insoluble dans l'eau ;
il y est au contraire sensiblement soluble au moyen
d'un excès d'acide sulfurique et nitrique, et cristallise
même en petits prismes aiguillés blancs et brillans par
l'évaporation de la liqueur ; il se dissout avec la plus
grande facilité dans l'ammoniaque ; dissous dans l'eau
ou dans l'un des deux acides précédens, il forme avec
l'acide muriatique un précipité de muriate d'argent
blanc et floconneux, etc. (797).

On l'obtient par la voie des doubles décompositions, en versant dans une dissolution de nitrate d'argent une dissolution de sulfate de potasse ou de
soude.

Sulfates de Rhodium, de Palladium et d'Iridium.

855. Inconnus : il serait sans doute facile de se

les procurer en traitant leurs oxides par l'acide sulfurique (810).

Deuto-Sulfate d'Or.

856. Ce sel s'obtient en traitant l'oxide d'or à une
température peu élevée, par l'acide sulfurique étendu
d'eau (810); il est soluble, jaune, très-stiptique; il rougit
le tournesol; ne cristallise que très-difficilement; se
décompose avec facilité, car, évaporé jusqu'à siccité
et soumis à une chaleur bien inférieure à celle du
rouge-cerise, il s'en dégage de l'acide sulfurique en
combinaison avec l'eau, de l'oxigène, et l'or est mis
en liberté, etc. (797).

Deuto-Sulfate de Platine.

857. Tout ce que nous venons de dire du sulfate
d'or s'applique au sulfate de platine, si ce n'est que
celui-ci est jaune orangé : on trouvera d'ailleurs ses
autres propriétés dans l'histoire de la famille ou du
genre.

Sulfates doubles.

858. Nous ne parlerons en particulier que d'un seul
sulfate double, de l'alun, c'est-à-dire, du sulfate d'alumine et de potasse ou d'ammoniaque.

Ce sel rougit le tournesol; il est astringent, incolore, soluble dans un poids d'eau bouillante moindre
que le sien, et seulement dans 14 à 15 fois son poids
d'eau à 15 degrés. La forme qu'il affecte le plus ordinairement est celle d'octaèdres qui sont transparens, et
susceptibles de s'effleurir légèrement; quelquefois il cristallise en cubes. Exposé à une chaleur qui n'excède pas
beaucoup celle de l'eau bouillante, il éprouve la fusion
aqueuse, et donne lieu à une masse qu'on appelait au-

trefois, *alun de roche*. Exposé à une chaleur un peu plus grande, il perd son eau de cristallisation, se soulève, se boursouffle considérablement, devient blanc et opaque, très-cohérent, capable de résister pendant quelque temps à l'action de l'eau, et prend alors le nom d'alun calciné; matière dont on se sert pour ronger les chairs baveuses. Exposé à une chaleur rouge, il laisse dégager du gaz oxigène, du gaz acide sulfureux, et on obtient pour résidu de l'alumine et du sulfate de potasse; d'où il suit que la portion d'acide sulfurique, combinée avec l'alumine, est la seule qui soit décomposée : mais il faut observer que, si la température était très-élevée, l'acide sulfurique du sulfate de potasse le serait peut-être lui-même, à cause de l'affinité réciproque de la potasse et de l'alumine : d'ailleurs, l'alun se comporte avec les corps combustibles, les acides, les sels et les autres bases salifiables, comme il a été dit (797).

859. Cependant, lorsqu'on le calcine avec du charbon, il donne un produit qu'on n'obtient point avec les autres sulfates. Ce produit s'enflamme à l'air et s'appelle pyrophore, à cause de cette propriété. Le pyrophore n'est probablement qu'un mélange de sulfure de potasse, d'alumine et de charbon. Son inflammation est d'autant plus prompte, que le charbon est plus divisé : c'est pourquoi, au lieu de se servir de charbon ordinaire dans sa préparation, on emploie de préférence des matières végétales ou animales, qui contiennent toutes une certaine quantité de ce corps combustible dans un état de division extrême. On prend 3 parties d'alun du commerce à base de potasse, et une partie de sucre, ou de mélasse, ou d'amidon, ou de farine;

on met le sel et la matière végétale dans une cuiller
de fer, etc., et on les expose à l'action d'une légère chaleur, en les agitant continuellement pour les mêler le
mieux possible, jusqu'à ce qu'ils soient bien secs, et
même qu'ils commencent à brunir : alors on les détache
du vase, on les pulvérise, on en remplit à moitié ou
aux trois quarts une fiole recouverte de lut ; on place
cette fiole, dans un fourneau, sur une tourte ; on l'entoure peu à peu de feu ; on la chauffe de manière à la
faire rougir légèrement, et on la maintient à cette température jusqu'à ce qu'une flamme, qui apparaît au
col de la fiole, et qui est due à la combustion du gaz
hydrogène carboné et du gaz oxide de carbone qui se
forment, commence à disparaître, ou bien ne se
montre plus que par intervalle. Lorsque ce signe se
manifeste, on enlève la fiole de dessus le feu ; on la
bouche avec un bouchon de liége préparé, et on la
laisse refroidir. On peut conserver le pyrophore dans
cette fiole ou dans un autre vase, mais en ayant soin,
lorsqu'on l'y verse, de le préserver du contact de l'air.
On l'éprouve en le mettant par petite portion, en contact avec l'air, sur du papier : il sera bien fait, s'il prend
feu tout de suite ou dans l'espace de quelques secondes ;
mais on devra regarder l'opération comme manquée,
s'il ne fait que s'échauffer ou s'il prend feu difficilement. Dans cette opération, l'hydrogène, le carbone et
l'oxigène, élémens de la matière végétale, réagissent entr'eux, et les deux premiers réagissent en même temps
sur l'oxigène de l'acide sulfurique de l'alun. De là résultent de l'eau, du gaz oxide de carbone et de l'hydrogène carboné qui se dégagent, du soufre qui se sublime ;
tandis que l'excès de charbon de la matière végétale

reste intimement mêlé dans la fiole avec de l'alumine
peut-être un peu sulfurée, et du sulfure de potasse : du
moins c'est là ce qui paraît le plus probable et ce qui
s'accorde le mieux avec les propriétés du pyrophore.

Le pyrophore est brun-jaunâtre ou noirâtre, selon
qu'il a été plus ou moins chauffé. On aperçoit souvent
à sa surface des taches jaunes qui ont l'apparence du
soufre. Sa saveur est analogue à celle des œufs pourris,
ou des sulfures alcalins. Projeté dans un flacon plein de
gaz oxigène ou de protoxide d'azote, ou bien encore
mis en contact avec l'air atmosphérique, il prend feu à
la température ordinaire. Plus les gaz sont humides et
chauds, et plus cet effet est prompt : aussi facilite-t-on
singulièrement l'inflammation du pyrophore, en diri-
geant dessus l'air qu'on expire. Dans tous les cas,
pendant sa combustion il se forme beaucoup de gaz
acide sulfureux, sans doute de l'acide carbonique et du
sulfite ou sulfate de potasse.

La vapeur aqueuse, contenue dans l'air, paraît jouer
un grand rôle dans l'inflammation du pyrophore : elle
est absorbée rapidement par l'alumine et le sulfure de
potasse qui font partie de ce singulier composé ; et de là
résulte un dégagement de calorique au moyen duquel
le soufre et le charbon peuvent prendre feu.

Il est impossible de faire du pyrophore avec tout
autre sulfate que l'alun à base de potasse et d'alumine :
peut-être en obtiendrait-on avec un mélange de sulfate
d'alumine et de soude.

860. *État.* — On ne trouve pas beaucoup d'alun
tout formé dans la nature : il n'en existe guère qu'aux
environs des volcans, particulièrement à la Solfatare,
et quelquefois en dissolution dans certaines eaux ; mais

on rencontre une grande quantité de sous-sulfate de potasse et d'alumine. Ce sous-sel constitue des collines tout entières à la Tolfa, près de Civita-Vecchia, et à Piombino : il contient de la silice et de l'oxide de fer, et est toujours sous forme de pierre ou de roche assez dure.

861. *Préparation.* — On prépare ce sel, dont on consomme plusieurs millions de kilogram. dans le commerce, par quatre procédés différens : tantôt on l'extrait des matières qui le contiennent tout formé ; tantôt on le fabrique au moyen de pierres qui en contiennent les élémens combinés ensemble à l'état de sous-sulfate de potasse et d'alumine ; plus souvent on l'obtient en exposant à l'air des mélanges naturels de pyrites et d'alumine, lessivant et ajoutant du sulfate de potasse ou d'ammoniaque à la liqueur, où se trouve alors beaucoup de sulfate d'alumine ; enfin, tantôt on le fait directement en combinant ensemble les trois élémens qui le constituent.

Premier procédé. Ce procédé se pratique particuliérement à la Solfatare, près Pouzzole, dans le royaume de Naples. Là, le terrain étant volcanique et échauffé par des feux souterrains qui en élèvent la température jusqu'à 40 degrés, il se forme à sa surface des efflorescences presque entièrement dues à l'alun : on les recueille, on les lessive, et on les fait évaporer au moyen de chaudières de plomb enfoncées dans le sol ; l'on en retire, par cette évaporation lente, de l'alun qu'on verse dans le commerce.

Deuxième procédé. Le deuxième procédé se pratique à la Tolfa, près de Civita-Vecchia, à Piombino, et même à la Solfatare. Après avoir extrait la mine, qui est pierreuse et en masse compacte, on la calcine, on l'expose à l'air pendant 30 à 40 jours, en l'arrosant de temps en temps pour la diviser et la réduire en une sorte de bouillie; ensuite on la lessive, on fait évaporer la liqueur, et on obtient ainsi de l'alun d'une grande pureté, même des dernières eaux mères. Recherchons ce qui se passe dans cette opération. On sait que la mine est composée de sous-sulfate de potasse et d'alumine, de silice et d'une petite quantité d'oxide de fer : il faut donc que le sel se partage en deux parties, et que, par l'effet de la chaleur et de l'eau, il se forme un sulfate neutre. Ne se ferait-il point, à une haute température, une combinaison triple de silice, d'alumine et de potasse ? En admettant qu'elle eût lieu, on se rendrait facilement compte de l'opération ; car il en résulterait en même temps de l'alun qui, ayant une grande compacité ou une très-forte cohérence, résisterait pendant long-temps à l'action de l'eau, surtout froide et employée en très-petite dose. Quoi qu'il en soit, ce qu'il y a de certain, c'est qu'il faut porter la pierre à un certain degré de chaleur pour en retirer de l'alun, et en retirer le plus possible. En effet, traitée par l'eau dans son état naturel, elle ne s'y dissout pas sensiblement; une légère chaleur n'en change pas la nature; une chaleur trop forte en décompose l'acide sulfurique uni à l'alumine, et le transforme en gaz oxigène et en acide sulfureux : il y a donc un milieu à saisir. Il suit de là que cette calcination doit être égale, et par conséquent ne peut bien s'opérer que dans des fours, et non point en plein air, comme on l'a fait à la Tolfa et à Piombino jusque dans ces derniers temps.

Troisième procédé. Ce procédé peut s'exécuter partout où l'on trouve du sulfure de fer mêlé avec de l'argile ou des schistes.

Lorsque le sulfure de fer, au lieu d'être mêlé avec de l'argile (833), est mêlé avec des schistes très-compacts (2ᵉ vol., p. 214), comme à Liége, il n'est point possible de le faire effleurir en l'exposant à l'air, ou du moins son efflorescence n'est que superficielle, même au bout d'un très-long temps : il faut nécessairement employer le grillage ; mais alors on ne peut obtenir que du sulfate d'alumine, et par conséquent que de l'alun (p. 462). A Liége, on laisse d'abord les schistes en contact avec l'air pendant environ un mois ; ensuite on les met, lits sur lits, avec du bois, et on y met le feu. La combustion est lente et dure très-long-temps ; il se fait beaucoup d'acide sulfureux qui se dégage, du sulfate d'alumine, une certaine quantité d'alun, en raison de la potasse contenue dans le bois, du sulfate de magnésie, et très-peu de sulfate de fer. On lessive, on fait évaporer, et on obtient une première cristallisation d'alun ; on décante les eaux mères, qui contiennent beaucoup de sulfate d'alumine, et on les traite par le sulfate de potasse ou d'ammoniaque pour obtenir une nouvelle quantité de sel.

Quatrième procédé. On prend des argiles le moins chargées possible de carbonate de chaux et de fer ; on les calcine afin de faire passer l'oxide de fer qu'elles contiennent au summum d'oxidation, et surtout de pouvoir les pulvériser ; on les réduit en poudre, on les met dans des chaudières en plomb peu profondes, avec de l'acide sulfurique étendu d'eau, et on chauffe le mélange en le remuant de temps en temps. Lorsque le sulfate d'alumine est formé, on le lessive et on le traite par le sulfate d'ammoniaque, le sulfate de potasse, etc. (833). Si, au lieu d'argile, on emploie des résidus provenant d'eau forte faite avec l'argile et le nitre, ou, ce qui est la même chose, une combinaison d'argile et de potasse, on obtiendra évidemment de l'alun sans addition d'alcali ou de sels alcalins.

On trouve le plus souvent l'alun, dans le commerce, en masses transparentes. Cependant on en trouve aussi sous la forme de petits fragmens : tel est particulièrement celui de la Tolfa, connu sous le nom d'alun de Rome, qui est légèrement rose à la surface, et qui doit cette couleur à un peu d'oxide de fer dont il se recouvre, sans doute parce que les eaux d'où on le retire contiennent une certaine quantité de cet oxide en suspension.

Les aluns du commerce contiennent tous plus ou moins de sulfate de fer, et sont d'autant plus estimés qu'ils en contiennent moins, parce qu'en effet ce sel est nuisible dans la teinture sur soie et coton. Celui de Rome est un des plus purs; il en contient environ $\frac{1}{2200}$. Celui de Liége est un des plus impurs ; il en contient environ $\frac{1}{1000}$: mais il est facile de ramener celui-ci au degré de pureté du premier, et même de le rendre plus pur encore ; il suffit pour cela de le faire cristalliser de nouveau. C'est ce qu'on fait dans plusieurs fabriques, en raison des besoins du commerce ; c'est aussi ce qu'on fait dans les laboratoires.

862. *Composition.* — L'alun à base de potasse est formé, d'après M. Berzelius,

De		ou de	
Acide sulfurique....	34,23	Sulfate d'alumine..	36,85
Alumine............	10,86	Sulfate de potasse....	18,15
Potasse..........	9,81	Eau...............	45,00
Eau...............	45,00		

863. *Usages.* — Les usages de l'alun sont nombreux. On l'emploie pour passer les peaux et les préserver des vers. Les chandeliers s'en servent pour rendre le suif plus ferme. Incorporé à la pâte du papier, il l'empêche de boire. On a proposé d'en imprégner les bois pour les rendre presque incombustibles. En médecine on l'ordonne comme astringent à l'intérieur, et lorsqu'il est calciné, comme escarrotique à l'extérieur. Mais c'est surtout dans la teinture qu'on en fait usage, car c'est avec ce sel qu'on fixe toutes les couleurs solubles dans l'eau.

864. *Historique.* — Pendant long-temps, ce sel a été regardé comme du sulfate d'alumine. Ce sont MM. Decroizilles, Vauquelin et Chaptal qui ont prouvé que c'était un sel double, et qu'il contenait, outre le sulfate d'alumine, du sulfate de potasse ou d'ammoniaque : aussi le trouve-t-on dans le commerce, tantôt à base de potasse ou d'ammoniaque, et quelquefois à base de l'une et de l'autre ; de sorte qu'alors c'est un véritable sel triple.

Il y a environ cinq à six ans que l'alun de Rome jouissait encore dans le commerce d'une préférence presque exclusive ; on le payait le double du nôtre : cette préférence était fondée. Alors les autres aluns contenaient trop de sulfate de fer pour donner d'aussi belles teintes que celui de Rome sur la soie et sur le coton ; mais aujourd'hui qu'on connaît le moyen d'obtenir d'excellens aluns, même avec ceux qui sont les plus ferrugineux, l'alun de Rome est tombé de prix, et ne vaut pas plus que tout autre pour les manufacturiers ins-truits. C'est ce qui a été prouvé dans un Mémoire im-primé. (Annales de Chimie.)

Des Sous-Sulfates et des Sulfates acides.

865. Si l'on excepte les bases salifiables de la seconde section , et peut-être les protoxides de plomb et de mercure, toutes les autres bases salifiables susceptibles de s'unir à l'acide sulfurique peuvent former proba-blement des sous-sulfates. Tous ces sous-sulfates sont insolubles. Ceux dont les sulfates neutres sont solubles, s'obtiennent en dissolvant ceux-ci dans l'eau, versant de la potasse, de la soude ou de l'ammoniaque dans la dissolution en quantité convenable, c'est-à-dire, beaucoup moins qu'il n'en faut pour précipiter tout le sel, et agitant (725). Il est possible que le même acide et le même oxide donnent lieu à plusieurs sous-sul-fates, soumis dans leur composition à la loi que nous avons exposée (704) ; mais il paraît, d'après les obser-vations de M. Berzelius, qu'en général la même quan-tité de base prend trois fois moins d'acide pour passer à l'état de sous-sulfates , que pour passer à l'état de sulfates neutres. Un seul sous-sulfate est employé, c'est celui de deutoxide de mercure, ou le turbith minéral.

On n'a encore examiné avec attention que très-peu de sulfates acides. Ceux qu'on a eu le plus occasion d'étudier sont le sulfate acide de potasse qui est sus-ceptible de cristalliser, et le deuto-sulfate acide de mercure (852).

Des Sulfites.

866. *Action du feu.* — Lorsqu'on soumet les sulfites

de la seconde section et le sulfite de magnésie à l'action du feu, il s'en dégage du soufre, et on obtient pour résidu un sulfate alcalin : mais lorsqu'on soumet tout autre sulfite à l'action de cet agent, on en dégage l'acide sulfureux à l'état de gaz, et on en obtient le métal à l'état d'oxide ou bien à l'état métallique, selon que ce métal a plus ou moins d'affinité pour l'oxigène; résultat qui s'accorde parfaitement avec ce que nous avons dit ; savoir : que les sulfates de la seconde section et celui de magnésie étaient indécomposables par le feu, et que tous les autres l'étaient de manière à être transformés en gaz acide sulfureux, gaz oxigène, etc. (797). Cependant il serait possible que quelques-uns de ces sulfites formassent, à une température qui ne serait pas très-élevée, un sulfure métallique et un sulfate : il faudrait pour cela que, d'une part, le soufre eût une grande affinité pour le métal du sulfite, et que, de l'autre, l'acide sulfurique en eût lui-même une assez grande pour l'oxide de ce métal. C'est un phénomène de ce genre que nous présente le sulfite de plomb, d'après Thomson : aussi les élémens du sulfure de plomb sont-ils fortement unis, et le sulfate de plomb n'est-il décomposable qu'à une très-haute température.

On traite tous les sulfites par le feu, comme les sulfates, c'est-à-dire, dans une cornue de grès.

867. *Action du gaz oxigène et de l'air.* — Les sulfites, mis en contact avec le gaz oxigène ou l'air, passent peu à peu à l'état de sulfate; ceux qui sont insolubles y passent très-lentement, et souvent même l'effet se borne aux parties extérieures; ceux qui sont solubles et dissous dans l'eau y passent assez promptement : un peu de chaleur favorise l'action. Ce qu'il y a

de remarquable, c'est que, dans tous les cas, l'état de saturation ne change point; si le sulfite est neutre, le sulfate le sera lui-même : par conséquent, la composition des sulfates étant donnée, on peut en conclure la composition des sulfites et réciproquement, puisque l'on connaît celle des acides sulfurique et sulfureux.

867 *bis. Action des corps combustibles.* — Tous les combustibles qui décomposent les sulfates doivent décomposer les sulfites, puisque ces corps ne ramènent pas seulement l'acide sulfurique des sulfates à l'état d'acide sulfureux, mais à l'état de soufre : d'ailleurs, les mêmes phénomènes doivent se produire de part et d'autre, et de part et d'autre aussi on les fait naître de la même manière (799).

868. *Action des oxides.* — Parmi les sulfites connus, il n'y a que ceux à base de potasse, de soude et d'ammoniaque que l'on puisse dissoudre. Ceux de baryte, de strontiane, de chaux, sont absolument insolubles.

C'est avec ces trois dernières bases que l'acide sulfureux a le plus de tendance à se combiner par l'intermède de l'eau; viennent ensuite la potasse et la soude; puis successivement l'ammoniaque, la magnésie (718). Par conséquent, soit qu'on verse de l'eau de baryte, de l'eau de strontiane ou de l'eau de chaux dans une dissolution de gaz sulfureux ou de sulfite de potasse, de soude ou d'ammoniaque, il doit se former un sulfite insoluble. Dans tous les cas, le sulfite qui se précipite se dissout dans un excès d'acide sulfureux.

868 *bis. Action des acides.* — Les acides sulfurique, muriatique, phosphorique, phosphoreux, arsenique, liquides, décomposent les sulfites avec effer-

vescence, le plus souvent même à la température ordinaire; ils s'emparent de leurs bases et en dégagent l'acide
sulfureux. L'acide nitrique est au contraire décomposé
par eux, surtout à chaud; il leur cède une portion de
son oxigène, passe à l'état de deutoxide d'azote, et
les fait passer à l'état de sulfates; il en est de même de
l'acide nitreux. Le gaz muriatique oxigéné n'agit point
sur les sulfites lorsqu'il est sec et qu'eux-mêmes le sont
aussi : mais, pour peu qu'il y ait d'humidité de part ou
d'autre, l'action se manifeste; et de là résulte un sulfate, un muriate et un dégagement de gaz acide.

869. *Action des sels.* — Les sulfites de baryte, de
strontiane, de chaux, etc., étant insolubles, il s'en suit
qu'ils se formeront et se précipiteront tout à coup en
versant une solution de sulfites de potasse, de soude,
d'ammoniaque, dans une solution d'un sel de baryte,
de chaux, etc., par exemple, nitrate ou muriate (721).

869 *bis. État.* — On ne rencontre aucun sulfite dans
la nature, si ce n'est peut-être aux environs des volcans :
dans ces lieux mêmes, leur existence n'est que passa-
gère; ils doivent être peu à peu transformés en sulfates
par l'action de l'air.

870. *Préparation.* — On prépare tous les sulfites
insolubles par la voie des doubles décompositions (725,
3e procédé); mais on obtient, directement, ceux qui
sont solubles, c'est-à-dire, en faisant passer un excès de
gaz acide sulfureux à travers leurs bases pures ou car-
bonatées : c'est surtout ce procédé que l'on pratique
pour se procurer les sulfites de potasse, de soude ou
d'ammoniaque.

On met un ou deux kilogrammes d'acide sulfurique

concentré ou peu étendu d'eau avec 2 à 300 grammes de sciure de bois, de paille hachée, ou de charbon en poudre, dans une cornue de verre : on place cette cornue dans un fourneau, et on la fait communiquer avec cinq flacons de Woulf, par le moyen de tubes intermédiaires ; on met dans le premier un peu d'eau, afin de laver le gaz acide sulfureux qui se dégage de la cornue, et de dissoudre les petites portions d'acide sulfurique qu'il pourrait entraîner ; dans le second, du sous-carbonate de potasse dissous dans deux fois et demie son poids d'eau ; dans le troisième, du sous-carbonate de soude dissous seulement dans deux fois son poids d'eau ; dans le quatrième, de l'ammoniaque liquide et concentrée ; et dans le cinquième, on ne met que de l'eau : ce dernier flacon est destiné à empêcher le contact entre l'air et l'ammoniaque.

Ces flacons doivent d'ailleurs être munis de tubes de sûreté convenablement disposés ; tels qu'on l'a dit en parlant de l'appareil de Woulf. Les tubulures étant bien lutées et l'appareil bien assujetti, on met le feu sous la cornue. Bientôt l'acide sulfurique est décomposé par l'hydrogène et le charbon des matières qu'on emploie ; il en résulte de l'eau, du gaz acide carbonique et du gaz acide sulfureux. Ces deux gaz ne tardent point à arriver dans la dissolution de sous-carbonate de potasse. L'acide sulfureux s'empare de la base de ce carbonate et en dégage l'acide carbonique, qui dès-lors passe avec celui qui provient de la décomposition de l'acide sulfurique, dans les sous-carbonates de soude et d'ammoniaque, où il se fixe en partie ; et de là enfin à travers l'eau du dernier flacon dans l'air atmosphé-

rique. Lorsque tout le sous-carbonate de potasse est
transformé en sulfite, l'acide sulfureux arrive jusque
dans le troisième flacon, où se trouve le sous-carbonate
de soude, et produit avec ce carbonate les mêmes phénomènes qu'avec celui de potasse; ensuite il arrive de
même dans le quatrième, et enfin dans le cinquième,
où il se manifeste par l'odeur qui lui est propre. A
cette époque, on cesse le feu et l'on démonte l'appareil :
on trouve ordinairement des sulfites en partie cristallisés dans les flacons, et c'est même ce qui arrive toujours,
à moins qu'on ait employé les carbonates ou l'ammoniaque, trop étendus d'eau; on retire ces sulfites des flacons, en brisant les cristaux; on les verse dans des matras; on les fait chauffer pour les fondre; on en sature
l'excès d'acide, qui est assez considérable; alors on les
introduit dans un flacon bouché à l'émeri, et on les
laisse refroidir : ils cristallisent par le refroidissement.

On pourrait aussi préparer les sulfites de barite,
de strontiane, de chaux, etc., en délayant ces bases
dans l'eau, et faisant passer, à travers le mélange,
du gaz acide sulfureux au moyen de l'appareil qui
précède. Mais comme ces sulfites sont insolubles, il
vaut mieux les préparer, comme nous l'avons dit, par
la voie des doubles décompositions.

On ne peut préparer aucun sulfite en traitant un
métal par l'acide sulfureux : quand bien même ce
métal serait attaquable par cet acide, il se formerait
un sulfite sulfuré.

870 *bis. Composition.* — Dans les sulfites, la quantité d'oxigène de l'oxide est à la quantité d'oxigène
de l'acide comme 1 à 2, et à la quantité d'acide même
comme 1 à 3,33. On pourra donc, d'après le tableau

de la composition des oxides (5o4), faire celui de la composition des sulfites.

Les sulfites ont été étudiés principalement par M. Berthollet (Annales de Chimie, tome 2, page 54), et par M. Vauquelin et Fourcroy (Annales de Chimie, tome 24, page 229): ils sont sans usages, ou du moins on n'emploie que celui de chaux; on commence à s'en servir pour muter le moût de raisin, ou en arrêter la fermentation. (*Voyez* Fermentation, 3e volume.)

Sulfite de Potasse.

871. Blanc, transparent, piquant et comme sulfureux; cristallise en petites aiguilles; décrépite; se dissout à peu près dans son poids d'eau à la température ordinaire, et dans beaucoup moins d'eau bouillante; se recouvre en très-peu de temps, lorsqu'il est dissout et exposé à l'air, d'une petite croûte cristalline de sulfate de potasse; se comporte avec les autres corps et se prépare comme il a été dit dans l'histoire du genre (866).

Sulfite de Soude.

872. Blanc, transparent, d'une saveur fraîche et ensuite sulfureuse; cristallise en prismes à 4 pans terminés par un sommet dièdre, et quelquefois en prismes à 6 pans; s'effleurit et éprouve la fusion aqueuse; se dissout à peu près dans 4 fois son poids d'eau à 15°, et dans une quantité d'eau bouillante moindre que son poids; se prépare et se comporte avec les autres corps comme il a été dit (866).

Sulfite d'Ammoniaque.

873. Ce sel est transparent; sa saveur est fraîche,

piquante et comme sulfureuse ; il cristallise en prismes à 6 pans terminés par des pyramides à 6 faces, quelquefois en tables carrées avec des bords taillés en biseaux. Exposé à l'air, il se ramollit légèrement et passe promptement à l'état de sulfate d'ammoniaque : c'est même celui de tous les sulfites qui éprouve le plus facilement cette transformation ; elle a lieu en très-peu de temps, quand il est dissout dans l'eau. Chauffé sans le contact de l'air, par exemple, dans une cornue au col de laquelle on adapte un tube qui plonge sous le mercure, il s'en dégage une petite quantité d'eau et d'ammoniaque, et passe à l'état de sulfite acide qui se sublime tout entier dans le col de la cornue. Il n'exige que son poids d'eau pour se dissoudre à la température de 12°; il en exige beaucoup moins à une température plus élevée : en se dissolvant, il produit un froid assez considérable. Il se prépare et se comporte avec les autres corps comme il a été dit dans l'histoire du genre (866).

Nous en avons fait connaître la composition précédemment (579).

Des Sulfites sulfurés.

874. On appelle sulfites sulfurés des composés résultant de l'union des sulfites avec le soufre ; ils se forment toutes les fois que les sulfites se trouvent en contact avec ce corps très-divisé : aussi peut-on les obtenir par divers procédés. Lorsqu'un sulfite est soluble, il suffit de le faire bouillir pendant quelque temps avec du soufre sublimé ou fleurs de soufre, pour le changer en sulfite sulfuré. Lorsqu'un oxide sulfuré est susceptible de décomposer l'eau, et qu'on

le met en contact avec ce liquide, il se forme toujours, outre un oxide hydro-sulfuré, un sulfite sulfuré qui reste en dissolution ou se précipite, suivant qu'il est soluble ou non soluble : cinq sont particulièrement dans ce cas : ce sont les oxides sulfurés de potassium, sodium, barium, calcium et strontium. Enfin, lorsqu'on traite le zinc, le fer et le manganèse par l'acide sulfureux liquide, on obtient encore un sulfite sulfuré (671) : d'où il suit qu'alors une portion de l'acide sulfureux est décomposée par le métal; et que l'oxide qui en résulte se combine avec l'autre portion d'acide sulfureux et le soufre mis à nu.

875. Les sulfites sulfurés sont plus stables que les sulfites : ils ne passent que très-difficilement à l'état de sulfate par leur contact avec l'air : ils résistent davantage à l'action du feu ; pourtant ils se décomposent. Dans cette décomposition, les sulfites sulfurés de la seconde section et celui de magnésie doivent donner pour produit du soufre et un sulfate ; et tous les autres, de l'acide sulfureux et un produit analogue à celui qu'on obtient en traitant leurs oxides par le soufre : c'est ce qu'on concevra facilement en observant ce qui arrive aux sulfites à une haute température.

875 *bis.* Les sulfites sulfurés de potasse, de soude et d'ammoniaque sont solubles ; ils le sont plus à chaud qu'à froid : la plupart des autres sont insolubles quand ils sont neutres ; mais ils sont tous solubles dans un excès de leur acide, et susceptibles de cristalliser par évaporation.

876. Traités par les acides sulfurique, muriatique, fluorique, phosphorique, arsenique, en dissolution

dans l'eau, les sulfites sulfurés se décomposent; il s'en dégage du gaz acide sulfureux, il s'en précipite du soufre, et il se forme un nouveau sel.

877. *Préparation.*—On prépare les sulfites sulfurés de potasse, de soude ou d'ammoniaque, en faisant chauffer de la fleur de soufre avec les sulfites de ces diverses bases en dissolution; ceux à base de fer, de zinc, peuvent s'obtenir en traitant ces métaux en limaille par l'acide sulfureux liquide, à la température ordinaire. Quant aux sulfites sulfurés de baryte, de strontiane, de chaux, on se les procure soit par la voie des doubles décompositions (725), soit en traitant les sulfures de ces bases par l'eau.

Des Nitrates.

878. *Action du feu.* — Tous les nitrates se décomposent à une température plus ou moins élevée. Les uns donnent d'abord de l'oxigène et se transforment en nitrites; ensuite, lorsque la chaleur devient plus forte, ils donnent tout à la fois de l'oxigène et du gaz azote, et passent à l'état d'oxide : tels sont les nitrates de potasse et de soude. On retire des autres, du gaz oxigène, du gaz acide nitreux, et on obtient, en général, leur oxide pour résidu.

Cependant, il arrive quelquefois que l'oxide du nitrate absorbe une portion de l'oxigène de l'acide nitrique près de se dégager : c'est ce qui a lieu quand on calcine les proto-nitrates de cérium, de mercure, et le deuto-nitrate de fer. Quelquefois aussi la calcination étant trop forte, l'oxide se réduit, ou au moins est ramené à un moindre degré d'oxidation (470).

Enfin, dans quelques circonstances, l'acide nitrique se dégage sans éprouver d'altération ; c'est lorsque l'acide nitrique a très-peu d'affinité pour l'oxide, et que le sel ne peut être obtenu sans eau : les nitrates de platine, de palladium, de rhodium et d'iridium, sont dans ce cas : c'est ce que nous offrent encore, du moins en partie, certains nitrates acides cristallisés ; l'eau, en s'en dégageant, emporte une portion de l'acide, et fait passer le sel à l'état neutre ou de sous-sel, qui ensuite se comporte à la manière ordinaire. L'expérience se fait toujours de la même manière. On introduit le nitrate dans une cornue ; on adapte au col de cette cornue un tube qui va plonger au fond d'un flacon plein d'eau ; de ce flacon part un autre tube recourbé qui s'engage sous des cloches pleines de ce liquide ; on place la cornue dans un fourneau, et on chauffe plus ou moins, selon que le nitrate est plus ou moins facilement décomposable. Ceux de la seconde section ne le sont qu'au-dessus de la chaleur rouge ; ceux de la première et des autres sections le sont au-dessous.

879. *Action des corps combustibles.* — Les nitrates étant décomposables par l'action du feu, le seront à plus forte raison par les corps combustibles qui, à une haute température, peuvent s'unir avec l'oxigène ; mais les produits varieront nécessairement en raison de la nature du nitrate et du corps combustible, de la quantité respective de ces deux corps et de l'élévation de la température. 1° L'acide nitrique passera à l'état de deutoxide d'azote, si le corps combustible a peu d'affinité pour l'oxigène, quelle que soit d'ailleurs la quantité de ce corps, ou bien si, cette affinité étant

grande, le nitrate est en excès. 2° L'acide nitrique sera
complétement décomposé, si le corps combustible est
en excès, et s'il a beaucoup d'affinité pour l'oxigène.
3° Dans tous les cas, le corps combustible s'oxidera
ou s'acidifiera, et l'oxide ou l'acide formé se combinera avec l'oxide du nitrate, s'il en est susceptible.
Deux causes pourront s'opposer à cette combinaison ;
savoir : l'élévation de la température et la présence
d'une certaine quantité de corps combustible non
brûlé. On connaîtra toujours l'influence de ces causes
en se rappelant ce qui a été dit relativement à l'action
de la chaleur et des corps combustibles sur les oxides
composés et sur les sels.

880. On n'a point encore essayé l'action de l'hydrogène sur les nitrates ; mais il est évident qu'en les traitant par un excès d'hydrogène à une certaine température, on obtiendrait de l'eau, de l'azote et un oxide
métallique, à moins que cet oxide ne fût réductible
par ce corps combustible à cette température (474).
Cette expérience serait très-difficile à faire ; car, comme
on serait obligé de mettre le nitrate dans un tube et
d'y faire passer le gaz hydrogène, il serait possible
qu'il se produisît une détonation ; c'est ce qui arriverait constamment si on élevait trop fortement la
température, puisqu'alors le sel se décomposerait par
lui-même et avec rapidité, et qu'il en résulterait nécessairement un mélange de gaz hydrogène et de gaz
oxigène.

881. Le bore n'a été mis jusqu'ici en contact qu'avec le
nitrate de potasse. Lorsqu'on projette un mélange intime
de ces deux corps dans un creuset rouge de feu, il en

résulte une vive combustion, dont l'un des produits est un composé d'acide borique et de potasse qui reste dans le creuset, et dont l'autre est du gaz azote, si toutefois le bore est en excès. Il est probable que le bore nous offrirait des résultats semblables avec les nitrates des première et seconde sections, et en général avec tous les nitrates dont l'oxide peut rester en combinaison avec l'acide borique, à une haute température. (*Voyez* Borates (730). Cependant il serait possible que l'oxide du borate fût réduit, dans quelques circonstances, par l'excès de bore : alors on obtiendrait ce métal mêlé avec l'acide borique.

882. Lorsqu'on expose subitement à une haute température un mélange intime de nitrate et d'un excès de carbone, on obtient du gaz oxide de carbone, du gaz azote, un dégagement plus ou moins grand de calorique et de lumière ; l'oxide métallique est mis en liberté, et se comporte avec le carbone, comme on l'a vu (476). Les produits ne seront plus les mêmes dans le cas où le nitrate sera en excès ; on obtiendra toujours à la vérité un plus ou moins grand dégagement de calorique et de lumière : mais, au lieu de gaz azote et d'oxide de carbone, on obtiendra du deutoxide d'azote et du gaz acide carbonique ; de sorte que l'oxide métallique sera mis à nu et réduit, s'il est facilement décomposable par le feu. Cet oxide restera en combinaison avec l'acide carbonique, s'il est à base de potasse, de soude ou de baryte, ou bien restera libre dans toute autre circonstance (746).

883. Le phosphore agit très-vivement sur les nitrates à l'aide de la chaleur ; l'acide est ramené à

l'état de deutoxide d'azote, ou d'azote ; et il se forme un phosphate, à moins que l'excès de phosphore ou la chaleur ne s'y opposent (772 et 776).

884. Lorsqu'on projette un mélange intime de nitrate et de soufre dans un creuset rouge, il s'enflamme tout à coup ; la combustion est très-vive, surtout avec les nitrates de potasse et de soude : l'acide nitrique passe à l'état de deutoxide d'azote, et on obtient constamment un sulfate, avec les nitrates de la seconde section et le nitrate de magnésie ; de l'acide sulfureux et un oxide avec les nitrates de la première section, moins celui de magnésie ; de l'acide sulfureux et un sulfure avec les nitrates des quatre autres sections, pourvu toutefois que la température soit assez élevée, que le soufre soit en excès, et que le métal à cette température puisse retenir ce corps combustible : phénomènes divers qu'on concevra très-bien en se rappelant l'action du feu sur les sulfates, et celle du soufre sur les oxides métalliques (797 et 780). En effet, les sulfates de la seconde section sont indécomposables à la plus haute température, sèuls ou mêlés avec le soufre ; par conséquent, ils devront se former dans le cas que nous venons d'indiquer. Tous les autres sulfates sont au contraire décomposés par la chaleur, de manière que leur acide est transformé en oxigène et en gaz acide sulfureux ; ils ne pourront donc pas se former dans le même cas, et l'on voit dès-lors que l'oxide du nitrate sera mis à nu et se comportera avec le soufre comme s'il était libre : or, à une très-haute température, le soufre n'a aucune action sur les oxides de la première section, tandis qu'il réduit ceux des quatre dernières sections,

en donnant lieu à du gaz acide sulfureux et le plus souvent à un sulfure. Donc, etc.

885. Il est très-probable que le gaz azote n'a aucune espèce d'action sur les nitrates; car, jusqu'ici, on n'a point pu combiner ce gaz avec l'oxigène, si ce n'est par l'étincelle électrique.

886. *Action des métaux.* — Tous les métaux, excepté ceux de la dernière section, sont susceptibles d'être attaqués par tous les nitrates à l'aide de la chaleur; ils s'oxident, font passer l'acide nitrique à l'état de deutoxide d'azote ou d'azote, et se comportent avec l'oxide du nitrate, comme nous l'avons dit précédemment (512): l'arsenic, le chrôme, le molybdène, le tungstène et le colombium s'acidifient même presque toujours, en donnant lieu à des arseniates, chrômates, etc., surtout avec les nitrates de potasse, de soude, de baryte, de strontiane et de chaux. Plusieurs de ces décompositions se font avec dégagement de lumière; savoir: celles de tous les nitrates, par le potassium et le sodium, et celle du nitrate de potasse et de soude, par presque tous les métaux. On peut les opérer toutes en projetant le mélange du métal et du nitrate dans un creuset rouge.

Tous les phosphures et sulfures métalliques sont également attaqués par tous les nitrates, pourvu que la température soit suffisamment élevée; ils le sont même, en général, plus facilement que les métaux. Les produits qui en résultent sont très-compliqués; cependant, il sera facile d'en prévoir la nature en considérant l'action de ces divers sels sur les métaux, le phosphoré et le soufre. Le phosphoré passera sans doute à l'état d'acide phosphorique et s'unira en cet état, soit à l'oxide du nitrate, soit à l'oxide qui peut provenir de la combustion du métal du phosphure : ce ne serait qu'autant que le phosphure et le nitrate appartiendraient tous deux à la dernière section, que leurs métaux, loin de s'oxigéner, se réduiraient peut-être, et qu'alors l'acide phosphorique resterait libre. Quant au soufre, il passera à l'état d'acide sulfurique toutes les fois que le sulfure ou le nitrate fera partie de la seconde section, ou bien encore lorsque le nitrate sera à base de magnésie, parce qu'alors il pourra se former un sulfate indécomposable par le feu (797) ; mais, dans tout autre cas, si la température est très-élevée, ce corps combustible passera seulement à l'état de gaz sulfureux, et le métal du sulfure se comportera d'ailleurs avec le nitrate, comme nous venons de le dire.

Nous ne parlerons point de l'action des nitrates sur les autres composés combustibles ; l'on s'en fera sans doute une idée très-exacte d'après ce qui précède.

887. *Nitrates solubles.* — En général, tous les nitrates sont solubles dans l'eau ; seulement il en est quelques-uns qui ne s'y dissolvent qu'autant qu'ils sont avec excès d'acide.

888. *Action des bases.* — Il paraît que la potasse et la soude tendent plus à se combiner avec l'acide nitrique par l'intermède de l'eau, que les autres bases salifiables ; viennent ensuite la baryte et la strontiane, la chaux, l'ammoniaque, la magnésie, etc. (718). La potasse et la soude doivent donc décomposer tous les nitrates et en précipiter l'oxide lorsqu'il est insoluble.

889. *Action des acides.* — Les acides sulfurique, phosphorique, fluorique, arsenique, muriatique liquides, décomposent tous les nitrates à froid ou au moins à la température de l'eau bouillante (*a*) : les quatre premiers se substituent à l'acide nitrique et le dégagent à l'état de vapeurs ; l'acide muriatique s'y substitue également, mais en même temps il réagit sur l'acide du nitrate, et donne lieu à une formation d'acide muriatique oxigéné et d'acide nitreux (640). Les acides nitreux et carbonique n'en opèrent point la décomposition ; l'acide borique ne la favorise qu'autant que la température est voisine du rouge-cerise.

890. *Action des sels.* — Lorsqu'on verse dans une solution d'un nitrate qui n'est point à base de potasse, de soude ou d'ammoniaque, un sous-carbonate, un sous-phosphate, un sous-phosphite, et la plupart du temps une solution de sulfite, fluate, arseniate, arsenite, chrômate, molybdate, tungstate, à base de potasse, de soude et d'ammoniaque, il en résulte une décomposition des deux sels, parce qu'il peut se former, d'une part, un nitrate soluble, et, d'une autre part, un sous-carbonate, un sous-phosphate, etc., insolubles. Ce ne serait que dans le cas où le nitrate serait très-acide, qu'en général la décomposition n'aurait pas lieu, parce que le borate, ou le phosphate ou le phosphite qui pourrait se former, serait acide et soluble : alors il faudrait ajouter peu à peu de la potasse ou de la soude au mélange pour saturer l'excès d'acide.

(*a*) La décomposition à froid n'est bien sensible qu'avec l'acide sulfurique.

891. *État.* — Il n'existe dans la nature que trois nitrates, ceux de potasse, de chaux et de magnésie. On les trouve toujours ensemble, quelquefois en dissolution dans l'eau, mais bien plus souvent à l'état solide, disséminés dans les lieux humides et exposés aux émanations des animaux. Ils ne sont jamais ni en masses, ni en couches. Les plâtras ou débris des vieux bâtimens, le sol des écuries, des bergeries, etc., en contiennent des quantités plus ou moins grandes; le sol des caves en contient aussi, peut-être à cause d'une matière animale que renferme le vin (891 *bis*). On observe que tous les matériaux ne sont pas également propres à la *nitrification*. Ceux qui se *nitrifient* le mieux sont les pierres calcaires, et surtout celles qui sont tendres et poreuses, probablement parce qu'elles sont plus perméables aux matières animales et à l'air que les autres (891 *bis*). On observe aussi que les divers pays ne sont point également riches en salpêtre. Il est si abondant en Égypte et dans l'Inde, qu'il cristallise à la surface du sol et qu'on peut le recueillir avec des houssoirs ou des balais: celui qu'on se procure ainsi s'appelle salpêtre de houssage. En France, il est beaucoup moins commun; les matériaux salpêtrés ne renferment même, pour ainsi dire, que des nitrates de chaux et de magnésie: cependant on rencontre aussi çà et là, à la surface des murs humides, du salpêtre de houssage ou cristallisé en filamens soyeux.

Puisque les terres qui s'imprègnent naturellement de matières animales se nitrifient plus ou moins promptement, on voit qu'il doit être possible, en imitant la nature à cet égard, c'est-à-dire, en faisant des mélanges de terres et de matières animales ou végétales azotées, de former des nitrates. C'est ce qui a lieu, et ce que l'on a mis à profit pour la formation des nitrières artificielles.

En Prusse, par exemple, on fait un mélange de 5 parties de terre noire végétale et de 1 partie de cendres lessivées et de paille d'orge; on gâche le tout ensemble, en y ajoutant de l'eau de fumier : après quoi on en élève des murs de 20 pieds de long sur 6 à 7 de haut; on met des bâtons dans la couche, et on les retire lorsqu'elle a pris assez de consistance. Ces murs, placés dans des lieux humides, à l'abri du soleil et couverts d'un toit de paille, sont arrosés de temps en temps et lessivés au bout de l'année. (Chaptal, Chimie appliquée aux arts, t. 4.)

891 *bis.* Recherchons maintenant comment il est possible d'expliquer la formation de ces nitrates. On observe qu'elle n'a lieu que dans les matériaux où les terres qui contiennent des substances animales ou des substances végétales azotées : or, les substances végétales et animales doivent surtout y contribuer par leur azote : il faut donc admettre que cet azote se combine avec l'oxigène de ces substances mêmes ou bien de l'air, qu'il en résulte de l'acide nitrique, et que cet acide s'unit à la chaux dont on fait usage dans toutes les constructions, et qui appartient à tous les terrains, ou bien à la potasse et à la magnésie qui proviennent originairement du sol, et qui sont contenues d'ailleurs dans la plupart des substances végétales et animales même (*a*).

_____

(*a*) J'ai fait, il y a environ quatorze ans, une observation qui vient à l'appui de cette théorie. J'ai trouvé, dans le produit de la distillation de la chair musculaire, une substance animale, insi-

892. *Préparation.* — En général, on se procure tous les nitrates; savoir : le nitrate de potasse, en l'extrayant du sein de la terre ou en décomposant les nitrates de chaux et de magnésie par le sous-carbonate et le sulfate de potasse ; les nitrates d'urane, de nickel, en traitant convenablement les mines d'urane, de nickel (923 et 929).

Par l'action de l'acide nitrique sur les métaux.	Par l'action de l'acide nitrique sur les oxides sulfurés.	Par l'action de l'acide nitrique sur les oxides ou les carbonates.
Les nitrates de zinc..	Les nitrates de baryte.	Tous les autres nitrates.
de bismuth..	de strontiane.	
de deutoxide de cuivre..		
de plomb....		
d'argent.....		
de mercure..		
de tritoxide de fer.....		

Rien de plus facile à exécuter que le troisième procédé. On met le métal en lames ou en grenaille dans une

pide, qui, délayée dans l'eau et chauffée avec le contact de l'air, donna lieu tout à coup à une si grande quantité d'acide nitrique, que la liqueur en devint corrosive (Ann. de Chimie, t. 43, p. 181).

A la vérité, comme on parvient à unir le gaz oxigène et le gaz azote et à les acidifier, en faisant passer des étincelles électriques à travers ces gaz humides (Cavendish), on pourrait supposer que la plus grande partie de l'acide des nitrates se forme dans l'air, de cette manière; mais on sera convaincu du contraire en observant qu'il faut un grand nombre d'étincelles pour former une quantité sensible d'acide.

capsule ou un matras ; on verse dessus un petit excès
d'acide nitrique pur, plus ou moins étendu d'eau , suivant que le métal est plus ou moins combustible ou attaquable par l'acide : il en résulte une grande effervescence due à un dégagement de deutoxide ou de protoxide d'azote ou bien d'azote (672) ; lorsqu'elle commence à cesser, on chauffe la liqueur pour en chasser
l'excès d'acide, et la concentrer de manière qu'elle cristallise par le refroidissement. Ce n'est que quand on
veut obtenir un proto - nitrate de mercure, que le
métal doit être en excès.

Rien de plus facile aussi que d'exécuter le cinquième
procédé. On met un léger excès d'oxide ou de carbonate dans une capsule ; on verse dessus de l'acide nitrique étendu d'eau ; on chauffe ; on filtre la liqueur, on
la concentre convenablement, et on la laisse refroidir.
Ce n'est que pour obtenir le nitrate de soude que l'on
doit modifier légèrement le procédé : alors on dissout
le carbonate de soude dans l'eau, et on y verse de
l'acide jusqu'à saturation, etc. ; du reste, on fait évaporer comme nous venons de le dire.

Nous ne parlerons de l'exécution des autres procédés
que dans l'histoire particulière des nitrates.

893. *Composition.* — Dans les nitrates neutres, la
quantité d'oxigène de l'oxide est à la quantité d'acide,
d'après M. Berzelius, comme 1 à 6,82. Or, comme l'on
connaît la composition des oxides, il sera facile de calculer celle des nitrates. Nous citerons seulement la composition de sept de ces sels, déterminée de cette manière :

NITRATES.	ACIDE.	BASE.
De potasse............	100..	88,17
De soude.............	100.........	57,79
De baryte...........	100.........	139,64
De chaux...........	100.........	51,45
De magnésie..........	100.........	38,09
De plomb........ ...	100.........	265,09
D'argent...•.,......	100.........	207,59

895. *Usages.* — On n'emploie dans les arts ou dans la médecine que les nitrates de potasse , de bismuth , de mercure et d'argent : les usages du premier sont bien plus importans et bien plus étendus que ceux des autres. On en emploie un plus grand nombre dans les laboratoires, soit comme réactifs , soit pour se procurer les oxides qu'ils contiennent : ceux dont on se sert le plus fréquemment sont les nitrates de baryte et d'argent. (*Voyez* ces divers nitrates en particulier.)

Nitrates de la première section.

Nitrate de Zircône.

896. Ce sel est astringent ; rougit le tournesol ; ne cristallise point ; se prend, par l'évaporation ; en une matière transparente et visqueuse ; ne se dissout qu'en petite quantité dans l'eau, à moins qu'il ne contienne un excès d'acide assez considérable. Lorsqu'on verse de l'acide sulfurique dans la dissolution de ce sel , il se forme un sulfate de zircône qui se précipite ; lorsqu'on y verse

une solution de carbonate d'ammoniaque, il s'en précipite du carbonate de zircône soluble dans un excès
de carbonate d'ammoniaque, etc. (878). On obtient
le nitrate de zircône, en traitant la zircône en gelée
par l'acide nitrique, et se conformant à ce qui a été
dit (892, 5e procédé).

Nitrate d'Alumine.

897. Très-astringent, déliquescent, facilement décomposé par le feu, très-soluble dans l'eau, rougit le
tournesol; ne cristallise point par évaporation, mais se
prend en masse visqueuse, etc. (878); s'obtient en traitant l'alumine en gelée par l'acide nitrique, filtrant e
concentrant la liqueur.

Nitrate de Glucine.

898. Sucré et légèrement astringent, facilement décomposable par le feu, déliquescent, très-soluble dans
l'eau, rougit le tournesol; se prend par évaporation en
une masse pâteuse qui ne cristallise point; forme avec
le carbonate d'ammoniaque un précipité qu'un excès de
ce sel fait disparaître; forme aussi avec la potasse et la
soude un précipité soluble dans un excès d'alcali, etc.
(678); s'obtient en traitant la glucine ou le carbonate
de glucine par l'acide nitrique (892, 5e procédé).

Nitrate d'Yttria.

899. Ce sel ressemble beaucoup au nitrate de glucine : comme lui, il est sucré et légèrement astringent,
facilement décomposé par le feu, déliquescent, très-soluble dans l'eau; comme lui encore, il rougit le tournesol, il cristallise très-difficilement et forme avec le carbonate d'ammoniaque un précipité qui se redissout dans
un excès de ce sel. Il en diffère en ce qu'il forme avec

l'acide sulfurique un précipité cristallin de sulfate
d'yttria, et qu'il en forme un, avec la potasse et la
soude, qui est insoluble dans un excès d'alcali, etc.
(878). On l'obtient en traitant l'yttria ou le carbonate
d'yttria par l'acide nitrique (892, 5e procédé).

Nitrate de Magnésie.

900. Le nitrate de magnésie est très-amer, déliquescent, et par conséquent très-soluble dans l'eau; il
cristallise en petites aiguilles, quelquefois en prismes
rhomboïdaux; forme un sel double avec le nitrate
d'ammoniaque; cède en partie sa base à l'ammoniaque (718); la cède tout entière aux autres alcalis, etc.
(875).

Ce sel existe dans la nature, mais mêlé avec beaucoup d'autres sels (906); c'est pourquoi, dans les laboratoires, on le prépare en traitant le carbonate de magnésie par l'acide nitrique (892, 5e procédé).

Le nitrate de magnésie artificiel n'a point d'usages :
on convertit le naturel en nitrate de potasse (906).

Nitrates de la seconde section.

Nitrate de Baryte.

901. Ce sel est âcre, inaltérable à l'air, cristallisable en octaèdres demi-transparens, soluble dans
3 à 4 parties d'eau bouillante, et seulement dans 12 à
13 d'eau à la température de 15°. Exposé au feu, il
décrépite, entre en fusion à une chaleur rouge, se
décompose, et donne du gaz oxigène, du gaz acide
nitreux et de la baryte en masse poreuse. Une dissolution d'une partie de ce sel dans 3 à 4000 parties
d'eau est troublée tout à coup par une goutte d'acide

sulfurique ou d'un sulfate : phénomène dû à l'insolubilité extrême du sulfate de baryte qui se forme,
etc. (878).

On obtient ce nitrate de la manière suivante : On
prend du sulfate de baryte chargé le moins possible de
matières étrangères ; après l'avoir pulvérisé et tamisé,
on le mêle avec la sixième partie de son poids de
charbon ; on verse le mélange dans un creuset de
terre, on l'en remplit, on recouvre le creuset de son
couvercle et on expose le tout dans un fourneau à
réverbère, ou mieux dans une forge, à l'action d'un
feu violent, pendant deux heures au moins, si l'on
opère sur quelques livres : au bout de ce temps, le
sulfate est converti en sulfure. Alors on pulvérise
le sulfure, on le met dans une terrine avec 8 à 10
fois son poids d'eau : celle-ci est en partie décomposée ; et l'on obtient ainsi une certaine quantité de
sulfite sulfuré insoluble, et d'un hydro-sulfure sulfuré
de baryte, soluble.

Lorsque la matière est bien délayée, on y verse
peu à peu de l'acide nitrique étendu de son poids
d'eau, jusqu'à ce qu'il y en ait un excès très-sensible,
et en même temps on agite avec un tube de verre.
Tout à coup le gaz hydrogène sulfuré de l'hydro-
sulfure se dégage en donnant lieu à une vive effervers-
cence ; l'excès de soufre se précipite, et la baryte se
combine avec l'acide nitrique : mais comme l'air
chargé d'un millième d'hydrogène sulfuré est très-
dangereux à respirer (178), on ne doit faire cette
expérience qu'en prenant de grandes précautions :
il faut se placer autant que possible dans un courant
d'air et au-dessus de ce courant, et enflammer le gaz

hydrogène sulfuré avec une torche, à mesure que le dégagement s'en opère. Ensuite, on fait chauffer la liqueur dans la terrine même, jusqu'à 60 et quelques degrés, afin de rendre le nitrate de baryte plus soluble dans l'eau ; on la filtre toute chaude et on la reçoit dans une autre terrine ; on lave le filtre avec de l'eau bouillante, jusqu'à ce que les eaux soient presque sans saveur : le sulfate de baryte régénéré, celui qui a échappé à la décomposition, le soufre provenant de l'hydro-sulfure sulfuré et l'excès de charbon restent sur le filtre ; le nitrate de baryte passe en dissolution à travers, et le plus souvent une portion de ce sel cristallise. Enfin on décante la liqueur, on la fait évaporer dans une terrine de grès, et mieux dans une capsule de porcelaine, jusqu'à un certain point ; et on en obtient de nouveaux cristaux par le refroidissement ; pour les obtenir en octaèdres parfaits, il faut suspendre des fils dans la liqueur (a).

C'est du nitrate de baryte qu'on extrait la baryte : on s'en sert aussi pour reconnaître la présence de l'acide sulfurique dans les eaux où on le soupçonne.

Nitrate de Strontiane.

902. Le nitrate de strontiane est âpre, piquant, soluble environ dans son poids d'eau à 15°, et dans la

(a) Lorsqu'on se sert de sulfate de baryte qui contient de l'oxide de fer, le nitrate en contient lui-même et est jaunâtre. On le purifie en le dissolvant dans l'eau, y versant un petit excès d'hydrosulfure sulfuré de baryte en dissolution, filtrant, ajoutant ensuite assez d'acide nitrique pour décomposer l'excès d'hydro-sulfure, faisant chauffer pour favoriser le dépôt, filtrant de nouveau et évaporant.

moitié de son poids d'eau bouillante; il cristallise en octaèdres, quelquefois en prismes irréguliers; s'effleurit; entre en fusion au degré de la chaleur rouge; se décompose ensuite et donne du gaz oxigène, du gaz acide nitreux et de la strontiane en masse poreuse. Mis en contact avec la flamme d'une bougie, etc., il la colore en violet; propriété que possèdent plus ou moins tous les autres sels de strontiane, etc. (878).

On prépare ce sel de la même manière que le nitrate de baryte. Sa préparation est accompagnée des mêmes phénomènes : seulement, au lieu de traiter directement le sulfate de strontiane pulvérisé par le charbon, il faut le faire digérer pendant quelque temps avec 2 ou 3 fois son poids d'acide muriatique étendu d'eau, pour dissoudre le carbonate de chaux dont les couches de sulfate sont entre-mêlées.

C'est en calcinant le nitrate de strontiane qu'on se procure cette base salifiable.

Nitrate de Chaux.

903. Le nitrate de chaux est très-âcre et très-déliquescent; c'est un des sels les plus solubles; il se dissout dans le quart de son poids d'eau : aussi ne l'obtient-on que difficilement cristallisé, à moins qu'on ne le dissolve dans l'alcool. Calciné jusqu'à un certain point, il acquiert la propriété de luire dans l'obscurité, et constitue la matière connue autrefois sous le nom de *phosphore de Baudouin.* L'eau qui en est saturée se prend en masse par une dissolution concentrée de potasse, parce que la chaux qui se précipite absorbe toute l'eau de la liqueur : c'est ce phénomène

que quelques chimistes anciens ont appelé, *miraculum chimicum.*

904. Ce sel existe dans les matériaux salpêtrés, etc., mais mêlé avec beaucoup d'autres sels : on l'obtient pur en traitant le marbre en fragmens par l'acide nitrique étendu d'eau (892). Le nitrate de chaux artificiel est sans usages ; on convertit le naturel en nitrate de potasse.

Nitrate de Potasse.

905. Le nitrate de potasse est blanc et a une saveur fraîche et piquante ; il cristallise en longs prismes à 6 pans, terminés par des sommets dièdres. Ses cristaux ne sont jamais que demi-transparens ; souvent ils s'accolent de manière à former des cannelures. En général, ce sel n'éprouve rien à l'air. Exposé au feu, il ne tarde point à fondre ; coulé dans cet état de fusion et refroidi, il forme ce qu'on appelle en pharmacie le cristal minéral. Exposé à une chaleur rouge, il s'en dégage du gaz oxigène, et il passe à l'état de nitrite ; ensuite, en élevant davantage la température, le nitrite se décompose, et donne du gaz oxigène, du gaz azote, un peu d'acide nitreux, et de la potasse pour résidu. Il est beaucoup moins soluble dans l'eau froide que dans l'eau chaude ; car il ne se dissout que dans à peu près 4 fois son poids d'eau à 15°, et il n'en exige que le quart de son poids à la température de l'eau bouillante : aussi de l'eau qui en est saturée à chaud se prend-elle presqu'en masse par le refroidissement. Projeté sur des charbons incandescens, il les fait brûler vivement. Mêlé avec la moitié de son poids de soufre, et projeté dans un creuset chauffé au rouge, il en résulte une combustion instantanée, et

accompagnée d'un grand dégagement de calorique et de lumière (a). Il fait également brûler avec beaucoup de force tous les autres corps solides et très-combustibles. En le calcinant jusqu'au rouge avec la sixième ou septième partie de son poids de peroxide de manganèse, on obtient un composé vert très-fusible, qui jouit de propriétés remarquables. En effet, mis en contact avec l'eau froide ou chaude, ce composé s'y dissout et la colore en vert; peu après la dissolution, soit qu'elle ait ou qu'elle n'ait pas le contact de l'air, laisse déposer des flocons d'un jaune rougeâtre, qui semblent être un hydrate de tétroxide de manganèse, et elle prend en même temps une teinte violette. Elle conserve cette teinte et ne subit point d'altération dans des vaisseaux fermés; mais elle finit par abandonner tout l'oxide qu'elle contient, et par devenir incolore dans des vaisseaux ouverts : lorsqu'elle est verte ou violette, les acides la rendent toujours rose. C'est en raison de ces changemens de couleur, que Schéele a appelé ce singulier composé, *caméléon minéral.* Le caméléon est évidemment formé de potasse et d'oxide de manganèse, car on le prépare le plus ordinairement en faisant rougir 7 à 8 parties de potasse caustique à la chaux, ou 9 à 10 parties de potasse du commerce avec 1 partie d'oxide de manganèse. Mais quelle est la cause des diverses teintes qu'il est susceptible de prendre? Nous ne le savons pas précisément, et nous ne pouvons présenter que des conjectures à cet égard. Par la cal-

---

(a) On verra bientôt que c'est parce que le soufre produit tant de chaleur avec le salpêtre, qu'on l'emploie dans la fabrication de la poudre, et que même c'est l'un des élémens sans lesquels on ne saurait en obtenir de bonne.

cination, le peroxide de manganèse doit abandonner une partie de son oxigène (470), et la potasse au contraire doit en absorber une certaine quantité (518); en sorte que l'on peut considérer le produit comme formé de deutoxide ou tritoxide de manganèse, de potasse, et de tritoxide de potassium. Supposons que la potasse forme avec le tritoxide de manganèse un composé d'un bleu violet; le caméléon devra être vert, parce que le tritoxide de potassium est jaunâtre : il devra l'être encore en le dissolvant dans l'eau, car le tritoxide de potassium, à la vérité, sera ramené à l'état de deutoxide incolore; mais une portion de tritoxide de manganèse passera à l'état de tétroxide brun jaunâtre. Ce tétroxide étant susceptible de se séparer peu à peu, la liqueur deviendra nécessairement violette au bout d'un certain temps, et du violet elle passera au brun, et se décolorera entièrement par son contact avec l'air, parce que l'oxigène et l'acide carbonique de celui-ci se porteront, le premier sur l'oxide de manganèse, et le second sur la potasse, et que par ce moyen l'oxide se précipitera tout entier.

En pulvérisant le nitrate de potasse avec le tiers de son poids de soufre et les deux tiers de son poids de potasse du commerce, il donne lieu à une poudre qui, chauffée convenablement, fulmine avec la plus grande force. On réussit constamment à la faire détonner, en en mettant 10 à 12 grammes dans une cuiller à projection, et plaçant cette cuiller sur quelques charbons incandescens; le soufre fond, et, quelque temps après, l'explosion se produit : il se forme probablement, en premier lieu, du sulfure hydrogéné de potasse qui se répand dans toute la masse;

ensuite, l'oxigène de l'acide nitrique s'unit tout à coup à l'hydrogène et au soufre du sulfure hydrogéné, et de là résulte une combustion vive, de l'eau qui se réduit en vapeurs, du gaz oxide d'azote ou du gaz azote, du sulfate de potasse, et du gaz acide carbonique ; ce sont ces gaz qui, en se dégageant instantanément, excitent de grandes vibrations dans les molécules de l'air.

La poudre de guerre ou de chasse a aussi pour base le nitre ; il en est de même de celle à laquelle on a donné le nom de poudre de fusion. La première est formée de 75 parties de nitre, de 12,5 de soufre, et de 12,5 de charbon (908). La seconde l'est de 3 parties de nitre, de 1 de soufre, et 1 de sciure de bois ; on était étonné autrefois de voir qu'en entourant une pièce de cuivre de cette poudre, et y mettant le feu, la pièce fondait à l'instant ; mais c'est que, d'une part, la combustion est très-vive, et que de l'autre, il se forme un sulfure plus fusible que ne l'est le métal.

Enfin, en projetant dans un creuset chauffé au rouge des mélanges de nitre et de sulfure d'antimoine, de nitre et d'antimoine, il en résulte des combustions plus ou moins vives et des composés solides dont on fait usage en médecine sous divers noms (907).

906. *Préparation.* — L'art de se procurer le salpêtre n'est point le même pour tous les pays. Lorsque ce sel est en très-grande quantité dans une terre, il suffit de la lessiver et d'en concentrer la lessive convenablement, pour l'obtenir cristallisé : tel est le procédé que l'on peut suivre dans l'Inde, où les terres sont très-riches en salpêtre. Lorsqu'au contraire elles ne contiennent qu'une petite quantité de nitrate de potasse, et

qu'elles renferment d'ailleurs des quantités remarquables de nitrate de chaux et de magnésie, il faut commencer par transformer ceux-ci en nitrate de potasse. C'est ce que l'on fait en Europe, et particulièrement en France, au moyen de la potasse du commerce : il faut se garder d'en employer un excès. Voici le procédé que l'on suit à Paris.

On se procure les plâtras provenant de la démolition des vieux bâtimens ; mais on les choisit avec soin, car ils ne sont point également bons. Ceux qui proviennent de la partie supérieure, sont à peine salpêtrés ; on les rejette : il n'y a que ceux de la partie inférieure qui en général le soient suffisamment. On reconnaît facilement, au reste, les bons plâtras, soit par leur aspect, soit par leur saveur, qui doit être fraîche, âcre et piquante. Les plus riches contiennent, au plus, cinq pour cent de leur poids de nitrates.

Les plâtras, étant transportés dans l'atelier, sont écrasés avec une batte, passés à travers une claie et lessivés ; on dissout ainsi tous les sels solubles, qui sont au nombre de six : le nitrate et le muriate de chaux, le nitrate et le muriate de magnésie, le nitrate de potasse et le muriate de soude. Ces sels sont toujours à peu près dans un rapport tel, que leur mélange contient, sur 100 parties, 10 de nitrate de potasse, 70 de nitrates de chaux et de magnésie, 15 de sel marin, et 5 seulement de muriates calcaire et magnésien. La lixiviation s'en fait de la manière suivante : On prend un certain nombre de tonneaux ou cuviers, par exemple, 36, et on les place sur trois rangs, à chacun desquels on donne le nom de bande. Ces tonneaux sont percés latéralement près de leur fond d'un trou d'environ un demi-pouce de diamètre, fermé par un robinet ou une cheville, et situé au-dessus d'une rigole ou chantepleure aboutissant à un réservoir. On met d'abord dans chaque tonneau un seau des fragmens de plâtras qui n'ont pas pu passer à travers la claie, en les maintenant, à l'aide d'une douve, à une certaine distance du trou, pour qu'ils ne puissent point l'obstruer ; ensuite on y ajoute un boisseau de cendres, et on achève de remplir chacun d'eux avec des plâtras en poudre. Cela étant fait, on verse de l'eau dans les tonneaux de la 1re bande ; après quelques heures de contact, on la laisse couler peu à peu en tournant convenablement le robinet ; de temps en temps on en verse d'autre, et on continue d'en verser jusqu'à ce que celle qui filtre ne marque plus, pour ainsi dire, que zéro à l'aréomètre de Beaumé. Les eaux salines que l'on obtient ainsi sont partagées en trois parties, en raison de leur pesanteur spécifique ou de la quantité des sels qu'elles contiennent. On met à part celles qui marquent plus de 5°, pour les travailler comme on le dira tout à l'heure ; elles sont connues sous le nom d'eaux de cuite : on met également à part celles qui marquent entre 3 et 5° ; elles prennent le nom d'eaux fortes : et l'on réunit, sous le nom d'eaux faibles ou d'eaux de lessivage, celles qui sont au-dessous de 3°. A mesure que les eaux fortes et faibles s'écoulent, on les fait passer successivement à travers la seconde bande, pour les convertir ; savoir : les premières, en eaux de cuite, et les secondes, en eaux fortes ; mais comme cette seconde bande n'est point épuisée, on la lave jusqu'à ce qu'elle le soit avec de l'eau ordinaire, ce qui donne de nouvelles eaux faibles. Enfin, l'on fait passer

de la même manière les eaux fortes et les eaux faibles
provenant de la seconde bande à travers la troisième ;
puis, celles qui proviennent de celles-ci, à travers
la première, après en avoir toutefois renouvelé les
terres, etc. : par conséquent la lixiviation n'est jamais
interrompue, et l'on voit, qu'une fois en activité, elle
peut se faire de manière que l'on obtienne en même
temps, par exemple, des eaux faibles dans la seconde
bande, des eaux fortes dans la troisième, et des eaux
de cuite dans la première.

Lorsqu'on s'est procuré une suffisante quantité d'eaux
de cuite, on les porte dans une chaudière de cuivre,
et on les fait évaporer. Pendant l'évaporation, il se
forme des écumes que l'on enlève, et un dépôt assez
abondant qu'on appelle *boues.* Ces boues se recueillent
dans un chaudron qu'on place au fond de la chaudière,
et qu'on enlève de temps en temps au moyen d'une corde
qui se meut sur une poulie, et qui est attachée à une
chaîne partant de l'anse du chaudron. On concentre
ainsi les eaux jusqu'à 25° de l'aréomètre de Beaumé ;
alors on les mêle dans la chaudière même, avec les eaux
mères de la cuite précédente, et on y verse de la potasse
du commerce, en dissolution concentrée, jusqu'à ce
que la liqueur ne précipite presque plus. Le sulfate de
potasse peut être employé avec le même succès, du
moins pour décomposer le nitrate de chaux ; mais on
le met en premier lieu, et l'on achève la décomposition
par la potasse, à la manière ordinaire. La précipitation
étant faite, c'est-à-dire, les nitrates de chaux et de
magnésie étant transformés en nitrate de potasse, on
porte la liqueur toute chaude dans un grand cuvier

appelé *réservoir*, et situé sur le bord de la chaudière. Aussitôt que les sels insolubles qu'elle contient y sont déposés, ce qui a promptement lieu, on la tire à clair par des robinets adaptés aux cuviers, et on la reçoit dans la chaudière qu'on a dû nettoyer pendant la formation du dépôt ; enfin, on lave le dépôt avec une certaine quantité d'eaux de cuite, qui s'éclaircissent en peu de temps, et qu'on réunit à la liqueur précédente.

D'après ce que nous venons de dire, on voit que la liqueur doit contenir beaucoup de nitrate de potasse, un peu de sels de chaux et de magnésie, et tout le muriate de soude provenant des plâtras. On y rencontre aussi le plus souvent du muriate de potasse, et un peu de sulfate de chaux. Quoi qu'il en soit, on la soumet de nouveau à l'évaporation. Lorsqu'elle est à 42° de concentration, il s'en sépare du sel marin, qu'on enlève avec des écumoirs, et qu'on fait égoutter dans un panier d'osier placé au-dessus de la chaudière. Parvenue à 45°, on la porte dans des vases en cuivre, où, par le refroidissement, elle cristallise. On décante les eaux mères, on fait égoutter le sel, on l'écrase, on le lave dans une certaine quantité d'eau de cuite, et c'est alors qu'on le livre à l'administration centrale, sous le nom de salpêtre brut ou de première cuite. Le salpêtre brut contient environ 75 pour 100 de nitrate de potasse. On en détermine la richesse en le traitant, à froid, par une dissolution saturée de nitrate de potasse pur, qui ne peut dissoudre aucune portion de ce nitrate, mais qui peut dissoudre les autres sels. Les 0,25 de sels étrangers contenus dans le salpêtre brut, se composent d'une grande quantité de sel marin, d'un peu de muriate de

potasse, et de sels déliquescens. Il est nécessaire de
les séparer : l'opération qui a pour objet cette séparation, s'appelle raffinage du salpêtre.

Le raffinage du salpêtre est fondé principalement
sur la propriété qu'a le nitre d'être bien plus soluble
dans l'eau chaude que les muriates de soude et de
potasse.

On met dans une chaudière 30 parties de salpêtre
et 6 parties d'eau ; on porte peu à peu la liqueur à
l'ébullition ; par ce moyen, il se précipite au fond
de la chaudière une grande quantité de sel marin
mêlé de muriate de potasse : on l'enlève avec soin, et,
de temps en temps, on ajoute une petite quantité d'eau
pour maintenir le nitre en dissolution. Lorsqu'il ne
se fait plus de dépôt dans la liqueur, on la clarifie
par la colle ; on y verse une nouvelle quantité d'eau,
de manière à compléter 10 parties, y compris ce
qu'on a déjà employé, et on la porte, lorsqu'elle est
bien claire et moins chaude, dans de grands bassins
en cuivre, peu profonds, où l'on promène des rabots,
pour hâter le refroidissement, troubler la cristallisation, et obtenir le salpêtre divisé et presqu'en
poudre.

Le salpêtre ainsi obtenu n'est point encore assez
pur ; on achève de le purifier en le lavant avec des eaux
saturées de nitre et de l'eau ordinaire, qui dissolvent
les sels étrangers. Ce lavage se fait dans des trémies dont
le fond est percé de trous, qu'on bouche avec des chevilles. On laisse le nitre en contact avec les eaux de lavage
pendant quelques heures ; puis on les laisse écouler,
en ôtant les chevilles. Lorsque la liqueur qui s'écoule
marque le même degré que la dissolution saturée de

nitre, l'opération est faite. Alors, on sèche le nitre, et on le porte en magasin. Les eaux de lavage et les eaux mères sont traitées à part.

907. *Usages.* — C'est du nitrate de potasse qu'on retire l'acide nitrique (390). En le brûlant lentement avec 8 parties de soufre dans une chambre de plomb, dont le sol est couvert d'eau, on obtient l'acide sulfurique du commerce (420). Les médecins le prescrivent comme diurétique et raffraîchissant.

On s'en sert dans les officines pour préparer les composés que l'on connaît sous les noms *de foie d'antimoine, de crocus métallorum ou de safran des métaux, d'antimoine diaphorétique non lavé et lavé, de fondant de Rotrou.*

Le foie d'antimoine est un mélange de sulfate de potasse, de sulfure de potasse et d'oxide d'antimoine sulfuré : on l'obtient en projetant dans un creuset chauffé au rouge, parties égales de nitre et de sulfure d'antimoine : il est brun marron.

Le crocus métallorum ou *le safran des métaux* n'est que de l'oxide d'antimoine sulfuré, uni probablement à un peu de silice : pour l'obtenir, on réduit le sulfure d'antimoine en poudre ; on le grille, à une temperature peu élevée, jusqu'à ce qu'il ait perdu son brillant métallique et qu'il soit devenu d'un gris de cendres ; puis on le fond en le chauffant jusqu'au rouge dans un creuset et on le coule : il est brun marron comme le précédent et a la cassure vitreuse.

L'antimoine diaphorétique non lavé est un composé d'oxide d'antimoine et de potasse : sa préparation est simple ; elle consiste à projeter parties égales d'antimoine en poudre et de nitre dans un creuset chauffé au rouge.

Ce composé est blanc et contient de la potasse en excès : en le broyant et le traitant par l'eau, on dissout l'excès d'alcali ; on dissout en même temps une certaine quantité d'oxide d'antimoine, et on obtient pour résidu *l'antimoine diaphorétique lavé.* Ce nouveau composé est blanc comme le premier et est formé de 80 d'oxide d'antimoine et de 20 de potasse ; il est légèrement soluble dans l'eau. Si on verse de l'acide nitrique dans les eaux de lavage de l'antimoine diaphorétique non lavé, il se forme sur-le-champ un précipité blanc d'oxide d'antimoine ; c'est à ce précipité que l'on donnait autrefois le nom de *matière perlée de Kerkringius.*

Le fondant de Rotrou est formé de sulfate de potasse et d'oxide d'antimoine uni à la potasse : on l'obtient en mêlant 3 parties de nitre et 1 de sulfure d'antimoine, versant le mélange dans un chaudron de fonte bien propre, et y mettant le feu avec un charbon incandescent. La combustion est très-vive : celle qui accompagne la projection du foie d'antimoine, l'est beaucoup moins ; et celle qui a lieu, lorsqu'on fait l'antimoine diaphorétique, l'est moins encore. Il sera facile de concevoir tout ce qui se passe dans ces préparations, en observant qu'il ne se dégage que du deutoxide d'azote dû à la décomposition de l'acide nitrique, en se rappelant la manière d'agir des nitrates sur le soufre et les métaux, et en considérant la nature des produits formés.

On emploie encore le nitre mêlé au tartre pour se procurer l'hydrate de potasse, et pour obtenir ce qu'on appelle *flux blanc et flux noir.* (*Voyez* Chimie végétale, tartrate acidule de potasse.). On l'emploie aussi quelquefois pour brûler certaines matières combustibles, et particulièrement l'arsenic et le soufre, dans le traitement des mines métalliques; mais c'est surtout dans la fabrication de la poudre qu'on en fait usage.

De la Poudre.

908. La poudre est un mélange intime, et en proportions déterminées, de salpêtre, de charbon et de soufre : elle est d'autant meilleure, toutes choses égales d'ailleurs, que le choix de ces trois substances est mieux fait. Le salpêtre doit être parfaitement raffiné, et ne doit point contenir surtout de sels déliquescens. Le soufre doit être aussi le plus pur possible, et par cette raison l'on doit donner la préférence à celui qu'on obtient par distillation. Il faut que le charbon soit récemment fait, qu'il brûle presque sans résidu, qu'il soit sec, sonore, léger et facile à pulvériser : tel est le charbon de bourdaine, de peuplier, de tilleul, de marronnier, de châtaignier, de coudrier, de fusain, et en général de tous les bois tendres et légers. Dans nos poudreries, l'on se sert uniquement de celui de bourdaine : on le fait avec des branches ou des parties de branches refendues d'environ 2 centimètres de diamètre, dépouillées de leur écorce, et de l'âge de 5 à 6 ans.

Après avoir fait choix des matières, on passe le nitre à travers un tamis de laiton; on pulvérise le soufre sous des bocards, et on le tamise dans un blutoir; puis on pèse des quantités convenables de ces deux substances, ainsi que de charbon. Les proportions adoptées en France sont, pour la poudre

De guerre.	De chasse.	De mine (a).
Salpêtre....75,0.........78.........65		
Charbon....12,5.........12.........15		
Soufre. ...12,5. ......10.........20		

La pesée étant faite, on procède au mélange.

Ce mélange s'opère ordinairement dans des mortiers creusés dans l'épaisseur d'une forte pièce de bois de chêne, à l'aide de pilons qu'on met en mouvement par un courant d'eau, et dont l'extrémité inférieure est garnie d'une boîte pyriforme en alliage de cuivre et d'étain. L'atelier dans lequel se fait cette opération porte le nom de moulin à pilons : ce moulin a ordinairement deux batteries de dix pilons chacune. On y apporte la charge de chaque mortier, qui est de 10 kilogrammes, dans deux boisseaux ; l'un, contenant le nitre et le soufre ; et l'autre, le charbon.

On met d'abord le charbon dans chaque mortier avec un kilogramme d'eau, et on le retourne bien, afin qu'il soit humecté partout également ; ensuite, on fait agir les pilons pendant 20 à 30 minutes ; au bout de ce temps, on les arrête pour verser le salpêtre et le soufre, on remue le tout avec la main, puis on ajoute une nouvelle quantité d'eau (b), environ un demi-kilogramme ; on remue de nouveau et on recommence le battage.

(a) On appelle ainsi la poudre qu'on emploie pour l'exploitation des mines et carrières : elle contient moins de nitre que les deux autres, parce qu'il n'est pas nécessaire qu'elle soit aussi forte.

(b) L'eau a pour objet d'empêcher la volatilisation des matières soumises à l'action des pilons, et de donner la consistance d'une pâte ferme au mélange.

Après une demi-heure de battage, l'on fait l'opération que l'on nomme *rechange* : les pilons étant
arrêtés, deux ouvriers, avec des curettes en cuivre,
appelées *mains*, enlèvent la poudre du premier mortier et la déposent dans une espèce de caisse appelée
layette; ils ont soin surtout de rompre le culot qui
se forme au fonds du mortier, là où tombe le pilon,
et de détacher, en grattant, toutes les parties qui pourraient être adhérentes. Lorsque ce premier mortier
est bien nettoyé, ils y mettent la poudre du second;
puis ils mettent successivement celle du troisième dans
le deuxième, celle du quatrième dans le troisième, et
enfin celle du premier ou de la layette dans le dernier. On fait ainsi 12 rechanges, en mettant une heure
d'intervalle entre deux, et arrosant de temps en
temps le mélange, surtout dans l'été : après quoi l'on
fait encore mouvoir les pilons pendant deux heures,
et le battage est terminé.

La poudre ayant été ainsi battue pendant environ
14 heures, est sous forme de pâte ou de gâteaux humides : c'est alors qu'on la grène. Pour cela, on la
retire des mortiers, on la porte au grenoir dans des
tines où elle reste pendant un à deux jours, afin qu'il
s'en évapore une portion d'humidité nuisible au grenage; et on la verse dans de grandes caisses ou mayes.
De là, elle est mise par partie dans un tamis de peau,
appelé *guillaume*, que l'on fait mouvoir d'une manière
particulière sur une barre horizontale placée presque
à fleur de la maye, et dans lequel se trouve un tourteau ou un plateau de forme lenticulaire, qui brise
les portions de gâteaux trop compactes et qui force la
poudre à se tamiser. La poudre ainsi tamisée est re-

prise et passée, à l'aide du tourteau, dans un deuxième tamis, appelé *grenoir*, dont les trous sont précisément du même diamètre que la poudre que l'on veut obtenir; ensuite elle est versée dans un troisième tamis, nommé *égalisoir*, qui laisse passer le poussier et le fin grain, et qui retient la poudre grenée; mais comme dans cet état la poudre contient presque toujours quelques grains trop gros ou quelques fragmens de matières échappées du grenoir par l'action du tourteau, on la sépare de ces grains ou fragmens par un quatrième tamis de dimension convenable; enfin, le poussier et le fin grain sont reportés au moulin pour être remis en gâteaux et soumis de nouveau à l'opération du grenage.

Lorsque la poudre que l'on fait est de la poudre de guerre ou de mine, on la sèche immédiatement après avoir été grenée.

Autrefois, on faisait sécher la poudre en plein air, en l'étendant en couches minces sur des tables garnies de toiles; mais il en résultait de graves inconvéniens : on ne pouvait opérer que lorsque le soleil était sur l'horizon, que l'air était calme et sec; souvent on était obligé de suspendre la dessication : dans les plus beaux jours même, elle durait 24 heures.

M. Champy fils a obvié à tous ces inconvéniens par un procédé qui est maintenant généralement usité. Ce procédé consiste à faire arriver de l'air dans une chambre dont la température est de 50 à 60°, et à le faire passer de cette chambre à travers des toiles sur lesquelles on a étendu une couche de poudre d'une certaine épaisseur. Par ce moyen, on parvient à dessécher de très-grandes quantités de poudre dans toutes les saisons de l'année, en peu de temps et à peu de frais.

Toutefois, quelques soins qu'on prenne dans le séchage, et de quelque manière qu'on le fasse, il se forme toujours une petite quantité de poussier qu'il faut séparer pour avoir un grain net, qui ne salisse ni les mains, ni les armes; on emploie à cet effet un tamis de toile de crin très-fin : cette opération s'appelle époussetage; c'est la dernière de celles qu'on pratique dans la confection de la poudre de guerre.

La poudre de chasse est soumise à une manipulation de plus que la poudre de guerre; on la lisse avant de la sécher : du reste, on la fait de la même manière, si ce n'est qu'on emploie un tamis plus fin pour la grener.

Le lissage a pour but de rompre les aspérités du grain, de l'empêcher de se réduire en poussier et de salir les mains. Pour lisser la poudre, on l'expose d'abord environ une heure au soleil, sur une toile pendant l'hiver; et entre deux toiles pendant l'été, afin d'enlever une portion de l'humidité qui se trouve à la surface et qui nuirait au lissage; on l'époussette ensuite pour en ôter le poussier; puis on la met dans des tonnes tournant horizontalement sur leur axe au moyen d'un courant d'eau, et contenant quatre liteaux ou barres carrées de 6 centimètres d'épaisseur qui s'étendent d'un fonds à l'autre, et qui sont destinés à augmenter les frottemens du grain. Les tonnes reçoivent chacune environ 150 kilogrammes de poudre; on les fait tourner lentement pour éviter de briser le grain : ce n'est qu'au bout de 8 heures et quelquefois de 12

que le lissage est terminé : au reste, on continue l'opération jusqu'à ce que le grain ait pris un lustre mat.
Alors on retire la poudre des tonnes, on la fait sécher
et on l'époussette ; mais auparavant il faut l'égaliser ou
la séparer de quelques croûtes qui se forment pendant
le lissage, et qui proviennent de ce qu'une certaine
quantité de poussier se fixe aux parois des tonnes et
s'en détache par le mouvement.

La poudre ainsi confectionnée est mise dans des
barils, et conservée dans des magasins qui doivent être
très-secs et isolés : s'ils étaient tant soit peu humides,
la poudre serait bientôt avariée. M. Champy fils a proposé avec raison de les doubler de plomb.

Après avoir fait connaître la composition et la préparation de la poudre, nous devons nous occuper des
produits de sa combustion, parce que nous concevrons
ensuite avec la plus grande facilité la cause de ses
effets. Ces produits sont en grand nombre : les uns
sont gazeux, et les autres solides. On obtient toujours
parmi les produits gazeux, de l'acide carbonique,
du deutoxide d'azote, de l'azote, de la vapeur d'eau ;
et parmi les produits solides, du sous-carbonate de
potasse, du sulfate de potasse, et du sulfure de potasse. On obtient encore quelquefois du nitrite de potasse, du prussiate de potasse, du carbone, du gaz
hydrogène sulfuré, du gaz hydrogène carboné, du gaz
acide nitreux et du gaz oxide de carbone ; mais il est
probable que cela n'a lieu qu'autant que la poudre n'a
point été assez battue, ou que les matières qui la
composent n'ont point été bien mêlées. D'ailleurs, il
est facile de se rendre compte de la formation de tous

ces produits, en se rappelant l'action des corps combustibles sur les nitrates, et en observant que le charbon
ordinaire est toujours hydrogéné, et que l'acide prussique est un acide animal composé de carbone, d'hydrogène, d'azote et d'oxigène. Il est facile aussi de les
recueillir de manière à pouvoir les examiner : il suffit
pour cela de remplir de poudre tassée, un petit tube
de cuivre long et étroit, fermé par l'une de ses extrémités, d'enflammer la poudre à l'extrémité opposée,
et de plonger le tube sous une cloche pleine de mercure.

Puisque, pendant la combustion de la poudre, il se
forme des corps qui passent de l'état solide à l'état
gazeux, c'est-à-dire, dont le volume se trouve tout à
coup plusieurs fois centuplé, il doit en résulter une
force plus ou moins considérable. C'est précisément
cette force qui, dans les armes à feu, porte le mobile
à une plus ou moins grande distance ; mais il est évident
qu'il n'y a que les gaz développés, pour ainsi dire
instantanément, qui contribuent à la projection, car
l'effet de ceux qui se développent lorsque le mobile est
lancé, doit être nul. La poudre est donc d'autant plus
forte, qu'elle est susceptible de former plus de gaz
dans un temps donné, et que ces gaz jouissent d'un
plus grand ressort. De là, on conçoit pourquoi certaines proportions de nitre, de soufre et de charbon,
sont meilleures que les autres ; pourquoi le mélange de
ces trois corps doit être intime ; pourquoi le nitre doit
être pur, et surtout exempt de sels déliquescens ;
pourquoi le soufre fait par distillation est préférable à
celui qu'on obtient par fusion et décantation ; pourquoi
le charbon doit être hydrogéné et très-léger ; pourquoi

la poudre doit être séchée avec tant de soin, et par conséquent pourquoi elle s'avarie à l'air.

On a essayé de faire de la poudre avec du nitre et du charbon; on a également essayé d'en faire avec du nitre et du soufre, et l'on a vu que ces sortes de poudres étaient de mauvaise qualité : le charbon est nécessaire pour produire beaucoup de gaz, et le soufre l'est surtout pour rendre la combustion rapide. Néanmoins cette combustion, quelque rapide, quelque vive quelle soit, ne s'opère jamais complétement; un grand nombre de grains sont toujours entraînés sans être brûlés, et tombent à quelque distance de l'arme.

La poudre, avant d'être versée dans les magasins, est ordinairement essayée; on en détermine la force dans des mortiers qu'on appelle *mortiers-éprouvettes*. On trouvera la description de ces mortiers, ainsi que de plusieurs autres éprouvettes, dans divers ouvrages, et particulièrement dans le Traité de MM. Bottée et Riffaut, sur l'art de fabriquer la poudre à canon. Ceux qui voudront acquérir des connaissances plus étendues sur cet art, pourront consulter ce Traité. Ils devront en outre lire les Mémoires de M. Proust, insérés dans le Journal de Physique (t. 70 et suiv.); Mémoires dans lesquels ce savant chimiste considère la poudre sous le rapport de sa fabrication et de la théorie de ses effets, et où il se propose de prouver : 1° que le charbon de chenevottes est préférable à tous les autres, soit parce qu'il coûte moins cher, soit parce qu'il est bien plus facile de le mêler avec le nitre et le soufre; 2° qu'en employant même le charbon ordinaire, deux heures de battage suffisent pour obtenir un mélange parfait.

Nitrate de Soude.

910. Le nitrate de soude a une saveur fraîche, piquante et amère ; il est légèrement déliquescent, soluble
à peu près dans 3 parties d'eau à 15°, et dans une bien
moins grande quantité d'eau bouillante ; cristallise en
prismes rhomboïdaux, etc. (878) ; n'existe point dans
la nature ; s'obtient en traitant le sous-carbonate de
soude par l'acide nitrique (892 , 5ᵉ procédé).

Nitrate d'Ammoniaque.

911. Ce sel est âcre et très-piquant, légèrement déliquescent , soluble dans 2 parties d'eau à 15°, et
dans moins d'une partie d'eau bouillante ; il cristallise
diversement, mais le plus souvent en longs prismes à
6 pans, très-brillans et comme satinés , qui s'accolent
et forment des cannelures. Exposé au feu, il éprouve
la fusion aqueuse, laisse dégager son eau de cristallisation, et une petite partie de son alcali : il éprouve
presqu'en même temps la fusion ignée , se décompose,
bout, et donne lieu à des produits différens, selon que
la température est plus ou moins élevée. En effet,
soumis à l'action d'une douce chaleur dans une cornue,
il se transforme en eau et en protoxide (a), sans donner
lieu à aucun dégagement de lumière (312) ; tandis
qu'en le projetant dans un creuset rouge, il s'enflamme
subitement, et donne pour produit de l'eau, du gaz
azote et du deutoxide d'azote : aussi observe-t-on que
l'air ambiant rougit, ce qui provient de l'action qu'exerce
le deutoxide sur l'oxigène de ce fluide. L'inflammation

(a) Il paraît cependant qu'on obtient aussi une très-petite quantité de gaz azote, de deutoxide d'azote et d'acide nitreux.

est due à la rapide combinaison de l'oxigène de l'acide nitrique avec l'hydrogène de l'ammoniaque.

912. Le nitrate d'ammoniaque n'existe point dans la nature : on le prépare en versant un léger excès d'ammoniaque liquide dans l'acide nitrique, et en faisant évaporer la liqueur presque jusqu'à légère pellicule. Il paraît qu'il est formé de 100 d'ammoniaque et de 266,55 d'acide nitrique. C'est en chauffant ce sel, qu'on se procure le protoxide d'azote. On le connaissait autrefois sous le nom de *nitre inflammable*. Ses propriétés ont été étudiées par M. Berthollet et M. Davy.

Des Nitrates de la troisième section.
Nitrates de Manganèse.

913. Le deutoxide et le tritoxide de manganèse se combinent avec l'acide nitrique, et donnent lieu à des nitrates qui sont très-solubles et difficilement cristallisables. Quant au peroxide, il ne s'y unit qu'avec peine : cependant, lorsqu'on le fait chauffer avec de l'acide nitrique étendu d'eau, et qu'on verse de la gomme, du sucre dans la liqueur, la dissolution ne tarde point à s'opérer; mais c'est qu'alors le peroxide est ramené à un moindre degré d'oxidation, par la décomposition de la matière végétale : il se forme beaucoup de gaz acide carbonique qui se dégage. (Schéele.)

Nitrate de Zinc.

914. Incolore, très-stiptique, légèrement déliquescent, très-soluble dans l'eau; cristallise en prismes à 4 pans terminés par des pyramides quadrangulaires, etc. (878); s'obtient en traitant le zinc par l'acide nitrique étendu d'eau (892, 3e procédé).

Nitrates de Fer.

915. Il n'existe point de proto-nitrate de fer. Toutes les fois qu'on traite le fer par l'acide nitrique, ce métal passe au moins à l'état de deutoxide.

916. *Deuto-nitrate.* — Ce sel se prépare en traitant à froid le deutoxide de fer par l'acide nitrique étendu d'eau : pour peu qu'on le chauffe, son oxide passe à l'état de tritoxide, par la décomposition d'une partie de son acide. On ne l'a point encore obtenu cristallisé. Il absorbe facilement le deutoxide d'azote ; ce qui explique pourquoi l'acide nitrique, d'une pesanteur spécifique de 1,16, dissout en partie le fer, sans qu'il y ait effervescence. Exposé à l'air, il ne tarde point à passer à l'état de trito-nitrate, etc. (878).

L'on prépare dans quelques pharmacies l'éthiops martial (527), en faisant une pâte de limaille de fer et d'eau, et l'arrosant avec la 16e partie de son poids d'acide nitrique à 36°. La masse s'échauffe, l'acide et l'eau se décomposent ; de là, du gaz azote, de l'oxide d'azote et de l'ammoniaque. Au bout de 24 heures, on humecte la matière d'huile ; on la fait rougir, on la broye, et l'opération est terminée.

917. *Trito-nitrate.* — On prépare le trito-nitrate en traitant de la limaille, de la tournure ou du fil de fer, par de l'acide nitrique étendu d'environ une fois son poids d'eau. On verse l'acide nitrique peu à peu sur le fer : une grande effervescence se produit, un grand dégagement de calorique a lieu, et le fer, à l'état de tritoxide, se dissout en partie. On laisse ainsi l'acide en digestion pendant quelque temps avec le fer, afin de lui permettre de réagir autant que possible sur ce métal ; puis on filtre et on décante la liqueur. Elle est brune

rougeâtre et acide ; portée à un degré quelconque de concentration, elle ne cristallise point. Lorsqu'on l'évapore jusqu'à siccité, elle se décompose ; son acide se dégage, et son oxide se précipite sous forme de poudre rouge. Lorsqu'on l'étend d'eau et qu'on y ajoute un excès de sous-carbonate de potasse en dissolution, le précipité formé d'abord se redissout en totalité ou en partie, et donne lieu à une liqueur qui était connue autrefois sous le nom de *teinture martiale alcaline de Sthal.*

Nitrate d'Étain.

918. L'étain ne se combine avec l'acide nitrique qu'à l'état de protoxide. On obtient le proto-nitrate d'étain, en jetant successivement des portions d'étain en grenaille dans de l'acide nitrique, dont la pesanteur spécifique est d'environ 1,114. L'acide est décomposé, il se dégage de la chaleur, il y a effervescence, et l'étain se dissout ; mais en même temps il se forme aussi une certaine quantité de nitrate d'ammoniaque, phénomène qu'on a expliqué précédemment (375). La dissolution de ce sel est jaunâtre, très-acide, ne cristallise point ; concentrée par la chaleur, elle se trouble, son acide se décompose, et son oxide passe à l'état de tritoxide ; évaporée jusqu'à siccité, elle donne lieu à un résidu d'où on retire par l'eau la petite quantité de nitrate d'ammoniaque qui a pu se former.

Nitrates de la quatrième section.

Nitrates d'Antimoine, d'Arsenic, de Chrôme, de Molybdène, de Tungstène, de Colombium.

919. L'acide nitrique ne s'unit avec aucun des oxides d'antimoine, excepté peut-être le deutoxide.

Il dissout une assez grande quantité de deutoxide d'arsenic ; mais, par l'évaporation, il en laisse déposer une partie, et fait passer l'autre à l'état d'acide arsenique.

Il est susceptible de former, avec l'oxide de chrôme, un nitrate qui n'a point encore été examiné.

Les nitrates de molybdène, de tungstène et de colombium sont inconnus ; il est même douteux que ces sels puissent exister.

Nitrate de Cobalt.

921. Rouge violet, légèrement déliquescent ; très-soluble dans l'eau, plus à chaud qu'à froid ; cristallise assez facilement par l'évaporation, etc. (878) ; s'obtient de même que le sulfate de cobalt, en traitant l'un des oxides de cobalt par l'acide nitrique (892, 5ᵉ procédé).

Nitrate d'Urane.

923. Jaune citron ; soluble à peu près dans la moitié de son poids d'eau à 15 degrés ; bien plus soluble dans l'eau bouillante ; cristallise en prismes à 6 pans ou à 4 pans aplatis, etc. (878) ; s'obtient en traitant convenablement le protoxide ou le deutoxide naturel : lorsqu'on se sert de celui-ci, qui est presque pur, il suffit de le dissoudre dans l'acide nitrique, et de faire cristalliser le nitrate à plusieurs reprises ; mais, lorsqu'on se sert du protoxide qui contient presque toujours du soufre, du plomb, du fer, du cuivre, quelquefois de la silice et du carbonate de chaux, il faut procéder à l'opération de la manière suivante :

Après avoir pulvérisé la mine, on la met en contact, à la température ordinaire, avec de l'acide muriatique faible, pour dissoudre le carbonate de chaux, et on laye le dépôt par décantation. Ensuite on fait bouillir ce dépôt avec un excès d'acide nitrique étendu d'une fois son poids d'eau, jusqu'à ce qu'il ne se dégage plus de vapeurs nitreuses : l'urane, le fer, le plomb, le cuivre, se dissolvent ; mais la silice et la majeure partie du soufre ne sont point attaqués. Puis, on fait évaporer la dissolution à siccité pour décomposer le nitrate de fer (917) ; on verse de l'eau sur le résidu, on chauffe, on filtre et on lave. La dissolution filtrée, on fait passer un courant de gaz hydrogène sulfuré : ce gaz en précipite le cuivre et le plomb à l'état de sulfure (494) ; en sorte qu'il ne reste dans cette même dissolution filtrée de nouveau, que du nitrate acide d'urane, plus une petite quantité, peut-être, de nitrate de fer. C'est pourquoi il est bon de la faire évaporer à siccité une seconde fois, et de traiter le résidu par l'eau comme la première fois. Alors, on concentre la liqueur filtrée, on l'abandonne à elle-même, et elle cristallise dans l'espace de quelque temps. Le nitrate sera constamment jaune s'il est neutre ou presque neutre ; il sera d'un jaune verdâtre s'il est acide.

Jusqu'ici, on n'a point encore combiné le protoxide d'urane avec l'acide nitrique.

Nitrates de Cérium.

924. *Proto-nitrate.* — Piquant, sucré, sans couleur, déliquescent, incristallisable, rougit le tournesol, etc. (878) ; s'obtient en traitant le protoxide de cérium par l'acide nitrique (892, 5e procédé). Ce protoxide s'extrait du proto-muriate.

Deuto-nitrate. — Jaunâtre, piquant, sucré, déliquescent, incristallisable, à moins qu'il ne contienne un assez grand excès d'acide, etc. (878) ; s'obtient en traitant le deutoxide par l'acide nitrique bouillant (892).

Nitrates de Titane.

925. *Deuto - nitrate.* — Blanc , acide , facilement décomposable par la chaleur ; cristallise en tables hexagones, etc. (878) ; s'obtient en traitant l'hydrate de deutoxide de titane par l'acide nitrique : cet hydrate s'extrait du deuto-muriate.

Proto-nitrate. — Inconnu.

Nitrate de Bismuth.

926. Le nitrate de bismuth est sans couleur , très-stiptique , caustique , décomposé sur-le-champ par l'eau (*voy.* plus bas) ; il rougit le tournesol et cristallise facilement en prismes d'un assez gros volume, etc. (878) ; on l'obtient en traitant le bismuth en poudre par l'acide nitrique et évaporant convenablement la dissolution (892, 3e procédé). Si l'on verse peu à peu cette dissolution dans une grande quantité d'eau, on en précipitera, sous forme de flocons blancs et quelquefois sous forme de paillettes nacrées, presque tout l'oxide en combinaison avec très-peu d'acide ; celui-ci, au contraire, restera presque tout entier dans la liqueur : c'est à ce précipité bien lavé qu'on donne le nom de blanc de fard. L'emploi de ce blanc n'est pas sans inconvénient ; il rend la peau légèrement rugueuse ; d'ailleurs, il a la propriété de brunir et même de noircir lorsqu'on l'expose à de l'hydrogène sulfuré ou à des matières qui, contenant du soufre, peuvent en former.

Nitrate de Cuivre.

927. Bleu, âcre, caustique, légèrement déliquescent ; très-soluble dans l'eau, un peu plus à chaud qu'à froid ; cristallise en parallélipèdes alongés ; devient bleu verdâtre en s'unissant à un excès d'acide, etc.

(878); s'obtient en traitant la tournure de cuivre par de l'acide nitrique étendu d'environ une fois son poids d'eau (892); ne s'emploie que dans la préparation des cendres bleues (vol. 2 , p. 221).

Nitrate de Tellure.

928. Ce sel s'obtient en dissolvant le tellure dans l'acide nitrique, et évaporant convenablement la dissolution (892, 3ᵉ procédé): cette dissolution est limpide, et donne lieu à de longs prismes qui se rassemblent en barbe de plume.

Nitrates de la cinquième section.

Nitrate de Nickel.

929. Le nitrate de nickel est vert, sucré, astringent, soluble dans deux parties d'eau à 12°; il cristallise en prismes octogones réguliers , etc. (878) ; sa préparation est compliquée, parce que la mine de nickel dont on se sert pour le faire, contient le plus souvent, outre le nickel, de l'arsenic, du fer, du cobalt, du cuivre et du soufre.

Après avoir réduit la mine en poudre dans un mortier de fer, on la met dans une capsule de porcelaine, et on y verse deux fois et demie son poids d'acide nitrique à 32°, étendu d'une égale quantité d'eau. Peu à peu l'action se manifeste; on la favorise au moyen d'une douce chaleur : une portion de l'acide nitrique est décomposée, et passe à l'état de deutoxide d'azote qui se dégage; les métaux s'oxident ou s'acidifient; le soufre lui-même s'acidifie en partie; enfin, toute la mine se dissout, excepté quelques flocons grisâtres de soufre qui se précipitent. La dissolution contient : 1° de l'acide nitrique, de l'acide sulfurique et de l'acide arsenique; 2° des protoxides de nickel et de cobalt, des deutoxides d'arsenic et de cuivre, et du tritoxide de fer, qui, excepté le deutoxide d'arsenic, sont en combinaison intime avec ces divers acides.

Cette dissolution étant filtrée, on l'évapore au point de la réduire à un peu moins des trois quarts de son volume; on en sépare ainsi la majeure partie du deutoxide d'arsenic à l'état cristallin (919); on filtre de nouveau; on continue l'évaporation pendant quelque temps pour chasser une portion d'eau et d'acide. Alors on verse successivement dans la dissolution chaude, de petites quantités de sous-carbonate de soude en dissolution, et on agite avec beaucoup de soin. Par ce moyen, on précipite d'abord l'oxide de fer, puis l'oxide de cobalt, et presqu'en même temps l'oxide de cuivre, tous trois à l'état d'arseniates : le premier, sous forme de flocons d'un blanc jaunâtre ; et le second, sous forme de flocons roses, altérés par la couleur bleue du troisième. Il faut verser du sous-carbonate de soude, jusqu'à ce que le précipité commence à apparaître sous forme de flocons d'un vert pomme ; pour cela, on doit filtrer de temps en temps une portion de la liqueur, et l'essayer par de petites quantités de carbonate de soude.

Lorsque ce signe se manifeste, on est certain que la liqueur ne contient plus ni fer, ni cobalt, ni cuivre, et qu'elle ne renferme plus que de l'oxide de nickel, de l'acide arsenique, de l'acide nitrique, de l'acide sulfurique, seulement en partie saturés par la soude qu'on a ajoutée. A cette époque, on l'étend d'eau ; on y ajoute de l'acide, si elle n'en contient pas un grand excès ; on la met dans un flacon, et on y fait passer par un tube qui plonge au fond de ce flacon, un courant de gaz hydrogène sulfuré : au bout d'un certain temps, l'acide arse-

nique est décomposé par ce gaz, et il en résulte de l'eau
et du sulfure d'arsenic qui se précipite en jaune. On continue de faire passer de l'hydrogène sulfuré à travers la
liqueur, jusqu'à ce qu'il ne s'y forme plus de trouble;
ce qui n'a lieu qu'au bout de plusieurs jours.

Ayant ainsi successivement précipité les oxides de fer,
de cobalt, de cuivre et l'acide arsenique, il ne reste plus
d'autre oxide dans la liqueur que celui de nickel; il
y est tenu en dissolution par un grand excès d'acide
nitrique. On la fait évaporer pour en chasser en partie
cet excès d'acide; puis on l'étend d'eau, et on y verse
un excès de potasse ou de soude en dissolution. Tout à
coup l'oxide de nickel se précipite en flocons d'un vert
pomme ou bien à l'état d'hydrate : on le lave à plusieurs
reprises par décantation, et ensuite on le recueille
sur un filtre; enfin, on le dissout dans l'acide nitrique,
et l'on fait cristalliser le nitrate qui en résulte : mais,
pour acquérir plus de certitude sur la pureté de ce
nitrate, il est bon de lui faire subir plusieurs cristallisations.

Le nitrate de nickel n'est point employé dans les
arts : nous nous en servons pour nous procurer l'oxide
de nickel, le nickel et tous les sels de nickel.

Nitrate de Plomb.

930. Ce sel s'obtient en traitant la litharge en poudre (553) par l'acide nitrique étendu de 3 à 4 fois son
poids d'eau (892, 5e procédé) : il est blanc, opaque,
sucré et âpre, inaltérable à l'air, soluble dans 8 fois
son poids d'eau à 15°, et dans une moindre quantité
d'eau bouillante ; il cristallise en tétraèdres dont les
sommets sont tronqués ; décrépite par l'action du feu,
etc. (878).

Lorsqu'on le fait bouillir en dissolution sur des lames de plomb très-minces, son acide nitrique cède une certaine quantité d'oxigène au plomb; et de là résulte un sous-nitrite de plomb : il se dégage en même temps une petite quantité de deutoxide d'azote. Le sous-nitrite peut être au *minimum* ou au *maximum*. Le premier s'obtient en dissolvant 62 parties de plomb dans 100 parties de nitrate de plomb; il est jaune, peu soluble, cristallise en lames feuilletées, et ramène au bleu le tournesol rougi par les acides. L'autre se prépare de la même manière, si ce n'est qu'on emploie beaucoup plus de plomb; il se dépose en écailles de couleur de brique, et est moins soluble encore que le précédent. Si l'on verse peu à peu, dans une dissolution chaude de sous-nitrite au *minimum*, assez d'acide sulfurique faible, pour en précipiter la moitié de l'oxide, le sous-nitrite deviendra neutre. Le nitrite neutre est très-soluble dans l'eau; il absorbe l'oxigène à la température de l'eau bouillante, et passe à l'état de sous-nitrate : évaporé spontanément, il cristallise en octaèdres d'un jaune citron. (Voyez les Recherches très-étendues de M. Berzelius et de M. Chevreul sur cet objet, Annales de Chimie, tome 83.)

Nitrates de Mercure.

931. *Proto-nitrate.* — Lorsqu'on fait bouillir dans un matras ou dans une fiole, pendant environ une demi-heure, de l'acide nitrique étendu de 4 à 5 fois son poids d'eau, sur un excès de mercure, et qu'on agite le matras de temps en temps, il en résulte une dissolution qui, par le refroidissement, donne lieu à des cristaux prismatiques. Ces cristaux sont le proto-nitrate

mercuriel pur : ils sont blancs, très-âcres et très-stiptiques ; ils excitent fortement la salive et rougissent le tournesol. Broyés et mis en contact avec l'eau, ils se décomposent, et se transforment en sous-nitrate et en nitrate acide : celui-ci reste dans la liqueur, tandis que le sous-nitrate se précipite en poudre d'un jaune verdâtre. En substituant à l'eau une dissolution de muriate de soude, de potasse, etc., ils se décomposent également ; mais on obtient alors du proto-muriate de mercure, blanc et insoluble même dans un excès d'acide, et du nitrate de potasse ou de soude, soluble : aussi peut-on précipiter, par le sel marin ou l'acide muriatique, tout l'oxide d'une dissolution de proto-nitrate acide de mercure. Si cette dissolution contenait du deutoxide de mercure, ce qui arrive souvent, ce deutoxide resterait dans la liqueur ; on pourrait l'en séparer par la potasse, à l'état d'hydrate jaune.

Quelquefois, au lieu de préparer le proto-nitrate de mercure comme nous venons de le dire, on le prépare en mettant en contact, à la température ordinaire, un excès de mercure avec de l'acide nitrique faible ; mais les cristaux qu'on obtient ainsi contiennent toujours du nitrite, car l'acide sulfurique en dégage une assez grande quantité d'acide nitreux.

932. *Deuto-nitrate.* — Pour obtenir ce sel, on fait bouillir dans un matras un excès d'acide nitrique faible sur du mercure, jusqu'à ce que la liqueur cesse de se troubler par l'acide muriatique ou le sel marin. Ensuite on la réduit presqu'en consistance syrupeuse et on l'abandonne à elle-même ; peu à peu elle se prend en une masse composée d'un grand nombre d'aiguilles cristallines, dont plusieurs sont jaunâtres : ce sont ces

aiguilles que l'on considère ordinairement comme le deuto-nitrate mercuriel. Ce sel a une saveur plus insupportable encore que le proto-nitrate. Il rougit le tournesol. Broyé et mis en contact avec de l'eau chaude, il se transforme en sous-deuto-nitrate et en deuto-nitrate acide; celui-ci reste en dissolution; l'autre, au contraire, se précipite sous forme d'une poudre jaune, qu'on appelait autrefois *turbith nitreux*. Si l'eau était froide, le précipité formé d'abord serait blanc, et passerait au rose par des lavages successifs : on enlèverait, dans chaque lavage, beaucoup plus d'acide que d'oxide; de sorte que le résidu finirait par ne plus être que de l'oxide pur.

En versant de l'eau dans une dissolution très-concentrée de deuto-nitrate de mercure, elle se trouble sensiblement, et le précipité qui se forme est analogue au précédent; en y versant de l'acide muriatique ou du sel marin, il s'y forme des aiguilles blanches qui sont un véritable deuto-muriate, et que l'eau dissout sur-le-champ, etc., etc. (878).

Le deuto-nitrate tache la peau en noir; le deuto-nitrite, en rouge : les proto-nitrate et nitrite ne la tachent pas.

C'est en calcinant ces sels qu'on fait le précipité rouge (557); c'est en les faisant chauffer avec la graisse qu'on obtient la pommade citrine; on s'en sert aussi pour le feutrage des poils de lièvre et de lapin, opération qui finit par avoir une influence dangereuse sur la santé de ceux qui la pratiquent.

Nitrate d'Osmium.

933. Inconnu. (Voyez ce qui a été dit au sujet du sulfate (853).

Nitrates de la sixième section.
Nitrate d'Argent.

934. Ce sel est incolore, amer, âcre, très-caustique, inaltérable à l'air, soluble à peu près dans son poids d'eau à 15 degrés, et dans une moindre quantité d'eau bouillante. Il cristallise en lames minces très-larges, dont les formes sont très-variées. Exposé à une chaleur peu intense, il se boursouffle, perd son eau de cristallisation, éprouve la fusion ignée, et se prend, par refroidissement, en une masse remplie d'aiguilles cristallines. Exposé à une chaleur rouge, il se décompose et se réduit. Sa dissolution produit, sur la peau et sur toutes les matières animales, des taches violettes qui ne se détruisent que par le renouvellement de la partie affectée. Mise en contact avec le charbon et soumise à la température de l'eau bouillante ou à l'action de la lumière, elle est réduite en peu de temps ; il se forme sans doute du gaz acide carbonique : le phosphore la réduit également. Ces réductions dépendent de la faible affinité des principes qui constituent le nitrate d'argent : aussi, quand on frappe sur un mélange de 1 partie de phosphore et de 3 à 4 parties de nitrate d'argent, y a-t-il une combustion vive et une véritable détonnation, etc. (878).

Le nitrate d'argent se prépare en traitant, à une douce chaleur, de l'argent pur et en grenailles par un léger excès d'acide nitrique pur et étendu d'environ 1 fois son poids d'eau. L'action est vive ; il se dégage du deutoxide d'azote ; le métal s'oxide et se dissout dans l'acide ; on évapore la dissolution, et on la laisse refroidir. Lorsqu'elle est cristallisée, on décante les eaux

mères, et on en retire de nouveaux cristaux par une
nouvelle évaporation. Le nitrate d'argent ainsi préparé est légèrement acide ; on peut l'obtenir neutre en
l'évaporant jusqu'à siccité, et le chauffant assez pour le
fondre : dans cet état, il est toujours très-soluble dans
l'eau ; mais il ne cristallise point, à beaucoup près,
aussi facilement que celui qui est acide.

Ce sel est employé comme réactif pour reconnaître,
dans un liquide quelconque, la présence de l'acide
muriatique libre ou combiné ; il y forme un précipité
de muriate d'argent, blanc, floconneux, qu'un grand
excès d'acide nitrique ne peut point dissoudre, et
qu'une très-petite quantité d'ammoniaque dissout au
contraire sur-le-champ. On l'emploie aussi en pharmacie pour préparer la pierre infernale, qui n'est que du
deuto - nitrate d'argent neutre fondu, et avec laquelle on ronge les chairs baveuses et on ranime les
ulcères indolens : pour cela, on met le nitrate en cristaux dans un creuset d'argent, on le fond, en ména-
geant autant que possible la chaleur ; et, quand il est en
fusion tranquille, on le coule dans une lingotière, où il
prend la forme de petits cylindres bruns noirâtres ; on
conserve ces cylindres dans un flacon bouché à l'émeri,
au milieu d'une graine quelconque, pour que, par
l'agitation, ils ne se brisent pas.

Nitrates de *Palladium*, de *Rhodium*.

937. Peu examinés : ils sont rouges, peu solubles
dans l'eau ; on les obtient en traitant les oxides de
rhodium et de palladium par l'acide nitrique.

Nitrate d'*Or*.

938. On l'obtient en dissolvant l'oxide d'or dans un

léger excès d'acide nitrique étendu d'une fois son poids d'eau (892, 5e procédé). Ce sel est jaune orangé, toujours acide, extrêmement stiptique. Il ne cristallise point. Par la chaleur, on en dégage l'acide nitrique en combinaison avec de l'eau, et bientôt l'oxide d'or se réduit. Le nitrate d'or produit probablement, avec les corps combustibles, les mêmes phénomènes que le muriate (1016).

Nitrate de Platine.

939. Ce sel se prépare comme le nitrate d'or, et se comporte de même au feu. On peut encore l'obtenir en versant une quantité convenable de nitrate d'argent dans le muriate de platine. Il est très-soluble ; sa dissolution est d'un jaune orangé, toujours acide. Il n'a encore été que très-peu étudié.

Nitrate d'Iridium.

940. Inconnu.

Des Sous - Nitrates.

941. Les oxides solubles ne sont point susceptibles de se combiner avec l'acide nitrique de manière à former des sous-nitrates ; mais la plupart des oxides insolubles jouissent de cette propriété. On obtient les sous-nitrates comme il a été dit précédemment (725, 4e procédé). Ces sous-nitrates sont en général insolubles : on n'en a point encore fait une étude particulière.

Des Nitrites.

992. On n'a fait jusqu'ici que 10 nitrites ; savoir : ceux à base de potasse, de soude, de baryte, de strontiane, de chaux, d'ammoniaque, de magnésie, de plomb, de mercure et de cuivre. Aucun d'entr'eux n'a même été obtenu pur, ni à plus forte raison examiné

avec soin, si ce n'est celui de plomb (930). Il suit de là
que l'étude de ce genre de sels est encore à faire : cependant il est possible de pressentir, jusqu'à un certain
point, les propriétés des nitrites, en se rappelant celles
des nitrates.

943. *Action du feu.* — Il est évident que tous les nitrites doivent être décomposés par le feu, puisque tous
les nitrates le sont eux-mêmes, et que leur acide se
dégage en se transformant en oxigène et en acide nitreux ou azote. Les produits provenant de cette décomposition varieront : on les connaîtra facilement
d'après ceux qui proviennent de la décomposition des
nitrates.

944. *Action du gaz oxigène.* — Lorsqu'on fait
chauffer, dans un vaisseau ouvert, une dissolution
de nitrite de plomb neutre, l'oxigène de l'air atmosphérique est absorbé : il en résulte du nitrate et du sous-
nitrate de plomb. A la température ordinaire, il n'y a
pas d'absorption sensible. M. Berzelius, à qui cette observation est due, pense que tous les nitrites doivent
être dans le même cas (Annales de Chimie, tome 83,
page 29). Il en conclut que l'acide nitreux, en passant
à l'état d'acide nitrique, acquiert la propriété de neutraliser une plus grande quantité d'oxide, propriété que
l'acide sulfureux ne possède pas (867).

945. *Action des corps combustibles.* — Les nitrites
se comportent, avec les corps combustibles, de même
que les nitrates ; il n'y a de différence, dans la réaction,
qu'en ce que ceux-ci, contenant plus d'oxigène que
ceux-là, donnent lieu à une combustion un peu plus
vive. (*Voyez* l'action des nitrates sur les corps combustibles (879).

946. *Action de l'eau.* — Les divers nitrites connus

jusqu'à présent sont solubles dans l'eau; il est probable
que tous les autres nitrites le seraient aussi, surtout à
l'aide d'un petit excès d'acide; du moins, c'est ce que
nous porte à croire l'analogie qui existe entre les nitrates
et les nitrites.

946 *bis. Action des oxides.* — On ne sait rien de positif sur l'ordre de la plus grande tendance des oxides
salifiables à se combiner avec l'acide nitreux. Il est probablement le même que celui qu'ils suivent dans leur
union avec l'acide nitrique.

947. *Action des acides.* — Les acides sulfurique, nitrique, phosphorique, muriatique, fluorique liquides,
décomposent tout à coup les nitrites, même à la température ordinaire. Il en résulte une grande effervescence due à l'acide nitreux qui se dégage sous forme de
gaz. L'acide muriatique oxigéné les ferait probablement
passer à l'état de nitrates.

947 *bis. Action des sels.* — Nous n'avons rien à ajouter à ce que nous avons dit de l'action des sels en général (721).

948. *Etat, Préparation, etc.* — On ne trouve aucun
nitrite dans la nature. Le procédé par lequel on les prépare le plus généralement, et qui consiste à calciner les
nitrates jusqu'à un certain point, doit être abandonné. En
effet, d'une part, il s'en faut beaucoup que ce procédé
puisse s'appliquer à la préparation de tous les nitrites,
puisque le plus grand nombre des nitrates, dans leur
décomposition, laissent dégager l'acide nitreux en
même temps que le gaz oxigène; et, d'une autre part,
il est évident que, en l'employant, on ne pourra jamais
se procurer de nitrite pur, puisqu'on ne sait jamais à
quelle époque il faut suspendre la calcination : si on
calcine trop, le nitrite sera avec excès de base; si on ne

calcine point assez, le nitrite sera mêlé de nitrate. Il semble qu'on devrait éviter ce double inconvénient en préparant les nitrites directement, c'est-à-dire, en versant les oxides en dissolution ou en gelée dans l'acide nitreux liquide ; mais il paraît que, dans quelques circonstances, il se dégage du deutoxide d'azote, et qu'il se forme des nitrates.

M. Berzelius a obtenu les nitrites d'ammoniaque et de deutoxide de cuivre en décomposant le nitrite de plomb par le sulfate d'ammoniaque et le deuto-sulfate de cuivre. Dans cette opération, le sulfate de plomb se précipite, et le nitrite reste dans la liqueur. On pourrait préparer ainsi tous les nitrites dont les bases forment des sels solubles et neutres avec l'acide sulfurique.

949. On ne fait usage d'aucun nitrite.

Des Muriates (a).

950. Tous les muriates, indécomposables par le feu, sont fusibles au-dessous ou un peu au-dessus de la chaleur rouge. Deux d'entr'eux, le deuto-muriate d'étain et le deuto-muriate d'arsenic, sont même toujours liquides, à la température ordinaire. Plusieurs le deviennent à une très-douce chaleur, et coulent à la manière des graisses ; ce qui leur a fait donner autrefois le nom de beurre : tels sont particulièrement le deuto-muriate d'antimoine, de bismuth, de tellure. Enfin, il en est un assez grand nombre qui sont volatils ; savoir : les cinq précédens, auxquels nous devons au moins

---

(a) Nous ne dirons rien des propriétés physiques des muriates, ni de leur manière de se comporter avec l'électricité, la lumière, le gaz oxigène, l'air, l'hydrogène sulfuré. Tout ce qu'on sait à cet égard se trouve décrit (698—703 et 710—717).

ajouter les muriates de zinc, de protoxide de fer, de mercure, d'ammoniaque : aussi, les anciens chimistes disaient que l'acide muriatique donnait des ailes aux métaux avec lesquels il se combinait.

951. Lorsque les muriates sont secs, il n'en est qu'un petit nombre que le feu puisse décomposer : ce sont ceux qui contiennent des oxides faciles à réduire ou à ramener à un moindre degré d'oxidation, et ayant peu d'affinité pour l'acide muriatique. Alors il se forme du gaz muriatique oxigéné, et le métal est mis en liberté ; voilà ce qui a lieu avec les muriates d'or et de platine, et probablement avec la plupart des muriates de la dernière section : ou bien il se forme encore du gaz muriatique oxigéné, mais l'oxide n'abandonne qu'une partie de son oxigène, et retient une certaine quantité d'acide muriatique ; c'est ce que nous offre le deuto-muriate de cuivre qui passe seulement à l'état de proto-muriate, et probablement aussi plusieurs autres deuto-muriates. Le deuto-muriate d'argent, les proto et deuto-muriates de mercure n'éprouvent aucune altération.

952. Lorsque les muriates, au lieu d'être secs, sont humides, il est au contraire un très-grand nombre de ces sels qui sont susceptibles d'être décomposés par le feu : ils cèdent leur acide en tout ou en partie à l'eau, et de là résulte du gaz hydro-muriatique dont le dégagement est plus ou moins rapide ; de sorte que leur oxide reste pur, ou du moins ne retient plus qu'une très-petite quantité d'acide. Tous sont dans ce cas, excepté ceux de la seconde section, le muriate d'argent, les muriates de mercure, et peut-être aussi

les muriates de manganèse, de zinc, et le proto-muriate de fer, sels dont les oxides ont une très-grande affinité pour l'acide muriatique. Quelquefois cependant il arrive qu'il y a production de gaz muriatique oxigéné, et que le métal se réduit : c'est ce qui a lieu surtout avec le muriate d'or et de platine, comme quand ces muriates sont secs.

Pour concevoir tous ces phénomènes, il suffira de se rappeler qu'on ne peut obtenir l'acide muriatique qu'en combinaison, soit avec l'oxigène, soit avec l'eau, soit avec les oxides. On les constatera facilement en plaçant le muriate dans un tube élevé à la température rouge, et faisant passer de la vapeur d'eau, à travers, par le moyen d'une cornue.

954. *Action des corps combustibles.* — Le gaz hydrogène ne peut avoir d'action que sur les muriates dont il réduit les oxides; par conséquent, il ne peut agir que sur les muriates des quatre dernières sections : il se forme du gaz hydro-muriatique qui se dégage, et le métal est mis en liberté. L'expérience peut toujours être faite dans un tube de porcelaine, à l'une des extrémités duquel se trouve adapté un appareil d'où se dégage du gaz hydrogène sec. Une chaleur rouge suffit pour décomposer les muriates de mercure, d'argent, et la plupart des muriates des trois dernières sections; mais il en faut une des plus violentes pour décomposer le muriate de fer, et probablement ceux de zinc et de manganèse. En effet, l'oxide de fer ne se décompose par l'hydrogène qu'à une très-haute température; et l'on sait d'ailleurs qu'à la température rouge-cerise,

le fer est facilement oxidé par l'eau, et facilement transformé en muriate par le gaz hydro-muriatique.

955. Le carbone bien sec et privé d'hydrogène n'a aucune action sur les muriates bien secs eux-mêmes; mais, à l'aide de l'eau et d'une température plus ou moins élevée, il décompose et réduit les muriates des quatre dernières sections. Outre le métal, on obtient du gaz hydro-muriatique et du gaz oxide de carbone ou du gaz acide carbonique. On procède à cette expérience, comme à la décomposition des muriates, par l'eau seule (952).

956. Le bore se comporterait probablement de la même manière que le carbone avec les muriates.

957. On a vu (441) que le phosphore avait la propriété de se combiner avec les élémens de l'acide muriatique oxigéné: or, comme le rapport de l'oxigène et de l'acide muriatique dans les muriates neutres, est le même que dans l'acide muriatique oxigéné, il en résulte que ce corps combustible doit pouvoir jouir de la propriété de décomposer ceux de ces sels, dont les élémens ne sont pas fortement unis : c'est ainsi qu'il opère très-bien la décomposition du muriate de mercure (441); tandis qu'il ne peut pas opérer celle du muriate d'argent, du moins à une température peu élevée.

958. Comme le soufre peut, ainsi que le phosphore, se combiner avec l'oxigène et l'acide muriatique, il est possible qu'il décompose plusieurs muriates, et particulièrement ceux de mercure, d'autant plus qu'il a une grande tendance à s'unir avec les métaux : jusqu'ici, il n'y a point eu d'expériences faites à cet égard.

959. Nous ne dirons rien de l'action du potassium et du sodium sur les muriates ; elle a été étudiée convenablement (716).

Le fer, le zinc, l'étain et le manganèse paraissent jouir de la propriété de décomposer la plupart des muriates des trois dernières sections, et de s'emparer de leur oxigène et de leur acide muriatique, à l'aide d'une chaleur plus ou moins forte. Il en est probablement de même de plusieurs des métaux de la quatrième section, par rapport aux muriates des deux dernières, et ainsi de suite. Toutefois les expériences faites à cet égard sont en si petit nombre, qu'on ne peut presque rien dire de positif. Il n'y a que le deuto-muriate de mercure que l'on ait mis en contact avec un grand nombre de métaux, et dont l'action sur ces corps ait été bien constatée. Celsel est décomposé complétement par la plupart des métaux des quatre premières sections ; et de là résultent du mercure métallique et un muriate sec qui quelquefois est liquide, d'autres fois a la consistance de beurre, et presque toujours très-volatil. La décomposition du deuto-muriate de mercure par les métaux s'exécute facilement dans une cornue de verre : on introduit dans cette cornue un mélange de une ou deux parties de deuto-muriate de mercure, et d'une partie de métal très-divisé. On adapte au col de la cornue un récipient ; on place cette cornue dans un fourneau muni de son laboratoire, et on chauffe plus ou moins fortement la cornue jusqu'à ce que l'opération soit terminée : lorsque le nouveau muriate est volatil, il se rend et se condense dans le récipient, d'où on le retire pour le conserver dans un flacon.

960. *Action de l'eau.* — Tous les muriates neutres, ou du moins légèrement acides, sont solubles dans l'eau, excepté ceux d'antimoine, de bismuth, de protoxide de mercure et d'argent. L'eau s'empare de l'acide des muriates d'antimoine, de bismuth et de tellure, et en précipite l'oxide à l'état de sous-muriate. Elle n'agit en aucune manière sur ceux de mercure et d'argent, lors même qu'elle est très-acide.

961. *Action des bases salifiables.* — La potasse ou la soude en dissolution décompose tous les muriates qui n'ont pas pour base l'un ou l'autre de ces deux alcalis : par conséquent, ces deux bases ont donc plus de tendance à se combiner avec l'acide muriatique que toutes les autres par l'intermède de l'eau. Cependant, lorsqu'on met dans un tube de porcelaine un mélange de deux parties de sable et d'une partie de sel marin; qu'on expose ce tube à l'action d'une chaleur rouge; et qu'au moyen d'une cornue l'on fait passer de la vapeur à travers, le muriate est décomposé : mais c'est parce que l'eau s'empare de l'acide muriatique, et que le sable s'empare de la potasse ou de la soude. La décomposition n'est jamais totale; elle n'aurait nullement lieu sans la présence de l'eau. Le sable, en agissant ainsi sur le sel, forme une frite contenant beaucoup de sel non décomposé.

962. *Action des acides.* — Les acides, même les plus forts, sans la présence de l'eau, ne décomposent aucun muriate. L'eau concourt à la décomposition de ces sortes de sels par son attraction pour leur acide : celui-ci se dégage toujours à l'état de gaz hydro-muriatique.

Le muriate d'argent est le seul muriate sur lequel l'acide sulfurique n'agisse point. Tous les autres sont décomposés par cet acide, à la température ordinaire ou à une température peu élevée : il en résulte un sulfate et une effervescence plus ou moins vive.

L'on opère facilement la décomposition d'un muriate quelconque, par l'acide phosphorique ou borique, en faisant un mélange intime de parties égales de ce muriate et de l'un de ces deux acides, plaçant le mélange en poudre dans un tube de verre luté, élevant la température de celui-ci jusqu'au rouge, et faisant passer de la vapeur d'eau dans son intérieur (a). A une basse température, la décomposition n'aurait pas lieu, surtout avec l'acide borique, puisqu'à cette température les borates sont décomposés par l'acide muriatique liquide.

Il est probable que l'acide arsenique agirait sur les muriates de la même manière que les acides phosphorique et borique.

Quant à l'acide nitrique, il produit sur tous les muriates, excepté peut-être le muriate d'argent, etc., le même effet que l'acide muriatique produit sur les nitrates, c'est-à-dire que, mêlé en excès avec ces sels, il les décompose à l'aide d'une légère chaleur, et qu'il en résulte d'une part un nitrate, et de l'autre de l'acide nitreux et de l'acide muriatique oxigéné (640).

On ignore comment se comportent les autres acides avec les muriates.

(a) Comme l'acide phosphorique vitreux contient toujours de l'eau, il peut par lui-même décomposer en partie les muriates.

963. *Action des sels.* — Tout ce que nous avons dit des nitrates (890) doit se dire ici des muriates. Qu'on se rappelle, au reste, les phénomènes qui sont dus à l'action réciproque des sels solubles et insolubles (720), et l'on en déduira facilement celle des muriates sur les divers sels.

964. *État.* — On trouve 9 muriates dans la nature, y compris le muriate d'ammoniaque : ce sont les muriates de soude, de chaux, de potasse, de magnésie, le sous-deuto-muriate de cuivre, et les muriates d'argent, d'ammoniaque, de plomb, de mercure. Le premier est très-abondant : les derniers sont très-rares.

965. *Préparation.* — Le muriate de soude ou sel marin et le muriate d'ammoniaque sont les seuls muriates naturels qu'on trouve en assez grande quantité ou assez purs pour les extraire des matières qui les contiennent.

On obtient les autres ; savoir :

Par acide muriatique liquide et métal.	*Par acide nitro-muriatique et métal.*	*Par acide muriatique liquide et oxide sulfuré.*
Le muriate de zinc.	Le deuto-muriate d'or.	Le muriate de baryte.
Le proto-muriate de fer.	Celui de platine.	Celui de strontiane.
Le proto-muriate d'étain.	Celui d'étain.	
	Celui d'antimoine.	
	Le muriate de palladium.	
	Le muriate de bismuth.	

Par double décomposition.	*Par deuto-muriate et métal.*	*Par acide muriatique liquide et oxide ou carbonate.*
Le muriate d'argent. Le proto-muriate de mercure. Le deuto-muriate de mercure. Le muriate de baryte. Le muriate d'ammoniaque.	Le proto-muriate de mercure. Le proto-muriate de cuivre.	Tous les autres.

Enfin, lorsqu'on veut avoir des muriates bien secs, et que ces muriates sont en grande partie décomposés par l'eau à l'aide de la chaleur, on cherche à les obtenir, soit en traitant les métaux par le gaz acide muriatique oxigéné, soit en les chauffant avec le deuto-muriate de mercure : voyons comment on doit exécuter ces divers procédés.

1° Le premier procédé s'exécute en versant l'acide convenablement concentré, sur un excès de métal, dans une capsule ou un matras. Lorsque toute l'action qui peut être produite à la température ordinaire a eu lieu, on la ranime par la chaleur. L'eau se trouve décomposée : il en résulte un dégagement de gaz hydrogène et un muriate : celui-ci se dissout ; on l'obtient par l'évaporation. On ne prépare ainsi que le muriate de zinc et les proto-muriates de fer et d'étain, parce que les autres métaux ne sont point attaqués par cet acide, ou parce qu'ils sont trop rares.

2° Le second procédé s'exécute de même que le premier, si ce n'est qu'au lieu d'employer un excès de métal, on emploie un excès d'acide. Ici ce n'est pas par la décomposition de l'eau que le métal s'oxide, c'est par celle de l'acide nitrique : aussi se dégage t-il beaucoup de deutoxide d'azote ou de gaz acide nitreux. La dissolution étant achevée, on doit évaporer la liqueur pour en chasser la plus grande partie d'acide excédent, et la concentrer de manière à obtenir des cristaux par le refroidissement. L'acide nitro-muriatique dont on se sert est ordinairement composé d'une partie d'acide nitrique à 36°, et de deux à trois parties d'acide muriatique à 22° : quelquefois on l'étend d'eau.

3° Les sulfures de baryte et de strontiane doivent être traités par l'acide muriatique, pour être transformés en muriates, absolument de même que par l'acide nitrique, pour être transformés en nitrates. Les mêmes phénomènes s'observent de part et d'autre ; en sorte que nous n'avons rien à ajouter à ce que nous avons dit à cet égard (901).

4° Les cinq muriates qui se font par la voie des doubles décompositions s'obtiennent ; savoir : les deux premiers, qui sont insolubles, en versant une dissolution de sel marin ou de l'acide muriatique dans le nitrate d'argent et dans le proto-nitrate de mercure ; le muriate d'ammoniaque, en mêlant ensemble du sulfate d'ammoniaque et du muriate de soude en dissolution, et procédant à l'évaporation ; le muriate de baryte, en calcinant le sulfate de baryte avec le muriate de chaux ; et le deuto-muriate de mercure, en calcinant un mélange de deuto-sulfate acide de mercure, de sel marin et de peroxide de manganèse.

5° Nous ne dirons comment on transforme les deuto-muriates de mercure et de cuivre en proto-muriates par une certaine quantité de mercure et de cuivre, qu'en faisant l'histoire particulière des muriates.

6° La préparation des muriates par l'acide muria-

tique et les oxides ou les carbonates, se fait comme
celle des nitrates (892 , 5ᵉ procédé).

7° Quant au traitement du sublimé corrosif par les
métaux , il a été décrit (959).

966. *Composition.* — Toutes les fois qu'on combine
le gaz muriatique oxigéné avec un métal quelconque, il
en résulte un muriate neutre. Or , dans le gaz muriatique oxigéné, la quantité d'oxigène est à la quantité
d'acide muriatique comme 1 à 3,48 (456). Donc, dans
les muriates la quantité d'oxigène de l'oxide et celle de
l'acide doivent être entr'elles dans le même rapport. Il
est facile, d'après cela, de calculer la composition de
ces sels, puisque nous connaissons celle des oxides
(504). Nous avons déterminé de cette manière la composition des 7 muriates suivans :

MURIATES.	ACIDE.	BASE.
De potasse......................	100..............	172,81
De soude......................	100............	113,26
De baryte...................	100............	273,67
De chaux....................	100............	100,82
De protoxide de mercure..	100..........	747,13
De deutoxide *id.*.........	100..	387,93
D'argent...................	100............	406,84

967. *Usages.* — Les muriates de soude, d'ammoniaque, de baryte, de chaux, d'étain, d'antimoine, de
bismuth, de mercure, d'or, sont les seuls qui soient
employés. Les usages des premiers sont bien plus étendus que ceux des autres. (*Voyez* en particulier chacun
de ces muriates.)

Des Muriates de la première section.

Muriate de Zircône.

968. Incolore, astringent, très-soluble dans l'eau ; cristallise en aiguilles ; rougit le tournesol ; se comporte, avec l'acide sulfurique et le carbonate d'ammoniaque, comme le nitrate de zircône, etc. (896 et 950) ; s'obtient, en traitant la zircône en gelée, par l'acide muriatique (965, 6ᵉ procédé).

Muriate d'Alumine.

969. Incolore, astringent, déliquescent, et par conséquent très-soluble dans l'eau ; incristallisable ; rougit le tournesol ; se prend en masse gélatineuse par l'évaporation, etc. (950) ; s'obtient en traitant l'alumine en gelée par l'acide muriatique (965, 6ᵉ procédé).

Muriate d'Yttria.

970. Sucré, incolore, déliquescent, très-soluble dans l'eau ; ne cristallise que très-difficilement ; se prend ordinairement en gelée par l'évaporation ; rougit le tournesol ; se comporte, avec l'acide sulfurique et le carbonate d'ammoniaque, comme le nitrate d'yttria etc. (899 et 950) ; s'obtient, en traitant le carbonate d'yttria ou l'yttria, par l'acide muriatique (965, 6ᵉ procédé).

Muriate de Glucine.

971. Incolore, sucré, très-soluble dans l'eau ; susceptible de cristalliser ; rougit le tournesol ; se comporte, avec la potasse, la soude, le carbonate d'ammoniaque, comme le nitrate de glucine, etc. (898 et 950) ; s'obtient en traitant la glucine ou le carbonate de glucine par l'acide muriatique (965, 6ᵉ procédé).

Muriate de Magnésie.

972. Incolore, amer, très-soluble dans l'eau, déliquescent; cristallise très-difficilement; ne rougit point le tournesol, etc. (950); se trouve en petite quantité dans les eaux de quelques fontaines et dans les matériaux salpêtrés, mais toujours mêlé avec les muriates de chaux, de soude, et les nitrates de chaux et de magnésie, dont il est très-difficile de le séparer; s'obtient en traitant la magnésie ou le carbonate de magnésie par l'acide muriatique (965, 6ᵉ procédé).

Le muriate de magnésie, ainsi préparé, est dans le même cas que les muriates précédens; il est toujours humide, et par conséquent décomposable par le feu. Pour l'obtenir sans eau, il faut s'y prendre de la manière suivante: On dispose horizontalement, à travers un fourneau à réverbère, un tube de porcelaine contenant une certaine quantité de magnésie; puis on porte ce tube à une très-haute température, et on y fait passer un courant de gaz muriatique oxigéné, desséché par le muriate de chaux (439): ce gaz est décomposé; son oxigène se dégage, son acide s'unit à la magnésie; et de là résulte du muriate sec qui se fond, et que le feu le plus fort ne saurait altérer. L'expérience est terminée, lorsqu'on ne trouve plus d'oxigène dans le gaz muriatique oxigéné, à sa sortie du tube.

Des Muriates de la seconde section.

Muriate de Baryte.

973. Le muriate de baryte est âcre, très-piquant, vénéneux, soluble dans deux fois et demie son poids d'eau à 15 degrés, et dans deux fois son poids d'eau

bouillante ; la forme qu'il affecte est celle de prismes à 4 pans très-larges et peu épais. Exposé au feu, il décrépite, se dessèche et se fond. Pour peu qu'un liquide contienne d'acide sulfurique libre ou combiné, il y forme un précipité blanc de sulfate de baryte, insoluble dans un excès d'acide. L'acide muriatique concentré, en raison de son affinité pour l'eau, trouble tout à coup celle qui est saturée de muriate de baryte, et en sépare une portion de ce sel même, etc. (950).

On le prépare de même que le nitrate de baryte (901), ou mieux, en calcinant un mélange de sulfate de baryte et de muriate de chaux. On prend une partie de sulfate de baryte en poudre et une partie de muriate de chaux également en poudre ; on les mêle bien, et on en remplit presqu'entièrement un creuset de Hesse, que l'on bouche et qu'on expose pendant environ une heure à l'action du feu dans un fourneau à réverbère. Ces deux sels fondent, se décomposent, et donnent lieu à du sulfate de chaux et à du muriate de baryte. La masse est ensuite pilée, jetée dans une bassine pleine d'eau bouillante, et agitée pendant quelque temps : alors on laisse déposer la liqueur ; on la décante, on la filtre, on la fait évaporer, et bientôt le sel cristallise. Il ne faut pas que le mélange soit en contact avec l'eau pendant trop long-temps : autrement, le sulfate de baryte et le muriate de chaux se recomposeraient.

Les usages du muriate de baryte sont très-bornés. On l'emploie en médecine contre les scrophules, et l'on s'en sert dans les laboratoires, de même que du nitrate de baryte, pour reconnaître la présence de l'acide sulfurique libre ou combiné.

Muriate de Strontiane.

974. Incolore, âcre, piquant ; soluble environ dans
une fois et demie son poids d'eau à 15 degrés, et dans
les $\frac{4}{5}$ de son poids d'eau bouillante ; cristallise en longues aiguilles qui sont des prismes hexaèdres ; colore
en pourpre la flamme des corps combustibles, de même
que le nitrate de strontiane, etc. (950). On le prépare
comme ce sel (902). Pour l'obtenir en beaux cristaux,
il faut en saturer l'alcool bouillant et laisser refroidir
lentement la liqueur dans un flacon.

Muriate de Chaux.

975. Ce sel est âcre, très-piquant et amer, très-déliquescent ; soluble à peu près dans la moitié de son
poids d'eau à 0, dans le quart de son poids d'eau à 15
degrés, et, pour ainsi dire, en toutes proportions dans
l'eau à 50° ou 60°. Il cristallise, mais difficilement, en
prismes à 6 pans striés et terminés par des pyramides
aiguës. Exposé au feu, il se fond d'abord dans son eau
de cristallisation, ensuite se dessèche, éprouve la fusion ignée, et perd un peu de son acide, probablement
à cause de l'action de la terre du creuset sur la chaux.
Coulé dans cet état de fusion, et frotté dans l'obscurité
lorsqu'il a repris l'état solide, il y paraît lumineux,
ainsi que Homberg l'a le premier observé : de là le nom
de phosphore de Homberg, que le muriate de chaux
fondu portait autrefois.

Lorsqu'on verse de l'acide sulfurique dans une dissolution concentrée de muriate de chaux, il en résulte
beaucoup de chaleur, un grand dégagement de gaz
acide muriatique et un *magma* produit par le sulfate de

chaux qui se forme. Lorsqu'on y verse une dissolution concentrée de potasse, les deux liqueurs se prennent en masse en raison de la chaux qui se précipite, etc. (950).

Le muriate de chaux existe à l'état solide dans les matériaux salpêtrés, et en dissolution dans les eaux de plusieurs fontaines; mais la plupart du temps il est mêlé avec du muriate de soude et de magnésie, dont il est difficile de le séparer.

On l'obtient en traitant le carbonate de chaux, par exemple, le marbre concassé, par l'acide muriatique liquide (965, 6e procédé), faisant évaporer la liqueur jusqu'a pellicule, et l'exposant à une température de quelques degrés au-dessus de zéro : par ce moyen, le muriate cristallise. On l'extrait aussi des résidus de la distillation du muriate d'ammoniaque avec la chaux, ou le carbonate de chaux (576 et 769), en les concassant, les mettant en digestion dans de l'eau, filtrant la dissolution, et l'évaporant comme nous venons de le dire.

Le muriate de chaux est employé en médecine contre les scrophules, et dans les laboratoires pour faire des froids artificiels (709).

Muriate de Potasse.

976. Incolore, piquant, amer; soluble dans 3 fois son poids d'eau froide, et dans moins de 2 fois son poids d'eau bouillante; cristallise en prismes à 4 pans; décrépite au feu, etc. (950); se trouve en petite quantité dans les végétaux (759), ainsi que dans quelques humeurs animales; s'obtient en traitant le sous-carbonate de potasse par l'acide muriatique (965, 6e procédé); sans usages; employé autrefois comme fébrifuge; et connu alors sous le nom de sel fébrifuge de Silvius.

Muriate de Soude ou Sel marin.

977. Ce sel a une saveur franche, qui plaît non-
seulement à l'homme, mais encore à la plupart des
animaux ; il cristallise en cubes. Exposé au feu, il décrépite fortement, et entre ensuite en fusion un peu
au-dessus de la chaleur rouge. L'eau à 15° en dissout
un peu plus de deux fois et demie son poids : l'eau
chaude n'en dissout presque pas davantage ; de sorte
que, par le refroidissement, il ne s'en dépose pas de
cristaux.

Il paraît que 7 à 8 parties de protoxide de plomb
peuvent décomposer une partie de sel marin par l'intermède de l'eau ; il paraît aussi qu'une grande quantité
d'oxide d'argent peut produire cette décomposition : il
en résulte une dissolution de soude et un sous-muriate.
Toutefois, la décomposition ne se fait bien qu'autant
que l'oxide est bien divisé, privé d'acide carbonique,
et qu'il reste en contact avec la dissolution bouillante
du sel pendant un temps suffisant, etc. (950).

978. Le sel marin est un des corps les plus répandus
dans la nature. On l'y trouve, tantôt à l'état solide,
sous forme de couches très-considérables ; tantôt à
l'état liquide ou en dissolution dans l'eau : lorsqu'il est
à l'état solide, il prend un nom particulier ; on l'appelle sel gemme.

Mines de sel gemme. — Il en existe dans divers
pays. 1° En Pologne et en Hongrie, le long de la chaîne
des monts Carpaths : elles s'étendent depuis Wieliczka
jusqu'à Rymnick en Moldavie ; leur longueur est de
plus de 200 lieues ; leur largeur est quelquefois de 40.
2° Dans presque toutes les parties de l'Allemagne : les

plus remarquables sont celles du Tyrol ; d'Hallein sur
la Salza , électorat de Saltzbourg ; de Berchtesgaden.
3° En Angleterre, à Northwich , dans le comté de
Chester. 4° En Espagne, à Cardonna en Catalogne ; à
Poza , près Burgos en Castille. 5° Dans plusieurs
parties de la Russie.

La France, l'Italie, la Suède, la Norwège ne possèdent point de mines de sel gemme. La Suisse n'en
offre que des traces. Mais on en trouve de très-riches
en Asie, en Amérique, particulièrement au Pérou :
l'on en trouve de plus riches et de plus nombreuses
encore en Afrique.

Les mines de sel gemme sont quelquefois situées à
d'assez grandes profondeurs : nous citerons, pour
exemple, celles de Pologne, qui sont à plus de 150
mètres sous le sol. Quelquefois au contraire elles sont
à la surface de la terre; telles sont celles d'Afrique. Il en
existe à des hauteurs considérables : telles sont les mines
des Cordillières en Amérique, et de Narbonne en Savoie. Cependant, en général, elles se trouvent au pied
des hautes chaînes de montagnes. Les substances qui les
accompagnent presque constamment sont: le sulfate de
chaux ; de l'argile , tantôt grise , tantôt rouge ; du
sable ; du carbonate de chaux, et par fois des débris
de corps organisés.

Le sel gemme est toujours transparent ou au moins
translucide. Assez souvent il est coloré : il y en a de
rouge, de jaunâtre, de brun, de violet, de bleuâtre,
et même de brun. Ces diverses couleurs sont probablement dues aux oxides de fer et de manganèse.

Sel marin à l'état liquide. — On trouve du sel marin

en dissolution dans presque toutes les eaux. Il en est qui en contiennent une si grande quantité, qu'elles sont très-salées au goût : telles sont celles de la mer, de certains lacs, et de beaucoup de sources. Le nombre des sources salées est très-considérable. Il en existe non-seulement dans presque tous les lieux où l'on connaît des mines de sel gemme, mais encore dans des lieux où l'on n'en connaît point. 1° En France, à Salins et Montmorot, département du Jura ; à Château-Salins, à Dieuze et Moyenvic, département de la Meurthe ; à Moutiers, département du Mont-Blanc ; à Sallies, département des Basses-Pyrénées. 2° En Italie, dans le royaume de Naples et en Sicile. 3° En Suisse, à Bex, canton de Berne. Quelques-unes de ces eaux ne contiennent que la 30 ou 40e partie de leur poids de sel : celles de la mer sont dans ce cas. D'autres en contiennent la 6 ou 7e partie : celles de Salins, de Montmorot, de Dieuze, sont dans celui-ci. D'autres enfin en sont presque saturées. La plupart du temps, on trouve dans ces eaux, outre le sel marin, du sulfate de soude, du sulfate de chaux, des nitrates et muriates de chaux et de magnésie.

Tout nous porte à croire que les sources salées sont le produit de l'action des eaux souterraines sur les mines de sel gemme, situées à des profondeurs plus ou moins grandes.

979. *Préparation.* — Tout le sel dont on a besoin est extrait, soit des eaux qui le tiennent en dissolution, soit des mines de sel gemme : jamais on n'en fabrique d'artificiel pour les besoins du commerce.

On exploite les mines de sel gemme de deux manières. Lorsque le sel est pur, on l'arrache du sein de

la terre à coups de pioche, et on le verse dans le commerce. Lorsqu'il est impur, il faut le dissoudre dans l'eau, et ensuite faire évaporer la dissolution saline. C'est ce qu'on fait dans les mines du Tyrol, situées sur une montagne très-élevée ; dans la saline d'Hallein, sur la Salza, électorat de Saltzbourg ; à Berchtesgaden ; en Angleterre, etc. On creuse des galeries dans la masse du sel même, quand le sol le permet ; on y fait arriver de l'eau, qu'on laisse séjourner pendant 15 jours, 1 mois, et quelquefois plus ; ensuite on la porte par des conduits dans de grandes chaudières, où elle s'évapore, en présentant ordinairement les phénomènes que nous offre l'évaporation des eaux salées dont il va être question.

980. L'art d'extraire le sel des eaux salées varie selon qu'elles sont plus ou moins chargées de matières salines, et en même temps, selon la température des lieux où elles se trouvent.

Lorsque les eaux contiennent 14 à 15 centièmes de sel, ou plus, on l'extrait en concentrant ces eaux par le feu dans de grandes chaudières de fer. D'abord, il se précipite ordinairement une matière appelée *schelot*, qui est formée de sulfate de chaux et de soude ; cette matière est enlevée et mise dans des augelots ou de petites poêles plates de fer, placées, à cet effet, le long des bords des chaudières. Quelque temps après, la cristallisation se manifeste : alors on met les *augelots* de côté, on continue l'évaporation presque jusqu'à siccité ; puis on retire le sel et on le porte à l'étuve, où il achève de se sécher. On répète 14 ou 15 fois de suite la même opération dans une même chaudière : après quoi, l'on suspend le travail pour enlever une incrustation saline qui se forme sur les parois de celle-ci, et qui est presqu'en-tièrement composée de *schelot*.

Mais lorsque les eaux salées ne contiennent que 2,3,4,5 centièmes de sel, on ne peut pas l'extraire avec avantage par le feu. On a recours aux deux procédés suivans. L'un est employé dans les climats chauds, et consiste dans une évaporation spontanée : l'autre est employé dans les climats tempérés, et se compose d'une évaporation spontanée, exécutée d'une manière particulière, et d'une évaporation par le feu.

Premier procédé. — C'est par ce procédé que, dans les contrées méridionales, on extrait le sel des eaux de la mer. On creuse, sur le rivage, des bassins qu'on tapisse d'argile, et qu'on appelle marais salans. Le premier de ces bassins est un vaste réservoir. On y fait arriver l'eau par un canal, au moyen d'une écluse : de là, on la distribue par une pente douce dans d'autres bassins ; ceux-ci sont très-larges, très-peu profonds, offrent par conséquent une grande surface à l'air, ce qui favorise singulièrement l'évaporation, et ils communiquent entr'eux, mais de telle manière que, pour passer de l'un dans l'autre, l'eau est obligée de parcourir une grande étendue, jusqu'à 3,000 à 4,000 mètres. Presque toujours, le travail commence au mois d'avril, et se termine en septembre. A mesure que l'eau s'évapore, on la renouvelle par celle du réservoir. Ordinairement, on remarque qu'elle est teinte en rouge au moment où elle est sur le point de donner des cristaux : une fois que la cristallisation est bien établie, on retire le sel de temps en temps du fond des bassins ; on le met en tas sur leurs bords, pendant plusieurs mois ; il s'égoutte, se dépouille ainsi des sels déliquescens qu'il retenait, et se

sèche. Plus il y reste de temps et plus il acquiert de
prix, parce que moins ensuite il fait de déchets. Jusqu'à présent, l'on n'a tiré aucun parti des eaux mères
qui restent dans les bassins, et qui contiennent une petite quantité de sel marin, et beaucoup de nitrate et de
muriate terreux : on les fait écouler.

Le sel ainsi obtenu doit nécessairement prendre des
teintes diverses en raison de la couleur de l'argile dont on
se sert pour tapisser les marais, parce qu'une portion de
cette argile reste toujours intimement mêlée avec le sel.
Il y en a de blanc, de gris et de rougeâtre. La quantité
qu'on en obtient varie en raison de la température et
des vents qui règnent.

Le nombre des marais salans est très-considérable :
il en existe en France, sur les bords de l'Océan, dans
le département de la Charente-Inférieure, à Brouage,
au Croisic, à la baie de Bourg-Neuf, à la Tremblade
et à Marenne; il en existe aussi sur les côtes de la Méditerranée, dans le département des Bouches-du-Rhône
et dans le département de l'Hérault, à Peccais, près
d'Aiguemortes.

On suit un procédé différent de celui que nous venons d'indiquer pour extraire le sel des eaux de la mer,
près d'Avranches, dans le département de la Manche.

On recouvre de sable, sur les bords de la mer, une
grande étendue de terrain, de manière à former une
aire bien unie qui puisse être baignée dans les hautes
marées des nouvelles et des pleines lunes. Les eaux
s'étant retirées, le sable ne tarde point à se dessécher; mais alors il est couvert d'efflorescences salines :
on l'enlève, et on le met dans des fosses avec de l'eau
de la mer. Par ce moyen, on sature cette eau de sel, et

ensuite on la fait évaporer dans des bassins de plomb, par le moyen du feu, jusqu'à un certain degré. On obtient ainsi du sel blanc.

Il paraît aussi que, dans certains pays, on profite du froid pour rendre l'eau de la mer plus salée. Ce procédé est fondé sur la propriété qu'a l'eau de se congeler à zéro quand elle est pure, et de ne se congeler que bien au-dessous, quand elle est chargée d'un sel quelconque. Il suit de là qu'en exposant l'eau de la mer à un grand froid, on obtiendra d'une part de la glace qui sera à peine salée et de l'eau qui le sera fortement, et qui, soumise à l'action du feu, ne tardera point à donner du sel.

2ᵉ *procédé.* — *Extraction du sel, dans les climats tempérés, des eaux qui ne sont point très-salées.*—Sous un hangar qui a 10 à 11 mètres de hauteur, 5 à 6 de largeur et 3 à 400 de longueur, on construit, avec des fagots d'épines, un parallélipède rectangle, dont les dimensions sont un peu moins grandes que celles de ce hangar. Ensuite on élève l'eau salée, à l'aide de pompes, dans des conduits ou des rigoles, placés sur le parallélipède et percés de trous : ces conduits la versent sur les fagots ; elle les traverse, se divise à l'infini, se concentre en raison du courant d'air auquel elle est exposée, et se rassemble dans un réservoir d'où elle est reprise, élevée de nouveau, versée une seconde fois sur les fagots, et ainsi de suite jusqu'à 20 fois, ou plutôt jusqu'à ce qu'elle marque environ 25 degrés. Cette opération s'appelle *graduer l'eau,* et le hangar sous lequel elle se fait, *bâtiment de graduation.* Comme l'évaporation n'a lieu que par l'air qui passe de toutes parts à travers les fagots, il faut que les côtés du bâtiment soient exposés aux vents qui règnent le plus fréquemment; il faut aussi renouveler de temps en temps les fagots, parce qu'il se forme à leur surface une couche de sulfate de chaux qui, au bout d'un certain temps, devient très-épaisse.

L'eau concentrée par ce moyen jusqu'à 25 degrés, est ensuite évaporée comme nous l'avons dit précédemment. Cependant à Moutiers on la fait couler le long d'un grand nombre de cordes verticales ; ces cordes finissent par se couvrir d'une couche de sel qu'on enlève lorsqu'elle a cinq centimètres d'épaisseur. On fait une récolte semblable deux ou trois fois par an.

Le sel qu'on obtient par ces divers moyens est rarement pur ; il contient toujours quelques sels déliquescens, et particulièrement des muriates et sulfates de chaux et de magnésie. On le purifie dans les laboratoires, en le faisant cristalliser de nouveau. A cet effet, on le dissout dans l'eau, on filtre la dissolution, et on la soumet à une douce évaporation dans une terrine de grès. Cette évaporation présente, dans sa cristallisation, un phénomène remarquable. Il se forme une multitude de petits cubes à la surface de la liqueur. Ces petits cubes, en grossissant, s'enfoncent peu à peu : alors d'autres cubes viennent s'implanter sur leurs côtés supérieurs ; la petite masse cristalline s'enfonce de plus en plus, les cristaux implantés sur le premier en reçoivent d'autres comme celui-ci ; il résulte de là des pyramides quadrangulaires creuses qui présentent autant de petits gradins intérieurement et extérieurement qu'il y a de rangées de cubes, et qui finissent, quand on ne les enlève pas, par se remplir en partie et se précipiter.

981. Les usages du sel marin sont nombreux : nous nous en servons pour corriger l'insipidité de nos mets, pour saler et conserver les viandes, fabriquer la soude artificielle (765), extraire l'acide muriatique (674), faire l'acide muriatique oxigéné, obtenir le sel ammoniac. Quelquefois on l'emploie comme couverte ou vernis sur certaines poteries ; quelquefois aussi, à très-petites doses, comme engrais pour certaines terres.

Muriate d'ammoniaque.

982. Ce sel est blanc, extrêmement piquant, soluble dans un peu moins de 3 parties d'eau à 15 degrés, et dans une bien moindre quantité d'eau bouillante. Il cristallise ordinairement en longues aiguilles qui se groupent sous forme de barbes de plume, et qui paraissent être des pyramides hexaèdres. Exposé au feu, il fond dans son eau de cristallisation, bout, se dessèche et se sublime sous forme de vapeurs blanches : aussi, en l'introduisant dans un vase de verre, par exemple, dans un petit matras ou dans une fiole, et l'exposant à une chaleur presque rouge, vient-il s'attacher sur la paroi supérieure de ce vase, et y former une couche plus ou moins épaisse. Si le muriate d'ammoniaque était tout à fait privé d'eau, aucun combustible n'en opérerait probablement la décompostion, puisque l'acide muriatique ne serait en contact avec aucun corps auquel il pourrait s'unir : mais, comme il contient toujours plus ou moins d'humidité, plusieurs métaux, et particulièrement ceux des seconde et troisième sections, peuvent par cela même le décomposer, du moins en partie : il résulte toujours de cette décomposition

un dégagement de gaz ammoniac et de gaz hydrogène, et il se forme un muriate métallique; d'où l'on voit que le métal s'oxide aux dépens de l'oxigène de l'eau, et que l'oxide métallique s'empare de l'acide muriatique du sel ammoniac. Le potassium et le sodium produisent cet effet à la température ordinaire : l'étain, le zinc, le fer, ne le produisent qu'à une chaleur voisine du rouge-cerise. L'expérience, avec ces trois métaux, se fait facilement dans une petite cornue de verre, à laquelle on adapte un tube recourbé qui s'engage sous une cloche pleine de mercure.

Calciné avec les carbonates de chaux, de potasse, de soude, le muriate d'ammoniaque se décompose et donne lieu à du muriate de chaux fixe et à du sous-carbonate d'ammoniaque volatil (769) : sa dissolution peut se charger d'une très-grande quantité d'oxide de zinc, etc.

983. *Etat naturel.* — Le muriate d'ammoniaque se trouve dans les urines humaines et dans la fiente de quelques animaux, particulièrement des chameaux. Il paraît qu'il existe aussi en petite quantité aux environs des volcans.

984. *Préparation.* Ce sel se fabrique, pour les besoins du commerce, en Egypte et en Europe, par des procédés différens.

En Egypte, on l'extrait de la fiente des chameaux. Cette fiente est recueillie, séchée au soleil, et brûlée dans des cheminées. On ramasse la suie qui provient de cette combustion et qui contient le sel ammoniac ; on en remplit des ballons de verre d'environ un pied de diamètre, jusqu'à trois doigts près de leur col, et on les expose à l'action du feu. Cette dernière opération peut se faire commodément dans des fourneaux que nous appelons *galères* (105), et qui peuvent recevoir un certain nombre de ballons. Chaque ballon est disposé de manière que sa partie supérieure sorte à travers les parois du fourneau et soit en contact avec l'air froid. On fait peu de feu d'abord, on l'augmente graduellement, et on le soutient pendant à peu près trois jours : le troisième jour, on plonge de temps en temps une tige de fer dans le col des ballons, pour empêcher qu'il ne s'obstrue. Alors on casse le ballon, et l'on trouve le sel sublimé à sa partie supérieure, en masses hémisphériques, d'un blanc gris, demi - transparentes, jouissant d'une sorte d'élasticité, et épaisses d'environ deux pouces à deux pouces et demi.

En Europe, on l'obtient en décomposant le sulfate de chaux par le sous-carbonate d'ammoniaque provenant de la distillation des matières animales, mettant le sulfate d'ammoniaque, qui provient de cette décomposition, en contact avec le sel marin, et sublimant, comme nous venons de le dire, le muriate d'ammoniaque qui se forme. (*Voyez* Chimie animale, t. 3.)

C'est de ce sel qu'on extrait l'ammoniaque ; c'est avec lui qu'on fabrique le sous-carbonate d'ammoniaque qu'on trouve dans le commerce ; on l'emploie pour décaper les métaux, et particulièrement le cuivre, lorsqu'on veut étamer ce métal ; on s'en sert aussi quelquefois en teinture ; enfin, on en fait usage en médecine comme stimulant. Malgré tous ces usages, la consommation n'en est pas très-considérable.

Les anciens lui ont donné le nom de sel ammoniac, parce que, d'après Pline, on le trouvait en grande quantité aux environs du temple de Jupiter Ammon en

Afrique : il porte encore ce nom dans le commerce.
Pendant long-temps, on n'a fabriqué le sel ammoniac
qu'en Egypte. Ce n'est même que depuis environ 20 à
25 ans qu'on a commencé à le fabriquer en Europe.
La création de cet art est due à Beaumé.

Des Muriates de la troisième section.

Muriates de Manganèse.

986. *Trito-muriate.* — Rose, très-stiptique, déliquescent, et par conséquent très-soluble dans l'eau ;
cristallise par une évaporation spontanée ; se transforme en gaz muriatique oxigéné, et en proto-muriate
à une température peu élevée, etc. (950) ; s'obtient en
traitant à froid ou à l'aide d'une très-douce chaleur,
un excès de tritoxide de manganèse en poudre, par
l'acide muriatique liquide, laissant ces matières en contact
pendant plusieurs jours, filtrant la liqueur, et l'abandonnant à elle-même.

987. *Deuto-muriate.* — Blanc, stiptique, très-soluble
dans l'eau, déliquescent ; cristallise par évaporation
spontanée, comme le trito-muriate, etc. (950) ; s'obtient
en faisant bouillir le tétroxide ou peroxide avec un
excès d'acide muriatique liquide, le ramenant ainsi à
l'état de deutoxide et concentrant la dissolution, etc.

Muriate de Zinc.

988. Ce sel est blanc, très-stiptique, émétique à la
dose de quelques grains, déliquescent, très-soluble
dans l'eau ; il ne cristallise qu'avec peine. Desséché et
soumis à l'action de la chaleur dans une cornue, il se volatilise en grande partie, et donne pour produit un
muriate sans eau, appelé autrefois *beurre de zinc*, etc.
(950).

On l'obtient en traitant le zinc en grenaille par l'acide muriatique faible, de la même manière que l'on traite le fer par l'acide sulfurique (833).

Muriates de Fer.

989. *Proto-muriate.* — Ce sel est vert-pâle, très-stiptique, très-soluble dans l'eau, plus à chaud qu'à froid ; il cristallise facilement. Desséché et soumis à l'action du feu dans une cornue de grès, il se sublime en petites paillettes. Mis en contact avec l'air, à l'état solide ou à l'état liquide, il en absorbe l'oxigène, et passe successivement à l'état de deuto et de trito-muriate, et présente des phénomènes à peu près semblables à ceux que nous a offerts le proto-sulfate (832) : il se comporte aussi comme ce sel avec le deutoxide d'azote. Traité par l'acide muriatique oxigéné, ou par une petite quantité d'acide nitrique, il se transforme, même à froid, en trito-nitrate, etc. (950).

On l'obtient directement, de même que le proto-sulfate (833, premier procédé), c'est-à-dire, en versant sur de la tournure ou du fil de fer, de l'acide muriatique liquide.

Le muriate ainsi obtenu est toujours humide. Pour l'obtenir sec et cristallisé en paillettes, on peut le calciner dans une cornue, comme nous venons de le dire ; mais il vaut mieux le préparer en mettant de la tournure de fer dans un canon de fusil, le faisant chauffer jusqu'au rouge-cerise, adaptant à l'une de ses extrémités une cornue d'où se dégage du gaz hydro-muriatique, et adaptant à l'autre une alonge terminée par un bouchon légèrement troué. C'est dans cette alonge que vient se rendre le sel, pourvu toutefois que, de ce côté, le canon du fusil sorte à peine du fourneau ; précaution nécessaire à prendre, car, sans cela, le sel resterait dans le tube même et l'obstruerait.

990. *Deuto-muriate.* — A peine connu ; s'obtient en traitant, à la température ordinaire, dans un flacon, un excès de deutoxide de fer par l'acide muriatique liquide.

991. *Trito-muriate.* — Ce sel est brun jaunâtre, extrêmement stiptique, très-soluble dans l'eau, déliquescent ; il rougit le tournesol et cristallise difficilement. Exposé à une chaleur rouge, il s'en dégage du gaz hydro-muriatique ; ensuite il se transforme en gaz muriatique oxigéné, en deuto ou proto-muriate de fer, qui se sublime sous forme de paillettes, et en sous-proto ou deuto-muriate fixe. En le mêlant et le calcinant avec le muriate d'ammoniaque, on obtient un sublimé jaunâtre, qu'on connaît en médecine sous le nom de fleurs martiales. Ce sublimé, qui se prépare ordinairement comme les fleurs d'antimoine (538 *bis*), est un mélange ou peut-être une combinaison de beaucoup de muriate d'ammoniaque, et d'une petite quantité de trito-muriate de fer, etc. (950).

On obtient le trito-muriate de fer, en traitant le tritoxide de fer par l'acide muriatique étendu de 3 ou 4 fois son poids d'eau (965, 6e procédé).

Muriates d'Étain.

992. *Proto-muriate.* — Ce sel est blanc, très-stiptique, plus soluble dans l'eau chaude que dans l'eau froide, cristallise ordinairement en petites aiguilles, et rougit le tournesol. Exposé au feu, il s'en dégage du

gaz hydro-muriatique, et passe à l'état de sous-muriate.
Il enlève l'oxigène à une foule de corps, et nous offre
des phénomènes variés, que nous devons considérer
successivement. C'est surtout en l'employant en dissolution dans l'eau, que la plupart de ces phénomènes
sont très-sensibles. Mise en contact avec l'air, cette
dissolution se trouble, parce qu'il se forme un sous-
deuto-muriate qui devient insoluble. Mise en contact
avec l'acide nitrique ou l'acide nitreux, elle en opère
sur-le-champ la décomposition, même à froid : il se
produit un sous-deuto-muriate qui se précipite, et il se
dégage une très-grande quantité de deutoxide d'azote.
Elle absorbe le gaz acide muriatique oxigéné, et se
transforme en deuto-muriate d'étain soluble. Elle décompose l'acide sulfureux, et en précipite le soufre.
Elle décompose aussi les acides molybdique, chrômique, arsenique, et les précipite ; le premier, à
l'état d'oxide bleu ; le second, à l'état d'oxide vert,
et le troisième, à l'état d'oxide blanc. Elle réduit la
plupart des oxides de la 6e section, et ceux de mercure ; ramène le deutoxide et le tritoxide de plomb à
l'état de protoxide, etc. ; les sels de fer et de cuivre
très-oxidés, à l'état de sels peu oxidés ; le tétroxide de
manganèse, à l'état de tritoxide ; le deutoxide de cuivre, à l'état de protoxide, etc. : enfin, le muriate
d'étain en dissolution a la propriété d'enlever tout à
la fois l'oxigène et l'acide muriatique à plusieurs muriates, particulièrement aux muriates d'or, de mercure, etc. En effet, 1° lorsqu'on verse du proto-muriate
d'étain dans une dissolution de deuto-muriate de mercure, il se fait tout à coup un précipité blanc, formé de
proto-muriate de mercure, qui se décompose lui-même

à mesure que le premier devient prédominant, de sorte qu'on finit par obtenir du mercure coulant : ce dernier phénomène se manifeste bien plus promptement, si on fait l'expérience d'une manière inverse, c'est-à-dire, si on verse une petite quantité de deuto-muriate de mercure dans une grande quantité de proto-muriate d'étain. 2° Lorsqu'on verse du muriate d'étain dans une dissolution d'or, il se fait un précipité variable en couleur, et qui le plus ordinairement est pourpre, et formé de deutoxide d'étain et d'or très-divisé selon les uns, et de protoxide d'or selon les autres (1016). 3° Enfin, lorsqu'on verse du muriate d'étain dans une dissolution de deuto-muriate de cuivre, il s'en précipite sur-le-champ du proto-muriate de cuivre.

Le proto-muriate d'étain n'est point décomposé par le soufre, à la température ordinaire ; mais il l'est à l'aide de la chaleur : il se dégage du gaz hydro-muriatique, et il se forme du sulfure d'étain ou or mussif, etc. (950).

Préparation. — Le proto-muriate d'étain s'obtient en traitant l'étain pur, et en grenaille très-divisée, par l'acide muriatique liquide. On met l'étain dans une cornue tubulée, que l'on place sur un fourneau, et dont on fait rendre le col dans un récipient lui-même tubulé. On adapte au récipient un tube recourbé qu'on fait plonger dans l'eau ; et à la cornue, un tube en S. On verse par celui-ci l'acide muriatique en dissolution concentrée, et on en favorise l'action par une légère chaleur. L'eau est décomposée ; il se dégage du gaz hydrogène, et l'étain se combinant avec l'oxigène et l'acide muriatique, se dissout. Une portion d'acide est

vaporisée, et se rend, soit dans le ballon, soit dans
l'eau du flacon qui le suit. A mesure qu'il en est besoin,
on verse de nouvel acide muriatique dans la cornue :
on continue ainsi jusqu'à ce que tout l'étain soit dissous.
On fait évaporer la dissolution dans la cornue, et on
l'abandonne à elle-même : elle cristallise par le refroidissement. On doit conserver les cristaux à l'abri du
contact de l'air.

Usages. — Le proto-muriate d'étain est employé
dans les fabriques de toiles peintes, pour enlever certaines couleurs sur les toiles. On l'emploie aussi dans
les manufactures de porcelaine, pour décomposer le
muriate d'or, et obtenir le précipité pourpre de Cassius (1016). Enfin, l'on s'en sert comme mordant dans
la teinture écarlate ; mais on doit lui préférer le deuto-
muriate acide d'étain.

993. *Deuto-muriate.* — Ce sel est blanc, très-stiptique,
déliquescent, et par conséquent très-soluble dans l'eau ;
il cristallise en petites aiguilles, et rougit le tournesol.
Soumis à l'action du feu dans une cornue, il laisse
dégager de l'eau et de l'acide muriatique, se volatilise
en partie, et passe en partie aussi à l'état de sous-deuto-
muriate fixe. Il n'enlève d'oxigène à aucun corps ; de
sorte que, sous ce rapport, il diffère singulièrement
du proto-muriate, etc. (950).

On l'obtient, soit en faisant passer un excès de gaz
muriatique oxigéné à travers une dissolution de proto-
muriate d'étain, et concentrant la liqueur par la chaleur, soit en traitant l'étain par l'acide nitro-muriatique (965, deuxième procédé).

Le deuto-muriate d'étain, dont nous venons de parler,

est toujours uni à une certaine quantité d'eau. Celui qui n'en contient point, jouit de propriétés bien diffé-rentes : c'est un liquide transparent, très-limpide, très-volatil, dont l'odeur est piquante et insupportable. Exposé à l'air, il se vaporise, s'unit à la vapeur aqueuse que ce fluide contient, et retombe sous forme de fumée très-épaisse. Mis en contact avec une petite quantité d'eau, il s'en empare avec avidité, cristallise en donnant lieu à un petit bruit et à un dégagement de chaleur, et perd la propriété de fumer. Traité par une plus grande quantité de ce liquide, il se dissout, et forme une dissolution incolore.

Pour obtenir ce liquide, dont la découverte est due à Libavius, et que l'on connaissait autrefois sous le nom de *liqueur fumante de Libavius*, il faut combiner l'étain avec le tiers de son poids de mercure, pulvé-riser l'alliage, le mêler avec son poids de deuto-muriate de mercure, introduire le mélange dans une cornue, et se conformer d'ailleurs à ce qui a été dit (959). A une température peu élevée, la réaction a lieu ; le deuto-muriate d'étain se forme tout à coup et se rend dans le récipient, en produisant des vapeurs très-épaisses. Le mercure n'entre dans cette prépara-tion que pour rendre l'étain cassant ou susceptible d'être mêlé intimement avec le sel mercuriel.

Les muriates d'étain ont été examinés successivement par M. Adet (Annales de Chimie, tome 1); par Pel-letier (Annales de Chimie, tome 12); par M. Proust (Journal de Physique, tome 56); et par M. Davy (An-nales de Chimie, tome 76).

Leurs usages ont été exposés précédemment.

Muriates de la quatrième section.

Muriates d'Antimoine.

993 *bis. Deuto-muriate.* — Blanc, légèrement gris, demi - transparent, très – caustique, ayant un aspect gras, fusible au-dessous de la chaleur de l'eau boulllante, et cristallisable en tétraèdres par le refroidissement, volatil au-dessous de la chaleur rouge, légèrement déliquescent : cependant, traité par l'eau, il se décompose sur-le-champ, et donne lieu aux mêmes phénomènes que le nitrate de bismuth (926); il ne se dissout dans l'eau qu'autant qu'elle est très-chargée d'acide muriatique, etc. (950).

On l'obtient en chauffant, dans une cornue de verre, un mélange intime de parties égales d'antimoine et de deuto-muriate de mercure ou sublimé corrosif, et se conformant à ce qui a été dit (959).

On peut encore l'obtenir en traitant l'antimoine en poudre par 4 fois son poids d'acide nitro-muriatique fait avec 1 partie d'acide nitrique à 32° et 3 parties d'acide muriatique à 22° (965, 2° procédé), concentrant la dissolution, l'introduisant dans une cornue, chauffant celle-ci, et recueillant le produit dans un récipient lorsqu'il a la consistance oléagineuse. Ces proportions fournissent une partie et demie de muriate d'antimoine.

Le deuto-muriate d'antimoine est employé en médecine comme caustique; il y est connu sous le nom de *beurre d'antimoine*, en raison de sa consistance.

994. *Trito - muriate.* — Peu connu; s'obtient en traitant l'antimoine en poudre par un excès d'acide nitro - muriatique, et faisant d'ailleurs l'expérience comme nous l'avons dit (965). Ce muriate est très-

acide, jaunâtre; il ne cristallise point. Exposé au feu ,
il laisse dégager son excès d'acide, et passe à l'état de
sous-deuto–muriate fixe. L'eau en opère la décomposition, comme celle du nitrate de bismuth.

Muriate d'Arsenic.

994 *bis.* L'arsenic ne se combine avec l'acide muriatique qu'à l'état de deutoxide. Le deuto-muriate d'arsenic est liquide à la température ordinaire, incolore ,
très-âcre, très-caustique, très-vénéneux, très-volatil.
Il répand d'épaisses vapeurs dans l'air. Mis en contact
avec l'eau, il se décompose ; son oxide se précipite
presque tout entier sous forme de poudre blanche : par
conséquent, l'acide muriatique faible ne doit pas pouvoir dissoudre une grande quantité de deutoxide d'arsenic.

On obtient ce sel en distillant un mélange d'une
partie d'arsenic en poudre et de 2 parties de deuto-
muriate de mercure (959). Il se forme à une température peu élevée, se volatilise et vient se condenser dans
le récipient.

Muriate de Chrôme.

995. Il paraît que l'acide muriatique ne dissout
l'oxide de chrôme qu'avec beaucoup de peine, et qu'on
ne peut se procurer facilement le muriate de chrôme
qu'en faisant chauffer l'acide chrômique avec l'acide
muriatique (640). Ce sel est vert, soluble dans l'eau.

Muriate de Molybdène.

996. Sel très-peu connu. On l'obtient en faisant
bouillir l'acide molybdique avec un excès d'acide muriatique concentré, et évaporant la liqueur presque
jusqu'à siccité.

Muriate de Tungstène.

967. Inconnu. L'acide muriatique ne dissout point l'oxide de tungstène ou l'acide tungstique.

Muriate de Colombium.

998. Peu connu. On sait seulement que l'acide muriatique dissout l'acide colombique, que la dissolution est incolore et n'est point troublée par l'eau.

Muriate de Cobalt.

999. Ce sel est très-stiptique, déliquescent, et par conséquent très-soluble dans l'eau : il ne cristallise que difficilement. Lorsque sa dissolution est concentrée et chaude, elle est bleue ; lorsqu'elle est étendue d'eau, quelle que soit la température, elle est rose. La couleur en est bien plus foncée dans le premier cas que dans le second : de là l'usage qu'on en fait comme encre de sympathie. On étend la dissolution de muriate de cobalt d'une assez grande quantité d'eau, pour qu'elle n'ait plus qu'une légère teinte rose ; on trace sur le papier, avec cette dissolution, des caractères qui, en séchant, cessent d'être visibles. Vient-on à les chauffer, ils apparaissent sur-le-champ, et deviennent bleus ; mais les soustrait-on à l'action du feu, ils disparaissent peu à peu, pour reparaître lorsqu'on les y exposera de nouveau, et disparaître ensuite, etc. : phénomène facile à expliquer d'après ce qui précède, puisqu'à une température élevée le muriate se concentre et devient bleu, et qu'à la température ordinaire il attire l'humidité de l'air, et prend une teinte rose insensible. Le trito-muriate de fer étant jaune, il est évident qu'en ajoutant une petite quantité de ce sel au muriate de cobalt, on obtiendra une liqueur qui devra devenir

verte par le feu, et qui offrira ainsi une nouvelle encre de sympathie. On préfère même celle-ci à la première, parce que les effets en sont plus marqués, etc. (950).

Préparation. — On prend de la mine de cobalt de Tunaberg, qui est composée de cobalt, d'arsenic, de fer et de soufre. Après l'avoir pulvérisée dans un mortier de fer, on la grille, ou bien on la calcine dans un têt, en ayant soin de la remuer de temps en temps, et de mettre le fourneau sous une cheminée qui tire bien. Par ce moyen, presque tous les principes constituans de la mine se trouvent brûlés; il s'en dégage beaucoup de deutoxide d'arsenic sous forme de fumées blanches, de l'acide sulfureux à l'état de gaz, et on obtient pour résidu des oxides de cobalt et de fer, retenant en combinaison de l'arsenic à l'état d'oxide ou d'acide, et mêlés avec une portion de mine non attaquée. On continue le grillage jusqu'à ce qu'il ne se dégage plus de vapeurs, ou plutôt d'odeur arsenicale.

Le grillage étant fait, on mêle le résidu avec la moitié de son poids de nitre, et on en remplit aux deux tiers un creuset de Hesse, que l'on expose, pendant demi-heure ou trois quarts d'heure, à l'action d'un feu de fourneau à réverbère. Bientôt la réaction a lieu: il en résulte du deutoxide d'azote qui se dégage, de l'arséniate et du sulfate de potasse, de l'alcali en excès, du tritoxide de fer et de l'oxide de cobalt, qui restent dans le creuset. Alors, on retire le creuset du feu; on traite la matière qu'il contient par une grande quantité d'eau, dans une capsule ou une casserole, à l'aide de la chaleur, de manière à dissoudre l'arséniate, le sulfate de potasse, et l'alcali en excès; puis, on laisse déposer la liqueur, et on la décante. La portion qui ne se dissout point n'est plus que de l'oxide de cobalt et de l'oxide de fer ; on les sépare de la manière suivante :

On dissout ces deux oxides dans de l'acide muriatique liquide, en les faisant chauffer, avec un excès de cet acide, dans une capsule. La dissolution étant faite, et étendue d'eau, on y verse un excès d'ammoniaque liquide, et on agite : on précipite ainsi tout l'oxide de fer, et on obtient en dissolution un sel double rose, formé de muriate de cobalt et d'ammoniaque : on filtre, on lave, et on fait évaporer la liqueur. Lorsqu'elle est concentrée, on y ajoute une forte solution de potasse caustique à la chaux. Le sel double est tout à coup décomposé ; l'acide muriatique des deux muriates se combine avec la potasse, l'oxide se précipite, et l'ammoniaque se dégage. On évapore jusqu'à siccité pour dégager toute l'ammoniaque ; et enfin, l'on verse de l'eau sur le résidu : la potasse et le muriate de potasse se dissolvent ; l'oxide de cobalt au contraire ne se dissout point ; on l'obtient pur en le lavant à plusieurs reprises, par décantation, et on l'unit avec l'acide muriatique, en se conformant à ce qui a été dit (965, 6ᵉ procédé). Pour acquérir plus de certitude sur la pureté du muriate de cobalt, il est bon de le faire cristalliser plusieurs fois.

Muriates d'Urane.

1000. *Deuto-muriate.* — Vert jaunâtre, très-soluble dans l'eau, légèrement déliquescent ; cristallise sous forme de prismes quadrangulaires aplatis, etc. (950); s'obtient en traitant le deutoxide d'urane par l'acide muriatique (965).

Proto-muriate. — Inconnu.

Muriates de Cérium.

1001. *Proto-muriate*. — Ce sel s'obtient en traitant convenablement la mine de cerium, qui, lorsqu'elle est pure, est formée de 63 d'oxide de cérium, de 17,5 de silice, de 3 à 4 de chaux, de 2 d'oxide de fer, et de 12 d'eau. Après avoir réduit cette mine en poudre, on la fait bouillir avec un grand excès d'acide muriatique ; tous ses principes constituans se dissolvent, excepté la silice. Ensuite, on évapore presqu'entièrement la liqueur, pour chasser l'excès d'acide qu'elle contient ; on l'étend d'eau, on la filtre, et on y verse de l'ammoniaque. Celle-ci ne précipite que les oxides de cérium et de fer : on recueille ces oxides sur un filtre, on les lave, et on les redissout dans la plus petite quantité possible d'acide muriatique. Alors on verse, dans la dissolution bien limpide, du tartrate de potasse lui-même en dissolution ; et, à l'instant, il se fait un dépôt de tartrate de cérium pur. Lorsque ce tartrate est bien lavé, on le sèche et on le calcine jusqu'au rouge dans un creuset. Par ce moyen, on détruit tout l'acide tartarique, et on obtient du deutoxide pur de cérium. Cela fait, il ne faut plus que traiter le deutoxide par de l'acide muriatique bouillant pour obtenir le proto-muriate, parce que le deutoxide cède une portion de son oxigène à une portion d'acide muriatique, et forme du gaz muriatique oxigéné qui se dégage.

Le proto-muriate de cérium est incolore, sucré, déliquescent, et par conséquent très-soluble dans l'eau. Il ne cristallise que confusément, rougit le tournesol, etc. (950).

Deuto-muriate. — Ce sel ne peut se former tout au plus qu'à la température ordinaire, puisqu'à celle de l'eau bouillante, il paraît qu'il se transforme en gaz muriatique oxigéné et en proto-muriate.

Muriates de Titane.

1002. *Deuto-muriate.* — Ce sel s'obtient en traitant convenablement la mine de titane. Supposons que cette mine soit celle de Saint-Yrieix, près Limoges, qui est composée de protoxide de titane et d'oxide de fer (545 *bis*): on commencera par la réduire en poudre très-fine; ensuite, on la fondra dans un creuset avec 5 à 6 fois son poids de sous-carbonate de potasse ou de potasse du commerce, afin de la diviser, de la rendre attaquable par les acides, et de porter, dit-on, le protoxide à l'état de deutoxide; puis, on la délayera dans l'eau, et on la lessivera jusqu'à ce que la potasse soit dissoute. Alors, on fera chauffer légèrement le résidu avec de l'acide muriatique concentré; il se dissoudra: on étendra la dissolution d'eau; on la filtrera si elle n'est pas limpide, et on la fera bouillir: bientôt l'oxide de titane s'en précipitera sous forme de flocons gélatineux. En lavant cet oxide ainsi précipité, et le recueillant sur un filtre, on l'obtiendra facilement pur; mais comme, dans cet état, il sera devenu insoluble dans les acides, il faudra le fondre de nouveau avec le carbonate de potasse pour le rendre soluble: s'il contenait encore de l'oxide de fer, il faudrait l'en séparer comme nous venons de le dire (*a*).

_____

(*a*) M. Klaproth, à qui nous devons ce moyen de séparer l'oxide de titane de l'oxide de fer, en donne en même temps un autre. Il mêle ces deux oxides avec 8 à 10 fois leur poids de muriate d'ammoniaque, et calcine le mélange peu à peu jusqu'au rouge; le muriate d'ammoniaque se volatilise, et entraîne avec lui l'oxide

En traitant de la même manière toute autre espèce de mine de titane, on obtiendrait également du muriate de titane pur.

Le deuto-muriate de titane est d'un blanc jaunâtre ; il est impossible de l'obtenir en cristaux : lorsqu'on fait évaporer sa dissolution, elle se décompose, et l'oxide s'en précipite, probablement, à l'état de sous-muriate ; il rougit le tournesol, etc. (950).

Proto-muriate. — Inconnu.

Muriate de Bismuth.

1004. Ce sel est incolore, caustique, rougit le tournesol, et cristallise assez facilement. Soumis à l'action du feu, il s'en dégage du gaz hydro-muriatique ; ensuite, il se sublime lui-même en partie, et passe en partie aussi à l'état de sous-muriate fixe. Exposé à l'air, il en attire l'humidité ; cependant il n'est point soluble dans l'eau : celle-ci le décompose comme le nitrate de bismuth ; il ne s'y dissout qu'à la faveur d'un grand excès d'acide.

On l'obtient en traitant le bismuth par l'acide nitro-muriatique (965, 2ᵉ procédé) ; mais, dans ce cas, il contient toujours de l'eau. Ce n'est qu'en chauffant un mélange de parties égales de bismuth en poudre et de deuto-muriate de mercure, qu'on peut se procurer facilement le muriate de bismuth anhydre (959). Ce muriate se sublime bien au-dessous de la chaleur rouge,

de fer à l'état de muriate ammoniaco de fer ou de fleurs martiales ; en sorte que l'oxide de titane reste pur. On reconnaît que cet oxide est pur par la propriété que doit avoir sa dissolution dans les acides, de précipiter en vert gazon par le prussiate de potasse, et en flocons d'un brun rouge par l'infusion de noix de galles.

fond et coule comme une masse butireuse : de là le nom de *beurre de bismuth* qu'on lui donnait autrefois.

Muriates de Cuivre.

1005. *Deuto-muriate.* — Ce sel est bleu-verdâtre, très-stiptique ; cristallise en petites aiguilles. Lorsqu'on le fait rougir dans une cornue, il s'en dégage du gaz muriatique oxigéné, et il passe à l'état de proto-muriate. Exposé à l'air, il en attire l'humidité. Il est très-soluble dans l'eau. Si on ajoute à sa dissolution, qui est bleuâtre, de l'acide muriatique, elle prend une couleur vert-gazon, et donne, par l'évaporation, des cristaux de la même nuance, etc. (950). On l'obtient en traitant le deutoxide de cuivre par l'acide muriatique liquide (965, 6ᵉ procédé).

1006. *Proto-muriate.* — Ce sel est blanc, insipide, insoluble dans l'eau, indécomposable par la chaleur ; il absorbe très-promptement le gaz oxigène à la température ordinaire, et passe à l'état de sous-deuto-muriate. Mis en contact avec l'acide nitrique, il le décompose ; et de là résulte du deutoxide d'azote et du deuto-muriate. Traité par l'acide muriatique concentré, il se dissout, et forme un liquide brun, dont on peut obtenir des cristaux par l'évaporation, et dont l'eau précipite le proto-muriate même.

Pour obtenir ce sel, on prend 120 parties de cuivre très-divisé, provenant d'une dissolution de sulfate de cuivre décomposée par une lame de fer (717), et 100 parties de deutoxide de cuivre : on les mêle intimement dans un mortier ; ensuite, on les introduit dans un flacon, et on verse dessus 3 à 4 fois leur poids d'acide muriatique concentré. On bouche bien le flacon, qui, autant que possible, doit être rempli par le mélange

pour éviter le contact de l'air, et on l'abandonne à lui-
même. Le deutoxide cède une portion de son oxigène
au cuivre, et de là résulte un proto-muriate acide de
cuivre et un dégagement de calorique. Au bout d'un
jour de contact, on décante la liqueur ; puis on la mêle
avec de l'eau pour en précipiter le proto-muriate.

Muriate de Tellure.

1007. On obtient le muriate de tellure en traitant
le tellure par l'acide nitro-muriatique (965, 2ᵉ procédé).
Ce sel est incolore, rougit la teinture de tournesol, ne
cristallise que difficilement. Lorsqu'on verse de l'eau
dans sa dissolution, il en résulte un précipité blanc,
floconneux de sous-muriate de tellure qui se redissout
dans une très-grande quantité d'eau, etc. (950).

Des Muriates de la cinquième section.

Muriate de Nickel.

1008. Vert-pomme, sucré, soluble dans 2 parties
d'eau à 10 degrés; cristallise confusément, etc. (950);
s'obtient en traitant l'oxide ou le carbonate de nickel
par l'acide muriatique (965, 6ᵉ procédé).

Muriate de Plomb.

1009. Ce sel est blanc, sucré, astringent, inaltérable à l'air, soluble dans 25 à 30 fois son poids d'eau
froide, plus soluble dans l'eau bouillante. Il cristallise
en petits prismes hexaèdres brillans et satinés. Exposé
au feu, il se fond promptement, et se prend, par le
refroidissement, en une masse d'un blanc gris appelé
autrefois *plomb corné*. Lorsque la chaleur est rouge et
qu'on débouche le creuset qui le contient, il se vapo-

rise et apparaît sous forme de fumées épaisses. Sa dissolution dans l'eau est singulièrement favorisée par l'acide
muriatique et l'acide nitrique. L'acide sulfurique et
les sulfates solubles y forment un précipité blanc de
sulfate de plomb, etc. (950).

On l'obtient en traitant la litharge en poudre par
l'acide muriatique étendu de 10 à 12 fois son poids
d'eau, faisant bouillir la liqueur, la décantant et la laissant refroidir : par le refroidissement, le sel cristallise.

Muriates de Mercure.

1010. *Deuto-muriate de mercure ou sublimé corrosif.*
— Ce sel est blanc et inaltérable à l'air ; sa saveur est
stiptique et très-désagréable ; son action sur l'économie
animale est des plus grandes. Il est si vénéneux, qu'il
serait dangereux de le prendre à la dose de quelques
grains ; il occasionnerait alors des douleurs très-vives,
produirait des érosions dans l'estomac et dans les intestins, et peut-être donnerait la mort. Soumis dans un
matras à l'action du feu, il se vaporise et cristallise sur
les parois du vase en petites aiguilles prismatiques. Traité
par le phosphore à l'aide d'une légère chaleur, il est
complétement décomposé (441). Le charbon fortement
calciné ne l'altère point. Il se dissout dans environ
20 parties d'eau à la température ordinaire, et dans 3
fois son poids d'eau bouillante. Une dissolution chaude
et saturée de ce sel cristallise en masse confuse par le
refroidissement, tandis qu'une dissolution qui n'en
contient que la huitième ou dixième partie de son
poids, cristallise en belles aiguilles brillantes et satinées. Il forme, avec le muriate d'ammoniaque, un sel
double très-soluble, soit à froid, soit à chaud, etc. (950).

Le sublimé corrosif peut se préparer par divers procédés : le meilleur est le suivant.

On prend 5 parties d'acide sulfurique concentré, 4 parties de mercure, 4 parties de sel marin en poudre et 1 partie de peroxide de manganèse également en poudre ; on fait bouillir l'acide sur le mercure, et l'on chauffe jusqu'à ce que le sulfate qui se forme (401) soit réduit à 5 parties : alors on mêle ce sulfate avec le sel marin et l'oxide de manganèse. Quelques jours après, on introduit le mélange, par kilogramme et demi, dans des matras de verre vert à fonds plats d'environ trois litres ; on place ces matras dans un bain de sable sous une cheminée tirant bien ; on les enfonce jusqu'à la naissance de leurs cols, et on les ferme tous en appliquant sur leurs ouvertures un petit pot renversé ; puis, l'on fait du feu dessous. Les deux sels échangent leurs bases et leurs acides, et l'oxide de manganèse abandonne une portion de son oxigène ; il en résulte, d'une part, du deuto-muriate de mercure qui se sublime et s'attache sous forme d'une masse blanche demi-transparente et très-pesante sur les parois du matras, et, de l'autre, du sulfate de soude qui reste au fond du vase, mêlé avec le manganèse en partie désoxigéné. L'opération dure 15 à 18 heures. Lorsqu'elle est terminée, il faut faire rougir légèrement le fond du bain de sable, afin de faire éprouver un commencement de fusion au sublimé, et de lui donner plus de densité : sans cela, il serait extrêmement poreux et se briserait par la plus légère pression. On le retire du matras en cassant celui-ci.

Dans cette opération, il se forme aussi un peu de proto-muriate de mercure, mais qui se trouve toujours au-dessous du sublimé corrosif, parce qu'il est moins volatil que ce sel.

Le sublimé corrosif est employé avec le plus grand succès contre les maladies syphilitiques. On commence aussi à en faire usage pour conserver les matières animales : ces sortes de matières, plongées dans la dissolution aqueuse de ce sel, acquièrent la dureté du bois et deviennent imputrescibles.

1011. *Proto-muriate de mercure ou mercure doux.* — Blanc, insipide, indécomposable par le feu, volatil, mais moins facilement que le sublimé corrosif; inaltérable à l'air; insoluble dans l'eau; se comporte, avec le soufre et le phosphore, comme le sublimé; ne se dissout point dans l'acide muriatique; se dissout, surtout quand il est récemment précipité, dans l'acide muriatique oxigéné, et passe à l'état de sublimé corrosif; ne se combine point avec le muriate d'ammoniaque, etc. (950).

On prépare le proto-muriate de mercure par trois procédés : l'un consiste à verser une dissolution de sel marin dans une dissolution de proto-nitrate acide de mercure, jusqu'à ce qu'il ne forme plus de précipité; à laver ce précipité à grande eau, et à le faire sécher à l'étuve. Le mercure doux ainsi obtenu, s'appelait autrefois *précipité blanc.* Le second est entièrement semblable à celui par lequel on obtient le sublimé corrosif, si ce n'est que, du nombre des matières employées, il faut retrancher l'oxide de manganèse. Enfin, le troisième consiste à broyer dans un mortier parties égales de mercure et de sublimé corrosif légèrement humide, et à procéder à la sublimation du mélange dans un matras. Ce procédé est moins économique que le précédent. Il est fondé sur ce que le sublimé corrosif contient presque deux fois autant d'oxigène et d'acide que le mercure doux.

Le mercure doux sublimé 5 ou 6 fois portait autrefois le nom de *panacée mercurielle*, matière à laquelle on attribuait des propriétés particulières.

Le mercure doux est employé en médecine comme purgatif et comme anti-syphilitique. Son action sur l'économie animale est bien moindre que celle du sublimé corrosif, ce qui dépend sans doute de son insolubilité.

Muriate d'Osmium.

1012. Ce sel n'existe point (853).

Des Muriates de la sixième section.

Muriate d'Argent.

1013. Le muriate d'argent est blanc et insipide. Il entre en fusion bien au-dessous de la chaleur rouge, et se prend, par le refroidissement, en une masse demi-transparente, grise, facile à couper, et comme cornée : de là le nom d'*argent corné*, sous lequel ce sel a été connu pendant long-temps. Exposé à la lumière, surtout quand il est très-divisé ou en flocons humides, il se colore presque sur-le-champ et devient violet (713 *bis*). Il est absolument insoluble dans l'eau, et presqu'insoluble même dans les acides les plus forts : aussi, pour peu qu'un liquide contienne de nitrate d'argent, est-il troublé tout à coup par l'acide muriatique ou un muriate. L'ammoniaque le dissout à l'instant même, à moins qu'il n'ait beaucoup de cohésion.

Le muriate d'argent existe dans la nature : on le trouve en Saxe, dans les mines de Freyberg ; en

France, dans celles d'Allemont; en Sibérie, à Schlangenberg; dans le Hartz, à Andréasberg; et surtout au
Pérou, dans les mines de Potozi, etc. On le rencontre
ordinairement en petites masses ou en couches qui recouvrent l'argent natif; on le rencontre aussi quelquefois en cubes. Sa pesanteur spécifique est de 4,74, etc.
C'est un des minéraux les plus rares.

On obtient le muriate d'argent en versant un excès
d'acide muriatique ou de muriate de soude liquide dans
une dissolution de nitrate d'argent. On s'en sert quelquefois dans les laboratoires, pour avoir de l'argent
pur. A cet effet, on le chauffe fortement dans un creuset avec son poids de potasse à la chaux (2e vol., p. 116):
la potasse et le muriate d'argent fondent; la potasse s'empare de l'acide muriatique du sel, l'oxigène se dégage,
l'argent est mis en liberté, et se rassemble au fond du
creuset sous forme d'un culot que recouvre l'excès de
potasse et le muriate de potasse qui s'est formé.

Muriate de Palladium.

1014. On l'obtient en dissolvant le palladium dans 5
à 6 fois son poids d'acide nitro-muriatique, et faisant
évaporer la dissolution (963, 2e procédé). Cette dissolution est d'un rouge brun : à mesure qu'elle perd son
excès d'acide par l'évaporation, elle devient fauve; elle
ne cristallise que difficilement. Le muriate de palladium
ne paraît être bien soluble qu'autant qu'il est acide.

Ce sel acide forme, d'après M. Wollaston, des
sels doubles avec le muriate de soude, de potasse et
d'ammoniaque. Le muriate de soude et de palladium
est rouge, attire l'humidité de l'air, et est très-soluble
dans l'alcool. Le muriate de palladium et de potasse

cristallise en prismes tétraèdres, qui sont d'un vert
clair vus transversalement, et qui sont rouges dans le
sens de la direction de leur axe. Ils sont très-solubles
dans l'eau, mais insolubles dans l'alcool. M. Wollaston
recommande, pour obtenir ce sel double, de dissoudre
le palladium dans 5 parties d'acide muriatique étendu
d'un volume d'eau égal au sien, et d'une partie de nitrate de potasse. Le muriate de palladium et d'ammoniaque ressemble, sous tous les rapports, au muriate
de palladium et de potasse.

Lorsqu'on verse de la potasse dans la dissolution de
muriate acide de palladium et qu'on la fait chauffer, on
en précipite tout l'oxide à l'état d'hydrate d'un rouge
brun qui devient noir en séchant. Lorsqu'on y verse de
l'ammoniaque en excès, il s'y forme un dépôt rosé qui
est un sous-muriate de palladium et d'ammoniaque très-
peu soluble dans l'eau, susceptible de cristalliser en
petites aiguilles, et d'être réduit par la chaleur. En
conséquence, le muriate double de palladium et de
potasse devra donc être complétement décomposé par
la potasse, et celui d'ammoniaque et de palladium devra
passer seulement à l'état de sous-muriate par l'ammoniaque (M. Vauquelin).

Le proto-sulfate de fer réduit à l'instant même le
muriate de palladium; le proto-muriate d'étain le précipite en noir.

Ce sel a été étudié surtout par M. Wollaston (Annales de Chimie, t. 52 et 54), et par M. Vauquelin
(Annales de Chimie, tome 88).

Muriate de Rhodium.

1015. On obtient ce sel en traitant l'oxide de rhodium par l'acide muriatique (*a*). Il est rouge, soluble dans l'eau, ne cristallise point, rougit fortement le tournesol; forme, avec les muriates de soude, de potasse et d'ammoniaque, des sels doubles rouges qui cristallisent facilement, et qui sont insolubles dans l'alcool : étudié par M. Wollaston (Ann. de Chim., t. 52 et 54) et par M. Vauquelin(Ann. de Chimie, t. 88).

Muriate d'Or.

1016. Le muriate d'or est jaune foncé; sa saveur est très-stiptique et très-désagréable; il cristallise en aiguilles qui paraissent être des prismes quadrangulaires. Soumis à l'action d'une chaleur même moindre que le rouge brun, il laisse dégager de l'acide hydromuriatique, du gaz muriatique oxigéné, passe à l'état de proto-muriate, et enfin se réduit. Exposé à l'air, il en attire l'humidité, et est par conséquent très-soluble dans l'eau. Dissous dans ce liquide, il nous offre des phénomènes très-variés. Il produit sur la peau des taches pourpres qui ne disparaissent que par le renouvellement de l'épiderme, et colore également

---

(*a*) On ne peut se procurer cet oxide qu'en précipitant le muriate double de rhodium et de soude par la potasse : encore est-il possible que le précipité contienne une certaine quantité d'acide muriatique et d'alcali. Dans ce cas, le muriate de rhodium pur serait inconnu. On ne saurait préparer ce sel de la même manière que le muriate de palladium, puisque, d'après les expériences toutes récentes de M. Vauquelin, le rhodium pur est inattaquable par l'acide nitro-muriatique.

en pourpre toutes les substances végétales et animales; phénomène qu'on attribue à la désoxidation de l'or, et qui est sans doute analogue à celui que ce sel nous présente avec le proto-muriate d'étain.

Mis en contact avec le charbon ou le phosphore, et exposé à la température de l'eau bouillante ou à l'action des rayons solaires, il est réduit, de même que le nitrate d'argent, en très-peu de temps (934) : il l'est également par le gaz hydrogène, l'éther, les huiles ; il l'est encore par presque tous les métaux des cinq premières sections, par les acides sulfureux et phosphoreux. Les métaux en opèrent la réduction en s'emparant de l'acide muriatique et de l'oxigène de l'oxide (717); mais le charbon, le phosphore, l'hydrogène, l'éther, les huiles, les acides sulfureux et phosphoreux ne la produisent qu'en s'emparant de l'oxigène de l'oxide. Dans tous les cas, l'or se précipite doué plus ou moins du brillant qui lui est propre.

Plusieurs sels opèrent aussi la réduction du muriate d'or. Le proto-sulfate de fer et le proto-muriate d'étain jouissent surtout de cette propriété d'une manière remarquable. Lorsqu'on verse une dissolution de proto-sulfate de fer dans une dissolution de muriate d'or, il en résulte tout à coup un précipité brun qui, par le frottement, prend tout l'éclat de l'or, et qui n'est que de l'or pur, et une certaine quantité de deutoxide ou de tritoxide de fer qui reste dans la liqueur uni aux acides sulfurique ou muriatique. Mais on observe des phénomènes très-différens avec le proto-muriate d'étain. Le précipité que l'on obtient varie par sa couleur et sa composition, selon que les dissolutions sont plus ou moins concentrées, plus ou moins acides, et selon que l'une est en plus ou en moins grande quantité par rapport à l'autre.

Si les dissolutions sont concentrées, le précipité ne sera composé que d'or à l'état métallique ; seulement, il prendra une couleur noire dans le cas où l'on emploiera beaucoup de dissolution d'étain. Si, au contraire, les dissolutions sont très - étendues d'eau, quand bien même elles seraient très-acides, le précipité sera pourpre ou pourpre rosé, ou pourpre violet : pourpre ou pourpre rosé, lorsque le muriate d'or sera en excès ; pourpre violet, lorsque le muriate d'étain sera prédominant ; et d'autant plus foncé d'ailleurs en rose ou en violet, que l'excès de muriate auquel il devra cette couleur sera plus considérable. M. Oberkampf, qui a observé ces phénomènes avec beaucoup de soins, a trouvé 60,18 d'oxide d'étain et 39,82 d'or dans un précipité d'un beau violet ; 20,58 d'oxide d'étain et 79,42 d'or dans un autre d'un beau pourpre. (Annales de Chimie, tome 80.) Ce sont ces divers précipités qu'on nomme, dans les arts, *précipité pourpre de Cassius*, du nom de leur inventeur. M. Proust pense que l'or est à l'état métallique dans le pourpre de Cassius. (Annales de Chimie, tome 28.) Mais la plupart des chimistes croient qu'il y est à l'état d'oxide, parce que, en faisant passer une forte décharge électrique à travers un fil d'or placé dans l'air, on le réduit en une poussière violette, et qu'on regarde comme certain, que, en faisant l'expérience dans le vide, l'or ne prend point cette teinte.

Lorsqu'on verse une dissolution de potasse, de soude, de baryte, de strontiane, de chaux, dans une dissolution de muriate d'or contenant le moins d'excès d'acide possible, il en résulte un précipité jaune de sous-muriate d'or, si la dissolution d'or est en excès, et un précipité noir-brun d'oxide, si l'alcali est en excès, et surtout si l'on chauffe la liqueur. On observe que quand le muriate d'or est très-acide, les alcalis ne le précipitent plus ou le précipitent à peine. Il se forme sans doute des muriates doubles. L'ammoniaque y forme toujours un précipité jaune d'ammoniure d'oxide d'or.

Préparation. — On obtient le muriate d'or en traitant l'or sous forme de lames par l'acide nitro-muriatique un peu étendu d'eau (965, 2ᵉ procédé), ou bien en le mettant, en lames très-minces, dans un flacon, avec 5 ou 6 fois son poids d'eau, faisant passer à travers celle-ci, à la température ordinaire, du gaz muriatique oxigéné bulle à bulle, et concentrant convenablement la dissolution.

Le muriate d'or est employé dans les arts pour faire le précipité pourpre de Cassius, et pour se procurer, par son mélange avec le sulfate de fer, de l'or dans un grand état de division. C'est avec le précipité pourpre qu'on obtient tous les roses et violets sur la porcelaine, et c'est avec l'or très-divisé qu'on la dore. On a aussi proposé d'employer le muriate, le sous-muriate et l'oxide d'or dans les maladies syphilitiques. (Annales de Chimie, t. 77 et 78.)

Le muriate d'or a été principalement étudié par M. Oberkampf et M. Berzelius. (Ann. de Chimie, t. 80 et 87.)

Muriate de Platine.

1017. Ce sel est brun rougeâtre; sa saveur est très-stiptique et très-désagréable. Il rougit le tournesol, se dissout assez bien dans l'eau, et se comporte au feu comme le muriate d'or. Lorsqu'on verse, dans sa dissolution ou dans celle de tout autre sel de platine, un sel quelconque à base de potasse ou d'ammoniaque, il en résulte un sel double jaune, qui se précipite, à moins que la dissolution ne soit très-étendue d'eau. Lorsqu'on y verse des sels de soude, il se forme aussi des sels doubles; mais ceux-ci, étant très-solubles, restent toujours dans la liqueur : on les obtient en beaux cristaux par l'évaporation. Chacun de ces différens sels doubles est indécomposable par l'alcali qui entre dans sa composition. D'après cela, il est facile de concevoir pourquoi la potasse et l'ammoniaque produisent un précipité jaune dans la dissolution acide de platine, et pourquoi la soude n'en produit pas : c'est que ces alcalis se combinent d'abord avec l'excès d'acide, et donnent lieu à des muriates qui s'unissent au muriate de platine. Il paraît que la baryte, la strontiane et la chaux, se comportent avec le muriate de platine de la même manière que la potasse et l'ammoniaque : ce ne serait qu'autant que la dissolution de platine serait neutre, qu'il pourrait s'en précipiter d'abord un peu d'oxide.

Le muriate de platine n'est point aussi facile à réduire que celui d'or : aussi le proto-sulfate de fer et le proto-muriate d'étain n'y forment point de précipité.

Pour obtenir le muriate de platine, on prend du platine en petits grains provenant de la calcination du muriate ammoniaco de platine (*voyez* extraction du platine); on l'introduit dans un matras, on verse dessus 3 à 4 fois son poids d'acide nitro-muriatique concentré, fait avec 1 partie d'acide nitrique et 3 parties d'acide muriatique, et l'on fait chauffer. Au bout de

quelque temps, lorsqu'on voit que l'action est terminée, on décante la liqueur ; on verse dans le matras
une nouvelle quantité d'acide ; on fait chauffer de
nouveau, et ainsi de suite jusqu'à ce que tout le platine soit dissous (*a*). Alors on réunit toutes les liqueurs, et on les concentre de manière à en obtenir des
cristaux par le refroidissement, etc.

Muriate d'Iridium.

1018. Pour concevoir la préparation du muriate
d'iridium, il faut savoir, 1° que la mine de platine est
la seule substance où l'on ait, jusqu'à présent, trouvé
ce métal ; 2° que tous les métaux qui entrent dans sa
composition sont solubles dans l'acide nitro - muriatique, excepté l'osmium et l'iridium (*b*) ; 3° que
ceux – ci, calcinés avec la potasse, peuvent s'oxider et se combiner avec cet alcali ; 4° que l'eau dissout la première de ces combinaisons, qu'elle décompose la seconde en s'emparant de la potasse, et
qu'alors l'oxide d'iridium se précipite sous forme d'une
poussière foncée en couleur : d'où l'on voit qu'en mettant cet oxide en contact avec l'acide muriatique, on
combinera ces deux corps ensemble. Entrons maintenant dans tous les détails relatifs à la préparation de
ce sel.

(*a*) On verse l'acide nitro-muriatique à plusieurs reprises, en
décantant la liqueur chaque fois, parce que son action est plus
efficace.

(*b*) Lorsqu'on traite la mine de platine par l'acide nitro-muriatique, tout le rhodium qu'elle contient se dissout, probablement
parce que le muriate de rhodium peut s'unir avec quelques-uns des
muriates qui se forment. Il se dissout aussi, par la même raison,
un peu d'iridium et d'osmium.

Préparation. — On met de la mine de platine dans un matras ; on verse dessus 5 à 6 fois son poids d'acide nitro-muriatique fait avec 1 partie d'acide nitrique et 3 parties d'acide muriatique ; on en favorise d'abord l'action par une légère chaleur, et ensuite on porte la liqueur jusqu'à l'ébullition. Lorsqu'on juge que la réaction est terminée, on décante la liqueur, et on remet dans le ballon une nouvelle quantité d'acide nitro-muriatique qu'on décante comme la première au bout d'un certain temps. On traite ainsi la mine de platine jusqu'à 4 fois par l'acide, ou plutôt jusqu'à ce qu'elle soit transformée en une poudre noire sur laquelle l'acide n'ait plus d'action. Cela étant fait, on lave cette poudre avec de l'eau ; on la fait sécher, et on la calcine au rouge pendant un quart-d'heure, avec environ son poids de potasse, dans un creuset de platine couvert ; on retire le creuset du feu, on le laisse refroidir et on y verse de l'eau ; on fait bouillir ; on laisse déposer : la liqueur devient claire ; on la décante, et ainsi de suite à plusieurs reprises. On enlève ainsi tout l'oxide d'osmium et toute la potasse : alors on verse sur le résidu de l'acide muriatique qui dissout, à l'aide d'une légère chaleur, tout l'oxide d'iridium. Mais comme tout l'osmium et l'iridium ne s'oxident jamais dans une seule calcination avec la potasse, il s'en suit qu'après avoir traité ce résidu par l'acide muriatique, il reste encore une certaine quantité d'osmium et d'iridium à l'état métallique : on les calcine de nouveau avec la potasse, etc. Enfin, on réunit toutes les liqueurs contenant le muriate d'iridium, et on les fait évaporer à une douce chaleur pour en chasser, autant que possible, tout l'excès d'acide, et les faire cristalliser.

La dissolution de muriate d'iridium est susceptible d'offrir différentes nuances. Lorsqu'elle est concentrée, et qu'elle n'a point été exposée au contact de l'air, elle est d'un bleu foncé ; mais, si on l'étend d'eau, elle devient verte : phénomène qui, sans doute, est analogue à celui que nous présente le muriate de cobalt. Lorsqu'on l'expose au contact de l'air pendant quelque temps, ou bien qu'on la traite par l'acide nitrique, elle devient d'un rouge obscur. Il est probable, d'après cela, que, dans le premier état, elle est moins oxigénée que dans le second. Evaporée lentement et convenablement, elle se prend en une masse composée d'une foule de petits cristaux très-faciles à réduire par la chaleur. Si l'on comprime cette masse cristalline dans du papier à filtrer pour la dessécher, et si ensuite on la dissout dans l'eau, on en retire, par une douce évaporation, des octaèdres d'une couleur pourpre. La plupart des métaux peuvent réduire le muriate d'iridium, et en précipiter le métal sous forme de poudre noirâtre (717).

Il paraît qu'en versant un alcali dans une dissolution de muriate d'iridium, il n'y a qu'une portion d'oxide précipité, et il paraît aussi qu'il se forme un muriate double soluble.

Pour peu qu'une dissolution de muriate de platine contienne de muriate d'iridium, au lieu de précipiter en jaune par le muriate d'ammoniaque, elle précipite en jaune orangé : lorsqu'elle en contient beaucoup, elle précipite en brun rougeâtre. C'est qu'alors le précipité qui se forme est une combinaison de muriate de platine, d'ammoniaque et d'iridium : celui-ci, qui est rouge obscur, doit nécessairement changer la couleur du muriate de platine et d'ammoniaque, qui est jaune.

Des Sous-Muriates et des Muriates acides.

Il paraît que si l'on en excepte les bases salifiables
de la seconde section, et peut-être le protoxide de
mercure et l'oxide d'argent, toutes les autres sont susceptibles de se combiner avec l'acide muriatique de
manière à former des sous-muriates. On obtient les
sous-muriates de même que les sous-nitrates. Le sous-
muriate de plomb, fondu et ensuite pulvérisé, est d'un
jaune assez beau pour être employé sur les papiers
peints. Jusqu'à présent, l'on ne s'est pas plus occupé
des muriates acides que des nitrates acides.

Des Muriates suroxigénés.

1020. On ne connaît encore que huit muriates suroxigénés; savoir : les muriates suroxigénés de potasse,
de soude, de baryte, de strontiane, de chaux, de
magnésie, de deutoxide d'argent, de deutoxide de
mercure. Par conséquent, ce que nous allons dire ne
pourra s'appliquer qu'à ces huit sortes de muriates.
Il paraît que l'acide muriatique suroxigéné peut aussi
se combiner avec l'ammoniaque dans quelques circonstances particulières : nous en parlerons en dé-
crivant les espèces.

1021. *Action du feu et des corps combustibles.* —
Les muriates suroxigénés sont tous susceptibles d'être
décomposés par le feu, même au-dessous de la chaleur rouge, et d'être transformés en gaz oxigène et
en muriates (*a*). On peut facilement s'en convaincre
en chauffant ces sels dans une petite cornue de verre

(*a*) Il est probable que le muriate suroxigéné de magnésie fait
exception, et que quand on le chauffe, on en retire de l'oxigène,
de l'acide muriatique oxigéné et de la magnésie.

dont le col soit adapté à un tube recourbé. Par conséquent, à une température élevée, les muriates suroxigénés doivent brûler tous les corps combustibles,
excepté le gaz azote et les métaux de la dernière section, puisque, à cette température, ces différens
corps peuvent tous, excepté ceux-ci, absorber le gaz
oxigène (120). C'est en effet ce qui a lieu : le muriate suroxigéné passe toujours à l'état de muriate,
et, ramené à cet état, il se comporte ensuite avec
l'excès du corps combustible, et l'oxide ou l'acide
qui s'est formé, comme nous l'avons exposé précédemment (954). Plusieurs de ces combustions ont lieu
avec un grand dégagement de lumière : telles sont surtout celles des corps combustibles non-métalliques, et
celles des métaux très-fusibles et qui ont beaucoup
d'affinité pour l'oxigène.

1022. Il n'est pas nécessaire d'exposer à l'action du
feu tous les mélanges de muriates suroxigénés et de
corps combustibles, pour les décomposer : il en est
plusieurs qu'un choc subit enflamme et fait détoner
plus ou moins fortement : tels sont surtout ceux qui
sont composés de muriate suroxigéné de potasse et
de soufre, ou de sulfure d'arsenic, sulfure d'antimoine,
phosphore, charbon, matières végétales et matières
animales : aussi les désigne-t-on sous le nom de poudres
fulminantes par le choc. Voyons quelles sont les précautions que l'on doit employer dans la préparation
de ces poudres, et comment il faut en produire la
détonation, pour ne pas courir la chance de se
blesser. D'abord on pulvérise successivement, dans un
mortier, le muriate suroxigéné et le corps combustible; ensuite on prend environ 3 parties du premier

et 1 partie du second ; on les mêle doucement en les retournant sens dessus dessous avec une barbe de plume ou un couteau ; puis on en place une pincée sur une enclume, et l'on frappe assez fortement dessus avec un marteau : à l'instant même la détonation se fait entendre. Ce n'est que quand la poudre est à base de phosphore qu'on doit s'y prendre autrement : alors, on réduit le phosphore en poudre en le mettant dans un flacon avec de l'eau chaude, et agitant ce flacon jusqu'à ce que l'eau soit froide ; on prend une certaine quantité de phosphore ainsi divisé, on le recouvre d'essence de térébenthine, on le mêle avec le muriate suroxigéné, et l'on partage la masse par petites portions que l'on fait détoner immédiatement et successivement.

1023. Dans tous les cas, le choc rapproche les élémens du mélange, élève leur température et leur permet d'agir les uns sur les autres. Il en résulte une certaine quantité de gaz ; ceux-ci se dégagent instantanément ; les molécules de l'air entrent dans une forte vibration ; et de là l'explosion qui est produite, et qui doit être d'autant plus considérable, toutes choses égales d'ailleurs, qu'il se forme plus de gaz et que leur formation est plus rapide.

La poudre à base de soufre détone fortement et se transforme en gaz sulfureux et en muriate de potasse. Lorsqu'on en met çà et là dans un mortier de métal et qu'on la triture avec le pilon, il se produit des détonations successives qui sont comme autant de coups de fouet qui se succèdent rapidement.

La poudre à base de sulfure d'antimoine ou de sulfure d'arsenic détone aussi avec force, et donne lieu, non-seulement à du gaz sulfureux et à du muriate de potasse, mais encore à de l'oxide d'antimoine ou de l'oxide d'arsenic.

La poudre à base de charbon produit une explosion beaucoup moins considérable que les précédentes : pour la faire bien détoner, il faut même la renfermer dans un peu de papier et frapper fortement dessus. Elle se transforme sans doute en muriate de potasse et gaz oxide de carbone ou gaz acide carbonique.

Les poudres qui sont à base de matières végétales et animales ont le plus souvent aussi besoin d'être renfermées dans du papier et d'être exposées à un choc violent pour faire une forte explosion. Il doit en résulter du muriate de potasse, de l'eau qui se réduit en vapeur, du gaz acide carbonique ou gaz oxide de carbone.

Il n'en est pas de même de celle qui est à base de phosphore. Elle fulmine avec la plus grande force par un faible choc ; souvent même elle fulmine spontanément : aussi sa préparation n'est-elle point sans danger. On peut présumer qu'en détonant, cette poudre donne lieu à du phosphate de potasse et à du phosphore oxi-muriaté qui est très-volatil.

1024. On ne saurait douter que le calorique et la lumière qui accompagnent ces détonations ne proviennent de l'acide muriatique suroxigéné ; car cet acide, en se combinant avec la potasse, ne laisse pas sensiblement dégager de calorique ; et cependant sa décomposition, même spontanée, a lieu avec dégagement de lumière (465).

1025. *Action de l'eau.* — Tous les muriates suroxigénés sont solubles dans l'eau.

1026. *Action des bases salifiables.* — L'ordre suivant lequel les bases salifiables tendent à s'unir à l'acide muriatique suroxigéné par l'intermède de l'eau, est probablement le même que celui suivant lequel elles tendent à s'unir à l'acide muriatique (465).

1027. *Action des acides.* — Il paraît que tous les acides forts ont la propriété de décomposer les muriates suroxigénés, mais en donnant lieu à divers phénomènes, suivant la manière dont on fait l'expérience. Si l'on verse dans une dissolution de muriate suroxigéné, de l'acide sulfurique, nitrique, muriatique, phosphorique, et qu'on la porte promptement à l'ébullition, il en résultera un nouveau sel, phosphate, sulfate, nitrate, etc., du gaz oxigène et du gaz muriatique oxigéné : de sorte que l'acide muriatique suroxigéné sera décomposé, ce qui doit être, à cause de l'élévation de température (465). Mais si l'on expose le mélange à une douce chaleur, surtout quand il est formé d'acide muriatique et d'un excès de muriate suroxigéné de potasse, il s'en dégagera beaucoup de gaz muriatique suroxigéné, très-peu de gaz oxigène et d'acide muriatique oxigéné (465). Enfin, si l'on verse de l'acide sulfurique concentré sur un muriate suroxigéné, il y aura décrépitation et même quelquefois une sorte de détonation, chaleur produite, dégagement de lumière et de vapeurs jaunâtres, phénomène facile à expliquer, en observant que l'acide muriatique suroxigéné est décomposé et que sa décomposition a toujours lieu avec lumière (465).

1028. *Etat, Préparation.* — Aucun muriate suroxigéné ne se trouve dans la nature. Les muriates

suroxigénés se préparent en faisant passer, à travers
leurs bases dissoutes ou délayées dans l'eau, un grand
excès de gaz muriatique oxigéné (675). Il en résulte ordinairement trois sortes de produits : un muriate oxigéné,
un muriate suroxigéné et un muriate simple ; d'où l'on
voit que l'acide muriatique oxigéné se partage en 3 parties ; que la première se combine avec la base sans être
décomposée ; que la deuxième s'empare de l'oxigène de
la troisième, passe à l'état d'acide muriatique suroxigéné, et fait passer celle-ci à l'état d'acide muriatique
simple, qui se combinant aussi l'un et l'autre avec
la base, produisent le muriate suroxigéné et le muriate simple. Quelquefois encore on obtient du gaz
oxigène ; c'est ce qui a lieu quand l'appareil est trop
fortement éclairé : alors une certaine quantité d'oxigène de l'acide muriatique oxigéné est rendu à l'état
de liberté par l'action de la lumière. (*Voyez* les muriates suroxigénés en particulier.)

1031. *Usages.* — On n'emploie qu'un seul muriate
suroxigéné, c'est celui de potasse.

1032. *Historique.* — Les muriates suroxigénés ont
été découverts en 1786 par M. Berthollet (Journal de
Physique, tome 33). C'est à lui que nous devons la
théorie de leur formation et la connaissance de leurs
principales propriétés. Cependant, comme il n'avait
examiné avec beaucoup de soins que le muriate suroxigéné de potasse, il était à désirer qu'on examinât les
autres ; et c'est ce que M. Chenevix a fait particulièrement pour ceux de soude, de baryte, de strontiane,
de chaux, de magnésie, d'argent, etc. (Trans. phil.,
1802, ou Journal de Physique.)

Muriate suroxigéné de Potasse.

1033. Le muriate suroxigéné de potasse est blanc ;
sa saveur est fraîche et un peu acerbe ; il cristallise en
lames rhomboïdales. Il entre en fusion bien au-dessous
de la chaleur rouge. Quelque temps après qu'il est
fondu, il se décompose, bout, laisse dégager beaucoup
de gaz oxigène, et passe à l'état de muriate de potasse, qui reste dans la cornue où se fait l'expérience
sous forme d'une masse fondue et opaque. Ce sel est
inaltérable à l'air. Il se dissout dans environ 18 parties d'eau à 15 degrés, et dans 2 fois et demie son
poids d'eau bouillante. Projeté sur les charbons rouges,
il en augmente singulièrement la combustion. Lorsqu'on le mêle avec un poids égal au sien de soufre, ou
d'un corps résineux, par exemple, de benjoin, et qu'on
laisse tomber quelques gouttes d'acide sulfurique concentré sur le mélange, il en résulte une vive combustion. C'est même sur cette propriété qu'est fondé l'art
de faire des briquets nommés, *briquets oxigénés.* On
prend une allumette dont l'extrémité est soufrée et im-
prégnée d'un mélange de soufre et de muriate suroxigéné de potasse, légèrement gommé ; on plonge à peine
l'extrémité de cette allumette dans de l'acide sulfurique
concentré ; bientôt elle prend feu et le met à l'allumette, etc. (1020).

On obtient ce sel en faisant passer un grand excès
de gaz muriatique oxigéné à travers la potasse caustique à la chaux, ou la potasse de commerce, dissoute dans trois à quatre fois son poids d'eau ; comme
il est très-peu soluble à froid, il se dépose presque
tout entier au fond du vase, sous forme d'écailles bril-

lantes, à mesure qu'il se forme. L'opération étant finie, ce qui n'a lieu qu'au bout de quelques jours, même en n'opérant que sur deux à trois kilogrammes de potasse, on décante la liqueur, on rassemble le précipité sur un filtre, et on le lave avec un peu d'eau à la température ordinaire, pour enlever le muriate et le muriate oxigéné qu'il pourrait retenir. Mais comme, malgré cette précaution, il pourrait en retenir encore, et que d'ailleurs il pourrait être mêlé avec un peu de silice que contient souvent la potasse, il vaut mieux le faire cristalliser de nouveau. Avec un kilogramme de potasse du commerce, on ne peut guère se procurer que 90 à 100 grammes de muriate suroxigéné.

1635. *Composition.* — Si l'on distille 100 parties de muriate suroxigéné de potasse, l'on obtiendra 39 parties de gaz oxigène et 61 de muriate de potasse. Par conséquent ce sel sera formé; savoir: de 39 d'oxigène, de 22,35 d'acide muriatique et de 38,65 de potasse, en supposant, comme nous l'avons fait, qu'il contienne le potassium à l'état de deutoxide; et de 29,34 d'oxigène, de 22,35 d'acide muriatique, et de 48,31 de tritoxide, en supposant qu'il contienne ce métal au troisième degré d'oxidation; ce qui est possible. Dans tous les cas, l'on voit qu'il faudra admettre, dans l'acide muriatique suroxigéné, plus d'oxigène que nous n'en avons admis (467).

1636. Le muriate suroxigéné de potasse a divers usages. On s'en sert pour se procurer du gaz oxigène parfaitement pur : à cet effet, on le distille dans une petite cornue; mais il est nécessaire qu'il ait été bien séparé du muriate oxigéné avec lequel il est souvent mêlé. On commence aussi à s'en servir pour faire un nouveau genre de briquets

(1033). Plusieurs médecins l'administrent avec succès dans quelques maladies syphilitiques. C'est du muriate suroxigéné de potasse qu'on retire l'acide muriatique suroxigéné. Mêlé avec 0,55 de nitrate de potasse, 0,33 de soufre, 0,17 de bois de bourdaine râpé et passé au tamis de soie, et 0,17 de lycopode, il forme une poudre dont on se sert comme amorce dans des armes à feu, auxquelles on a adapté de nouvelles platines. On a proposé, dans le cours de la révolution, de le substituer au nitrate de potasse dans la poudre à canon ; on a même fait, à la poudrerie d'Essonne, des essais assez en grand à cet égard ; il en est résulté à la vérité une poudre plus forte que la poudre ordinaire, c'est-à-dire, qui portait le mobile beaucoup plus loin à charge égale et même inférieure ; mais elle s'enflamme si facilement par le choc ou le frottement, que la fabrication, la conservation ou le transport en sont très-dangereux : aussi a-t-on renoncé tout à fait à l'idée de s'en servir.

Muriate suroxigéné de Soude.

1037. Ce sel se dissout dans 3 parties d'eau à la température ordinaire, et dans une moindre quantité d'eau bouillante ; il cristallise en rhomboïdes, et jouit sans doute de la plupart des propriétés qui distinguent le muriate suroxigéné de potasse.

On l'obtient en faisant passer du gaz muriatique oxigéné à travers la soude caustique à la chaux ou le sous-carbonate de soude, dissous dans trois à quatre fois leur poids d'eau (1028). Lorsque la dissolution est saturée de gaz, on l'évapore à siccité, on traite le résidu par l'alcool, et l'on fait cristalliser la liqueur à plusieurs reprises. L'on parvient ainsi, d'après M. Chenevix, mais avec beaucoup de peine, à la vérité, à se procurer des cristaux de muriate suroxigéné pur : ces cristaux sont presque toujours mêlés de sel marin.

Muriate suroxigéné de Baryte.

1038. Ce sel a une saveur âcre; il cristallise, comme le muriate de baryte, en tables rhomboïdales, se dissout dans environ 4 parties d'eau à 15 degrés, et dans une moindre quantité d'eau bouillante, etc. (1020).

Pour l'obtenir, on délaye de la baryte dans 5 à 6 fois son poids d'eau, et on y fait passer un grand excès de gaz muriatique oxigéné. La liqueur, qui d'abord est laiteuse, devient presque limpide : alors on l'évapore jusqu'à siccité, pour chasser le gaz muriatique oxigéné libre et combiné qu'elle contient, ou transformer le muriate oxigéné, qui s'y trouve aussi, en muriate et en muriate suroxigéné. Ensuite on dissout, dans l'eau, le résidu, qui n'est plus formé que de ces deux derniers sels, et l'on fait bouillir la dissolution avec un excès de phosphate d'argent. Le muriate de baryte se décompose; il en résulte, d'après M. Chenevix, du muriate d'argent et du phosphate de baryte, insolubles : or, comme le phosphate d'argent est lui-même insoluble, il s'en suit que le muriate suroxigéné de baryte, sur lequel le phosphate d'argent n'a point d'action, doit rester seul dans la liqueur : par conséquent, en la filtrant et l'évaporant convenablement, on obtiendra ce sel pur et cristallisé.

Muriate suroxigéné de Strontiane.

1039. Âcre, déliquescent, très-soluble dans l'eau, cristallise en aiguilles à peu près comme le muriate de strontiane, etc. (1020); s'obtient comme le muriate suroxigéné de baryte.

Muriate suroxigéné de Magnésie.

1040. Amer, déliquescent, très-soluble dans l'eau ; cristallise difficilement ; s'obtient comme celui de baryte.

Muriate suroxigéné de Chaux.

1041. Acre, amer, très-déliquescent, par conséquent très – soluble dans l'eau ; cristallise difficilement, etc. (1020) ; s'obtient comme le muriate suroxigéné de baryte (*a*).

Muriate suroxigéné d'Ammoniaque.

1042. On l'obtient en versant, dans une dissolution de muriate suroxigéné de baryte, de strontiane ou de chaux, une dissolution de sous - carbonate d'ammoniaque, jusqu'à ce qu'il ne s'y forme plus de précipité, filtrant et évaporant la liqueur. Mais comme il paraît, d'après les expériences de M. Dulong, que ces sels contiennent toujours des muriates simples, il s'en suit que le muriate suroxigéné d'ammoniaque qui se forme doit être mêlé de muriate d'ammoniaque.

___

(*a*) Cependant M. Dulong, ayant répété ce procédé, n'a point obtenu les résultats annoncés par M. Chenevix. Le muriate suroxigéné qu'il s'est procuré ainsi était toujours mêlé de muriate de chaux ; il a essayé en vain de séparer ces deux sels. Il est fort douteux, d'après cela, que ce même procédé puisse être employé avec succès pour la préparation du muriate suroxigéné de baryte, de strontiane, de magnésie.

M. Dulong, pour décomposer le muriate oxigéné qui se forme toujours (1028), n'a point évaporé la liqueur à siccité ; il l'a fait bouillir sur du mercure : celui-ci s'est oxidé aux dépens de l'acide muriatique oxigéné de telle sorte que, au bout d'un certain temps, il ne restait plus en dissolution que du muriate et du muriate suroxigéné.

M. Dulong n'a pu parvenir à séparer ces deux sels
ammoniacaux : en les soumettant à l'action d'une vio-
lente percussion, ils ne détonent pas ; en les chauffant
dans une cornue, le muriate suroxigéné d'ammoniaque
se décompose tranquillement et se transforme en gaz
muriatique oxigéné, gaz azote, oxide d'azote et eau.
(Dulong, Annales de Chimie, tome 86.)

Muriate suroxigéné d'Argent.

1043. Ce sel, dont on doit la découverte à M. Chenevix, est blanc, très-âcre, très-caustique, soluble
dans environ 2 parties d'eau à 40 degrés, plus soluble
dans l'eau chaude. Il cristallise en petits rhomboïdes
opaques, se fond, se décompose et se transforme en
muriate d'argent et en gaz oxigène bien au-dessous de
la chaleur rouge. Mêlé avec la moitié de son poids de
soufre, et frappé légèrement, il en résulte une vio-
lente détonation, une lumière vive et blanche, du
muriate d'argent et un dégagement de gaz acide sulfureux.

On l'obtient en délayant l'hydrate d'argent dans 10
ou 12 fois son poids d'eau, et faisant passer du gaz muriatique oxigéné à travers le mélange (1028). Dans cette
opération, il ne se forme que du muriate d'argent insoluble et du muriate suroxigéné très-soluble ; on filtre,
on fait évaporer à une douce chaleur, et, par le refroidissement, le muriate suroxigéné cristallise.

Muriate suroxigéné de Mercure.

1044. Le muriate suroxigéné de mercure est incolore, très-soluble dans l'eau, déliquescent, incristallisable ; sa saveur est des plus insupportables. A la température ordinaire, il est sans odeur ; mais à une
température de 40 ou 50 degrés, il en acquiert une

qui est repoussante. La lumière le décompose en peu de temps, et en précipite une poudre blanche qui est du proto-muriate de mercure. Exposé au feu, il se transforme promptement en proto - muriate, en gaz oxigène, gaz muriatique oxigéné et proto-muriate de mercure.

Ce sel se prépare en délayant de l'hydrate de deu-toxide de mercure dans 6 ou 7 fois son poids d'eau, y faisant passer un faible courant de gaz acide muria-tique oxigéné pendant plusieurs heures, et remuant de temps en temps. Il en résulte du sous-deuto-muriate de mercure brun et insoluble, et des deuto-muriate et muriate suroxigéné de mercure solubles. On décante la liqueur, qui est très-claire; on la fait évaporer dou-cement et cristalliser à plusieurs reprises : le deuto-muriate suroxigéné, qui est déliquescent, finit par rester seul dans les eaux mères.

Lorsqu'après avoir évaporé le muriate suroxigéné de mercure en *magma*, on le mêle avec un peu de soufre, il ne tarde point à se dégager avec effervescence du gaz muriatique oxigéné, et à se former un deuto-sulfate. Il est difficile de le faire détoner par la percussion avec les corps combustibles; mais cela dépend probablement de ce qu'on ne peut l'obtenir sec que difficilement. Lorsqu'on le traite par l'acide sulfurique concentré, il est décomposé, comme les autres muriates suroxigénés, avec pétillement, et quelquefois même avec une sorte d'explosion. Il est sans usages. Il serait curieux d'en examiner l'action sur l'économie animale : tout nous porte à croire qu'elle serait très-grande.

Des Fluates (a).

1045. Pour concevoir tous les phénomènes que nous présentent les fluates, il faut se rappeler que l'acide fluorique ne peut exister que combiné avec d'autres corps, et que jusqu'ici on n'a pu l'unir qu'à l'eau, à l'acide borique, aux oxides métalliques, et probablement aux matières végétales et animales.

1046. On connaît 21 fluates, non compris les fluates doubles. Ces 21 fluates sont ceux des trois premières sections, et ceux de cobalt, de cuivre, d'argent, de plomb, de mercure, d'ammoniaque.

1047. *Action du feu.* — Tous les fluates entrent en fusion, à une température plus ou moins élevée, à moins qu'ils ne se décomposent.

1048. Lorsque les fluates sont secs, il n'en est aucun qui soit décomposé par le feu, parce que l'acide fluorique ne peut exister seul, et qu'il ne peut s'unir ni avec l'oxigène, ni avec aucun métal; mais, lorsqu'ils sont humides, il est possible que plusieurs d'entr'eux éprouvent une décomposition totale ou partielle, parce que l'eau a beaucoup d'affinité pour l'acide fluorique, et que par conséquent, en se dégageant, elle peut l'entraîner en tout ou en partie. Elle ne produit jamais cet effet sur les fluates neutres de la seconde section, non plus que sur ceux de magnésie, d'argent, de zinc et de fer : elle le produit sur ceux de plomb, de cobalt, de cuivre; elle les fait passer à l'état de sous-

---

(a) Nous ne dirons rien des propriétés physiques des fluates, ni de la manière dont ils se comportent avec l'électricité, la lumière, le gaz oxigène, l'air, l'hydrogène sulfuré. Tout ce qu'on sait à cet égard se trouve décrit (698—703 et 710—717).

fluates. On ne sait rien de précis relativement à son action sur les autres.

1049. *Action des combustibles.* — L'hydrogène et le bore sont les seuls corps combustibles non métalliques qui soient susceptibles de pouvoir agir sur les fluates secs : leur action est nulle à la vérité sur les fluates des deux premières sections; mais il est probable que, à une haute température, ils décomposeraient plusieurs fluates des autres sections, et particulièrement ceux dont les oxides sont facilement réductibles et ont peu d'affinité pour l'acide fluorique, par exemple, les fluates de plomb, de cuivre, de mercure, d'argent : ils s'empareraient de l'oxigène de l'oxide de ces sels, en mettraient les métaux en liberté, et donneraient lieu, savoir; l'hydrogène, à une combinaison d'eau et d'acide fluorique, et le bore, à du gaz acide fluoborique.

Le carbone, le phosphore, et même le soufre, agiraient sans doute de la même manière sur ces fluates par l'intermède de la vapeur aqueuse; l'acide s'unirait à la vapeur, et l'oxide se comporterait avec le corps combustible à la manière ordinaire (474). Dans tous les cas, ces expériences ne pourraient être faites que dans des tubes métalliques, à cause de l'action de l'acide fluorique sur la silice qui entre dans la composition, soit de la porcelaine, soit du verre. Il faudrait d'ailleurs que ces tubes pussent résister à l'action d'une très-haute température, et ne fussent point susceptibles de s'oxider : il faudrait donc qu'ils fussent de platine.

1050. *Action de l'eau.* — Tous les fluates connus jusqu'ici sont insolubles à l'état neutre, excepté ceux de potasse, de soude, d'ammoniaque et d'argent :

tous, au contraire, sont solubles dans un excès d'a-
cide, etc. (719).

1051. *Action des bases salifiables.* — La chaux
paraît être la base salifiable qui a le plus de tendance à
s'unir avec l'acide fluorique par l'intermède de l'eau ;
viennent ensuite la baryte et la strontiane, la potasse
et la soude, l'ammoniaque et la magnésie, etc.

1052. *Action des acides.* — Il n'y a que l'acide
borique qui puisse décomposer par lui-même les fluates
sans le concours de l'eau, parce que c'est le seul qui
soit susceptible de s'unir avec l'acide fluorique : que
l'on chauffe jusqu'au rouge, dans un canon de fusil
légèrement courbe, un mélange de deux parties de
fluate de chaux et d'une partie d'acide borique, et l'on
obtiendra du fluate de chaux et du gaz fluo-borique. Il
est plusieurs acides, au contraire, qui peuvent décomposer les fluates à l'aide de l'eau : ce sont surtout les
acides sulfurique, phosphorique et arsenique. Lorsqu'on fait chauffer ces acides en dissolution concentrée
avec un fluate, dans un vase de plomb ou d'argent, il
en résulte un sulfate, un phosphate ou un arseniate
fixe, et un composé d'acide fluorique et d'eau qui se
dégage avec effervescence, et répand dans l'air des
vapeurs blanches et piquantes : l'acide sulfurique a
même la propriété de les décomposer la plupart à la
température ordinaire (719). Plusieurs fluates sont
également décomposés par les acides nitrique et muriatique ; aucun ne l'est par les acides sulfureux,
nitreux et carbonique.

1053. La silice est susceptible de favoriser la décomposition des fluates, de la même manière que l'eau, à

cause de sa tendance à se combiner avec l'acide fluorique, et à former du gaz fluorique silicé. Nous en donnerons pour preuve les phénomènes que nous présente le fluate de chaux pur et siliceux, calciné avec le phosphate acide de chaux dans un tube de fer : le phosphate acide de chaux vitreux ne décompose point le fluate de chaux pur à la plus haute température ; mais, si on y ajoute de la silice ou du sable, il le décomposera au rouge-cerise, en donnant naissance, d'une part, à du phosphate de chaux, et, d'une autre part, à une très-grande quantité de gaz fluorique silicé.

Il est facile de prévoir, d'après cela, que la plupart des fluates des quatre dernières sections, indécomposables par le charbon à une température quelconque lorsqu'ils sont secs, seraient décomposés facilement par ce corps combustible, si on ajoutait au mélange une certaine quantité de silice. Il est probable même qu'ils le seraient par la silice seule, car elle tendrait à s'unir, d'une part, avec l'oxide métallique (612), et de l'autre, avec l'acide fluorique ; et il ne serait point impossible que plusieurs des fluates des deux premières sections fussent dans ce cas, surtout à une température excessivement élevée.

1054. *Action des sels.* — Lorsqu'on verse du fluate de potasse, de soude ou d'ammoniaque dans un sel soluble à base de baryte, de strontiane, de chaux, de magnésie, de glucine, d'yttria, d'alumine, de zircône, de manganèse, de zinc, de fer, de plomb, de mercure, etc., il en résulte un nouveau sel à base de potasse, etc., qui reste en dissolution, et un nouveau fluate à base de baryte, etc., qui, étant insoluble, se précipite, pourvu toutefois que la liqueur ne soit pas trop acide. Ces phénomènes sont analogues à ceux dont il a été tant de fois question (721). Cependant, les sels solubles de glucine, d'yttria et de zircône, en présentent de particuliers qui sont très-remarquables. En effet, en mêlant ensemble une solution de fluate de potasse légèrement acide, et une solution de muriate de glucine, ou d'yttria ou de zircône, toutes légèrement acides, on obtient, d'une part, un fluate de glucine, d'yttria, de zircône, qui est neutre et qui se précipite, et, d'une autre part, un muriate de potasse sensiblement alcalin : résultat contraire à la loi générale énoncée (703). (*Voy.* Recherches physico-chimiques, par Gay-Lussac et Thenard, t. 2, p. 27.)

1055. *Etat.* — Il n'existe que deux fluates dans la nature ; le fluate de chaux, et le fluate double de soude et d'alumine. Le premier y est très-commun (1067) ; et le deuxième, très-rare. Celui-ci ne se trouve que dans le Groënland, en masses translucides, d'un blanc laiteux, à cassure lamelleuse. D'après MM. Klaproth et Vauquelin, il est formé de 32 de soude, 21 d'alumine, 47 d'acide fluorique et d'eau. On lui a attribué des propriétés extraordinaires. (*V.* Minéralogie de M. Brongniart.)

1056. *Préparation.* — On prépare les fluates, tantôt par la voie des doubles décompositions, tantôt directement. On se sert du premier procédé pour obtenir les fluates insolubles, à moins que ces fluates ne soient susceptibles de former des sels doubles avec les fluates de potasse, de soude ou d'ammoniaque (1071). On se sert du second pour obtenir les fluates solubles, ou ceux à base de potasse, de soude, d'ammoniaque, d'argent.

1057. *Usages.* — On n'emploie qu'un seul fluate; c'est celui de chaux. On l'emploie dans les laboratoires, pour extraire l'acide fluorique et l'acide fluo-borique. Quelquefois on s'en sert comme fondant dans l'exploitation des minerais auxquels il sert de gangue.

1058. *Historique.* — Les fluates ont été découverts et étudiés par Schéele en 1771. (*Voyez* la première partie de la traduction de ses Mémoires.) Leur étude a été ensuite reprise par différens chimistes, et notamment par MM. Gay-Lussac et Thenard (Recherches physico-chimiques, t. 2), et par M. John Davy (Ann. de Chimie, t. 86).

1059. Nous ne traiterons en particulier que des fluates de potasse, de soude et d'ammoniaque, parce que tous les autres étant insolubles, leur histoire se trouve comprise dans celle de la famille et du genre.

Fluate de Silice.

1060. Ce sel est sous deux états, gazeux et solide, selon que l'acide fluorique est plus ou moins prédominant. Il ne se dissout dans l'eau que par un excès d'acide plus grand que celui qu'il contient à l'état de gaz.

1061. *Fluate acide de silice gazeux, ou gaz acide fluorique silicé.* — Ce gaz est incolore; son odeur est très-piquante et analogue à celle de l'acide muriatique; sa saveur est fortement acide; sa pesanteur spécifique est de 3,574 (579) ; il éteint les corps en combustion, et rougit le tournesol avec énergie.

1062. Lorsqu'on fait passer le gaz acide fluorique silicé très-lentement à travers un tube de fer le plus chaud
possible, il ne se décompose point, d'où on doit conclure qu'il est indécomposable par le feu ; il absorbe le
double de son volume de gaz ammoniac, et forme un
sel qui se volatilise tout entier au-dessous de la chaleur
rouge, et dont l'eau sépare une certaine quantité de
silice. Mis en contact avec l'air à la température ordinaire, il en absorbe l'eau, et y produit des vapeurs
blanches très-épaisses. Aucun corps combustible ne le
décompose, soit à froid, soit à chaud. Les métaux des
quatre dernières sections sont aussi sans action sur le
gaz fluorique silicé à toute sorte de température ; mais
il n'en est pas de même du potassium et du sodium.
Lorsqu'on fait chauffer l'un de ces métaux avec le gaz
fluorique silicé, bientôt il y a inflammation ; le gaz
est rapidement absorbé ; tout le métal est détruit, et
l'on obtient une matière solide d'un brun chocolat. Mise
en contact avec l'eau, cette matière fait une légère
effervescence, due à du gaz hydrogène qui se dégage,
et nous offre deux sels bien distincts : l'un est un fluate
alcalin qui se dissout, et l'autre un fluate acidule de
silice qui se précipite. Que se passe-t-il dans cette
opération ? On a supposé (Recherches physico-chimiques, t. 2, p. 55) que l'acide fluorique était en partie
décomposé ; que son oxigène se combinait avec le
métal, et qu'il se formait ainsi, d'une part, du fluate
de potasse ou de soude, et de l'autre, du fluure de
potasse ou de soude et de silice, lequel ayant une
grande action sur l'oxigène, pouvait l'enlever à l'hydrogène ; mais on expliquerait tout aussi bien ces
phénomènes, en admettant que la silice ou oxide de

silicium est décomposé. On voit donc que la question n'est pas résolue. Du reste, on peut faire l'opération dans une petite cloche de verre, de la même manière qu'on l'a dit au sujet du gaz fluo-borique : $0^{gramme},212$ de potassium absorbe $\frac{78}{123}$ de centilitre de gaz acide fluorique silicé.

1063. Aussitôt qu'on met le gaz fluorique silicé en contact avec l'eau, il en résulte un fluate acidule qui est insoluble et se précipite à l'état de gelée, et un fluate beaucoup plus acide que le gaz, et qui reste en dissolution : on les sépare facilement l'un de l'autre par la filtration. L'eau peut dissoudre une grande quantité de gaz fluorique silicé, environ 265 fois son volume à la température de 33 degrés, et sous la pression de $0^m,774.$

1064. Cette dissolution filtrée présente, avec les alcalis et avec quelques acides et quelques sels, des phénomènes que nous devons faire connaître.

L'acide borique en précipite la silice, et donne lieu à de l'acide fluo-borique.

Si l'on y verse assez de potasse ou de sous-carbonate de potasse liquide pour la saturer, il se forme un fluate acidule de silice et de potasse qui apparaît sous forme de gelée transparente, et qui est si insoluble, qu'on ne retrouve dans la liqueur filtrée que l'excès d'alcali qu'on a pu ajouter. Ce fluate acidule n'est décomposable, par la potasse et la soude, qu'à l'aide de la chaleur.

La soude et l'ammoniaque se comportent autrement que la potasse avec la dissolution de fluate acide de silice. La soude la trouble à peine à froid ; mais, à l'aide de la chaleur, elle y forme un précipité abondant de fluate acidule de silice, ou de silice, selon la quantité qu'on en ajoute. La liqueur filtrée ne contient que le fluate de soude, plus l'excès de soude que l'on a pu ajouter. Quant à l'ammoniaque, elle y produit tout à coup, à la température ordinaire, un précipité abondant qui est de la même nature que le précédent. Mais le fluate d'ammoniaque qui se forme, et qui reste dans la liqueur, retient en combinaison un peu de fluate de silice; car si on fait évaporer cette liqueur et si on y ajoute de l'ammoniaque lorsqu'elle est concentrée, on y fait un nouveau précipité de silice.

L'eau de baryte, de chaux, de strontiane, forment, dans le fluate acide de silice, des précipités blancs plus ou moins abondans qui contiennent des fluates de ces bases et des fluates de silice ou de la silice même.

Enfin, la solution de nitrate et de muriate de baryte y produit, au bout de quelque temps, un précipité composé d'une foule de petits cristaux très-durs, insolubles dans l'eau et dans les acides nitrique et muriatique. Sans doute ces cristaux sont un composé triple d'acide fluorique, de baryte et de silice.

1065. *Préparation.* — On prend 3 parties de fluate de chaux et une partie de sable; on les réduit en poudre; on les mêle intimement; on les introduit dans une fiole épaisse que l'on remplit au tiers; on y ajoute assez d'acide sulfurique concentré pour faire une bouillie liquide; on la place sur un petit fourneau, et on adapte à son col un tube recourbé que l'on fait plonger dans un bain de mercure. Alors on met quelques charbons incandescens sous la fiole. Bientôt le fluate de chaux est décomposé par l'acide sulfurique; il en résulte du sulfate de chaux et de l'acide fluorique qui se combinent avec la silice, et forment le gaz fluorique silicé : on recueille ce gaz dans des flacons de verre remplis de mercure : on reconnaît qu'il est pur par la propriété qu'il a de se dissoudre entièrement dans l'eau. Il arrive assez souvent dans cette opération que la fiole se troue, surtout lorsque le mélange du fluate de chaux et du sable n'a pas été fait avec soin : c'est qu'alors une portion de l'acide fluorique attaque et dissout la silice même du verre. Cet effet serait bien plus promptement produit, si le sable n'était pas en excès.

Si l'on voulait préparer une grande quantité de fluate acide de silice liquide, il faudrait se garder de faire plonger dans l'eau le tube par lequel le gaz fluorique silicé doit se dégager ; car bientôt ce tube serait obstrué par le dépôt de fluate acidule de silice qui se formerait. Pour éviter cet inconvénient, il suffit de faire plonger le tube dans du mercure qu'on recouvre d'une couche d'eau plus ou moins épaisse : on peut employer pour cela une terrine de grès, ou tout autre vase dans lequel on mettra un pouce ou deux de mercure, et que, du reste, on remplira d'eau. Le gaz, après avoir traversé le mercure, se rendra dans l'eau, où il se transformera en fluate acidule insoluble et en fluate très-acide soluble. On les séparera l'un de l'autre par la filtration.

Le gaz fluorique silicé est formé, d'après M. John Davy, de 61,4 de silice, et de 38,6 d'acide fluorique.

Ce gaz est sans usages.

Fluate de Potasse.

1066. Très-piquant, très-soluble dans l'eau, déli-

quescent, difficilement cristallisable ; fusible au-dessous de la chaleur rouge ; décomposable à froid par
l'acide sulfurique concentré avec une vive effervescence, etc. (1047); s'obtient directement en traitant
l'acide fluorique, étendu d'eau, par la potasse ou le
sous-carbonate de potasse, de la même manière que
l'acide nitrique par le sous-carbonate de soude (910).
Au moment où la combinaison a lieu, il se dégage
beaucoup de calorique. L'opération doit se faire dans
une capsule de platine ou d'argent.

Fluate de Chaux.

1067. Ce sel est insipide ; il cristallise en cubes.
Projeté sur des charbons rouges, il décrépite légèrement, et s'entoure d'une auréole lumineuse violacée.
Exposé dans un creuset à la chaleur d'un fourneau à
réverbère, ou bien à la flamme du chalumeau, il se
fond en un verre transparent : c'est pour cela qu'on
l'appelait autrefois *spath fluor.* Il n'éprouve rien à l'air,
et paraît être tout à fait insoluble dans l'eau. Il n'est
facilement décomposé par l'acide sulfurique qu'à l'aide
d'une légère chaleur, etc. (1047).

On le trouve principalement en France, dans les
départemens de l'Allier et du Puy-de-Dôme; en Allemagne, au Hartz et en Saxe; en Angleterre, dans le
Derbyshire. Il paraît qu'il ne forme jamais de couches
ni de montagnes, mais qu'il sert de gangue aux mines
d'étain, de plomb, de zinc. Tantôt il est sous forme de
cristaux transparens ; presque toujours cubiques ;
tantôt en fragmens irréguliers, et mêlés avec du silex et de l'argile. Dans tous les cas, il est souvent co-

loré. Les couleurs qu'il affecte, et qui paraissent dues à des corps étrangers, sont le jaune, le vert, le violet, le bleu, le rose.

Fluate de Soude.

1068. Le fluate de soude est moins sapide que le fluate de potasse. Exposé au feu, il décrépite, et ensuite entre en fusion au-dessous de la chaleur rouge. Il est inaltérable à l'air. Sa solubilité est moins grande dans l'eau froide que dans l'eau chaude : aussi se sépare-t-il de celle-ci, par le refroidissement, sous forme de petits cristaux qui sont très-durs, qui croquent sous la dent, et qui souvent forment une croûte solide et transparente à la surface de la dissolution. Il est décomposé avec une vive effervescence par l'acide sulfurique concentré, etc. (1047).

Ce sel se prépare de la même manière que le fluate de potasse. On peut encore l'obtenir en versant peu à peu une dissolution de soude dans une dissolution de fluate acide de silice, jusqu'à ce que la liqueur soit saturée. La silice, unie à un peu d'acide fluorique, se précipite en gelée, surtout à l'aide de la chaleur : alors on filtre, on lave, et on fait évaporer la liqueur qui ne contient que du fluate de soude. Ce second procédé est plus économique que le premier.

Fluate d'Ammoniaque.

1069. Sa saveur est très-piquante ; il ne cristallise que très-difficilement. Soumis à l'action du feu, il laisse dégager une portion d'ammoniaque, passe à l'état acide, et se vaporise sous forme de fumées blanches très-épaisses et très-désagréables, à une température qui n'excède guère celle de l'eau bouillante. Sa solubilité

dans l'eau est très-grande. L'acide sulfurique le décompose avec une vive effervescence et un grand dégagement de calorique.

On l'obtient en versant de l'ammoniaque, étendue
d'eau, dans l'acide fluorique liquide, jusqu'à ce qu'il y
ait un léger excès d'alcali, et en évaporant la liqueur
à une chaleur modérée.

Fluate d'Argent.

1070. Très - âcre et très - stiptique, déliquescent,
incristallisable, tache la peau comme le nitrate d'argent; se fond très-facilement ; se dissout en grande
quantité dans l'eau, et forme une dissolution incolore qui
se prend en masse par l'acide muriatique , etc. (1047) ;
s'obtient directement en combinant, dans un vase
d'argent ou de platine, le deutoxide d'argent avec
l'acide fluorique étendu d'eau. On verse sur le deutoxide d'argent un petit excès d'acide, et l'on fait
chauffer. La dissolution s'opère promptement : on l'évapore à siccité, et le résidu est le fluate neutre et pur.

1071. Les fluates neutres de baryte, de strontiane,
de chaux, de magnésie, de glucine, d'yttria, d'alumine, de zircône, de zinc, de manganèse, de fer, de
mercure, qui sont tous insolubles, s'obtiennent par la
voie des doubles décompositions. Les fluates neutres
d'étain, de cobalt, de cuivre (de mercure), quoiqu'insolubles, ne peuvent pas s'obtenir par ce moyen, soit
parce que les dissolutions d'étain, etc., sont acides,
et qu'il en résulte des fluates acides solubles, soit parce
que les fluates alcalins peuvent former, avec ces divers
fluates insolubles, des sels doubles solubles dans l'eau
comme les fluates acides. On est donc forcé de les pré-

parer diréctement. Ces sels n'offrant rien de remarquable, nous renverrons ceux qui voudront en connaître les propriétés d'une manière plus particulière, aux Recherches physico-chimiques, 2ᵉ vol., p. 29.

Des Fluo-Borates.

1072. L'étude de ce genre de sels n'a point encore été faite : on sait seulement que le gaz fluo-borique se combine en trois proportions différentes avec le gaz ammoniac, et qu'il en résulte trois sels différens. Le premier est solide et formé de parties égales de gaz fluo-borique et de gaz ammoniac. Les deux autres sont liquides, et composés : l'un, d'une partie de gaz fluo-borique et de deux parties de gaz ammoniac; et l'autre, d'une partie de gaz fluo-borique et de trois parties de gaz ammoniac. Ces deux sels, par l'action de la chaleur, laissent dégager une certaine quantité de gaz ammoniac et se solidifient. (John Davy, Annales de Chimie, t. 86.)

Des Arséniates (a).

1073. *Action du feu.* — Tous les arséniates se fondent ou éprouvent un commencement de fusion à une température plus ou moins élevée, à moins qu'ils ne soient susceptibles de se décomposer. Les plus fusibles sont ceux de potasse et de soude : l'un des moins fusibles est celui de manganèse. Parmi les arséniates, il paraît qu'il n'y a que ceux dont les oxides sont faciles

---

(a) Nous ne dirons rien des propriétés physiques des arséniates, ni de leur manière de se comporter avec l'électricité, la lumière, le gaz oxigène, l'air, l'hydrogène sulfuré. Tout ce qu'on sait à cet égard se trouve décrit (698—703 et 710—717).

à réduire spontanément , ou ceux dont les oxides
peuvent absorber une nouvelle quantité d'oxigène à
une température élevée, qui soient susceptibles d'être
décomposés par le feu. Dans le premier cas, l'oxide est
réduit, et l'acide ramené à un moindre degré d'oxidation ; de sorte qu'on obtient du gaz oxigène, le métal
de l'oxide, et du deutoxide d'arsenic. *Exemple* : Arséniate d'argent. Dans le second cas, l'acide cède une
portion de son oxigène à l'oxide; et de là résulte
un oxide plus oxidé, et, comme dans le premier cas,
du deutoxide d'arsenic. *Exemple* : Prot-arséniate de
fer.

1074. *Action des corps combustibles.* — Lorsqu'on
calcine un arséniate quelconque avec le charbon, l'acide
arsenique est toujours réduit ; mais l'oxide ne peut
l'être qu'autant qu'il appartient aux quatre dernières
sections. Il suit de là que les produits doivent varier en
raison de l'arséniate calciné. Si l'arséniate appartient
aux deux premières sections, on obtiendra du gaz
acide carbonique ou du gaz oxide de carbone, de l'arsenic et l'oxide de l'arséniate. Si ce sel appartient à
l'une des quatre dernières sections, on obtiendra du
gaz acide carbonique, ou du gaz oxide de carbone, et
de l'arsenic en partie libre et en partie combiné avec
le métal de l'oxide, à moins que la température n'ait
été assez élevée pour volatiliser tout l'arsenic. Tantôt
l'acide arsenique se décompose le premier ; c'est ce
qui a lieu pour les arséniates de la troisième section : tantôt, au contraire, l'oxide se décompose en
premier lieu ; c'est ce qui doit avoir lieu pour les arséniates de la dernière section. Dans tous les cas, on

fait l'expérience de la même manière. On mêle l'arséniate avec un excès de charbon, par exemple, avec
son poids, dans une cornue de grès que l'on peut remplir jusqu'aux deux tiers; on place cette cornue dans
un fourneau à réverbère; on adapte à son col un tube
recourbé qui s'engage sous des flacons pleins d'eau, et
l'on chauffe plus ou moins. Les gaz passent dans les flacons; l'arsenic se sublime et se rassemble dans le col de
la cornue sous forme de cristaux très-brillans; quant à
l'oxide et au métal ou à l'alliage, ils restent dans la
panse de la cornue, à moins qu'ils ne soient volatils, ce
qui arrive rarement.

Jusqu'ici, on n'a point traité les arséniates par les
autres corps combustibles non métalliques; mais, d'a-
près l'action qu'exerce le charbon sur ces corps, on ne
saurait douter que l'hydrogène, le bore, le phosphore,
et peut-être le soufre, ne les décomposassent à une
température plus ou moins élevée. En tenant compte
de toutes les affinités, on trouvera facilement les produits qui doivent se former.

L'hydrogène se comportera absolument comme le
charbon, si ce n'est qu'au lieu de gaz oxide de carbone
et d'acide carbonique, il se formera de l'eau et probablement du gaz hydrogène arséniqué.

Le bore s'emparera de l'oxigène de l'acide arsenique,
mettra le métal en liberté, passera à l'état d'acide borique qui se combinera avec l'oxide, à moins que celui-
ci ne soit très-facile à réduire (729).

Le phosphore donnera lieu à des produits analogues,
et, de plus, à du phosphure d'arsenic.

Quant au soufre, il ne décomposera peut-être point

les arséniates des deux premières sections, parce que
son action sur leurs oxides est très-faible ; mais il est
bien probable qu'il décomposera les arséniates des
quatre dernières sections, et qu'il en résultera du gaz
acide sulfureux, du sulfure d'arsenic, et du sulfure du
métal de l'oxide de l'arséniate, c'est-à-dire, qu'il agira
sur l'oxide et l'acide de l'arséniate comme s'ils étaient
isolés (480 et 583).

1076. *Arséniates solubles.* — Il n'y a que 3 arséniates
neutres qui soient solubles dans l'eau : ce sont les arséniates de potasse, de soude et d'ammoniaque. Tous,
excepté un très-petit nombre, et particulièrement l'arséniate de bismuth, le sont dans un excès d'acide
arsenique. Si donc l'on verse peu à peu de l'acide
arsenique dans de l'eau de baryte, de strontiane ou
de chaux, il en résultera un précipité blanc qui ne
tardera pas à disparaître.

1077. *Action des oxides métalliques.* — Tout ce
qu'on doit savoir de l'action des bases salifiables sur
l'acide arsenique, a été exposé dans l'histoire de la
famille avec assez d'étendue, pour qu'il ne soit plus
nécessaire de nous en occuper.

1078. *Action des acides* — L'acide sulfurique décompose les arséniates à la température ordinaire, ou
à une température peu élevée, surtout lorsqu'il peut
former des sels insolubles avec leurs oxides : *Exemples :*
arséniates de baryte, de strontiane, de chaux ; mais,
à la chaleur rouge, il est au contraire dégagé de ses
combinaisons les plus intimes par l'acide arsenique :
c'est ainsi qu'en calcinant un mélange de sulfate de
potasse et d'acide arsenique, on obtient du gaz acide
sulfureux, du gaz oxigène et un arséniate.

Il paraît que les acides phosphorique, nitrique, muriatique, fluorique liquides, sont susceptibles d'agir sur presque tous les arséniates, avec les oxides desquels ils peuvent former des sels neutres ou acides solubles ; ils les dissolvent, et les font sans doute passer à l'état de sur-arséniates.

Les autres acides n'ont point ou n'ont que très-peu d'action sur les arséniates (719).

1079. *Action des sels.* — *Voyez* ce qui a été dit (721).

1080. *Etat naturel.* — On trouve 3 arséniates dans la nature ; savoir : l'arséniate de fer, le deut-arséniate de cuivre et le prot-arséniate de cobalt.

1° L'arséniate de fer est très-rare ; il n'a encore été trouvé que dans le comté de Cornouailles, dans les mines de Mutzel : il cristallise en petits cubes fort nets. D'après M. Vauquelin, il est formé de 48 d'oxide de fer, de 18 à 20 d'acide arsenique, de 32 d'eau, et de 2 à 3 de carbonate de chaux.

2° L'arséniate de cobalt est tantôt en petites aiguilles aplaties qui partent toutes d'un centre commun, tantôt sous forme pulvérulente ; il est toujours facile à reconnaître par sa couleur, qui est d'un rouge violet ou fleur de pêcher. On le trouve, non-seulement dans presque toutes les mines de cobalt, mais encore dans celles de cuivre, d'argent, etc. C'est l'un des minerais de cobalt les plus répandus.

3° L'arséniate de cuivre varie singulièrement dans ses propriétés physiques. Quelques variétés sont d'un vert émeraude ou d'un vert olive ; d'autres, d'un vert foncé qui les rend noires en apparence ; et d'autres, au contraire, sont d'un brun clair, d'un gris cendré, ou d'un blanc tacheté. Les unes sont cristallisées et les

autres sont fibreuses. La texture de celles-ci est rayonnée ; et leur surface, soyeuse. On trouve l'arséniate de
cuivre dans les mines de cuivre du comté de Cornouailles, et surtout dans celles de Huel - Gorland.
MM. Chénevix, Vauquelin et Klaproth nous en ont
donné diverses analyses. (*Voyez* la Minéralogie de M.
Brongniart.)

1081. *Préparation.* — On fait tous les arséniates insolubles qui sont connus, par la voie des doubles décompositions (725). Ceux de soude et d'ammoniaque se
font directement, en combinant l'acide arsenique avec
la soude et l'ammoniaque. On peut également faire celui
de potasse de cette manière ; mais on préfère de l'obtenir en calcinant un mélange de parties égales de nitre
et de deutoxide d'arsenic, parce que ce procédé est
plus économique.

1082. *Composition.* Dans les arséniates, la quantité
d'oxigène de l'oxide est à la quantité d'oxigène de
l'acide comme 1 à 2, et à la quantité d'acide comme
1 à 5,89. (Berzelius.)

Nous ne traiterons en particulier que des arséniates
de potasse, de soude et d'ammoniaque : tous les
autres étant insolubles, leur histoire se trouve comprise dans celles de la famille et du genre.

Arséniate acide de potasse.

1083. Ce sel est vénéneux ; il cristallise en prismes
à 4 pans terminés par des pyramides à 4 faces. Exposé
à une haute température, dans un creuset de platine, il fond, passe à l'état d'arséniate neutre, et par
conséquent abandonne son excès d'acide, qui sans doute

est transformé en gaz oxigène et en deutoxide d'arsenic.

L'arséniate acide de potasse est très-soluble dans l'eau ;
il l'est plus à chaud qu'à froid. Sa dissolution est précipi-
tée par celle de baryte, de strontiane, de chaux. Elle ne
l'est point par les dissolutions des sels calcaires ou ma-
gnésiens, parce qu'il peut se former des arséniates
acides de chaux, de magnésie, solubles.

Préparation. — On obtient ce sel cristallisé en mêlant ensemble parties égales de deutoxide d'arsenic et
de nitrate de potasse, chauffant le mélange jusqu'au
rouge dans un creuset, dissolvant le résidu dans l'eau,
et faisant évaporer la liqueur convenablement. Dans
cette opération, outre l'arséniate acide de potasse qui se
forme et qui reste dans le creuset, il se dégage du gaz
acide nitreux ou du deutoxide d'azote ; d'où l'on voit
que le deutoxide d'arsenic s'acidifie en enlevant une
portion d'oxigène à l'acide nitrique, et qu'alors il se
combine avec la potasse.

Lorsqu'on sature l'excès d'acide de ce sel par une
suffisante quantité de potasse, il en résulte un sel neutre
qui est déliquescent, qui refuse de cristalliser, mais
qui cède une portion de son alcali aux acides les plus
faibles, et qui en cède même à la silice à tel point que,
calciné au rouge — cerise dans un creuset de terre, il
redevient arséniate acide.

Arséniate neutre de Soude.

1084. Vénéneux, très - soluble dans l'eau, plus à
chaud qu'à froid ; cristallise en prismes hexaèdres réguliers ; s'obtient en versant, dans une dissolution

d'acide arsenique, une dissolution de soude ou de sous-
carbonate de soude jusqu'à saturation, et évaporant
convenablement la liqueur.

L'arséniate acide de soude est déliquescent et refuse
de cristalliser; de sorte que, sous ce rapport, les propriétés des arséniates de potasse et de soude sont opposées.

Arséniate d'Ammoniaque.

1085. Ce sel est vénéneux, piquant, et plus soluble
à chaud qu'à froid dans l'eau; il cristallise en rhombes.
Exposé à une légère chaleur, il laisse dégager une
partie de son ammoniaque, et passe à l'état d'arséniate
acide; mais exposé à une température rouge, une partie
de l'acide et de l'ammoniaque se décompose réciproquement: et de là résulte du gaz azote et de l'eau, du
deutoxide d'arsenic et de l'acide arsenique.

On l'obtient en versant un léger excès d'ammoniaque
liquide dans une dissolution d'acide arsenique, et faisant évaporer convenablement la liqueur.

Un excès d'acide communique à l'arséniate d'ammoniaque la propriété de cristalliser en aiguilles, et le
rend déliquescent.

Des Arsénites.

1086. On appelle arsénites les composés que forme
le deutoxide d'arsenic, ou acide arsénieux (532), en
s'unissant avec les oxides salifiables.

1087. *Action du feu.* — Lorsqu'on soumet un arsénite à l'action de la chaleur dans des vaisseaux fermés,
par exemple, dans une cornue, son acide se volatilise,
et son oxide, mis en liberté, se comporte comme nous
l'avons exposé précédemment (470). Si l'arsénite avait le

contact de l'air, et si la sempérature n'était pas trop élevée, il absorberait l'oxigène de ce fluide et passerait à
l'état d'arséniate.

1088. *Action des corps combustibles.* — Tous les
arsénites se comportent, avec tous les corps combustibles simples, de la même manière que les arséniates
(1074). Cependant, nous devons faire observer que la
décomposition des arsénites par les corps combustibles
est bien plus facile à opérer que celle des arséniates, ou
a lieu à une température moins élevée : aussi les arsénites des deux premières sections sont-ils certainement décomposés par le soufre, tandis que les arséniates de ces deux sections ne le sont peut-être pas.

1089. L'hydrogène sulfuré n'a aucune action sur
les arsénites de la seconde section ; mais il agit sur les
arsénites des quatre dernières sections de la même
manière que si l'oxide et l'acide de ces arsénites étaient
isolés (494).

1090. *Arsénites solubles.* — Il n'y a que trois arsénites qui sont solubles dans l'eau : ce sont les arsénites
de potasse, de soude et d'ammoniaque. Ceux de
chaux, de baryte, de strontiane, le sont dans un grand
excès de ces bases ou d'acide arsénieux.

1091. *Action des oxides.* — La baryte, la strontiane et la chaux, sont les trois bases salifiables qui ont
le plus de tendance à se combiner avec l'acide arsénieux par l'intermède de l'eau ; viennent ensuite la potasse et la soude, l'ammoniaque, etc. (518).

1092. *Action des acides.* — L'acide arsénieux pouvant jouer le rôle d'un acide faible avec les principales bases salifiables, et d'un oxide faible avec les
principaux acides, il s'en suit que l'affinité de l'acide

arsénieux pour les oxides doit être moindre que celle de
la plupart des autres acides. Par conséquent, en mettant
les acides sulfurique, nitrique, muriatique, phosphorique, fluorique, etc., en contact avec un arsénite, cet
arsénite sera décomposé; il en résultera un nouveau sel,
et l'acide arsénieux mis en liberté se comportera, avec
l'excès d'acide sulfurique, nitrique, etc., comme on l'a
exposé (837 et 919): par conséquent encore, si l'arsénite
est soluble, et si l'on verse l'un des acides précédens
dans une solution concentrée de ce sel, on en précipitera beaucoup d'acide arsénieux, puisque celui-ci est
presqu'insoluble. *Exemple :* Arsénite de potasse.

1093. *État naturel.* — On ne connaît qu'un seul
arsénite naturel : c'est celui de plomb. Cet arsénite se
trouve en France, dans le filon de la mine de sulfure
de plomb de Saint-Prix, département de Saône-et-
Loire; en Andalousie; et en Sibérie, à Nertschink. Il
est peu brillant, d'un jaune pâle tirant sur le vert. On
le rencontre tantôt en petits cristaux, tantôt en filamens soyeux contournés, et tantôt en masses d'un aspect gras et vitreux.

1094. *Préparation.* — Les trois arsénites solubles
se préparent directement : on met de l'acide arsénieux
en poudre dans un ballon; on y verse une solution de
potasse, de soude ou d'ammoniaque, mais en telle
quantité que l'acide soit en excès; on fait bouillir pendant 15 à 20 minutes, en agitant de temps en temps :
ensuite on filtre, on lave, et l'on fait rapprocher la
liqueur.

Ces arsénites sont incolores, ne cristallisent point,
et ne peuvent s'obtenir par l'évaporation qu'en masse

visqueuse. On les conserve dans des flacons bouchés à l'émeri.

Tous les autres arsénites qui sont insolubles s'obtiennent par la voie des doubles décompositions : on se sert ordinairement, à cet effet, de l'arsénite de potasse.

1095. *Composition.* — Dans les arsénites, la quantité d'oxigène est à la quantité d'oxide comme 1 à 3, et à la quantité d'acide comme 1 à 11,8 (Berzelius).

1096. *Usages.* — L'arsénite de deutoxide de cuivre est le seul arsénite qu'on emploie. On s'en sert souvent pour colorer les papiers en vert ; on s'en sert aussi quelquefois dans la peinture à l'huile. Il est connu dans le commerce sous le nom de *vert de Schéele.*

Molybdates.

1097. Jusqu'à présent, les molybdates n'ont été que très-peu étudiés : aussi l'histoire que nous allons en faire sera-t-elle fort incomplète.

1098. *Propriété.* — Le charbon paraît jouir de la propriété de décomposer tous les molybdates à l'aide de la chaleur, de ramener à l'état d'oxide ou de réduire l'acide des molybdates des deux premières sections, et d'opérer tout à la fois la réduction de l'acide et de l'oxide des molybdates des quatre dernières sections.

1099. Il est probable que l'hydrogène, que le bore, le phosphore, et peut-être même le soufre, pourraient aussi décomposer ces sels, et former des produits analogues à ceux qui proviennent de l'action de ces corps combustibles sur les arséniates (1074).

1100. Les molybdates neutres de potasse, de soude et d'ammoniaque, sont très-solubles. Ceux de strontiane, de chaux, de magnésie et d'alumine, le sont beaucoup moins; et même, d'après Schéele, les trois derniers le sont très-peu (Mémoires de Schéele, première partie, page 246). Celui de baryte est sensiblement insoluble, et il paraît en être de même des molybdates des quatre dernières sections. Tous sont solubles dans un excès d'acide nitrique, sulfurique ou muriatique, pourvu que l'oxide du molybdate puisse former avec ces acides des composés solubles.

1101. L'ordre suivant lequel les oxides tendent à s'unir avec l'acide molybdique par l'intermède de l'eau, est le suivant : Baryte; potasse et soude; strontiane et chaux; ammoniaque et magnésie, etc. (718).

1102. L'acide sulfurique décompose tous les molybdates : lorsqu'un molybdate est très-soluble, et qu'on verse de l'acide sulfurique dans la dissolution de ce sel, on en précipite de l'acide molybdique. Cet effet est également produit par les acides fluorique, phosphorique, nitrique et muriatique. Cependant l'acide molybdique jouit de la propriété de précipiter plusieurs nitrates et muriates : il précipite le nitrate de protoxide de mercure, le nitrate et le muriate de plomb. Ces précipités, qui sont autant de molybdates, se dissolvent dans un excès d'acide nitrique concentré, etc.

1103. *État naturel.* — On ne connaît qu'un molybdate naturel; c'est celui de plomb. Il est d'un jaune pâle. Sa pesanteur spécifique est de 5,486. La forme qu'il affecte le plus ordinairement est celle de tables à

8 pans. On le trouve à Bleyberg, en Carinthie ; à Freu-
denstein, près de Freyberg ; à Annaberg, en Saxe ; à
Zeezbanya, en Hongrie ; à Zimapan, au Mexique.

1104. *Préparation.* — Tous les molybdates solubles se préparent directement, c'est-à-dire, en combinant l'acide molybdique avec les bases salifiables. On
prépare tous les autres de cette manière ou par la voie
des doubles décompositions (725).

1105. *Composition.* — Dans les molybdates, la
quantité d'oxigène de l'oxide est probablement à la
quantité d'oxigène de l'acide comme 1 à 3, et à la
quantité d'acide comme 1 à 9,6. (M. Berzelius, Annales
de Chimie, t. 80.)

1106. *Historique.* — Les molybdates ont été découverts et principalement étudiés par Schéele (voyez
ses Mémoires, première partie, page 236). MM. Klaproth, Bucholz, Hatchett et Heyer n'ont ajouté, à
l'histoire des molybdates, que quelques faits particuliers.

Molybdate de Potasse.

1107. Stiptique, plus soluble dans l'eau chaude que
dans l'eau froide ; cristallise en lames rhomboïdales lui-
santes ; entre facilement en fusion, et n'est point décomposé à une très-haute température, etc. (1097) ;
s'obtient en saturant une dissolution de potasse par l'a-
cide molybdique, et faisant ensuite évaporer convenablement la liqueur.

Molybdate de Soude.

1108. Stiptique, très-fusible, indécomposable par le
feu, inaltérable à l'air, très-soluble dans l'eau, cristallise assez facilement ; s'obtient comme celui de potasse.

Molybdate d'Ammoniaque.

1109. Stiptique, piquant, incristallisable. Exposé au feu, il s'en dégage d'abord une certaine quantité d'ammoniaque; ensuite, à mesure que le feu devient plus fort, l'acide molybdique et la portion d'ammoniaque avec laquelle il est combiné, se décomposent réciproquement, et donnent lieu à de l'eau, à du gaz azote et à de l'oxide de molybdène; d'où l'on doit conclure que l'hydrogène de l'ammoniaque se combine avec une partie de l'oxigène de l'acide molybdique, etc.

Le molybdate d'ammoniaque est très-soluble dans l'eau: on l'obtient comme les précédens; mais, par l'évaporation, au lieu de cristalliser, il se prend en une masse demi-transparente. (Bucholz.)

Des Chrômates.

1110. *Propriétés.* — On observe que tous les chrômates dont l'oxide est blanc, sont jaunes à l'état neutre ou de sous-sel, et d'un jaune rougeâtre à l'état acide. Leur couleur varie quand l'oxide est lui-même coloré.

Le chrômate de plomb est jaune; celui de protoxide de mercure, rouge; celui d'argent, pourpre.

1111. La plupart des chrômates de la première et des quatre dernières sections se décomposent à une très-haute température. L'acide chrômique passe à l'état d'oxide de chrôme, et, ramené à cet état, il se comporte avec l'oxide de chrôme, comme nous l'avons dit précédemment; mais il est probable que ceux de la seconde section sont indécomposables de cette manière: du moins, lorsqu'on calcine fortement un mélange d'oxide de chrôme et de potasse avec le contact de l'air, il en résulte du chrômate de potasse.

1112. Les chrômates se comportent avec les corps combustibles, d'une manière analogue aux molybdates (1098).

1113. Parmi les chrômates connus jusqu'ici, il y en a huit qui sont solubles : ce sont les chrômates de potasse, de soude, d'ammoniaque, de strontiane, de chaux, de magnésie, de protoxide de nickel et de cobalt. Les plus solubles sont les trois premiers.

1113. *bis.* L'acide sulfurique concentré décompose tous les chrômates à la température ordinaire ou à une température peu élevée ; il s'empare de l'oxide de ces sels, et met leur acide en liberté. Il paraît aussi que les autres acides forts, tels que l'acide nitrique, et surtout l'acide muriatique, opèrent la décomposition de ces sortes de sels. En effet, lorsqu'on verse de l'acide muriatique dans une dissolution d'un chrômate, et surtout qu'on fait légèrement chauffer la liqueur, on obtient deux muriates: l'un qui a pour base l'oxide du chrômate; et l'autre, l'oxide de chrôme ; on obtient en outre de l'acide muriatique oxigéné, d'où l'on voit qu'il faut que le chrômate et l'acide chrômique soient décomposés, etc. C'est pourquoi, quand on veut extraire l'acide chrômique du proto-chrômate de mercure, il est nécessaire de ne point mettre un excès d'acide muriatique. Les acides phosphorique et fluorique décomposent probablement aussi les chrômates ; mais les acides borique, carbonique, muriatique oxigéné ne les décomposent point.

1114. Nous ne dirons rien de l'action des autres corps sur les chrômates : l'on trouvera dans l'histoire de la famille tout ce qu'on sait à cet égard.

1114 bis. *État naturel.* — Il n'existe qu'une seule
espèce de chrômate dans la nature; c'est le chrômate
de plomb. On le trouve en Sibérie : encore est-il très-
rare. On le connaît vulgairement sous le nom de plomb
rouge; il paraît être avec excès d'oxide.

1115. *Préparation.* — C'est au moyen du chrômate
de potasse qu'on se procure immédiatement ou média-
tement tous les autres chrômates. Examinons donc
comment on obtient celui-ci : On prend une partie de
la mine de chrôme du département du Var, qui est
formée, comme nous l'avons dit, d'oxide de chrôme
et d'oxide de fer (618), et qui contient en outre,
dans sa gangue, de la silice, de l'alumine et de la
magnésie; on la pulvérise avec soin dans un mortier
de fonte, et on la passe au tamis; ensuite on la
mêle intimement avec un poids de nitre égal au sien.
On introduit ce mélange dans un creuset que l'on remplit aux trois quarts; on recouvre le creuset de son couvercle; on le place dans un fourneau à réverbère, et on
chauffe peu à peu de manière à le faire rougir fortement pendant au moins une demi-heure. Bientôt le
nitrate de potasse se décompose; il en résulte du deutoxide d'azote, qui se dégage à l'état de gaz, beaucoup
de chrômate de potasse, une petite quantité de potasse
silicée et aluminée, et de l'oxide de fer libre.

La calcination étant convenablement faite, on retire
le creuset du feu; on le laisse refroidir, et on traite par
l'eau la matière jaune poreuse et à demi-fondue qu'il
contient. Pour cela on brise le creuset, et on en met les
débris dans une casserole de cuivre avec la matière
elle-même réduite en poudre; on verse dix ou douze
fois autant d'eau qu'il y a de matière; on fait bouillir

pendant environ un quart d'heure; on laisse déposer; on filtre, et on fait bouillir de nouvelle eau sur le résidu, jusqu'à ce qu'il ne la colore presque plus en jaune, signe auquel on reconnaît qu'il ne contient plus ou presque plus de chrômate de potasse. On dissout ainsi, non-seulement le chrômate de potasse, mais encore une certaine quantité de potasse silicée et aluminée. On le purifie en lui faisant subir plusieurs cristallisations.

1116. Le chrômate de potasse étant donné, il est facile d'obtenir, par la voie des doubles décompositions, tous les chrômates insolubles ou peu solubles.

Nous ne décrirons la préparation de ceux qui sont trop solubles pour pouvoir être préparés par la voie des doubles décompositions, qu'en parlant de ces chrômates en particulier.

1117. *Usages.*—On n'emploie jusqu'à présent, dans les arts, que le chrômate de plomb, qui est d'un très-beau jaune à l'état neutre. On s'en sert dans la peinture sur toile et sur porcelaine. On l'emploie aussi pour faire des fonds jaunes, particulièrement sur les caisses des voitures.

Comme tous les autres chrômates sont diversement colorés, il est probable qu'on en trouvera plusieurs qu'on pourra employer avec succès pour obtenir des teintes qu'on chercherait en vain à faire avec d'autres corps.

1118. *Historique.* — Les chrômates ont été découverts en l'an 1797, et étudiés, en même temps que le chrôme, par M. Vauquelin (Annales de Chimie, t. 25 et 26). Plusieurs autres chimistes s'en sont ensuite occupés, notamment M. Godon (Annales de Chimie, t. 53).

Chrômate de Potasse.

1119. Jaune, très-soluble dans l'eau, plus à chaud qu'à froid ; cristallise en prismes rhomboïdaux, etc. (1110) ; s'obtient comme nous l'avons dit précédemment (1115).

Chrômate de Soude.

1120. Jaune, très-soluble dans l'eau, plus à chaud qu'à froid ; cristallise assez facilement, etc. (1110) ; s'obtient en traitant la mine de chrôme par le nitrate de soude, de même que par le nitrate de potasse (1115).

Chrômate d'Ammoniaque.

1121. Peu connu ; s'obtient en traitant, à la température ordinaire, le chrômate de plomb par une dissolution de sous-carbonate d'ammoniaque, filtrant la liqueur après quelques heures de contact, la décantant et la faisant évaporer convenablement.

Chrômate de Chaux.

1122. Jaune, soluble dans l'eau, cristallisable ; s'obtient en traitant, à l'aide de l'eau et de la chaleur, un excès de chrômate de plomb par l'hydrate de chaux, filtrant et faisant évaporer la liqueur.

Chrômate de Strontiane.

1123. Ressemble au chrômate de chaux ; s'obtient comme lui.

Chrômate de Silice.

1124. Selon M. Godon, l'acide chrômique se combine avec la silice en gelée, et forme un composé rouge qui ne se dissout point dans l'eau et que le feu de porcelaine n'altère point.

Chrômate de Plomb.

1124 *bis*. Ce chrômate est d'un jaune très-riche et très-brillant à l'état neutre, et d'un jaune orangé à l'état de sous-chrômate. On l'obtient à l'état neutre, en versant une solution de chrômate neutre de potasse dans une solution d'acétate de plomb du commerce. On obtient le sous-chrômate en versant du sous-chrômate de potasse dans cette même solution d'acétate de plomb.

Ses usages ont été exposés (1117) (*a*).

Tungstates.

1125. *Propriétés.* — Quoique l'acide tungstique soit jaune, les tungstates des deux premières sections sont incolores : les autres sont diversement colorés.

1126. L'acide tungstique étant fixe et indécomposable par le feu, tous les tungstates doivent résister à l'action de cet agent, excepté ceux dont les oxides peuvent se réduire spontanément. Plusieurs, et particulièrement les tungstates de potasse et de soude, sont très-fusibles.

1127. Il est probable que, à une haute température, les tungstates se comporteraient, avec les corps combustibles, comme les arséniates, les molybdates et les chrômates (1074).

1128. Les tungstates solubles dans l'eau ne sont pas en plus grand nombre que les arséniates et les arsénites. Il n'y en a que trois ; savoir : les tungstates de potasse, de soude et d'ammoniaque.

1129. Tout ce qu'on sait sur la tendance des oxides à

_____

(*a*) Les fabricans de couleurs ne purifient point le chrômate de potasse par la cristallisation pour préparer le chrômate de plomb ; ~~ils se contentent~~ de saturer l'excès d'alcali par l'acide nitrique.

s'unir avec l'acide tungstique par l'intermède de l'eau, a été exposé (718).

1130. L'acide tungstique n'ayant pas une grande affinité pour les oxides métalliques, il s'en suit que la plupart des acides doivent décomposer les tungstates. Cependant cette décomposition n'est totale qu'à l'aide de la chaleur, du moins quand le tungstate est soluble dans l'eau. En effet, lorsqu'on verse, à la température ordinaire, de l'acide sulfurique, de l'acide nitrique ou l'acide muriatique liquides, dans une solution de tung-states de potasse, de soude ou d'ammoniaque, on ob-tient des sulfates, nitrates, muriates de potasse, etc, qui restent en dissolution dans la liqueur, et un précipité blanc, qui est une combinaison triple de beaucoup d'acide tungstique, d'une certaine quantité de la base à laquelle il était uni, et d'une certaine quantité de l'a-cide qu'on a employé pour le séparer. Mais si, les acides sulfurique, nitrique ou muriatique étant en excès, on fait bouillir la liqueur, bientôt le précipité devient jaune, et n'est plus que de l'acide tungstique. C'est même sur cette propriété remarquable qu'est fondé le procédé qu'on suit pour obtenir cet acide (585 *bis*).

1131. Nous n'ajouterons rien à ce que nous avons dit, d'une manière générale, de l'action des tungstates sur les sels (721).

1131 *bis. État naturel.* — On ne connaît que deux tungstates naturels : le tungstate de chaux et le tungstate double de fer et de manganèse.

1° Le tungstate de chaux se trouve à Bitberg, en Suède; à Ehrenfriedersdorf, en Saxe; à Zinnwald et à Schlackenwald, en Bohême. Il est translucide, d'un blanc jaunâtre, avec un aspect gras, et ressemble entièrement à une pierre. Sa pesanteur spécifique est de 6,066. Il cristallise presque toujours en octaèdres. D'après M. Klaproth, lorsqu'il est cristallisé et translucide, il est formé de 78 d'acide tungstique, de 18 de chaux et de 3 de silice.

2° Le tungstate double de fer et de manganèse est bien moins rare que le tungstate de chaux. On le trouve en assez grande quantité dans un filon de quartz, dans un lieu nommé Puy-les-Mines, près Saint-Léonard, département de la Haute-Vienne. On le trouve aussi dans les mines d'étain de la Bohême, de la Saxe, dans celles de Poldice en Cornouailles. Il est noir; il a l'éclat et l'opacité des métaux; sa texture, en longueur, est lamelleuse. La forme qu'il affecte le plus souvent se rapporte au prisme droit à 4 pans, dont les arrêtes ou les angles solides sont remplacés par des facettes linéaires. Il est composé, d'après M. Vauquelin, de 67 d'acide tungstique, de 18 d'oxide de fer, de 6 d'oxide de manganèse, et d'un peu de silice. On le connaît ordinairement sous le nom de *wolfram.*

1132. *Préparation.* —Les tungstates solubles se préparent de la même manière que les trois arsénites solubles, c'est-à-dire, en traitant un excès d'acide tungstique, à l'aide de la chaleur, par une solution de potasse, de soude, d'ammoniaque (1094). On prépare tous ceux qui sont insolubles par la voie des doubles décompositions (725, 3e procédé).

Composition. — Dans les tungstates, la quantité d'oxigène de l'oxide est probablement à la quantité d'oxigène de l'acide comme 1 à 4, et à la quantité d'acide même comme 1 à 19,1. (M. Berzelius, Annales de Chimie, t. 80.)

Usages. — Les tungstates sont sans usages.

1133. *Historique.* — Les tungstates ont été découverts en même temps que le tungstène, et étudiés par Schéele en 1781. (Mémoires, t. 2, p. 81.)

MM. d'Elhuyart ont ensuite publié sur ces sels un travail dans lequel ils ont démontré, entr'autre chose, 1° que le précipité blanc, que Schéele avait obtenu en traitant les tungstates solubles par les acides nitrique, sulfurique, etc., était un composé triple d'acide tungstique, de la base à laquelle il était uni, et de l'acide employé pour l'en séparer; 2° que l'acide tungstique pur était jaune, et que la substance connue sous le nom de wolfram n'était qu'un composé d'acide tungstique d'oxide de fer et d'oxide de manganèse. (25e vol. du Journal de Physique, p. 310 et 469.) Le travail de MM. d'Elhuyart a été repris par MM. Vauquelin et Hecht. (Journal des Mines, n° 19.)

Tungstate de Potasse.

1134. Stiptique et caustique, difficilement cristallisable, fusible à une température qui n'est pas très-élevée, déliquescent, très-soluble dans l'eau, etc. (1125).

Pour obtenir ce sel, on prend du tungstate de fer et de manganèse ou wolfram, séparé, autant que possible, de sa gangue; on le pulvérise, et on le fait chauffer dans un ballon, avec cinq ou six fois son poids d'acide muriatique, pendant demi-heure.

On dissout ainsi l'oxide de fer, l'oxide de manganèse qu'il contient, et on obtient, sous forme de poudre, l'acide tungstique mêlé seulement avec la portion de gangue siliceuse qui n'a point pu être séparée; on lave cet acide par décantation et à plusieurs reprises ; puis on le traite à chaud par une dissolution de potasse caustique, mais en telle quantité, qu'il soit en excès : il se dissout en grande partie ; on filtre, on lave et on fait évaporer.

Tungstate de Soude.

1135. Ce sel est âcre, caustique, soluble dans quatre parties d'eau à la température ordinaire, et dans deux parties d'eau bouillante ; il cristallise en lames hexaèdres, etc. (1125). On l'obtient comme le tungstate de potasse.

Tungstate d'Ammoniaque.

1136. Stiptique, inaltérable à l'air, décomposable par le feu (585 *bis*), très-soluble dans l'eau. Il cristallise tantôt en prismes à 4 pans aiguillés, tantôt en écailles semblables à celles de l'acide borique. Les acides sulfurique, nitrique, etc., en opèrent sur-le-champ la décomposition (1130). On l'obtient de même que le tungstate de potasse, ou bien comme nous l'avons dit (585 *bis*).

Colombates.

1137. Ces sels n'ont encore été que très-peu étudiés et sont à peine connus. On sait seulement, d'après M. Hatchett, à qui on en doit la découverte, que l'acide colombique se combine avec la potasse et la soude, mais qu'il ne paraît point se combiner avec l'ammoniaque. Nous ne parlerons que du colombate de potasse.

Ce sel a une saveur âcre et désagréable ; il cristallise en écailles brillantes comme l'acide borique ; il est inaltérable à l'air ; l'eau n'en dissout qu'une petite quantité :

cependant si l'on verse de l'acide nitrique ou tout autre acide fort dans cette dissolution , l'acide colombique s'en précipite sous forme de poudre blanche.

On obtient ce sel en faisant bouillir un excès d'acide colombique avec une dissolution de potasse caustique , filtrant et faisant évaporer la liqueur. (Voyez, pour plus de détails, Annales de Chimie, t. 41, 42, 43.)

Des Antimonites et des Antimoniates.

1138. Nous donnerons, avec M. Berzelius, le nom d'antimonites et d'antimoniates aux combinaisons que forment les tritoxides et tétroxides d'antimoine avec les bases salifiables.

Ces sels, excepté ceux à base de potasse , de soude et d'ammoniaque, sont, en général, insolubles et facilement décomposables par les acides sulfurique , nitrique, muriatique, etc.

Aucun n'existe dans la nature.

Les antimonites et antimoniates de potasse , de soude et d'ammoniaque, se préparent directement : tous les autres s'obtiennent par la voie des doubles décompositions,

La plupart de ceux qui appartiennent aux quatre dernières sections sont susceptibles de nous offrir un phénomène remarquable. Chauffés fortement dans un creuset de platine , ils s'embrasent ou donnent lieu à un grand dégagement de calorique et de lumière : tels sont surtout l'antimonite et l'antimoniate de cuivre et de cobalt. On ne peut point supposer que, dans les antimoniates, cette inflammation soit due à une combustion ; car l'acide est toujours au *summum* d'oxidation , et souvent il en est de même de l'oxide. M. Berzelius l'attribue à une combinaison plus intime des molécules de ces sortes de composés : aussi observe-t-il que, après la calcination, les antimonites et les antimoniates ne sont plus attaqués que difficilement, même par les acides les plus forts. (Voyez, pour plus de détails, le Mémoire de M. Berzelius, Annales de Chimie, t. 86.)

Hydro-Sulfures ou Oxides hydro-sulfurés.

1139. Nous plaçons les hydro-sulfures immédiatement après les sels, parce que l'hydrogène sulfuré jouit de la propriété de neutraliser, à la manière des acides, les bases salifiables avec lesquelles il se combine. Ces bases salifiables sont celles de la seconde section ; l'ammoniaque, la magnésie, et peut-être la glucine et l'yttria de la première ; l'oxide de zinc, les deutoxide et tritoxide de manganèse, les protoxides et deutoxides de fer et d'étain, le deutoxide d'antimoine. (*Voyez* 494, pourquoi les autres ne s'y combinent pas.) (*a*).

1141. Tous les hydro-sulfures solubles dans l'eau ont une saveur âcre et amère, et ont l'odeur d'œufs pourris, mais seulement à l'état liquide : tous les hydro-sulfures insolubles sont, au contraire, insipides et inodores. Il n'y a que deux hydro-sulfures colorés :

(*a*) Nous avons annoncé (494) qu'aucun des oxides des 4 dernières sections, excepté l'oxide d'antimoine, ne pouvait s'unir avec l'hydrogène sulfuré ; mais, pour en être bien certain, il faudrait recueillir le précipité que forme l'hydro-sulfure de potasse dans les sels qui ont pour bases ces oxides, le bien sécher et le calciner dans une cornue. Dans le cas où ce précipité serait un oxide hydro-sulfuré, on obtiendrait de l'eau ; dans le cas où il ne serait formé que de métal et de soufre, on n'en obtiendrait pas.

l'un l'est en noir; c'est celui de fer : l'autre l'est en brun marron ; c'est celui d'antimoine.

1142. *Action du feu.* — Tous les hydro-sulfures sont décomposés par l'action du feu ; celui de magnésie est transformé en gaz hydrogène sulfuré et en oxide de magnésium ; ceux de la seconde section, surtout ceux de potasse et de soude, le sont en gaz hydrogène sulfuré, en gaz hydrogène et en oxides sulfurés; ceux de manganèse, de zinc, de fer, d'étain, d'antimoine, le sont en eau et en sulfures métalliques. On concevra facilement ces résultats, si l'on observe, 1° que les bases salifiables de la première et de la seconde sections ont une très-grande affinité pour l'oxigène ; 2° que celles des autres sections en ont beaucoup moins ; 3° que le soufre a très-peu d'affinité pour la magnésie, et qu'il en a beaucoup, au contraire, pour la potasse et la soude, etc. Ces diverses expériences doivent être faites dans une cornue, au col de laquelle on adapte un tube pour recueillir, sur l'eau ou sur le mercure, les gaz qui peuvent se dégager ; l'on chauffe plus ou moins. La décomposition de l'hydro-sulfure de magnésie a lieu à une température peu élevée ; les hydro-sulfures de la seconde section laissent également dégager du gaz hydrogène sulfuré à un faible degré de chaleur, et passent à l'état de sous-hydro-sulfures; mais, pour les décomposer complétement, il faut, ainsi que pour décomposer les hydro-sulfures insolubles, beaucoup plus de feu.

1143. *Action des corps combustibles.* — On n'a examiné jusqu'ici l'action des hydro-sulfures que sur le soufre. Lorsqu'on met en contact avec le soufre une solution d'hydro-sulfure saturée d'hydrogène sulfuré, il se dégage d'autant plus d'hydrogène sulfuré, et il se dissout d'autant plus de soufre, que la température est plus élevée. La quantité d'hydrogène sulfuré dégagé et la quantité de soufre dissous sont très-faibles à la température ordinaire ; elles sont considérables à celle de l'eau bouillante. Mais lorsque la solution d'hydro-sulfure, au lieu d'être saturée, est avec un suffisant excès d'alcali, elle ne laisse pas dégager sensiblement d'hydrogène sulfuré, même à la chaleur de l'ébullition, quoiqu'elle dissolve au moins tout autant de soufre que dans son état de saturation. Il suit de là, 1° que l'hydrogène sulfuré, le soufre et les alcalis, ont la propriété de former des combinaisons triples très - variables ; 2° que toutes ces combinaisons contiennent moins d'hydrogène sulfuré que les hydro-sulfures ; 3° qu'elles en contiennent d'autant moins, qu'elles contiennent plus de soufre et réciproquement.

1144. On connaît toutes ces combinaisons sous le nom d'hydro-sulfures sulfurés ; mais on donne plus particulièrement celui de sulfures hydrogénés à celles de ces combinaisons qui sont saturées de soufre à chaud, parce qu'en les traitant par les acides, on en précipite du soufre hydrogéné.

1145. *Hydro-sulfures solubles.* — L'eau ne dissout que sept hydro-sulfures, ceux de la seconde section, et ceux de magnésie et d'ammoniaque.

1146. *Action de l'air.* — Lorsqu'on met en contact avec l'air, à la température ordinaire, une solution aqueuse d'hydro-sulfure, il en résulte, dans l'espace de quelques jours, 1° de l'eau et un hydro-sulfure sulfuré qui est jaune et soluble ; 2° de l'eau et un sulfite sulfuré incolore qui, s'il est à base de potasse, de soude ou d'ammoniaque, reste en dissolution dans l'eau, mais qui se précipite en cristaux aiguillés, s'il est à base de baryte, de strontiane ou de chaux. On voit donc que l'oxigène de l'air se combine d'abord avec une partie de l'hydrogène de l'hydro - sulfure, rend ainsi le soufre prédominant dans ce composé, et qu'ensuite il se combine tout à la fois avec l'hydrogène et une portion du soufre de l'hydro-sulfure sulfuré qui s'est formé. Or, comme l'hydro-sulfure sulfuré est jaune, le premier effet de l'air doit être de colorer l'hydro-sulfure; mais comme le sulfite sulfuré est sans couleur, le second effet de ce fluide doit être de détruire la nuance qu'il avait d'abord développée.

1147. Lorsqu'au lieu de mettre en contact avec l'air les oxides hydro-sulfurés en dissolution dans l'eau ou à l'état liquide, on les met en contact avec ce gaz à l'état sec, ils éprouvent les mêmes altérations, mais dans un espace de temps plus considérable, parce que l'action n'a presque lieu qu'à la surface.

1148. Les hydro - sulfures, insolubles dans l'eau, absorbent aussi peu à peu le gaz oxigène de l'air. Il paraît que celui de fer donne lieu à de l'eau, à du tritoxide de fer, et que le soufre qui entre dans sa composition est mis en liberté. On ignore si ceux de manganèse et de zinc se comportent de la même manière, ou bien donnent lieu à de l'eau et à des sulfites sulfurés comme les précédens.

1149. *Action des oxides métalliques.* — Parmi les oxides, il en est qui tendent à enlever l'hydrogène sulfuré aux hydro-sulfures. Ce sont ceux qui peuvent se combiner avec ce gaz. Mais il en est d'autres qui, surtout à l'aide de la chaleur, tendent à brûler l'hydrogène et le soufre des hydro-sulfures : ce sont ceux qui cèdent facilement tout l'oxigène, ou une portion de l'oxigène qu'ils contiennent : de là résultent divers produits dont nous allons parler.

Lorsqu'un oxide cède tout son oxigène à un hydro-sulfure, il paraît qu'il se forme de l'eau, un sulfure métallique plus ou moins sulfuré, un sulfite de la base de l'hydro-sulfure, et il paraît qu'en même temps une portion de cette base est mise en liberté. La plupart des oxides des trois dernières sections doivent être dans ce cas, puisque, si on en excepte l'oxide d'antimoine, aucun ne se combine avec l'hydrogène sulfuré. Nous citerons pour exemple l'hydro-sulfure de baryte et l'oxide de cuivre. En faisant bouillir une solution d'hydro-sulfure de baryte avec cet oxide, on obtient tous les produits dont il vient d'être fait mention. La baryte seule reste dans la liqueur avec un peu de sulfite sulfuré, et cristallise par le refroidissement. On peut même employer ce procédé comme l'ont fait MM. Anfryé et Darcet, pour se procurer en grand cet alcali (Ann. de Chimie, t. 49). Mais lorsque l'oxide ne peut céder qu'une portion de son oxigène à l'hydro-sulfure, il ne se forme point de sulfure métallique, puisque l'oxide n'est point réduit : on obtient de l'eau, un protoxide et un sulfite sulfuré avec excès de base. Du moins, voilà ce que nous offre le tritoxide de manganèse avec l'hydro-sulfure de potasse en dissolution dans l'eau. L'hydro-sulfure passe d'abord à l'état d'hydro-sulfure sulfuré : ce n'est qu'en second lieu qu'il passe à l'état de sulfite sulfuré ; d'où l'on voit que le tritoxide de manganèse se comporte, comme l'air, avec l'hydro-sulfure de potasse.

1150. *Action des acides.* — Tous les acides, excepté ceux qui sont très-faibles, tel que l'acide carbonique, décomposent les hydro-sulfures solubles dans l'eau, mais avec des phénomènes différens. L'acide muriatique oxigéné, en décomposant ces corps, est lui-même décomposé ; il en résulte un muriate, de l'eau et un dépôt de soufre. L'acide sulfureux l'est en partie, et donne lieu à de l'eau et à un sulfite sulfuré. Tous les autres se combinent avec la base de l'hydro-sulfure sans éprouver de décomposition, et en dégagent le gaz hydrogène sulfuré avec une vive effervescence sans qu'il se dépose de soufre, à moins que l'acide ne soit en excès et ne soit susceptible, comme les acides nitrique, nitreux, de céder une portion de son oxigène à l'hydrogène de l'hydrogène sulfuré.

1151. Les acides ont moins d'action sur les hydro-sulfures insolubles que sur ceux qui sont solubles : aussi est-il nécessaire de les employer la plupart du temps en excès, et quelquefois d'élever la température pour rendre la décomposition complète.

On peut opérer toutes ces décompositions dans une cornue tubulée. On met dans cette cornue l'hydro-sulfure en dissolution ou en suspension dans l'eau ; on adapte à sa tubulure un tube droit qui plonge de quelques centimètres dans la liqueur, et à son col un tube recourbé : par le premier de ces deux tubes, on verse l'acide, par exemple, de l'acide muriatique liquide, et par le second, on recueille le gaz ; on chauffe, s'il en est besoin, au moyen d'une lampe ou de quelques charbons incandescens.

1152. *Action des sels.* — Tous les hydro-sulfures

solubles décomposent, par l'intermède de l'eau, tous
les sels solubles ou insolubles des quatre dernières sections. Dans cette décomposition, la base de l'hydro-
sulfure se combine constamment avec l'acide du sel,
tandis que l'hydrogène sulfuré se comporte, avec
l'oxide, comme on l'a dit (494). Par conséquent, si cet
oxide a pour radical le zinc, le manganèse, le fer,
l'étain, l'antimoine, l'hydrogène sulfuré s'y unira,
après l'avoir toutefois ramené au degré d'oxidation
convenable, et formera un hydro-sulfure pur ou sulfuré; mais si c'est tout autre oxide, il le réduira en
donnant naissance à de l'eau et à un sulfure métallique
d'autant plus sulfuré, que l'oxide contiendra plus d'oxigène. Le sulfure ou l'hydro-sulfure pur ou sulfuré qui se
formera étant insoluble, apparaîtra toujours en flocons
diversement colorés. Quant au nouveau sel, il restera
en dissolution dans la liqueur, s'il est à base de potasse,
de soude ou d'ammoniaque; il se précipitera ou se dissoudra en raison de l'acide qui entrera dans sa composition, s'il est à base de baryte, de strontiane, de
chaux, de magnésie. D'après cela, les dissolutions des
hydro-sulfures de potasse, de soude, d'ammoniaque,
formeront donc, dans toutes les dissolutions des sels
appartenant aux quatre dernières sections, des précipités qui ne seront autre chose que des sulfures ou
hydro-sulfures ayant pour base le métal ou l'oxide métallique de ces sels. Ces précipités seront diversement
colorés en raison de leur nature, et pourront servir de
caractère pour distinguer les sels avec lesquels on les
aura produits.

Tableau des Précipités que forment les dissolutions des Hydro-Sulfures de Potasse, de Soude et d'Ammoniaque, dans les dissolutions des divers Sels.

SELS.	COULEUR DU PRÉCIPITÉ.	NATURE DU PRÉCIPITÉ.
De zircône.............	Blanc.............	Zircône (*a*).
D'alumine.............	Blanc.............	Alumine (*a*).
De glucine et d'yttria.	....	Point de précipité.
De la seconde section.	....	Point de précipité.
De manganèse........	Blanc sale........	Hydro-sulfure ou hydro-sulfure sulfuré.
De zinc.............	Blanc.............	Hydro-sulfure.
De fer.............	Noir.............	Hydro-sulfure ou hydro-sulfure sulfuré.
D'antimoine........	Orangé...........	*Idem.*
De protoxide d'étain.	Chocolat.........	Hydro-sulfure.
De deutoxide d'étain.	Jaune............	*Id.*
D'arsenic...........	*Idem*...........	Sulfure (*b*).
De molybdène.......	Brun rougeâtre....	*Id.*
De chrôme..........	Vert.............	*Id.*
De colombium.......	Chocolat.........	*Id.*
D'urane............	Brun.............	*Id.*
De cérium..........	Brun.............	*Id.*
De cobalt..........	Noir.............	*Id.*
De titane..........	Vert bouteille....	*Id.*

(*a*) L'alcali s'unit à l'acide, l'hydrogène sulfuré se dégage, et la base du sel se précipite.

(*b*) Voyez ce qui a été dit sur la nature de ce précipité et des suivans (1139).

SELS.	COULEUR DU PRÉCIPITÉ.	NATURE DU PRÉCIPITÉ.
De bismuth...........	Noir.............	Sulfure.
De cuivre...........	Idem.............	Id.
De tellure..	Idem.............	Id.
De nickel	Idem.............	Id.
De plomb...........	Idem.............	Id.
De mercure.........	Noir brun.........	Id.
D'argent	Noir.............	Id.
De palladium.......	Idem.............	Id.
De platine..	Idem.............	Id.
D'or...............	Idem.............	Id.

1153. *État naturel.* — On ne trouve d'hydro-sul-fures dans aucun lieu, si ce n'est celui d'ammoniaque, en petite quantité, dans les fosses d'aisances; et encore cet hydro-sulfure est-il toujours à l'état d'hydro-sulfure d'ammoniaque sulfuré.

1154. *Préparation.* — On prépare les hydro-sulfures de potasse, de soude, d'ammoniaque, de chaux et de magnésie directement, c'est-à-dire, en faisant passer un excès de gaz hydrogène sulfuré à travers ces bases dissoutes ou délayées dans l'eau. A cet effet, on se sert de l'appareil (*pl.* 6, *fig.* 2): on met du sulfure de fer artificiel en poudre dans le matras; une dissolution de potasse dans le premier flacon; une dissolution de soude dans le second; une dissolution d'ammoniaque dans le troisième, et de l'eau dans le dernier flacon, afin de garantir du contact de l'air l'hydro-sulfure qui doit se

former dans le précédent. On verse de l'acide sulfurique étendu de cinq à six fois son poids d'eau, dans
le matras, par le tube à trois branches; il en résulte un
proto-sulfate de fer et un grand dégagement de gaz hydrogène sulfuré, qui se ralentit peu à peu : alors on
chauffe légèrement; on verse de temps en temps de
nouvelles quantités d'acide, et on continue ainsi jusqu'à
ce que tout le sulfure soit dissous. Si, à cette époque,
les bases salifiables ne sont point saturées d'hydrogène
sulfuré, on vide le ballon, on y introduit d'autre sulfure de fer et d'autre acide, etc. L'expérience dure
plusieurs jours, dans le cas même où on n'opère que
sur un quart de kilogramme de dissolution de chaque
base : elle est terminée, lorsque le gaz hydrogène sulfuré traverse les trois premiers flacons, sans être sensiblement absorbé. Mais nous devons faire observer que,
pendant la saturation du troisième flacon, il y a toujours une portion de gaz qui échappe à l'action de l'alcali, et qui arrive en partie jusque dans l'air atmosphérique, où il répand une odeur désagréable. On se pré-
serve de ce gaz dangereux à respirer, en mettant alors
un lait de chaux, ou bien une certaine quantité de
potasse caustique à la chaux, dans le quatrième flacon,
et en plaçant auprès de ce flacon un vase d'où se
dégage du gaz muriatique oxigéné.

On pourrait préparer les hydro-sulfures de baryte et
de strontiane comme ceux de potasse et de soude, etc.;
mais on emploie pour cela des procédés plus économiques (*Voyez* ces hydro-sulfures, 1159). Quant
aux autres hydro-sulfures, qui sont tous insolubles, on
les fait par la voie des doubles décompositions, si ce
n'est celui d'antimoine, pour la préparation duquel on

emploie un procédé particulier (*Voyez* ces hydro-
sulfures, 1164).

1155. *Composition.* — La composition des hydro-
sulfures est telle, que l'hydrogène de l'hydrogène sulfuré
est à l'oxigène de l'oxide, dans le même rapport que dans
l'eau : aussi, lorsqu'on calcine les hydro-sulfures de
fer, d'étain, les convertit-on en eau et en sulfures.

1155 *bis. Usages.* — On ne se sert d'aucun hydro-sulfure dans les arts : on n'en emploie en médecine qu'un
seul, c'est celui de deutoxide d'antimoine. Il est connu
sous le nom de *kermès.* Ceux de potasse, de soude et
d'ammoniaque sont des réactifs à l'aide desquels on
s'assure dans les laboratoires, si une liqueur contient
un sel appartenant aux quatre dernières sections. On
peut même reconnaître quelquefois l'espèce de sel
qu'elle contient par la couleur du précipité qu'y forme
l'hydro-sulfure (1152).

1156. *Historique.* — C'est à M. Berthollet que nous
devons, pour ainsi dire, tout ce que nous savons sur
les hydro-sulfures (25e vol. des Annales de Chimie).
MM. Gay-Lussac et Berzelius ont ajouté à leur histoire
plusieurs faits intéressans (Mém. d'Arcueil et Ann. de
Chimie) : on en trouve aussi plusieurs autres (Ann. de
Chimie, t. 83).

Hydro-Sulfure de Potasse.

1157. Cet hydro-sulfure cristallise en prismes à 4
pans terminés par des pyramides à 4 faces (M. Vauquelin, Ann. de Chim.). Sa saveur est âcre et amère.
Exposé à l'air, il en attire l'humidité, en absorbe l'oxigène, passe à l'état d'hydro-sulfure sulfuré (1146), et
ensuite à l'état de sulfite sulfuré. Il est extrêmement so-

luble dans l'eau. Sa dissolution, dans ce liquide, est
accompagnée d'un froid très-sensible. Soumise à l'action de la chaleur, il s'en dégage beaucoup de gaz hydrogène sulfuré, et l'hydro-sulfure passe à l'état de
sous-hydro-sulfure, etc. (1139). On obtient cet hydro-
sulfure par le procédé qui a été exposé (1154). Mais
pour que la cristallisation puisse avoir lieu, il faut que
la potasse que l'on emploie soit concentrée.

Hydro-Sulfure de Soude.

1158. Son histoire est la même que celle de l'hydro-
sulfure de potasse, si ce n'est qu'il cristallise moins facilement que lui.

Sous-Hydro-Sulfure de Baryte.

1159. Ce sous-hydro-sulfure cristallise en lames
blanches semblables à des écailles ; il est soluble dans
l'eau, mais bien plus à chaud qu'à froid. Sa dissolution
est sans couleur et susceptible d'absorber, à la température ordinaire, une assez grande quantité de gaz hydrogène sulfuré, etc. (1139). Pour l'obtenir, on prend du
sulfure de baryte provenant de la décomposition du
sulfate par le charbon (901) ; on le délaye dans 5 ou 6
fois son poids d'eau ; on fait bouillir la liqueur pendant
quelques minutes, et on la filtre à chaud : il s'y forme,
par le refroidissement, une foule de cristaux qui ne sont
que du sous-hydro-sulfure de baryte coloré par un
peu de sous-hydro-sulfure sulfuré liquide ; on les obtient purs en décantant la liqueur, les lavant avec un
peu d'eau froide, et les comprimant entre deux feuilles
de papier joseph.

Sous-Hydro-Sulfure de Strontiane.

1160. Ce sous-hydro-sulfure cristallise de la même

manière que celui de baryte : comme lui, il est beaucoup plus soluble dans l'eau à chaud qu'à froid : comme
lui aussi, il est susceptible d'absorber, à la température
ordinaire, une assez grande quantité de gaz hydrogène
sulfuré, et de passer à l'état d'hydro-sulfure neutre, etc.
(1139). On le prépare de la manière suivante : On
prend du sulfure de strontiane provenant de la décomposition du sulfate de strontiane par le charbon ;
on le délaye dans neuf ou dix fois son poids d'eau que
l'on fait bouillir pendant quelques minutes ; on filtre, et
on obtient, par le refroidissement, une masse cristalline formée de beaucoup de strontiane et d'une certaine
quantité de sous-hydro-sulfure de strontiane coloré par
un peu de sous-hydro-sulfure sulfuré liquide ; on décante la liqueur ; on lave la masse avec de l'eau froide,
pour enlever le sous-hydro-sulfure de strontiane sulfuré ; ensuite on la comprime entre deux feuilles de
papier joseph ; on la dissout dans l'eau, et on y fait
passer du gaz hydrogène sulfuré par le procédé qui a
été indiqué (1154) ; enfin, on fait rapprocher la dissolution à l'abri du contact de l'air, par exemple, dans
une cornue ; par le refroidissement, le sous-hydro-sulfure cristallise.

Hydro-Sulfures de Chaux et de Magnésie.

1161. Ces hydro-sulfures ont été beaucoup moins
examinés que les précédens. Ils n'ont encore été obtenus qu'en dissolution dans l'eau. On les prépare en
délayant de la chaux ou de la magnésie dans ce liquide,
en faisant passer pendant long-temps de l'hydrogène
sulfuré à travers le mélange par le procédé qui a été
exposé (1154), et filtrant ensuite la dissolution.

Oxides hydro-sulfurés insolubles.

1162. On a vu qu'il en existait cinq : qu'on obtenait ceux de manganèse , de zinc, de fer et d'étain, par la voie des doubles décompositions ; mais qu'on ne pouvait point obtenir celui d'antimoine par ce moyen. La raison en est évidente ; c'est que si l'on versait dans une solution de muriate d'antimoine une solution d'hydro-sulfure de potasse ou de soude, l'hydro-sulfure qu'on obtiendrait pourrait être mêlé d'oxide d'antimoine, parce que l'eau sépare cet oxide de l'acide muriatique (993 *bis*). C'est pourquoi, lorsqu'on veut préparer cet hydro-sulfure, il faut faire passer un excès de gaz hydrogène sulfuré à travers une dissolution de deuto-muriate d'antimoine, et laver le précipité, qui n'est autre chose que l'hydro-sulfure même ; ou plutôt il faut employer le procédé qu'on suit en pharmacie, où cet hydro - sulfure est connu sous le nom de *kermès minéral*.

1163. *Kermès.* — Le kermès est un médicament qui fut mis en vogue, au commencement du dix-huitième siècle, par le frère Simon , apothicaire des Chartreux : celui-ci en avait appris la préparation, qu'on tenait secrète, du chirurgien la Ligerie, à qui elle avait été communiquée par un élève de Glauber. Il paraît que c'est à ce dernier chimiste qu'on en doit la découverte.

Le Gouvernement acheta le procédé de la Ligerie en 1720, et le rendit public. Ce procédé fut depuis singulièrement modifié.

1° Si, après avoir broyé ensemble deux parties de sulfure d'antimoine et de potasse du commerce ou de sous-carbonate de soude , on fait fondre le mélange dans un creuset, et si, après avoir réduit en poudre la masse fondue, on la fait bouillir avec dix ou douze fois son poids d'eau, la liqueur filtrée laissera déposer, par le refroidissement, une grande quantité de kermès.

2° On obtiendra également une assez grande quantité de kermès, en faisant bouillir, pendant un quart d'heure, deux parties de sulfure d'antimoine avec une partie de potasse ou de soude caustique à la chaux, dissoute dans 20 à 24 parties d'eau, filtrant la liqueur et la laissant refroidir. On réussira bien encore en substituant à ces alcalis caustiques de la potasse du commerce ou du sous-carbonate de soude, pourvu qu'on en ajoute beaucoup plus : c'est même ce procédé qu'on suit le plus ordinairement.

Le commerce exige que le kermès soit léger, velouté et d'un brun pourpre foncé. Selon Cluzel, on parvient toujours à l'obtenir tel de la manière suivante (Annales de Chimie, t. 63).

Il faut faire bouillir pendant une demi-heure, dans une chaudière de fer, une partie de sulfure d'antimoine pulvérisé, 22 parties et demie de sous-carbonate de soude cristallisé, et 250 parties d'eau (on emploie beaucoup moins d'eau en grand); ensuite filtrer la liqueur, la recevoir dans des terrines chaudes, couvrir celles-ci et les laisser refroidir peu à peu. Au bout de vingt-quatre heures, le kermès est déposé : on le recueille sur un filtre ; on le lave avec de l'eau bouillie et refroidie sans le contact de l'air ; on le fait sécher à une température de 25 degrés, et on le conserve dans des vases fermés. Au reste, quel que soit le procédé qu'on emploie, en faisant bouillir la liqueur refroidie et filtrée, sur de nouveau sulfure d'antimoine, ou bien sur celui

qui n'est point attaqué dans l'opération, cette liqueur
laisse déposer, par le refroidissement, une nouvelle
quantité de kermès; on peut même s'en servir une troisième et une quatrième fois.

Que se passe-t-il dans ces diverses opérations? Outre
l'oxide d'antimoine hydro-sulfuré, il se forme de l'hydro-sulfure sulfuré de potasse ou de soude. Par conséquent, l'alcali s'empare d'une portion du soufre du
sulfure d'antimoine; l'eau est décomposée; et, tandis
qu'une portion de son hydrogène s'unit au sulfure alcalin, son oxigène et l'autre portion de son hydrogène
s'unissent à l'antimoine sulfuré. Il paraît que le kermès
qui en résulte reste en dissolution dans l'hydro-sulfure
sulfuré de potasse ou de soude; mais comme il y est
moins soluble à chaud qu'à froid, il s'en précipite une
partie par le refroidissement.

Quoi qu'il en soit, en versant dans les eaux mères du
kermès un petit excès d'acide, par exemple, de l'acide
sulfurique, nitrique ou muriatique faibles, on décompose l'hydro-sulfure sulfuré de potasse ou de soude;
on s'empare de leurs bases; on met en liberté l'hydrogène sulfuré et le soufre, auxquels elles sont unies:
celui-ci se dépose avec le kermès, se combine avec lui,
et forme un composé orangé que l'on connaît sous le
nom de *soufre doré*. Le soufre doré est donc un sulfure
hydrogéné d'antimoine: aussi, lorsqu'on le traite à
chaud par l'acide muriatique, obtient-on pour résidu
une assez grande quantité de soufre: cette quantité
s'élève quelquefois jusqu'à 0,12.

Lorsqu'on fait bouillir de l'eau avec du sulfure d'antimoine et de la chaux, ou de la baryte, ou de la
strontiane, il se forme aussi des hydro-sulfures sulfurés
de ces bases et du kermès: cependant celui-ci ne se

dépose pas ; il reste tout entier en dissolution dans ces hydro-sulfures, sans doute parce qu'ils ont la propriété de le dissoudre aussi-bien à froid qu'à chaud. Si l'on verse de l'acide nitrique ou muriatique dans la liqueur, il s'en dégage sur-le-champ du soufre doré sous forme de flocons veloutés d'un très-beau jaune orangé.

L'air décolore peu à peu le kermès et en brûle l'hydrogène (1148). Les alcalis le rendent jaune et le dissolvent ensuite ; ce qui provient probablement de ce qu'ils le décomposent en s'emparant de son hydrogène sulfuré et de son oxide. L'acide muriatique concentré en dégage, surtout à chaud, le gaz hydrogène sulfuré. L'action de l'acide muriatique faible est tout autre : il en résulte en quelques jours, à la température ordinaire, de l'eau, du muriate et du sulfure d'antimoine (M. Proust).

Il est probable que, dans le kermès et le soufre doré, l'antimoine est à l'état de deutoxide. Il est probable aussi que le kermès n'est qu'un sous-hydro sulfure d'antimoine ; car, en le calcinant dans des vaisseaux fermés, il se forme non-seulement de l'eau, mais encore du gaz sulfureux et de l'oxide d'antimoine sulfuré (M. Robiquet, Ann. de Chimie, t. 81).

Des Sulfures hydrogénés.

1164. Il existe autant de sulfures hydrogénés qu'il y a d'hydro-sulfures. Sept sont solubles dans l'eau : ce sont ceux de potasse, de soude, de baryte, de strontiane, de chaux, de magnésie, d'ammoniaque. Cinq sont insolubles ; savoir : ceux de manganèse, de zinc, de fer, d'étain et d'antimoine.

Tous les sulfures hydrogénés solubles sont jaunes verdâtres ; ils ont une saveur âcre et amère, et ex-

halent, à l'état liquide, une légère odeur d'œufs pourris ; ceux qui sont insolubles sont sans saveur et sans
odeur, et diversement colorés. Les sulfures hydrogénés
de zinc et de manganèse sont jaunes blanchâtres ; celui
d'antimoine est jaune légèrement orangé ; celui de fer
est noir. Aucun sulfure hydrogéné n'a encore été obtenu en cristaux.

1165. *Action des corps combustibles.*—On ne connaît
l'action des sulfures hydrogénés que sur quelques métaux, le mercure, l'argent, et sur l'hydrogène sulfuré.

Lorsqu'on agite dans un flacon, à la température ordinaire, du mercure avec une dissolution de sulfure
hydrogéné, on obtient, d'une part, du sulfure de mercure qui d'abord est noir, et qui, en se combinant avec
une nouvelle quantité de soufre, devient rouge (248 *bis*);
et, d'une autre part, de l'hydro-sulfure légèrement
sulfuré avec un grand excès de base : aussi la dissolution perd-elle presque toute sa couleur, et n'en con-
serve-t-elle plus qu'une légère qui est jaunâtre. L'argent, très-divisé, se comporte avec les sulfures hydrogénés de la même manière que le mercure. Il est probable que la plupart des métaux qui ne sont point
susceptibles de décomposer l'eau, agiraient sur la dissolution des sulfures hydrogénés comme les deux précédens. On prétend que l'or se dissout dans les sulfures
hydrogénés : si cela est, c'est sans doute parce qu'il se
forme un sulfure d'or soluble dans les hydro-sulfures
alcalins. Ce qu'il y a de certain, c'est que le mercure
jouit de cette propriété, ainsi que M. Proust l'a observé le premier.

1166. L'hydrogène sulfuré précipite, mais seulement
à la température ordinaire ou à une température peu

élevée, une grande quantité de soufre des sulfures hydrogénés : il est facile de le constater en faisant passer un courant de ce gaz à travers une dissolution de sulfure hydrogéné, et particulièrement à travers la dissolution du sulfure hydrogéné de potasse : le soufre qui se dépose est d'un très-beau jaune : la liqueur est en partie décolorée, et contient un hydro-sulfure sulfuré formé d'une moins grande quantité de soufre et de beaucoup plus d'hydrogène sulfuré que le sulfure hydrogéné (1143).

1167. *Action de l'air.* — Lorsqu'on expose à l'air un sulfure hydrogéné en dissolution, il en absorbe peu à peu l'oxigène, se décolore, laisse déposer du soufre, et passe à l'état de sulfite sulfuré : d'où l'on voit que tout l'hydrogène, et seulement une partie du soufre, sont brûlés. Tout le soufre le serait entièrement, si le sulfure hydrogéné était avec un suffisant excès d'alcali, c'est-à-dire, s'il en contenait assez pour saturer l'acide résultant de la combustion complète du soufre.

1168. *Action des oxides.* — Les oxides se comportent probablement, avec les sulfures hydrogénés, comme avec les hydro-sulfures (1149).

1169. *Action des acides.* — Tous les acides, excepté les acides faibles, et surtout l'acide carbonique, opèrent la décomposition des sulfures hydrogénés solubles dans l'eau. Lorsqu'on verse peu à peu une solution de sulfure hydrogéné dans un acide sur lequel l'hydrogène sulfuré n'a aucune action, par exemple, du sulfure hydrogéné de potasse dans un excès d'acide muriatique liquide, il en résulte un très-faible dégagement de gaz hydrogène sulfuré, un précipité abondant formé d'une petite quantité de soufre et de beaucoup d'hydrure de soufre (178 *bis*), et un nouveau sel qui, s'il est soluble, comme le muriate de potasse, reste en dissolution dans la liqueur. Mais si, au lieu d'opérer ainsi, on verse peu à peu l'acide dans le sulfure hydrogéné, il en résultera des produits différens : on n'obtiendra point d'hydrure de soufre ; il se formera un précipité abondant uniquement formé de soufre ; il se dégagera sensiblement plus de gaz hydrogène sulfuré que dans l'expérience précédente : toutefois l'acide s'unira, comme dans cette expérience, à la base du sulfure hydrogéné. Pourquoi cette différence ? On en concevra la cause, si l'on se rappelle que l'hydrure de soufre est décomposé par les sulfures hydrogénés ; qu'il leur cède son hydrogène sulfuré, et que, par-là, il se précipite, de ces sulfures, du soufre qui se réunit à celui qu'alors il abandonne lui-même.

Il ne serait point possible d'obtenir d'hydrure de soufre avec les acides capables de décomposer l'hydrogène sulfuré ; car, comme il faut que l'acide soit en grand excès par rapport au sulfure hydrogéné, l'hydrogène sulfuré serait toujours décomposé : c'est ainsi qu'en versant du sulfure hydrogéné de potasse dans les acides sulfureux, nitreux, muriatique oxigéné, on n'obtient que du soufre pour précipité.

1171. *Action des sels.* — Tous les sels susceptibles d'être décomposés par les hydro-sulfures, le sont également par les sulfures hydrogénés. Il en résulte des produits analogues, si ce n'est que ceux qui proviennent de ceux-ci sont plus sulfurés.

1272. *État naturel.* — On trouve, dans la nature, deux sulfures hydrogénés, mais tous deux en très-petite quantité. L'un, à base de soude, se rencontre dans les eaux minérales sulfureuses ; et l'autre, à base d'ammoniaque, dans les fosses d'aisances : celui-ci est avec un grand excès d'alcali.

1173. *Préparation.* — Les sulfures hydrogénés solubles peuvent tous s'obtenir, excepté celui d'ammoniaque qui est très-volatil, en faisant chauffer avec un excès de soufre les hydro-sulfures ou hydro-sulfures sulfurés, en dissolution dans l'eau. Ceux de potasse et de soude ne peuvent même être obtenus purs que de cette manière.

Nous remarquerons seulement qu'il y a de l'avantage à rendre l'hydro-sulfure, alcalin, parce qu'alors il n'abandonne que très-peu d'hydrogène sulfuré. (Voyez ce qui a été dit à cet égard (1143).

On prépare ordinairement les autres sulfures hydrogénés par des procédés plus économiques. Pour se procurer ceux de baryte et de strontiane, on prend du sulfure de baryte ou de strontiane provenant de la décomposition du sulfate de ces bases par le charbon ; on les mêle avec le quart de leur poids de soufre bien réduit en poudre ; on fait bouillir le mélange dans un ballon avec cinq à six fois son poids d'eau pendant cinq ou six minutes, et l'on filtre la liqueur : l'eau est décomposée par le sulfure ; il en résulte un sulfite insoluble et un hydro-sulfure sulfuré avec excès de base, qui se sature de soufre.

On obtient celui de chaux de la même manière que ceux de baryte et de strontiane, ou plutôt en faisant un mélange d'une partie et demie de chaux vive et d'une partie de fleurs de soufre, introduisant ce mélange dans un ballon, versant dessus douze à treize parties d'eau bouillante, bouchant le ballon, et filtrant la liqueur après une heure de macération. L'eau est encore décomposée ; et de là résulte également un sulfite insoluble et un sulfure hydrogéné soluble.

Ces deux procédés ne sont point applicables à la préparation des sulfures hydrogénés de potasse et de soude, parce que les sulfites sulfurés qui se forment en même temps que les sulfures hydrogénés, sont solubles dans l'eau ; mais on s'en sert pour la préparation de ceux dont on fait usage en médecine. On prend des dissolutions de potasse ou de soude caustique à la chaux, marquant environ 3o degrés ; on les fait chauffer jusqu'à ébullition ; puis l'on y ajoute le quart de leur poids de soufre sublimé : bientôt le soufre se dissout, et l'opération est terminée (a).

On s'est peu occupé de la préparation du sulfure hydrogéné de magnésie. Il est probable qu'on l'obtiendrait facilement avec l'hydro-sulfure plus ou moins sulfuré et le soufre.

Quant aux sulfures hydrogénés insolubles, on les prépare tous par la voie des doubles décompositions : par exemple, on prépare celui de zinc en versant une solution de sulfure hydrogéné de potasse dans une solution de sulfate de zinc, etc.

1174. *Composition.* — Les sulfures hydrogénés ré-

(a) Ou bien l'on se contente de traiter par l'eau les sulfures de potasse et de soude. Ces sulfures, pour les besoins de la médecine, se préparent en mêlant intimement une partie de soufre et deux parties de sous-carbonate de potasse ou de soude, mettant le mélange dans un creuset, couvrant celui-ci, l'exposant à l'action d'une chaleur rouge, et coulant le sulfure lorsqu'il est fondu : on le conserve à l'abri du contact de l'air.

sultent de la combinaison d'une petite quantité d'hydrogène sulfuré avec beaucoup de soufre et de bases
salifiables. L'analyse n'en a point encore été faite.

1175. *Usages.* — On fait usage, en médecine, de
trois sulfures hydrogénés : ceux de soude, de potasse
et de chaux. Tous trois sont administrés sous forme de
bains. Celui de soude est la base des eaux minérales
sulfureuses qu'on trouve dans la nature.

Des Hydro-Sulfures sulfurés.

1176. La composition des hydro-sulfures sulfurés varie singulièrement (1143 et 1144). Tantôt ils contiennent
beaucoup d'hydrogène sulfuré et peu de soufre : alors
ils se rapprochent des hydro-sulfures, sont peu colorés, font une vive effervescence avec les acides, et ne
laissent précipiter qu'une très-petite portion de soufre.
Tantôt ils contiennent, au contraire, beaucoup de soufre
et peu d'hydrogène sulfuré : dans cet état, ils se rapprochent des sulfures hydrogénés, et peuvent même
être confondus avec ces corps ; ils sont très-foncés en
couleur, font à peine effervescence avec les acides, et
donnent lieu à un grand dépôt de soufre et d'hydrure
de soufre. Tantôt, enfin, ils contiennent des quantités
intermédiaires de soufre et d'hydrogène sulfuré, sont
plus ou moins colorés, précipitent plus ou moins par
les acides, et laissent dégager une plus ou moins
grande quantité de gaz hydrogène sulfuré.

1177. On pourrait les regarder comme des mélanges
d'hydro-sulfures et de sulfures hydrogénés en diverses
proportions. Mais comme les hydro-sulfures qu'on met en
contact avec le soufre dissolvent d'autant plus de ce corps

combustible et laissent dégager d'autant plus d'hydrogène sulfuré que la température est plus élevée (1143), cette hypothèse ne pourrait être soutenue qu'en admettant une combinaison entre les hydro-sulfures et les sulfures hydrogénés; combinaison qui s'opposerait au dégagement de l'hydrogène sulfuré. Quelle que soit, au reste, l'opinion qu'on embrasse, il sera toujours facile de connaître les propriétés des hydro-sulfures sulfurés, puisqu'elles participent de celles des hydro-sulfures et des sulfures hydrogénés.

1178. Quant au procédé qu'on doit employer pour les faire, il consiste à traiter dans une fiole ou un ballon, à l'abri du contact de l'air et à une température plus ou moins élevée, une dissolution d'hydro-sulfure par du soufre (1143).

1179. Dans tout ce que nous venons de dire, il n'a point été question des combinaisons que l'hydrogène sulfuré et le soufre peuvent former avec l'ammoniaque. Examinons actuellement ces combinaisons : on en distingue deux principales, l'hydro-sulfure et le sulfure hydrogéné d'ammoniaque.

Hydro-Sulfure d'Ammoniaque.

1180. L'hydro-sulfure d'ammoniaque s'obtient en combinant le gaz ammoniac et le gaz hydrogène sulfuré à une basse température. Pour cela, on fait plonger jusqu'au fond d'un flacon à gros goulot et entouré de glace, deux tubes, dont l'un communique à une cornue d'où se dégage du gaz ammoniac (566), et l'autre à une grande fiole ou un matras, d'où se dégage du gaz hydrogène sulfuré (178). Ces deux tubes tra-

versent le bouchon du flacon d'où part un troisième
tube qui plonge dans le mercure, et qui est destiné,
d'une part, à donner issue aux gaz excédens, et, d'une
autre part, à s'opposer au contact de l'air avec l'hydro-
sulfure. Presqu'aussitôt que les gaz se rencontrent dans
le flacon, il se forme des cristaux blancs et transparens;
quelques-uns seulement sont jaunâtres. On continue
l'expérience jusqu'à ce qu'on juge qu'il s'en soit assez
formé. Alors on défait l'appareil, et l'on ferme promptement le flacon avec un bouchon de cristal. Au lieu
d'un flacon à gros goulot, qui peut recevoir un bouchon de liége à trois ouvertures, on pourrait se servir
d'un flacon à trois tubulures; mais l'on en retirerait
bien moins facilement l'hydro-sulfure.

Lorsqu'au lieu de vouloir obtenir de l'hydro-sulfure
d'ammoniaque en cristaux, on veut l'avoir en dissolution dans l'eau, il faut se garder d'employer le procédé
qu'on vient de décrire : il faut se servir de celui qui a
été décrit (1154), c'est-à-dire, faire passer du gaz hydrogène sulfuré à travers l'ammoniaque liquide. C'est
ordinairement ce dernier hydro-sulfure d'ammoniaque
qu'on emploie dans les laboratoires comme réactif.

L'hydro-sulfure d'ammoniaque pur est blanc, transparent, sous forme d'aiguilles ou de belles lames cristallines. Il est très-volatil : aussi, à la température ordinaire, se sublime-t-il peu à peu à la partie supérieure
des flacons dans lesquels on le conserve ; on peut
même, par ce moyen, le séparer de l'hydro-sulfure
sulfuré qu'il pourrait contenir lorsqu'il est fait. Exposé à l'air, il en absorbe l'oxigène, passe à l'état
d'hydro-sulfure sulfuré, et devient jaune. Lorsqu'il est
avec excès d'ammoniaque, il se dissout promptement

dans l'eau, en donnant lieu à un froid assez considérable, etc. (1139).

Sulfure hydrogéné d'Ammoniaque.

1182. Ce sulfure hydrogéné est un liquide presque syrupeux, dont la saveur et l'odeur sont analogues à celles de l'hydro-sulfure d'ammoniaque. Sa couleur est d'un brun rouge. Soumis à l'action du feu dans une cornue, il se décompose, et se transforme en hydro-sulfuré d'ammoniaque sulfuré qui cristallise à une très-basse température et en soufre beaucoup moins volatil que cet hydro-sulfure.

Mis en contact avec l'air, il y répand de légères vapeurs blanches, sur la formation desquelles nous reviendrons en parlant de sa préparation. Agité avec le mercure, il cède à ce métal une portion de son soufre, comme les autres sulfures hydrogénés; mais, lorsqu'on l'expose à l'action d'un courant de gaz hydrogène sulfuré, il ne laisse point, comme ces corps, précipiter de soufre. Cependant il absorbe une assez grande quantité de ce gaz; il acquiert alors la propriété de se dissoudre dans l'eau, propriété qu'il ne possédait point auparavant. En effet, l'eau trouble le sulfure hydrogéné d'ammoniaque; elle agit sur lui comme le calorique; elle le transforme en hydro-sulfure d'ammoniaque sulfuré qui se dissout, et en soufre qui se dépose. Un excès d'ammoniaque ne s'oppose point à cette décomposition, sans doute parce que l'ammoniaque liquide ne peut dissoudre le soufre. Il n'en est pas de même de la potasse et de la soude, dont l'action dissolvante sur ce corps est très-grande. Le sulfure hydrogéné d'ammoniaque se comporte en général, avec les acides et les sels, comme les autres sulfures hydrogénés.

Pour l'obtenir, on prend parties égales de muriate d'ammoniaque et de chaux en poudre, et une demi-partie de soufre également en poudre. Après les avoir mêlés intimement, on les introduit dans une cornue de grès ou de verre, en ayant soin qu'il ne reste aucune portion du mélange sur les parois du col. On place la cornue dans un fourneau muni de son laboratoire ; on y adapte une alonge qui se rend dans un petit récipient tubulé bien sec, dont on ferme la tubulure avec un bouchon surmonté d'un tube très-élevé, afin de s'opposer à la rentrée de l'air dans l'appareil. On fait du feu sous la cornue, de manière à la porter peu à peu presque jusqu'au rouge. Bientôt il se forme une liqueur jaunâtre : cette liqueur étant très-volatile, passe dans le ballon où elle se condense, surtout en entourant ce vase de linges mouillés ; on la met dans un flacon avec son poids de soufre en poudre ; on l'agite avec ce corps pendant environ sept à huit minutes, à la température ordinaire ; elle en dissout la majeure partie, se fonce singulièrement en couleur, s'épaissit, et constitue alors le sulfure hydrogéné. Voici ce qui se passe dans cette opération. D'une part, la chaux s'empare de l'acide muriatique du muriate d'ammoniaque, et met l'ammoniaque de ce sel en liberté : de l'autre, la petite quantité d'eau qui peut être contenue dans les matières que l'on emploie est probablement décomposée : son oxigène, en s'unissant à du soufre et à de l'ammoniaque, donne lieu à du sulfite, tandis que son hydrogène, en se combinant avec une autre portion de soufre et d'ammoniaque, forme de l'hydro-sulfuré d'ammoniaque sulfuré, qui, au commencement de l'opération, contient un grand excès de base et peu de soufre, et qui tout à la fin contient, au contraire, beaucoup de soufre et seulement un petit excès de base; ce qui doit être, puisque l'ammoniaque est bien plus volatil que le soufre (a).

Le produit total de l'opération (à part le sulfite) est donc un hydro-sulfure sulfuré d'ammoniaque, uni ou mêlé avec beaucoup d'alcali dans un grand état de concentration : on l'appelait autrefois *liqueur fumante de Boyle*, parce qu'il est liquide, que ce liquide répand des vapeurs dans l'air, et qu'il a été obtenu pour la première fois par ce chimiste. Il faut opérer au moins sur un demi-kilogramme de mélange pour avoir une quantité remarquable de liqueur.

On peut encore obtenir du sulfure hydrogéné d'ammoniaque, en agitant du soufre avec de l'ammoniaque et de l'hydro-sulfure d'ammoniaque provenant de l'absorption du gaz hydrogène sulfuré par l'ammoniaque liquide (1180); mais il est moins chargé de soufre que le précédent.

(a) Nous ne donnons cette théorie que comme probable. Ce qu'il y a de certain, c'est que, dans la préparation de la liqueur fumante de Boyle, il ne se dégage point de gaz azote. Par conséquent, l'ammoniaque ne doit point être décomposée; d'où il suit qu'il est permis de croire que l'hydrogène de cette liqueur provient de l'eau contenue dans les matières que l'on emploie. Cependant, comme il paraît que le soufre est un peu hydrogéné, on pourrait aussi soutenir que l'hydrogène est fourni par ce corps combustible. Pour décider la question, il faudrait s'assurer s'il se forme réellement du sulfite.

1183. La liqueur de Boyle répand pendant long-temps des vapeurs épaisses dans une cloche pleine de gaz oxigène ou d'air ; mais elle en répand à peine et seulement pendant un instant dans une cloche pleine de gaz azote ou de gaz hydrogène : les résultats sont les mêmes dans les gaz secs ou humides. Ces expériences doivent être faites de la manière suivante : On prend un petit tube de verre fermé par un bout ; on y met une certaine quantité de liqueur fumante de Boyle ; on le bouche, et on l'abandonne à lui - même pendant plusieurs heures, ou plutôt jusqu'à ce que les vapeurs qui s'y forment soient parfaitement dissipées. Alors on introduit ce tube à travers le mercure sous la cloche pleine de gaz, par exemple, de gaz hydrogène pur, et on le débouche avec un fil de fer, etc. D'après cela, il paraît que l'oxigène est une des principales causes de la propriété qu'a la liqueur de Boyle de fumer dans l'air, et que c'est probablement en la faisant passer à l'état de sulfure hydrogéné, et peut-être en partie à l'état de sulfite, qu'il contribue à la rendre fumante.

CHAPITRE DOUZIÈME.

Extraction des Métaux.

1184. Nous partagerons ce chapitre en deux parties : nous traiterons, dans la première, de l'extraction des métaux qui sont sans usages, et, dans la seconde, de celle des métaux qui ont des usages plus ou moins multipliés.

EXTRACTION DES MÉTAUX QUI SONT SANS USAGES.

1185. Les métaux sans usages sont au nombre de vingt-six; savoir : ceux de la première section ; ceux de la seconde ; le manganèse, le chrôme, le molybdène, le tungstène, le colombium, le cobalt, l'urane, le cérium, le titane, le nickel, le tellure, l'osmium, l'iridium, le palladium et le rhodium.

1186. On n'a pu , jusqu'à présent, parvenir à se procurer à l'état métallique *les métaux de la première section.* La nature ne nous les offre qu'à l'état d'oxide, et leur affinité pour l'oxigène est telle qu'ils ne le cèdent à aucun autre corps.

1187. Il n'en est pas de même *de ceux qui forment la seconde section.* Cependant le calcium, le strontium et le barium ne peuvent être obtenus que par la pile et qu'en très-petite quantité (136). Quant au potassium et au sodium, on peut non-seulement se les procurer de cette manière (139), mais surtout en traitant les hydrates de potasse et de soude, à une très-haute température, par le fer. C'est toujours par ce dernier procédé qu'on les prépare, parce qu'on les obtient beaucoup plus facilement et en plus grande quantité que par le premier.

1188. On prend un canon de fusil ; on le décape ou on le nettoie intérieurement , en le frottant avec du sable et de l'eau , et on le sèche en l'essuyant avec un linge ou du papier. Ensuite on le fait rougir successivement en C' et en B, pour le courber comme on le voit (*pl.* 31 , *fig.* 1). Alors on le recouvre, depuis B' jusqu'en C'', d'une couche d'environ 16 millimètres d'épaisseur d'un lut fait avec 5 parties de sable et

1 partie de terre à potier. On laisse sécher ce lut à l'ombre pendant 5 à 6 jours, au bout desquels on l'expose au soleil ou à une douce chaleur, pour en achever la dessication. S'il s'y fait quelques gerçures, on les répare avec du lut frais (*voyez* Description des Appareils, art. *Lut*).

Le canon étant bien luté, on le remplit, depuis B' jusqu'en C, de tournure de fer décapée par la trituration ; on le dispose dans un fourneau à réverbère, comme on le voit (*pl.* 31, *fig.* 2.); on l'assujettit dans ce fourneau avec des fragmens de briques et du lut infusible, ou de même nature que celui qui recouvre le canon : après quoi, l'on met des fragmens d'hydrate de potasse ou de soude, depuis B' jusqu'en A'; et l'on adapte, d'une part, à l'extrémité supérieure A, un tube de verre qu'on fait plonger dans le mercure ; et, d'une autre part, à l'extrémité inférieure D, un récipient de cuivre GG' HH', formé de deux pièces qui s'élargissent, et entrent à frottement l'une dans l'autre. Ce récipient, placé sur un support LL', reçoit par son ouverture GG' l'extrémité du canon D, et par son autre ouverture HH', un bouchon portant un tube de verre recourbé I. Enfin on fait rendre la tuyère d'un bon soufflet dans le cendrier, par la porte P qu'on bouche ensuite avec de la terre et des briques, et on établit une grille demi-cylindrique E' de fil de fer sous la partie A'B' du canon, de manière qu'elle l'enveloppe inférieurement et latéralement, et qu'elle en soit distante d'environ un pouce.

Lorsque l'appareil est ainsi disposé, que les portes du foyer et du cendrier sont bien bouchées, que toutes

les fissures le sont également, et que les luts sont bien
secs, on verse alternativement, par la cheminée, du charbon froid et du charbon incandescent dans le fourneau,
jusqu'à ce qu'il en soit presque plein. On met un linge
mouillé en B', de crainte que l'hydrate ne fonde; et l'on
souffle lentement jusqu'à ce que la flamme apparaisse
au-dessus du dôme. A cette époque, on augmente le courant d'air, de manière à le rendre bientôt le plus fort
possible. Aussitôt que le canon de fusil est excessivement chaud, on enlève le linge placé en B', et on fond
l'hydrate contenu en B'B'', en plaçant peu à peu assez
de charbon incandescent sur la grille, pour entourer cette partie du tube. L'hydrate, en fondant, se
rend en B, et se trouve, par conséquent, en contact
avec la tournure de fer à une très-haute température ;
d'où il résulte que les conditions nécessaires pour la
décomposition du deutoxite de potassium ou de sodium
sont remplies. Mais comme l'eau, à laquelle il est
uni, se trouve décomposée en même temps que lui,
on doit obtenir tout à la fois, et on obtient en effet,
du potassium ou du sodium, et du gaz hydrogène. Le
potassium ou le sodium se volatilise et se condense
dans l'extrémité CD du canon, et de là tombe à l'état
liquide dans le récipient GG' HH'. Quant à l'hydrogène, il se dégage à l'état de gaz par l'extrémité du
tube I, entraînant quelquefois avec lui des matières
qui le rendent nébuleux, et quelquefois même du potassium ou du sodium qui s'enflamme.

Plusieurs signes permettent de reconnaître si l'opération va bien. Le plus sûr de tous est le dégagement
du gaz qui doit être rapide, sans qu'il en résulte des
vapeurs trop épaisses à l'extrémité du tube de verre I.

Lorsque ce dégagement se ralentit beaucoup, ce qu'on reconnaît en plongeant de temps en temps le tube I dans de l'eau, on en conclut qu'il n'y a presque plus d'hydrate dans la partie B'B", et on fond celle qui est en B"B'", en l'entourant de charbons incandescens comme la précédente, et ainsi de suite. L'opération est terminée quand le feu a été porté successivement jusqu'en A'. Alors on enlève le canon du fusil, et on le laisse refroidir, après avoir bouché avec du lut les tubes A et I : on trouve tout le potassium ou le sodium dans le récipient GG' HH'; on l'en retire avec une tige de fer courbe, en séparant la partie GG' de la partie HH'; on le reçoit et on le conserve dans un flacon à gros goulot, bouché à l'émeri et plein d'air, ou en partie plein d'huile de pétrole, distillée.

Il arrive quelquefois qu'au milieu de l'opération les gaz cessent tout à coup de se dégager par le tube I, et se dégagent par le tube M. Ce phénomène annonce que le coup de feu n'est point assez fort, que le deutoxide de potassium passe à travers la tournure de fer sans se décomposer. Dans ce cas, il faut mettre du feu autour de la partie D du canon, pour faire fondre le deutoxide de potassium qui l'obstrue, et arrêter l'opération si on n'y parvient pas.

Il arrive aussi quelquefois que les gaz ne se dégagent ni en I ni en M, quoiqu'on fasse fondre de nouvelles portions d'hydrate contenues en B' A'. On doit en conclure que les luts n'ont pas résisté, et que le tube de fer en s'oxidant a été troué : alors on doit toujours arrêter l'opération, et la recommencer dans un autre tube.

De 100 grammes d'hydrate on retire environ 25

grammes de potassium, et on retrouve dans le canon
de fusil environ 50 grammes de deutoxide échappé à
la décomposition, probablement parce qu'il est intimement combiné avec l'oxide de fer. Cette combinaison, au milieu de laquelle se trouve beaucoup de fer à
l'état métallique, forme une masse très-adhérente,
qu'il est difficile de détacher autrement que par des
coups de marteau ou des lotions répétées.

Au lieu d'hydrate de soude pur, il vaut mieux,
pour obtenir le sodium, employer de l'hydrate de
soude contenant un à deux centièmes d'hydrate de potasse, parce que la réduction se fait plus facilement,
ou à une température moins élevée. A la vérité, on
obtient un alliage de sodium et de potassium qui est
solide, cassant, grenu : mais, en le mettant sous forme
de plaques dans l'huile de naphte, et renouvelant de
temps en temps l'air du vase, le potassium seul se brûle
dans l'espace de quelques jours : alors le sodium est
pur ; il a acquis pour ainsi dire la ductilité de la cire, et
il ne se fond qu'à 90 degrés (139) (a).

1189. Le *manganèse*, le *chrôme*, le *cobalt*, l'*urane*, le
cérium, le *titane*, s'obtiennent tous de la même manière.
On prend une certaine quantité de ces métaux à l'état
d'oxide ; on les mêle avec la quantité de noir de fumée
nécessaire pour absorber leur oxigène et former de
l'acide carbonique ; ensuite l'on donne au mélange la
consistance d'une pâte ferme par une quantité convenable d'huile ; on en fait une boule que l'on met dans
un creuset de Hesse brasqué (*voyez* Description des

(a) On peut placer deux canons de fusil dans le même fourneau, comme on le voit (*pl.* 31, *fig.* 3).

Appareils, article *Creuset brasqué*); on recouvre cette
boule de charbon ordinaire et le creuset de son couvercle; puis, l'on place ce creuset d'une manière solide
sur un fromage ou sur une brique : à cet effet, l'on
creuse dans le fromage ou la brique une petite cavité
capable de recevoir le fond du creuset que l'on entoure, ainsi que le couvercle, d'un peu de lut infusible. Cela étant fait, on met le creuset et la brique
qui le soutient sur la grille du fourneau de forge. On
remplit ce fourneau de charbon froid et de charbon
incandescent, et l'on chauffe graduellement de manière
à donner, au bout d'une demi-heure, environ les trois
quarts du vent du soufflet; ce qu'il est facile de faire, en
ouvrant convenablement le registre adapté au conduit.
Le feu doit être soutenu ainsi pendant une heure à une
heure un quart. Enfin, on donne tout le vent pendant cinq à six minutes, et l'opération est terminée.
Alors on retire le creuset du feu avec une pince à
creuset, on le laisse refroidir tranquillement, et l'on
trouve le métal réduit dans la brasque et fondu en un
culot, si toutefois il est susceptible d'entrer en fusion.

Pour obtenir le plus de feu possible, il est nécessaire
de faire tomber de temps en temps le charbon avec une
tige de fer, et d'en entretenir toujours le fourneau plein.

1190. On se procure le *molybdène*, le *tungstène* et le
colombium de même que le manganèse, le cobalt, etc.,
si ce n'est qu'on emploie ces métaux à l'état d'acide,
parce qu'il est plus facile de les obtenir sous cet état
que sous celui d'oxide.

1191. Le *tellure* s'extrait de l'une des mines de tellure
dont nous avons donné la composition (157). Lorsque
cette mine n'est formée, comme la première, que de

tellure, d'or et de fer, il faut opérer comme il suit :
Après l'avoir séparée de sa gangue le plus exactement
possible, on la réduit en poudre fine, et on la fait
chauffer doucement, en versant successivement dessus
cinq à six parties d'acide nitrique dans une capsule ou
un matras. L'action est vive ; tout le tellure se dissout ;
le fer se dissout lui – même , du moins en partie :
quant à l'or et à la gangue qu'il n'aurait point été possible de séparer (*a*), ils ne sont point attaqués et restent
au fond du vase. Alors on étend d'eau la liqueur ; on
la filtre, et on y verse de la potasse ou de la soude
caustique en dissolution concentrée, jusqu'à ce que le
précipité qui se forme d'abord disparaisse et devienne
d'un brun foncé. On filtre de nouveau. Sur le filtre
reste l'oxide de fer, et dans la nouvelle liqueur se
trouve l'oxide de tellure uni à l'excès d'alcali. Pour
l'en séparer, on sature exactement l'alcali par de l'acide
muriatique : à l'instant même cet oxide, à l'état de
sous-muriate, se dépose sous forme de flocons blancs ;
on le recueille sur un nouveau filtre ; on le lave avec un
mélange de parties égales d'eau et d'alcool (*b*), et on le
fait sécher à une douce chaleur. Enfin, on le mêle intimement avec huit à neuf centièmes de son poids de
charbon ; on introduit le mélange dans une petite cornue de verre, et l'on soumet ce mélange à une chaleur
moindre que le rouge-cerise. Bientôt le charbon se
trouve complétement brûlé par l'oxigène de l'oxide ; et
celui-ci, réduit. Une partie du métal se sublime, s'at-

(*a*) La gangue est toujours de nature siliceuse.

(*b*) On se sert d'un mélange d'eau et d'alcool, parce que l'eau
seule le dissoudrait (1007).

tache à la voûte de la cornue, tandis que l'autre se fond
en culot. Il est nécessaire de ne pas chauffer brusquement, parce que la réduction aurait lieu avec une
sorte d'explosion (*a*).

En traitant de la même manière la seconde espèce de
mine de tellure, ou celle qu'on désigne sous le nom
d'or graphique (157), on parvient aussi à en extraire le
tellure pur. Mais il faut modifier le procédé pour extraire ce métal des deux autres espèces de mine, en
raison du plomb qu'elles contiennent, et qui, comme
l'oxide de tellure, est soluble dans la potasse et la
soude caustique. On pourrait, dans ce cas, verser un
excès d'acide sulfurique dans la dissolution alcaline,
qui contiendrait l'oxide de tellure et l'oxide de plomb :
il en résulterait du sulfate de plomb insoluble et du
sulfate de tellure soluble. Ensuite on précipiterait
l'oxide de tellure de sa dissolution dans l'acide sulfurique, en y ajoutant une quantité convenable d'alcali.

1192. L'*iridium*, l'*osmium*, le *palladium*, le *rhodium*
et le *platine*, s'extraient tous de la mine de platine qu'on
trouve dans le commerce et dont la composition est très-
compliquée (165). D'abord, on la traite à plusieurs
reprises par l'acide nitro-muriatique, comme nous
l'avons dit au sujet du muriate d'iridium. Il en résulte
une dissolution d'un brun jaune contenant beaucoup de
fer, beaucoup de platine, du cuivre, du plomb, du

(*a*) Au lieu de calciner l'oxide de tellure avec le charbon, il
vaudrait peut-être mieux le dissoudre dans l'acide muriatique et
plonger un barreau de fer dans la dissolution. Le tellure se précipiterait sous forme de flocons noirs (717) qu'on laverait et qu'on
fondrait, à la manière ordinaire, dans un creuset.

palladium, du rhodium, du mercure, un peu d'iridium, de l'acide sulfurique, et un résidu noir, pulvérulent, formé d'iridium, d'osmium, d'oxide de fer, d'oxide de chrôme et d'oxide de titane (M. Vauquelin) (*a*). Ensuite on mêle ce résidu avec deux fois son poids de nitrate de potasse ; on calcine le mélange dans une cornue jusqu'à ce que le nitrate soit complétement décomposé (*b*) ; on lessive le produit avec de l'eau tiède jusqu'à ce que l'eau cesse de se colorer ; puis on fait chauffer ce qui ne se dissout point avec un excès d'acide muriatique étendu de la moitié de son poids d'eau : cet acide en opère presqu'entièrement la dissolution. On obtient ainsi deux dissolutions : l'une, qui est alcaline, où se trouvent de l'oxide d'osmium, un peu de protoxide d'iridium et de l'acide chrômique ; et l'autre, qui est acide, où se trouvent de l'oxide de fer, de l'oxide de titane et de l'oxide d'iridium.

(*a*) Dans ce résidu, l'osmium est uni à l'iridium, l'oxide de fer l'est à l'oxide de titane et à l'oxide de chrôme. C'est ce qui fait que l'osmium, l'oxide de fer et l'oxide de chrôme, ne sont point attaqués par l'acide nitro-muriatique ; car nous savons qu'isolément, l'oxide de fer et l'oxide de chrôme y sont solubles ; et M. Vauquelin vient de reconnaître que l'osmium s'y dissout également bien.

Le rhodium de la mine de platine ne se dissout probablement que parce que le muriate de ce métal tend à former quelques sels doubles avec quelques muriates de la dissolution.

La mine de platine contient quelques globules de mercure : nous avons oublié de l'observer (165).

(*b*) On fait la calcination dans une cornue, afin de pouvoir recueillir dans un récipient une certaine quantité d'oxide d'osmium qui se volatilise.

1193. Pour se procurer l'osmium, on sature la dissolution alcaline par l'acide nitrique pur : elle se trouble et laisse déposer le protoxide d'iridium sous forme de flocons verts. Après l'avoir filtrée, on l'introduit dans une cornue dont le col se rend dans un récipient qu'on refroidit avec soin, et on la distille presque tout entière. L'oxide d'osmium passe en dissolution dans l'eau. On verse une petite quantité d'acide muriatique dans cette dissolution, qui est incolore ; on y plonge une lame de zinc, et bientôt l'osmium s'en sépare : on le rassemble, on le lave, et on le calcine dans des vaisseaux fermés pour lui donner le brillant métallique.

M. Laugier vient de faire une observation qui rendra l'osmium un peu moins rare qu'il n'a été jusqu'ici. Il a reconnu que, dans le traitement de la mine de platine par l'acide nitro-muriatique, une partie d'osmium était attaquée, et que cette partie se vaporisait avec une certaine quantité d'acide. En conséquence, il conseille avec raison d'opérer la dissolution dans une cornue, de condenser la liqueur qui se vaporise dans un récipient, de saturer cette liqueur par un lait de chaux ou de la chaux en suspension dans l'eau, et de procéder à la distillation pour en extraire l'oxide d'osmium.

1194. Pour se procurer l'iridium, on porte à l'ébullition la dissolution acide faite avec le résidu dont nous avons parlé précédemment (1192) : il s'y produit un précipité vert jaunâtre de protoxide d'iridium, d'oxide de titane et de fer, unis sans doute ensemble ; et elle passe du vert foncé à un beau rouge : alors on la filtre et on lave le résidu. Dans cet état, elle con-

tient encore beaucoup de fer, mais peu de titane.
Ensuite on la concentre; on y verse de l'ammoniaque de manière à n'en pas saturer entièrement l'excès d'acide, et à l'instant même il s'en sépare, sous
forme de petits grains brillans, un sel noir qui est du
muriate ammoniaco d'iridium : en lavant convenablement ce sel à l'eau froide, le séchant et le calcinant
dans un creuset jusqu'au rouge, on en chasse l'ammoniaque, l'acide muriatique et l'oxigène; et l'iridium
reste pur.

Mais comme la liqueur contient encore une certaine
quantité d'iridium, il faut l'étendre de beaucoup d'eau
et y ajouter un excès d'ammoniaque : par ce moyen,
on en précipite seulement l'oxide de titane et de fer,
de sorte qu'en filtrant de nouveau, évaporant à siccité
et calcinant, on obtient tout l'iridium qui s'y trouve
dissous. On peut se procurer de même la petite portion
d'iridium qui se précipite avec l'oxide de titane et de
fer au moment où l'on fait bouillir la dissolution acide
(1194) : il suffit pour cela de traiter auparavant ce précipité par l'acide muriatique. Enfin, on peut aussi se
procurer de la même manière une certaine quantité
d'iridium qui, dans la première opération, échappe
à l'action de la potasse et de l'acide muriatique (1192) :
la seule condition à remplir est de l'attaquer par une
grande quantité d'acide nitro-muriatique, et d'évaporer ensuite la liqueur pour en chasser en partie l'excès
d'acide (*a*).

(*a*) Ces deux procédés m'ont été communiqués par M. Vauquelin. Ils seront bientôt publiés dans les Annales de Chimie, et
feront suite au Mémoire que ce célèbre chimiste a publié récemment sur le rhodium et le palladium.

1195. On voit, d'après ce que nous venons de dire, que l'extraction de l'osmium et de l'iridium n'est pas compliquée : il n'en est pas de même de celle du platine, du palladium, du rhodium, parce qu'ils se trouvent dissous dans l'acide nitro-muriatique avec un assez grand nombre d'autres métaux. La première chose que l'on doit faire, est de concentrer la dissolution, afin d'en chasser l'excès d'acide ; il faut l'évaporer de manière qu'elle puisse cristalliser par le refroidissement : alors on l'étend de dix fois son poids d'eau, et on y verse un excès d'une dissolution de muriate d'ammoniaque saturée à froid. Celui-ci se combine avec le muriate de platine et forme un sel double, jaune, très-peu soluble, qui se précipite à l'instant ; on le recueille sur un filtre, et on le lave convenablement (*a*). C'est de ce sel double qu'on extrait le platine. A cet effet, on le calcine jusqu'au rouge dans un creuset de Hesse ; le muriate d'ammoniaque se sublime, le muriate de platine se réduit, et le platine seul reste sous forme d'une masse spongieuse composée de beaucoup de petits grains (M. Vauquelin).

Lorsque l'on veut se servir de ce platine pour faire des creusets, des capsules, etc., il faut en réunir toutes les parties. On y parvient en l'alliant avec la huitième partie de son poids d'arsenic, coulant l'alliage bien fondu sous forme de plaques ou de lingots peu épais, l'expo-

---

(*a*) Si la dissolution était très-acide, il resterait beaucoup de muriate de platine en dissolution ; et si on ne l'étendait que de quelques parties d'eau, il serait difficile de laver le précipité. On ne le séparerait qu'avec peine du muriate de fer, du muriate d'iridium qui le colore, et autres sels avec lesquels il est mêlé (M. Vauquelin, *Annales de Chimie*, t. 88).

sant à l'action de l'air et en même temps de la chaleur
rouge-brun, puis de la chaleur rouge-cerise, de la chaleur rouge-rose, et enfin de la chaleur rouge-blanc.
L'arsenic, qui d'abord s'unit au platine et le rend fusible, s'en sépare en se combinant avec l'oxigène, et
passe à l'état de deutoxide qui se dégage, de telle sorte
que le platine redevient aussi pur qu'il était, et acquiert la propriété de pouvoir être forgé.

1196. Ce n'est qu'après avoir retiré la majeure partie
du platine de la liqueur provenant de l'action de l'acide
nitro-muriatique sur la mine de platine, qu'on doit
s'occuper d'en extraire le palladium et le rhodium. On
peut le faire par deux procédés différens : l'un est dû à
M. Wollaston, et l'autre à M. Vauquelin.

1197. M. Vauquelin plonge des lames de fer dans cette
liqueur, réunie aux eaux de lavage du muriate ammoniaco de platine : ces lames y déterminent un précipité
noir formé de fer, de cuivre, de plomb, de mercure (*a*), de palladium, de rhodium, d'iridium, d'osmium, en partie combinés et oxidés (*b*). Il met successivement ce précipité en contact, à la température ordinaire, avec de l'acide nitrique et de l'acide muriatique ; il enlève, par l'acide nitrique, beaucoup de fer
et de cuivre et un peu de palladium ; et, par l'acide muriatique, beaucoup de fer encore, du cuivre, du palladium, et même du platine et du rhodium. Lorsque
ces acides ont cessé d'agir, il lave le résidu avec de

(*a*) Le platine brut, ou la mine de platine, contient toujours
quelques globules de mercure que l'on retrouve dans la dissolution
nitro-muriatique : on pourrait les séparer du platine brut par la
calcination.

(*b*) Ce qui est probable, du moins d'après l'action des acides
sur ce précipité.

l'eau et le fait dessécher fortement; ce qui en dégage du muriate de mercure sous forme de vapeurs blanches, du muriate de cuivre, du mercure, et, selon toute apparence, de l'oxide d'osmium; ensuite il le traite à deux reprises par l'acide nitro-muriatique concentré, en employant à chaque fois environ cinq fois autant d'acide que de résidu: l'action est assez forte à froid; elle devient très-vive à chaud. Cependant, tout le résidu ne se dissout point même en soutenant la chaleur pendant long-temps; il en reste une petite portion où se trouve beaucoup d'iridium.

Quoi qu'il en soit, la dissolution contient du platine, du rhodium, du palladium, de l'iridium, et même du fer et du cuivre (a). On l'évapore jusqu'à consistance syrupeuse pour en chasser l'excès d'acide; puis on l'étend d'une quantité convenable d'eau pour en précipiter le muriate de platine par le muriate d'ammoniaque, comme nous l'avons dit précédemment: après quoi, on l'évapore de nouveau presque jusqu'à siccité, et, de nouveau encore, on l'étend d'une petite quantité d'eau. Par ce moyen, on en sépare un sel grenu d'un rouge de fleur de grenade, qui n'est formé que de muriate d'ammoniaque et de platine, coloré par un peu de muriate d'iridium.

Cela étant fait, on étend la dissolution d'une nouvelle quantité d'eau, et on y ajoute un peu d'acide mu-

(a) L'acide nitro-muriatique employé, même en second lieu, contient une quantité très-sensible de fer et de cuivre; ce qu'on ne peut expliquer qu'en admettant, comme nous l'avons dit tout à l'heure, que ces métaux sont unis aux autres, et qu'il en résulte un alliage difficilement attaquable par les acides.

riatique, si toutefois elle n'en contient point un assez grand excès. Alors on y verse peu à peu de l'ammoniaque, de manière à ne pas saturer tout à fait l'excès d'acide; on agite, et à l'instant on voit paraître un grand nombre d'aiguilles fines très-brillantes et d'un très-beau rose. Ces aiguilles sont uniquement formées de sous-muriate ammoniaco de palladium qui est extrêmement peu soluble. On les laisse déposer, on les lave, on les fait sécher, et on les calcine jusqu'au rouge pour en extraire le palladium.

Enfin, pour obtenir le rhodium, M. Vauquelin fait évaporer les liqueurs, dont le palladium a été séparé, jusqu'à ce qu'elles puissent cristalliser en masse par le refroidissement. Il laisse égoutter les cristaux, les broye dans un mortier de verre ou de porcelaine; les met dans un flacon avec de l'alcool à 36 degrés, et les agite de temps en temps: au bout de vingt-quatre heures, il décante l'alcool, qui a pris une couleur d'un jaune verdâtre, et en remet d'autre sur les cristaux: il les lave ainsi tant que l'alcool se colore sensiblement. De cette manière, il dissout les muriates de fer, de cuivre, et le muriate d'ammoniaque et de palladium qui a pu se former; et il obtient, sous forme de poudre rouge insoluble dans l'alcool, le muriate ammoniaco de rhodium. Mais comme celui-ci pourrait encore contenir un peu de muriate ammoniaco de platine, il est bon de le dissoudre dans une petite quantité d'eau aiguisée, si l'on veut, d'acide muriatique. L'eau dissout le sel de rhodium, et n'attaque pas sensiblement le sel de platine. Par conséquent, en évaporant la dissolution jusqu'à siccité, et calcinant le résidu jusqu'au rouge, l'on obtiendra le rhodium : ce métal sera blanc, cassant et en masse spongieuse.

1198. Le procédé de M. Wollaston diffère beaucoup de celui de M. Vauquelin. Après avoir chauffé la mine de platine jusqu'au rouge pour en dégager le mercure, M. Wollaston en sépare l'or par l'acide nitro-muriatique faible, et la traite ensuite par de l'acide nitro-muriatique médiocrement concentré ; il fait rapprocher la dissolution, en précipite la majeure partie du muriate de platine par le muriate d'ammoniaque, et plonge dans les eaux mères une lame de zinc qui y forme un dépôt d'une poudre noire composée de plomb, de cuivre, de palladium, de rhodium, de platine et d'iridium. Lorsque la lame de zinc n'agit plus, il lave le dépôt, le met en contact à une douce chaleur avec de l'acide nitrique faible, enlève ainsi le plomb et le cuivre, lave le nouveau résidu, et le traite par de l'acide nitro-muriatique affaibli. La nouvelle dissolution qui en résulte contient le palladium, le platine et du rhodium : il y ajoute en sel marin la cinquantième partie du poids de la mine sur laquelle il opère, l'évapore doucement jusqu'à siccité, et obtient trois sels doubles ; savoir : du muriate de soude et de palladium ; du muriate de soude et de platine, et du muriate de soude et de rhodium. Celui-ci est insoluble dans l'alcool, tandis que les deux autres y sont très-solubles : de là le moyen qu'il emploie pour séparer le muriate de soude et de rhodium. En dissolvant ce sel dans l'eau, et y plongeant une lame de zinc, il en extrait le rhodium.

Quant au palladium, il l'obtient en transformant la

dissolution alcoolique en une dissolution aqueuse très-concentrée, précipitant le muriate de platine par le muriate d'ammoniaque, versant du prussiate de potasse dans la liqueur filtrée, recueillant le prussiate de palladium qui se précipite et qui est de couleur orangé foncé, et le calcinant. L'acide prussique, qui est de nature animale, se décompose, et le palladium reste seul.

EXTRACTION DES MÉTAUX EMPLOYÉS DANS LES ARTS.

Les métaux employés dans les arts sont au nombre de douze : l'arsenic, le bismuth, le zinc, l'étain, le fer, le mercure, l'antimoine, le plomb, le cuivre, l'argent, l'or et le platine. On les extrait, de préférence, des mines qui les renferment à l'état natif. A défaut de ces sortes de mines, on exploite celles qui sont composées d'oxide ou de carbonate ; et à défaut de ces dernières, celles qui sont composées de sulfure. L'or, l'argent et le platine, sont les seuls métaux qui, à raison de leur prix, peuvent être extraits avec avantage d'une mine, quelle que soit sa composition.

Nous ne dirons rien, en général, des indices qui peuvent servir à faire reconnaître les mines ; de la recherche du minerai par la sonde ; de sa disposition ou de sa manière d'être, tantôt en filons, tantôt en couches et tantôt en amas ; de son extraction, et enfin de la plupart des préparations mécaniques qu'on lui fait subir. Ceux qui voudront acquérir des notions générales à cet égard, les trouveront dans le Traité de Minéralogie de M. Brongniart.

Extraction du Bismuth.

L'exploitation des mines de bismuth n'offre aucune difficulté, parce que ce métal est très-fusible, et qu'il se trouve presque toujours à l'état natif.

On se contente ordinairement de concasser la mine et de la mettre dans des creusets autour desquels on fait un feu de bois. Bientôt ce métal entre en fusion, et se rassemble au fond de ces vases. Cependant la gangue est quelquefois si considérable, qu'elle nécessite l'addition d'un fondant terreux et alcalin.

A Schneeberg, où la mine contient du cobalt, on la met par morceaux dans des tuyaux de fer de 1 décimètre de diamètre et de 14 décimètres de long. On dispose ces tuyaux en travers sur un fourneau, et on les incline légèrement. L'une de leurs extrémités est fermée par un couvercle en fer; l'autre, par laquelle doit s'écouler le bismuth, est en partie fermée par de l'argile, dans laquelle on a ménagé une petite ouverture. On allume le feu dans le fourneau; et, lorsque la température est suffisamment élevée, le bismuth fond, et vient se rendre dans un récipient de fer.

Dans tous les cas, après avoir extrait le bismuth, on doit le tenir quelque temps en fusion pour volatiliser la majeure partie de l'arsenic qu'il contient presque toujours. Le meilleur moyen de reconnaître s'il en est totalement séparé, est de le traiter par l'acide nitrique: il se dissoudra complétement, s'il est pur, et laissera déposer de l'arséniate de bismuth, s'il ne l'est pas.

Extraction de l'Arsenic.

Lorsqu'on grille les mines de cobalt arsenicales, etc.

(532), tout l'arsenic n'est point oxidé : une petite partie se sublime à l'état métallique, et se condense presqu'à la naissance de la cheminée. Cet arsenic est recueilli ; il est sublimé de nouveau dans des cornues de fonte, dont le col très-court et très-large se rend dans des récipiens cylindriques, et ensuite versé dans le commerce, tel qu'on l'obtient ; savoir : sous forme de masses noirâtres composées d'une multitude de cristaux à cassure écailleuse ou lamelleuse, qui sont peu adhérens les uns aux autres.

Il paraît aussi qu'on se procure de l'arsenic métallique, en sublimant directement l'arsenic natif (145) dans des cornues de fonte semblables aux précédentes.

Extraction du Zinc.

Le zinc était si peu employé, il y a quelques années, qu'on n'exploitait directement aucune mine de ce métal. Alors on extrayait à Goslar celui dont le commerce avait besoin, en traitant des minerais de plomb ou de cuivre qui renfermaient du zinc sulfuré. Il n'en est plus de même depuis qu'on est parvenu à le laminer : ses usages se sont étendus ; on commence à s'en servir pour faire des couvertures de bâtimens, des bassines, des baignoires, des conduits, etc.; et il est devenu à la Vieille-Montagne, département de l'Ourthe, l'objet d'une exploitation particulière.

La mine est en masse concrétionnée. Elle est formée, pour la plus grande partie, d'oxide de zinc, de silice, d'eau, d'un peu d'oxide de fer, de carbonate de chaux et d'alumine. C'est une calamine très-riche. On la calcine d'abord pour la diviser plus facilement : ensuite on la mêle avec du charbon, et il paraît qu'on introduit le mélange dans des tuyaux de terre qui traversent un fourneau sous une légère inclinaison. La partie inférieure de ces tuyaux est entièrement fermée, tandis que la partie supérieure s'adapte à d'autres tuyaux inclinés comme les premiers, mais dans un sens opposé. Lorsque le feu est assez fort, la calamine se réduit ; le zinc en provenant se sublime et se rend dans les tuyaux extérieurs, d'où on le fait tomber dans un bassin de réception. Comme il est par fragmens, on le fond dans un grand creuset, et on le coule en plaques. Ces plaques sont laminées et versées dans le commerce.

Extraction de l'Etain.

L'étain ne se trouve dans la nature qu'à l'état de sulfure et d'oxide. Le sulfure étant rare, on n'exploite que l'oxide, dont on trouve des quantités considérables en Angleterre, en Allemagne, à Banca, à Malaca, etc. (530).

L'oxide est toujours en roche, ou disséminé, sous forme de sable, dans des terrains d'alluvion. Dans le premier cas, on bocarde la mine, et on lave la matière sabloneuse qui en résulte dans des caisses et ensuite sur des tables, pour séparer la gangue qui, étant moins pesante que le minerai, est entraînée par l'eau (a). Dans le second, on fait le lavage sur le terrain même, en y faisant arriver une quantité convenable d'eau.

Lorsque le minerai contient des sulfures de fer et de cuivre, ce qui arrive souvent, on en extrait l'étain, en

_____

(a) Ces tables et ces caisses ont différentes formes (*voyez* la Minéralogie de M. Brongniart, article *Exploitation*).

Bohême et en Saxe, par le procédé suivant. On grille le minerai dans un fourneau à réverbère (*a*), à une chaleur qui n'excède pas beaucoup le rouge brun. Par ce moyen, on le convertit en gaz sulfureux qui se dégage, en sulfates et en oxides de fer et de cuivre qui restent mêlés avec l'oxide d'étain. Le grillage étant terminé, on jette la matière, presque rouge encore, dans des cuves pleines d'eau : les sulfates de cuivre et de fer se dissolvent, et les oxides d'étain, de fer et de cuivre, se précipitent. On retire les sulfates par évaporation et cristallisation. Quant aux oxides, on les lave de nouveau, mais sur des tables. Ceux de fer et de cuivre, plus légers que l'oxide d'étain, se séparent de

---

(*a*) *Description d'un Fourneau à réverbère.*

Planche 30, *fig.* 3 et 4. Plan et coupe d'un fourneau à réverbère.

Fig. 4. EE, laboratoire du fourneau, portant le nom de *sole* : on y place les matières à calciner.

M, petit mur en briques qui sépare le foyer des matières placées sur la sole EE : on le nomme *autel*.

FF, voûte surbaissée en briques, recouvrant le fourneau supérieurement.

G, foyer.

I, grille sur laquelle on place le combustible.

T, bouche, ou partie du fourneau par laquelle l'air s'introduit dans le foyer.

H, cheminée.

Fig. 3. L, ouverture latérale par laquelle on porte le combustible sur la grille.

P, autre ouverture latérale servant à introduire dans le fourneau les substances que l'on veut calciner.

N, autre ouverture encore, mais située à l'extrémité du fourneau. C'est par cette dernière qu'on introduit un ringard pour remuer les matières qui sont sur la sole, et c'est aussi par elle qu'on les retire du fourneau.

telle manière, que celui-ci reste presque pur. Cependant il arrive quelquefois que, comme à Alt.-Saint-Johan, l'oxide, après cette opération, est encore mêlé avec une assez grande quantité d'oxide de fer attirable au barreau aimanté : alors on enlève ce dernier oxide avec une forte pierre d'aimant.

L'oxide ayant été ainsi purifié, est jeté, avec du charbon mouillé, dans un fourneau à manche (*a*) très-bas, dont le sol est incliné et en granite, et dont la cheminée se change, vers la moitié de sa hauteur, en une espèce de chambre de bois enduite d'argile : on mouille le charbon, afin que le vent des soufflets emporte le moins d'oxide possible ; la chambre pratiquée dans la cheminée sert à recevoir la portion qui s'élève en poussière. L'oxide ne tarde point à se réduire. L'étain tombe sur le sol, et de là dans le bassin d'avant-

(*a*) Pour se faire une idée du fourneau à manche, on doit se le représenter comme un prisme quadrangulaire creux, s'évasant un peu supérieurement, haut de 1 à 3 mètres, surmonté d'une cheminée ordinairement fort élevée, et terminée inférieurement par un plan incliné d'arrière en avant. Ce plan est le sol du fourneau ; la cavité prismatique en est le foyer et le laboratoire. Il faut concevoir de plus trois ouvertures : l'une, assez grande, située à la naissance de la cheminée : c'est par celle-ci qu'on charge le fourneau ; la seconde, très-petite, pratiquée dans la paroi postérieure du laboratoire, un peu au-dessus du sol : elle reçoit le tuyau d'un fort soufflet ; et la troisième, très-petite aussi, mais pratiquée dans la paroi antérieure du fourneau, à la partie antérieure du sol : elle est destinée à laisser couler le métal. Celui-ci se rend, au moyen d'une rigole, dans un premier bassin creusé dans de la brasque, appelé *bassin de réception.* Le fond de ce bassin a une ouverture que l'on tient bouchée avec de l'argile, et que l'on débouche, lorsqu'il est plein, pour faire passer le métal dans un second bassin placé plus bas que le premier, et qu'on appelle *bassin de percée.* Les scories sont retenues dans le bassin de réception.

foyer ou de réception ; d'où on le fait couler de temps
en temps dans le bassin de percée.

Extraction du Fer.

1193. Considérées métallurgiquement, les mines de
fer se divisent en deux classes : 1° les mines terreuses ;
2° les mines en roche.

Les premières renferment le fer brun granuleux et
les variétés de fer terreux (528); et les secondes, le fer
oxidulé ou à l'état de deutoxide (527), le fer rouge-
hématite, le fer brun fibreux (528), et le fer spathique (755, 2°).

Les mines de fer terreuses ne sont jamais grillées. On
se contente de les laver pour les débarrasser en partie
des terres argileuses ou calcaires qui les enveloppent :
seulement, lorsqu'elles sont en masse solide, on les bocarde en même temps qu'on les lave, en faisant passer
un courant d'eau sous les pilons.

Les mines de fer en roche n'exigent ni lavage ni bo-
cardage ; mais on est quelquefois obligé de les griller.
Le but de cette opération est, en général, de séparer
le soufre et l'arsenic des minerais qui en contiennent,
de les rendre plus friables, etc.

Souvent aussi l'on abandonne pendant long-temps à
l'air, avant et même encore après le grillage, celles
d'entr'elles qui sont principalement composées de fer
spathique. D'après les expériences de M. Descotils, qui
attribue à la présence de la magnésie la propriété ré-
fractaire de ces mines, il paraîtrait qu'alors le sulfate de
magnésie, formé pendant le grillage au moyen du soufre,
serait entraîné par l'eau, ou bien que le carbonate de
magnésie le serait lui-même. Dans cette dernière

supposition il faudrait prolonger, pendant des années entières, l'exposition à l'air.

Pour griller les mines de fer en roche, on les met avec du bois ou de la houille dans des fours carrés ou en cônes renversés. Rarement on grille celles que l'on traite dans les hauts fourneaux : le temps que le minerai met à descendre de la partie supérieure du fourneau à son fond, lui tient lieu de grillage.

Lorsque les mines de fer ont reçu ces préparations préliminaires, on procède à leur fusion.

Les fourneaux les plus généralement employés ont la forme de deux cônes tronqués adossés base à base. Leur hauteur est de sept à dix mètres. On les appelle *hauts fourneaux.* La note ci-jointe en contient la description (a).

(a) *Planche* 29, *fig.* 1, 2 *et* 3. Plan et coupes d'un haut fourneau.

Fig. 2. EE, châssis en charpente, sur lequel repose la masse du fourneau.

GG, maçonnerie construite sur le châssis EE.

LL, parois du fourneau en pierre ou en briques.

H,H, murs et contre-murs du fourneau.

dd, dd, sable, scories ou poussier de charbon dont on remplit l'intervalle compris entre les parois LL et les murs H,H du fourneau.

MM, partie supérieure du fourneau, à laquelle on donne le nom de *buze.*

N, *batailles* ou murs élevés autour de la plate-forme ou surface supérieure MM du fourneau.

FFFFF, canaux creusés dans l'épaisseur de la maçonnerie, et servant à donner issue à l'humidité tant des parois que du fond du G.

aa, *taque* ou plaque en fonte recouvrant les canaux inférieurs d'évaporation FFF.

1195. Les hauts fourneaux se chargent par la partie supérieure, c'est-à-dire, par le gueulard. D'abord

mIO, intérieur du fourneau, représentant deux cônes adossés base à base.

m, ouverture supérieure du fourneau, appelée *gueulard*.

I, laboratoire portant le nom de *cuve*.

PPPP, partie inférieure du laboratoire, appelée *étalages*.

O, creuset où se rassemble la fonte.

SS, pierre de fonte du creuset.

xx, couche de sable placée entre la taque aa et la pierre de fond SS du creuset.

g, ouverture que l'on débouche au moment où l'on veut couler la fonte.

T, plaque en fonte inclinée, nommée *dame*, sur laquelle s'écoulent les scories.

u, rebord ou plaque de fonte posée le long de la dame, et servant à empêcher les scories de tomber du côté de la coulée.

Z, *tympe* ou plate-bande en fer, en fonte ou en pierre, soutenant la maçonnerie au-dessus de l'ouverture, par laquelle sortent les scories.

TZ, ouverture située à la partie supérieure du creuset, et par laquelle les scories ou laitiers s'écoulent sur la dame.

R, *taqueret* ou plaque de fonte placée sur la tympe, et appliquée contre la paroi externe du creuset pour soutenir les étalages.

Y, *buse* ou tuyau conique en tôle ou en cuivre, fixé à l'une des extrémités des caisses des soufflets, et servant à porter l'air dans l'intérieur du fourneau.

P, *tuyère* ou espèce d'entonnoir en fer ou en cuivre, dans lequel repose la buse Y. La tuyère est placée dans l'épaisseur des parois du fourneau, et sert à diriger le vent des soufflets sur les matières qui y sont contenues.

cc, embrasure de la tuyère.

ee, embrasure de la coulée.

VVVV, partie supérieure des embrasures de la tuyère et de la coulée, portant le nom de *marâtres :* elle est traversée par des barres de fer ou de fonte, servant à supporter les pierres plates qui forment cette partie des embrasures.

on les remplit de charbon (*a*). Lorsqu'ils sont élevés à une très-haute température, on les entretient toujours pleins, en y versant alternativement une certaine quantité de charbon et ordinairement d'un fondant argileux ou calcaire : argileux, si la mine est trop calcaire; et calcaire, si la mine est très-argileuse, ce qui a lieu le plus souvent. L'argile prend le nom d'*erbue*; le carbonate de chaux, celui de *castine* (*b*). Il est essentiel de les bien choisir.

Les proportions dans lesquelles on emploie ces diverses substances varient beaucoup. En opérant sur une mine de fer argileuse, on pourrait employer les suivantes : mine de fer 100, marbre blanc 15, charbon 50. Ces proportions donneront 34 de fonte, d'où l'on extraira 25 de fer.

1196. Dans tous les cas, il faut faire passer un très-grand courant d'air à travers la masse. A cet effet, l'on se sert de forts soufflets en bois ou de trompes (*c*), ou de

---

(*a*) L'on se sert ordinairement de charbon de bois; mais l'on peut aussi employer la houille (charbon de terre), privée par la calcination de la matière grasse et du soufre qu'elle contient presque toujours. Sans cela, la matière grasse rendrait les morceaux de charbon adhérens les uns aux autres, et le soufre, en s'unissant au fer, le rendrait cassant.

(*b*) Par cette addition de castine ou d'erbue, l'on fait entrer en fusion les parties terreuses qui accompagnent l'oxide de fer : alors celui-ci, se trouvant immédiatement en contact avec le charbon, se réduit tout de suite. Il en résulte d'ailleurs un autre avantage; c'est que la fonte qui se forme et qui se rassemble dans le creuset se trouve à l'abri du vent des soufflets, et ne peut point s'oxider.

(*c*) La trompe est ordinairement un tuyau vertical en bois dont le haut a la forme d'un entonnoir, et dont le bas est fixé sur une caisse ou tonneau sans fond, plongeant dans l'eau par sa partie inférieure. Le dessus du tonneau porte un conduit destiné à transmettre au foyer des fourneaux l'air fourni par la trompe. On fait

pompes soufflantes, et l'on fait arriver l'air un peu au-
dessus du creuset par un seul tuyau, quelquefois par
deux, très-rarement par trois.

La matière s'affaisse peu à peu, met près de deux
jours à descendre dans un fourneau de 10 mètres, du
gueulard dans le creuset, et se transforme en fonte, en
laitier, en produits volatils dus à la combustion du
charbon, à la décomposition du carbonate de chaux et
à la réduction de l'oxide de fer.

Le laitier est une masse de verre opaque, brun,
formé de chaux, de silice, d'alumine, d'un peu d'oxide
de fer, et quelquefois d'un peu d'oxide de manganèse.
La fonte paraît être essentiellement composée de fer
uni à quelques centièmes de charbon; elle contient, en
outre, un peu de laitier, et le plus souvent des traces
de manganèse, de cuivre, de phosphore et de soufre (195) (a). En tenant compte de ces résultats, il sera
toujours facile de concevoir tout ce qui se passe dans
l'opération. La fonte se rassemble dans le creuset à
mesure qu'elle fond : le laitier, plus fusible qu'elle
encore et moins pesant, s'y rassemble aussi, la recouvre sans cesse, et s'écoule, au bout d'un certain
temps, le long de la plaque de fonte nommée *dame*,
par une ouverture située au bord du creuset.

1197. Lorsque le creuset est presque plein de fonte,

arriver un courant d'eau dans le tuyau vertical : cette eau tombe en
s'éparpillant sur une pierre qui est placée au milieu du tonneau, et
qui s'élève d'environ 0^m,3 au-dessus du niveau de l'eau envi-
ronnante : l'air entraîné par la chute de l'eau, ne trouvant point
d'issue, est obligé de s'échapper par le conduit qui communique
avec le fourneau.

(a) Selon MM. Berzelius et Stromeyer, le silicium n'est point à
l'état d'oxide ou de silice dans la fonte; il est à l'état métallique.
Cette opinion, pour être admise, a besoin d'être appuyée de nouvelles expériences.

on arrête le soufflet, et on débouche avec un ringard
la percée (*a*), qu'on tient fermée avec de l'argile. La
fonte incandescente coule et se rend dans un sillon
sablonneux creusé dans le sol de la fonderie ; elle s'y
moule en un long prisme triangulaire dont les extrémités sont effilées, et prend le nom de *gueuse*. Alors on
bouche la percée ; on remet les soufflets en mouvement, et huit à neuf heures après l'on fait une nouvelle coulée. L'on continue ainsi pendant plusieurs
mois, ou plutôt jusqu'à ce que le fourneau ait besoin
d'être réparé.

1198. On distingue deux espèces de fonte, la fonte
blanche et la fonte grise : quelquefois même on en distingue une troisième espèce, la fonte noire.

La fonte blanche a une cassure lamelleuse d'un gris
blanc ; elle contient moins de charbon et est moins pesante, plus dure, plus cassante et plus fusible que la
fonte grise. Le laitier qui en provient est très-ferru-
gineux, très-fluide et d'un vert brun. On obtient constamment cette fonte en exploitant les mines de fer
manganésiennes. Elle produit le meilleur acier naturel,
mais difficilement du fer doux (*b*).

La fonte grise est d'un gris tirant sur le noir ; le laitier qui en provient est blanc, pâteux et lamelleux. On
n'obtient jamais cette sorte de fonte avec des mines de
fer contenant du manganèse.

(*a*) Trou qui correspond à la partie inférieure et latérale du
creuset.

(*b*) Cette fonte ne doit point être confondue avec la fonte blanche
qu'on obtient en refroidissant subitement la fonte grise, ni avec
celle que l'on peut obtenir avec tous les minerais, lorsque le fon-
dage est mal fait ou que le charbon n'est pas en quantité suffisante.

Il y a deux variétés de fonte grise : la fonte grise aigre, qui donne du mauvais fer, et la fonte grise douce, qui est la plus recherchée.

1199. La fonte étant faite, il faut l'affiner pour l'amener à l'état de fer. L'affinage de la fonte se pratique ordinairement dans un fourneau qu'on appelle *ouvrage*, *renardière*, etc. Il consiste principalement en une cavité carrée d'environ 6 décimètres de côté et 5 à 6 décimètres de profondeur, revêtue intérieurement de plaques de fonte très-épaisses, dont l'une est percée pour le passage du laitier (*pl.* 30, *fig.* 1 et 2) (*a*). La cavité est pratiquée dans un massif de briques, et recouverte d'une cheminée en hotte liée d'un côté au massif par un mur, ce qui donne au fourneau l'aspect d'une forge de serrurier.

Lorsque l'on veut commencer l'affinage, on remplit cette cavité de poussière de charbon bien battue, nommée *brasque légère*. On creuse dans la brasque une cavité hémisphérique que l'on appelle *creuset*; et l'on place dans le creuset des morceaux de fonte que l'on entoure de charbon de bois. De forts soufflets portent de l'air à travers le charbon sur la fonte. Bientôt la température est très-élevée; la fonte entre en fusion : il se forme des scories à la surface du bain; un ouvrier les écarte et remue sans cesse le bain avec un ringard. Cette manipulation a pour objet de favoriser l'accès de l'air, de brûler le carbone de la fonte, et de mettre le fer en liberté. A mesure que cet effet est produit, le fer se sépare et prend la forme de grumeaux. L'ouvrier rassemble ces grumeaux en une seule masse que l'on appelle

(*a*) Alors on perce la brasque elle-même : on ne fait écouler le ait ler que lorsqu'il est nuisible.

loupe ou *renard.* Lorsque cette masse est assez volumineuse, il la saisit avec des pinces, il la tire hors du creuset et la traîne sur une plaque de fer, dont est garni le sol de l'atelier. Au même instant plusieurs ouvriers en font suinter de toutes parts le laitier, en la frappant avec de forts marteaux et lui donnant une forme sensiblement sphérique. On la porte ensuite sous le martinet (*a*) pour la forger : c'est ce qu'on appelle *cingler la loupe.*

La loupe ne peut pas prendre, au premier cinglage, la forme de barre qu'elle doit avoir par la suite : on est obligé de la reporter dans le fourneau ; et, lorsqu'elle est convenablement chaude, on la replace sous le martinet pour la cingler de nouveau. Ce n'est qu'au quatrième feu *ou chauffe* que la loupe est entièrement forgée en barre, et qu'elle peut être livrée au commerce.

1200. On trouve dans les Pyrénées, le pays de Foix, la Catalogne, etc., des mines de fer spathique mêlées de fer hématite, assez fusibles et assez riches pour pouvoir donner immédiatement du fer. Cette méthode de traiter les mines de fer a reçu le nom de *méthode catalane.*

_____

(*a*) On donne le nom de martinet à un énorme marteau de fer ou de fonte douce pesant environ 450 kilogrammes, emmanché à l'extrémité d'une longue solive, et mis en mouvement au moyen de l'eau ou d'une machine à vapeur.

Ce marteau frappe sur une forte enclume qui est également en fer ou en fonte douce, et de même forme que lui ; elle est enfoncée en partie dans la terre, et soutenue par un massif très-solide de charpente ; les coups de marteau se succèdent plus ou moins rapidement à la volonté de l'ouvrier.

Le fourneau que l'on emploie pour cette opération est absolument semblable au fourneau d'affinage de la fonte : on y place la mine, on l'entoure de charbon de bois, on élève la température au moyen des soufflets ; et lorsque la matière a été suffisamment chauffée, on en retire des loupes de fer que l'on forge comme celles qui proviennent de l'affinage de la fonte.

La méthode catalane étant beaucoup plus prompte et plus économique que celle qui consiste à traiter la mine par le haut fourneau, on ne manque pas de l'employer toutes les fois que la nature du minerai le permet.

Il doit se passer, dans les hauts fourneaux, quelque chose d'analogue à ce qui a lieu dans la forge catalane. La mine de fer, à une certaine hauteur du fourneau, doit être réduite et amenée à l'état de fer pur et malléable ; car ce n'est qu'à une température très-élevée que le fer peut se combiner avec le carbone et se transformer en fonte.

1201. Le fer obtenu par les procédés que nous venons d'exposer est toujours ductile quand la mine est de bonne qualité ; mais, lorsqu'elle contient de l'arsenic ou des phosphates, etc., il arrive souvent que le fer qui en provient est cassant. On connaît deux espèces de fer cassans : les uns cassent à froid, et les autres à chaud. Ils doivent, dit-on, cette propriété, les premiers à un peu d'arsenic, et les seconds à un peu de phosphore. Cependant le fer cassant à chaud peut se forger au rouge blanc : il ne se brise qu'au rouge brun.

Selon M. Dufaud, en affinant la fonte, qui fournit ces sortes de fers, dans un fourneau à réverbère susceptible de produire une haute température, on peut extraire de cette fonte même du fer d'excellente qualité. Ce procédé d'affinage, pratiqué en Angleterre, a d'ailleurs un autre avantage, en ce qu'il n'exige que de la houille, dont le prix est toujours beaucoup moins élevé que celui du charbon de bois. Déjà M. Dufaud le pratique lui-même en grand à Creil : il est probable que son exemple sera bientôt imité par les autres maîtres de forges (*voyez* les Observations de M. Dufaud et la description du fourneau qu'il emploie, Bulletin de la Société d'encouragement, mois d'août 1810).

Extraction du Mercure.

1202. De toutes les mines de mercure, il n'y a que le sulfure de ce métal qui soit exploité : il faut que la mine contienne au moins 0,006 de mercure pour être traitée avec avantage.

On en extrait le mercure par deux procédés. L'un est pratiqué dans le département du Mont-Tonnerre. Ce procédé consiste d'abord à trier la mine, à la broyer, à la mêler avec de la chaux éteinte, et à introduire le mélange dans des cornues de fonte d'environ un mètre de long sur 35 centimètres de diamètre. Ensuite l'on place les cornues sur deux rangs, en hauteur, dans une galère (105) ; l'on adapte au col de chaque cornue un récipient de terre rempli d'eau jusqu'au tiers, et l'on chauffe la galère avec du bois ou de la houille. La chaux s'empare du soufre, et forme du sulfure de chaux qui reste au fond de la cornue ; le mercure se volatilise et vient se rendre dans les récipiens.

Le second procédé est pratiqué à Almaden, en Espagne, et à Idria, dans le Frioul. Il diffère beaucoup du premier. Là, on se sert d'un fourneau carré dont le sol, en briques, est percé de plusieurs trous pour li-

vrer passage à une partie de la flamme du foyer qui est
au-dessous. A la partie supérieure et latérale du fourneau, on pratique des ouvertures communiquant à plusieurs files d'aludels (a) qui sont placées sur une terrasse,
et qui vont se rendre dans un petit bâtiment situé à l'extrémité de celle-ci : ce petit bâtiment sert de récipient.
Après avoir trié le minerai, on le broye, puis on le
pétrit avec de l'argile pour en former de petites masses
que l'on place sur le sol du fourneau, et l'on élève la
température. Le soufre se brûle au moyen de l'oxigène
de l'air et passe à l'état d'acide sulfureux; tandis que
le mercure se volatilise et vient se rendre par les aludels dans le bâtiment dont nous venons de parler, et
d'où on le retire pour le verser dans le commerce.

Extraction de l'Antimoine.

1203. C'est aussi de sa combinaison avec le soufre
qu'on extrait l'antimoine.

Comme le sulfure d'antimoine est très-fusible, on le
sépare de la gangue par la chaleur. Après avoir concassé la mine, on la met dans des creusets ou dans des
pots de terre percés de plusieurs trous, et posés sur
d'autres creusets à moitié enfouis dans la terre. Les
creusets supérieurs sont entourés de bois, auquel on
met le feu. Bientôt le sulfure fond et se rassemble dans
le creuset inférieur, où, par le refroidissement, il se
solidifie en une masse aiguillée.

Lorsque le sulfure est ainsi purifié, on le concasse,
on le place sur le sol d'un fourneau à réverbère, et on

_____

(a) On appelle aludels des espèces de pots ouverts par leur
partie supérieure et inférieure, et qui peuvent s'appliquer exactement les uns sur les autres de manière à former des tuyaux.

l'expose à l'action d'une douce chaleur, en l'agitant de temps en temps avec un ringard. Le feu doit être tellement ménagé, que la matière n'entre point en fusion; il en résulte du gaz acide sulfureux qui se dégage, et de l'oxide d'antimoine sulfuré. Le grillage exige beaucoup de temps : il n'est terminé que quand le sulfure est changé en une poussière terne d'un gris blanchâtre. Alors on mêle cet oxide avec la moitié de son poids de tartre ; l'on introduit le mélange dans des creusets que l'on place dans un fourneau de fusion : on chauffe ; le carbone et l'hydrogène de l'acide du tartre revivifient la majeure partie de l'oxide d'antimoine (*a*), tandis que la potasse de ce sel s'unit au soufre de l'oxide sulfuré, et forme un sulfure de potasse qui, avec l'oxide non décomposé, surnage le métal fondu et l'empêche de se volatiliser : l'antimoine se rassemble au fond des creusets ; il s'y prend, par le refroidissement, en une masse hémisphérique, présentant à sa surface une cristallisation qui a quelqu'analogie avec des feuilles de fougère.

On prétend que le procédé que nous venons de décrire commence à être abandonné aujourd'hui, et qu'on obtient l'antimoine en faisant chauffer fortement le sulfure avec de la grenaille de fonte. Celle-ci s'emparerait du soufre, et mettrait en liberté l'antimoine qui, étant plus pesant que la fonte et le sulfure de fer, se rassemblerait à la partie inférieure des grands creusets dans lesquels l'opération serait faite.

(*a*) Le tartre est du tartrate acide de potasse, sali par de la matière colorante. L'acide tartarique est formé d'hydrogène, de carbone et d'oxigène, dans un rapport tel que l'oxigène ne peut pas brûler entièrement l'hydrogène et le carbone.

Ce n'est ni par l'un ni par l'autre de ces deux procédés qu'on extrait l'antimoine du sulfure dans les laboratoires. On le retire en faisant un mélange intime de 3 parties de sulfure, de 2 de soufre et de 1 de nitre, projetant ce mélange cuillerée par cuillerée dans un creuset chaud, couvrant ce creuset et l'exposant pendant trois quarts d'heure à l'action du feu d'une petite forge ou d'un bon fourneau à réverbère. On appréciera facilement ce qui se passe dans cette opération en citant les produits. Ces produits sont de l'antimoine, qu'on trouve sous forme de culot au fond du creuset ; des scories, qui couvrent ce culot et qui contiennent du sous-carbonate de potasse, du sulfate de potasse, du sulfure de potasse, de l'oxide d'antimoine sulfuré, et des corps volatils qui se dégagent, au nombre desquels l'on doit compter de l'azote ou de l'oxide d'azote, de l'eau et des gaz inflammables, etc.

Extraction du Plomb.

1204. Quoiqu'il existe un grand nombre de mines de plomb, il n'en est qu'une qu'on trouve en assez grande quantité pour être exploitée : c'est celle qui est connue sous le nom de *galène*, et qui, comme nous l'avons vu (248), est principalement formée de plomb et de soufre.

Après avoir trié le minerai, on le bocarde et on le lave pour séparer la gangue dont il est enveloppé. Ensuite on le grille. Il y a deux manières de griller : la première consiste à le mouler en petites mottes au moyen d'un peu d'argile, et à placer ces mottes sur un lit de bois auquel on met le feu. Le tas est ordinairement entouré de trois petites murailles et abrité par un hangar. Souvent on fait subir deux grillages au minerai que l'on grille de cette manière. La seconde consiste à chauffer le minerai dans un fourneau à réverbère. Dans ce cas, l'on peut obtenir immédiatement une certaine quantité de plomb : il suffit, pour cela, de griller le minerai pendant long-temps à une douce chaleur sans l'agiter, d'augmenter ensuite le feu, et de bien mêler les couches supérieures, qui sont formées de sulfate de plomb, avec les couches inférieures, qui ne sont composées que de sulfure : le soufre de celui-ci revivifie l'oxide du sulfate, et fait passer l'acide de ce sel à l'état de gaz sulfureux en y passant lui-même, de telle sorte que l'on obtient du plomb provenant tout à la fois et du sulfure et du sulfate.

Le minerai ayant été grillé par l'un ou l'autre procédé, on le mêle avec de la grenaille de fonte ou des scories de fer, et on le traite dans le fourneau à manche par le charbon de terre ou de bois : bientôt le plomb coule dans le bassin d'avant-foyer, et de là dans le bassin de percée. L'objet qu'on se propose, en ajoutant de la fonte, est de retirer une plus grande quantité de plomb. En effet, la mine grillée est un mélange d'oxide, de sulfate, et probablement de sulfure de plomb. En la traitant seulement par le charbon, on convertirait le sulfate en sulfure, et on ne retirerait que le plomb de l'oxide ; au lieu qu'en la traitant tout à la fois par le charbon et la fonte, celle-ci s'empare du soufre du sulfure de plomb, et en met le métal en liberté.

1205. Le plomb ainsi obtenu s'appelle *plomb d'œuvre.* Lorsqu'il provient de la galène à petites et à moyennes facettes, il contient ordinairement assez d'argent pour que l'on puisse en extraire ce métal avec avantage.

L'extraction de l'argent est fondée, 1° sur la propriété qu'a l'air d'oxider le plomb et de ne point oxider l'argent à une température élevée ; 2° sur celle qu'ont l'argent et l'oxide de plomb de ne point s'unir ; 3° sur leur grande fusibilité ; 4° enfin, sur la différence qui existe entre leur pesanteur spécifique, différence qui fait qu'aussitôt qu'ils sont fondus, l'argent occupe toujours la partie inférieure.

Cette opération se fait dans un fourneau à réverbère, dont la voûte est surbaissée, et dont le milieu de l'aire est à jour, de manière à recevoir une grande coupelle oblongue composée d'os calcinés au blanc, broyés, tamisés et lessivés. Les bords de la coupelle sont de niveau avec la surface de l'aire. Sur l'un de ses côtés est le foyer, et sur le côté opposé, la cheminée. Un peu au-dessus de l'une de ses extrémités est placée, sous une légère inclinaison, la tuyère d'un fort soufflet ; l'autre est percée d'un trou vertical qui communique supérieurement par une rigole ou une échancrure avec l'intérieur de la coupelle (*a*).

(*a*) Cette coupelle se fait au moyen d'un moule formé d'une bande de fer elliptique d'environ 16 à 18 centimètres de hauteur, et dont le grand axe a 9 à 10 décimètres de longueur, et le petit axe 5 à 6. Le fond de ce moule est formé par des barres de fer plates soudées à son bord inférieur, distantes l'une de l'autre de 5 à 6 centimètres, et destinées à soutenir la coupelle pendant l'opération. On remplit le moule d'os réduits en pâte d'une consistance convenable, et que l'on tasse bien également avec des pilons arrondis par l'extrémité ; on forme le bassin ou la portion de la coupelle, en enlevant une certaine quantité de la pâte au moyen d'un couteau courbe destiné à cet usage.

La coupelle étant ainsi préparée, il s'agit de la placer dans la portion de l'aire qui lui est destinée. A cet effet, on fait glisse ette coup elle sur deux fortes barres de fer placées au-dessous de
c

La coupelle doit être presqu'entièrement remplie de plomb (a) : on chauffe le fourneau ; et bientôt après l'on fait mouvoir les soufflets. Le plomb se fond, se combine avec l'oxigène ; l'oxide qui en résulte se fond lui-même, et forme une couche liquide qui, poussée par le vent des soufflets, se rend en partie dans la rigole, de là dans le trou vertical, et de là enfin dans un bassin de réception, où, en se solidifiant, il cristallise en petites paillettes et prend le nom de *litharge*. A mesure que cet effet a lieu, on verse de nouveau plomb dans la coupelle de manière à l'entretenir toujours convenablement pleine, et l'on continue ainsi d'ajouter du plomb pendant 8 à 10 jours. Alors on cesse d'en ajouter, et l'on creuse la rigole peu à peu. Par ce moyen, la litharge continue à s'écouler, et il arrive une époque à laquelle il ne reste plus que de l'argent dans la coupelle : à cette époque, la surface du bain devient extrêmement brillante. On retire l'argent de la coupelle au moyen de ringards froids auxquels il s'attache ; on plonge ces ringards dans l'eau, et on les reporte de nouveau dans le bain pour en retirer une nouvelle portion d'argent ; on réitère cette opération jusqu'à ce que la totalité en soit retirée.

---

l'aire du fourneau, on l'élève peu à peu en mettant des cales sous les barres de fer, jusqu'à ce que son bord supérieur soit de niveau avec l'aire du fourneau ; alors on l'assujettit avec la même pâte qui a servi à la former, de manière qu'elle fasse corps avec le fourneau.

La coupelle n'est quelquefois qu'une cavité en briques pratiquée au milieu de l'aire du fourneau, et couverte d'une couche de cendres lessivées et calcinées. On répand ces cendres dans la cavité, et on les bat fortement.

(a) On recouvre ordinairement la coupelle d'un lit de foin, afin que le plomb ne la dégrade point.

Les crasses, les scories, les écumages de la coupelle et les portions de coupelles qui sont soupçonnées contenir de l'argent, sont refondus dans le fourneau à manche.

1206. L'argent n'est pas le seul métal qu'on trouve dans le plomb d'œuvre ; on y trouve le plus souvent encore un peu de cuivre, et quelquefois même un peu de zinc et d'antimoine provenant des sulfures de zinc, d'antimoine et de cuivre qui accompagnent la galène. Rien de plus facile que de séparer le zinc et l'antimoine : ces métaux ont tant d'affinité pour l'oxigène, que, dans la préparation du minium, ils font partie des premières couches d'oxide que l'on obtient (*a*).

Il n'en est pas de même du cuivre : cependant, selon M. Peccard, fabricant de minium à Tours, en continuant l'opération jusqu'au point d'oxider les deux tiers du plomb, celui qui reste ne recèle plus sensiblement de cuivre. Cette opération est très-praticable en grand, parce que les miniums impurs se consomment dans les fabriques de poteries.

Extraction du Cuivre.

1207. Les mines de cuivre exploitées sont au nombre de trois : le sulfure, le protoxide et le deuto-carbonate. Il suffit de traiter l'oxide et le carbonate par le charbon dans le fourneau à manche, pour en extraire le cuivre : mais autant le traitement de ces deux espèces

---

(*a*) Lorsque le plomb argentifère dont on veut extraire l'argent contient de l'antimoine, du zinc, de l'arsenic, on ne verse point de nouvelles quantités de plomb dans la coupelle, à mesure que celui qu'elle contient s'oxide. On creuse tout de suite la rigole, peut-être pour éviter que ces métaux ne s'unissent à l'argent.

de mine est simple, autant celui du sulfure est compliqué. On commence par griller le minerai. Tantôt ou opère sur 20 à 25 mille kilogr., et tantôt sur 250 à 300 mille. Dans le premier cas, on fait le grillage comme celui de la galène, entre trois murs, sous un hangar, excepté qu'on emploie le minerai en morceaux et qu'on n'y ajoute point d'argile. Dans le second, on dispose le minerai en pyramides tronquées sur un lit de bois : les plus gros morceaux sont placés au centre et les plus petits à la surface ; ceux-ci sont battus et quelquefois mêlés avec un peu de terre. Au milieu de la pyramide est un canal vertical par lequel on jette des tisons embrasés : le combustible prend feu et le met peu à peu au sulfure. Il en résulte de l'oxide de cuivre, de l'oxide de fer, de l'acide sulfureux et du soufre. On fait en sorte qu'il ne se fasse point de crevasses sur les parois de la pyramide : les vapeurs doivent toujours sortir par le sommet tronqué. Ordinairement, sur le plateau du sommet, l'on pratique des cavités dans lesquelles se rend le soufre qui se sublime. Ce grillage dure quelquefois plus d'un an. Le premier est bien plutôt terminé, mais il est moins complet que le second : aussi, lorsqu'on l'emploie, grille-t-on le minerai jusqu'à trois à quatre fois de suite avant de procéder à la fonte.

Le minerai grillé, comme nous venons de le dire, doit être considéré comme un mélange d'oxide de cuivre et de fer, et d'une certaine quantité de sulfure échappé au grillage. Quoi qu'il en soit, on le traite au fourneau à manche par le charbon de bois ou le charbon de terre épuré ; l'on chauffe convenablement et l'on obtient, dans le bassin de réception, un produit appelé *matte*. Ce produit est composé de cuivre, de fer et de soufre. Il est brun, fragile; il contient moins de fer, moins de soufre, et plus de cuivre que la mine.

Cette matte ainsi obtenue est concassée et soumise de suite à plusieurs grillages, quelquefois à 8, quelquefois même à 12 (*a*); puis fondue de nouveau au fourneau à manche, mais avec une certaine quantité de quartz, afin de s'opposer à la réduction de l'oxide de fer et d'en faciliter la fusion. Il en résulte du cuivre noir, une nouvelle matte, et des scories qui sont principalement formées de silice et d'oxide de fer. On rejette les scories. La matte est grillée de rechef, etc. Quant au cuivre noir, qui contient environ 0,90 de cuivre pur, un peu de soufre, de fer et quelquefois du zinc, on le porte au fourneau d'affinage. Ce fourneau est à réverbère. Son sol est un peu concave et couvert d'une brasque de charbon et d'argile, bien battus : sur l'un de ses côtés se trouvent des bassins de réception qui communiquent à volonté avec le bassin du fourneau même, et qui ont la forme de deux cônes renversés; sur le côté opposé sont placés deux soufflets : le foyer et la cheminée sont, comme à l'ordinaire, aux extrémités. L'on met une certaine quantité de cuivre sur la brasque de ce fourneau (*b*), l'on allume le feu; le cuivre fond : il se forme des scories qu'on enlève avec une espèce de rateau sans dents. Alors l'on dirige le vent des soufflets sur la surface du bain; le soufre, le fer sont brûlés, et au bout de deux

---

(*a*) L'on grille toujours les mattes, comme nous l'avons dit en premier lieu, c'est-à-dire, sous des hangars, entre trois murs.

(*b*) Auparavant, l'on couvre la brasque de paille, afin que les fragmens de cuivre ne la déforment point.

heures, le cuivre est affiné. A cette époque, l'on met
en communication le bassin du fourneau avec les bassins de réception, qu'on a soin de tenir chauds; le
cuivre coule dans ces bassins, d'où on l'enlève sous
forme de plaques rondes et couvertes d'aspérités,
plaques auxquelles on donne le nom de *rosette* ou de
cuivre rosette. Cette opération se fait en jetant avec un
balai un peu d'eau sur la surface du cuivre, et retirant
avec un ringard la croûte solide qui se forme (*a*).

Il arrive quelquefois que le cuivre, de même que le
plomb, contient assez d'argent pour que l'on puisse en
extraire ce métal avec avantage. L'opération que l'on
pratique alors porte le nom de *liquation*. On fond le
cuivre dans le fourneau à manche avec trois fois son
poids de plomb, et on coule l'alliage dans des moules
brasqués, où il prend la forme de cylindres dont le
diamètre est beaucoup plus grand que l'axe. Ces cylindres, appelés *pains de liquation*, sont exposés d'a-
bord à une douce chaleur: la majeure partie du plomb
qu'ils contiennent entre en fusion et entraîne presque
tout l'argent. L'on expose ensuite les pains, devenus
poreux et bien moins fusibles qu'ils n'étaient, à l'action d'une plus haute température pour les faire *res-
suer*, ou en séparer une nouvelle quantité de plomb;

(*a*) Lorsque les minerais de cuivre pyriteux sont très-pauvres en
cuivre, on les grille pour en extraire du soufre, et on lessive la
mine grillée pour dissoudre les sulfates de fer et de cuivre qui se
forment pendant le grillage. Ensuite on plonge des plaques de fer
ou de la vieille ferraille dans la dissolution: le cuivre se précipite
à l'état métallique en masse poreuse et friable, que l'on désigne par
le nom de *cuivre de cémentation*. Le sulfate de fer n'est point décomposé: il s'en forme au contraire une nouvelle quantité; on le
retire par évaporation et cristallisation.

puis l'on coupelle le plomb pour en extraire l'argent,
et enfin l'on raffine le cuivre pour le priver d'un peu
de plomb qui s'y trouve uni.

Extraction de l'Argent.

1208. Les procédés que l'on suit pour extraire l'argent
varient singulièrement en raison de la nature de ses
mines, de leur richesse et des lieux où elles se trouvent.
Cependant, en dernier résultat, ces procédés consistent
presque tous à ramener l'argent à l'état métallique
lorsqu'il n'y est point, à l'allier au plomb ou au mercure, et à le séparer ensuite de ceux-ci. Déjà nous
avons vu que c'était ainsi qu'on parvenait à l'extraire
de la galène et de la pyrite de cuivre, matières dans
lesquelles il est sans doute uni au soufre.

Procédés employés en Europe. — A Konsberg, où
existe la mine d'argent natif, la plus riche de l'Europe,
l'on fait fondre parties égales de plomb et d'argent natif
presqu'entièrement dégagé de sa gangue : il en résulte
un alliage qui contient trente à trente-cinq centièmes
d'argent. L'on soumet cet alliage à la coupellation ; le
plomb s'oxide, s'écoule sous forme de litharge, et l'argent reste dans la coupelle (1205).

L'on suit un autre procédé à Freyberg, où le minerai que l'on exploite est du sulfure disséminé dans une
grande quantité de pyrites de fer et de cuivre, et ne
contient que deux millièmes et demi d'argent.

Après avoir mêlé cette mine avec un dixième de sel
marin, on la grille dans un fourneau à réverbère, en
la remuant fréquemment. Il se forme des sulfates de
soude, de fer et de cuivre, des muriates de fer, de
cuivre et d'argent, des oxides de fer et de cuivre, et du

gaz sulfureux. Le mélange grillé est réduit en poudre
fine et mis dans des tonneaux traversés par un axe ho-
rizontal qui tourne au moyen d'une roue mue par un
courant d'eau. Ensuite, sur cent parties de poudre
l'on ajoute 5o de mercure, 3o d'eau et 6 de disques
de fer d'environ 3 centimètres de diamètre et 3 à 4
millimètres d'épaisseur ; après quoi l'on fait tourner
les tonneaux pendant seize à dix-huit heures. Dans
cette opération, le muriate d'argent est décomposé par
le fer, et donne lieu à du muriate de fer qui se dissout dans l'eau, et à de l'argent métallique très-divisé
qui s'unit au mercure. Alors on retire l'amalgame des
tonneaux, on le lave et on le met dans des sacs de
coutil, où on lui fait éprouver une forte pression :
l'excès de mercure passe à travers les mailles, ne retenant qu'une petite quantité d'argent, tandis que, dans
le sac, reste un amalgame solide contenant environ un
septième d'argent. Comme le mercure est très-volatil et
que l'argent ne l'est point, il suffit de chauffer l'amalgame pour en extraire l'argent ; seulement l'opération
doit se faire de manière à recueillir le mercure. Les
trente parties d'eau que l'on emploie servent à dissoudre les sulfates et les muriates qui se forment ou
que contient la poudre.

Il est des mines bien moins riches encore que celle
de Freyberg : on en exploite même qui ne contiennent
que 0,000016 d'argent engagé au milieu de gangues
terreuses, d'oxide de fer, de sulfures de fer, de cuivre, etc. Dans ce cas, l'on commence par rassembler
l'argent sous un plus petit volume, ce à quoi l'on parvient en mêlant la mine avec une certaine quantité de
pyrite lorsqu'elle n'en contient point assez, et fondant

le mélange. La pyrite entraîne dans sa fusion les métaux et les sulfures métalliques tenant argent ; et de là
résulte une masse qui prend le nom de *matte crue*,
et des scories où se trouvent la gangue, les oxides
de fer, etc.

La matte crue formée de sulfures métalliques est grillée à plusieurs reprises pour en séparer le soufre et en
oxider le fer, puis fondue une seconde fois après y
avoir ajouté une nouvelle portion de mine : par ce
moyen, on augmente sa richesse. Ordinairement même
on la fond une troisième fois avec du plomb, de la mine
plus riche et quelques fondans terreux. Cette troisième
fonte commence à donner du plomb argentifère ; mais
elle donne en même temps des mattés de plomb que
l'on grille de nouveau et qu'on refond avec du plomb.
Le plomb argentifère est traité au fourneau de coupellation, comme nous l'avons dit (1205).

Procédés suivis au Mexique et au Pérou. — C'est
presque toujours par le mercure qu'on exploite les
mines d'Amérique. Le procédé le plus usité est le suivant : Le minerai, par l'effet des opérations métalliques
auxquelles il est soumis, étant réduit en poudre très-
fine et mouillé, on le porte dans une cour pavée avec
des dalles (*a*). Là, on le mêle avec environ deux centièmes et demi de sel marin (*b*). Le mélange est abandonné à lui-même pendant quelques jours, au bout

(*a*) Le minerai est formé le plus souvent d'argent natif, de sulfure d'argent, de muriate d'argent, d'argent rouge (oxides d'argent et d'antimoine sulfurés), d'argent antimonial, de sulfures de
fer, de cuivre, d'oxide de fer, de silex et de spath calcaire.

(*b*) Lorsque le sel marin est impur, ce qui arrive souvent, on
ajoute plus de sel : on en ajoute quelquefois 0,20.

desquels on y ajoute de la chaux éteinte, s'il s'échauffe trop, et des pyrites de fer et de cuivre grillées, s'il reste froid. On ne le regarde comme bien préparé que lorsque, humecté et placé sur la main, il cause une légère sensation de chaleur. Ensuite, on l'abandonne de nouveau à lui-même pendant plusieurs autres jours, et alors on commence à incorporer le mercure. Pour cela, on répand le métal uniformément sur la masse, qui a la consistance de boue, et on la fait fouler soit par des ouvriers qui marchent dedans pieds nus, soit par une vingtaine de chevaux et de mulets qu'on y fait courir en cercles plusieurs heures de suite. De temps en temps on ajoute tantôt de la chaux, tantôt des pyrites grillées, et tantôt du mercure, dont on fait l'incorporation comme nous venons de le dire. Lorsque tout l'argent est uni au mercure, ce qui n'a lieu quelquefois qu'au bout de plusieurs mois, et ce qu'on reconnaît à des caractères extérieurs, on lave le tout à grande eau. Toutes les matières terreuses et salines sont entraînées : l'amalgame seul reste au fond des vases où se fait le lavage ; on en retire l'argent à peu près comme à Freyberg.

Nous n'entreprendrons point de donner la théorie de cette opération ; elle est trop compliquée : l'on ne voit pas bien quelle est l'action de la chaux et de la pyrite.

Il paraît que, dans certaines exploitations, l'on commence à préférer le plomb au mercure. Si le minerai est très-riche en soufre, on le grille en tas ou dans un fourneau à réverbère ; ensuite on le mêle avec du sous-carbonate de soude, de l'oxide de plomb, et quelquefois du plomb métallique. L'on humecte le mélange, et on le traite dans une espèce de fourneau à manche. L'on obtient ainsi des scories composées de sulfure de soude, de muriate de soude, de silice, de chaux, et de la plupart des métaux étrangers à l'argent, et une matte très-riche en argent d'où l'on extrait ce métal (*a*).

Extraction de l'Or.

1209. On trouve constamment l'or à l'état métallique. Les principaux minerais d'or exploités sont : 1° l'or en paillettes mêlées au sable des rivières ; 2° l'or en roche, c'est-à-dire, de l'or natif très-visible, disséminé dans une gangue ; 3° les sulfures aurifères.

Des orpailleurs (*b*) lavent les sables contenant de l'or, d'abord sur des tables inclinées, quelquefois recouvertes d'un drap, et quelquefois dans des sébiles à main d'une forme appropriée à ce genre d'opération ; ils obtiennent ainsi pour résidu des sables de plus en plus aurifères qu'ils traitent enfin par le mercure. Celui-ci dissout l'or. L'amalgame qui en résulte est traité comme celui d'argent.

L'exploitation des mines d'or en roche ne consiste, pour ainsi dire, qu'à bocarder la mine et à la laver dans des sébiles à main ou sur des tables à laver. En effet, l'or rassemblé par ce moyen peut être fondu et peut subir l'opération du départ d'après les procé-

---

(*a*) Ceux qui voudront connaître d'une manière plus particulière l'exploitation des mines du Mexique et du Pérou, devront lire l'Essai politique sur le royaume de la Nouvelle-Espagne, page 475, par MM. Humboldt et Bonpland.

(*b*) On donne ce nom à ceux qui font ce travail.

dés connus (*voyez*, plus bas, l'opération du départ).

Il n'en est pas de même des sulfures aurifères. Ces
sulfures sont ceux d'arsenic, de fer, de zinc, de
plomb, de cuivre et d'argent. Ils sont beaucoup plus
communs que l'or en roche, mais ils sont beaucoup
moins riches : il y en a qui ne contiennent qu'un deux
cent millième d'or, et qui cependant peuvent être exploitées avec avantage.

On suit, pour cette exploitation, deux procédés :
1° celui de la fusion ; 2° celui de l'amalgamation.

Procédé de fusion. — On commence par griller les
sulfures aurifères ; on les fond, et on grille de nouveau
les mattes qui en proviennent. Alors on les mêle avec
du plomb, et l'on fait éprouver au mélange une troisième fusion qui donne du plomb d'œuvre aurifère
qu'on peut affiner par la coupellation.

Les minerais d'or très-riches ne sont point soumis
au grillage : on les fond de suite avec du plomb.

Procédé d'amalgamation. — Ce procédé est beaucoup plus sûr et plus économique que ceux dont nous
venons de parler. Lorsque la mine est très-pauvre, on
lui fait éprouver un grillage avant l'amalgamation ;
lorsqu'elle est très-riche, au contraire, que l'or natif
y est visible et comme disséminé dans une gangue
quartzeuse, on le broye directement avec le mercure,
sans employer le grillage. Du reste, l'amalgamation se
pratique de même que pour l'argent.

L'or provenant de l'affinage par le plomb, peut encore contenir du fer, de l'étain et de l'argent. L'or
obtenu par l'amalgamation ne contient que de l'argent. On débarrasse l'or du fer et de l'étain en le

fondant avec du nitre ; mais, pour enlever l'argent et obtenir l'or à l'état de pureté, on est obligé d'avoir recours à une opération qu'on nomme *départ*. Cette opération s'exécute en grand de la manière sui‑ vante :

On commence par s'assurer, en petit, si l'or que l'on veut purifier contient la quantité d'argent néces‑ saire pour que le départ puisse se faire exactement ; cette quantité est de trois parties d'argent sur une partie d'or. Lorsque l'or ne contient pas cette proportion d'argent, il faut l'y ajouter, fondre l'alliage dans un creuset, et le couler en grenaille.

Cette grenaille est mise dans des pots de grès dispo‑ sés sur un bain de sable : chaque pot contient environ six kilogrammes de grenaille. L'on y verse une égale quantité d'acide nitrique à 25 degrés (*a*) ; on fait bouil‑ lir cet acide pendant environ une demi-heure ; on dé‑ cante, et l'on verse de nouveau dans chaque pot six kilogrammes d'acide nitrique à 3o ou 32 degrés (*b*), que l'on fait bouillir comme le premier. Ensuite, après avoir décanté la liqueur, on lave l'or et on le traite, pendant huit heures, par le double de son poids d'a‑ cide sulfurique très-concentré et bouillant. Cet acide dissout la petite quantité d'argent qui avait échappé à

(*a*) On suppose ici que l'or à départir contient 7oo millièmes d'argent, 2oo millièmes d'or et 1oo millièmes de cuivre. C'est le titre le plus ordinaire de l'or que l'on affine dans le commerce. Si l'or était à un titre plus élevé, on emploierait l'acide nitrique plus concentré.

(*b*) Il faut que chacun de ces vases ne soit rempli tout au plus qu'à moitié, afin que l'effervescence produite par l'acide nitrique n'occasionne pas de déperdition de matière.

l'action de l'acide nitrique. L'or lavé de nouveau est parfaitement pur : on le fond pour le mettre en lingot.

Le nitrate et le sulfate d'argent provenant de cette opération sont décomposés par des lames de cuivre.

On verse le nitrate dans des baquets de bois ; on y met une ou plusieurs lames de cuivre pour précipiter l'argent : au bout de quelques jours on décante la liqueur ; on la fait bouillir dans une chaudière de cuivre pour achever de précipiter l'argent qui restait encore en dissolution ; on concentre la liqueur jusqu'à 40 degrés ; on laisse refroidir ; on décante le nitrate de cuivre, dont on retire l'acide nitrique par la distillation ; on lave la poussière d'argent restée dans la chaudière ; on la réunit avec l'argent précipité au fond des baquets, et on fond le tout.

Quant au sulfate, qui est très-acide, on le met dans une chaudière de plomb, et l'on chauffe ; sans cela, la décomposition complète ne pourrait avoir lieu qu'au bout d'un temps considérable (a).

(a) La quantité d'or et d'argent qui existe dans le commerce s'accroît de plus en plus, parce que les mines en fournissent plus qu'il ne s'en détruit par l'usage. Cette quantité a surtout beaucoup augmenté depuis la découverte de l'Amérique, c'est-à-dire, depuis environ 300 ans. Aussi, du temps de Louis XI, avant la découverte de l'Amérique, fallait-il beaucoup moins d'or ou d'argent qu'aujourd'hui pour acquérir une même quantité de denrées. Ceux qui voudront avoir des notions étendues et précises, 1° sur le rapport de la valeur de l'or avec l'argent à diverses époques ; 2° sur celui qui existe entre ces métaux ; 3° sur les denrées qu'ils représentent ; 4° sur les quantités que les mines de l'Amérique en versent annuellement dans le commerce depuis leur exploitation, devront consulter l'Essai politique sur la Nouvelle-Espagne, par MM. Humboldt et Bonpland.

Tableau des quantités d'Or et d'Argent qu'on peut supposer être versées dans le commerce de l'Europe, année commune, prise de 1790 à 1802 (a).

ANCIEN CONTINENT.	OR.		ARGENT.	
	kil.	kil.	kil.	kil.
Asie.				
Sibérie................	1,700	....	17,500	
Afrique............	1,500			
Europe.				
Hongrie...............	650	....	20,000	
Salzbourg..........	75			
Etats autrichiens.......	......		5,000	
Hartz et Hesse...........	......		5,000	
Saxe...............	......		10,000	
Norwège.............	75		10,000	
Suède...............				
France	......		5,000	
Espagne, etc...........				
Total de l'Anc. Continent.	4,000	ci, 4,000	72,500	ci; 72,500
NOUVEAU CONTINENT.				
Amérique septentrionale..	1,300	....	600,000	
Amérique méridionale.				
Possessions espagnoles, comprenant le Choco, Popayan, Santa-Fé, le Pérou proprement dit, et le Chili..........	5,000	....	275,000	
Possessions portugaises...	7,500			
Total du Nouv. Continent.	14,100	14,100	875,000	875,000
Total général en kilogram.	......	18,100 k.	....	947,500 k.
— en francs....	......	54,300,000 f.	....	189,500,000 f.

Extraction du Platine.

1210. Cette extraction a été décrite 1195.

(a) Ce tableau est tiré du Traité de Minéralogie de M. Brongniart. Les élémens en ont été fournis par M. Coquebert, qui les a pris, pour l'Amérique, dans Ulloa, Helms, le *Viagero universal*, le *Mercurio peruano*, les *Comentarios de Gamboa*, et surtout dans les notes manuscrites que M. Humboldt a eu la complaisance de lui communiquer.

ADDITIONS.

1211. M. COURTOIS vient de découvrir un nouveau corps qui paraît être simple, et que M. Gay-Lussac a proposé de nommer *iode* (a), en raison de la couleur qu'il affecte à l'état de gaz. L'iode n'a encore été trouvé que dans les eaux mères de la soude de Varec (764). On l'obtient en versant un excès d'acide sulfurique concentré dans ces eaux, et en chauffant doucement le mélange dans une cornue de verre munie d'un récipient : l'iode se vaporise sous forme de vapeurs violettes très-belles, passe dans le récipient avec une certaine quantité d'acide, et s'y condense dans cet état en lames cristallines qui ont l'aspect du carbure de fer. Pour le purifier, il faut le laver, le mêler avec de l'eau contenant un peu de potasse, et le distiller de nouveau. S'agit-il de l'avoir sec, on le presse entre deux feuilles de papier à filtrer, qu'on renouvelle autant qu'il est nécessaire; ensuite on l'introduit dans un tube fermé par un bout, on le comprime et on le fond.

1212. *Propriétés physiques.* — L'iode est solide à la température ordinaire. Sa forme est lamelleuse ; son éclat, métallique ; sa ténacité, très-faible ; sa couleur, bleuâtre ; propriétés qui lui donnent l'apparence de la plombagine ou du carbure de fer. Il a une odeur analogue à celle du gaz muriatique oxigéné, ou plutôt du soufre oxi-muriaté : sa pesanteur spécifique est très-grande ; elle est de 4,946 à 16°,5. Il possède à un haut degré les propriétés électriques

----

(a) De ιώδης, *violaceus*, qui ressemble à la violette.

du gaz oxigène; car, soumis à l'action de la pile, il se porte vers le pôle positif. Appliqué sur la peau, il la colore en jaune : cette couleur disparaît à mesure qu'il se gazéfie.

1213. *Propriétés chimiques.* — *Action du calorique.* — L'iode entre en fusion à 107 degrés, et en ébullition à environ 175 degrés. Cependant, pour peu qu'on le chauffe lorsqu'il est en contact avec l'air libre ou un courant de gaz sur lequel il n'ait pas d'action chimique, il se réduit en vapeurs. Il se vaporise même d'une manière très-sensible à la température ordinaire : aussi le distille-t-on facilement dans l'eau bouillante. Ces phénomènes sont analogues à ceux que présente l'antimoine (131). La vapeur de l'iode est toujours d'un beau violet.

1214. *Action du gaz oxigène.* — On ne saurait combiner l'iode avec l'oxigène à l'état gazeux; mais il s'unit avec l'oxigène à l'état de gaz naissant, et forme un acide que nous appellerons *acide iodique.*

1215. *Action des corps combustibles.* — L'affinité de l'iode pour l'hydrogène paraît être très-grande; il l'enlève à un grand nombre de corps, et l'absorbe à l'état gazeux lors même que la température est très-élevée : de là résulte, dans tous les cas, un produit fort remarquable, un nouvel acide formé seulement d'hydrogène et d'iode; nous le désignerons par le nom d'*acide hydriodique*, pour le distinguer du précédent, qui est composé d'iode et d'oxigène.

1216. Son action sur le carbone est nulle. Il en exerce une très-vive, au contraire, sur le phosphore : aussitôt que l'iode et le phosphore sont en contact à la température ordinaire, ils se combinent; donnent lieu à un grand dégagement de chaleur et de lumière, et à un phosphure d'iode d'un brun rouge et assez fixe. Il ne se produit aucun gaz lorsque les matières sont bien sèches. Il n'en est pas de même lorsqu'elles sont légèrement humides : l'eau est

*

décomposée ; il se forme beaucoup de gaz acide hydrio-dique ; un peu de gaz hydrogène proto-phosphoré et de l'acide phosphoreux : celui-ci reste en dissolution.

1217. Le soufre s'unit aussi à l'iode , mais avec bien moins d'énergie que le phosphore. Une douce chaleur est néces-saire pour opérer la combinaison. Le sulfure qui en résulte est rayonné et brillant comme celui d'antimoine ; il se dé-compose facilement : à peine l'expose-t-on à une tempé-rature un peu plus élevée que celle à laquelle il se forme, que l'iode s'en sépare.

1218. Il en est de l'azote comme de l'oxigène. L'azote ne se combine avec l'iode qu'à l'état de gaz naissant. On obtient ce composé en mettant l'iode en contact avec l'ammo-niaque liquide, à la température ordinaire. A l'instant même une portion de l'ammoniaque est décomposée ; il se précipite de l'iodure d'azote en poudre noirâtre , et il se forme de l'hydriodate d'ammoniaque qui reste dissous.

L'iodure d'azote fulmine avec la plus grande force. Lorsqu'il est sec , sa détonation a lieu spontanément : sous l'eau, elle n'a lieu que par une légère pression ; dans l'obscurité , elle est toujours accompagnée d'un dégagement de lumière très-sensible. L'iodure d'azote a donc les plus grands rapports avec l'azote oxi-muriaté découvert par M. Dulong (442 *bis*). Toutefois en le traitant par l'acide muriatique ou la potasse liquide, on parvient à le décomposer sans explosion : on s'em-pare de l'iode et on dégage l'azote. L'iodure d'azote paraît être composé d'environ 5,669 d'azote et de 100 grammes d'iode.

1219. L'action du gaz ammoniac bien sec sur l'iode bien sec lui-même est tout autre que celle de l'ammoniaque li-quide. Ce gaz, à la température ordinaire , est absorbé par l'iode sans éprouver de décomposition. Il en résulte un composé liquide qui d'abord est très-visqueux et u l'aspect métallique, et qui par un excès d'ammoniaque perd son éclat, une partie de sa viscosité, et devient d'un rouge-brun très-foncé : l'absorption a lieu avec assez de chaleur pour vaporiser le liquide à la partie supérieure du tube dans lequel se fait l'expérience. L'iodure ammoniacal n'est nullement détonant; mais si on le met en contact avec l'eau, il le devient sur-le-champ, parce que l'eau est décomposée, et qu'il se forme de l'iodure d'azote. Il se forme d'ailleurs de l'hydriodate d'ammoniaque.

1220. Il paraît que, à l'aide de la chaleur, l'iode est susceptible de se combiner avec tous les métaux, et de former des iodures analogues aux sulfures. Les iodures de plomb, d'argent, de mercure, ne décomposent point l'eau, et peuvent se faire sous ce liquide; ils y sont insolubles : mais ceux de zinc, de fer, d'étain, d'antimoine, et en général ceux dont les métaux sont faciles à oxider, la décomposent surtout à une température peu élevée. Il en résulte des hydriodates, de sorte que les deux principes de l'eau se portent; savoir : l'oxigène sur le métal, et l'hydrogène sur l'iode. Aussi, lorsqu'on fait chauffer l'un de ces derniers métaux avec de l'iode et de l'eau, obtient-on sur-le-champ un hydriodate. Cet hydriodate reste en dissolution (*a*); on peut en précipiter l'oxide par les alcalis.

De tous les iodures, c'est celui de mercure qui a été le plus étudié. Il suffit, pour le former, de broyer le mercure et l'iode. En variant les proportions, on l'obtient sous forme de poudre d'un beau rouge, ou d'un beau jaune, ou d'un vert jaunâtre. C'est lorsque le mercure est

(*a*) Cependant les hydriodates d'étain et d'antimoine ne se dissolvent qu'autant que l'eau n'est pas en grande quantité ; car, en étendant d'eau les dissolutions de ces hydriodates, on en précipite l'oxide à l'état de sous-hydriodate. L'acide hydriodique reste dans la liqueur.

prédominant, que l'iodure prend ces deux dernières
nuances. Voilà pourquoi l'iodure qui est rouge devient
jaune, et même d'un vert jaunâtre lorsqu'on le fait
bouillir sous l'eau avec du mercure; et c'est aussi pour
cela que celui qui est jaune, ou d'un jaune verdâtre, devient rouge en le mettant en contact avec la dissolution
d'iode dans l'alcool. On concevra facilement aussi, d'après
cela, pourquoi les hydriodates de potasse ou de soude
précipitent constamment les sels de deutoxide de mercure
en rouge et les sels de protoxide en jaune : c'est qu'alors
l'acide hydriodique cède son hydrogène à l'oxigène de
l'oxide, tandis que l'iode s'unit au mercure revivifié.
L'alcali se combine d'ailleurs avec l'acide du sel mercuriel.

Tous les iodures de mercure sont facilement décomposés par une dissolution de potasse : cet alcali s'empare de
l'iode et met en liberté le mercure. Les acides, les hydriodates alcalins et l'alcool, dissolvent très-bien les
iodures rouges; ils en dissolvent assez à chaud pour en
abandonner une portion qui cristallise par le refroidissement : ils n'ont au contraire aucune action sur les iodures
jaunes. Les iodures rouges nous présentent encore, lorsqu'on les chauffe, un phénomène qui mérite d'être re-
marqué : ils jaunissent, se fondent ensuite, prennent une
apparence onctueuse, puis se volatilisent, et cristallisent
en belles lames rhomboïdales qui, à une température élevée, sont d'un jaune d'or, et qui, à la température ordinaire, deviennent d'un rouge éclatant.

1221. Nous avons dit précédemment que l'iode avait une
grande affinité pour l'hydrogène, et qu'il était susceptible
d'enlever ce corps à un grand nombre d'autres; on ne
sera pas surpris, d'après cela, de le voir opérer, à la
température ordinaire, la décomposition de l'hydrogène

sulfuré liquide, et de donner lieu à de l'acide hydriodique
et à une précipitation de soufre. Il décomposerait sans
doute aussi l'hydrogène phosphoré, peut-être même l'hydrogène carboné.

1222. *Action des corps brûlés.* — L'eau ne dissout
qu'une petite quantité d'iode, et prend une faible teinte de
jaune d'ambre; il est très-soluble dans l'alcool, dans
l'éther, dans plusieurs acides, et surtout dans l'acide hydriodique.

1223. Les acides sulfureux, nitreux et phosphoreux
liquides, le font passer à l'état d'acide hydriodique en
passant eux-mêmes à l'état d'acide sulfurique, nitrique
et phosphorique; d'où l'on doit conclure qu'alors l'hydrogène de l'eau s'unit à l'iode, et que son oxigène s'unit
à ces trois premiers acides.

1224. L'iode nous offre aussi, avec le gaz muriatique
oxigéné, quelques phénomènes particuliers. Il absorbe
ce gaz, et forme un composé jaune orangé, cristallin, volatil et déliquescent. Si l'on verse une dissolution de potasse sur ce composé, l'eau sera à l'instant
décomposée, et il en résultera du muriate de potasse et
de l'iodate de potasse, qui, étant peu soluble, se précipitera uni à une petite quantité d'iode et d'acide muriatique oxigéné.

1225. *Action des oxides métalliques.* — Lorsqu'on
traite l'iode par une faible dissolution de potasse, il
se dissout sans éprouver d'altération. Mais, lorsque la
dissolution est concentrée, il se forme tout à coup de
l'hydriodate et de l'iodate de potasse; ce que l'on doit
encore attribuer à ce que l'eau se décompose dans cette
circonstance comme dans les précédentes : l'hydriodate
reste en dissolution; l'iodate, au contraire, se dépose en
cristaux blancs.

T. II.

1226. La baryte, en dissolution concentrée, se comporte avec l'iode de même qu'avec la potasse : il se produit, au moment où ces deux ccops sont en contact, de l'hydriodate soluble et de l'iodate insoluble. En traitant cet iodate, convenablement lavé, par l'acide sulfurique faible, à une douce chaleur, on le décompose, et l'on obtient du sulfate de baryte sous forme de poudre blanche, et une liqueur contenant tout à la fois de l'acide iodique et de l'acide sulfurique.

La dissolution d'iodure de potasse, de soude, etc., est décomposée par presque tous les acides : ceux-ci s'emparent de l'alcali et précipitent l'iode.

1227. La potasse et la soude ne sont pas les seuls oxides métalliques avec lesquels l'iode puisse se combiner. On a déjà reconnu qu'il pouvait s'unir à plusieurs autres, et surtout aux oxides de mercure. Que l'on verse une dissolution d'iodure de potasse dans les dissolutions mercurielles, il se formera un précipité rouge dans le cas où le mercure sera à l'état de deutoxide, et un précipité jaune, ou vert jaunâtre, dans le cas où ce métal sera à l'état de protoxide. Ces précipités seront des oxides iodurés (a). Ils seront solubles dans un excès d'iodure de potasse. On peut former les oxides de mercure ioduré directement en faisant réagir ces oxides sur l'iode. De quelque manière qu'on les forme, lorsqu'on les traite par une dissolution de potasse, l'iode se dissout, et l'oxide de mercure est mis en liberté, ce qui les distingue des iodures de mercure; car en traitant ceux-ci par les dissolutions alcalines, on en retire non pas de l'oxide de mercure, mais du mercure à l'état métallique. D'ailleurs, lorsqu'on les cal-

(a) Ils sont donc de la même couleur que les iodures de mercure.

cine, ils se transforment en gaz oxigène et en iodure de mercure.

Le tritoxide de manganèse, les deutoxide et tritoxide de plomb, et en général tous les oxides trop oxigénés pour s'unir aux acides, ne s'unissent point à l'iode.

Lorsqu'on met l'iode en contact avec la baryte ou le protoxide de barium à une haute température, il en résulte un dégagement de gaz oxigène et de l'iodure de barium; d'où l'on peut conclure qu'à cette température l'iode jouit sans doute de la propriété de décomposer tous les oxides. Ces résultats sont faciles à constater en mettant l'oxide dans un tube de porcelaine, le faisant rougir, et y faisant passer de l'iode en vapeur.

1228. *Action des sels.* — Quelques sels, et particulièrement le sous-carbonate de soude et le muriate d'ammoniaque à l'état liquide, sont susceptibles, à l'aide de la chaleur, de dissoudre l'iode et de se colorer fortement en rouge brun. L'action du sous-carbonate d'ammoniaque est tout autre. Lorsqu'on met une dissolution concentrée de ce sel en contact avec l'iode, à une chaleur d'environ 30 à 45 degrés, il en résulte un hydrate d'ammoniaque ioduré soluble et très-foncé en couleur, un dégagement de gaz carbonique presque pur, et un liquide visqueux qui se rassemble au fond du vase, et qui paraît être formé d'ammoniaque et d'iode.

1229. *Action des matières végétales et animales.* — Jusqu'à présent, l'on n'a encore examiné que d'une manière générale l'action de l'iode sur les matières végétales et animales. On sait qu'il les décompose presque toutes en s'emparant de leur hydrogène et en formant ainsi de l'acide hydriodique.

De l'Acide iodique et des Iodates.

1230. L'acide iodique n'a encore pu être obtenu que mêlé avec l'acide sulfurique. On l'extrait de l'iodate de baryte, comme nous l'avons dit précédemment (1226). Cet acide abandonne facilement son oxigène : aussi en précipite-t-on l'iode par l'acide sulfureux. En versant une assez grande quantité de celui-ci, l'iode précipité se dissout, passe à l'état d'acide hydriodique, et, dans tous les cas, l'acide sulfureux devient acide sulfurique.

L'iodate de potasse s'obtient en traitant l'iode par une dissolution concentrée de potasse (1225). Ce sel est blanc, très-peu soluble. Il cristallise en petits grains. Soumis à l'action du feu, il se fond et se décompose facilement. Les produits qui proviennent de cette décomposition sont du gaz oxigène, et un résidu composé d'iode et de potasse. Lorsqu'on le mêle avec le soufre, ou le charbon, ou le phosphore, et qu'on frappe sur le mélange, il détone à la manière des muriates suroxigénés (1022). Si on le traite par l'acide muriatique, on forme à l'instant un muriate et de l'acide muriatique oxigéné qui s'unit à l'iode mis à nu. L'acide sulfurique ne le décompose presque qu'autant qu'il est bouillant ; il en résulte du sulfate de potasse, du gaz oxigène et de l'iode en vapeur.

Les iodates de soude, de baryte et de strontiane, s'obtiennent de même que celui de potasse ; comme lui, ils sont très-peu solubles ; ceux de baryte et de strontiane le sont même encore moins : aussi se précipitent-ils en poudre. Lorsqu'on décompose ces iodates par la chaleur, on en retire non-seulement du gaz oxigène, mais encore de l'iode ; ce qui n'a pas lieu avec l'iodate de potasse. Ils forment, comme ce sel, des mélanges détonans par le choc.

avec les corps combustibles. L'acide muriatique les transforme en muriates et en composés d'iode et de gaz muriatique oxigéné. Il paraît que l'acide sulfurique peut en
opérer la décomposition à une douce chaleur.

L'iodate d'ammoniaque, projeté sur un corps chaud,
se décompose tout à coup. Les résultats de cette décomposition sont de l'eau, de l'azote et une lumière bleuâtre.
On se procure cet iodate directement. Tous les iodates
sont insolubles ou presqu'insolubles.

Les iodates alcalins forment, avec le nitrate d'argent,
un précipité blanc d'iodate de ce métal, très-soluble dans
l'ammoniaque.

De l'Acide hydriodique et des Hydriodates.

1231. L'acide hydriodique est toujours à l'état de gaz.
Ce gaz est sans couleur, très-odorant, très-sapide; il
éteint les corps en combustion et rougit la teinture de
tournesol. Sa pesanteur spécifique est inconnue.

L'eau l'absorbe rapidement : aussi répand-il des fumées dans l'air comme le gaz muriatique, en s'emparant
de la vapeur aqueuse qu'il y rencontre. Mis en contact
avec le gaz muriatique oxigéné, il est tout à coup décomposé; il cède son hydrogène à ce gaz acide qui passe à
l'état d'acide muriatique, et l'iode apparaît sous forme de
belles vapeurs violettes qui se précipitent peu à peu. Le
potassium, le zinc, le fer, le mercure, et beaucoup
d'autres métaux, en opèrent aussi la décompostion, même
à la température ordinaire : l'iode se combine avec ces
métaux, et l'hydrogène se dégage. Il est à remarquer
qu'un volume de ce gaz donne un demi-volume de gaz
hydrogène.

Le meilleur procédé que l'on connaisse pour le prépa-
parer consiste à introduire, dans une petite cornue de

verre, du phosphore et de l'iode humide, et à chauffer
peu à peu ce mélange : il se produit beaucoup de gaz
acide hydriodique que l'on recueille, par le moyen d'un
tube, sur le mercure ; ou plutôt, à cause de son action sur
celui-ci, dans un vase plein d'air. On opère alors de la
même manière que s'il s'agissait de remplir un flacon de
gaz muriatique oxigéné sec (436).

Pour se procurer l'acide hydriodique liquide, il faut,
au lieu d'humecter seulement le phosphore et l'iode,
comme nous venons de le dire, les recouvrir d'eau, faire
l'opération dans une cornue, et recevoir le produit dans
un ballon (*a*). Si l'on voulait obtenir cet acide le plus
concentré possible, il faudrait faire passer à travers ce
produit un excès de gaz acide hydriodique.

L'acide hydriodique liquide est très-dense, très-acide,
peu volatil. Soumis à l'action de la pile, il est promptement décomposé ; l'iode se porte vers le pôle positif, et
l'hydrogène vers le pôle négatif. Mis en contact avec
l'air, il s'empare peu à peu de l'oxigène de ce fluide,
passe à l'état d'acide hydriodique ioduré, et se colore fortement. Aussitôt qu'on le met en contact avec le zinc, le
fer, il en résulte des hydriodates qui restent en dissolution et un dégagement de gaz hydrogène ; par conséquent, l'oxigène nécessaire pour l'oxidation de ces deux
métaux provient de l'eau : cet effet aurait lieu, à plus
forte raison, avec le potassium et le sodium. Son action
sur le mercure est nulle, ce que l'on doit attribuer à la
grande affinité du gaz hydriodique pour l'eau ; car l'on a
vu que ce gaz avait beaucoup d'action sur ce métal.
Chauffé avec le tétroxide de manganèse, le deutoxide et

(*a*) Le phosphore doit être en excès : sans cela, il en résulterait de l'acide hydriodique qui contiendrait de l'iode en dissolution, et qui, par cette raison, serait coloré.

le tritoxide de plomb, il est en partie décomposé : de cette décomposition résulte de l'iode, de l'eau et des hydrio-dates qui contiennent le plomb à l'état de protoxide, et le manganèse à l'état de deutoxide ou de tritoxide ; d'où il suit qu'une portion de l'hydrogène de l'acide hydriodique s'empare d'une portion de l'oxigène de l'oxide, etc. Mis en contact avec les oxides salifiables ou susceptibles de se combiner avec les acides, il s'y unit et forme des sels.

L'hydriodate de potasse résiste à la plus haute tempé-rature. En le traitant à froid par l'acide sulfurique con-centré, on obtient de l'acide hydriodique ioduré, de l'iode, de l'acide sulfureux et du sulfate de potasse. Les acides nitrique et nitreux se comportent d'une ma-nière analogue, avec ce sel. Quant à l'action des acides phosphorique et borique, elle est nulle. On voit donc qu'il est très-difficile de séparer l'acide hydriodique de la potasse et probablement des autres bases salifiables.

L'hydriodate de potasse liquide dissout très-bien l'iode, forme un hydriodate ioduré qui est coloré : les autres hy-driodates alcalins jouissent de la même propriété.

Tous les hydriodates sont, en général, solubles dans l'eau, tandis que tous les iodates y sont insolubles ou peu solubles.

Les hydriodates alcalins, ainsi que l'acide hydriodique, précipitent la dissolution de nitrate d'argent en blanc ; ce précipité, insoluble dans l'ammoniaque, paraît être une combinaison d'iode et d'argent.

Dans les hydriodates, le rapport de l'iode à l'oxigène est de 15,4 à 1 ; car si l'on met 15,4 d'iode en contact avec un excès de grenaille de zinc et de l'eau, et que l'on chauffe, tout l'iode, par la décomposition de l'eau, pas-sera à l'état d'acide hydriodique ; il en résultera un hy-

driodate de zinc soluble, et l'on trouvera, après l'opération, qu'il ne se sera dissous qu'une seule partie de
métal.

1232. Telles sont les propriétés connues jusqu'à présent
de l'iode et des acides qu'il est susceptible de former : elles
ont été étudiées par MM. Courtois, Clément, Davy, Col-
lin, et surtout par M. Gay-Lussac. En effet, c'est M. Gay-
Lussac qui, en découvrant l'acide hydriodique, etc., a
fait voir le premier qu'on pouvait expliquer ces diverses
propriétés par la double théorie qui sert à rendre compte
de celle du gaz muriatique oxigéné, c'est-à-dire, en considérant l'iode comme un être simple ou comme un composé d'acide et d'oxigène : toutefois il donne la préférence
à la première hypothèse, et nous partageons entièrement
son opinion : aussi est-ce dans cette seule hypothèse que
nous avons raisonné en exposant les faits (*voyez* Annales
de Chimie, t. 88 et suivans).

1233. Parmi toutes ces propriétés, la plus remarquable,
sans contredit, est la transformation de l'iode en acide
lorsqu'on le combine soit avec l'hydrogène, soit avec l'oxigène. Déjà nous avons vu que le soufre jouissait d'une
propriété analogue ; car l'hydrogène sulfuré rougit le
tournesol et sature les bases salifiables. Ainsi, voilà donc
deux corps simples, non compris le gaz muriatique oxigéné que l'on peut également regarder comme simple,
qui peuvent être acidifiés par l'hydrogène de même que
par l'oxigène. L'hydrogène possède donc, comme l'oxigène, un pouvoir acidifiant par rapport à certains
corps (*a*) : par conséquent, l'on devra reconnaître par
la suite deux genres d'acides binaires, les uns formés

(*a*) L'hydrogène telluré étant soluble dans l'eau et susceptible de
s'unir aux bases salifiables, peut aussi être considéré comme une
sorte d'acide.

d'un corps combustible et d'oxigène, et les autres de deux corps combustibles, dont l'un sera l'hydrogène (*a*).

Sur l'Acide oxi-muriatique ou Gaz muriatique oxigéné.

1234. Nous avons annoncé à l'Institut, le 27 février 1809, M. Gay-Lussac et moi, et nous avons imprimé dans le second volume d'Arcueil, page 357, puis dans le second volume de nos Recherches physico-chimiques, page 155, qu'on pouvait expliquer tous les phénomènes que présente l'action du gaz muriatique oxigéné sur les corps, en considérant ce gaz comme un être simple ou comme formé d'acide muriatique et d'oxigène. Ce n'est que près de dix-huit mois après que M. Davy a considéré ces deux hypothèses et a adopté la première, qui nous appartient entièrement. Sur 21 faits nouveaux, 18 ont été trouvés par nous, et 3 par M. Davy (*voyez* 2ᵉ volume de nos Recherches physico-chimiques, page 155).

Forcés de choisir entre l'hypothèse qui consiste à re-

(*a*) Nous plaçons l'iode au rang des corps combustibles, parce qu'il se combine avec l'oxigène. Nous y placerons de même le gaz muriatique oxigéné, en le regardant comme un être simple. Nous les mettrons tous deux dans la série des corps combustibles, immédiatement après le soufre, avec lequel ils ont une grande analogie; puisque, comme lui, ils peuvent former des acides en se combinant, soit avec l'oxigène, soit avec l'hydrogène. On pourrait aussi les ranger à côté de l'oxigène, parce qu'ils en possèdent les propriétés électriques; mais ce qui nous empêche de le faire, c'est qu'il paraît que le pouvoir acidifiant ne réside point en eux, et qu'il réside dans l'oxigène et l'hydrogène : dans l'oxigène, car nous voyons ce corps former des acides avec un grand nombre d'autres dans l'hydrogène, car ce n'est qu'avec ce corps combustible que l'iode et le gaz muriatique oxigéné donnent lieu à des acides, et que d'ailleurs l'hydrogène est susceptible d'acidifier le soufre.

garder l'acide muriatique oxigéné comme un être simple, et celle qui consiste à le regarder comme un être composé, nous avons donné la préférence à celle-ci, tout en disant qu'on pouvait soutenir la nouvelle, et qu'il était impossible de démontrer qu'elle ne fût pas vraie. C'est aussi ce que j'ai avancé dans cet ouvrage (433). Mais il nous semble que, depuis la découverte de l'iode, la nouvelle hypothèse devient la plus probable, parce qu'il existe une très-grande analogie entre ce nouveau corps et le gaz muriatique oxigéné.

Rien de plus facile, d'ailleurs, que de suivre l'explication des faits dans cette hypothèse. Appelons le gaz muriatique oxigéne *chlorine,* ainsi que l'a proposé M. Davy, ou plutôt *chlore,* à cause de sa couleur jaune. L'acide muriatique suroxigéné sera l'acide chlorique, et l'acide muriatique, l'acide hydro-chlorique ; le premier, comparable à l'acide iodique, et le second, à l'acide hydriodique (*a*).

D'après cela, le phosphore, le soufre, l'azote oxi-muriaté (441—443), deviendront des chlorures de phosphore, de soufre et d'azote. Il en sera de même des muriates provenant de l'action du gaz muriatique oxigéné sur les métaux (443) : ce seront autant de chlorures métalliques. Mis en contact avec l'eau, la plupart pourront

(*a*) Si l'on convient de désigner les acides résultant de la combinaison de l'iode et du chlore avec l'hydrogène par les noms d'acide hydriodique et d'acide hydro-chlorique, on pourrait, si l'on voulait, désigner ceux qui résultent de la combinaison des corps combustibles avec l'oxigène par les noms d'acide oxi-chlorique, oxi-sulfurique, oxi-phosphorique, etc. Cependant nous devons faire observer que l'expression *hydro* est tout aussi propre à rappeler la présence de l'eau que celle de l'hydrogène, et que, par cette raison, il vaudrait mieux lui en substituer une autre.

la décomposer et former des hydro-chlorates correspondant aux muriates dans la théorie ancienne. Le chlore, par l'action de la lumière ou de la chaleur, sera également susceptible de décomposer l'eau ; il s'emparera de son hydrogène, en dégagera l'oxigène et passera à l'état d'acide hydro-chlorique (*a*). L'eau sera encore décomposée lorsqu'on fera passer le chlore à travers la dissolution de potasse, de soude, de baryte, de strontiane, de chaux, etc. ; et de cette décomposition résultera un hydro-chlorate et un chlorate (*b*). A une haute température, le chlore chassera l'oxigène de la plupart des oxides et s'unira aux métaux avec lesquels il formera des chlorures (*c*). L'acide hydro-chlorique, dans les mêmes circonstances, donnera lieu aux mêmes résultats, si ce n'est qu'alors l'oxigène des oxides se dégagera uni à l'hydrogène de l'acide hydro-chlorique.

Pour expliquer l'action du chlore sur l'ammoniaque, on dira qu'il décompose une portion de cet alcali, et qu'outre l'azote qui se dégage, il y a formation d'une certaine quantité d'hydro-chlorate (*d*).

Sur l'Acide fluorique.

1235. Puisque l'hydrogène, en se combinant avec différens corps combustibles, est susceptible de former des acides, il serait possible que l'acide fluorique fût un

---

(*a*) Pour l'interprétation des phénomènes dans l'autre théorie, *voyez* 675 *bis* et 676.

(*b*) Pour l'interprétation des phénomènes dans l'autre théorie, *voyez* 1028.

(*c*) Pour l'interprétation des phénomènes dans l'autre théorie, *voyez* 972.

(*d*) Pour l'interprétation des phénomènes dans l'autre théorie, *voyez* 580.

acide de ce genre. C'est ce que M. Davy pense et a cherché à démontrer dans un Mémoire imprimé (Annales de Chimie, t. 88); mais, jusqu'à présent, nous ne connaissons point d'expériences qui mettent cette opinion en évidence.

Sur une Couleur bleue.

1236. M. Tassaert a observé, dans le sol d'un de ses fours à soude, construit en grès, la formation d'une substance bleue qui paraît avoir beaucoup d'analogie avec l'outremer. Elle est composée, comme l'outre-mer, d'après M. Vauquelin, d'alumine, de silice, de soude, de sulfate de chaux, d'oxide de fer et de soufre; elle jouit d'ailleurs, comme cette belle couleur, de la propriété de résister à l'action du feu, de ne point éprouver d'altération par une solution bouillante de potasse, et d'être au contraire détruite sur-le-champ par les acides forts avec dégagement d'hydrogène sulfuré. Le Mémoire de M. Vauquelin paraîtra bientôt dans les Annales de Chimie.

Sulfates de Tellure et de Nickel.

1236 *bis*. L'histoire de ces sulfates, qu'on a omise, doit être placée immédiatement avant le n° 850.

Sulfate de Tellure. — Ce sel s'obtient en traitant l'oxide de tellure par l'acide sulfurique étendu d'eau (810, premier procédé). Il n'a encore été que très-peu étudié. On sait qu'il est sans couleur, décomposable facilement par le feu, soluble dans l'eau, et que celle-ci, en réagissant sur l'acide, n'en sépare point l'oxide.

Sulfate de Nickel. — Vert d'émeraude, sucré et astringent, puis âcre, soluble dans 3 parties d'eau à 10 degrés, cristallise ordinairement en prismes rectangulaires terminés par des pyramides droites à 4 faces, efflorescent, par conséquent susceptible d'éprouver la fusion aqueuse, etc.

(797); n'existe point dans la nature; s'obtient comme le précédent, ou bien en traitant le carbonate de nickel par l'acide sulfureux (810, 1ᵉʳ procédé).

1237. Consulter la note du n° 1139, relativement à l'action de l'hydrogène sulfuré sur les oxides.

1238. Le muriate d'iridium, préparé comme nous l'avons dit page 600, contient un peu de fer et même de titane (*voyez* ce qui a été dit à ce sujet 1194). Pour l'obtenir pur, il faut le faire cristalliser à plusieurs reprises.

~~~~~~~~~~~~

Les trois oxides de fer ne sont pas composés d'oxigène dans les proportions que nous avons citées (Tableau, p. 33, ou n° 526). Ils le sont, d'après M. Gay-Lussac, savoir : le protoxide, de 100 de fer et de 28,3 d'oxigène; le deutoxide, de 100 de fer et de 37,8 d'oxigène ; le tritoxide, de 100 de fer et de 42,31 d'oxigène (Ann. de Chimie, vol. 80).

Les sulfites sulfurés de strontiane et de chaux ne sont point insolubles, comme nous l'avons dit (874 et 1146) : ils sont au contraire très-solubles. Celui de strontiane cristallise en rhombes, et celui de chaux en aiguilles. On les obtient facilement en exposant à l'air les hydro-sulfures plus ou moins sulfurés de chaux et de strontiane. Les dissolutions de sulfites de potasse et de soude, chauffées avec le soufre, laissent dégager de l'acide sulfureux et dissolvent beaucoup de soufre : il en résulte des sulfites sulfurés neutres dont le soufre, transformé en acide sulfureux, serait bien plus que suffisant pour saturer la base de ces sulfites (Gay-Lussac, Ann. de Chimie, t. 87).

C'est M. Gay-Lussac qui a fait le premier la remarque qu'on devait regarder les composés de soufre et de métaux, qu'on obtenait en décomposant les dissolutions métalliques par l'hydrogène sulfuré, comme type des sulfures ; que, pour un même métal, il devait y avoir au moins autant de sulfures que d'oxides, et que la quantité de soufre correspondait au degré d'oxidation du métal (Mém. d'Arcueil, t. 11, p. 174).

C'est aussi M. Gay-Lussac qui a fait voir que, lorsque deux sels neutres résultaient de la combinaison du même acide avec le même métal à divers degrés d'oxidation, les quantités d'acide qu'ils contenaient étaient proportionnelles aux quantités d'oxigène de leur oxide respectif.

Enfin, M. Gay-Lussac a fait voir que, dans tous les muriates, les fluates et les carbonates, l'acide, réduit en volume, était en rapport simple avec l'oxigène de l'oxide également réduit en volume (Mém. d'Arcueil, tome 2, p. 217). Or, comme le volume d'un acide paraît être en rapport simple avec celui de l'oxigène qu'il contient (par exemple, 100 de gaz carbonique contiennent 100 de gaz oxigène), il s'en suit qu'on peut dire que, dans un carbonate, etc., le poids de l'oxigène de l'oxide est en rapport simple avec le poids de l'oxigène de l'acide. Ces considérations, dues à M. Gay-Lussac, auraient donc pu conduire M. Berzelius à la loi dont nous avons parlé page 373.

L'eau ne dissout pas 2 fois et demie son poids de sel marin, comme nous l'avons dit (977) : c'est le sel marin qui est soluble dans 2 fois et demie son poids d'eau. En parlant de la solubilité des sels dans l'eau, nous avons cité les nombres qui nous ont paru le plus se rapprocher de la vérité ; mais, comme il n'y a pas eu de travail complet à ce sujet, et que les auteurs ne s'accordent pas, nous avons dû nécessairement commettre quelques erreurs.

Fin du Tome second.

TABLE
DES MATIÈRES.

~~~~~~~~~~~~

SUITE DU CHAPITRE SEPTIÈME.

Page

Oxides métalliques. 1

De leurs propriétés physiques; de leur action sur les fluides impondérables, sur l'oxigène, sur l'air, sur les corps combustibles simples non métalliques et métalliques, sur les corps combustibles composés, et particulièrement sur l'hydrogène sulfuré; de leur état naturel; de leur préparation générale; de leur composition; de leurs usages et de leur historique. . . . . 1—36

Tableau des Oxides. 33

Des Oxides de la première section. 36

Oxide de Silicium ou Silice. 37

Oxide de Zirconium ou Zircône. 41

Oxide d'Aluminium ou Alumine. 42

Oxide d'Yttrium ou Yttria. 44

Oxide de Glucinium ou Glucine. 47

Oxide de Magnésium ou Magnésie. 49

Des Oxides de la seconde section. 50

Oxide de Calcium ou Chaux. 51

Oxide de Strontium ou Strontiane. 54

Oxides de Barium. 56

Oxides de Potassium. 59

Page

Oxides de Sodium........................... 65

Des Oxides de la troisième section........ 66

Oxides de Manganèse...................... Ibid.

Oxide de Zinc............................. 70

Oxides de Fer............................. 72

Oxides d'Etain............................ 79

Des Oxides de la quatrième section....... 84

Oxides d'Arsenic.......................... Ibid.

Oxide de Chrôme.......................... 87

Oxide de Molybdène....................... 88

Oxides de Tungstène et de Colombium...... 89

Oxides d'Antimoine........................ Ibid.

Oxides d'Urane............................ 92

Oxides de Cérium......................... 93

Oxides de Cobalt.......................... 94

Oxides de Titane.......................... 95

Oxide de Bismuth......................... 97

Oxides de Cuivre.......................... Ibid.

Oxide de Tellure.......................... 99

Des Oxides de la cinquième section...... Ibid.

Oxides de Nickel.......................... Ibid.

Oxides de Plomb.......................... 100

Oxides de Mercure........................ 106

Oxide d'Osmium........................... 108

Des Oxides de la sixième section........ 109

Oxide d'Argent. — De Palladium. — De Rho-
dinm. — De Platine. — D'Or. — D'Iridium. Ibid.

De l'Ammoniaque........................ 113

De son état naturel; de sa préparation; de sa

composition; de ses propriétés physiques; de son action sur les fluides impondérables, sur l'oxigène, sur l'air, sur les corps combustibles simples non métalliques, sur les métaux, sur le gaz hydrogène sulfuré, sur l'eau, sur les oxides métalliques, sur les acides; de ses usages et de son historique..................... 113—150

DES ACIDES MÉTALLIQUES..................... 150
De l'Acide arsénique..................... 152
De l'Acide chrômique..................... 154
De l'Acide molybdique..................... 157
De l'Acide colombique..................... 160
De l'Acide tungstique..................... Ibid.

CHAPITRE HUITIÈME.

De l'action réciproque des Oxides..... 163
DE L'ACTION DES OXIDES NON MÉTALLIQUES LES UNS SUR LES AUTRES..................... Ibid.
DE L'ACTION DES OXIDES NON MÉTALLIQUES SUR LES OXIDES MÉTALLIQUES..................... 164
De l'action de l'Eau sur les Oxides métalliques..................... Ibid.
Des Oxides qui se dissolvent dans l'eau......... 165
Des Hydrates..................... 172
Des Oxides susceptibles de décomposer l'eau.... 187
Des Oxides susceptibles d'être décomposés par l'eau..................... 188
De l'action du Gaz oxide de Carbone sur les Oxides métalliques..................... 189

Page

De l'action de l'Oxide de Phosphore sur les Oxides métalliques. 190

De l'action du Deutoxide d'Azote sur les Oxides métalliques. 191

De l'action du Protoxide d'Azote sur les Oxides métalliques. 193

DE L'ACTION DES OXIDES MÉTALLIQUES LES UNS SUR LES AUTRES. 194

Des propriétés physiques et chimiques des composés d'Oxides, et surtout de l'action du feu et de l'eau sur eux . . . . 194—205

Des Oxides solubles dans les Alcalis ou les Oxides alcalins (a) 202

Des Corps composés d'Oxides qu'on trouve dans la nature, et particulièrement du Zircón, de l'Ytterbite, de l'Emeraude, de l'Aigue-Marine, de l'Euclase, du Rubis spinelle, de l'Ocre, de la Calamine, de l'Emeril, de la Pierre ponce, du Talc, du Lazulite outre-mer, de la Mine de Chrôme, du Feldspath, des Argiles, des Schistes . . . . 205—215

Des divers corps qui sont composés d'oxides et qui sont employés dans les arts. — Verres. — Verre coloré. — Azur. — Emaux. — Jaune de Naples. — Cendres bleues. — Poteries. — Vert de Schéele. — Mastic. — Mortiers . . . . . 215—225

(a) On trouvera ceux que l'ammoniaque peut dissoudre, pages 138 et 139.

Page

CHAPITRE NEUVIÈME.

De l'action des Acides les uns sur les autres............................ 225

DE LA DÉCOMPOSITION DES ACIDES LES UNS PAR LES AUTRES.......................... 226

DES COMBINAISONS DES ACIDES LES UNS AVEC LES AUTRES............................ 23o

De l'Acide fluo-borique.................... 231

De la combinaison de l'Acide borique avec l'Acide sulfurique....................... 233

CHAPITRE DIXIÈME.

De l'action réciproque des Oxides et des Acides................................ 236

DE L'ACTION DES OXIDES NON MÉTALLIQUES SUR LES ACIDES.............................. Ibid.

De l'action de l'Eau sur les Acides, et des propriétés générales, physiques et chimiques des composés liquides qui en résultent.............................. 237

De l'Acide borique liquide.................. 246

De l'Acide carbonique liquide.............. Ibid.

De l'Acide phosphorique liquide............ 25o

De l'Acide phosphoreux étendu d'eau........ 251

De l'Acide sulfurique étendu d'eau.......... Ibid.

De l'Acide sulfureux liquide................ 257

De l'Acide nitrique étendu d'eau........... 259

De l'Acide nitreux liquide................. 261

De l'Acide fluorique étendu d'eau.......... 263

Page

De l'Acide muriatique liquide.................... 264

De la solution du Gaz muriatique oxigéné dans l'eau............................ 267

De l'Acide muriatique suroxigéné liquide 273

De l'Acide fluo-borique liquide................ 274

De l'action de l'Eau sur l'Acide nitro-muriatique.......................... 275

De l'action de l'Eau sur l'Acide arsenique..... Ibid.

De l'action de l'Eau sur l'Acide chrômique...... 276

De l'Action de l'Eau sur l'Acide molybdique.... 277

De l'action du Gaz oxide de Carbone sur les Acides...................... Ibid.

De l'action de l'Oxide de Phosphore sur les Acides...................... 281

De l'action des Oxides d'Azote sur les Acides...................... Ibid.

CHAPITRE ONZIÈME.

De l'action réciproque des Oxides métalliques et des Acides.................... 283

DES OXIDES MÉTALLIQUES QUI PEUVENT ÊTRE EN PARTIE DÉSOXIGÉNÉS PAR DIVERS ACIDES..... 284

DES OXIDES SUSCEPTIBLES D'ÊTRE RÉDUITS PAR DIVERS ACIDES................ 286

DES OXIDES SUSCEPTIBLES D'ÊTRE SUROXIGÉNÉS PAR DIVERS ACIDES............ 287

DES OXIDES ET DES ACIDES QUI SONT SANS ACTION LES UNS SUR LES AUTRES......... 291

DES SELS, OU DE LA COMBINAISON DES OXIDES MÉTALLIQUES AVEC LES ACIDES........ 292

Page

Propriétés physiques des Sels. — *État, couleur, saveur, pesanteur spécifique, cohésion*.. 3o1 à 3o7

Composition des Sels; lois auxquelles elle est soumise............................... 3o7 à 31o

Action de l'Eau sur les Sels; manière de les faire cristalliser; phénomènes que présentent leur dissolution et leur cristallisation........ 311 à 318

Action de la Glace sur les Sels. — *Mélanges frigorifiques*......................... 318 à 323

Action du Gaz oxigène; action hygrométrique de l'Air; action du Feu. .... 323 à 326

De la décomposition des Sels par la Pile... 326 à 33o

De l'action de la Lumière.............. 33o à 331

De l'action des Corps combustibles non métalliques, et particulièrement de l'Hydrogène sulfuré........................... 331 à 334

De la décomposition des Sels secs ou dissous, par les Métaux. — *Cristallisation qui en résulte quelquefois*......................... 334 à 339

De l'action des Oxides et de l'action des Acides sur les Sels........................ 339 à 348

De l'action des Sels les uns sur les autres; des Sels solubles sur les Sels solubles; des Sels solubles sur les Sels insolubles, etc.............. 348 à 365

Des différens Sels doubles connus jusqu'à présent............................ 365 à 368

De la réduction des Oxides de plusieurs Sels par d'autres Sels........................ 368

De l'état naturel des Sels, de leur préparation générale, de leurs usages et de leur historique............................ 368 à 374

Page

Des Sous-Borates.................. 374 à 379

Du Borax ou Sous-Borate de Soude............ 379

Du Sous-Borate de Potasse................. 383

Du Sous-Borate d'Ammoniaque............. Ibid.

Des Borates neutres................... 384

Des Sous-Carbonates............. 384 à 398

Du Sous-Carbonate de Potasse, et des Potasses du Commerce...................... 398

Des Sous-Carbonates de Soude, et des Soudes du Commerce........................ 400

Du Sous-Carbonate d'Ammoniaque........... 406

Des Carbonates neutres ou saturés..... 408

Des Sous-Phosphates........... 411 à 426

Du Sous-Phosphates de Soude............. 426

Phosphate de Potasse................. 427

Phosphate d'Ammoniaque............... Ibid.

Des Phosphates neutres et acides....... 429

Des Phosphites.................. 430

Des Sulfates neutres............ 431 à 442

Sulfates de la première section. — Sulfates d'Alumine, de Zircône, de Glucine, d'Yttria, de Magnésie................ 442 à 445

Sulfates de la seconde section. — Sulfates de Baryte, de Strontiane, de Chaux, de Potasse, de Soude, d'Ammoniaque........... 445 à 455

Sulfates de la troisième section. — Sulfates de Manganèse, de Zinc, de Fer, d'Étain. 455 à 464

Sulfates de la quatrième section. — Sulfates

Page

d'Antimoine et de Bismuth, d'Urane, de Cé-rium, de Cobalt, de Titane, de Cuivre, de Nickel, de Tellure, de Plomb, de Mercure, d'Osmium................................ 464 à 470

Sulfates de la sixième section. — Sulfates d'Ar-gent, de Rhodium, de Palladium et d'Iridium, d'Or, de Platine........................... 470

Sulfates doubles.......................... 471

Des Sous-Sulfates et des Sulfates acides. . 480

Des Sulfites. — Sulfites de Potasse. — De Soude. — D'Ammoniaque..................... 480 à 487

Des Sulfites sulfurés...................... 487

Des Nitrates.......................... 489 à 501

Nitrates de la première section. — Nitrates de Zircône, d'Alumine, de Glucine, d'Yttria, de Magnésie............................. 501 à 503

Nitrates de la seconde section. — Nitrates de Ba-ryte, de Strontiane, de Chaux, de Potasse. — Poudre à canon; sa composition, sa prépa-ration; théorie de ses effets. — Nitrates de Soude, d'Ammoniaque.................. 503 à 527

Nitrates de la troisième section. — Nitrates de Manganèse, de Zinc, de Fer, d'Etain....... 527

Nitrates de la quatrième section. — Nitrates d'Antimoine, d'Arsenic, de Chrôme, de Co-balt, d'Urane, de Cérium, de Titane, de Bismuth, de Cuivre, de Tellure........ 529 à 533

Nitrates de la cinquième section. — Nitrates de

Nickel, de Plomb, de Mercure, d'Os-
mium........................... 533 à 539

Nitrates de la sixième section. — Nitrates d'Ar-
gent, de Palladium, de Rhodium, d'Or, de
Platine, d'Iridium...................... 539

Des Sous-Nitrates.................... 541

Des Nitrites......................... Ibid.

Des Muriates.................... 544 à 555

Muriates de la première section. — Muriates de
Zircône, d'Alumine, d'Yttria, de Glucine, de
Magnésie............................ 555

Muriates de la seconde section. — Muriates de
Baryte, de Strontiane, de Chaux, de Po-
tasse, de Soude, d'Ammoniaque...... 556 à 571

Muriates de la troisième section. — Muriates de
Manganèse, de Zinc, de Fer, d'Étain. 571 à 578

Muriates de la quatrième section. — Muriates
d'Antimoine, d'Arsenic, de Chrôme, de Mo-
lybdène, de Tungstène, de Colombium, de Co-
balt, d'Urane, de Cérium, de Titane, de Bis-
muth, de Cuivre, de Tellure .... 578 à 587

Muriates de la cinquième section. — Muriates de
Nickel, de Plomb, de Mercure, d'Osmium. 587 à 591

Muriates de la sixième section. — Muriates d'Ar-
gent, de Palladium, de Rhodium, d'Or, de
Platine, d'Iridium.................... 591 à 602

Des Sous - Muriates et des Muriates
acides............................. 602

Page

Des Muriates suroxigénés .... 602 à 608

Muriates suroxigénés de Potasse, de Soude, de Baryte, de Strontiane, de Magnésie, de Chaux, d'Ammoniaque, d'Argent, de Mercure .... 608 à 615

Des Fluates .... 615 à 620

Fluates de Silice, de Potasse, de Chaux, de Soude, d'Ammoniaque, d'Argent ..... 620 à 628

Des Fluo-Borates 628

Des Arséniates .... 628 à 633

Arséniates de Potasse, de Soude, d'Ammoniaque 633

Des Arsénites 635

Des Molybdates 638

Molybdates de Potasse, de Soude, d'Ammoniaque .... 640 à 641

Des Chrômates 641

Chrômates de Potasse, de Soude, d'Ammoniaque, de Chaux, de Strontiane, de Silice, de Plomb .... 645 à 646

Des Tungstates 646

Tungstates de Potasse, de Soude, d'Ammoniaque .... 649 à 650

Des Colombates 650

Des Antimonites et des Antimoniates ... 651

Des Hydro-Sulfures ou Oxides hydrosulfurés 652

De leurs propriétés physiques, et de leur action sur tous les Corps inorganiques .... 652 à 660

De leur état naturel, de leur préparation, de leur composition, de leurs usages et de leur historique .... 660 à 662

Hydro-Sulfures de Potasse, de Soude, de Baryte, de Strontiane, de Chaux, de Magnésie. 662 à 665

Oxides hydro-sulfurés insolubles.—Kermès. 665 à 668

Des Sulfures hydrogénés .... 668 à 674

Des Hydro-Sulfures sulfurés 674

De l'Hydro - Sulfure d'Ammoniaque ; du Sulfure hydrogéné d'Ammoniaque .... 675 à 680

CHAPITRE DOUZIÈME.

Extraction des Métaux 680

EXTRACTION DES MÉTAUX QUI SONT SANS USAGES.. 681

Extraction du Calcium, du Strontium, du Barium, du Potassium et du Sodium ...... 681 à 685

Extraction du Manganèse, du Chrôme, du Cobalt, de l'Urane, du Cérium, du Titane, du Molybdène, du Tungstène, du Colombium, du Tellure .... 685 à 688

Extraction de l'Iridium, de l'Osmium, du Palladium, du Rhodium et du Platine ..... 688 à 697

EXTRACTION DES MÉTAUX EMPLOYÉS DANS LES ARTS. 697

Extraction du Bismuth 698

Extraction de l'Arsenic .... Ibid.

Page

Extraction du Zinc........................... 699
Extraction de l'Etain........................ 700
Extraction du Fer............................ 703
Extraction du Mercure........................ 712
Extraction de l'Antimoine.................... 713
Extraction du Plomb.......................... 715
Extraction du Cuivre......................... 719
Extraction de l'Argent....................... 723
Extraction de l'Or........................... 727
Extraction du Platine........................ 731

ADDITIONS.

DE L'IODE.................................... 732
De l'Acide iodique et des Iodates............ 740
De l'Acide hydriodique et des Hydriodates.... 741
Sur l'Acide oxi-muriatique ou Gaz muriatique
    oxigéné.................................. 745
Sur l'Acide fluorique........................ 747
Sur une Couleur bleue analogue à l'Outre-mer.... 748
Sur les Sulfates de Tellure et de Nickel........ Ibid.

FIN DE LA TABLE DU TOME SECOND.

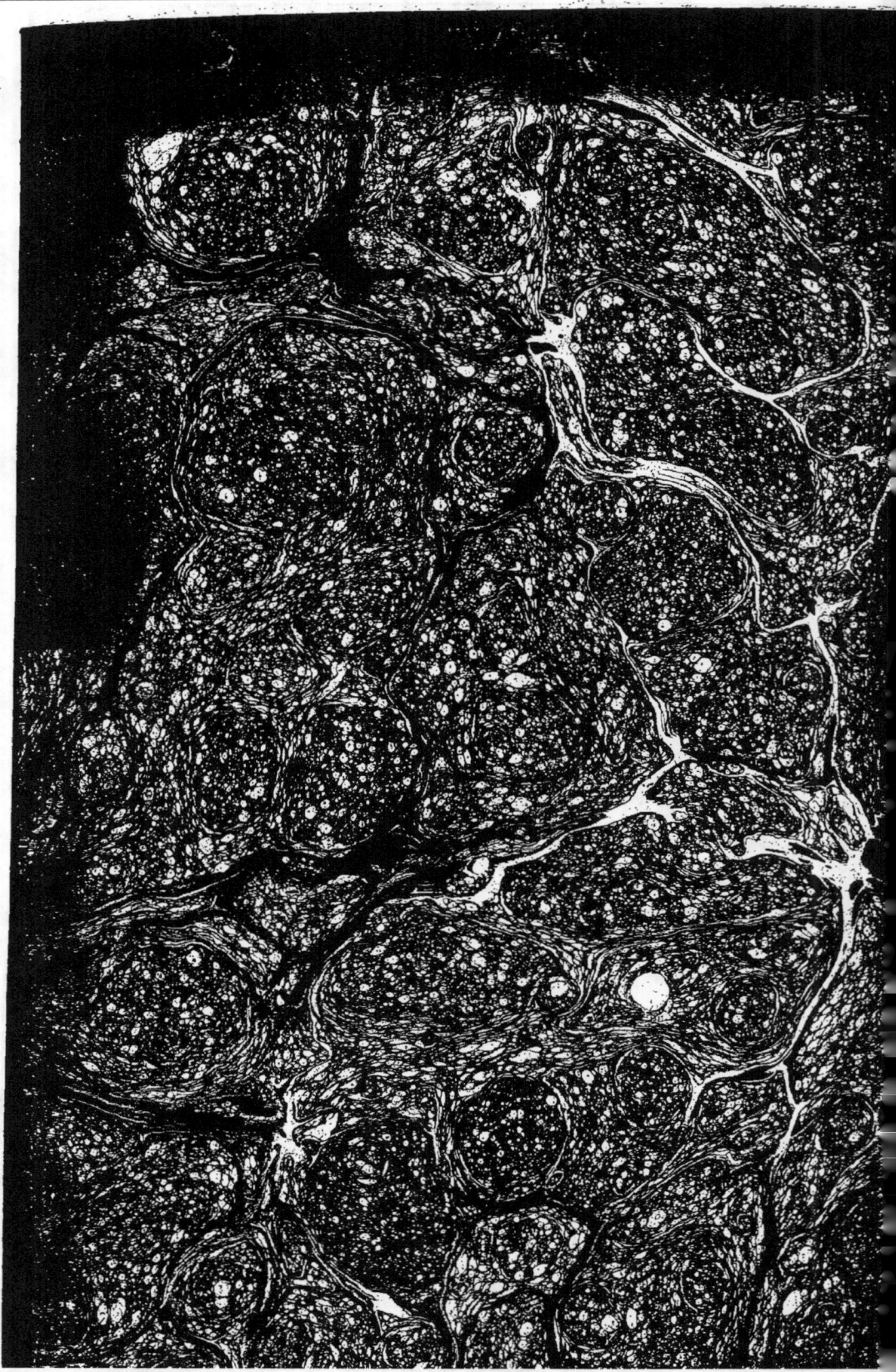

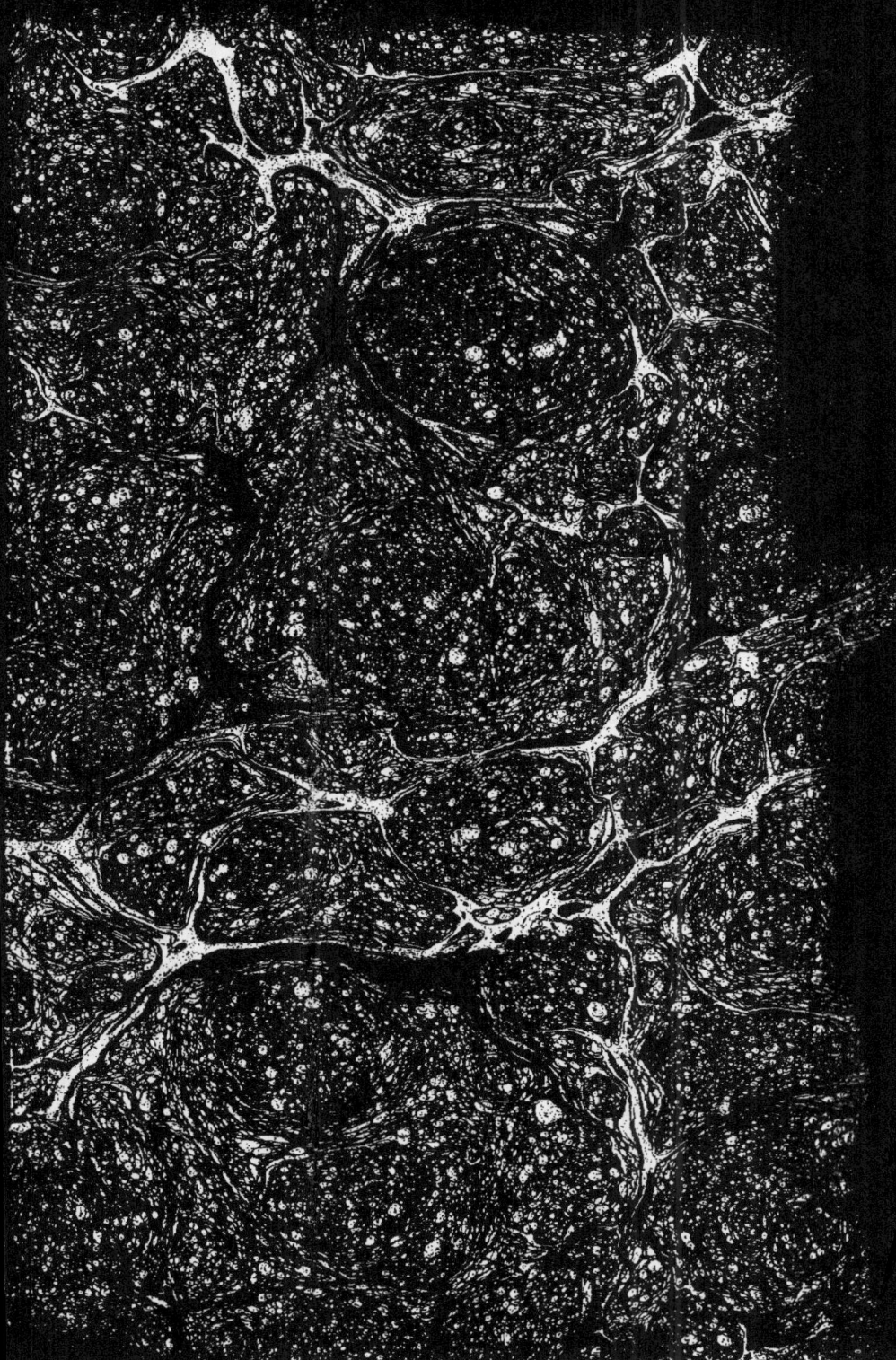